21世纪普通高等教育基础课规划教材

微积分学习辅导与提高

苏燕玲　郝俊玲　张小燕　编

机 械 工 业 出 版 社

为了帮助学生正确理解和运用微积分的基本概念、基本理论和基本方法，帮助他们分析解题思路，掌握解题方法与技巧，提高分析解决综合问题和实际问题的能力，编者在总结多年微积分实际教学经验的基础上编写了本书，希望本书对提高微积分课程的教学质量，对读者掌握微积分的基本思想起到促进作用.

本书中每章由主要内容、学习要求、基本题型与范例、疑难问题解析、自测试题构成，其中自测试题给出了答案和提示.

本书适合作为经济管理类大学生的微积分课程的学习指导书，或供考研复习使用.

图书在版编目（CIP）数据

微积分学习辅导与提高/苏燕玲，郝俊玲，张小燕编．—北京：机械工业出版社，2010.9（2025.1重印）

21世纪普通高等教育基础课规划教材

ISBN 978-7-111-31946-7

Ⅰ.①微…　Ⅱ.①苏…②郝…③张…　Ⅲ.①微积分-高等学校-教学参考资料　Ⅳ.①O172

中国版本图书馆CIP数据核字（2010）第182636号

机械工业出版社（北京市百万庄大街22号　邮政编码100037）
策划编辑：郑　玫　责任编辑：郑　玫　孙志强
版式设计：霍永明　责任校对：李秋荣
封面设计：张　静　责任印制：单爱军
北京虎彩文化传播有限公司印刷
2025年1月第1版第11次印刷
184mm×260mm · 25.25印张 · 465千字
标准书号：ISBN 978-7-111-31946-7
定价：59.80元

电话服务　　网络服务
客服电话：010-88361066　机　工　官　网：www.cmpbook.com
010-88379833　机　工　官　博：weibo.com/cmp1952
010-68326294　金　书　网：www.golden-book.com
封底无防伪标均为盗版　机工教育服务网：www.cmpedu.com

前　言

微积分是高等学校经济管理类各专业的一门重要公共基础理论课，是许多专业的学生学好后续课程的基础，也是经济管理类院校有关专业研究生入学考试的必考内容. 由于其内容的高度抽象性、逻辑推理的严密性、独特的数学语言及简练的表达式而成为许多大学生，特别是经济管理类大学生入学后学习的第一道难关. 为了加强这类学生对微积分基本概念、基本理论和基本方法的正确理解和运用，帮助他们分析解题思路，掌握解题方法与技巧，提高分析解决综合问题和实际问题的能力，编者在总结多年微积分实际教学经验的基础上编写了本书，希望本书对提高微积分课程的教学质量，对读者掌握微积分的基本思想起到促进作用.

书中每章由主要内容、学习要求、基本题型与范例、疑难问题解析、自测试题五部分构成，并且在书后附有各章自测试题参考答案与提示，每部分各有其侧重点和特点:

(1) 主要内容: 概括性强，突出重点，使读者能迅速掌握本章内容的脉络，有利于读者从整体上把握各章所涵盖的知识要点及相互联系.

(2) 学习要求: 在参考国家教委颁布的《经济数学基础》教学大纲的基础上，强调读者应该以教学大纲为准进行学习的同时，使读者明确本章知识的重点、难点，明确学习要求和任务.

(3) 基本题型与范例: 按照各章教学内容的顺序，我们力求选题全面，解答详细. 注重由特殊到一般的思维方式，由浅入深揭示规律，分析解题技巧，概括题型特征，归纳解题方法，达到举一反三、融会贯通的作用.

(4) 疑难问题解析: 多年的教学实践使编者共同感悟到学生学不好微积分的主要原因是对基本概念、性质理解不透彻，基本方法的掌握不灵活，为此我们以“疑难问题解析”的形式，对学生易犯错误进行了剖析，以此促进学生做到: 对概念的理解要明确概念的要素，认清实质；性质的理解要明确性质的基本特征，尽力做到清楚概念性质的内涵与外延；基本方法要尽力做到明确方法使用的前提条件，适用范围；注重相关知识的纵向、横向的共同点与不同点及概念、性质的综合使用.

(5) 自测试题: 每一章我们都配备了 A、B、C 三组自测试题，试题 A 是与各章节内容相配合的基本题与综合题，试题 B 是与各章节内容相配合的中等难度的基本题与综合题，试题 C 中的多数题选自历年大学生数学竞赛和历年考研试题，读者可以根据自己的兴趣与需求选择参考，拓展理解的广度与深度.

(6) 自测试题参考答案与提示: 每章的选择题与填空题给出了求解提示，计算题、证明题、综合题都给出了详细的分析解答过程.

本书参加编写（按照编写的章节次序排列）的有郝俊玲（第 1、2、3 章）、苏燕玲（第 4、5、8 章）、张小燕（第 6、7 章）. 另外邵志超、张倩安、方国兴、佟宏志、刘英老师也参与了该书的编写，特别是邵志超老师对自测题中的选择题与填空题给出详细的提示，在此向各位老师表示衷心的感谢！

由于编者水平有限，书中难免有不妥之处，殷切期望同行们和广大读者给予批评指正.

编　者

目　录

第1章　函数与极限

1.1　主要内容

1.1.1　函数概念与性质

1. 邻域

设 a 和 δ 是两个实数，且 $\delta>0$，称满足不等式 $|x-a|<\delta$ 的一切实数 x 的集合为点 a 的 δ **邻域**，记作 $U(a,\delta)$. 点 a 叫做邻域的**中心**，δ 叫做邻域的**半径**，即

$$U(a,\delta)=\{x\mid |x-a|<\delta\}=(a-\delta,a+\delta),$$

去掉邻域的中心点 a 即可得到点 a 的 δ 去心邻域，记作 $\mathring{U}(a,\delta)$，即

$$\mathring{U}(a,\delta)=\{x\mid 0<|x-a|<\delta\}=(a-\delta,a)\cup(a,a+\delta),$$

开区间 $(a-\delta,a)$ 称为 a 的左 δ 邻域，开区间 $(a,a+\delta)$ 称为 a 的右 δ 邻域.

2. 函数

设 x 和 y 是两个变量，D 是实数集 $\mathbf{R}$ 的非空子集．若存在一个对应规则 f，对每一个 $x\in D$，都有唯一的一个实数 y 与之对应，则称对应法则 f 为定义在实数集 D 上的一元函数，简称**函数**，记为 $y=f(x)$.

x 叫做**自变量**，y 叫做**因变量**，D 称为 f 的**定义域**，$z=\{y\mid y=f(x),x\in D\}$ 称为 f 的**值域**，记为 z_f.

函数的两要素：定义域 D 和对应法则 f，即两个函数相同等价于它们的定义域 D 与对应法则 f 相同.

函数定义域的求法：函数的定义域是使函数 $y=f(x)$ 有意义的自变量 x 取值的全体．通常函数的定义域是一个区间，也可以是一些离散点构成的集合，一般用不等式或区间来表示.

确定函数定义域的依据：若是有实际意义的函数，要使实际问题有意义；若是用解析式子表示的函数，要注意某些运算对自变量的要求：

(1) 分式的分母不能为零.

(2) 在根式中，负数不能开偶次方.

(3) 在对数中，负数和零不能取对数.

(4) 有限个函数四则运算后得到的函数的定义域是原有限个函数定义域的交集.

3. 函数的单调性、有界性、奇偶性、周期性

设有函数 $y=f(x),x\in D$.

单调性

若 $\forall x_1,x_2\in D$，当 $x_1<x_2$ 时，有 $f(x_1)<f(x_2)$（或 $f(x_1)>f(x_2)$），则称函数 $f(x)$ 在 D 上是**单调增加**（或**单调减少**）的.

若函数 $f(x)$ 在定义域上单调增加（或单调减少），则称 $f(x)$ 为**单调函数**，否则称 $f(x)$ 为非

单调函数.

若$\forall x_1,x_2\in D$,当$x_1<x_2$时,有$f(x_1)\leqslant f(x_2)$(或$f(x_1)\geqslant f(x_2)$),则称函数$f(x)$在D上是**单调不减**(或**单调不增**)的.

有界性

若$\exists M>0$,使得$\forall x\in I\subset D$,恒有$|f(x)|\leqslant M$,则称$f(x)$在区间I上**有界**.

若存在常数M,使$f(x)\leqslant M$(或$f(x)\geqslant M$),则称$f(x)$在I上**有上界**(或**有下界**).

若函数$f(x)$在定义域D上有界,则称函数$f(x)$为**有界函数**.

若不论M是多么大的正数,总$\exists x\in D$,使$|f(x)|>M$,则称$f(x)$是**无界函数**.

常见的有界函数有

$$|\sin x|\leqslant 1,\ |\cos x|\leqslant 1,x\in(-\infty,+\infty);$$

$$|\arcsin x|\leqslant\frac{\pi}{2},\ |\arccos x|\leqslant\pi,x\in[-1,1];$$

$$|\arctan x|<\frac{\pi}{2},\ |\operatorname{arccot} x|<\pi,x\in(-\infty,+\infty);$$

$$\left|\frac{x}{1+x^2}\right|\leqslant\frac{1}{2},x\in(-\infty,+\infty).$$

奇偶性

若$\forall x\in D$且$-x\in D$,有$f(-x)=f(x)$(或$f(-x)=-f(x)$),则称函数$f(x)$在D上是**偶函数**(或**奇函数**).

偶函数的图形关于y轴对称,奇函数的图形关于原点对称.

周期性

设函数$y=f(x)$的定义域为D,若$\exists T\neq 0$,$\forall x\in D$,有$(x\pm T)\in D$,且$f(x\pm T)=f(x)$成立,则称$f(x)$为**周期函数**,使上式成立的最小正数T为$f(x)$的**最小正周期**(简称**周期**).

4. 反函数

设函数$y=f(x)$的定义域为D,值域为Z,若对$\forall y\in Z$,有唯一确定的$x\in D$满足$y=f(x)$,则x是定义在Z上以y为自变量的函数,记为$x=f^{-1}(y)$,并称$x=f^{-1}(y)$是$y=f(x)$的**反函数**,$y=f(x)$是$x=f^{-1}(y)$的**直接函数**.

反函数与直接函数的图形关于$y=x$对称,反函数的定义域是直接函数的值域,反函数的值域是直接函数的定义域.

5. 复合函数

设函数$y=f(u)$的定义域为D_f,函数$u=\varphi(x)$的值域为Z_φ,若$D_f\cap Z_\varphi\neq\varnothing$,则称函数$y=f[\varphi(x)]$为$y=f(u)$和$u=\varphi(x)$的**复合函数**.

其中,x是自变量,y是因变量,u是中间变量.$f(u)$叫做**外层函数**,$\varphi(x)$叫做**内层函数**.

函数φ与函数f构成的复合函数,即按"先φ后f"的次序复合的函数,通常记为$f\circ\varphi$,即$(f\circ\varphi)(x)=f[\varphi(x)]$.

6. 初等函数

常量函数、幂函数、指数函数、对数函数、三角函数与反三角函数,这六类函数统称为**基本初等函数**.

由基本初等函数经过有限次四则运算和有限次复合步骤所构成并可用一个式子表示的函

数，称为**初等函数**.

7. 分段函数

若一个函数在其定义域内，当自变量在不同范围内取值时，函数有不同的表达式子，则称这样的函数为**分段函数**.

例：狄利克雷（Dirichlet）函数 $f(x)=\begin{cases}1 & x\text{为有理数}\\0 & x\text{为无理数}\end{cases}$.

取整函数 $y=[x]$，y 表示不超过 x 的最大整数.

一般分段函数不是初等函数.

8. 幂指函数

形如 $y=[f(x)]^{g(x)}$（其中 $f(x)$，$g(x)$ 为初等函数，$f(x)>0$）的函数称为**幂指函数**.

常用的恒等变形公式为 $[f(x)]^{g(x)}=e^{g(x)\ln f(x)}$.

9. 常见的经济函数

（1）**总成本**：总成本是生产一定量的产品所需要的成本总额，由固定成本 $C(0)$ 和可变成本 $C_1(x)$ 两部分构成. 用 $C(x)$ 表示当产量为 x 时的总成本，则 $C(x)=C(0)+C_1(x)$.

平均成本：称 $\overline{C(x)}=\dfrac{C(x)}{x}$ 为平均成本函数，表示在产量为 x 时每单位产品的平均成本.

（2）**总收益**：总收益是生产者销售一定量产品 x（即销售量）所得的全部收入，记为 $R(x)$. 若产品单价为 P，则 $R(x)=Px$.

平均收益：称 $\overline{R(x)}=\dfrac{R(x)}{x}$ 为平均收益，表示销售量为 x 时单位销售量的平均收益.

（3）**总利润**：总利润是指销售 x 个单位的产品所获得的净收入，在产销平衡条件下，总利润为总收益与总成本之差，记总利润为 $L(x)$，则 $L(x)=R(x)-C(x)$.

平均利润：称 $\overline{L(x)}=\dfrac{L(x)}{x}$ 为平均利润，表示销售量为 x 时单位销售量的平均利润.

（4）**需求函数**：在不考虑其他因素影响的情况下，需求量 Q 是价格 P 的函数，称为**需求函数**，记为 $Q=Q(P)$，一般需求函数是价格 P 的减函数.

（5）**供给函数**：在不考虑其他因素影响的情况下，供给量 Q 是价格 P 的函数，称为**供给函数**，记为 $Q=Q(P)$，一般供给函数是价格 P 的增函数.

1.1.2　数列极限及其性质

1. 数列与数列极限定义

数列：对整标函数 $a_n=f(n)$，当 n 按正整数 1，2，3，…依次增大的顺序取值时，函数值按相应的顺序排成一列：$a_1,a_2,a_3,\cdots$ 称这一列有次序的数为**无穷数列**，简称**数列**，记为 $\{a_n\}$. 数列中的每一个数叫做数列的**项**，a_n 称为数列的**一般项**或**通项**.

子列：在数列 $a_1,a_2,a_3,\cdots,a_n,\cdots$ 中，保持各项原来的先后次序不变，自左往右任意选取无穷多项所构成的新的数列，称为原数列的一个**子数列**（或子列），记为 $\{a_{n_k}\}$.

在子列 $\{a_{n_k}\}$ 中，一般项 a_{n_k} 是第 k 项，而 a_{n_k} 在原数列中却是第 n_k 项，显然 $n_k\geqslant k$.

数列极限的 $\varepsilon-N$ 定义：设有数列 $\{a_n\}$ 及常数 a，若对 $\forall\varepsilon>0$，$\exists N\in\mathbf{Z}^+$，当 $n>N$ 时，不等式 $|a_n-a|<\varepsilon$ 恒成立，则称当 $n\to\infty$ 时，数列 $\{a_n\}$ 以 a 为**极限**，或称数列 a_n 收敛于 a，记为：

$\lim\limits_{n\to\infty}a_n=a$ 或 $a_n\to a(n\to\infty)$.

数列极限的几何意义:对 $\forall\varepsilon>0$, $\exists N\in\mathbf{Z}^+$,当 $n>N$ 时,所有的点 x_n 都落在 $(a-\varepsilon,a+\varepsilon)$ 内,只有有限个点(至多只有 N 个)在区间以外.

2. 数列极限的性质

(1) **有界性**:若数列 $\{a_n\}$ 收敛,则数列 $\{a_n\}$ 一定有界.

(2) **唯一性**:若数列 $\{a_n\}$ 收敛,则数列 $\{a_n\}$ 的极限唯一.

(3) **保号性**:若 $\lim\limits_{n\to\infty}a_n=a$,且 $a>0$ (或 $a<0$),则 $\exists N\in\mathbf{Z}^+$,当 $n>N$ 时,都有 $a_n>0$(或 $a_n<0$).

推论:若数列 $\{a_n\}$ 从某项起有 $a_n\geqslant0$(或 $a_n\leqslant0$)且 $\lim\limits_{n\to\infty}a_n=a$,则 $a\geqslant0$(或 $a\leqslant0$).

(4) **子列性质**:若数列收敛于 a,则其任一子列也一定收敛,且极限也是 a.

推论:若一数列有两个子列收敛于不同的数,或有一个子列发散,则此数列一定发散.

该定推论常用来证明一个数列是发散的.

推论:$\lim\limits_{n\to\infty}a_n=a$ 的充要条件是 $\lim\limits_{n\to\infty}a_{2n}=a$ 且 $\lim\limits_{n\to\infty}a_{2n-1}=a$.

3. 数列极限存在的两个准则

准则 1(夹逼准则):设数列 $\{a_n\}$, $\{y_n\}$, $\{z_n\}$ 满足:① $y_n\leqslant a_n\leqslant z_n$;② $\lim\limits_{n\to\infty}y_n=a$, $\lim\limits_{n\to\infty}z_n=a$,则有 $\lim\limits_{n\to\infty}a_n=a$.

准则 2:单调有界数列必有极限.

1.1.3　函数极限及其性质

1. 自变量趋向于无穷大时函数的极限

函数极限的 $\varepsilon-X$ 定义:

对 $\forall\varepsilon>0$, $\exists X>0$,当 $|x|>X$ 时,总有 $|f(x)-A|<\varepsilon$ 成立,则称常数 A 为函数 $f(x)$ 当 $x\to\infty$ 时的极限,记为 $\lim\limits_{x\to\infty}f(x)=A$.

对 $\forall\varepsilon>0$, $\exists X>0$,当 $x>X$ 时,总有 $|f(x)-A|<\varepsilon$ 成立,则称常数 A 为函数 $f(x)$ 当 $x\to+\infty$ 时的极限,记为 $\lim\limits_{x\to+\infty}f(x)=A$.

对 $\forall\varepsilon>0$, $\exists X>0$,当 $x<-X$ 时,总有 $|f(x)-A|<\varepsilon$ 成立,则称常数 A 为函数 $f(x)$ 当 $x\to-\infty$ 时的极限,记为 $\lim\limits_{x\to-\infty}f(x)=A$.

函数极限的几何意义:对任意正数 ε,作直线 $y=A+\varepsilon$, $y=A-\varepsilon$,构成宽度为 2ε 的带形区域,无论 ε 多么小, $\exists X>0$,当 $|x|>X$ 时,函数 $y=f(x)$ 的图形完全落在以直线 $y=A$ 为中心,宽为 2ε 的带形区域内.

2. 自变量趋向于有限值时函数的极限

函数极限的 $\varepsilon-\delta$ 定义:

若 $\forall\varepsilon>0$, $\exists\delta>0$,当 $0<|x-x_0|<\delta$ 时, $|f(x)-A|<\varepsilon$ 恒成立,则称常数 A 为当 $x\to x_0$ 时函数 $f(x)$ 的极限,或称函数 $f(x)$ 收敛于 A,记为 $\lim\limits_{x\to x_0}f(x)=A$.

定义中"$0<|x-x_0|<\delta$"指的是 x 在 x_0 点的去心邻域,即 x 与 x_0 的距离小于 δ 但 $x\neq x_0$.这表明函数 $f(x)$ 在 $x\to x_0$ 的极限与函数 $f(x)$ 在点 x_0 的定义无关.

3. 单侧极限

(1) 左极限:

若对 $\forall\varepsilon>0$，$\exists\delta>0$，当 $x_0-\delta<x<x_0$ 时，恒有 $|f(x)-A|<\varepsilon$ 成立，则称 A 为当 $x\to x_0$ 时函数 $f(x)$ 的**左极限**，记为 $\lim\limits_{x\to x_0^-}f(x)=A$ 或 $f(x_0^-)=A$.

(2) 右极限：

若对 $\forall\varepsilon>0$，$\exists\delta>0$，当 $x_0<x<x_0+\delta$ 时，恒有 $|f(x)-A|<\varepsilon$ 成立，则称 A 为当 $x\to x_0$ 时函数 $f(x)$ 的**右极限**，记为 $\lim\limits_{x\to x_0^+}f(x)=A$ 或 $f(x_0^+)=A$.

(3) 左右极限的关系：

$\lim\limits_{x\to x_0}f(x)=A$ 的充分必要条件是 $\lim\limits_{x\to x_0^-}f(x)$ 和 $\lim\limits_{x\to x_0^+}f(x)$ 都存在且都等于 A.

$\lim\limits_{x\to\infty}f(x)=A$ 的充分必要条件是 $\lim\limits_{x\to-\infty}f(x)$ 和 $\lim\limits_{x\to+\infty}f(x)$ 都存在且都等于 A.

函数极限不存在的常见类型大致归纳如下：

(1) $\lim\limits_{x\to x_0^-}f(x)\neq\lim\limits_{x\to x_0^+}f(x)$，或 $\lim\limits_{x\to-\infty}f(x)\neq\lim\limits_{x\to+\infty}f(x)$.

(2) 当 $x\to x_0$（或 $x\to\infty$）时，函数值总在两数之间振荡，因而没有极限.

(3) 当 $x\to x_0$（或 $x\to\infty$）时，函数 $f(x)$ 的绝对值无限增大，因而没有极限.

4. 函数极限的性质

在以下的讨论中，采用 $\lim f(x)$ 泛指函数极限的任何一种自变量变化过程.

(1) **唯一性**：若 $\lim f(x)$ 存在，则极限值唯一.

(2) **局部有界性**：若 $\lim f(x)=A$，则存在常数 $M>0$ 和 $\delta>0$，使得当 $0<|x-x_0|<\delta$ 时有 $|f(x)|\leqslant M$. 因此这里的有界是局部有界，局部范围与自变量的变化过程有关.

(3) **局部保号性**：若 $\lim\limits_{x\to x_0}f(x)=A$，且 $A>0$（或 $A<0$），则在 x_0 的某去心邻域内恒有 $f(x)>0$（或 $f(x)<0$）.

推论1：若 $\lim\limits_{x\to x_0}f(x)=A$，且 $A\neq0$，则在 x_0 的某去心邻域 $\mathring{U}(x_0)$ 内，有 $|f(x)|>\dfrac{|A|}{2}$.

推论2：若在点 x_0 的某去心邻域内有 $f(x)\geqslant0$（或 $f(x)\leqslant0$），且 $\lim\limits_{x\to x_0}f(x)=A$，则 $A\geqslant0$（或 $A\leqslant0$）.

对于其他自变量的变化过程，有类似的局部保号性结论.

(4) **函数极限与数列极限关系**：若极限 $\lim\limits_{x\to x_0}f(x)=A$，$\{x_n\}$ 为函数 $f(x)$ 的定义域内任一收敛于 x_0 的数列，且满足 $x_n\neq x_0(n\in\mathbf{N}^+)$，则相应的函数值数列 $\{f(x_n)\}$ 必收敛，且 $\lim\limits_{n\to\infty}f(x_n)=\lim\limits_{x\to x_0}f(x)$.

(5) **函数极限夹逼准则**：若函数 $g(x)$，$f(x)$，$h(x)$ 在 $\mathring{U}(x_0,\delta)$ 内满足：① $g(x)\leqslant f(x)\leqslant h(x)$；② $\lim\limits_{x\to x_0}g(x)=A$，$\lim\limits_{x\to x_0}h(x)=A$，则有 $\lim\limits_{x\to x_0}f(x)=A$.

1.1.4 无穷小量与无穷大量

1. 无穷小量

若函数 $f(x)$ 当 $x\to x_0$ 时（或 $x\to\infty$ 时）极限为零，则称函数 $f(x)$ 是 $x\to x_0$（或 $x\to\infty$）时的**无穷小量**.

【评注】

(1) 无穷小就是极限为零的变量，即若 $\lim\limits_{x\to x_0}f(x)=0$，称 $f(x)$ 为 $x\to x_0$ 时的无穷小.

(2) 无穷小量与自变量的变化过程有关.

(3) 无穷小不是很小很小的数,常数零是唯一可以作为无穷小的数.

(4) 从几何上看,若函数$f(x)$在某个极限过程中是无穷小,则在这个极限过程中,$f(x)$的图形要么通过x轴,要么以x轴为其水平渐近线.

2. 无穷小量与函数极限存在的关系

$\lim f(x)=A$ 的充分必要条件是$f(x)=A+\alpha(x)$,其中$\lim\alpha(x)=0$.

【评注】 该定理的意义在于把一般的极限问题转化为无穷小的问题.

3. 无穷小量的性质

在下面的性质中,若同时有几个无穷小量,它们都对应着自变量的同一个变化过程.

(1) 有限个无穷小量的和(或差)仍为无穷小量.

(2) 有限个无穷小量的乘积仍为无穷小量.

(3) 有界变量与无穷小量的乘积为无穷小量.

(4) 常数与无穷小量的乘积仍是无穷小量.

4. 无穷大量

在自变量的某一变化过程中,若函数$f(x)$的绝对值无限地增大,则称$f(x)$为**无穷大量**,即若$\lim f(x)=+\infty$(或$-\infty$),则称$f(x)$为正(或负)无穷大.

5. 无穷小量与无穷大量的关系

在自变量的同一变化过程中,若$f(x)$为无穷小量,且$f(x)\neq 0$,则$\dfrac{1}{f(x)}$为无穷大量;反之,若$f(x)$为无穷大量,则$\dfrac{1}{f(x)}$为无穷小量.

6. 无穷小量的比较

设$\lim\alpha(x)=0$,$\lim\beta(x)=0$

(1) 若$\lim\dfrac{\alpha(x)}{\beta(x)}=0$,则称$\alpha(x)$是比$\beta(x)$**高阶的无穷小量**,记为$\alpha(x)=o[\beta(x)]$.

(2) 若$\lim\dfrac{\alpha(x)}{\beta(x)}=C$($C\neq 0$,为常数),则称$\alpha(x)$与$\beta(x)$是**同阶无穷小量**.

特别地,当$C=1$时,称$\alpha(x)$与$\beta(x)$是**等价无穷小量**,记为$\alpha(x)\sim\beta(x)$.

(3) 若$\lim\dfrac{\alpha(x)}{\beta(x)}=\infty$,则称$\alpha(x)$是比$\beta(x)$**低阶的无穷小量**.

(4) 设$\alpha\sim\alpha'$,$\beta\sim\beta'$,若$\lim\dfrac{\alpha'}{\beta'}$存在,则$\lim\dfrac{\alpha}{\beta}$存在,且$\lim\dfrac{\alpha}{\beta}=\lim\dfrac{\alpha'}{\beta'}$.

1.1.5 函数极限的四则运算

若$\lim f(x)$及$\lim g(x)$都存在且$\lim f(x)=A$,$\lim g(x)=B$,则

(1) $\lim[f(x)\pm g(x)]$存在,且$\lim[f(x)\pm g(x)]=\lim f(x)\pm\lim g(x)=A\pm B$.

(2) $\lim[f(x)\cdot g(x)]$存在,且$\lim[f(x)\cdot g(x)]=[\lim f(x)][\lim g(x)]=AB$.

(3) 若$\lim g(x)=B\neq 0$,则$\lim\dfrac{f(x)}{g(x)}$存在,且$\lim\dfrac{f(x)}{g(x)}=\dfrac{\lim f(x)}{\lim g(x)}=\dfrac{A}{B}$.

推论1 若$\lim f(x)=A$,C为常数,k为正整数,则

(1) $\lim[Cf(x)] = C[\lim f(x)] = CA$，即求极限时，常数因子可提到极限号外．

(2) $\lim[f(x)]^k = [\lim f(x)]^k = A^k$.

推论 2　若 $\lim\limits_{x\to x_0} f(x) = A$，$\lim\limits_{x\to x_0} g(x) = B$，且 $A > B$（或 $A < B$），则必存在点 x_0 的某去心邻域，使得在该域内 $f(x) > g(x)$（或 $f(x) < g(x)$）成立．

推论 3　设 $\lim\limits_{x\to x_0} f(x) = A$，$\lim\limits_{x\to x_0} g(x) = B$，若在 x_0 的某去心邻域内恒有 $f(x) \geqslant g(x)$，则 $A \geqslant B$.

1.1.6　两个重要极限公式

公式 1：$\lim\limits_{x\to 0}\dfrac{\sin x}{x} = 1$；**公式 2**：$\lim\limits_{x\to +\infty}\left(1+\dfrac{1}{x}\right)^x = \mathrm{e}$.

公式 1 的特点：

(1) 等式左端是无穷小量比无穷小量的极限，这种形式的极限记作"$\dfrac{0}{0}$"型.

(2) 分子是分母的正弦值.

(3) 极限值等于 1.

公式 2 的特点：

(1) 等式左端是一个幂指函数的极限式．

(2) 该幂指函数的底是 1 与一个无穷小量之和，而指数是该无穷小量的倒数，这种形式的极限记作"1^∞"型．

(3) 其极限值等于 e.

一般地，若 $x\to x_0$（或 $x\to\infty$）时，$\alpha(x)$ 是无穷小量，但 $\alpha(x)\neq 0$，则可得到公式 1，公式 2 的推广形式为

$$\lim_{\substack{x\to x_0\\(x\to\infty)}}\frac{\sin\alpha(x)}{\alpha(x)} = 1,\ \lim_{\substack{x\to x_0\\(x\to\infty)}}[1+\alpha(x)]^{\frac{1}{\alpha(x)}} = \mathrm{e}.$$

特别地，若 $\lim f(x) = 0$，$\lim g(x) = \infty$，且 $\lim f(x)g(x)$ 存在，则

$$\lim[1\pm f(x)]^{g(x)} = \mathrm{e}^{\lim g(x)\ln(1\pm f(x))} = \mathrm{e}^{\lim \pm g(x)f(x)}.$$

1.1.7　函数的连续性与间断点

1. 连续定义

设函数 $y=f(x)$ 在点 x_0 的某邻域内有定义，若 $\lim\limits_{x\to x_0} f(x) = f(x_0)$，则称函数 $f(x)$ 在点 x_0 处**连续**，x_0 为 $f(x)$ 的**连续点**.

由定义可知，函数 $f(x)$ 在点 x_0 处连续，需要同时满足下面的三个条件：

(1) $f(x)$ 在 x_0 点有定义，即 $f(x_0)$ 存在.

(2) $\lim\limits_{x\to x_0} f(x)$ 存在.

(3) $f(x)$ 在 x_0 点的函数值与 $x\to x_0$ 时的极限值相等，即 $\lim\limits_{x\to x_0} f(x) = f(x_0)$.

2. 单侧连续

若 $\lim\limits_{x\to x_0^-} f(x) = f(x_0)$，则称 $f(x)$ 在点 x_0 左连续.

若 $\lim\limits_{x\to x_0^+} f(x) = f(x_0)$，则称 $f(x)$ 在点 x_0 右连续.

定理　$f(x)$在x_0点连续的充要条件是$f(x)$在点x_0既左连续又右连续.

3. 函数在区间上的连续

若函数$f(x)$在开区间(a,b)内的每一点都连续,则称函数$f(x)$在开区间(a,b)内连续.

若函数$f(x)$在开区间(a,b)内连续,并在左端点a处右连续、在右端点b处左连续,则称$f(x)$在闭区间$[a,b]$上连续.

若函数$f(x)$在某区间上连续,则称该区间是$f(x)$的连续区间.

4. 函数的间断点

若$f(x)$在x_0点不连续,则称函数$f(x)$在x_0点间断,x_0点称为函数的间断点.

若$f(x)$在点x_0处符合下列条件之一,则x_0点为$f(x)$的间断点:

(1) 函数$f(x)$在x_0处没有定义,即$f(x_0)$不存在.

(2) 虽然$f(x)$在x_0处有定义,但$\lim\limits_{x\to x_0}f(x)$不存在.

(3) 虽然$f(x)$在x_0处有定义,且$\lim\limits_{x\to x_0}f(x)$存在,但$\lim\limits_{x\to x_0}f(x)\neq f(x_0)$.

5. 间断点的分类

$$\begin{cases}\text{第一类间断点}\begin{cases}\text{可去间断点},f(x_0^-)=f(x_0^+)\\\text{跳跃间断点},f(x_0^-)\neq f(x_0^+)\end{cases}\\\text{第二类间断点}\begin{cases}\text{无穷间断点,至少有一个单侧极限为无穷大}\\\text{振荡间断点,至少有一个单侧极限不存在也不为无穷大}\end{cases}\end{cases}$$

6. 连续函数的四则运算法则

设函数$f(x)$与$g(x)$在点x_0处均连续,则函数$f(x)\pm g(x)$、$f(x)\cdot g(x)$在x_0处连续,且当$g(x_0)\neq 0$时,函数$\dfrac{f(x)}{g(x)}$在x_0处也连续.

7. 复合函数的连续性

设$y=f[\varphi(x)]$是由$y=f(u)$及$u=\varphi(x)$复合而成,若函数$u=\varphi(x)$当$x\to x_0$时极限存在且等于a,即$\lim\limits_{x\to x_0}\varphi(x)=a$,而函数$y=f(u)$在$u=a$处连续,则复合函数$y=f[\varphi(x)]$当$x\to x_0$时的极限也存在,且等于$f(a)$,即$\lim\limits_{x\to x_0}f[\varphi(x)]=f(a)$.

若内层函数$u=\varphi(x)$在x_0处连续,则$\lim\limits_{x\to x_0}f[\varphi(x)]=f(\varphi(x_0))$.

8. 反函数的连续性

设函数$y=f(x)$在区间$[a,b]$上单调且连续,若记$f(a)=\alpha,f(b)=\beta$,则其反函数$y=f^{-1}(x)$在区间$[\alpha,\beta]$(或$[\beta,\alpha]$)上单调且连续.

9. 初等函数的连续性

初等函数在其定义区间内是连续函数.所谓定义区间,是指包含在定义域内的区间.

由初等函数在其定义区间内连续的结论,提供了求极限的一个方法:若$f(x)$是初等函数,且x_0是$f(x)$定义区间内的点,则$\lim\limits_{x\to x_0}f(x)=f(x_0)=f[\lim\limits_{x\to x_0}x]$.

1.1.8　闭区间上连续函数性质

1. 最大值和最小值定理

若函数$f(x)$在闭区间$[a,b]$上连续,则$f(x)$在区间$[a,b]$上一定有最大值和最小值.

2. 有界性定理

若$f(x)$在闭区间$[a,b]$上连续,则$f(x)$在$[a,b]$上有界.

3. 介值定理

若函数$f(x)$在闭区间$[a,b]$上连续,m与M分别是$f(x)$在$[a,b]$上的最小值与最大值,且$m\neq M$,则对介于m与M之间的任何实数C(即$m<C<M$),在开区间(a,b)内至少存在一点ξ,使$f(\xi)=C$.

4. 零点定理

设函数$f(x)$在闭区间$[a,b]$上连续,且$f(a)$与$f(b)$异号(即$f(a)f(b)<0$),则在开区间(a,b)内至少存在一点ξ,使$f(\xi)=0$.

利用这个结论,可以讨论方程根的存在性.

1.2 学习要求

1. 理解函数概念,掌握函数的表示法,会建立简单经济应用问题的函数关系.
2. 理解函数的几何特性并掌握各几何特性的图形特点.
3. 理解复合函数与分段函数的概念,了解反函数的概念.
4. 掌握基本初等函数定义及其性质,了解初等函数的概念.
5. 理解数列极限与函数极限的定义.
6. 熟练掌握极限的性质与运算法则,掌握极限存在的准则.
7. 理解一元函数连续的定义,会判断函数的间断点类型.
8. 掌握利用两个重要极限公式求极限的方法.
9. 理解无穷小、无穷大的概念,会正确使用无穷小替换求极限.
10. 能正确理解闭区间上连续函数的性质.

1.3 基本题型与范例

题型1 函数概念、函数的几何特性

函数是微积分的研究对象,也是学好微积分的基础,通过本部分辅导使学生加深对函数概念的理解,正确使用函数符号进行运算,掌握函数的几何特性.

例1-1 求函数$y=\dfrac{\lg(4-x)}{x-3}+\arcsin\dfrac{5-2\sqrt{x}}{7}$的定义域$D$.

解:这里涉及四个基本初等函数$y=\lg x$,$y=\dfrac{1}{x}$,$y=\sqrt{x}$,$y=\arcsin x$的定义域,按照这四个基本初等函数定义域的要求,该函数的定义域应该满足下列不等式组

$$\begin{cases}4-x>0\\ x-3\neq0\\ x\geqslant0\\ \left|\dfrac{5-2\sqrt{x}}{7}\right|\leqslant1\end{cases},\text{即}\begin{cases}4>x\\ x\neq3\\ x\geqslant0\\ -7\leqslant5-2\sqrt{x}\leqslant7\end{cases},\text{也即}\begin{cases}4>x\\ x\neq3\\ x\geqslant0\\ x\leqslant36\end{cases},\text{所以定义域为 }D=[0,3)\cup(3,4).$$

例 1-2 设函数 $f(x)=x-[x]$,其中 $[x]$ 是取整函数,试确定:

(1) $f(x)$ 的定义域;(2) $f(x)$ 的值域.

解:(1) 函数 $y=[x]$ 的定义域是 $(-\infty,+\infty)$,$y=x$ 的定义域也是 $(-\infty,+\infty)$,故 $f(x)$ 的定义域是 $(-\infty,+\infty)$.

(2) 按 $y=[x]$ 的意义,任取 $x\in(-\infty,+\infty)$,设 $n\leqslant x<n+1(n=0,\pm1,\pm2,\cdots)$,则当 $x=n$ 时,$x-[x]=n-n=0$;当 $x\neq n$ 时,$x-[x]<n+1-n=1$,即 $0\leqslant x-[x]<1$. 由此,$f(x)$ 的值域是 $[0,1)$,这表明 $f(x)$ 表示 x 的非负小数部分.

例 1-3 判断函数 $f(x)=x\cos x, x\in(-\infty,+\infty)$ 是否有界,并加以证明.

解:因为若取 $x_k=2k\pi$(k 为任意正整数),则 $f(x_k)=2k\pi\cos2k\pi=2k\pi$,这样,对于任意大的正实数 M,只要 $k>\left[\frac{M}{2\pi}\right]$,总有 $f(x_k)=2k\pi>M$,也就是说,不存在正数 M,使得 $|f(x)|=|x\cos x|\leqslant M$ 对一切实数 x 成立,故 $f(x)=x\cos x$ 在 $(-\infty,+\infty)$ 上是无界函数.

【评注】 下列几种情况下,函数 $f(x)$ 在区间 I 上一定有界:

(1) 若存在一个正数 M,使得 $|f(x)|\leqslant M$(可以没有等号),$x\in I$.

(2) 若存在两个数 m 和 M,且 $m<M$,使得 $m\leqslant f(x)\leqslant M$(可以没有等号),$x\in I$.

(3) 若函数 $f(x)$ 在闭区间 $[a,b]$ 上是单调增加(减少)的,因 $f(a)\leqslant f(x)\leqslant f(b)$ ($f(b)\leqslant f(x)\leqslant f(a)$),$x\in[a,b]$,故 $f(x)$ 在 $[a,b]$ 上有界.

(4) 若函数 $f(x)$ 在 $[a,b]$ 上连续,则 $f(x)$ 在 $[a,b]$ 上有界.

例 1-4 设 $f(x)$ 在 $[-a,a]$ $(a>0)$ 上有定义,证明:$f(x)$ 可表示成一个奇函数与一个偶函数之和.

分析:由 $f(x)$ 在 $[-a,a]$ 上有定义知:对任意的 $x\in[-a,a]$,$f(x)$ 与 $f(-x)$ 均是确定的,假设 $f(x)$ 可以写成两个函数 $g(x)$ 与 $h(x)$ 之和,即 $f(x)=g(x)+h(x)$,并且其中 $g(x)$ 是 $[-a,a]$ 上的奇函数,$h(x)$ 是 $[-a,a]$ 上的偶函数,则自然有

$$f(-x)=g(-x)+h(-x)=-g(x)+h(x).$$

由上面两个等式可求得 $g(x)$ 与 $h(x)$,从而得到 $f(x)$ 分解为一个奇函数与一个偶函数之和.

证明:设 $g(x)=\frac{f(x)-f(-x)}{2}$,$h(x)=\frac{f(x)+f(-x)}{2}$,则 $g(-x)=-g(x)$,$h(-x)=h(x)$,因此 $g(x)$ 是奇函数,$h(x)$ 是偶函数,且 $f(x)=g(x)+h(x)$,说明 $f(x)$ 可以分解为一个奇函数与一个偶函数之和.

【评注】 设 $f_1(x), f_2(x)$ 为奇函数,$g_1(x), g_2(x)$ 为偶函数,则由函数奇偶性的定义容易验证如下关于函数奇偶性的结论:

(1) 零函数既是奇函数又是偶函数,且是具有此性质的唯一函数;非零常函数是偶函数.

(2) $f_1(x)\pm f_2(x)$ 是奇函数,$g_1(x)\pm g_2(x)$ 是偶函数.

(3) 当 $f_1(x)$ 与 $g_1(x)$ 都不是零函数时,$f_1(x)\pm g_1(x)$ 是非奇非偶函数.

(4) $f_1(x)f_2(x)$,$\frac{f_1(x)}{f_2(x)}(f_2(x)\neq0)$,$g_1(x)g_2(x)$,$\frac{g_1(x)}{g_2(x)}(g_2(x)\neq0)$ 是偶函数.

(5) $f_1(x)g_1(x)$,$\frac{f_1(x)}{g_1(x)}(g_1(x)\neq0)$,$\frac{g_1(x)}{f_1(x)}(f_1(x)\neq0)$ 是奇函数.

(6) 对任何函数 $f(x)$(其定义域关于原点对称),$f(x)+f(-x)$ 是偶函数,$f(x)-f(-x)$

是奇函数.

例1-5 设 $F(x)=\left(\frac{1}{a^x-1}+\frac{1}{2}\right)f(x)$,其中 $a>0,a\neq1$,而 $f(x)$ 在 $(-\infty,+\infty)$ 内有定义,且对任何 x,y,恒有 $f(x+y)=f(x)+f(y)$,试判断 $F(x)$ 的奇偶性.

解:令 $g(x)=\frac{1}{a^x-1}+\frac{1}{2}$,因为 $g(-x)=\frac{1}{a^{-x}-1}+\frac{1}{2}=-\frac{1}{a^x-1}-\frac{1}{2}=-g(x)$,所以 $g(x)$ 为奇函数.

又 $f(x+y)=f(x)+f(y)$,令 $x=y=0$,得 $f(0)=0$,令 $x=-y$,得 $f(x)+f(-x)=f(0)=0$,故 $f(x)$ 也为奇函数,从而 $F(x)=g(x)f(x)$ 为偶函数.

例1-6 若函数 $f(x)$ 在 $(-\infty,+\infty)$ 上有定义,且为偶函数,又 $f(x)$ 的图形关于直线 $x=2$ 对称,问 $f(x)$ 是周期函数吗?并证明你的结论.

解:本问题的核心是 $f(x)$ 的图形关于直线 $x=2$ 对称,通过图形分析得到,函数在 x 处的函数值与在 $4-x$ 处的函数值相等,即 $f(x)=f(4-x)$,在 $f(x)=f(4-x)$ 中用 $-x$ 代替 x 得到 $f(-x)=f(4+x)$.

又 $f(x)$ 为偶函数,所以得到 $f(x)=f(-x)=f(4+x)$,即 $f(x)$ 是以4为周期的函数.

例1-7 设 $f(x),g(x)$ 为定义在 $(-\infty,+\infty)$ 上的单调增加函数,则下列函数中,在 $(-\infty,+\infty)$ 内必定单调增加的是( ).

A. $f(x)+g(x)$ B. $f(x)-g(x)$ C. $f(x)g(x)$ D. $f(x)/g(x)$

解:选A. 对任意 $x_1,x_2\in(-\infty,+\infty)$,且 $x_1<x_2$,因 $f(x),g(x)$ 为定义在 $(-\infty,+\infty)$ 上的单调增加函数,所以 $f(x_1)<f(x_2),g(x_1)<g(x_2)$,从而 $f(x_1)+g(x_1)<f(x_2)+g(x_2)$. B,C,D的反例:$f(x)=x,g(x)=x^3$.

例1-8 某商品的定价为5元/件,每月可销售出1000件,若每件售价降低0.01元,则可多销售10件,试求线性需求函数 $Q(p)$,并求收益与多售出件数 x 的函数关系式.

解:本题目是经济应用题,收益 R 与需求量、价格的关系是 $R=pQ$.

设线性需求函数为 $Q=a+bp$,由题意可知,$\begin{cases}1000=a+5p\\1010=a+4.99p\end{cases}$,即 $\begin{cases}a=6000\\b=-1000\end{cases}$,故 $Q=6000-1000p=1000+x$,即 $p=5-0.001x$.

从而 $R=p\cdot Q=(5-0.001x)(1000+x)=5000+4x-0.001x^2$.

例1-9 已知 $f(\ln x)=\ln\frac{x}{1-x^2}$,求 $f(x)$ 及其定义域.

分析:已知 $f(x)$,求 $f(\ln x)$ 对学生来讲并不困难,而这里是已知 $f(\ln x)$,求 $f(x)$,可以按照以下两种方法解决.

解1:用直接变形法

因 $f(\ln x)=\ln x-\ln(1-x^2)=\ln x-\ln(1-e^{\ln x^2})=\ln x-\ln(1-e^{2\ln x})$,所以 $f(x)=x-\ln(1-e^{2x})$. 由 $1-e^{2x}>0$ 知,$f(x)$ 的定义域是 $(-\infty,0)$.

“变形”是解题的一种基本方法,可以根据题目的不同特点从不同角度进行“变形”.

解2:用变量替换法

令 $u=\ln x$,则 $x=e^u$,由已知等式有

$$f(u)=\ln\frac{e^u}{1-e^{2u}}=\ln e^u-\ln(1-e^{2u}),$$

即 $f(x)=x-\ln(1-e^{2x})$.

由 $1-e^{2x}>0$ 知,$f(x)$ 的定义域是 $(-\infty,0)$.

例 1-10　已知 $f(x)=\begin{cases}1 & |x|\leqslant 1\\ 0 & |x|>1\end{cases}$,$g(x)=\begin{cases}2-x^2 & |x|\leqslant 1\\ 2 & |x|>1\end{cases}$,求 $f[g(x)]$,$g[f(x)]$.

分析:这里是两个分段函数的复合,其核心是抓住中间变量的值域.

解:求 $f[g(x)]$ 时,x 是自变量,$g(x)$ 是中间变量,f 是因变量.

由 $g(x)=\begin{cases}2-x^2 & |x|\leqslant 1\\ 2 & |x|>1\end{cases}$,得到 $g(x)$ 的取值范围,当 $|x|<1$ 时,$1<2-x^2<2$,当 $|x|=1$ 时,$g(\pm1)=1$,当 $|x|>1$,$g(x)=2$,由此得到 $f[g(x)]=\begin{cases}1 & |x|=1\\ 0 & |x|\neq 1\end{cases}$.

同理,对于 $g[f(x)]$,当 $|x|\leqslant 1$ 时,$f(x)=1$,$g(1)=1$,当 $|x|>1$ 时,$f(x)=0$,$g(0)=2$,所以 $g[f(x)]=\begin{cases}1 & |x|\leqslant 1\\ 2 & |x|>1\end{cases}$.

例 1-11　若函数 $y=f(x)$ 和 $y=g(x)$ 的图形关于直线 $y=x$ 对称,且 $f(x)=\dfrac{e^x-e^{-x}}{e^x+e^{-x}}$,求 $g(x)$.

解:依题设,这是求 $f(x)$ 的反函数,设 $y=\dfrac{e^x-e^{-x}}{e^x+e^{-x}}=\dfrac{e^{2x}-1}{e^{2x}+1}$,由此式解出 x,得

$$ye^{2x}+y=e^{2x}-1 \quad 或 \quad e^{2x}=\frac{1+y}{1-y},x=\frac{1}{2}\ln\frac{1+y}{1-y},$$

于是　$g(x)=\dfrac{1}{2}\ln\dfrac{1+x}{1-x}$.

【评注】　求反函数的一般方法是先验证函数的反函数存在(也就是验证 $x_1\neq x_2$ 时,$f(x_1)\neq f(x_2)$),确定反函数存在以后,由方程 $y=f(x)$ 解出 x 是 y 的函数表达式,最后在表达式中将 x 与 y 互换就得到所求的反函数表达式. $y=f(x)$ 与其反函数 $y=f^{-1}(x)$ 具有如下一些关系:

(1) $f(x)$ 的定义域是 $f^{-1}(x)$ 的值域,$f(x)$ 的值域是 $f^{-1}(x)$ 的定义域.

(2) $f(x)$ 与 $f^{-1}(x)$ 具有相同的单调性.

(3) $y=f(x)$ 与 $y=f^{-1}(x)$ 的图形关于 $y=x$ 对称.

(4) $f[f^{-1}(x)]=x,x\in D_f^{-1}$; $f^{-1}[f(x)]=x,x\in D_f$.

题型 2　极限定义及其性质的理解

通过对数列极限与函数极限的直观观察和典型做题错误的分析,使学生能够正理解函数极限定义中每个数学符号、数学式子的含义,体会极限定义的严密逻辑关系,体会用 $\varepsilon-N$,$\varepsilon-\delta$ 定义描述极限定义的本质,会用 $\varepsilon-N$,$\varepsilon-\delta$ 定义验证函数极限.

例 1-12　观察下列极限是否存在,并用 $\varepsilon-N$,$\varepsilon-\delta$ 定义验证你的结论.

(1) $\lim\limits_{n\to+\infty}\dfrac{4n^2+1}{3n^2+2}$; (2) $\lim\limits_{x\to0}2^{\frac{1}{x}}$.

解:(1) 当 $n\to+\infty$ 时,分子中的 1,分母中的 2 对函数的变化趋势已经不起作用了,可以观察到极限是 $\dfrac{4}{3}$,观察过程是 $\dfrac{4n^2+1}{3n^2+2}=\dfrac{4+1/n^2}{3+2/n^2}\to\dfrac{4}{3}(n\to+\infty)$.

验证：$\lim\limits_{n\to+\infty}\frac{4n^2+1}{3n^2+2}=\frac{4}{3}$.

对$\forall\varepsilon>0$，要使$\left|\frac{4n^2+1}{3n^2+2}-\frac{4}{3}\right|<\varepsilon$，又$\left|\frac{4n^2+1}{3n^2+2}-\frac{4}{3}\right|=\frac{5}{3(3n^2+2)}\leqslant\frac{5}{9n^2}<\frac{1}{n^2}$，只需$\frac{1}{n^2}<\varepsilon$，即$n>\sqrt{\frac{1}{\varepsilon}}$.

故对$\forall\varepsilon>0$，存在$N=\left[\sqrt{\frac{1}{\varepsilon}}\right]>0$，当$n>N$时，有$\left|\frac{4n^2+1}{3n^2+2}-\frac{4}{3}\right|<\varepsilon$成立，所以$\lim\limits_{n\to+\infty}\frac{4n^2+1}{3n^2+2}=\frac{4}{3}$.

上述验证过程如果按照如下写过程进行，即$\frac{5}{9n^2+6}<\varepsilon, 9\varepsilon n^2+6\varepsilon>5, n>\sqrt{\frac{5-6\varepsilon}{9\varepsilon}}$，取$N=\left[\sqrt{\frac{5-6\varepsilon}{9\varepsilon}}\right]$，这时就要限制$\varepsilon<\frac{5}{6}$，因此有$\frac{5}{3(3n^2+2)}\leqslant\frac{5}{9n^2}<\frac{1}{n^2}$，放大两次是有优越性的．

（2）当$x\to0^+$时，$\frac{1}{x}\to+\infty$，所以$2^{\frac{1}{x}}\to+\infty$；当$n\to0^-$时，$\frac{1}{x}\to-\infty$，所以$2^{\frac{1}{x}}\to0$，因此$\lim\limits_{x\to0^+}2^{\frac{1}{x}}=+\infty$，$\lim\limits_{x\to0^-}2^{\frac{1}{x}}=0$.

验证：$\lim\limits_{x\to0^-}2^{\frac{1}{x}}=0$.

对$\forall\varepsilon>0$，不妨限定$0<\varepsilon<1$，要使$|2^{\frac{1}{x}}-0|=2^{\frac{1}{x}}<\varepsilon$，即$\frac{1}{x}\ln2<\ln\varepsilon$，$-\ln2<(-x)\ln\varepsilon$，$-x<-\frac{\ln2}{\ln\varepsilon}$.

故对$\forall\varepsilon>0$，存在$\delta=-\frac{\ln2}{\ln\varepsilon}$，当$0<0-x<\delta$时，有$|2^{\frac{1}{x}}-0|<\varepsilon$，成立，所以$\lim\limits_{x\to0^-}2^{\frac{1}{x}}=0$.

例1-13 用函数极限定义证明$\lim\limits_{x\to2}x^3=8$.

证明：对任意给定的$\varepsilon>0$，要使

$$|x^3-8|=|(x-2)(x^2+2x+4)|=|x^2+2x+4|\cdot|x-2|<\varepsilon,$$

希望从上述式子中得到$0<|x-2|<\delta$中的δ，由于$|x^2+2x+4|$是x的函数，问题就变困难了，解决办法是$|x^2+2x+4|\cdot|x-2|<C|x-2|<\varepsilon$，其中$C$为常数.

因$x\to2$，可限定$|x-2|<1$，此时$|x|=|(x-2)+2|\leqslant|x-2|+2<1+2=3$，所以

$$|x^2+2x+4|<|x|^2+2|x|+4<3^2+2\times3+4=19,$$

由此，要使$|x^3-8|<\varepsilon$，只要$|x^3-8|<19|x-2|<\varepsilon$，即$|x-2|<\frac{\varepsilon}{19}$即可.

于是，取$\delta=\min\left\{1,\frac{\varepsilon}{19}\right\}$，当$0<|x-2|<\delta$时，都有$|x^3-8|<\varepsilon$，即$\lim\limits_{x\to2}x^3=8$.

【评注】

（1）用定义证明极限存在，逻辑推理要严格，书写过程要精练．

（2）用定义证明数A是数列$\{y_n\}$的极限的思路：

第一步：写出并整理$|y_n-A|$.

第二步：对任给$\varepsilon>0$，从$|y_n-A|<\varepsilon$出发，去找不等式成立的条件，即变化的某正整数N，确定n与ε的关系，这有两种方法：

1）直接解不等式 $|y_n - A| < \varepsilon$，求出 n 与 ε 的关系，从而找出 N.

2）采用放大法，即将 $|y_n - A|$ 适当放大为 $\varphi(n)$，使 $\varphi(n)$ 随 n 增大而缩小，且使 $\varphi(n)$ 小于 ε，即 $|y_n - A| \leqslant |\varphi(n)| < \varepsilon$，只要由 $|\varphi(n)| < \varepsilon$ 解出 n 与 ε 的关系即可.

第三步：根据第二步的分析，证明命题.

（3）用定义证明数 A 是函数 $f(x)$ 当 $x \to x_0$ 时的极限的思路：

对任意给定的 $\varepsilon > 0$，从 $|f(x) - A| < \varepsilon$ 出发，要设法从 $|f(x) - A|$ 中分离出因子 $|x - x_0|$，以确定 $|x - x_0|$ 与 ε 的关系，从而找出小的正数 δ，一般有两种情况（下设 $M > 0$）：

1）$|f(x) - A| = M|x - x_0| < \varepsilon$，则 $|x - x_0| < \dfrac{\varepsilon}{M}$，取 $\delta = \dfrac{\varepsilon}{M}$.

2）$|f(x) - A| = |\varphi(x)(x - x_0)|$，此时，要设法确定 $|\varphi(x)|$ 的界限.

因 $x \to x_0$，不妨设 $|x - x_0| < \eta$（$\eta > 0$，自己给定），若此时，有 $|\varphi(x)| \leqslant M$，令

$$|\varphi(x)(x - x_0)| \leqslant M|x - x_0| < \varepsilon,$$

由此，$|x - x_0| < \dfrac{\varepsilon}{M}$，取 $\delta = \min\left\{\eta, \dfrac{\varepsilon}{M}\right\}$就可以了.

（4）用定义证明数 A 是函数 $f(x)$ 当 $x \to \infty$ 时的极限的思路：

对任意给定的 $\varepsilon > 0$，从 $|f(x) - A| < \varepsilon$ 出发，要设法从 $|f(x) - A|$ 中分离出因子 $|x|$，以确定 $|x|$ 与 ε 的关系，从而找出一个正数 M. M 的找法类似于前述找寻 N 的方法.

例 1-14 判断下列命题是否正确，为什么？

（1）若 n 越大时，$x_n - a$ 越小，则数列 $\{x_n\}$ 必以 a 为极限；

（2）若 n 越大时，$|x_n - a|$ 越小，则数列 $\{x_n\}$ 必以 a 为极限；

（3）若 n 越大时，$|x_n - a|$ 越来越接近于零，则数列 $\{x_n\}$ 必以 a 为极限；

（4）数列极限 $\lim\limits_{n\to\infty} x_n = a$ 表示当 n 充分大时，x_n 越来越接近于 a；

（5）若 a 的任意 ε 邻域都含有数列 $\{x_n\}$ 的无限多个项，则数列 $\{x_n\}$ 收敛于 a；

（6）若 a 的任意 ε 邻域数列 $\{x_n\}$ 中仅有有限多项不满足 $|x_n - a| < \varepsilon$，则数列 $\{x_n\}$ 必以 a 为极限.

解：

（1）不正确. 例如 $x_n = -n$，$a = 1$，当 n 越大时，$x_n - a = -n - 1$ 越小，但数列 $\{x_n\}$ 的极限不存在.

（2）不正确. 例如 $x_n = -\dfrac{1}{n}$，$a = 1$，当 n 越大时，$|x_n - 1| = \left|-\dfrac{1}{n} - 1\right| = \dfrac{1}{n} + 1$ 越小，但数列 $\{x_n\}$ 并不以 1 为极限，而是以 0 为极限.

（3）不正确，理由同（2）"越来越接近于 0"并不意味着无限趋于 0. 在上例中 $x_n = -\dfrac{1}{n}$，$a = 1$，$|x_n - 1| = \dfrac{1}{n} + 1$，当 n 越大时，$|x_n - a|$ 是越来越接近于零，但 $|x_n - a|$ 始终大于 1 而不能无限地趋于 0.

（4）不正确. 例如 $x_n = \begin{cases} 0 & n = 2m \\ \dfrac{1}{n} & n = 2m + 1 \end{cases}$，$\lim\limits_{n\to\infty} x_n = 0$. 当 n 充分大时，x_n 并非越来越接近于 0，而是时而为 0，时而为正，只能说当 n 充分大时，x_n 与 a 之差的绝对值小于预先给定的任意

小的正数 ε，即 $|x_n-a|$ 随着 n 的增大而趋于0.

(5) 不正确．例如，$x_n=(-1)^n$，对于任意给定的正数 ε，容易看出数列 $\{x_n\}$ 中总有无穷多个 x_n 满足不等式 $|x_n-1|<\varepsilon$，也有无穷多个 x_n 满足不等式 $|x_n-(-1)|<\varepsilon$，由于数列 $\{x_n\}$ 不能收敛于两个不同的极限，故数列 $\{x_n\}$ 的极限不存在．

(6) 正确．对于任意给定的 $\varepsilon>0$，设数列 $\{x_n\}$ 中除了 $x_{n_1},x_{n_2},x_{n_3},\cdots,x_{n_k}$ 外，皆有 $|x_n-a|<\varepsilon$，若取 $N=n_k$，当 $n>N$ 时，$|x_n-a|<\varepsilon$ 成立，故数列 $\{x_n\}$ 必以 a 为极限．

例1-15　判断下列命题是否正确.

(1) 若 $\lim\limits_{n\to\infty}x_n\geqslant0$，则存在 $N\in\mathbf{Z}^+$，当 $n>N$ 时，$x_n\geqslant0$；

(2) 若 $\lim\limits_{x\to+\infty}f(x)$ 存在，且当 $x>0$ 时 $f(x)>0$，则极限 $\lim\limits_{x\to+\infty}f(x)>0$.

解：命题(1)与(2)都不成立，用反证法．

在命题(1)中，设 $x_n=-\dfrac{1}{n}$，则 $\lim\limits_{n\to\infty}x_n=\lim\limits_{n\to\infty}\left(-\dfrac{1}{n}\right)=0\geqslant0$，但对任意正整数 n，都有 $x_n=-\dfrac{1}{n}<0$，因此命题(1)是不正确的．

在命题(2)中，设 $f(x)=\dfrac{1}{x}$，则当 $x>0$ 时，$f(x)>0$，但极限 $\lim\limits_{x\to+\infty}f(x)=\lim\limits_{x\to+\infty}\dfrac{1}{x}=0$，所以命题(2)是不正确的．

例1-16　证明极限 $\lim\limits_{x\to0}\sin\dfrac{1}{x}$ 不存在．

证明：记 $f(x)=\sin\dfrac{1}{x}$，令 $x_n=\dfrac{1}{2n\pi}$，$y_n=\dfrac{1}{2n\pi+\dfrac{\pi}{2}}$，于是

$$\lim_{n\to\infty}f(x_n)=\lim_{n\to\infty}\sin\frac{1}{x_n}=\lim_{n\to\infty}\sin2n\pi=0,$$

$$\lim_{n\to\infty}f(y_n)=\lim_{n\to\infty}\sin\frac{1}{y_n}=\lim_{n\to\infty}\sin\left(2n\pi+\frac{\pi}{2}\right)=1,$$

由函数极限与数列极限关系可知命题得证.

【评注】　用函数极限与数列极限关系定理证明小结：

(1) 证明 $\lim\limits_{x\to x_0}f(x)$ 不存在时，找两个收敛于 x_0 的子列 x_{n_k},x_{m_k}，使得 $\lim\limits_{k\to\infty}f(x_{n_k})\neq\lim\limits_{k\to\infty}f(x_{m_k})$.

(2) 证明 $f(x)$ 在集合 X 中无界时，在 X 中找一个数列 x_n，使 $\lim\limits_{n\to\infty}f(x_n)=\infty$.

(3) 证明 $\lim\limits_{x\to x_0}f(x)\neq A$ 时，找一个收敛于 x_0 的子列 x_n，使 $\lim\limits_{n\to\infty}f(x_n)\neq A$.

题型3　函数极限计算

函数极限的定义描述了极限概念的本质，但并没有给出求极限的方法，由极限定义可以证明两个公式：$\lim\limits_{x\to x_0}C=C$，$\lim\limits_{x\to x_0}x=x_0$．在这两个公式的基础上，再加上极限的四则运算、两个重要极限公式、极限存在准则、无穷大小量及其性质可以得到以下求极限的方法：

(1) 极限的四则运算法则，但必须注意使用极限的四则运算法则的条件.

(2) 利用两个重要极限公式.

(3) 利用无穷大量和无穷小量的关系.

(4) 利用极限存在的两个准则.

(5) 利用无穷小量与有界变量的乘积为无穷小量.

(6) 利用无穷小量的等价代替.

(7) 分子分母的有理化.

(8) 利用变量代换.

(9) 当函数在分段点两侧的表达式不同时,用左右极限求分段点处的极限.

(10) 利用函数连续性.

后面章节中还会学习其他求极限方法.

例 1-17　求极限$\lim\limits_{x\to 0}\dfrac{\sqrt{1+x}-\sqrt{1-x}}{\sqrt[3]{1+x}-\sqrt[3]{1-x}}$.

解 1: 由于所给函数是分式,且分子与分母的极限都为零,因此不能直接用商的极限运算法则,又分子分母中含有无理式,对分子、分母同时有理化,将分子、分母同乘以因子$\sqrt[3]{(1+x)^2}+\sqrt[3]{1+x}\cdot\sqrt[3]{1-x}+\sqrt[3]{(1-x)^2}$及分子的共轭因子$\sqrt{1+x}+\sqrt{1-x}$得

$$I=\lim_{x\to 0}\frac{[(1+x)-(1-x)][\sqrt[3]{(1+x)^2}+\sqrt[3]{1-x^2}+\sqrt[3]{(1-x)^2}]}{[(1+x)-(1-x)][\sqrt{1+x}+\sqrt{1-x}]}$$

$$=\lim_{x\to 0}\frac{\sqrt[3]{(1+x)^2}+\sqrt[3]{1-x^2}+\sqrt[3]{(1-x)^2}}{\sqrt{1+x}+\sqrt{1-x}},$$

而函数$\dfrac{\sqrt[3]{(1+x)^2}+\sqrt[3]{1-x^2}+\sqrt[3]{(1-x)^2}}{\sqrt{1+x}+\sqrt{1-x}}$在$x=0$点连续,所以$I=\dfrac{3}{2}$.

解 2: $I=\lim\limits_{x\to 0}\dfrac{(\sqrt[6]{1+x})^3-(\sqrt[6]{1-x})^3}{(\sqrt[6]{1+x})^2-(\sqrt[6]{1-x})^2}=\lim\limits_{x\to 0}\dfrac{(\sqrt[6]{1+x})^2+\sqrt[6]{1+x}\sqrt[6]{1-x}+(\sqrt[6]{1-x})^2}{\sqrt[6]{1+x}+\sqrt[6]{1-x}}=\dfrac{3}{2}$.

例 1-18　求极限$\lim\limits_{x\to+\infty}\arccos(\sqrt{x^2+x}-x)$.

解: 由复合函数的极限法则

$$I=\arccos[\lim_{x\to+\infty}(\sqrt{x^2+x}-x)]=\arccos\left(\lim_{x\to+\infty}\frac{x}{\sqrt{x^2+x}+x}\right)=\arccos\frac{1}{2}=\frac{\pi}{3}.$$

例 1-19　求极限$\lim\limits_{x\to 0}\left(\dfrac{3-e^x}{2+x}\right)^{\frac{1}{\sin x}}$.

解: 函数是"1^∞"型,考虑用重要极限公式$\lim\limits_{x\to 0}(1+x)^{\frac{1}{x}}=e$,对原式变形有

$$\lim_{x\to 0}\left(\frac{3-e^x}{2+x}\right)^{\frac{1}{\sin x}}=\lim_{x\to 0}\left(\frac{2+x+1-x-e^x}{2+x}\right)^{\frac{1}{\sin x}}=\lim_{x\to 0}\left[\left(1+\frac{1-x-e^x}{2+x}\right)^{\frac{2+x}{1-x-e^x}}\right]^{\frac{1-x-e^x}{2+x}\cdot\frac{1}{\sin x}},$$

其中,$\lim\limits_{x\to 0}\left(1+\dfrac{1-x-e^x}{2+x}\right)^{\frac{2+x}{1-x-e^x}}=e$, $\lim\limits_{x\to 0}\dfrac{1-x-e^x}{2+x}\dfrac{1}{\sin x}=\lim\limits_{x\to 0}\dfrac{1}{2+x}\left(\dfrac{1-e^x}{x}-1\right)=-1$,所以$\lim\limits_{x\to 0}\left(\dfrac{3-e^x}{2+x}\right)^{\frac{1}{\sin x}}=e^{-1}$.

例 1-20　求极限$\lim\limits_{x\to 0}\left(\dfrac{8^x+15^x+25^x}{3}\right)^{\frac{1}{x}}$.

解:因 $$\left(\frac{8^x+15^x+25^x}{3}\right)^{\frac{1}{x}}=\left[\left(1+\frac{8^x+15^x+25^x-3}{3}\right)^{\frac{3}{8^x+15^x+25^x-3}}\right]^u,$$

其中，$$u=\frac{1}{3}\left(\frac{8^x-1}{x}+\frac{15^x-1}{x}+\frac{25^x-1}{x}\right),$$

因 $$\lim_{x\to 0}u=\lim_{x\to 0}\frac{1}{3}\left(\frac{8^x-1}{x}+\frac{15^x-1}{x}+\frac{25^x-1}{x}\right)=\frac{1}{3}(\ln 8+\ln 15+\ln 25),$$

所以 $I=e^{\frac{1}{3}(\ln 8+\ln 15+\ln 25)}=3000^{\frac{1}{3}}$.

【评注】

(1) 当函数式为 $(1+\varphi(x))^{g(x)}$ 且为"1^∞"型时，若 $g(x)\neq\frac{1}{\varphi(x)}$，设法将 $g(x)$ 变形使之出现 $\frac{1}{\varphi(x)}$.

(2) 求幂指函数 $f(x)^{g(x)}$ 的极限，若是"1^∞"型，通常有如下计算方法

$$\lim f(x)^{g(x)}=\lim\left\{[1+(f(x)-1)]^{\frac{1}{f(x)-1}}\right\}^{g(x)(f(x)-1)}=e^{\lim g(x)(f(x)-1)},$$

或 $$\lim f(x)^{g(x)}=e^{\lim g(x)\ln f(x)}=e^{\lim g(x)(f(x)-1)},$$

这里，用了恒等式 $f(x)^{g(x)}=e^{g(x)\ln f(x)}$ 及 $\ln f(x)$ 与 $(f(x)-1)$ 是等价无穷小.

例 1-21 求极限 $\lim\limits_{x\to 0}\frac{\sin x-\tan x}{\sin^3 x}$.

解:所求极限的函数为分式，且分子与分母的极限都为零，因此不能直接用商的极限运算法则，需要进行恒等变形和无穷小等价代替.

$$\lim_{x\to 0}\frac{\sin x-\tan x}{\sin^3 x}=\lim_{x\to 0}\frac{\sin x-\tan x}{x^3}=\lim_{x\to 0}\frac{\sin x}{x}\,\frac{1-\frac{1}{\cos x}}{x^2}$$

$$=\lim_{x\to 0}\frac{\sin x}{x}\,\frac{\cos x-1}{x^2}\,\frac{1}{\cos x}=\lim_{x\to 0}\frac{\sin x}{x}\,\frac{-\frac{1}{2}x^2}{x^2}\,\frac{1}{\cos x}=-\frac{1}{2}.$$

【评注】

(1) 下列做法是不对的，当 $x\to 0$ 时，$\sin x\sim x$，$\tan x\sim x$，所以 $\sin x-\tan x\sim x-x$，即 $\lim\limits_{x\to 0}\frac{\sin x-\tan x}{\sin^3 x}=\lim\limits_{x\to 0}\frac{x-x}{x^3}=0$.

原因是当 $x\to 0$ 时，$\sin x\sim x$，$\tan x\sim x$，所以 $\sin x\sim\tan x$，其差 $\sin x-\tan x\neq 0$，而是 $\sin x-\tan x=o(x)$，即两个等价无穷小($\alpha(x)$，$\beta(x)$)的差是比 $\alpha(x)$(或 $\beta(x)$)更高阶的无穷小，事实上通过上边的计算可知 $\sin x-\tan x\sim-\frac{1}{2}x^3$，$\sin x-\tan x$ 是 x 的三阶无穷小量.

(2) 在求两个无穷小之比的极限时，可用等价无穷小来代换，有时需先将函数式恒等变形后，再代换. 但在用等价无穷小代换时，一般在乘除运算时可以，而在和差运算时，不要轻易用，因为此时经代换后，往往改变了无穷小之比的"阶"数，而出现错误.

(3) 常用的等价无穷小：当 $x\to 0$ 时，有

$\sin x\sim x$，　$\sin(\sin x)\sim x$，　$\arcsin x\sim x$，　$\tan x\sim x$，

$\arctan x\sim x$，　$\ln(1+x)\sim x$，　$e^x-1\sim x$，　$a^x-1\sim x\ln a$，

$\sqrt{1+x}-\sqrt{1-x}\sim x,\quad 1-\cos x\sim\frac{x^2}{2},\quad (1+x)^{\frac{1}{n}}-1\sim\frac{x}{n},\quad (1+ax)^{\frac{m}{n}}-1\sim\frac{m}{n}ax.$

$\tan x-\sin x\sim\frac{1}{2}x^3$, $x-\sin x\sim\frac{1}{6}x^3$

将上述各等价无穷小代换式中的 x 换成无穷小量 $\varphi(x)$，仍适用，例如，当 $\varphi(x)\to 0$ 时，有

$$\ln[1+\varphi(x)]\sim\varphi(x),1-\cos\varphi(x)\sim\frac{1}{2}[\varphi(x)]^2,e^{\varphi(x)}-1\sim\varphi(x).$$

例 1-22 求极限 $\lim\limits_{x\to 0}\dfrac{\frac{x^2}{2}+1-\sqrt{1+x^2}}{(\cos x-e^{x^2})\sin x^2}$.

解：注意到 $\frac{x^2}{2}+1-\sqrt{1+x^2}=\dfrac{x^4}{4\left(\frac{x^2}{2}+1+\sqrt{1+x^2}\right)}$，所以

$$I=\frac{1}{4}\lim_{x\to 0}\frac{1}{\frac{x^2}{2}+1+\sqrt{1+x^2}}\cdot\frac{1}{\left(\frac{\cos x-1}{x^2}+\frac{1-e^{x^2}}{x^2}\right)\frac{\sin x^2}{x^2}}=\frac{1}{4}\times\frac{1}{2}\times\frac{1}{-\frac{1}{2}-1}=-\frac{1}{12}.$$

例 1-23 求极限 $\lim\limits_{x\to 0}\dfrac{e^{\tan x}-e^{\sin x}}{(x+x^2)[(1+x)^{\frac{1}{3}}-1]\arcsin x}$.

解：分子分母分别用等价无穷小代替简化计算，为了找到分子的等价无穷小，将差变形为乘积，注意这种变形技巧.

$$I=\lim_{x\to 0}\frac{e^{\sin x}(e^{\tan x-\sin x}-1)}{x\cdot\frac{1}{3}x\cdot x}=3\lim_{x\to 0}e^{\sin x}\cdot\lim_{x\to 0}\frac{\tan x-\sin x}{x^3}=3\lim_{x\to 0}\frac{\tan x}{x}\cdot\frac{1-\cos x}{x^2}=3\times 1\times\frac{1}{2}=\frac{3}{2}.$$

例 1-24 求极限 $\lim\limits_{x\to 0}\dfrac{\ln(x^2+e^x)}{\ln(x^4+e^{2x})}$.

解：$I=\lim\limits_{x\to 0}\dfrac{\ln[1+(x^2+e^x-1)]}{\ln[1+(x^4+e^{2x}-1)]}=\lim\limits_{x\to 0}\dfrac{x^2+e^x-1}{x^4+e^{2x}-1}=\lim\limits_{x\to 0}\dfrac{x+\frac{e^x-1}{x}}{x^3+2\,\frac{e^{2x}-1}{2x}}=\dfrac{1}{2}.$

例 1-25 求极限 $\lim\limits_{x\to\infty}\dfrac{e^{\frac{1}{x}}-e^{-x}}{\cos\frac{1}{x}}$.

解：注意到，当 $x\to-\infty$ 时，$e^{\frac{1}{x}}\to 1$，$e^{-x}\to+\infty$，$\cos\frac{1}{x}\to 1$；当 $x\to+\infty$ 时，$e^{\frac{1}{x}}\to 1$，$e^{-x}\to 0$，$\cos\frac{1}{x}\to 1$，故 $\lim\limits_{x\to-\infty}\dfrac{e^{\frac{1}{x}}-e^{-x}}{\cos\frac{1}{x}}=-\infty$，$\lim\limits_{x\to+\infty}\dfrac{e^{\frac{1}{x}}-e^{-x}}{\cos\frac{1}{x}}=1$，因左右极限不相等，从而所求极限不存在.

例 1-26 设 $f(x)=\begin{cases}x\sin\frac{1}{x} & x>0\\ \dfrac{1-\cos x-x\sin\frac{x}{2}}{x^2} & x<0\end{cases}$，求 $\lim\limits_{x\to 0}f(x)$.

解:因为
$$\lim_{x\to0^+}f(x)=\lim_{x\to0^+}x\sin\frac{1}{x}=0,$$
$$\lim_{x\to0^-}\frac{1-\cos x-x\sin\frac{x}{2}}{x^2}=\lim_{x\to0^-}\left(\frac{1-\cos x}{x^2}-\frac{x\sin\frac{x}{2}}{x^2}\right)=\frac{1}{2}-\frac{1}{2}=0,$$
所以$\lim\limits_{x\to0}f(x)=0$.

例1-27　求极限$\lim\limits_{n\to\infty}\cos\frac{x}{2}\cos\frac{x}{4}\cdots\cos\frac{x}{2^n}$.

解:由 $\cos\frac{x}{2^n}=\dfrac{\sin\frac{x}{2^{n-1}}}{2\sin\frac{x}{2^n}}$,得
$$\cos\frac{x}{2}\cos\frac{x}{4}\cdots\cos\frac{x}{2^n}=\frac{\sin x}{2\sin\frac{x}{2}}\ \frac{\sin\frac{x}{2}}{2\sin\frac{x}{4}}\cdots\frac{\sin\frac{x}{2^{n-1}}}{2\sin\frac{x}{2^n}}=\frac{\sin x}{x}\ \frac{\frac{x}{2^n}}{\sin\frac{x}{2^n}},$$
所以$\lim\limits_{n\to\infty}\cos\frac{x}{2}\cos\frac{x}{4}\cdots\cos\frac{x}{2^n}=\lim\limits_{n\to\infty}\dfrac{\sin x}{x}\ \dfrac{\frac{x}{2^n}}{\sin\frac{x}{2^n}}=\dfrac{\sin x}{x}$.

例1-28　当$x\to0$时,下列哪个函数是x的高阶无穷小?哪个是x的同阶无穷小或等价无穷小?

(1) $\arcsin(\sqrt{4+x^2}-2)$;　　(2) $2x+3x^{\frac{3}{2}}-5x^3$.

解:(1)因为当$x\to0$时,$\arcsin(\sqrt{4+x^2}-2)\sim(\sqrt{4+x^2}-2)=2\left(\sqrt{1+\frac{x^2}{4}}-1\right)\sim2\cdot\frac{x^2}{8}=\frac{x^2}{4}$,所以当$x\to0$时,$\arcsin(\sqrt{4+x^2}-2)$为$x$的高阶无穷小.

(2) 因为
$$\lim_{x\to0}\frac{2x+3x^{\frac{3}{2}}-5x^3}{x}=\lim_{x\to0}\frac{2x\left(1+\frac{3}{2}x^{\frac{1}{2}}-\frac{5}{2}x^2\right)}{x}=2,$$
所以当$x\to0$时,$2x+3x^{\frac{3}{2}}-5x^3$是x的同阶无穷小.

【评注】　由(2)的计算可知,当$x\to0$时,由有限个无穷小量的代数和所构成的无穷小量,它的阶数是由最低幂次项所决定的,也就是说低阶无穷小量“吸收”高阶无穷小量,用这种方法可以简化计算.

例1-29　设当$x\to0$时,$\sin(\sin^2x)\ln(1+x^2)$是比$x\sin x^n$高阶的无穷小,而$x\sin x^n$是比$e^{x^2}-1$高阶的无穷小,则正整数$n=$(　　).

A. 1　　B. 2　　C. 3　　D. 4

解:依题意,并用等价无穷小代换,有
$$\lim_{x\to0}\frac{\sin(\sin x^2)\ln(1+x^2)}{x\sin x^n}=\lim_{x\to0}\frac{x^2\cdot x^2}{x\cdot x^n}=\lim_{x\to0}x^{3-n}=0,\text{故 }3-n>0;$$
$$\lim_{x\to0}\frac{x\sin x^n}{e^{x^2}-1}=\lim_{x\to0}\frac{x\cdot x^n}{x^2}=\lim_{x\to0}x^{n-1}=0,\text{故 }n-1>0;$$

由 $3-n>0$ 及 $n-1>0$ 知 $1<n<3$，即 $n=2$. 所以选 B.

例 1-30 当 $x\to 0$ 时，$\sqrt{x+\sqrt{x+\sqrt{x}}}$ 是 x 的几阶无穷小？

解：由于 $\sqrt{x+\sqrt{x+\sqrt{x}}}=\sqrt{x+\sqrt[4]{x}\sqrt{\sqrt{x}+1}}=\sqrt[8]{x}\sqrt{x^{\frac{3}{4}}+\sqrt{\sqrt{x}+1}}$，

$$\lim_{x\to 0}\frac{\sqrt[8]{x}\sqrt{x^{\frac{3}{4}}+\sqrt{\sqrt{x}+1}}}{\sqrt[8]{x}}=1,$$

所以 $\sqrt{x+\sqrt{x+\sqrt{x}}}$ 是 x 的 $\frac{1}{8}$ 阶无穷小.

例 1-31 若 $\lim\limits_{x\to 0}\frac{\sin x}{e^x-a}(\cos x-b)=5$，求 a 与 b.

分析：若 $\lim\limits_{x\to 0}\frac{f(x)}{g(x)}\neq 0$，且 $\lim\limits_{x\to 0}f(x)=0$，则必有 $\lim\limits_{x\to 0}g(x)=0$.

若 $\lim\limits_{x\to 0}\frac{f(x)}{g(x)}\neq 0$，且 $\lim\limits_{x\to 0}g(x)=0$，则必有 $\lim\limits_{x\to 0}f(x)=0$.

解：因为 $\lim\limits_{x\to 0}\frac{\sin x}{e^x-a}(\cos x-b)=5$，$\lim\limits_{x\to 0}\sin x\cdot(\cos x-b)=0$，则必有 $\lim\limits_{x\to 0}(e^x-a)=0$，故 $a=\lim\limits_{x\to 0}e^x=1$，又因为 $\lim\limits_{x\to 0}\frac{\sin x}{e^x-1}=1$，于是有 $\lim\limits_{x\to 0}\frac{\sin x}{e^x-1}(\cos x-b)=1-b=5$，故 $b=-4$.

题型 4　使用极限存在准则证明极限存在

例 1-32 设 $a>0$，证明 $\lim\limits_{n\to\infty}\sqrt[n]{a}=1$.

证明：当 $a=1$ 时，$\lim\limits_{n\to\infty}\sqrt[n]{a}=1$；

当 $a>1$ 时，$\sqrt[n]{a}>1$，令 $\sqrt[n]{a}=1+a_n$，则 $a_n>0$，且 $a=(1+a_n)^n=1+na_n+\cdots+a_n^n>1+na_n$，从而 $0<a_n<\frac{a-1}{n}$，因为 $\lim\limits_{n\to\infty}\frac{a-1}{n}=0$，由夹逼准则，有 $\lim\limits_{n\to\infty}a_n=0$，于是 $\lim\limits_{n\to\infty}\sqrt[n]{a}=1$.

当 $0<a<1$ 时，$\frac{1}{a}>1$，由前述 $\lim\limits_{n\to\infty}\sqrt[n]{a}=\lim\limits_{n\to\infty}\frac{1}{\sqrt[n]{\frac{1}{a}}}=\frac{1}{\lim\limits_{n\to\infty}\sqrt[n]{\frac{1}{a}}}=1$.

综上所述，$\lim\limits_{n\to\infty}\sqrt[n]{a}=1$.

例 1-33 设 $a>0$，$y_1>0$，$y_{n+1}=\frac{1}{2}\left(y_n+\frac{a}{y_n}\right)(n=1,2,\cdots)$，证明数列 $\{y_n\}$ 收敛，并求其极限.

证明：由题设知，对一切 n，有 $y_n>0$，由于

$$y_n=\frac{1}{2}\left(y_{n-1}+\frac{a}{y_{n-1}}\right)\geqslant\frac{1}{2}\cdot 2\sqrt{y_{n-1}}\cdot\sqrt{\frac{a}{y_{n-1}}}=\sqrt{a},$$

$$y_{n+1}-y_n=\frac{1}{2}\left(y_n+\frac{a}{y_n}\right)-y_n=\frac{1}{2}\left(\frac{a}{y_n}-y_n\right)=\frac{1}{2y_n}(a-y_n^2)\leqslant 0,$$

所以数列 $\{y_n\}$ 单调减少且有下界，从而极限一定存在.

记 $\lim\limits_{n\to\infty}y_n=A$，在 $y_{n+1}=\frac{1}{2}\left(y_n+\frac{a}{y_n}\right)$ 中，令 $n\to\infty$，得 $A=\frac{1}{2}\left(A+\frac{a}{A}\right)$，可解得 $A=\pm\sqrt{a}$，因为

$y_n>0$,所以 $A=\sqrt{a}$,即 $\lim\limits_{n\to\infty}y_n=\sqrt{a}$.

题型5 函数连续性与间断点的判断

由函数在一点连续的定义可以按照下列次序判别间断点及其类型：

(1) 判别无定义点.

(2) 判别左右极限可能不存在点.

(3) 判别极限值可能不等于函数值的点.

特别地,对于分段函数,其分段点是可能的间断点,研究这些点处左右极限与函数值的关系,可以确定它们是否为间断点.

例1-34 讨论函数 $f(x)=\begin{cases}\dfrac{1-e^{\frac{1}{x}}}{1+e^{\frac{1}{x}}} & x\neq0\\ 1 & x=0\end{cases}$, 在 $x=0$ 处的连续性.

分析:讨论分段函数的连续性,必须研究在分段点两侧的极限,即左右极限.

解:由于 $\lim\limits_{x\to0^-}e^{\frac{1}{x}}=0$, $\lim\limits_{x\to0^+}e^{\frac{1}{x}}=+\infty$, $\lim\limits_{x\to0^-}f(x)=1$, $\lim\limits_{x\to0^+}f(x)=-1$,所以函数在 $x=0$ 处不连续.

例1-35 设 $f(x)$,$\varphi(x)$ 在 $(-\infty,+\infty)$ 内有定义,$f(x)$ 是连续函数,且 $f(x)\neq0$,$\varphi(x)$ 有间断点,则下列结论正确的是(　　).

A. $f(\varphi(x))$ 必有间断点　　B. $\varphi(f(x))$ 必有间断点

C. $\varphi^2(x)$ 必有间断点　　D. $\dfrac{\varphi(x)}{f(x)}$ 必有间断点

解:选D.

因为若 $F(x)=\dfrac{\varphi(x)}{f(x)}$ 是连续函数,则 $\varphi(x)=F(x)\cdot f(x)$ 必为连续函数,这与题设矛盾.

选项A的反例：

$f(x)=2+\sin x$, $\varphi(x)=\begin{cases}x-\pi & x\leqslant0\\ x+\pi & x>0\end{cases}$ 在 $x=0$ 处间断,但 $f(\varphi(x))=\begin{cases}2+\sin(x-\pi) & x\leqslant0\\ 2+\sin(x+\pi) & x>0\end{cases}$ 在 $x=0$ 处连续,且在 $(-\infty,+\infty)$ 内连续.

选项B的反例：

$f(x)=1$,$\varphi(x)=\begin{cases}1 & x>0\\ 0 & x=0\\ -1 & x<0\end{cases}$,在 $x=0$ 处间断,但 $\varphi(f(x))=1$,在 $(-\infty,+\infty)$ 内连续.

选项C的反例：

$\varphi(x)=\begin{cases}1 & x\in\mathbf{R}\\ -1 & x\notin\mathbf{R}\end{cases}$,在 $x=0$ 处间断,但 $\varphi^2(x)=1$ 在 $(-\infty,+\infty)$ 内连续.

例1-36 设函数 $f(x)=\lim\limits_{n\to\infty}\dfrac{1+x}{1+x^{2n}}$,求函数 $f(x)$ 的间断点并判断其类型.

分析:所求函数是一个数列极限,由于

$$\lim_{n\to\infty}x^{2n}=\begin{cases}0 & |x|<1\\ \infty & |x|>1\end{cases}$$

以 $x=\pm1$ 为分界点,求 $f(x)$ 的解析表达式.

解: 当 $|x|<1$ 时, $f(x)=\lim\limits_{n\to\infty}\dfrac{1+x}{1+x^{2n}}=1+x.$

当 $|x|>1$ 时, $f(x)=\lim\limits_{n\to\infty}\dfrac{1+x}{1+x^{2n}}=0;$

当 $x=1$ 时, $f(x)=\lim\limits_{n\to\infty}\dfrac{1+x}{1+x^{2n}}=1;$

当 $x=-1$ 时, $f(x)=\lim\limits_{n\to\infty}\dfrac{1+x}{1+x^{2n}}=0.$

所以
$$f(x)=\lim_{n\to\infty}\frac{1+x}{1+x^{2n}}=\begin{cases}0 & x\leqslant -1\\ 1+x & -1<x<1\\ 1 & x=1\\ 0 & x>1\end{cases}.$$

因为 $f(x)$ 在 $(-\infty,-1)$, $(-1,1)$, $(1,+\infty)$ 上为初等函数,所以 $f(x)$ 在 $(-\infty,-1)$, $(-1,1)$, $(1,+\infty)$ 上连续;由于 $\lim\limits_{x\to-1^-}f(x)=\lim\limits_{x\to-1^+}f(x)=0=f(0)$,故函数 $f(x)$ 在 $x=-1$ 连续;由于 $\lim\limits_{x\to1^-}f(x)=2$, $\lim\limits_{x\to1^+}f(x)=0$,可见 $f(x)$ 在 $x=1$ 间断,且 $x=1$ 是跳跃间断点.

例 1-37 设 $y=f(x)$ 在 $(-\infty,+\infty)$ 内满足 $f(x+y)=f(x)+f(y)$,若 $f(x)$ 在 $x=0$ 连续,则 $f(x)$ 在 $(-\infty,+\infty)$ 内连续.

证明: 任取 $x_0\in(-\infty,+\infty)$,由已知 $\lim\limits_{x\to0}f(x)=f(0)$ 及 $f(x+y)=f(x)+f(y)$ 可得

$$\Delta f(x)=f(x_0+\Delta x)-f(x_0)=f(x_0)+f(\Delta x)-f(x_0)=f(\Delta x),$$

由于 $f(x)$ 在 $x=0$ 连续,故 $\lim\limits_{\Delta x\to0}\Delta f(x)=\lim\limits_{\Delta x\to0}f(\Delta x)=f(0)$,又因为 $f(x+y)=f(x)+f(y)$,所以 $f(0+0)=f(0)+f(0)$,因此 $f(0)=0$,由 x_0 的任意性可知 $f(x)$ 在 $(-\infty,+\infty)$ 内连续.

题型 6 含参变量函数的极限

例 1-38 设函数 $f(x)=\lim\limits_{n\to\infty}\dfrac{x^n}{1+x^n}(x\geqslant0)$,求函数 $f(x)$ 的表达式.

解: 以 $x=1$ 为分界点,当 $x=1$ 时, $f(x)=\dfrac{1}{2};$

当 $0\leqslant x<1$ 时, $f(x)=\lim\limits_{n\to\infty}\dfrac{x^n}{1+x^n}=\dfrac{0}{1+0}=0;$

当 $x>1$ 时, $f(x)=\lim\limits_{n\to\infty}\dfrac{1}{1+x^{-n}}=1.$

因此
$$f(x)=\begin{cases}0 & 0\leqslant x<1\\ \dfrac{1}{2} & x=1\\ 1 & x>1\end{cases}.$$

例 1-39 求函数 $f(x)=\lim\limits_{n\to\infty}\dfrac{\ln(e^n+x^{2n})}{n}$ 的表达式.

解:注意到 $x^{2n}=(x^2)^n$,应以 $x^2=\mathrm{e}$ 为分界点.

当 $x^2=\mathrm{e}$ 时，　$f(x)=\lim\limits_{n\to\infty}\dfrac{\ln(2\mathrm{e}^n)}{n}=\lim\limits_{n\to\infty}\dfrac{\ln2+n}{n}=1$;

当 $x^2<\mathrm{e}$ 时，　$f(x)=\lim\limits_{n\to\infty}\dfrac{\ln\mathrm{e}^n\left[1+\left(\dfrac{x^2}{\mathrm{e}}\right)^n\right]}{n}=\lim\limits_{n\to\infty}\dfrac{n+\ln\left[1+\left(\dfrac{x^2}{\mathrm{e}}\right)^n\right]}{n}=1$;

当 $x^2>\mathrm{e}$ 时，　$f(x)=\lim\limits_{n\to\infty}\dfrac{\ln x^{2n}\left[\left(\dfrac{\mathrm{e}}{x^2}\right)^n+1\right]}{n}=\ln x^2$.

因此 $f(x)=\begin{cases}1 & x^2\leqslant\mathrm{e}\\ \ln x^2 & x^2>\mathrm{e}\end{cases}$.

例1-40　求函数 $f(x)=\lim\limits_{n\to\infty}\dfrac{x^{2n-1}+ax^2+bx}{x^{2n}+1}$,并确定常数 a,b 的值,使 $f(x)$ 在 $(-\infty,+\infty)$ 内连续.

分析:求 $f(x)$ 时,应以 $|x|=1$,即 $x=-1,x=1$ 为分界点.

解:当 $x=-1$ 时，　$f(x)=\dfrac{-1+a-b}{2}$;

当 $x=1$ 时，　$f(x)=\dfrac{1+a+b}{2}$;

当 $|x|<1$ 时，　$f(x)=\lim\limits_{n\to\infty}\dfrac{x^{2n-1}+ax^2+bx}{x^{2n}+1}=ax^2+bx$;

当 $|x|>1$ 时，　$f(x)=\lim\limits_{n\to\infty}\dfrac{x^{-1}+ax^{-2n+2}+bx^{-2n+1}}{1+x^{-2n}}=\dfrac{1}{x}$.

综上所述，

$$f(x)=\begin{cases}ax^2+bx & |x|<1\\ \dfrac{1}{x} & |x|>1\\ \dfrac{-1+a-b}{2} & x=-1\\ \dfrac{1+a+b}{2} & x=1\end{cases},$$

在区间 $(-\infty,-1),(-1,1),(1,+\infty)$ 内,$f(x)$ 是初等函数,均连续,所以只要确定 a,b,使 $f(x)$ 在 $x=-1,x=1$ 处连续即可. 由函数连续定义,应有

$$f(-1^-)=f(-1^+)=f(-1),f(1^-)=f(1^+)=f(1).$$

由此,得 $a-b=-1,a+b=1$,解之得 $a=0,b=1$,即当 $a=0,b=1$ 时,$f(x)$ 在 $(-\infty,+\infty)$ 内连续.

题型7　方程根的存在性判断

证明方程存在实根有两类问题:一是证明在区间 (a,b) 内根的存在性;二是证明在区间 (a,b) 内根的唯一性.

证明方程存在根的解题思路:用连续函数的零点定理.

(1) 若题设给出方程,首先将方程写成 $F(x)=0$ 的形式;然后,设函数 $F(x)$,并验证该函

数在所给的闭区间$[a,b]$上连续且$F(a)$与$F(b)$异号,即可得到结论.

(2) 若题目不是证明方程存在根,而是证明存在$\xi\in(a,b)$,使一含ξ的等式成立. 这时,先将欲证的含ξ的等式写成$F(\xi)=0$的形式,这相当于证明方程$F(x)=0$存在根ξ,只要将ξ变为x即可设出辅助函数$F(x)$,之后过程与(1)同.

(3) 零点定理的推广. 零点定理中的闭区间$[a,b]$,可推广至开区间、半开区间和无限区间,这里以无限区间$(-\infty,+\infty)$为例来说明:

设$F(x)$在$(-\infty,+\infty)$内连续,若$\lim\limits_{x\to-\infty}F(x)=A$,$\lim\limits_{x\to+\infty}F(x)=B$,且$A$与$B$异号(或若$\lim\limits_{x\to-\infty}F(x)=-\infty(+\infty)$,$\lim\limits_{x\to+\infty}F(x)=+\infty(-\infty)$),则总可在$(-\infty,+\infty)$内选定一个闭区间$[c,d]$,使$F(c)F(d)<0$,因而可在$[c,d]$上应用零点定理.

在开区间(a,b)上讨论方程$F(x)=0$存在根,只需证明$\lim\limits_{x\to a^+}F(x)$和$\lim\limits_{x\to b^-}F(x)$异号即可.

(4) 若欲证方程$F(x)=0$在区间$(a,b]$,$[a,b)$,$[a,b]$上存在根,除用零点定理证明方程在(a,b)内存在根外,对区间的端点还应加以讨论.

证明方程根的唯一性的解题思路(已证方程$F(x)=0$在(a,b)内存在根):

(1) 验证函数$F(x)$在$[a,b]$上单调.

(2) 用反证法,设方程有两个实根,导出矛盾.

例 1-41 设$f(x)$在(a,b)内连续,且$a<c<d<b$,证明:在(a,b)内至少存在一点ξ,使得$pf(c)+qf(d)=(p+q)f(\xi)$,其中p,q为任意的正数.

证明: 由于$f(x)$在(a,b)内连续,且$a<c<d<b$,可知$f(x)$在$[c,d]$上连续. 由最值定理,$f(x)$在$[c,d]$上有最大值M,最小值m,而$m\leqslant f(c)\leqslant M$,$m\leqslant f(d)\leqslant M$.

又因为$p>0,q>0$,故$(p+q)m\leqslant pf(c)+qf(d)\leqslant(p+q)M$,即$m\leqslant\dfrac{pf(c)+qf(d)}{p+q}\leqslant M$,由介值定理可知,至少存在一点$\xi\in(c,d)\subset(a,b)$,使得$\dfrac{pf(c)+qf(d)}{(p+q)}=f(\xi)$,即$pf(c)+qf(d)=(p+q)f(\xi)$.

例 1-42 证明方程$x^3+px+q=0\ (p>0)$有且只有一个根.

证明: (1) 先证存在性.

令$F(x)=x^3+px+q$,则$F(x)$在$(-\infty,+\infty)$内连续,由于

$$\lim_{x\to+\infty}(x^3+px+q)=\lim_{x\to+\infty}x^3\left(1+\frac{p}{x^2}+\frac{q}{x^3}\right)=+\infty,$$

$$\lim_{x\to-\infty}(x^3+px+q)=\lim_{x\to-\infty}x^3\left(1+\frac{p}{x^2}+\frac{q}{x^3}\right)=-\infty,$$

即对于不论多大的$M>0$,当x充分大时,有$x^3+px+q>M$,即可取到$x=b$,使$F(b)>0$;同理,可取到$x=a$,使$F(a)<0$.

由于$F(x)$在闭区间$[a,b]$上连续,显然存在$\xi\in(a,b)$,使$F(\xi)=0$,即ξ是方程$F(x)=0$的根.

(2) 再证唯一性,需证明函数$F(x)$单调.

在$(-\infty,+\infty)$内任取x_1,x_2,设$x_1<x_2$,因为

$$F(x_2)-F(x_1)=x_2^3-x_1^3+p(x_2-x_1)=(x_2-x_1)(x_2^2+x_1x_2+x_1^2+p)>0\quad(p>0),$$

故$F(x)$在$(-\infty,+\infty)$上单调增加,从而方程$F(x)=0$只有一个根.

【评注】 上述结论可以推广到一般,任一奇数次多项式(或任一奇数次代数方程)在实数内至少有一个根.

1.4　疑难问题解析

问题1　奇、偶函数的定义域是否都是关于原点对称的区间?

答:不一定.奇、偶函数的定义域一定是关于原点对称的数集,这个数集不一定是区间.例如,正切函数是奇函数,它的定义域是关于原点对称的数集

$$\left\{x \mid x\in\left(k\pi-\frac{\pi}{2},k\pi+\frac{\pi}{2}\right),k=0,\pm1,\pm2,\cdots\right\},$$

但它并不是区间.

问题2　两个周期函数的和是不是周期函数?

答:不一定.例如,函数 $f(x)=\sin x$ 与 $\varphi(x)=\sin ax$(a 是正无理数)都是周期函数,周期分别为 2π 与 $\frac{2\pi}{a}$,但是函数 $f(x)+\varphi(x)=\sin x+\sin ax$ 却不是周期函数,因为若它的最小正周期是 p,对任意 $x\in\mathbf{R}$,有

$$\sin(x+p)+\sin(ax+ap)=\sin x+\sin ax,$$

$$\sin(x+p)-\sin x=-[\sin(ax+ap)-\sin ax],$$

$$\cos\left(x+\frac{p}{2}\right)\sin\frac{p}{2}=-\cos\left(ax+\frac{ap}{2}\right)\sin\frac{ap}{2}.$$

设 $x+\frac{p}{2}=y\in\mathbf{R}$,有 $\cos y\sin\frac{p}{2}=-\cos ay\sin\frac{ap}{2}$.

令 $y=\frac{\pi}{2}$,有 $0=-\cos\frac{a\pi}{2}\sin\frac{ap}{2}$,即 $\sin\frac{ap}{2}=0$,因此 ap 必是 2π 的倍数.设 $ap=2n\pi,n\in\mathbf{Z}^+$.

再令 $ay=\frac{\pi}{2}$,有 $\cos\frac{\pi}{2a}\sin\frac{p}{2}=0$,即 $\sin\frac{p}{2}=0$,因此 p 必是 2π 的倍数.设 $p=2m\pi,m\in\mathbf{Z}^+$,

从而 $a=\frac{2n\pi}{2m\pi}=\frac{n}{m}$,与已知 a 是正无理数矛盾,于是函数 $\sin x+\sin ax$ 不是周期函数.

问题3　周期函数是否一定都有最小周期?

答:不是.例如,常函数 $y=C$(C 为常数),任意实数 $a>0$ 都是它的周期,而正实数 a 无最小值.

问题4　若函数 $f(x)$ 与 $g(x)$ 在区间 (a,b) 内均无界,$f(x)g(x)$ 在 (a,b) 内一定无界吗?

答:不一定.例如,$f(x)=\tan x,g(x)=\cot x$ 在 $\left(0,\frac{\pi}{2}\right)$ 上均无界,但 $f(x)g(x)=1$.再如,

$f(x)=\begin{cases}\frac{1}{x} & 0<x\leqslant1\\ 1-x & 1<x<2\end{cases}$,$g(x)=\begin{cases}x^2 & 0<x\leqslant1\\ \frac{1}{1-x} & 1<x<2\end{cases}$,$f(x)$ 与 $g(x)$ 在 $(0,2)$ 内均无界,但

$f(x)g(x)=\begin{cases}x & 0<x\leqslant1\\ 1 & 1<x<2\end{cases}$ 在 $(0,2)$ 内有界.

问题5　若 $\lim\limits_{n\to\infty}x_n=a$,则一定有 $\lim\limits_{n\to\infty}\frac{x_{n+1}}{x_n}=1$ 吗?

答:不一定. 当$\lim\limits_{n\to\infty}x_n=a$时,尽管由极限的定义可以得出$\lim\limits_{n\to\infty}x_{n+1}=a$,但未必有$\lim\limits_{n\to\infty}\dfrac{x_{n+1}}{x_n}=1$. 这是因为在使用商的极限运算法则时,要求分母的极限不为0,故当$a\neq0$时,$\lim\limits_{n\to\infty}\dfrac{x_{n+1}}{x_n}=1$成立;当$a=0$时,$\lim\limits_{n\to\infty}\dfrac{x_{n+1}}{x_n}$可能存在也可能不存在,即使存在,也未必等于1.

例如,$x_n=\dfrac{2+(-1)^n}{n}$,虽然有$\lim\limits_{n\to\infty}x_n=\lim\limits_{n\to\infty}x_{n+1}=0$,但$\lim\limits_{n\to\infty}\dfrac{x_{n+1}}{x_n}=\lim\limits_{n\to\infty}\dfrac{2+(-1)^{n+1}}{n+1}\cdot\dfrac{n}{2+(-1)^n}$不存在.

又如$x_n=\dfrac{1}{2^n}$,有$\lim\limits_{n\to\infty}x_n=\lim\limits_{n\to\infty}x_{n+1}=0$,但$\lim\limits_{n\to\infty}\dfrac{x_{n+1}}{x_n}=\dfrac{1}{2}$.

问题6　若数列$\{x_n\}$与$\{y_n\}$同时发散,数列$\{x_n+y_n\}$是否也一定发散?

答:不一定. 例如,数列$x_n=1+(-1)^n$与$y_n=(-1)^{n+1}$都发散,但$\lim\limits_{n\to\infty}(x_n+y_n)=1$. 又如数列$x_n=(-1)^n$与$y_n=n$都发散,而$x_n+y_n=(-1)^n+n$也是发散的. 当然若$\{x_n\}$收敛,而$\{y_n\}$发散,则$\{x_n+y_n\}$一定发散.

问题7　无穷大量与无界函数有什么区别和联系?

答:无穷大量是指在自变量的某一变化过程中,绝对值可以无限增大的量,即对于任意$M>0$,当自变量变化到某一阶段后,对一切的x都要满足不等式$|f(x)|>M$. 而无界函数是以否定有界函数来定义的,它是反映自变量在某一范围时,对应的函数值的一种状态,即对于任意$M>0$,虽然自变量在此范围内,但却存在x使不等式$|f(x)|>M$成立. 二者的关系是:若$f(x)$是当$x\to x_0$时的无穷大量,则$f(x)$在点x_0附近一定无界. 但反过来却不一定成立. 例如,$f(x)=\dfrac{1}{x}\sin\dfrac{1}{x}$在区间$(0,1)$上无界,但当$x\to0^+$时$f(x)$不是无穷大量.

问题8　为什么不说初等函数在它的定义域内连续,而说初等函数在它的定义区间内连续?

答:这是因为初等函数的定义域内可能有孤立点,在孤立点讨论连续性是毫无意义的,如初等函数$f(x)=\sqrt{\cos x-1}$,$D=\{x\mid x=2k\pi,k\in\mathbf{Z}\}$. 由于$D$中的每一个点都是孤立点,$f(x)$在这些点附近没有定义,因而不能在这些点处讨论函数的连续性,所以不能笼统地说初等函数在其定义域内连续,但限制在初等函数的定义区间内讨论时,不可能出现孤立点的情形,由基本初等函数的连续性及连续函数的运算性质可知,初等函数在其定义区间内连续. 所谓定义区间是指包含在函数定义域内的区间.

问题9　两个无穷大的和(或差)是否还是无穷大?

答:不一定. 例如,函数$f(x)=\sqrt{1+x}$与$g(x)=-\sqrt{x}\,(x\to+\infty)$都是无穷大,但是它们的和却是$\lim\limits_{x\to+\infty}(\sqrt{1+x}-\sqrt{x})=\lim\limits_{x\to+\infty}\dfrac{1}{\sqrt{1+x}+\sqrt{x}}=0$.

问题10　已知$f(x)$在$x=0$的某邻域内有界,若$\lim\limits_{x\to0}g(x)f(x)=0$,则必有$\lim\limits_{x\to0}g(x)=0$吗?

答:在该命题中要注意两点,首先,有界函数与无穷小量的乘积是无穷小量,但其逆不真;其次,对于两个极限均不存在的函数,其代数和或乘积后所得函数的极限是可能存在的.

例如，设$f(x)=\begin{cases}1 & x>0\\ 0 & x<0\end{cases}$，$g(x)=\begin{cases}0 & x>0\\ 1 & x<0\end{cases}$，则$\lim\limits_{x\to 0}g(x)f(x)=0$，$f(x)$是有界函数，而$x\to 0$时，$g(x)$极限不存在，因此原命题不成立．

问题11　若$\lim\limits_{x\to 0}\alpha(x)$存在，且$\lim\limits_{x\to 0}\alpha(x)\sin\dfrac{1}{x}=0$，则必有$\lim\limits_{x\to 0}\alpha(x)=0$吗？

答：该命题是成立的，用反证法．

假设$\lim\limits_{x\to 0}\alpha(x)=A\neq 0$，则有$\alpha(x)=A+\beta(x)$，其中$\lim\limits_{x\to 0}\beta(x)=0$，则

$$\lim_{x\to 0}\alpha(x)\sin\frac{1}{x}=\lim_{x\to 0}[A+\beta(x)]\sin\frac{1}{x}=\lim_{x\to 0}\left[A\sin\frac{1}{x}+\beta(x)\sin\frac{1}{x}\right],$$

因为$\lim\limits_{x\to 0}\beta(x)\sin\dfrac{1}{x}=0$（有界函数与无穷小量的乘积是无穷小量），而$\lim\limits_{x\to 0}A\sin\dfrac{1}{x}$不存在，所以$\lim\limits_{x\to 0}\alpha(x)\sin\dfrac{1}{x}=0$不存在，与题设条件矛盾，所以$\lim\limits_{x\to 0}\alpha(x)=0$.

问题12　为什么函数$f(x)$在$x\to a$时的极限与函数$f(x)$在a的取值情况无关？

答：若$\lim\limits_{x\to a}f(x)=b$，即$\forall\varepsilon>0$，$\exists\delta>0$，当$0<|x-a|<\delta$时，$|f(x)-b|<\varepsilon$. 显然，满足不等式$|f(x)-b|<\varepsilon$的$x\in(a-\delta,a+\delta)/\{a\}$. 说明函数$f(x)$在点$a$的极限与函数$f(x)$在点$a$的取值情况无关．例如，函数$f(x)=\dfrac{\sin x}{x}$在$x\to 0$时存在极限，而函数$f(x)=\dfrac{\sin x}{x}$在$x=0$没有定义；即使函数$f(x)$在点$a$有定义，函数$f(x)$在$x\to a$时的极限也不一定是$f(a)$. 例如，函数$\varphi(x)=\begin{cases}\dfrac{2x^2-2}{x-1} & x\neq 1\\ 8 & x=1\end{cases}$，在$x\to 1$时的极限是4，而$\varphi(1)=8$.

问题13　以下对“当$x\to x_0$时，函数$f(x)$不以A为极限”的表述是否正确？应该怎样表述$\lim\limits_{x\to x_0}f(x)\neq A$.

对于任给正数ε_1，都不存在正数$\delta>0$，使得对满足$0<|x-x_0|<\delta$的x_1有$|f(x_1)-A|<\varepsilon_1$，所以$\lim\limits_{x\to x_0}f(x)\neq A$.

答：这种表述是不对的，因为$\lim\limits_{x\to x_0}f(x)\neq A$与$\lim\limits_{x\to x_0}f(x)=A$互相对立，若采用上述定义来描述$\lim\limits_{x\to x_0}f(x)\neq A$，则这种定义的对立就是：只要有一个正数$\varepsilon_0$，存在正数$\delta>0$，使得当$0<|x_1-x_0|<\delta$时有$|f(x_1)-A|<\varepsilon_0$成立．这就是$\lim\limits_{x\to x_0}f(x)=A$的定义，这显然是不正确的．

应表述为存在正数ε_1，使得对于任意给定的$\delta>0$，总能找到点x_1. 虽然满足$0<|x_1-x_0|<\delta$，但却有$|f(x_1)-A|\geqslant\varepsilon_1$.

例如，$f(x)=x$，当$x\to 1$时以1为极限，用上述方法描述它不以2为极限．令$\varepsilon_1=1$，则对于任意给定的$\delta>0$，取$x_1=-\dfrac{\delta}{2}+1$，虽然满足$0<|x_1-1|=\dfrac{\delta}{2}<\delta$，但却有$|f(x_1)-2|=|x_1-2|=\left|-\dfrac{\delta}{2}+1-2\right|=\dfrac{\delta}{2}+1>\varepsilon_1=1$.

1.5　自测试题

自测试题 A

一、单项选择题

1. 下列选项中两个函数相同的是(　　).

A. $y=\arcsin x+\arccos x$ 与 $y=\dfrac{\pi}{2}$　　B. $y=\sin^2 x+\cos^2 x$ 与 $y=1$

C. $y=\lg x^2$ 与 $y=2\lg x$　　D. $y=e^x$ 与 $y=e^{\sqrt{x^2}}$

2. 设 $g(x)=x-1$ 且 $f[g(x)]=\dfrac{x-1}{x+1}$,则 $f\left(\dfrac{1}{2}\right)=$(　　).

A. $\dfrac{1}{5}$　　B. $-\dfrac{1}{3}$　　C. $\dfrac{3}{5}$　　D. $-\dfrac{3}{5}$

3. 若在 A 的 ε 邻域内(ε 为任意正数)有数列 $\{u_n\}$ 中的无穷多个点,是否可以说 A 是数列 $\{u_n\}$ 的极限(　　)?

A. 可以　　B. 不可以

C. ε 很小的时候可以　　D. ε 很大的时候可以

4. 函数 $f(x)$ 在 $x=x_0$ 点有定义是 $\lim\limits_{x\to x_0}f(x)$ 存在的(　　).

A. 充分条件　　B. 必要条件　　C. 充要条件　　D. 非充分非必要条件

5. 若数列 $\{x_n\}$ 有界,则 $\{x_n\}$(　　).

A. 收敛　　B. 发散　　C. 收敛于零　　D. 不一定收敛

6. 已知 $\lim\limits_{x\to x_0}[f_2(x)-f_1(x)]=0$,则(　　).

A. 必有 $\lim\limits_{x\to x_0}f_2(x)=\lim\limits_{x\to x_0}f_1(x)$　　B. 必有 $\lim\limits_{x\to x_0}f_2(x)\neq\lim\limits_{x\to x_0}f_1(x)$

C. $\lim\limits_{x\to x_0}f_2(x)$,$\lim\limits_{x\to x_0}f_1(x)$ 都不一定存在　　D. $\lim\limits_{x\to x_0}f_2(x)=0$ 且 $\lim\limits_{x\to x_0}f_1(x)=0$

7. 设 $f(x)$ 是以 3 为周期的偶函数,且 $f(-1)=7$,则 $f(7)=$(　　).

A. 7　　B. -7　　C. 0　　D. 3

8. 设 $f(x)=\begin{cases}\arctan\dfrac{1}{x} & x<0\\[2ex] \dfrac{\pi}{2}\cos x & x\geqslant 0\end{cases}$,则 $\lim\limits_{x\to 0}f(x)=$(　　).

A. $\dfrac{\pi}{2}$　　B. $-\dfrac{\pi}{2}$　　C. 0　　D. 不存在

二、填空题

1. 若 $f(x)$ 的定义域为 $[0,2a]$,则 $f(x+a)$ 的定义域为____________.

2. 设 $f(x)=\begin{cases}2+x & x<0\\ 2 & x\geqslant 0\end{cases}$,则 $f[f(x)]=$____________.

3. 已知 $f\left(\sin\dfrac{x}{2}\right)=1+\cos x$,则 $f\left(\cos\dfrac{x}{2}\right)=$____________.

4. 极限$\lim\limits_{x\to 0}\dfrac{x^4-x+6}{3x^4+2x+1}=$________.

5. 函数$f(x)=\begin{cases}x^2 & x\leqslant 0\\ 1-2^x & x>0\end{cases}$的反函数是________.

6. 当$x\to\infty$时,无穷小量$\dfrac{1}{x^k}$与$\dfrac{1}{x^3}+\dfrac{1}{x^2}$等价,则$k=$________.

7. 极限$\lim\limits_{x\to\infty}\dfrac{(x+1)^2(3x-1)^3}{x^4(x+2)}=$________.

8. 设$f(x)=\begin{cases}\dfrac{e^{2x}-1}{kx} & x\neq 0\\ 1 & x=0\end{cases}$在$x=0$点处连续,则$k=$________.

三、计算题

1. 求极限$\lim\limits_{n\to\infty}\left(\dfrac{1}{n^k}+\dfrac{2}{n^k}+\cdots+\dfrac{n}{n^k}\right)$.

2. 求极限$\lim\limits_{x\to 0}\dfrac{\tan 3x}{\sqrt{1-\cos 2x}}$.

3. 求极限$\lim\limits_{n\to\infty}\left(\dfrac{\sqrt{n^2+a^2}}{n}+\dfrac{\arctan n}{n}+n\tan\dfrac{3}{n}\right)$($a\neq 0$常数).

4. 求极限$\lim\limits_{x\to 0}x\left(\sin\dfrac{1}{x^2}-\csc 2x\right)$.

5. 求极限$\lim\limits_{x\to -8}\dfrac{\sqrt{1-x}-3}{2+\sqrt[3]{x}}$.

6. 求极限$\lim\limits_{n\to\infty}\dfrac{\sqrt{n^2+n}-n}{\sqrt{n(n+1)}-\sqrt{n^2-1}}$.

7. 设$\lim\limits_{x\to 3}\dfrac{x^2-2x+b}{x-3}$存在,求$b$值并求此极限值.

8. 设函数$f(x)=\begin{cases}2^{\frac{1}{x-1}} & x>0\\ \sqrt{2} & x=0\\ \dfrac{\sin x}{x}-\dfrac{1}{2} & x<0\end{cases}$,求其间断点,并判断间断点类型.

四、证明题

1. 证明方程$xe^x=x+\cos\dfrac{\pi}{2}x$至少有一个正实根.

2. 证明方程$\sin x+x+1=0$在区间$\left(-\dfrac{\pi}{2},\dfrac{\pi}{2}\right)$内,至少有一个实根.

自测试题 B

一、单项选择题

1. 设$f(x)=\dfrac{1}{1+e^{-x}}$,$\varphi(x)=\dfrac{x}{1+x}$,则下列等式中成立的是(　　).

A. $f(x)=\varphi(e^{-x})$　　B. $f(e^{-x})=\varphi(e^{-x})$

C. $f(x)=\varphi(e^{x})$　　D. $f(e^{x})=\varphi(e^{x})$

2. 设函数$f(x)$在$(-\infty,+\infty)$内有定义且为奇函数,若当$x\in(0,+\infty)$时,$f(x)=x(x-1)$,则当$x\in(-\infty,0)$时,$f(x)=$(　　).

A. $x(x-1)$　　B. $x(x+1)$　　C. $-x(x+1)$　　D. $-x(x-1)$

3. 当$x\to\infty$时,$\dfrac{2}{x^3}+\dfrac{1}{2x^2}$是$1-\cos\dfrac{1}{x}$的(　　).

A. 高阶无穷小　　B. 低价无穷小

C. 等价无穷小　　D. 同阶但不等价无穷小

4. 设$\alpha(x)=o(x^n)$,$\beta(x)=o(x^m)$,则$\dfrac{\alpha(x)}{\beta(x)}=$(　　).

A. 1　　B. $o(x^{n-m})$　　C. ∞　　D. 不确定

5. 若$f(x)$与$f(x)g(x)$的极限均存在,则$g(x)$的极限(　　).

A. 必存在　　B. 必不存在　　C. 不一定存在　　D. 极限必为零

6. 下列极限正确的是(　　).

A. $\lim\limits_{x\to0}x\sin\dfrac{1}{x}=1$　　B. $\lim\limits_{x\to\infty}\dfrac{\sin x}{x}=1$　　C. $\lim\limits_{x\to0}\dfrac{1}{x}\sin x=1$　　D. $\lim\limits_{x\to\infty}x\sin\dfrac{1}{x}=0$

7. 函数$f(x)=\dfrac{1}{e^{\frac{x}{x-1}}-1}$,则(　　).

A. $x=0$,$x=1$都是$f(x)$的第一类间断点

B. $x=0$,$x=1$都是$f(x)$的第二类间断点

C. $x=0$是$f(x)$的第一类间断点,$x=1$是$f(x)$的第二类间断点

D. $x=0$是$f(x)$的第二类间断点,$x=1$是$f(x)$的第一类间断点

8. 函数$f(x)=\begin{cases}\dfrac{x}{1+\operatorname{arccot}\dfrac{1}{x}} & x\neq0\\ 0 & x=0\end{cases}$在$[-5,5]$上(　　).

A. 有一个间断点　　B. 有两个间断点　　C. 连续有界　　D. 连续但无界

二、填空题

1. 设$f\left(x+\dfrac{1}{x}\right)=x^2+\dfrac{1}{x^2}$,则$f(x)=$______.

2. 当$x\to0$时,$1-\cos(e^{x^2}-1)$与$2^m x^n$是等价无穷小,则$m=$______,$n=$______.

3. 极限$\lim\limits_{x\to3}\left(\dfrac{1}{x-2}\right)^{\frac{1}{x-3}}=$______.

4. 极限$\lim\limits_{n\to\infty}\left(\dfrac{1}{n^2+n+1}+\dfrac{2}{n^2+n+2}+\cdots+\dfrac{n}{n^2+n+n}\right)=$______.

5. 若$\lim\limits_{x\to0}\dfrac{a\tan x+b(1-\cos x)}{\ln(1-2x)+c(1-e^{-x^2})}=2$,则$a=$______.

6. 极限$\lim\limits_{x\to+\infty}x[\ln(1+x)-\ln x]=$______.

7. 极限$\lim\limits_{n\to\infty}\dfrac{1-2^{-nx}}{1+2^{-nx}}=$________________.

8. 函数$f(x)=\begin{cases}2x & |x|\leqslant 1\\ x+1 & |x|>1\end{cases}$的连续区间为________________.

三、计算题

1. 求极限$\lim\limits_{x\to 0}\dfrac{e^x+e^{-x}-2}{2x}$.

2. 求极限$\lim\limits_{x\to 1}\dfrac{x+x^2+\cdots+x^n-n}{x-1}$.

3. 求极限$\lim\limits_{x\to 0}\dfrac{1-\cos x\sqrt{\cos 2x}}{x^2}$.

4. 求极限$\lim\limits_{x\to\frac{\pi}{2}}(\sin x)^{\tan x}$.

5. 求极限$\lim\limits_{x\to 0}\dfrac{\cos(xe^x)-\cos(xe^{-x})}{x^3}$.

6. 求极限$\lim\limits_{x\to+\infty}\ln(1+2^x)\ln\left(1+\dfrac{3}{x}\right)$.

7. 已知$f(x)=\dfrac{\dfrac{1}{x}-\dfrac{1}{x+1}}{\dfrac{1}{x-1}+\dfrac{1}{x}}$,求$f(x)$的间断点,并判断类型.

8. 若$\lim\limits_{x\to\infty}\left(\dfrac{x^2+1}{x+1}-ax-b\right)=0$,求$a,b$的值.

四、证明题

1. 设$f(x)$在$[a,b]$上连续,且$a<x_1<x_2<\cdots<x_n<b$,$c_i(i=1,2,\cdots,n)$为任意正数,证明:存在一个点$\xi\in(a,b)$,使得$f(\xi)=\dfrac{c_1f(x_1)+c_2f(x_2)+\cdots+c_nf(x_n)}{c_1+c_2+\cdots+c_n}$.

2. 证明方程$\dfrac{a_1}{x-\lambda_1}+\dfrac{a_2}{x-\lambda_2}+\dfrac{a_3}{x-\lambda_3}=0$有分别包含在区间$(\lambda_1,\lambda_2)$和$(\lambda_2,\lambda_3)$内的两个实根,其中$a_i>0(i=1,2,3)$,且$\lambda_1<\lambda_2<\lambda_3$.

自测试题 C

一、单项选择题

1. 函数$f(x)=\dfrac{|x|\sin(x-2)}{x(x-1)(x-2)^2}$在下列哪个区间内有界(　　).

A. $(-1,0)$　　B. $(0,1)$　　C. $(1,2)$　　D. $(2,3)$

2. 设对任意x,总有$\varphi(x)\leqslant f(x)\leqslant g(x)$,且$\lim\limits_{x\to\infty}[g(x)-\varphi(x)]=0$,则$\lim\limits_{x\to\infty}f(x)$(　　).

A. 存在且等于零　　B. 存在但不一定等于零

C. 一定不存在　　D. 不一定存在

3. 极限$\lim\limits_{x\to 0}\dfrac{e^{\frac{1}{x}}-1}{e^{\frac{1}{x}}+1}=$(　　).

A. 不存在　　B. 1　　C. -1　　D. 0

4. 设$f(x)$在$(-\infty,+\infty)$内有定义,且$\lim\limits_{x\to\infty}f(x)=a$,$g(x)=\begin{cases}f\left(\dfrac{1}{x}\right) & x\neq 0\\ 0 & x=0\end{cases}$,则(　　).

A. $x=0$必是$g(x)$的第一类间断点

B. $x=0$必是$g(x)$的第二类间断点

C. $x=0$必是$g(x)$的连续点

D. $g(x)$在点$x=0$处的连续性与a的取值有关

5. $[x]$为取整函数,则极限$\lim\limits_{x\to+\infty}\sin\left([x]+\dfrac{\pi}{x}\right)\pi=$(　　).

A. 不存在　　B. 0　　C. 1　　D. π

6. 下列命题不正确的是(　　).

A. $\lim\limits_{x\to a}(f(x)-g(x))=0$ 等价于$\lim\limits_{x\to a}f(x)=\lim\limits_{x\to a}g(x)$

B. $\lim\limits_{x\to a}f(x)=A$ 等价于$\lim\limits_{x\to a}|f(x)-A|=0$

C. $\lim\limits_{x\to a}f(x)=A$ 等价于$\lim\limits_{x\to a}\big||f(x)|-|A|\big|=0$

D. $\lim\limits_{x\to a}f(x)=A$ 等价于$\lim\limits_{x\to a}|f^2(x)-A^2|=0$

7. 设$f(x)=\lim\limits_{n\to\infty}\dfrac{3nx}{1-nx}$,则它的连续区间是(　　).

A. $(-\infty,+\infty)$,　　B. $\left(-\infty,\dfrac{1}{n}\right),\left(\dfrac{1}{n},+\infty\right)$

C. $(-\infty,0),(0,+\infty)$　　D. $(-\infty,0),\left(0,\dfrac{1}{n}\right),\left(\dfrac{1}{n},+\infty\right)$

8. 设$f(x)$是定义在$[-a,a]$$(a>0)$上的连续函数,则$g(x)=\dfrac{f(x)+f(-x)}{x-l}$　$(l>a)$是(　　).

A. 连续奇函数　　B. 连续偶函数

C. 连续的非奇非偶函数　　D. 不连续函数

二、填空题

1. 已知函数$f_1(x)=\dfrac{2x-1}{x+1}$,对于$n=1,2,3\cdots$,定义$f_{n+1}(x)=f_1(f_n(x))$,若$f_{35}(x)=f_5(x)$,则$f_{28}(x)=$________.

2. 极限$\lim\limits_{x\to\frac{\pi}{2}}(\ln|1-\sin x|+\ln\sec^2 x)=$________.

3. 极限$\lim\limits_{x\to 0}\dfrac{3\sin x+x^2\cos\dfrac{1}{x}}{(1+\cos x)\ln(1+x)}=$________.

4. 已知函数$f(x)=\begin{cases}(\cos x)^{\frac{1}{x^2}} & x\neq 0\\ a & x=0\end{cases}$. 在$x=0$处连续,则$a=$________.

5. 当$x=0$时,$\alpha(x)=kx^2$与$\beta(x)=\sqrt{1+x\arcsin x}-\sqrt{\cos x}$是等价无穷小,则$k=$________.

6. 设函数 $f(x)=\begin{cases}\dfrac{\sin ax}{\sqrt{1-\cos x}} & x<0\\ \dfrac{1}{x}[\ln x-\ln(x+x^2)] & x>0\end{cases}$，当 $x\to0$ 时的极限存在，则 $a=$ ________.

7. 极限 $\lim\limits_{x\to\infty}\left(\arctan\dfrac{2x^2+5}{x^2+1}-\arctan\dfrac{2x^2+7}{x^2+2}\right)x^4=$ ________.

8. 极限 $\lim\limits_{n\to+\infty}\left(\dfrac{1+\frac{1}{n}}{n+\frac{1}{n}}+\dfrac{1+\frac{2}{n}}{n+\frac{2}{n}}+\dfrac{1+\frac{3}{n}}{n+\frac{3}{n}}+\cdots+\dfrac{1+\frac{n}{n}}{n+\frac{n}{n}}\right)=$ ________.

三、计算题

1. 已知有整数 $n(n>4)$ 使极限 $\lim\limits_{x\to+\infty}[(x^n+7x^4+2)^\alpha-x]$ 存在且不为零，求 α.

2. 求极限 $\lim\limits_{n\to\infty}\tan^n\left(\dfrac{\pi}{4}+\dfrac{2}{n}\right)$.

3. 求极限 $\lim\limits_{x\to0}\dfrac{1}{x^3}\left[\left(\dfrac{2+\cos x}{3}\right)^x-1\right]$.

4. 求极限 $\lim\limits_{x\to-\infty}\dfrac{\sqrt{4x^2+x-1}+x+1}{\sqrt{x^2+\sin x}}$.

5. 求极限 $\lim\limits_{x\to0^+}\dfrac{1-\sqrt{\cos x}}{x(1-\cos\sqrt{x})}$.

6. 求极限 $\lim\limits_{x\to0}\left(\dfrac{2+e^{\frac{1}{x}}}{1+e^{\frac{4}{x}}}+\dfrac{\sin x}{|x|}\right)$.

7. 求函数 $f(x)=(1+x)^{x/\tan\left(x-\frac{\pi}{4}\right)}$ 在区间 $(0,2\pi)$ 内的间断点，并判断其类型.

8. 求极限 $\lim\limits_{n\to\infty}(1+x)(1+x^2)\cdots(1+x^{2^n})$.

四、证明题

1. 证明：$\lim\limits_{n\to\infty}\sqrt[n]{n}=1$.

2. 证明：若 $\lim\limits_{n\to\infty}x_n=a$，则 $\lim\limits_{n\to\infty}\dfrac{x_1+x_2+\cdots+x_n}{n}=a$.

3. 设 $f(x)$ 在 $[0,1]$ 上连续，$f(0)=f(1)$，证明：对于任意正整数 n，必存在 $x_n\in[0,1]$，使 $f(x_n)=f\left(x_n+\dfrac{1}{n}\right)$.

4. 证明：$\lim\limits_{n\to\infty}\dfrac{2^n n!}{n^n}=0$.

第 2 章　导数与微分

2.1　主要内容

2.1.1　导数概念

1. 函数 $f(x)$ 在点 x_0 处的导数定义

设函数 $y=f(x)$ 在点 x_0 的某个邻域内有定义，若极限

$$\lim_{\Delta x\to 0}\frac{\Delta y}{\Delta x}=\lim_{\Delta x\to 0}\frac{f(x_0+\Delta x)-f(x_0)}{\Delta x}$$

存在，称 $y=f(x)$ 在点 x_0 处**可导**，并称此极限值为函数 $f(x)$ 在点 x_0 处的**导数**，记作 $f'(x_0)$，也可记为 $y'\Big|_{x=x_0}$，$\frac{\mathrm{d}y}{\mathrm{d}x}\Big|_{x=x_0}$ 或 $\frac{\mathrm{d}f(x)}{\mathrm{d}x}\Big|_{x=x_0}$.

若上述极限不存在，则称函数在点 x_0 处**不可导**.

当上述极限为无穷大时，此时导数不存在，为了方便起见，也说函数 $f(x)$ 在点 x_0 处的导数为无穷大.

函数 $f(x)$ 在点 x_0 处的导数定义的另外两种形式为

$$f'(x_0)=\lim_{\Delta x\to 0}\frac{f(x_0+\Delta x)-f(x_0)}{\Delta x}\xlongequal{\text{令 }\Delta x=x-x_0}\lim_{x\to x_0}\frac{f(x)-f(x_0)}{x-x_0}\tag{2-1}$$

$$f'(x_0)=\lim_{\Delta x\to 0}\frac{f(x_0+\Delta x)-f(x_0)}{\Delta x}\xlongequal{\text{令 }h=\Delta x}\lim_{h\to 0}\frac{f(x_0+h)-f(x_0)}{h}\tag{2-2}$$

若极限 $\lim\limits_{\Delta x\to 0^+}\frac{f(x_0+\Delta x)-f(x_0)}{\Delta x}$ 存在，称为函数在 x_0 处的**右导数**，记作 $f'_+(x_0)$.

若极限 $\lim\limits_{\Delta x\to 0^-}\frac{f(x_0+\Delta x)-f(x_0)}{\Delta x}$ 存在，称为函数在 x_0 处的**左导数**，记作 $f'_-(x_0)$.

理解和应用导数定义时应注意下述问题：

(1) 式(2-1)与式(2-2)的右端是“$\frac{0}{0}$”型，且极限存在.

(2) $f'(x_0)$ 是一个数值，它与 $f(x_0)$ 有关，由此，在用式(2-1)或式(2-2)计算 $f'(x_0)$ 时，必须先知道 $f(x_0)$ 的值，要特别注意 $f(x_0)=0$ 的情形.

(3) 在比式 $\frac{f(x_0+\Delta x)-f(x_0)}{\Delta x}$，$\frac{f(x)-f(x_0)}{x-x_0}$ 中，分子与分母是相对应的改变量，即分母是自变量 x 在点 x_0 取得的改变量，而分子则是与 Δx 或 $(x-x_0)$ 相对应的函数 $y=f(x)$ 的改变量，由此，式(2-1)可写作如下一般形式：

$$f'(x_0)=\lim_{\Delta x\to 0}\frac{f(x_0+\alpha\cdot\Delta x)-f(x_0)}{\alpha\cdot\Delta x}\quad(\alpha\neq 0)\tag{2-3}$$

在 $f'(x_0)$ 存在的前提下，若 $\Delta x\to 0$，则有等式

$$f'(x_0)=\lim_{\Delta x\to 0}\frac{f(x_0+\alpha\cdot\Delta x)-f(x_0-\beta\cdot\Delta x)}{(\alpha+\beta)\Delta x}\quad(\alpha+\beta\neq 0)\tag{2-4}$$

【评注】 式(2-1)与式(2-4)不是等价的，由式(2-1)可推出式(2-4)，但反之则不行．仅知式(2-4)右边的极限存在，因没有$f(x_0)$的信息，从而不能用式(2-1)右边的极限，也就得不到$f'(x_0)$.

例如，函数$f(x)=\begin{cases}\cos\dfrac{1}{x} & x\neq 0\\ 0 & x=0\end{cases}$,

在$x=0$处间断，$f'(0)$不存在，即极限$\lim\limits_{\Delta x\to 0}\dfrac{f(0+\Delta x)-f(0)}{\Delta x}$不存在，但有

$$\lim_{\Delta x\to 0}\frac{f(0+\Delta x)-f(0-\Delta x)}{2\Delta x}=\lim_{\Delta x\to 0}\frac{\cos\frac{1}{\Delta x}-\cos\frac{1}{\Delta x}}{2\Delta x}=0.$$

2. 导函数的定义

若$\forall x\in D$，$f'(x)$都存在（当x是闭区间端点时，只要单侧导数存在），则$f'(x)$是D上的一个函数，称为$f(x)$的**导函数**. 简称**导数**，记作：y'，$\dfrac{\mathrm{d}y}{\mathrm{d}x}$，$f'(x)$或$\dfrac{\mathrm{d}f(x)}{\mathrm{d}x}$.

导函数的定义有下列形式：对$\forall x\in(a,b)$，有

$$f'(x)=\lim_{\Delta x\to 0}\frac{f(x+\Delta x)-f(x)}{\Delta x};$$

$$f'(x)=\lim_{h\to 0}\frac{f(x+h)-f(x)}{h}.$$

求函数导数的步骤：

(1)令自变量有一个增量Δx，求出相应的函数增量Δy.

(2)求比值$\dfrac{\Delta y}{\Delta x}$（并进行化简）.

(3)求比值$\dfrac{\Delta y}{\Delta x}$的极限.

3. 函数可导与连续的关系

若函数$y=f(x)$在点x处可导，则此函数在点x处连续，即可导必连续，但连续不一定可导.

重要结论：

设函数$f(x)$在$[x_0-\delta,x_0]$上连续，在$(x_0-\delta,x_0)$内可导，且$\lim\limits_{x\to x_0^-}f'(x)$存在，则$\lim\limits_{x\to x_0^-}f'(x)=f'_-(x_0)$.（将在第 3 章给出证明）

设函数$f(x)$在$[x_0,x_0+\delta]$上连续，在$(x_0,x_0+\delta)$内可导，且$\lim\limits_{x\to x_0^+}f'(x)$存在，则$\lim\limits_{x\to x_0^+}f'(x)=f'_+(x_0)$.（将在第 3 章给出证明）

4. 导数的几何意义

函数$y=f(x)$在点x_0处的导数$f'(x_0)$在几何上表示曲线$y=f(x)$在点$(x_0,f(x_0))$处的切线的斜率.

函数在点$(x_0,f(x_0))$处的切线方程为$y-y_0=f'(x_0)(x-x_0)$.

函数在点$(x_0, f(x_0))$处的法线方程为$y-y_0=-\frac{1}{f'(x_0)}(x-x_0)\quad (f'(x_0)\neq 0)$.

2.1.2 函数的求导法则

1. 函数的四则运算求导法则

设$u=u(x)$及$v=v(x)$都是x的可导函数,则

(1)$(u\pm v)'=u'\pm v'$;　　(2)$(uv)'=u'v+uv'$;

(3)$(cu)'=cu'$　(c为常数);　　(4)$\left(\frac{u}{v}\right)'=\frac{u'v-uv'}{v^2}\quad (v\neq 0)$.

【评注】

(1)对于有限个函数代数和的情形也有类似公式

$$(u_1\pm u_2\pm\cdots\pm u_n)'=u_1'\pm u_2'\pm\cdots\pm u_n'.$$

(2)对于有限个函数相乘的情况可以依此类推,即

$$(u_1u_2\cdots u_n)'=u_1'u_2\cdots u_n+u_1u_2'u_3\cdots u_n+\cdots+u_1u_2\cdots u_{n-1}u_n'.$$

(3)特别地,当$u=c$(c为常数)时,有$\left(\frac{c}{v}\right)'=-\frac{cv'}{v^2}$.

2. 反函数的导数

设函数$x=\varphi(y)$在某区间D_y内单调可导,且$\varphi'(y)\neq 0$,则其反函数$y=f(x)$在对应区间D_x内也可导,且$f'(x)=\frac{1}{\varphi'(y)}$.

3. 复合函数的导数

若$y=f(u)$,$u=\varphi(x)$都是可导函数,则复合函数$y=f[\varphi(x)]$可导,且$\frac{\mathrm{d}y}{\mathrm{d}x}=f'(u)\varphi'(x)$或$y_x'=y_u'\cdot u_x'$.

4. 求导公式

(1)$(c)'=0$　(c为常数);　　(2)$(x^\alpha)'=\alpha x^{\alpha-1}$　(α为任意实数);

(3)$(a^x)'=a^x\ln a$　$(a>0,a\neq 1)$;　　(4)$(\mathrm{e}^x)'=\mathrm{e}^x$;

(5)$(\log_a x)'=\frac{1}{x\ln a}$　$(a>0,a\neq 1)$;　　(6)$(\ln x)'=\frac{1}{x}$;

(7)$(\sin x)'=\cos x$;　　(8)$(\cos x)'=-\sin x$;

(9)$(\tan x)'=\sec^2 x$;　　(10)$(\cot x)'=-\csc^2 x$;

(11)$(\sec x)'=\sec x\cdot\tan x$;　　(12)$(\csc x)'=-\csc x\cdot\cot x$;

(13)$(\arcsin x)'=\frac{1}{\sqrt{1-x^2}}$　$(-1<x<1)$;　(14)$(\arccos x)'=-\frac{1}{\sqrt{1-x^2}}$　$(-1<x<1)$;

(15)$(\arctan x)'=\frac{1}{1+x^2}$;　　(16)$(\operatorname{arccot} x)'=-\frac{1}{1+x^2}$.

5. 隐函数的导数

若方程$F(x,y)=0$确定了$y=y(x)$,则$F(x,y(x))\equiv 0$两边对x求导,可得$\frac{\mathrm{d}y}{\mathrm{d}x}$(表达式中含有$x,y$).

6. 对数求导法则

所谓对数求导法则就是先对函数两边取自然对数(成为隐函数形式),再利用隐函数求导法求出函数 y 的导数.

此方法适用于函数 y 的表达式由多个因式的乘、除、幂构成,或是幂指函数($y=u(x)^{v(x)}$)的类型.

7. 参数方程所确定的函数的导数

若参数方程 $\begin{cases} x=\phi(t) \\ y=\psi(t) \end{cases}$ 确定了 y 是 x 的函数,$x=\phi(t)$ 单调可导且 $\phi'(t)\neq 0$,其反函数 $t=\phi^{-1}(x)$ 也单调可导,则 $\dfrac{dy}{dx}=\dfrac{dy}{dt}\cdot\dfrac{dt}{dx}=\dfrac{dy}{dt}\cdot\dfrac{1}{\dfrac{dx}{dt}}=\dfrac{\psi'(t)}{\phi'(t)}$.

8. 高阶导数

(1)设 $y=f(x)$,定义 n 阶导数为 $n-1$ 阶导数的导数,即

$$[y^{(n-1)}]'=[f^{(n-1)}(x)]'=y^{(n)}\ (n=2,3,\cdots),$$

记作 $f^{(n)}(x)$ 或 $\dfrac{d^ny}{dx^n}$. 二阶及二阶以上的导数统称为**高阶导数**.

(2)运算法则:

1) $(au\pm bv)^{(n)}=au^{(n)}\pm bv^{(n)}$.

2)莱布尼兹公式 $(uv)^{(n)}=\sum\limits_{k=0}^{n}C_n^ku^{(k)}v^{(n-k)}=C_n^0uv^{(n)}+C_n^1u'v^{(n-1)}+\cdots+C_n^nu^{(n)}v$.

3)几个常用函数的 n 阶导数公式:

$(x^\alpha)^{(n)}=\alpha(\alpha-1)\cdots(\alpha-n+1)x^{\alpha-n}$; $\quad (e^{ax+b})^{(n)}=a^ne^{ax+b}$;

$[\ln(ax+b)]^{(n)}=\dfrac{(-1)^{n-1}a^n(n-1)!}{(ax+b)^n}$; $\quad \left(\dfrac{1}{ax+b}\right)^{(n)}=(-1)^n\dfrac{n!\,a^n}{(ax+b)^{(n+1)}}$;

$[\sin(ax+b)]^{(n)}=a^n\sin\left(ax+b+n\cdot\dfrac{\pi}{2}\right)$; $\quad [\cos(ax+b)]^{(n)}=a^n\cos\left(ax+b+n\cdot\dfrac{\pi}{2}\right)$.

2.1.3 函数的微分

1. 微分定义

设函数 $y=f(x)$ 在某区间内有定义,当自变量在 x 处取得改变量 Δx 时,若函数 y 相应的改变量 $\Delta y=f(x+\Delta x)-f(x)$ 可以表示成 $\Delta y=A\Delta x+\alpha\Delta x$,其中 A 是 x 的函数,与 Δx 无关,α 是 $\Delta x\to 0$ 时的无穷小量,则称函数 $y=f(x)$ 在点 x 处**可微**,并称 $A\Delta x$ 为函数 $y=f(x)$ 在点 x 处的**微分**,记作 dy 或 $df(x)$,即 $dy=A\Delta x$ 或 $df(x)=A\Delta x$.

2. 可微与可导的关系

函数 $y=f(x)$ 在点 x 处可导当且仅当 $f(x)$ 在点 x 处可微,且 $A=f'(x)$,即 $dy=f'(x)\Delta x$.

当 x 是自变量时,规定 $\Delta x=dx$,于是,函数的微分常写成 $dy=f'(x)dx$.

3. 微分的几何意义

dy 是函数 $y=f(x)$ 在 x 处当自变量增量为 Δx 时切线上的纵坐标的改变量.

4. 微分基本公式与微分法则

微分公式:

(1) $d(c)=0$　(c 为常数)；

(2) $d(x^{\alpha})=\alpha x^{\alpha-1}dx$　(α 为任意实数)；

(3) $d(a^{x})=a^{x}\ln a dx$　($a>0, a\neq 1$)；

(4) $d(e^{x})=e^{x}dx$；

(5) $d(\log_{a}x)=\dfrac{1}{x\ln a}dx$　($a>0, a\neq 1$)；

(6) $d(\ln x)=\dfrac{1}{x}dx$；

(7) $d(\sin x)=\cos x dx$；

(8) $d(\cos x)=-\sin x dx$；

(9) $d(\tan x)=\sec^{2}x dx$；

(10) $d(\cot x)=-\csc^{2}x dx$；

(11) $d(\sec x)=\sec x\tan x dx$；

(12) $d(\csc x)=-\csc x\cot x dx$；

(13) $d(\arcsin x)=\dfrac{1}{\sqrt{1-x^{2}}}dx$　($-1<x<1$)；

(14) $d(\arccos x)=-\dfrac{1}{\sqrt{1-x^{2}}}dx$　($-1<x<1$)；

(15) $d(\arctan x)=\dfrac{1}{1+x^{2}}dx$；

(16) $d(\text{arccot } x)=-\dfrac{1}{1+x^{2}}dx$.

微分法则：

(1) $d(u\pm v)=du\pm dv$；

(2) $d(uv)=vdu+udv$；

(3) $d(cu)=cdu$　(c 为常数)；

(4) $d\left(\dfrac{u}{v}\right)=\dfrac{vdu-udv}{v^{2}}$　($v\neq 0$).

5. 微分形式不变性

设函数 $y=f(u)$ 关于 u 是可微的，则 $dy=f'(u)du$. 不论 u 是自变量还是变量 x 的可微函数 $u=\varphi(x)$，$dy=f'(u)du$ 都成立，这种 $f(u)$ 的微分在形式上保持不变的性质，称为微分形式的不变性.

6. 微分在近似计算中的应用

(1) 计算函数改变量的近似值：$\Delta y\approx dy=f'(x_0)\Delta x$.

(2) 计算函数的近似值：$f(x)\approx f(x_0)+f'(x_0)(x-x_0)$.

上述近似公式要求 $|\Delta x|$ 相对于 x_0 很小，越小精确度越高.

2.2　学习要求

1. 理解导数的概念及可导与连续的关系，理解导数的几何意义.

2. 熟练掌握基本初等函数的导数公式、导数的四则运算法则及复合函数求导公式，掌握反函数、隐函数求导法、对数求导法及参数方程确定函数的求导法.

3. 了解高阶导数的概念，掌握某些常用的函数的 n 阶导数的求法.

4. 理解微分的概念；掌握可导与可微的关系，以及微分形式的不变性；熟练掌握求可微函数微分的方法.

2.3　基本题型与范例

题型 1　导数定义及导数的几何意义

例 2-1　(1) 设 $f(x)=x(x-1)(x-2)\cdots(x-2008)$，求 $f'(0)$；

(2)设$f(x)=(2^x-1)\phi(x)$,其中$\phi(x)$在$x=0$处连续,求$f'(0)$.

解:(1)对具体的初等函数一般都用求导法则求导,但有时用定义求导更简单些. 本例中由导数定义有

$$f'(0)=\lim_{x\to 0}\frac{f(x)-f(0)}{x-0}=\lim_{x\to 0}\frac{x(x-1)(x-2)\cdots(x-2008)}{x}$$
$$=\lim_{x\to 0}(x-1)(x-2)\cdots(x-2008)=2008!.$$

(2)题目中仅给出了$\phi(x)$在$x=0$处连续,所以不能用导数的乘积运算法则求导,只能用导数定义求导.

$$f'(0)=\lim_{x\to 0}\frac{f(x)-f(0)}{x-0}$$
$$=\lim_{x\to 0}\frac{(2^x-1)\phi(x)}{x}=\lim_{x\to 0}\frac{(2^x-1)}{x}\cdot\lim_{x\to 0}\phi(x)=\phi(0)\ln 2.$$

例 2-2 求曲线$y=\dfrac{1}{1+x}+1(x>-1)$过点$(-2,4)$的切线方程.

分析:只要求出切点(x_0,y_0)即可,若设切点为(x_0,y_0),则(x_0,y_0)满足已知曲线方程$y=f(x)$,且曲线的切线方程为$y-y_0=f'(x_0)(x-x_0)$,而点$(-2,4)$满足该方程.

解:易验证点$(-2,4)$不在已知曲线上,设切点为(x_0,y_0),则切线斜率为

$$y'\Big|_{x=x_0}=\left(\frac{1}{1+x}+1\right)'\Big|_{x=x_0}=-\frac{1}{(1+x_0)^2}$$

切线方程为
$$y-y_0=-\frac{1}{(1+x_0)^2}(x-x_0),$$

点(x_0,y_0)在已知曲线上,点$(-2,4)$在其切线上,有

$$\begin{cases}y_0=\dfrac{1}{1+x_0}+1\\[2ex]4-y_0=-\dfrac{1}{(1+x_0)^2}(-2-x_0)\end{cases},$$

解方程得$x_0=0\left(x_0=-\dfrac{4}{3}舍\right)$,$y_0=2$,所求切线方程为$x+y-2=0$.

例 2-3 设对于任意的x,都有$f(-x)=-f(x)$,且$f'(-x_0)=-k\neq 0$,求$f'(x_0)$.

解:因为$f(-x)=-f(x)$,且$f'(-x_0)$存在,由导数定义有

$$f'(-x_0)=\lim_{\Delta x\to 0}\frac{f(-x_0+\Delta x)-f(-x_0)}{\Delta x}=\lim_{\Delta x\to 0}\frac{f[-(x_0-\Delta x)]-f(-x_0)}{\Delta x}$$
$$=\lim_{\Delta x\to 0}\frac{-f(x_0-\Delta x)+f(x_0)}{\Delta x}=\lim_{\Delta x\to 0}\frac{-[f(x_0-\Delta x)-f(x_0)]}{\Delta x}$$
$$=\lim_{\Delta x\to 0}\frac{[f(x_0-\Delta x)-f(x_0)]}{-\Delta x}=f'(x_0),$$

所以$f'(x_0)=f'(-x_0)=-k$.

一般地,

(1)若$f(x)$是可导的偶函数,则$f'(x)$是奇函数.

(2)若$f(x)$是可导的奇函数,则$f'(x)$是偶函数.

(3)若$f(x)$是可导的周期函数,则$f'(x)$是具有相同周期的周期函数.

例 2-4　设$f(x)$为可导函数,且满足条件$\lim\limits_{x\to 0}\dfrac{f(1)-f(1-x)}{2x}=-1$,则曲线$y=f(x)$在点$(1,f(1))$处的切线斜率为(　　).

A. 2　　B. -1　　C. $\dfrac{1}{2}$　　D. -2

解:由导数的几何意义可知,曲线$y=f(x)$在$(1,f(1))$的切线斜率即$f'(1)$.

$$f'(1)=\lim_{x\to 0}\frac{f(1+x)-f(1)}{x}=\lim_{x\to 0}\frac{f(1-x)-f(1)}{-x}=\lim_{x\to 0}\frac{f(1)-f(1-x)}{2x}\cdot 2=-2,$$

故选 D.

例 2-5　设$\varphi(x)=\begin{cases}x^2\cos\dfrac{1}{x} & x\neq 0\\ 0 & x=0\end{cases}$,且$f(x)$在$x=0$可导,令$F(x)=f(\varphi(x))$,求$F'(0)$.

解:注意到$\lim\limits_{x\to 0}x^2\cos\dfrac{1}{x}=0$,用导数定义有

$$F'(0)=\lim_{x\to 0}\frac{F(x)-F(0)}{x-0}=\lim_{x\to 0}\frac{f\left(x^2\cos\frac{1}{x}\right)-f(0)}{x}$$

$$=\lim_{x\to 0}\frac{f\left(0+x^2\cos\frac{1}{x}\right)-f(0)}{x^2\cos\frac{1}{x}}\cdot\frac{x^2\cos\frac{1}{x}}{x}$$

$$=f'(0)\cdot 0=0.$$

题型 2　用导数定义求极限

例 2-6　设$f(0)=1$,$f'(0)=-1$,求极限$\lim\limits_{x\to 0}\dfrac{2^xf(x)-1}{x}$.

解:因$2^xf(x)-1=2^xf(x)-2^x+2^x-1$,且$f(0)=1$,由导数定义有

$$\lim_{x\to 0}\frac{2^xf(x)-1}{x}=\lim_{x\to 0}2^x\frac{f(x)-f(0)}{x}+\lim_{x\to 0}\frac{2^x-1}{x}=1\cdot f'(0)+\ln 2=\ln 2-1.$$

例 2-7　设函数$f(x)$在$(-\infty,+\infty)$内有定义,且$\lim\limits_{x\to 0}\dfrac{f(x)-1}{x}=-1$.

(1)问极限$\lim\limits_{x\to 0}f(x)$是否存在?

(2)问能否求出$f(0)$?

(3)若已知$f(x)$在$x=0$处连续,试问$f(x)$在$x=0$处是否可导?若可导,求出$f'(0)$.

解:(1)由已给极限式知$\lim\limits_{x\to 0}(f(x)-1)=0$,即$\lim\limits_{x\to 0}f(x)=1$.

(2)由于极限存在与函数定义无关,所以由$\lim\limits_{x\to 0}f(x)=1$不能求出$f(0)$.

(3)若$f(x)$在$x=0$连续,由上述极限式,应有$\lim\limits_{x\to 0}f(x)=1=f(0)$,于是$\lim\limits_{x\to 0}\dfrac{f(x)-1}{x}=\lim\limits_{x\to 0}\dfrac{f(x)-f(0)}{x-0}=-1$,所以函数$f(x)$在$x=0$可导,且$f'(0)=-1$.

例 2-8　设函数$f(x)$在点x_0可导，求极限$\lim\limits_{\Delta x\to 0}\dfrac{f(x_0+\Delta x)-f(x_0-2\Delta x)}{2\Delta x}$.

分析：因为函数$f(x)$在点x_0可导，将所给式子变形为导数定义的形式.

解：
$$\lim_{\Delta x\to 0}\frac{f(x_0+\Delta x)-f(x_0-2\Delta x)}{2\Delta x}$$
$$=\lim_{\Delta x\to 0}\left[\frac{f(x_0+\Delta x)-f(x_0)}{2\Delta x}-\frac{f(x_0-2\Delta x)-f(x_0)}{2\Delta x}\right]$$
$$=\lim_{\Delta x\to 0}\left[\frac{1}{2}\frac{f(x_0+\Delta x)-f(x_0)}{\Delta x}+\frac{f(x_0-2\Delta x)-f(x_0)}{-2\Delta x}\right]$$
$$=\frac{1}{2}f'(x_0)+f'(x_0)=\frac{3}{2}f'(x_0).$$

一般地，若函数$f(x)$在点x_0可导，当$\alpha\beta\neq 0$时，
$$\lim_{\Delta x\to 0}\frac{f(x_0+\alpha\Delta x)-f(x_0+\beta\Delta x)}{\Delta x}=(\alpha-\beta)f'(x_0).$$

例 2-9　设$g(x)$在$x=a$点连续，且$g(a)=1$.

(1)试问函数$f(x)=|x-a|g(x)$在$x=a$处是否可导？

(2)设函数$f(x)=(x-a)g(x)$，求$f'(a)$.

解：(1)注意到$g(x)$在$x=a$点连续，但不知是否可导，因而不能使用乘积求导法则.

因$f(x)=\begin{cases}(x-a)g(x) & x\geqslant a\\ -(x-a)g(x) & x<a\end{cases}$，应由左右导数定义求导.

$$f'_-(a)=\lim_{x\to a^-}\frac{f(x)-f(a)}{x-a}=\lim_{x\to a^-}\frac{-(x-a)g(x)-0}{x-a}=-\lim_{x\to a^-}g(x)=-g(a)=-1.$$
$$f'_+(a)=\lim_{x\to a^+}\frac{f(x)-f(a)}{x-a}=\lim_{x\to a^+}\frac{(x-a)g(x)-0}{x-a}=\lim_{x\to a^+}g(x)=g(a)=1.$$

因为$f'_-(a)\neq f'_+(a)$，所以函数$f(x)=|x-a|g(x)$在$x=a$处不可导.

(2)由定义$f'(a)=\lim\limits_{x\to a}\dfrac{f(x)-f(a)}{x-a}=\lim\limits_{x\to a}\dfrac{(x-a)g(x)-0}{x-a}=\lim\limits_{x\to a}g(x)=g(a)=1.$

例 2-10　设$f(x)$在$x=0$处可导，且$|f(x)|\leqslant|\sin x|$，证明$|f'(0)|\leqslant 1$.

证明：由$|f(x)|\leqslant|\sin x|$可知$f(0)=0$，故$f'(0)=\lim\limits_{x\to 0}\dfrac{f(x)-f(0)}{x}=\lim\limits_{x\to 0}\dfrac{f(x)}{x}$，所以

$\lim\limits_{x\to 0}\left|\dfrac{f(x)}{x}\right|=|f'(0)|$，于是$|f'(0)|=\lim\limits_{x\to 0}\left|\dfrac{f(x)}{x}\right|\leqslant\lim\limits_{x\to 0}\left|\dfrac{\sin x}{x}\right|=\left|\lim\limits_{x\to 0}\dfrac{\sin x}{x}\right|=1.$

【评注】　本例是用导数定义证明不等式，在证明过程中用到如下命题：若$\lim\limits_{x\to 0}f(x)=A$，则$\lim\limits_{x\to 0}|f(x)|=|A|$. 该结论用$\varepsilon-\delta$定义不难证明.

题型 3　函数导数与微分的计算

例 2-11　设$y=\ln(e^x+\sqrt{1+e^{2x}})$，求$y'$.

分析：先运用复合函数的求导法则，再对内层函数用和的求导法则.

解：$y=\dfrac{1}{e^x+\sqrt{1+e^{2x}}}\left(e^x+\dfrac{2e^{2x}}{2\sqrt{1+e^{2x}}}\right)=\dfrac{e^x}{\sqrt{1+e^{2x}}}.$

【评注】 复合函数求导的关键是搞清复合函数的结构,在求导的过程中,逐次由外层向内层对相应的中间变量求导,直到对自变量求导为止,每次求导要弄清对哪个中间变量求导.

例 2-12 已知 $f(x)$ 可导,求下列函数的导数:

(1) $y=e^{f\left(\frac{1}{x}+\sqrt{1+x^2}\right)}$; (2) $y=f\{f[f(\sin x+\cos x)]\}$.

解:(1) $y'=e^{f\left(\frac{1}{x}+\sqrt{1+x^2}\right)}\cdot f'\left(\frac{1}{x}+\sqrt{1+x^2}\right)\cdot\left(-\frac{1}{x^2}+\frac{2x}{2\sqrt{1+x^2}}\right)=\frac{x^3-\sqrt{1+x^2}}{x^2\sqrt{1+x^2}}\cdot e^{f\left(\frac{1}{x}+\sqrt{1+x^2}\right)}\cdot f'\left(\frac{1}{x}+\sqrt{1+x^2}\right)$.

(2) $y'=f'\{f[f(\sin x+\cos x)]\}\cdot f'[f(\sin x+\cos x)]\cdot f'(\sin x+\cos x)(\cos x-\sin x)$.

例 2-13 (1)设 $y=\frac{e^{-x^2}\arcsin e^{-x^2}}{\sqrt{1-e^{-2x^2}}}$,求 y';

(2)设 $y=\frac{3}{2}(1-\sqrt[3]{1+x^2})^2+3\ln(1+\sqrt[3]{1+x^2})$,求 y'.

解:(1)注意到函数式中的 e^{-x^2},作变量替换,设 $t=\arcsin e^{-x^2}$,则

$$e^{-x^2}=\sin t,\ y=\frac{\sin t\cdot t}{\sqrt{1-\sin^2 t}}=\frac{\sin t\cdot t}{\cos t}=t\tan t.$$

于是,$y=\frac{e^{-x^2}\arcsin e^{-x^2}}{\sqrt{1-e^{-2x^2}}}$ 就是由 $y=t\tan t$ 与 $t=\arcsin e^{-x^2}$ 复合而成的函数,从而

$$\frac{dy}{dx}=\frac{dy}{dt}\cdot\frac{dt}{dx}=(\tan t+t\sec^2 t)\frac{-2xe^{-x^2}}{\sqrt{1-e^{-2x^2}}},$$

由 $\sin t=e^{-x^2}$ 得

$$\cos t=\sqrt{1-e^{-2x^2}},\ \sec^2 t=\frac{1}{1-e^{-2x^2}},\ \tan t=\frac{e^{-x^2}}{\sqrt{1-e^{-2x^2}}},$$

将它们代入上式,并整理得

$$\frac{dy}{dx}=\frac{-2xe^{-x^2}\left(e^{-x^2}\sqrt{1-e^{-2x^2}}+\arcsin e^{-x^2}\right)}{(1-e^{-2x^2})^{\frac{3}{2}}}$$

(2)作变量替换,设 $u=\sqrt[3]{1+x^2}$,则

$$y=\frac{3}{2}(1-u)^2+3\ln(1+u),$$

于是

$$\frac{dy}{du}=-3(1-u)+\frac{3}{1+u}=\frac{3u^2}{1+u},\ \frac{du}{dx}=\frac{1}{3}(1+x^2)^{-\frac{2}{3}}2x=\frac{2x}{3u^2},$$

$$\frac{dy}{dx}=\frac{dy}{du}\cdot\frac{du}{dx}=\frac{3u^2}{1+u}\cdot\frac{2x}{3u^2}=\frac{2x}{1+\sqrt[3]{1+x^2}}.$$

【评注】 当函数的表达式中某个式子多次出现时,则可以对此式子引入中间变量,再利用求导法则达到简化计算的目的.

例 2-14 设 $y=f(x)$ 具有连续的一阶导数,已知 $f(2)=1$,$f'(2)=1$,求 $[f^{-1}(y)]'\big|_{y=1}$.

解:依题设,按反函数的求导法则有

$$[f^{-1}(y)]'\big|_{y=1}=\frac{1}{[f(x)]'\big|_{x=2}}=\frac{1}{f'(2)}=1.$$

例 2-15　设$f(x)=\lim\limits_{n\to\infty}\dfrac{x^2e^{n(x-1)}+ax+b}{1+e^{n(x-1)}}$,求$f(x)$并讨论$f(x)$的连续性与可导性.

解: 求$f(x)$时,以$x=1$为分界点.

当$x=1$时,$f(x)=\dfrac{1+a+b}{2}$;

当$x<1$时,$f(x)=\lim\limits_{n\to\infty}\dfrac{x^2e^{n(x-1)}+ax+b}{1+e^{n(x-1)}}=ax+b$;

当$x>1$时,$f(x)=\lim\limits_{n\to\infty}\dfrac{x^2e^{n(x-1)}+ax+b}{1+e^{n(x-1)}}=x^2$.

综上所述,$f(x)=\begin{cases}ax+b & x<1\\ \dfrac{1+a+b}{2} & x=1.\\ x^2 & x>1\end{cases}$

在区间$(-\infty,1)$,$(1,+\infty)$内,$f(x)$是初等函数,均连续,只要确定a,b,当$\lim\limits_{x\to1^-}f(x)=\lim\limits_{x\to1^+}f(x)=f(1)$时,$f(x)$在$x=1$处连续,即当$a+b=1$时$f(x)$在区间$(-\infty,+\infty)$内连续.

当$f'_-(1)=f'_+(1)$时,$f(x)$在$x=1$处可导,又注意到可导必连续

$$f'_-(1)=\lim_{x\to1^-}\frac{f(x)-f(1)}{x-1}=\lim_{x\to1^-}\frac{ax+b-(a+b)}{x-1}=a,$$

$$f'_+(1)=\lim_{x\to1^+}\frac{f(x)-f(1)}{x-1}=\lim_{x\to1^+}\frac{x^2-1}{x-1}=2.$$

由此,得$a=2,b=-1$,即当$a=2,b=-1$时,$f(x)$在$x=1$处可导,当$x\neq1$时,$f(x)$显然可导,所以当$a=2,b=-1$时,$f(x)$在$(-\infty,+\infty)$内可导.

例 2-16　已知$y=f^2\left(\dfrac{3x-2}{3x+2}\right)$,$f(x)=\ln(1+x^2)$,求$\left.\dfrac{dy}{dx}\right|_{x=0}$.

解: $\dfrac{dy}{dx}=2f\left(\dfrac{3x-2}{3x+2}\right)f'\left(\dfrac{3x-2}{3x+2}\right)\left(\dfrac{3x-2}{3x+2}\right)'=2f\left(\dfrac{3x-2}{3x+2}\right)f'\left(\dfrac{3x-2}{3x+2}\right)\dfrac{12}{(3x+2)^2}$.

$$\left.\frac{dy}{dx}\right|_{x=0}=2f(-1)f'(-1)\cdot\frac{12}{4}=6f(-1)f'(-1).$$

由于$f(x)=\ln(1+x^2)$,可得$f(-1)=\ln2$,$f'(-1)=\left.\dfrac{2x}{1+x^2}\right|_{x=-1}=-1$,所以$\left.\dfrac{dy}{dx}\right|_{x=0}=-6\ln2$.

题型 4　分段函数求导数

分段函数$f(x)$求导数的步骤:

(1)在各个部分区间用导数公式与运算法则求导数.

(2)在分段点x_0处,用导数定义判断是否可导.

(3)写出$f'(x)$的表示式.

例 2-17　设$f(x)$在$x=a$的某邻域内可导,且$f(a)=0$,求证$|f(x)|$在$x=a$可导的充要条件是$f'(a)=0$.

证明: 记$F(x)=|f(x)|$,注意到$f(a)=0$,则

$$F'_-(a)=\lim_{x\to a^-}\frac{F(x)-F(a)}{x-a}=\lim_{x\to a^-}\frac{|f(x)|-|f(a)|}{x-a}=-\lim_{x\to a^-}\left|\frac{f(x)-f(a)}{x-a}\right|$$
$$=-\left|\lim_{x\to a^-}\frac{f(x)-f(a)}{x-a}\right|=-|f'(a)|.$$

同理可得　　$$F'_+(a)=\lim_{x\to a^+}\frac{F(x)-F(a)}{x-a}=|f'(a)|.$$

$F(x)=|f(x)|$在$x=a$可导的充要条件是$F'_-(a)=F'_+(a)$,即$-|f'(a)|=|f'(a)|$,由此$|f'(a)|=0$.

例 2-18　设函数$f(x)$可导且导函数连续,$F(x)=f(x|x|)$,求$F'(x)$.

解:将$F(x)$的表达式写成分段函数为

$$F(x)=\begin{cases}f(-x^2) & x<0\\ f(x^2) & x\geqslant 0\end{cases}.$$

当$x\neq 0$时,$F'(x)=\begin{cases}-2xf'(-x^2) & x<0\\ 2xf'(x^2) & x>0\end{cases}$;

当$x=0$时,注意到$f(x)$,$f'(x)$均连续,因为

$$F'_-(0)=\lim_{x\to 0^-}F'(x)=\lim_{x\to 0^-}[-2xf'(-x^2)]=0\cdot f'(0)=0,$$
$$F'_+(0)=\lim_{x\to 0^+}F'(x)=\lim_{x\to 0^+}[2xf'(x^2)]=0\cdot f'(0)=0,$$

故$F'(0)=0$,于是$F'(x)=\begin{cases}-2xf'(-x^2) & x<0\\ 2xf'(x^2) & x\geqslant 0\end{cases}.$

例 2-19　设函数$f(x)=\begin{cases}x^a\sin\dfrac{1}{x} & x\neq 0\\ 0 & x=0\end{cases}$,问$a$为何值时,

(1)$f(x)$在$x=0$处不连续;

(2)$f(x)$在$x=0$处连续,但不可导;

(3)$f(x)$在$x=0$处可导,并求$f'(x)$,但$f'(x)$在$x=0$处不连续;

(4)$f'(x)$在$x=0$处连续.

解:(1)当$a\leqslant 0$时,因$\lim\limits_{x\to 0}f(x)=\lim\limits_{x\to 0}x^a\sin\dfrac{1}{x}$不存在,故$a\leqslant 0$时$f(x)$在$x=0$处不连续.

(2)当$a>0$时,$\lim\limits_{x\to 0}f(x)=\lim\limits_{x\to 0}x^a\sin\dfrac{1}{x}=0=f(0)$,$f(x)$在$x=0$处连续,这时

$$\lim_{x\to 0}\frac{f(x)-f(0)}{x}=\lim_{x\to 0}x^{a-1}\sin\frac{1}{x}.\tag{1}$$

显然,当$a-1\leqslant 0$,即$a\leqslant 1$时,上述极限不存在.

综上可知,当$0<a\leqslant 1$时,$f(x)$在$x=0$处连续,但不可导.

(3)由式(1),当$a>1$时,$\lim\limits_{x\to 0}x^{a-1}\sin\dfrac{1}{x}=0$,即$f(x)$在$x=0$处可导. 这时

$$f'(x)=\begin{cases}ax^{a-1}\sin\dfrac{1}{x}-x^{a-2}\cos\dfrac{1}{x} & x\neq 0\\ 0 & x=0\end{cases}$$

而
$$\lim_{x\to 0}f'(x)=\lim_{x\to 0}\left(ax^{a-1}\sin\frac{1}{x}-x^{a-2}\cos\frac{1}{x}\right)=-\lim_{x\to 0}x^{a-2}\cos\frac{1}{x}.\tag{2}$$

显然，当 $a-2\leqslant 0$，即 $a\leqslant 2$ 时，上述极限不存在.

于是，当 $1<a\leqslant 2$ 时，$\lim\limits_{x\to 0}f'(x)$ 不存在，但 $f'(0)$ 存在，$f'(0)=0$.

综上可知，当 $1<a\leqslant 2$ 时，$f(x)$ 在 $x=0$ 处可导，但 $f'(x)$ 在 $x=0$ 处不连续.

(4) 由式(2)，当 $a>2$ 时，$\lim\limits_{x\to 0}x^{a-2}\cos\dfrac{1}{x}=0=f'(0)$，即 $f'(x)$ 在 $x=0$ 处连续.

题型 5　高阶导数

求高阶导数，一般有三种方法：

(1) 直接法. 先求出所给函数的一阶、二阶、三阶导数，找出所得结果的规律，从而得到 n 阶导数.

(2) 间接法. 利用已知函数的高阶导数公式，通过四则运算、变量替换等方法求所给函数的 n 阶导数.

(3) 应用莱布尼兹公式. 对于乘积的形式，有时可以使用此方法.

例 2-20　设 $y=\dfrac{1}{x^2-3x+2}$，求 $y^{(n)}$.

解：可以借助于 $(1+x)^\alpha$ 的 n 阶导数公式用间接方法求出 $y^{(n)}$.

$$y=\frac{1}{x^2-3x+2}=\frac{1}{(x-1)(x-2)}=\frac{1}{(x-2)}-\frac{1}{(x-1)}=(x-2)^{-1}-(x-1)^{-1},$$

$$\begin{aligned}y^{(n)}&=(-1)(-1-1)\cdots(-1-n+1)(x-2)^{-1-n}-(-1)(-1-1)\cdots\\&\quad(-1-n+1)(x-1)^{-1-n}\\&=(-1)^n n!\,(x-2)^{-1-n}-(-1)^n n!\,(x-1)^{-1-n}\\&=(-1)^n n!\left[\frac{1}{(x-2)^{1+n}}-\frac{1}{(x-1)^{1+n}}\right].\end{aligned}$$

例 2-21　设 $y=\sin^4x+\cos^4x$，求 $y^{(n)}$.

解：用倍角公式将三角函数次数逐次降低，再用公式

$$\sin^{(n)}(kx)=k^n\sin\left(kx+n\cdot\frac{\pi}{2}\right),\cos^{(n)}(kx)=k^n\cos\left(kx+n\cdot\frac{\pi}{2}\right)$$

将所给函数的 n 阶导数写出.

因为
$$\sin^4x+\cos^4x=\left(\frac{1-\cos 2x}{2}\right)^2+\left(\frac{1+\cos 2x}{2}\right)^2=\frac{3}{4}+\frac{1}{4}\cos 4x,$$

所以
$$y^{(n)}=\left(\frac{3}{4}+\frac{1}{4}\cos 4x\right)^{(n)}=\frac{1}{4}\cdot 4^n\cos\left(4x+n\cdot\frac{\pi}{2}\right)=4^{n-1}\cos\left(4x+n\cdot\frac{\pi}{2}\right).$$

例 2-22　设 $y=x^2\cos 2x$，求 $y^{(n)}(50)$.

解：函数是两个函数乘积的形式，可以应用莱布尼兹公式.

设 $u=\cos 2x, v=x^2$，则

$$u^{(k)}=2^k\cos\left(2x+k\cdot\frac{1}{2}\pi\right)\quad(k=1,2,\cdots,50),$$

$$v'=2x, v''=2, v^{(k)}=0\quad(k=3,4,\cdots,50),$$

代入莱布尼兹公式得

$$y^{(n)}(50)=2^{50}\cdot x^2\cdot\cos\left(2x+50\cdot\frac{1}{2}\pi\right)+50\cdot 2^{49}\cdot 2x\cdot\cos\left(2x+49\cdot\frac{1}{2}\pi\right)$$
$$+\frac{50\cdot 49}{2}\cdot 2\cdot 2^{48}\cdot\cos\left(2x+48\cdot\frac{1}{2}\pi\right)$$
$$=-2^{50}\cdot x^2\cdot\cos 2x-100x\cdot 2^{49}\cdot\sin 2x+2450\cdot 2^{48}\cdot\cos 2x.$$

例 2-23 设$f(x)=\arctan x$,求$f^{(n)}(0)$.

解:$f'(x)=\dfrac{1}{1+x^2}$,即$f'(x)(1+x^2)=1$.

记$u=f'(x)$,$v=(1+x^2)$,注意到$(1+x^2)$的三阶和三阶以上的导数全为零,对上式两端用莱布尼茨公式求$n-1$阶导数,有

$$f^{(n)}(x)(1+x^2)+(n-1)f^{(n-1)}(x)\cdot 2x+\frac{(n-1)(n-2)}{2!}f^{(n-2)}(x)\cdot 2=0,$$

从而
$$f^{(n)}(0)=-(n-1)(n-2)f^{(n-2)}(0)\quad(n\geqslant 2),$$

由于$f(0)=0$,$f'(0)=1$,将$n=2,3,\cdots$代入上式,可推得

$$\begin{cases}f^{(2k)},(0)=0\\ f^{(2k+1)}(0)=(-1)^k(2k)!\end{cases}(k=1,2,\cdots)$$

例 2-24 设$y=\dfrac{\ln x}{x}$,求$y^{(n)}$.

解 1:用归纳法

$$y'=-\frac{1}{x^2}\ln x+\frac{1}{x^2}=-\frac{1}{x^2}(\ln x-1),$$

$$y''=\frac{2}{x^3}(\ln x-1)-\frac{1}{x^3}=\frac{2}{x^3}\left[\ln x-\left(1+\frac{1}{2}\right)\right],$$

$$y'''=-\frac{2\times 3}{x^4}\left[\ln x-\left(1+\frac{1}{2}\right)\right]+\frac{2}{x^4}=-\frac{2\times 3}{x^4}\left[\ln x-\left(1+\frac{1}{2}+\frac{1}{3}\right)\right],$$

依次类推,$y^{(n)}=\dfrac{(-1)^n n!}{x^{n+1}}\left[\ln x-\left(1+\dfrac{1}{2}+\cdots+\dfrac{1}{n}\right)\right]$.

解 2:将商化为积,用莱布尼茨公式

$$y^{(n)}=(\ln x\cdot x^{-1})^{(n)}=\sum_{k=0}^{n}C_n^k(\ln x)^{(k)}(x^{-1})^{(n-k)}$$
$$=C_n^0(\ln x)(x^{-1})^{(n)}+\sum_{k=1}^{n}C_n^k(x^{-1})^{(k-1)}(x^{-1})^{(n-k)}$$
$$=\frac{\ln x\cdot(-1)^n n!}{x^{n+1}}+\sum_{k=1}^{n}\frac{n!}{k!(n-k)!}$$
$$\cdot\frac{(-1)^{k-1}(k-1)!}{x^k}\cdot\frac{(-1)^{n-k}(n-k)!}{x^{n-k+1}}$$
$$=\frac{(-1)^n n!}{x^{n+1}}\left(\ln x-\sum_{k=1}^{n}\frac{1}{k}\right).$$

题型6 隐函数求导

例2-25 设 $y=y(x)$ 由 $\sin(xy)-\ln\frac{x+1}{y}=1$ 所确定，求 $y'(0)$.

解：用隐函数求导法，式子中 y 是 x 的函数，并注意到

$$\ln\frac{x+1}{y}=\ln(x+1)-\ln y.$$

方程 $\sin(xy)-\ln(x+1)+\ln y=1$ 两边同时关于 x 求导得

$$\cos(xy)\cdot(y+xy')-\frac{1}{x+1}+\frac{1}{y}y'=0,$$

解得

$$y'=\frac{y-y^2(x+1)\cos(xy)}{xy(x+1)\cos(xy)+x+1}.$$

当 $x=0$ 时，由原方程知 $y=\mathrm{e}$，则

$$y'(0)=\left.\frac{y-y^2(x+1)\cos(xy)}{xy(x+1)\cos(xy)+x+1}\right|_{\substack{x=0\\y=\mathrm{e}}}=\mathrm{e}-\mathrm{e}^2.$$

例2-26 求曲线 $\ln(x^2+y^2)=\arctan\frac{y}{x}+\ln 2-\frac{\pi}{4}$ 在点 $(1,1)$ 处的切线方程和法线方程.

解：这是由隐函数所确定的曲线，按隐函数求导数，得

$$2x+2yy'=xy'-y,\left.y'\right|_{\substack{x=1\\y=1}}=-3.$$

所求切线方程和法线方程分别为

$$y-1=-3(x-1)\quad 和\quad y-1=\frac{1}{3}(x-1).$$

例2-27 设 $u=f(\varphi(x)+y^2)$，其中 x,y 满足方程 $y+\mathrm{e}^y=x$，且 $f(x),\varphi(x)$ 均可导，求 $\frac{\mathrm{d}u}{\mathrm{d}x}$，$\frac{\mathrm{d}^2u}{\mathrm{d}x^2}$.

分析：这是复合函数与隐函数求导的综合题，只要将 u 的表达式中的 y 看成是由方程 $y+\mathrm{e}^y=x$ 确定的隐函数即可.

解：

$$\frac{\mathrm{d}u}{\mathrm{d}x}=f'(\varphi(x)+y^2)(\varphi'(x)+2yy');$$

$$\frac{\mathrm{d}^2u}{\mathrm{d}x^2}=f''(\varphi(x)+y^2)(\varphi'(x)+2yy')^2+f'(\varphi(x)+y^2)(\varphi''(x)+2y'^2+2yy'').$$

再由 $y+\mathrm{e}^y=x$ 确定 y',y''，得

$$y'+\mathrm{e}^yy'=1,y'=\frac{1}{1+\mathrm{e}^y},y''=\frac{-\mathrm{e}^yy'}{(1+\mathrm{e}^y)^2}=-\frac{\mathrm{e}^y}{(1+\mathrm{e}^y)^3}.$$

将 y',y'' 的表达式分别代入 $\frac{\mathrm{d}u}{\mathrm{d}x},\frac{\mathrm{d}^2u}{\mathrm{d}x^2}$ 的表达式中，得

$$\frac{\mathrm{d}u}{\mathrm{d}x}=f'(\varphi(x)+y^2)\left(\varphi'(x)+\frac{2y}{1+\mathrm{e}^y}\right);$$

$$\frac{\mathrm{d}^2u}{\mathrm{d}x^2}=f''(\varphi(x)+y^2)\left(\varphi'(x)+\frac{2y}{1+\mathrm{e}^y}\right)^2+f'(\varphi(x)+y^2)\left(\varphi''(x)+\frac{2}{(1+\mathrm{e}^y)^2}-\frac{2y\mathrm{e}^y}{(1+\mathrm{e}^y)^3}\right).$$

题型 7　对数求导法

对数求导法，就是将 $y=f(x)$ 的等式两边取自然对数，然后等式两边对自变量 x 求导，它适用于如下两类函数的求导：

(1) 函数 y 的表达式由多个因式的乘、除、幂构成.

(2) 幂指函数 $y=u(x)^{v(x)}\ (u(x)>0)$.

这种方法的运用，需要用到如下结果：若函数 $y=f(x)$ 在点 x 处可导，且 $f(x)\neq 0$，则 $[\ln|f(x)|]'=\dfrac{f'(x)}{f(x)}$.

例 2-28　设 $y=\dfrac{(2x+1)^2\sqrt[3]{2-3x}}{\sqrt[3]{(x-3)^2}}$，求 y'.

解：两边取对数得

$$\ln y=2\ln|2x+1|+\frac{1}{3}\ln|2-3x|-\frac{2}{3}\ln|x-3|.$$

两边对 x 求导得
$$\frac{1}{y}y'=\frac{4}{2x+1}+\frac{1}{3}\,\frac{-3}{2-3x}-\frac{2}{3}\,\frac{1}{x-3},$$

即
$$y'=\frac{(2x+1)^2\sqrt[3]{2-3x}}{\sqrt[3]{(x-3)^2}}\left(\frac{4}{2x+1}-\frac{1}{2-3x}-\frac{2}{3x-9}\right).$$

例 2-29　设 $y=(\sin x)^{\tan x}+\dfrac{x}{x^{\ln x}}\sqrt[3]{\dfrac{2-x}{(2+x)^2}}$，求 y'.

分析：分别用对数求导法求 y_1',y_2'，其中 $y_1=(\sin x)^{\tan x}$，$y_2=\dfrac{x}{x^{\ln x}}\sqrt[3]{\dfrac{2-x}{(2+x)^2}}$.

解：$y'=y_1'+y_2'$

$$=(\sin x)^{\tan x}(\sec^2x\cdot\ln\sin x+1)+\frac{1}{x^{\ln x}}\sqrt[3]{\frac{3-x}{(2+x)^2}}\left[1-2\ln x-\frac{x}{3(2-x)}-\frac{2x}{3(2+x)}\right].$$

题型 8　参数方程确定函数求导

例 2-30　设 $y=f(x)$ 由参数方程 $\begin{cases}x=t-\ln(1+t)\\ y=t^3+t^2\end{cases}$ 确定，求 $\dfrac{dy}{dx},\dfrac{d^2y}{dx^2}$.

解：方程组两边对 t 求导，得

$$\begin{cases}\dfrac{dx}{dt}=1-\dfrac{1}{1+t}\\[2mm] \dfrac{dy}{dt}=3t^2+2t\end{cases}.$$

于是，
$$\frac{dy}{dx}=\frac{\frac{dy}{dt}}{\frac{dx}{dt}}=\frac{3t^2+2t}{1-\frac{1}{t+1}}=3t^2+5t+2,$$

$$\frac{d^2y}{dx^2}=\frac{\frac{d}{dt}(3t^2+5t+2)}{\frac{dx}{dt}}=\frac{6t+5}{1-\frac{1}{1+t}}=\frac{(1+t)(6t+5)}{t}.$$

【评注】　在求出一阶导数后要及时化简，可使求$\frac{d^2y}{dx^2}$时计算量减小．在求$\frac{d^2y}{dx^2}$时要避免以下错误：$\frac{d^2y}{dx^2}=\frac{d}{dt}(3t^2+5t+2)=6t+5$.

例2-31　设$y=f(x)$由$\begin{cases}x=t^2+2t\\ t^2-y+a\sin y=1 \quad 0<a<1\end{cases}$确定，求$\frac{dy}{dx},\frac{d^2y}{dx^2}$.

分析：$y=f(x)$由参数方程$x=\varphi(t)$，$y=\phi(t)$确定，而$y=\phi(t)$是隐函数.

解：方程组两边对t求导，得

$$\begin{cases}\frac{dx}{dt}=2t+2\\ 2t-\frac{dy}{dt}+a\cos y\cdot\frac{dy}{dt}=0\end{cases},$$

整理得

$$\begin{cases}\frac{dx}{dt}=2(t+1)\\ \frac{dy}{dt}=\frac{2t}{1-a\cos y}\end{cases}.$$

于是，

$$\frac{dy}{dx}=\frac{\frac{dy}{dt}}{\frac{dx}{dt}}=\frac{t}{(t+1)(1-a\cos y)},\frac{d}{dt}\left(\frac{dy}{dx}\right)=\frac{(1-a\cos y)^2-at^2\sin y}{(t+1)^2(1-a\cos y)^3},$$

所以

$$\frac{d^2y}{dx^2}=\frac{\frac{d}{dt}\left(\frac{dy}{dx}\right)}{\frac{dx}{dt}}=\frac{(1-a\cos y)^2-at^2\sin y}{2(t+1)^3(1-a\cos y)^3}.$$

题型9　微分概念及计算

计算函数$y=f(x)$的微分有两种方法：

(1)用微分与导数之间的关系$dy=f'(x)dx$.

(2)基本初等函数的微分公式和微分运算法则.

例2-32　已知函数$y=f(x)$在任意一点x处的改变量$\Delta y=\frac{\Delta x}{1+x^2}+a$，且$\lim\limits_{\Delta x\to 0}\frac{a}{\Delta x}=0$，又$f(0)=0$，求$f(1)$.

解：先求$f(x)$，再求$f(1)$，由微分定义及可微与可导的关系知

$$dy=\frac{1}{1+x^2}\Delta x,f'(x)=\frac{1}{1+x^2}.$$

从而$f(x)=\arctan x+C$，再由$f(0)=0$知$C=0$，故$f(x)=\arctan x$，于是$f(1)=\frac{\pi}{4}$.

例2-33　设函数$y=f(x)$在点x可微，且$f'(x)\neq 0$，在点x自变量的改变量是Δx，函数相应的改变量是Δy，微分是dy，当$\Delta x\to 0$时，不正确的是(　　).

A. dy是比Δx高阶的无穷小　　B. $\Delta y-dy$是比Δx高阶的无穷小

C. $\Delta y-dy$是比Δy高阶的无穷小　　D. Δy与dy是等价无穷小

解:选 A. 由题设知,$\Delta y=f'(x)\cdot\Delta x+o(\Delta x)$,且 $\mathrm{d}y=f'(x)\Delta x$.

对 A,有 $\lim\limits_{\Delta x\to 0}\dfrac{\mathrm{d}y}{\Delta x}=\lim\limits_{\Delta x\to 0}\dfrac{f'(x)\Delta x}{\Delta x}=f'(x)$.

对 B,有 $\lim\limits_{\Delta x\to 0}\dfrac{\Delta y-\mathrm{d}y}{\Delta x}=\lim\limits_{\Delta x\to 0}\dfrac{o(\Delta x)}{\Delta x}=0$.

对 C,有 $\lim\limits_{\Delta x\to 0}\dfrac{\Delta y-\mathrm{d}y}{\Delta y}=\lim\limits_{\Delta x\to 0}\dfrac{o(\Delta x)}{f'(x)\Delta x+o(\Delta x)}=0$.

对 D,有 $\lim\limits_{\Delta x\to 0}\dfrac{\Delta y}{\mathrm{d}y}=\lim\limits_{\Delta x\to 0}\dfrac{f'(x)\cdot\Delta x+o(\Delta x)}{f'(x)\cdot\Delta x}=1$. 所以 B,C,D 均正确.

例 2-34　已知 $\mathrm{e}^{xy}+\tan xy=y$,求 $\mathrm{d}y\big|_{x=0}$.

解:等式两端求微分得

$$\mathrm{e}^{xy}\mathrm{d}(xy)+\sec^2(xy)\mathrm{d}(xy)=\mathrm{d}y,$$

$$\mathrm{e}^{xy}(y\mathrm{d}x+x\mathrm{d}y)+\sec^2(xy)(y\mathrm{d}x+x\mathrm{d}y)=\mathrm{d}y.$$

当 $x=0$ 时,由方程得 $y=1$,代入上式得

$$\mathrm{e}^0(1\cdot\mathrm{d}x+0\cdot\mathrm{d}y)+\sec^2 0(1\cdot\mathrm{d}x+0\cdot\mathrm{d}y)=\mathrm{d}y,$$

解得

$$\mathrm{d}y\big|_{x=0}=2\mathrm{d}x.$$

例 2-35　设方程 $x=y^y$ 确定 y 是 x 的函数,求 $\mathrm{d}y$.

解:由 $x=y^y$ 得 $\ln x=y\ln y$,两边微分,得

$$\frac{1}{x}\mathrm{d}x=\ln y\mathrm{d}y+y\mathrm{d}\ln y=\ln y\mathrm{d}y+\mathrm{d}y,$$

故

$$\mathrm{d}y=\frac{1}{x(1+\ln y)}\mathrm{d}x.$$

【评注】　幂指函数求导数或微分,宜先取对数然后求导或求微分.

例 2-36　用微分求参数方程 $\begin{cases}x=a\cos t\\ y=at\sin t\end{cases}$ 所确定函数的一阶导数 $\dfrac{\mathrm{d}y}{\mathrm{d}x}$ 和二阶导数 $\dfrac{\mathrm{d}^2y}{\mathrm{d}x^2}$.

解:$\mathrm{d}x=-a\sin t\mathrm{d}t$,$\mathrm{d}y=a(\sin t+t\cos t)\mathrm{d}t$,

$$\frac{\mathrm{d}y}{\mathrm{d}x}=\frac{a(\sin t+t\cos t)\mathrm{d}t}{-a\sin t\mathrm{d}t}=-\frac{\sin t+t\cos t}{\sin t},$$

$$\mathrm{d}\left(\frac{\mathrm{d}y}{\mathrm{d}x}\right)=\mathrm{d}\left(-\frac{\sin t+t\cos t}{\sin t}\right)=-\frac{\sin t\cos t-t}{(\sin t)^2}\mathrm{d}t,$$

$$\frac{\mathrm{d}^2y}{\mathrm{d}x^2}=\frac{\mathrm{d}\left(\dfrac{\mathrm{d}y}{\mathrm{d}x}\right)}{\mathrm{d}x}=\frac{-\dfrac{\sin t\cos t-t}{(\sin t)^2}\mathrm{d}t}{-a\sin t\mathrm{d}t}=\frac{\sin t\cos t-t}{a(\sin t)^3}.$$

例 2-37　求 $\cos 151°$ 的近似值.

解:利用近似计算公式　$f(x)\approx f(x_0)+f'(x_0)(x-x_0)$,

取

$$f(x)=\cos x,x_0=\frac{5\pi}{6},\Delta x=x-x_0=\frac{\pi}{180}$$

$$\cos 151°=\cos\left(\frac{5\pi}{6}+\frac{\pi}{180}\right)\approx\cos\frac{5\pi}{6}+\left[-\sin\frac{5\pi}{6}\right]\frac{\pi}{180}=-\frac{\sqrt{3}}{2}-\frac{\pi}{360}\approx-0.8747.$$

【评注】

(1)用微分进行近似计算时,关键在于选好 $f(x)$、x_0 及 Δx,然后用微分公式计算即可.

(2)$f(x)$及x_0的选取原则是$f(x_0)$及$f'(x_0)$便于计算,Δx尽可能小.

(3)一般最终结果写成有限小数.

例2-38 有一批半径为1cm的球,为了提高球面的光洁度,要镀上一层铜,厚度定为0.01cm,试估计每只球需用铜多少克(铜的密度为8.9g/cm³)?

解:先求出镀层的体积,再乘以铜的密度就是每只球需用铜的质量.

镀层的体积是两个球体体积的差,即球体体积$V=\frac{4}{3}\pi R^3$,当球半径R取得增量ΔR时的增量ΔV,可以用体积的微分近似代替.

体积V对半径R的导数为
$$V'=4\pi R^2,$$
$$\Delta V\approx V'\cdot \mathrm{d}R=V'\cdot\Delta R=4\pi R^2\Delta R.$$

将$R=1\text{cm},\Delta R=0.01\text{cm}$代入上式得$\Delta V\approx 4\times 3.14\times 1^2\times 0.01\text{cm}^3=0.13\text{cm}^3$.

于是每只球需用的铜质量估计为$0.13\text{cm}^3\times 8.9\text{g/cm}^3=1.16\text{g}$.

2.4 疑难问题解析

问题1 $f'(x_0)=[f(x_0)]'$对吗?

答:不对.因等式左端$f'(x_0)$是函数$f(x)$在点x_0的导数,按导函数的定义,它是导函数$f'(x)$在点x_0的值,即$f'(x_0)=f'(x)\big|_{x=x_0}$;而等式右端是常数$f(x_0)$的导数,即$[f(x_0)]'=0$.一般来说两者是不相等的.

问题2 设函数$f(x)=\begin{cases}x^3 & x\geqslant 1\\ \frac{3}{2}x^2 & x<1\end{cases}$,试问通过下述方法求得的导函数$f'(x)$正确吗?

解:当$x>1$时,有$f'(x)=(x^3)'=3x^2$;当$x<1$时,有$f'(x)=\left(\frac{3}{2}x^2\right)'=3x$.因$f'_+(1)=\lim\limits_{x\to 1^+}f'(x)=3x^2\big|_{x=1}=3$与$f'_-(1)=\lim\limits_{x\to 1^-}f'(x)=3x\big|_{x=1}=3$相等,故$f'(1)=3$,从而$f(x)$的导函数为$f'(x)=\begin{cases}3x^2 & x\geqslant 1\\ 3x & x<1\end{cases}$.

答:结果是错误的,问题出在分界点$x=1$处的导数.因为函数$f(x)$在$x=1$处是不连续的,当然$f'(1)$不可能存在.错误的原因是求$x=1$处的左右导数的方法不对,因为对一般函数来说,等式$f'_+(x_0)=\lim\limits_{x\to x_0^+}f'(x)$,$f'_-(x_0)=\lim\limits_{x\to x_0^-}f'(x)$不一定成立.对于初学者来说分段函数分界点处的左右导数应通过导数的定义来求:
$$f'_+(1)=\lim_{x\to 1^+}\frac{f(x)-f(1)}{x-1}=\lim_{x\to 1^+}\frac{x^3-1}{x-1}=3$$

而
$$f'_-(1)=\lim_{x\to 1^-}\frac{f(x)-f(1)}{x-1}=\lim_{x\to 1^-}\frac{\frac{3}{2}x^2-1}{x-1}$$

不存在,因此$f'(1)$不存在,故正确的结果应是$f'(x)=\begin{cases}3x^2 & x>1\\ 3x & x<1\end{cases}$.

问题3 下列说法正确吗?

(1)若函数$f(x)$在x_0点可导,则函数$f(x)$在x_0某邻域有界.

(2)若函数$f(x)$在x_0点可导,则函数$f(x)$在x_0某邻域连续.

答:(1)正确．已知函数$f(x)$在x_0点可导,则函数$f(x)$在x_0必连续．根据连续的性质,函数$f(x)$在x_0的邻域内必有界.

(2)不正确．已知函数$f(x)$在x_0点可导,则函数$f(x)$在x_0必连续．连续性仅是在一点x_0满足的,在x_0附近其他点的连续性是不得而知的.

问题4　函数$f(x)$在x_0点可导,是否函数$f(x)$在x_0的某邻域内每一点可导?

答:不一定．函数$f(x)$在x_0点可导也是个局部概念,在点x_0的邻域内不一定可导．例如,函数$f(x)=\begin{cases}x^2 & x\text{是有理数}\\ 0 & x\text{是无理数}\end{cases}$在点0可导(当然在点0连续)．事实上

$$f'(0)=\lim_{x\to 0}\frac{f(x)-f(0)}{x-0}=\lim_{x\to 0}\frac{f(x)}{x}=\begin{cases}\lim\limits_{x\to 0}\dfrac{x^2}{x}=\lim\limits_{x\to 0}x=0 & \text{当}x\text{是有理数}\\ \lim\limits_{x\to 0}\dfrac{0}{x}=0 & \text{当}x\text{是无理数}\end{cases},$$

显然函数$f(x)$在任意$x\neq 0$都不连续,即除点0外,函数$f(x)$在任意点都不可导.

由此可见,一个函数可能仅仅在一点可导.

问题5　下面的命题对吗?

若函数$f(x)$在x_0点不可导,则曲线$y=f(x)$在点$(x_0,f(x_0))$不存在切线.

答:不对．函数$f(x)$在x_0点不可导,它的导数可能是无限大,即曲线$y=f(x)$在点$(x_0,f(x_0))$可能存在与x轴垂直的切线．例如,函数$y=\sqrt[3]{x}$,在点0不可导,但是此曲线在(0,0)存在切线,即y轴.

问题6　符号$f'_+(x_0)$与$f'(x_0+0)$是否有区别?

答:有区别．符号$f'_+(x_0)$表示函数$f(x)$在x_0点的右导数,即极限$f'_+(x_0)=\lim\limits_{x\to x_0^+}\dfrac{f(x)-f(x_0)}{x-x_0}$,符号$f'(x_0+0)$表示导函数$f'(x)$在$x_0$点的右极限,即极限$f'(x_0+0)=\lim\limits_{x\to x_0^+}f'(x)$．由此可知,$f'(x_0+0)$还表明函数$f(x)$在区间$(x_0,x_0+\delta)$内每一点都可导．这是两个不同的概念．一般来说,$f'_+(x_0)$与$f'(x_0+0)$其中一个存在,另一个可能不存在．例如,函数$f(x)=\begin{cases}\arctan\dfrac{1}{x} & x\neq 0\\ 0 & x=0\end{cases}$.

当$x\neq 0$时,$f'(x)=\dfrac{-1}{1+x^2}$,$f'(0+0)=\lim\limits_{x\to 0^+}f'(x)=\lim\limits_{x\to 0^+}\dfrac{-1}{1+x^2}=-1$,

但是
$$f'_+(0)=\lim_{x\to 0^+}\frac{1}{x}\arctan\frac{1}{x}=+\infty.$$

再例如,函数$g(x)=\begin{cases}x^2\sin\dfrac{1}{x} & x\neq 0\\ 0 & x=0\end{cases}$,$g'_+(0)=\lim\limits_{x\to 0^+}\dfrac{x^2\sin\frac{1}{x}}{x}=\lim\limits_{x\to 0^+}x\sin\dfrac{1}{x}=0$.

但是,当$x\neq 0$时,$g'(x)=2x\sin\dfrac{1}{x}-\cos\dfrac{1}{x}$,

$$g'(0+0)=\lim_{x\to0^+}g'(x)=\lim_{x\to0^+}\left(2x\sin\frac{1}{x}-\cos\frac{1}{x}\right)$$

不存在.

在什么条件下,有$f'_+(x_0)=f'(x_0+0)$呢?若函数$f(x)$在区间$[x_0,x_0+\delta]$上连续,在区间$(x_0,x_0+\delta)$内可导,且$\lim\limits_{x\to x_0^+}f'(x)$存在,则$f'_+(x_0)=\lim\limits_{x\to x_0^+}f'(x)=f'(x_0+0)$.

问题7　若函数$f(x)$与$g(x)$在x_0点都不可导,它们的和$H(x)=f(x)+g(x)$与积$G(x)=f(x)\cdot g(x)$在x_0点是否也不可导?

答:不一定. 例如,函数$f(x)=|x|$与$g(x)=-|x|$在点0都不可导,但是它们的和与积$H(x)=f(x)+g(x)=0$与$G(x)=f(x)\cdot g(x)=-x^2$在点0都可导.

问题8　若函数$f(u)$在$u_0=g(x_0)$可导,而函数$g(x)$在x_0点不可导,它们的复合函数$f[g(x)]$在x_0点是否也不可导?

答:不一定. 例如,函数$f(u)=u^2$与$u=g(x)=|x|$.

函数$f(u)$在$0=g(0)$可导,而函数$g(x)$在点0不可导,但是它们的复合函数$f[g(x)]=|x|^2=x^2$在点0可导.

问题9　若函数$f(x)$在(a,b)内可导,且$\lim\limits_{x\to a}f(x)=\infty$,是否有$\lim\limits_{x\to a}f'(x)=\infty$?反之如何?

答:不一定. 例如,函数$f(x)=\frac{1}{x}+\cos\frac{1}{x}$,$f'(x)=-\frac{1}{x^2}\left(1-\sin\frac{1}{x}\right)$. $\lim\limits_{x\to0^+}f(x)=+\infty$,而$\lim\limits_{x\to0^+}f'(x)\neq\infty$.

反之,也不一定. 例如,函数$f(x)=\sqrt[3]{x}$,$f'(x)=\frac{1}{3\sqrt[3]{x^2}}$. $\lim\limits_{x\to0}f'(x)=+\infty$,而$\lim\limits_{x\to0}f(x)=0$,即没有$\lim\limits_{x\to0}f(x)=\infty$.

2.5　自测试题

自测试题A

一、单项选择题

1. 设$f(x)$在(a,b)内连续,$x_0\in(a,b)$,则在点x_0处$f(x)$(　　).

A. 极限存在且可导　　B. 极限不存在,但可导

C. 极限存在,但不一定可导　　D. 极限不一定存在

2. 在曲线$y=x^2-4x$上,切线平行于直线$2x-y+3=0$的点的坐标为(　　).

A. $(1,-3)$　　B. $(3,-3)$　　C. $(-1,5)$　　D. $(2,0)$

3. 设$\lim\limits_{x\to a}\frac{f(x)-f(a)}{(x-a)^2}=l$,其中$l$为有限值,则$f(x)$在点$x=a$处(　　).

A. 可导且$f'(a)=0$　　B. 可导但$f'(a)\neq0$

C. 不一定可导　　D. 肯定不可导

4. 设$f(x)=\begin{cases}e^{ax} & x\geqslant0\\ b+\sin 2x & x<0\end{cases}$在点$x=0$处可导,则$a,b$的值为(　　).

A. $a=0,b=1$　　B. $a=-2,b=1$

C. $a=2,b=1$　　D. $a=1,b=2$

5. 设$f(x)$在x_0点可微,且$f'(x_0)\neq 0$,则当$|\Delta x|$很小时$f(x_0+\Delta x)\approx$(　　).

A. $f(x_0)$　　B. $f'(x_0)\Delta x$

C. $f'(x_0+\Delta x)\Delta x$　　D. $f(x_0)+f'(x_0)\Delta x$

6. 可微的周期函数其导函数(　　).

A. 一定是周期函数,且周期不变　　B. 一定是周期函数,但周期可能发生变化

C. 不一定是周期函数.　　D. 一定不是周期函数

7. 设$f(x)$为可微的偶函数,且对$x_0(x_0\neq 0)$,$f'(x_0)=\dfrac{1}{2}$,则$f'(-x_0)=$(　　).

A. $\dfrac{1}{2}$　　B. $-\dfrac{1}{2}$　　C. 2　　D. -2

8. 设$f(x)=\begin{cases}\dfrac{x}{1+e^{\frac{1}{x}}} & x\neq 0\\ 0 & x=0\end{cases}$,则$f(x)$在$x=0$处(　　).

A. 左导数不存在　　B. 右导数不存在

C. $f'(0)=0$　　D. 不可导

二、填空题

1. 已知$f'(x_0)=-2$,则$\lim\limits_{x\to 0}\dfrac{x}{f(x_0-2x)-f(x_0)}=$________.

2. 曲线$xy^2+y\ln x-4=0$在点$(1,-2)$处的切线方程为________.

3. 设$f(0)=0$,且$f'(0)=\dfrac{1}{2}$,则$\lim\limits_{x\to 0}\dfrac{f(x)}{x}=$________.

4. 曲线$\begin{cases}x=1+t^2\\ y=t^3\end{cases}$在$t=2$处的切线方程为________.

5. 设$f(x)$在点$x=1$处具有连续导数,且$f'(1)=\dfrac{1}{2}$,则$\lim\limits_{x\to 0^+}\dfrac{d}{dx}f(\cos\sqrt{x})=$________.

6. 设$y=x^{\frac{1}{x}}e^x$,则$y'=$________.

7. 设$f(x)=(x^3-1)\varphi(x)$,其中$\varphi(x)$在点$x=1$处连续且$\varphi(1)=2$,则$f'(1)=$________.

8. 设$y=x\ln x$,则$y^{(10)}=$________.

三、计算题

1. $y=x\arctan x-\ln\sqrt{1+x^2}$,求$\dfrac{dy}{dx}$.

2. $y=\ln(\sqrt{x^2+a^2}+x)$,求$\dfrac{d^2y}{dx^2}$.

3. $y=f(\ln x)+\ln f(x)$,其中$f(x)$具有二阶导数,求$\dfrac{d^2y}{dx^2}$.

4. 设 $y=\ln\sqrt{\dfrac{1+x}{1-x}}-\dfrac{\arcsin x}{\sqrt{1-x^2}}$,求 dy.

5. 设 $y=f[x+\varphi(x)]$,其中 $f(u),\varphi(x)$ 为可微函数,求 dy.

6. 设 $0<x<\dfrac{\pi}{2}$,且 $f'(\sin x)=1-\cos x$,求 $f''(x)$.

7. 用对数求导法求函数 $y=\dfrac{\sqrt{x+2}(3-x)^4}{(x+1)^5}$ 的导数.

8. 设 $f(x)=\begin{cases}x^n\sin\dfrac{1}{x} & x\neq 0\\ 0 & x=0\end{cases}$ (n 为正整数),问 n 取何值时,

(1) $f(x)$ 在 $x=0$ 处连续;

(2) $f(x)$ 在 $x=0$ 处可导,并求 $f'(x)$;

(3) $f'(x)$ 在 $x=0$ 处连续.

自测试题 B

一、单项选择题

1. 若下列极限存在,则成立的是(　　).

A. $\lim\limits_{\Delta x\to 0^-}\dfrac{f(a+\Delta x)-f(a)}{\Delta x}=f'(a)$　　B. $\lim\limits_{\Delta x\to 0}\dfrac{f(tx)-f(0)}{x}=f'(0)$

C. $\lim\limits_{t\to 0}\dfrac{f(x_0)-f(x_0-t)}{t}=f'(x_0)$　　D. $\lim\limits_{x\to 0}\dfrac{f(x)-f(a)}{a-x}=f'(a)$

2. $\dfrac{d}{dx}\left[f\left(\dfrac{1}{x^2}\right)\right]=\dfrac{1}{x}$,则 $f'\left(\dfrac{1}{2}\right)=$(　　).

A. $\dfrac{1}{\sqrt{2}}$　　B. -1　　C. 2　　D. -4

3. 设 $f(x)$ 是可导函数,则(　　).

A. 若 $f(x)$ 为奇函数,则 $f'(x)$ 为偶函数　　B. 若 $f(x)$ 为单调函数,则 $f'(x)$ 为单调函数

C. 若 $f(x)$ 为奇函数,则 $f'(x)$ 为奇函数　　D. 若 $f(x)$ 为非负函数,则 $f'(x)$ 为非负函数

4. 设 $f(0)=0$,则 $f(x)$ 在点 $x=0$ 可导的充要条件为(　　).

A. $\lim\limits_{h\to 0}\dfrac{1}{h^2}f(1-\cosh)$ 存在　　B. $\lim\limits_{h\to 0}\dfrac{1}{h}f(1-e^h)$ 存在

C. $\lim\limits_{h\to 0}\dfrac{1}{h^2}f(h-\sinh)$ 存在　　D. $\lim\limits_{h\to 0}\dfrac{1}{h}[f(2h)-f(h)]$ 存在

5. 设 $f(0)=g(0)$,若 $f'(0)<g'(0)$,则下列结论正确的是(　　).

A. 存在 $\delta>0$ 使得 $x\in(-\delta,0)\cup(0,\delta)$ 时, $f(x)<g(x)$

B. 存在 $\delta>0$ 使得 $x\in(-\delta,0)\cup(0,\delta)$ 时, $f(x)>g(x)$

C. 存在 $\delta>0$ 使得 $x\in(-\delta,0)$ 时, $f(x)>g(x)$; $x\in(0,\delta)$ 时, $f(x)<g(x)$

D. 存在 $\delta>0$ 使得 $x\in(-\delta,0)$ 时, $f(x)<g(x)$; $x\in(0,\delta)$ 时, $f(x)>g(x)$

6. 设 $f(x),g(x)$ 定义在 $(-1,1)$,且都在 $x=0$ 连续,若 $f(x)=\begin{cases}\dfrac{g(x)}{x} & x\neq 0\\ 2 & x=0\end{cases}$,则(　　).

A. $\lim\limits_{x\to 0}g(x)=0$ 且 $g'(0)=0$　　B. $\lim\limits_{x\to 0}g(x)=0$ 且 $g'(0)=1$

C. $\lim\limits_{x\to 0}g(x)=1$ 且 $g'(0)=0$　　D. $\lim\limits_{x\to 0}g(x)=0$ 且 $g'(0)=2$

7. 设函数 $f(x)$ 在区间 $(-\delta,\delta)$ 内有定义，若当 $x\in(-\delta,\delta)$ 时，恒有 $|f(x)|\leqslant x^2$，则 $x=0$ 必是 $f(x)$ 的(　　).

A. 间断点　　B. 连续而不可导的点

C. 可导的点，且 $f'(0)=0$　　D. 可导的点，且 $f'(0)\neq 0$

8. 设 $f(x)$ 在 x_0 的某个邻域内有界，令 $g(x)=[1-\cos(x-x_0)]f(x)$，则(　　).

A. $g'(x_0)=0$　　B. $g'(x_0)\neq 0$

C. $g(x)$ 在 x_0 连续，但 $g'(x_0)$ 不存在　　D. $g(x)$ 在 x_0 不一定连续

二、填空题

1. 设 $f(x)$ 在 $x=0$ 处可导，$f(0)=0$，且 $\lim\limits_{x\to 0}\dfrac{f(2x)}{\sin x}=-1$，则曲线 $y=f(x)$ 在原点处的切线方程是________.

2. 设 $f(x)$ 在点 $x=0$ 可导，且 $\lim\limits_{x\to 0}\dfrac{\cos x-1}{e^{f(x)}-1}=1$，则 $f'(0)=$________.

3. 设 $y=f\left(\dfrac{2x-1}{x+1}\right)$，$f'(x)=\ln x^{\frac{1}{3}}$，则 $\dfrac{dy}{dx}=$________.

4. 设 $g(x)$ 满足 $g'(x)+\sin x\cdot g(x)=\cos x$，且 $g(0)=0$，则 $\lim\limits_{x\to 0}\dfrac{g(x)}{x}=$________.

5. 函数 $y=y(x)$ 由方程 $\sin(x^2+y^2)+e^x-xy^2=0$ 所确定，则 $\dfrac{dy}{dx}=$________.

6. 设 $\begin{cases}x=\ln t\\ y=t^n+\ln 2\end{cases}$，则 $\left.\dfrac{d^2y}{dx^2}\right|_{t=\frac{1}{2}}=$________.

7. 设 $y=f(\ln x)e^{f(x)}$，则 $dy=$________.

8. 设 $f(x)=\dfrac{1}{1-x}$，则 $f^{(n)}(2)=$________.

三、计算题

1. 设 $f'(0)$ 存在，$f(0)=0$，求 $\lim\limits_{x\to 0}\dfrac{f(1-\cos x)}{\tan 5x^2}$.

2. 用 $dy=y'dx$ 及一阶微分形式不变性求函数 $e^x\sin y-e^{-y}\cos x=0$ 的微分.

3. 设 $f(x)=\lim\limits_{t\to+\infty}\dfrac{x}{2+x^2-e^{tx}}$，讨论 $f(x)$ 的可导性.

4. 设 $y=\sin^2(x^4)$，求 $\dfrac{dy}{d(x^3)}$.

5. 设 $y=\sin f(x^2)$，且 f 具有二阶导数，求 $\dfrac{d^2y}{dx^2}$.

6. 求 $\lim\limits_{x\to a}\dfrac{x^x-a^a}{x-a}(a>0,a\neq 1)$.

7. 设 $\lim\limits_{n\to\infty}x_n=0$，$\lim\limits_{n\to\infty}\dfrac{y_n}{x_n}=1$，函数 $y=f(x)$ 在 $x=x_0$ 点可导，求 $\lim\limits_{n\to\infty}\dfrac{f(x_0+x_n)-f(x_0-y_n)}{x_n}$.

四、证明题

设函数 $f(x)$ 对任何实数 x_1,x_2，有 $f(x_1+x_2)=f(x_1)f(x_2)$，且 $f'(0)=1$，证明：$f'(x)=f(x)$.

自测试题 C

一、单项选择题

1. 设函数 $f(x)=\lim\limits_{n\to\infty}\sqrt[n]{1+|x|^{3n}}$，则 $f(x)$ 在 $(-\infty,+\infty)$ 内(　　).

A. 处处可导　　B. 恰有一个不可导点

C. 恰有两个不可导点　　D. 至少有三个不可导点

2. 若 $f(x)=-f(-x)$，且在 $(0,+\infty)$ 内 $f'(x)>0, f''(x)>0$，则在 $(-\infty,0)$ 内必有(　　).

A. $f'(x)<0, f''(x)<0$　　B. $f'(x)<0, f''(x)>0$

C. $f'(x)>0, f''(x)<0$　　D. $f'(x)>0, f''(x)>0$

3. 设 $f(x)=\begin{cases}\dfrac{1-\cos x}{\sqrt{x}} & x>0\\ x^2g(x) & x\leqslant 0\end{cases}$，其中 $g(x)$ 是有界函数，则 $f(x)$ 在 $x=0$ 处(　　).

A. 极限不存在　　B. 极限存在，但不连续

C. 连续，但不可导　　D. 可导

4. 设函数 $f(x)$ 可导，$F(x)=f(x)(1+|\sin x|)$，则 $f(0)=0$ 是 $F(x)$ 在 $x=0$ 处可导的(　　).

A. 充分必要条件　　B. 充分条件，但非必要条件

C. 必要条件，但非充分条件　　D. 既非充分条件，又非必要条件

5. $\lim\limits_{x\to x_0}\dfrac{|f(x)-f(x_0)|}{x-x_0}$ 存在的充要条件是(　　).

A. $f(x_0)=0$　　B. $f(x)$ 在 x_0 点连续

C. $f'(x_0)=0$　　D. $f(x)$ 在 x_0 处可导

6. 设函数 $f(x)$ 在点 $x=a$ 处可导，则函数 $|f(x)|$ 在点 $x=a$ 处不可导的充分条件是(　　).

A. $f(a)=0$ 且 $f'(a)=0$　　B. $f(a)=0$ 且 $f'(a)\neq 0$

C. $f(a)>0$ 且 $f'(a)>0$　　D. $f(a)<0$ 且 $f'(a)<0$

7. 设函数 $f(x)$ 连续，且 $f'(0)>0$，则存在 $\delta>0$，使得(　　).

A. $f(x)$ 在 $(0,\delta)$ 内单调增加　　B. $f(x)$ 在 $(-\delta,0)$ 内单调减少

C. 对任意的 $x\in(0,\delta)$，有 $f(x)>f(0)$　　D. 对任意的 $x\in(-\delta,0)$，有 $f(x)>f(0)$

8. 设 $f'(x)$ 在 $[a,b]$ 上连续，且 $f'(a)>0, f'(b)<0$，则下列结论错误的是(　　).

A. 至少存在一点 $x_0\in(a,b)$，使得 $f(x_0)>f(a)$

B. 至少存在一点 $x_0\in(a,b)$，使得 $f(x_0)>f(b)$

C. 至少存在一点 $x_0\in(a,b)$，使得 $f'(x_0)=0$

D. 至少存在一点 $x_0 \in (a,b)$，使得 $f(x_0)=0$

二、填空题

1. 设函数 $y=f(x)$ 由方程 $xy+2\ln x=y^4$ 所确定，则曲线 $y=f(x)$ 在点(1,1)处的切线方程是________.

2. 函数 $y=(1+\sin x)^x$，则 $\mathrm{d}y\big|_{x=\pi}=$________.

3. 设 $\begin{cases} x=f(t)-\pi \\ y=f(\mathrm{e}^{3t}-1) \end{cases}$，其中 f 可导，且 $f'(0)\neq 0$，则 $\left.\dfrac{\mathrm{d}y}{\mathrm{d}x}\right|_{t=0}=$________.

4. 已知函数 $y=y(x)$ 由方程 $\mathrm{e}^y+6xy+x^2-1=0$ 确定，则 $y''(0)=$________.

5. 设 $f(x)$ 为可导函数，且满足条件 $\lim\limits_{x\to 0}\dfrac{f(1)-f(1-x)}{2x}=-1$，则曲线 $y=f(x)$ 在点 $(1,f(1))$ 处的切线斜率为________.

6. 设函数 $f(x)$ 有任意阶导数，且 $f'(x)=f^2(x)$，则 $f^{(n)}(x)=$________.

7. 设 $y=2^{|\sin x|}$，则 $\dfrac{\mathrm{d}y}{\mathrm{d}x}=$________.

8. 已知 $y=f(\sqrt{x})$，$f(x)$ 具有二阶导数，则 $\dfrac{\mathrm{d}^2y}{\mathrm{d}x^2}=$________.

三、计算题

1. 求函数 $f(x)=x^2\ln(1+x)$ 在 $x=0$ 处的 n 阶导数 $f^{(n)}(0)\ (n\geqslant 3)$.

2. 设函数 $f(x)$ 在 $x=0$ 可导，且 $f(0)\neq 0$，$f'(0)\neq 0$，若 $af(h)+bf(2h)-f(0)$ 在 $h\to 0$ 时是比 h 高阶的无穷小，试确定 a,b 的值.

3. 已知 $f(x)$ 是周期为 5 的连续函数，它在 $x=0$ 的某邻域内满足关系式 $f(1+\sin x)-3f(1-\sin x)=8x+\alpha(x)$，其中 $\alpha(x)$ 是在 $x\to 0$ 时比 x 高阶的无穷小，且 $f(x)$ 在 $x=1$ 处可导，求曲线 $y=f(x)$ 在点 $(6,f(6))$ 处的切线方程.

4. 设 $f(0)=1$，$f'(0)=-1$，求下列极限：

(1) $\lim\limits_{x\to 2}\dfrac{x^2-2x}{f(2-x)-1}$；　　(2) $\lim\limits_{x\to 0}\dfrac{2^xf(x)-1}{x}$.

5. 设函数 $y=y(x)$ 由方程 $x\mathrm{e}^{f(y)}=\mathrm{e}^y$ 确定的，其中 f 具有二阶导数且 $f'(x)\neq 1$，求 $\dfrac{\mathrm{d}^2y}{\mathrm{d}x^2}$.

6. 设函数 $f(x)$ 在 $x=a$ 可导，且 $f(a)\neq 0$，求 $\lim\limits_{x\to\infty}\left[\dfrac{f\left(a+\dfrac{1}{x}\right)}{f(a)}\right]^x$.

7. 设 $y=f[f^2(2^{x^2})]$，求 $\dfrac{\mathrm{d}y}{\mathrm{d}x}$.

四、证明题

1. 设 $f(x)$，$g(x)$ 的定义域为 $(-\infty,+\infty)$，且它们在点 x_0 可导，证明：$h(x)=\begin{cases} f(x) & x\leqslant x_0 \\ g(x) & x>x_0 \end{cases}$ 在点 x_0 可导的充要条件是 $f(x_0)=g(x_0)$，$f'(x_0)=g'(x_0)$.

2. 设 $f(x)\in C[a,b]$，$f(a)=f(b)=0$，且 $f'_+(a)<0$，$f'_-(b)<0$. 证明：$f(x)$ 在 (a,b) 内必有一个零点.

第3章　微分中值定理与导数的应用

3.1　主要内容

3.1.1　中值定理

1. 费马(Fermat)引理

设函数$f(x)$在点x_0的某邻域$\cup(x_0)$内有定义,且在x_0处可导,若对任意的$x\in\cup(x_0)$,有$f(x)\leqslant f(x_0)$(或$f(x)\geqslant f(x_0)$),则$f'(x_0)=0$.

2. 罗尔(Rolle)中值定理

若函数$f(x)$满足条件:在闭区间$[a,b]$上连续;在开区间(a,b)内可导;$f(a)=f(b)$,则在开区间(a,b)内至少存在一点ξ,使得$f'(\xi)=0,\xi\in(a,b)$.

【评注】　若函数不完全具备定理中所设条件,则结论就可能不成立,即定理中的条件是充分而非必要的.

3. 拉格朗日(Lagrange)中值定理

若函数$f(x)$在闭区间$[a,b]$上连续,在开区间(a,b)内可导,则在(a,b)内至少存在一点ξ,使得$f'(\xi)=\dfrac{f(b)-f(a)}{b-a},\xi\in(a,b)$.

推论1　若函数$f(x)$在(a,b)上可导,且$f'(x)\equiv 0$,则函数在该区间上是一个常数.

推论2　若函数$f(x)$与$g(x)$在开区间I上可导,且$f'(x)\equiv g'(x)$,则$f(x)=g(x)+C$,C为常数.

4. 柯西(Cauchy)中值定理

若函数$f(x)$,$g(x)$在闭区间$[a,b]$上连续,在开区间(a,b)内可导,且$g'(x)\neq 0$,则在(a,b)内至少存在一点ξ使得$\dfrac{f(b)-f(a)}{g(b)-g(a)}=\dfrac{f'(\xi)}{g'(\xi)}$.

5. 泰勒(Taylor)中值定理

若函数$f(x)$在含有x_0的某区间I内$n+1$次可导,则对任意$x\in I$,存在x_0与x之间的ξ,使

$$f(x)=f(x_0)+f'(x_0)(x-x_0)+\frac{f''(x_0)}{2!}(x-x_0)^2+\cdots+$$
$$\frac{f^{(n)}(x_0)}{n!}(x-x_0)^n+R_n(x)$$

其中
$$R_n(x)=\frac{f^{(n+1)}(\xi)}{(n+1)!}(x-x_0)^n,$$

并称上式为**n阶泰勒公式**.

【评注】

(1) 以上形式的余项$R_n(x)$称为**拉格朗日型余项**. 当$R_n(x)$写成$o((x-x_0)^n)$形式时,称

为**皮亚诺**(Peano)**型余项**,这时泰勒定理的条件为$f^{(n)}(x)$存在且连续.

(2) 当$x_0=0$时,泰勒公式称为**麦克劳林**(Maclaurin)**公式**.

3.1.2　洛必达法则

1. $\frac{0}{0}$和$\frac{\infty}{\infty}$型未定式

设在某极限过程中,函数$f(x)$和$g(x)$可导,且$g'(x)\neq 0$,若$\lim\frac{f(x)}{g(x)}$是$\frac{0}{0}$或$\frac{\infty}{\infty}$型未定式,且$\lim\limits_{x\to a}\frac{f'(x)}{g'(x)}=A$(或$\infty$),则$\lim\limits_{x\to a}\frac{f(x)}{g(x)}=\lim\limits_{x\to a}\frac{f'(x)}{g'(x)}=A$(或$\infty$).

【评注】　当$\lim\limits_{x\to a}\frac{f'(x)}{g'(x)}$不存在也不为无穷大时,洛必达法则失效.

2. 其他类型的未定式

设在某极限过程中,

(1) 若$f(x)\to 0$,$g(x)\to\infty$,则称$\lim f(x)g(x)$为"$0\cdot\infty$"型未定式,这类极限可化为$\lim\frac{f(x)}{\frac{1}{g(x)}}\left(\frac{0}{0}\text{型}\right)$或$\lim\frac{g(x)}{\frac{1}{f(x)}}\left(\frac{\infty}{\infty}\text{型}\right)$.

(2) 若$f(x)\to\infty$,$g(x)\to\infty$,则称$\lim[f(x)-g(x)]$为"$\infty-\infty$"型未定式.

(3) 称$\lim[f(x)]^{g(x)}$为$\begin{cases}0^0\text{ 型未定式} & \text{若} f(x)\to 0^+, g(x)\to 0\\ 1^\infty\text{ 型未定式} & \text{若} f(x)\to 1, g(x)\to\infty\\ \infty^0\text{ 型未定式} & \text{若} f(x)\to +\infty, g(x)\to 0\end{cases}$.

对于第(3)类未定式,由对数恒等式$N=e^{\ln N}$,有$y=e^{\ln[f(x)]^{g(x)}}$,即$y=e^{g(x)\ln f(x)}$,只需计算$g(x)\cdot\ln f(x)$这种"$0\cdot\infty$"型未定式:若$\lim g(x)\ln f(x)=A$(A为有限数或无穷大),则$\lim[f(x)]^{g(x)}=e^A$.

3.1.3　导数的应用

1. 函数单调性的判别

定理:设函数$y=f(x)$在$[a,b]$上连续,在(a,b)内可导.若在(a,b)内$f'(x)>0$,则$f(x)$在$[a,b]$上单调增加;若在(a,b)内$f'(x)<0$,则$f(x)$在$[a,b]$上单调减少.

【评注】

(1) 若把这个判别法中的闭区间换成其他各种区间(包括无穷区间),结论也成立.

(2) 若$f(x)$单调增加(或单调减少)不一定得出$f'(x)>0$(或$f'(x)<0$)的结论.例如,函数$f(x)=x^3$在定义域上是单调增加的,但$f'(x)=3x^2\geqslant 0$(当$x=0$时,$f'(x)=0$).

(3) 在某区间内当$f'(x)$有有限个点的值为零,而在其余点处均为正(或负),则$f(x)$在该区间上仍然是单调增加(或单调减少)的.

2. 函数的单调区间

有些函数在其定义域上单调性不变,称这种函数为**单调函数**.有些函数在它的定义域上不是单调的,但是在定义域的某一部分区间上是单调的,把这种区间称为函数的**单调区间**.

【评注】　称导数为零的点为函数的驻点;用导数等于零的点及导数不存在的点来划分函

数的单调区间.

3. 函数的极值与最值

(1) 极值的定义 设函数$f(x)$在点x_0的某邻域内有定义,若对该邻域内任意异于x_0的点x,均有$f(x)<f(x_0)$(或$f(x)>f(x_0)$),则称函数$f(x)$在点x_0取得**极大值**(或**极小值**)$f(x_0)$,x_0称为$f(x)$的**极大值点**(或**极小值点**). 函数的极大值与极小值统称为**极值**,极大值点与极小值点统称为**极值点**.

【评注】

① 区间的端点不能是极值点.

② 函数若有极值,极值不一定唯一.

③ 函数的极大值可能比其极小值小.

(2) 函数取得极值的必要条件 设函数$f(x)$在点x_0处的导数$f'(x_0)$存在,若$f(x)$在点x_0取得极值,则必有$f'(x_0)=0$.

【评注】

① 几何意义:若函数$f(x)$在极值点x_0处可导,则曲线$y=f(x)$在点$(x_0,f(x_0))$的切线平行于x轴.

② 可导函数的极值点一定是它的驻点. 但反之,函数的驻点却不一定是它的极值点. 如函数$y=x^3$在$x=0$处,$f'(0)=0$,即$x=0$是它的驻点,但函数在$x=0$处不取极值.

③ 函数在它的导数不存在的点处也可能取得极值. 例如函数$y=|x|$在$x=0$处不可导,但函数在该点取得极小值.

(3) 极值的充分条件

极值第一充分条件 设函数$f(x)$在x_0连续,在x_0的某一去心邻域内可导,当x由小到大经过x_0时,若

1) $f'(x)$的符号由正变负,则在x_0处取得极大值$f(x_0)$.

2) $f'(x)$的符号由负变正,则在x_0处取得极小值$f(x_0)$.

3) $f'(x)$的符号不变,则在x_0处不取得极值.

极值第二充分条件 设函数$f(x)$在点x_0处二阶可导,且$f'(x_0)=0$,$f''(x_0)\neq0$.

1) 若$f''(x_0)>0$,则$f(x)$在点x_0处取得极小值$f(x_0)$.

2) 若$f''(x_0)<0$,则$f(x)$在点x_0处取得极大值$f(x_0)$.

3) 若$f''(x_0)=0$,此时定理失效,需应用极值的第一充分条件判别x_0是否为极值点.

(4) 函数的最值

求闭区间$[a,b]$上连续函数$f(x)$最值的方法:

1) 若$f(x)$在区间(a,b)上只有一个极值,则极大值就是区间$[a,b]$上的最大值,极小值就是区间$[a,b]$上的最小值.

2) 若$f(x)$是区间$[a,b]$上的单调函数,则最值在区间的端点处取得.

3) 若$f(x)$在区间(a,b)上的驻点和不可导点分别记为$x_1,x_2,x_3,\cdots,x_n$,则先求出$f(x)$在这些点的值以及在端点a和b处的值,然后再加以比较:

$$\text{最大值}=\max\{f(a),f(b),f(x_1),f(x_2),\cdots,f(x_n)\}$$

$$\text{最小值}=\min\{f(a),f(b),f(x_1),f(x_2),\cdots,f(x_n)\}$$

【评注】

① 函数的极值与最值是两个不同的概念. 函数极值仅仅是与极值点附近的点的函数值相比较而言的,即在一点的邻域内讨论,它是局部性的;最值是对整个区间而言的,是全局性的. 若最值是在区间内部某点取得,则它必是该区间内若干个极值中最大(或最小)的一个. 当然,最值也可能在区间的端点取得,但极值只能在区间内部的点取得.

② 函数在一个区间上可能有若干极值点,而且某个极大值还可能比某个极小值小,这与极值的定义并不相违背,而恰恰反映了极值概念的局部性,说明极大值不一定是最大值,极小值也不一定是最小值.

4. 曲线的凹凸性与拐点

(1) 凹凸性

设$f(x)$在区间I上连续,对I上任意两点x_1,x_2,

1) 若恒有$f\left(\dfrac{x_1+x_2}{2}\right)<\dfrac{f(x_1)+f(x_2)}{2}$,则称$f(x)$在$I$上的图形是(向上)**凹的**(或**凹弧**).

2) 若恒有$f\left(\dfrac{x_1+x_2}{2}\right)>\dfrac{f(x_1)+f(x_2)}{2}$,则称$f(x)$在$I$上的图形是(向上)**凸的**(或**凸弧**).

(2) 凹凸性的判别法

设$f(x)$在$[a,b]$上连续,在(a,b)内具有一阶和二阶导数,若在(a,b)内$f''(x)>0$,则$f(x)$在$[a,b]$上的图形是凹的;若在(a,b)内$f''(x)<0$,则$f(x)$在$[a,b]$上的图形是凸的.

(3) 拐点

若连续曲线$y=f(x)$在经过点$(x_0,f(x_0))$时,曲线的凹凸性改变了,则称点$(x_0,f(x_0))$为这个曲线的**拐点**.

【评注】 拐点一定是连续曲线上的点.

拐点的判别法　设曲线$y=f(x)$上一点$(x_0,f(x_0))$,

必要条件　若$(x_0,f(x_0))$是曲线的拐点,且$f''(x_0)$存在,则$f''(x_0)=0$.

充分条件1:若$f(x)$在x_0连续,且$f''(x)$在x_0左右异号,则$(x_0,f(x_0))$是曲线的拐点.

充分条件2:若$f''(x_0)=0$,$f'''(x_0)$存在且不为0,则$(x_0,f(x_0))$是曲线的拐点.

5. 曲线的渐近线

若曲线$y=f(x)$上一动点P沿曲线无限远离坐标原点时,点P与某一直线l的距离趋于零,则称直线l为该曲线的**渐近线**.

曲线的渐近线有下列三种情况:

(1) 水平渐近线

设函数$y=f(x)$的定义域是无穷区间,若$\lim\limits_{x\to+\infty}f(x)=b$或$\lim\limits_{x\to-\infty}f(x)=b$($b$为常数),则称直线$y=b$为曲线$y=f(x)$的**水平渐近线**.

(2) 铅直渐近线

设函数$y=f(x)$在$x=c$处间断,若$\lim\limits_{x\to c^-}f(x)=\infty$或$\lim\limits_{x\to c^+}f(x)=\infty$,则称直线$x=c$为曲线$y=f(x)$的**垂直渐近线**(或称**铅直渐近线**).

(3) 斜渐近线

设函数$y=f(x)$的定义域是无穷区间,若有

$$\lim_{x\to-\infty}[f(x)-(ax+b)]=0\text{ 或 }\lim_{x\to+\infty}[f(x)-(ax+b)]=0$$

其中,a 和 b 为常数,且 $a\neq0$,则称直线 $y=ax+b$ 为曲线 $y=f(x)$ 的**斜渐近线**.

斜渐近线中 a、b 的计算公式:

1) $a=\lim\limits_{\substack{x\to+\infty\\(x\to-\infty)}}\dfrac{f(x)}{x}$.

2) 求出 a 后,可确定 b,$b=\lim\limits_{\substack{x\to+\infty\\(x\to-\infty)}}[f(x)-ax]$,求出 a,b 后,即可得到斜渐近线 $y=ax+b$.

6. 函数作图

步骤如下:

(1) 确定函数的定义域、间断点,考查函数的某些简单特性,如对称性和周期性等.

(2) 求出 $f'(x)$ 和 $f''(x)$,及 $f'(x)=0$ 和 $f''(x)=0$ 的点,还有 $f'(x)$ 和 $f''(x)$ 不存在的点.

(3) 以上述各点为分点,将函数定义域分成若干个部分区间,列表讨论 $f'(x)$ 与 $f''(x)$ 在各部分区间内的符号,从而确定函数的单调区间、极值及曲线的凹凸区间、拐点.

(4) 考查函数曲线的渐近线.

(5) 计算特殊点的函数值,如极值点、拐点,并补充一些有助于确定图形位置的点.

(6) 画图.

7. 导数与微分在经济中的简单应用

(1) 边际

设 x 表示产品的产量(或销售量、需求量),产品的成本函数、收益函数、利润函数分别为 $C(x)$、$R(x)$、$L(x)$,则 $C'(x)$、$R'(x)$、$L'(x)$ 分别表示该产品的边际成本、边际收益、边际利润. 它们的经济意义分别是:

$C'(x)$ 近似地等于产量为 x 时再增加(减少)一个单位产品所增加(减少)的总成本.

$R'(x)$ 表示在销售量为 x 时,再增加(减少)一个单位的销售量,总收益将近似的增加(减少)$R'(x)$ 个单位.

$L'(x)$ 表示在销售量为 x 时,再多(少)销售一个单位产品所增加(减少)的利润.

最大利润原则

结论 1:函数取得最大利润的必要条件是边际收益等于边际成本,即 $R'(x)=C'(x)$.

结论 2:函数取得最大利润的充分条件是边际收益等于边际成本,且边际收益的变化率小于边际成本的变化率,即 $R'(x)=C'(x)$,且 $R''(x)<C''(x)$.

(2) 弹性

1) 函数的点弹性:设函数 $y=f(x)$ 在点 $x_0(x_0\neq0)$ 的某邻域内有定义,且 $f(x_0)\neq0$,若极限

$$\lim_{\Delta x\to0}\frac{\Delta y/f(x_0)}{\Delta x/x_0}=\lim_{\Delta x\to0}\frac{[f(x_0+\Delta x)-f(x_0)]/f(x_0)}{\Delta x/x_0}$$

存在,则称此极限值为函数 $y=f(x)$ 在点 x_0 处的**点弹性**,记为 $\left.\dfrac{Ey}{Ex}\right|_{x=x_0}$,即 $\left.\dfrac{Ey}{Ex}\right|_{x=x_0}=\dfrac{x_0}{f(x_0)}\left.\dfrac{dy}{dx}\right|_{x=x_0}$.

2) 函数的弧弹性:称比值 $\dfrac{\Delta y/f(x_0)}{\Delta x/x_0}=\dfrac{[f(x_0+\Delta x)-f(x_0)]/f(x_0)}{\Delta x/x_0}$ 为函数 $y=f(x)$ 在 x_0 与 $x_0+\Delta x$ 之间的平均相对变化率,经济上也叫做点 x_0 与 $x_0+\Delta x$ 之间的**弧弹性**,当 $|\Delta x|\ll1$ 时,

有$\left.\frac{Ey}{Ex}\right|_{x=x_0}\approx\frac{\Delta y/f(x_0)}{\Delta x/x_0}$,即点弹性近似地等于弧弹性.

3) 弹性函数　若函数 $y=f(x)$ 在区间 (a,b) 内可导,且 $f(x)\neq0$,则称$\frac{Ey}{Ex}=\frac{x}{f(x)}f'(x)$为函数 $y=f(x)$ 在区间 (a,b) 内的**点弹性函数**,简称为**弹性函数**.

4) 需求的价格弹性　设某商品的市场需求量为 Q,价格为 P,需求函数 $Q=Q(P)$ 可导,则称$\frac{EQ}{EP}=\frac{P}{Q}\cdot\frac{dQ}{dP}$为该商品的**需求价格弹性**,简称为**需求弹性**,通常记为 ε_P.

【评注】

① 函数 $y=f(x)$ 在点 x_0 处的点弹性与 $f(x)$ 在 x_0 与 $x_0+\Delta x$ 之间的弧弹性的数值是正数还是负数,取决于变量 y 与变量 x 是同方向变化(正数)还是反方向变化(负数). 弹性数值绝对值的大小表示变量变化程度的大小,且弹性数值与变量的度量单位无关.

② 需求弹性 ε_P 表示商品需求量 Q 对价格 P 变动的反应强度. 一般需求量与价格 P 反方向变动,即需求函数为价格的减函数,故需求弹性为负值,即 $\varepsilon_P<0$. 因此需求价格弹性表明当商品的价格上涨(下降)1%时,其需求量将减少(增加)约$|\varepsilon_P|$%.

③ 在经济学中,为了便于比较需求弹性的大小,通常取 ε_P 的绝对值$|\varepsilon_P|$,并根据$|\varepsilon_P|$的大小,将需求弹性化分为以下几个范围.

a. 当$|\varepsilon_P|=1$(即 $\varepsilon_P=-1$)时,称为单位弹性,这时当商品价格增加(减少)1%时,需求量相应地减少(增加)1%,即需求量与价格变动的百分比相等.

b. 当$|\varepsilon_P|>1$(即 $\varepsilon_P<-1$)时,称为高弹性(或富于弹性),这时当商品的价格变动1%时,需求量变动的百分比大于1%,价格的变动对需求量的影响较大.

c. 当$|\varepsilon_P|<1$(即 $-1<\varepsilon_P<0$)时,称为低弹性(或缺乏弹性),这时当商品的价格变动1%,需求量变动的百分比小于1%,价格的变动对需求量的影响不大.

d. 当$|\varepsilon_P|=0$(即 $\varepsilon_P=0$)时,称为需求完全缺乏弹性,这时,不论价格如何变动,需求量固定不变,即需求函数的形式为 $Q=K$(K 为任何既定常数). 若以纵坐标表示价格,横坐标表示需求量,则需求曲线是垂直于横坐标轴的一条直线.

e. 当$|\varepsilon_P|=\infty$(即 $\varepsilon_P=-\infty$)时,称为需求完全富于弹性. 表示在既定价格下,需求量可以任意变动,即需求函数的形式是 $P=K$(K 为任何既定常数),这时需求曲线是与横轴平行的一条直线.

④ 需求的价格弹性与销售者的收益之间的关系为 $\Delta R\approx(1-|\varepsilon_P|)Q\mathrm{d}P$.

a. 当$|\varepsilon_P|=1$时(单位弹性)收益的改变量 ΔR 是较价格改变量 ΔP 的高阶无穷小,价格的变动对收益没有明显的影响.

b. 当$|\varepsilon_P|>1$时(高弹性),需求量增加的幅度百分比大于价格下降(上浮)的百分比,降低价格($\Delta P<0$)需求量增加,即购买商品的支出增加,即销售者总收益增加($\Delta R>0$),可以采取薄利多销多收益的经济策略;提高价格($\Delta P>0$)会使消费者用于购买商品的支出减少,即销售收益减少($\Delta R<0$).

c. 当$|\varepsilon_P|<1$时(低弹性),需求量增加(减少)的百分低于价格下降(上浮)的百分比,降低价格($\Delta P<0$)会使消费者用于购买商品的支出减少,即销售收益减少($\Delta R<0$);提高价格会使总收益增加($\Delta R>0$).

综上所述,总收益的变化受需求弹性的制约,随着需求弹性的变化而变化.

5) 供给的价格弹性:设某商品供给函数 $Q=Q(P)$ 可导(其中 P 表示价格,Q 表示供给量),则称

$$\frac{EQ}{EP}=\frac{P}{Q}\cdot\frac{dQ}{dP}$$

为该商品的**供给价格弹性**,简称**供给弹性**,通常用 ε_S 表示.

【评注】

① 一般 ΔP 和 ΔQ 同方向变化,故 $\varepsilon_S>0$. 它表明当商品价格上涨1%时,供给量将增加 $\varepsilon_S\%$.

② 对 ε_S 的讨论,完全类似于需求弹性 ε_P.

3.2 学习要求

1. 理解罗尔中值定理,拉格朗日中值定理和柯西中值定理,知道这些定理之间的关系,掌握定理的应用方法和技巧.

2. 能熟练地应用洛必达法则求各种未定式的极限.

3. 理解泰勒中值定理及其应用.

4. 熟练掌握函数增减性的判定定理、函数取得极值的必要条件和充分条件,会求函数的极值与最值.

5. 熟练掌握曲线凹凸性判别法,会求曲线拐点与渐近线,掌握函数作图的基本步骤和方法.

3.3 基本题型与范例

题型1 对中值定理的理解

例3-1 验证拉格朗日中值定理对函数 $f(x)=\begin{cases}\dfrac{3-x^2}{2} & x\leqslant 1\\ \dfrac{1}{x} & x>1\end{cases}$ 在区间[0,2]上的正确性.

分析:凡验证定理应用正确与否,要验证两点;

(1) 定理的条件是否满足.

(2) 若条件满足,求出定理结论中的中值 ξ.

解:题中函数 $\dfrac{3-x^2}{2}$ 与 $\dfrac{1}{x}$ 分别在[0,1]和(1,2]上连续,又 $f(1)=1=\lim\limits_{x\to1^-}\dfrac{3-x^2}{2}=\lim\limits_{x\to1^+}\dfrac{1}{x}$,所以 $f(x)$ 在 $x=1$ 处连续,从而 $f(x)$ 在[0,2]上连续.

$$\text{当 } x<1 \text{ 时},f'(x)=\left(\frac{3-x^2}{2}\right)'=-x,$$

$$\text{当 } x>1 \text{ 时},f'(x)=\left(\frac{1}{x}\right)'=-\frac{1}{x^2}.$$

$$又 f'_-(1)=\lim_{x\to1^-}\frac{f(x)-1}{x-1}=\lim_{x\to1^-}\frac{\frac{3-x^2}{2}-1}{x-1}=\lim_{x\to1^-}\frac{1-x^2}{2(x-1)}=-1,$$

$$f'_+(1)=\lim_{x\to1^+}\frac{f(x)-1}{x-1}=\lim_{x\to1^+}\frac{\frac{1}{x}-1}{x-1}=\lim_{x\to1^+}\frac{1-x}{x(x-1)}=-1,$$

所以$f'(1)=-1$,即$f(x)$在$x=1$处可导,因而$f(x)$在$[0,2]$上可导,且

$$f'(x)=\begin{cases}-x & 0<x\leqslant1\\ -\dfrac{1}{x^2} & 1<x<2\end{cases},$$

所以$f(x)$在$[0,2]$上满足拉格朗日定理条件,因而存在$\xi\in(0,2)$,使

$$\frac{f(2)-f(0)}{2-0}=f'(\xi),即 f'(\xi)=-\frac{1}{2}.$$

当$0<\xi\leqslant1$时,$f'(\xi)=-\xi=-\dfrac{1}{2}$,得$\xi=\dfrac{1}{2}$.

当$1<\xi<2$时,$f'(\xi)=-\dfrac{1}{\xi^2}=-\dfrac{1}{2}$,得$\xi=\sqrt{2}$.

所以取$\xi=\dfrac{1}{2}$或$\xi=\sqrt{2}$均满足定理要求.

例 3-2　设函数$f(x)$在闭区间$[a,b]$上有定义,在开区间(a,b)内可导,则下列结论正确的是(　　).

A. 当$f(a)f(b)<0$时,存在$\xi\in(a,b)$,使$f(\xi)=0$

B. 对任何$\xi\in(a,b)$,有$\lim\limits_{x\to\xi}[f(x)-f(\xi)]=0$

C. 当$f(a)=f(b)$时,存在$\xi\in(a,b)$,使$f'(\xi)=0$

D. 存在$\xi\in(a,b)$,使$f(a)-f(b)=f'(\xi)(b-a)$

分析:利用连续性的定义,注意微分中值定理成立的条件.

解:由$f(x)$在开区间(a,b)内可导,可知它在这区间的每一点ξ都连续,即

$$\lim_{x\to\xi}[f(x)-f(\xi)]=0$$

若$f(x)$在闭区间$[a,b]$连续,在开区间(a,b)内可导,则结论 A, C, D 也都是对的,但在本题,由$f(x)$在$[a,b]$有定义是得不到连续性的. 故选 B.

例 3-3　以下四个命题中,正确的是(　　).

A. 若$f'(x)$在$(0,1)$内连续,则$f(x)$在$(0,1)$内有界

B. 若$f(x)$在$(0,1)$内连续,则$f(x)$在$(0,1)$内有界

C. 若$f'(x)$在$(0,1)$内有界,则$f(x)$在$(0,1)$内有界

D. 若$f(x)$在$(0,1)$内有界,则$f'(x)$在$(0,1)$内有界

分析:联系函数与导数的一个重要关系是微分中值定理,为了应用这一定理,需要构造适当的闭区间.

解:在区间$(0,1)$内随意取定x_0,则对一切$X\in(0,1)$,当$f'(x)$在$(0,1)$内存在时,$f(x)$在$[x_0,X]$或$[X,x_0]$上满足拉格朗日中值定理的条件,按这一定理,有

$$f(X)=f(x_0)+f'(\xi)(X-x_0)(\xi \text{ 位于 } x_0 \text{ 与 } X \text{ 之间}),$$

若在$(0,1)$内$f'(x)$有界,设$|f'(x)|\leqslant L$(L为正数),则由上式得

$$|f(X)|\leqslant|f(x_0)|+L|X-x_0|<|f(x_0)|+L$$

由于$|f(x_0)|+L$为定数,而此式对一切$X\in(0,1)$都成立,可见$f(x)$在$(0,1)$内有界,这表明结论C正确.

取$f(x)=\dfrac{1}{x}$,它在$(0,1)$内无界,但$f'(x)=-\dfrac{1}{x^2}$以及$f(x)$本身在$(0,1)$内连续,可见A,B皆错.

取$f(x)=x\sin\dfrac{1}{x}$,则在$(0,1)$内,$|f(x)|\leqslant|x|\leqslant1$,因而有界,由于

$$f'(x)=\sin\frac{1}{x}-\frac{1}{x}\cos\frac{1}{x},$$

令$x_n=\dfrac{1}{2n\pi}(n=1,2,\cdots)$,则$f'(x_n)=-2n\pi$,可见$f'(x)$在$(0,1)$内无界,即D错.

题型2　用中值定理研究导函数的零点

研究导函数的零点,一般有两种方法,一是应用罗尔定理,对高阶导数的零点(如$f^{(k)}(\xi)=0$)可反复使用罗尔定理;二是证明ξ为函数$f(x)$(或$f^{(k)}(x)$)的最值或极值点,然后用费马引理证明.

若欲证:存在唯一一点$\xi\in(a,b)$,使等式成立时,一般需用反证法或函数的单调性证明ξ的唯一性.

例3-4　设函数$f(x)$在区间$[a,b]$上连续,在(a,b)内二阶可导,连接点$(a,f(a))$与$(b,f(b))$的直线段交曲线$y=f(x)$于点$(c,f(c))$,这里$a<c<b$.证明在(a,b)内至少存在一点ξ,使$f''(\xi)=0$.

证明:由题设知$f(x)$在区间$[a,c]$和$[c,b]$上显然满足拉格朗日中值定理条件,于是有

$$f'(\xi_1)=\frac{f(c)-f(a)}{c-a},\xi_1\in(a,c),f'(\xi_2)=\frac{f(b)-f(c)}{b-c},\xi_2\in(c,b),$$

因为三点$(a,f(a))$,$(b,f(b))$,$(c,f(c))$共线,所以

$$\frac{f(c)-f(a)}{c-a}=\frac{f(b)-f(c)}{b-c}=\frac{f(b)-f(a)}{b-a}$$

即

$$f'(\xi_1)=f'(\xi_2).$$

于是$f'(x)$在区间$[\xi_1,\xi_2]$上满足罗尔定理条件,所以存在一点$\xi\in(\xi_1,\xi_2)\subset(a,b)$,使$f''(\xi)=0$.

例3-5　设函数$f(x)$在闭区间$[0,1]$上有二阶导数,且$f(0)=f(1)=0$,又$F(x)=x^2f(x)$,证明在开区间$(0,1)$内至少存在一点ξ,使$F''(\xi)=0$.

分析:要证明存在一点ξ,使$F''(\xi)=0$,应先对$F(x)$使用中值定理,验证其一阶导数在不同的两点其值相等,再对一阶导函数$F'(x)$使用罗尔定理即可.

证明：由题设知 $F(x)$ 在 $[0,1]$ 上连续，$(0,1)$ 内可导，且 $F(0)=F(1)=0$，由罗尔定理知存在一点 $\eta\in(0,1)$，使 $F'(\eta)=0$.

又 $F'(x)=2xf(x)+x^2f'(x)$ 在 $[0,\eta]$ 上连续，$(0,\eta)$ 内可导，且 $F'(0)=F'(\eta)=0$，由罗尔定理知存在一点 $\xi\in(0,\eta)\subset(0,1)$，使 $F''(\xi)=0$.

例 3-6　设函数 $f(x)$ 在闭区间 $[0,3]$ 上连续，区间 $(0,3)$ 内可导，且 $f(0)+f(1)+f(2)=3$，$f(3)=1$，证明在开区间 $(0,3)$ 内存在一点 ξ，使 $f'(\xi)=0$.

证明：因为函数 $f(x)$ 在闭区间 $[0,3]$ 上连续，所以在闭区间 $[0,2]$ 上连续，在 $[0,2]$ 上存在最大值 M，最小值 m，即有 $m\leqslant f(0),f(1),f(2)\leqslant M$，

$$m\leqslant\frac{f(0)+f(1)+f(2)}{3}\leqslant M$$

由介值定理知存在一点 $c\in[0,2]$ 使

$$f(c)=\frac{f(0)+f(1)+f(2)}{3}.$$

又因为 $f(c)=f(3)=1$，$f(x)$ 在 $[c,3]$ 上连续，在 $(c,3)$ 内可导，由罗尔定理知存在一点 $\xi\in(c,3)\subset(0,3)$，使 $f'(\xi)=0$.

题型 3　用中值定理证明含中值的等式

若题目中要证明的结论是：至少存在一点 $\xi\in(a,b)$ 使 $f^{(k)}(\xi)=a(a\neq0)$，或使区间内某一点的函数值与导数值适合某个等式的命题，一般考虑辅助函数的方法：首先将欲证等式中的 ξ 换作 x，将其写成 $F'(x)=0$ 的形式，依据 $F'(x)$ 选取辅助函数 $F(x)$；再验证 $F(x)$ 在给定的区间 $[a,b]$ 上满足罗尔定理的条件，由 $F'(\xi)=0$ 得到欲证等式.

例 3-7　已知函数 $f(x)$ 在闭区间 $[0,1]$ 上连续，在开区间 $(0,1)$ 内可导，且 $f(1)=0$.

试证：在开区间 $(0,1)$ 内至少存在一点 ξ，使得

$$f'(\xi)=-\frac{1}{\xi}f(\xi),\xi\in(0,1).$$

证明：待证结论可改写为 $f(\xi)+\xi f'(\xi)=0$，又由于 $[xf(x)]'|_{x=\xi}=f(\xi)+\xi f'(\xi)$，可见，若令 $F(x)=xf(x)$，则 $F(x)$ 在 $[0,1]$ 上连续，在 $(0,1)$ 内可导，且 $F(0)=F(1)=0$，即 $F(x)$ 满足罗尔定理的全部条件. 于是在 $(0,1)$ 内至少存在一点 ξ，使得

$$F'(\xi)=f(\xi)+\xi f'(\xi)=0,\xi\in(0,1)$$

即

$$f'(\xi)=-\frac{1}{\xi}f(\xi),\xi\in(0,1).$$

例 3-8　设 $f(x)$ 在 $[1,2]$ 上连续，在 $(1,2)$ 内可导，且 $f(1)=\frac{1}{2}$，$f(2)=2$.

试证：在开区间 $(1,2)$ 内至少存在一点 ξ，使得 $f'(\xi)=\frac{2}{\xi}f(\xi)$.

分析：直接构造辅助函数比较困难，将待证结论改写为 $\frac{\xi^2f'(\xi)-2\xi f(\xi)}{\xi^4}=0$，又由于 $\left[\frac{f(x)}{x^2}\right]'\bigg|_{x=\xi}=\frac{\xi^2f'(\xi)-2\xi f(\xi)}{\xi^4}$，可令 $F(x)=\frac{f(x)}{x^2}$.

证明：设 $F(x)=\dfrac{f(x)}{x^2}$，容易验证 $F(x)$ 在 $[1,2]$ 上满足罗尔定理条件，故在开区间 $(1,2)$ 内至少存在一点 ξ，使得

$$F'(\xi)=\frac{\xi^2 f'(\xi)-2\xi f(\xi)}{\xi^4}=0,$$

即 $\xi^2 f'(\xi)-2\xi f(\xi)=0$，亦即 $f'(\xi)=\dfrac{2}{\xi}f(\xi)$.

例 3-9　设 $f(x),g(x)$ 在 $[a,b]$ 上连续，在 (a,b) 内可导，

$$f(a)\cdot f(b)>0, f(a)\cdot f\left(\frac{a+b}{2}\right)<0.$$

证明：至少存在一点 $\xi\in(a,b)$，使 $f'(\xi)+f(\xi)g'(\xi)=0$.

分析：从欲证结论出发，根据指数函数的导数特征，可以构造辅助函数 $F(x)=f(x)\cdot e^{g(x)}$.

证明：设 $F(x)=f(x)\cdot e^{g(x)}$，依题意设 $f(a)>0$，则 $f\left(\dfrac{a+b}{2}\right)<0, f(b)>0$，由于 $e^{g(x)}>0$，故有 $F(a)>0, F\left(\dfrac{a+b}{2}\right)<0, F(b)>0$，又 $F(x)$ 在 $[a,b]$ 上连续，由零点定理知存在 ξ_1,ξ_2，使 $F(\xi_1)=0, F(\xi_2)=0$，其中，$\xi_1\in\left(a,\dfrac{a+b}{2}\right), \xi_2\in\left(\dfrac{a+b}{2},b\right)$. $F(x)$ 在 $[\xi_1,\xi_2]$ 上满足罗尔定理的全部条件，则至少存在一点 $\xi\in(\xi_1,\xi_2)\subset(a,b)$，使 $F'(\xi)=e^{g(\xi)}[f'(\xi)+f(\xi)g'(\xi)]=0$，即 $f'(\xi)+f(\xi)g'(\xi)=0$.

【评注】　通过以上例题可以看到，用罗尔定理证明含中值的等式，关键是构造满足罗尔定理的辅助函数，常用的辅助函数有

$$F(x)=x^k f(x), F(x)=\frac{f(x)}{x^k}, F(x)=e^{\lambda x}f(x), F(x)=e^{g(x)}f(x),$$

其中，k 为正整数，λ 为实数. 要特别注意 $e^{g(x)}$ 在构造辅助函数时的作用，这里用到了这类函数的两点性质：

（1）$e^{g(x)}\neq 0$.

（2）$e^{g(x)}$ 求导后仍有 $e^{g(x)}$.

题型 4　用中值定理证明含两个中值的等式

若题目中要证明的结论是：在 (a,b) 内存在两个或两个以上的中值，满足某个等式，则需要对同一个函数在不同区间使用两次拉格朗日中值定理，或者对两个函数分别使用拉格朗日中值定理或柯西中值定理.

例 3-10　设 $f(x)$ 在 $[a,b]$ 上连续，在 (a,b) 内可导，且 $0<a<b$，试证：

（1）$\exists\xi_1,\xi_2\in(a,b)$，使 $f'(\xi_1)=\dfrac{\xi_2^2 f'(\xi_2)}{ab}$；

（2）$\exists\eta_1,\eta_2\in(a,b)$，使 $f'(\eta_1)=(a^2+b^2+ab)\dfrac{f'(\eta_2)}{3\eta_2^2}$.

证明:

(1) $f(x)$在$[a,b]$上满足拉格朗日中值定理条件,存在$\xi_1\in(a,b)$,使

$$f'(\xi_1)=\frac{f(b)-f(a)}{b-a}$$

令$g(x)=\dfrac{1}{x}$,则$f(x)$,$g(x)$在$[a,b]$上满足柯西中值定理条件,故存在$\xi_2\in(a,b)$,使

$$\frac{f(b)-f(a)}{g(b)-g(a)}=\frac{f(b)-f(a)}{\frac{1}{b}-\frac{1}{a}}=\frac{f'(\xi_2)}{g'(\xi_2)}=-\xi_2^2f'(\xi_2)$$

综合以上两个式子有

$$f'(\xi_1)=\frac{\xi_2^2f'(\xi_2)}{ab}.$$

(2) 由题设$f(x)$在$[a,b]$上满足拉格朗日中值定理条件,存在$\eta_1\in(a,b)$,使

$$f'(\eta_1)=\frac{f(b)-f(a)}{b-a}$$

令$g(x)=x^3$,则$f(x)$,$g(x)$在$[a,b]$上满足柯西中值定理条件,故存在$\eta_2\in(a,b)$,使

$$\frac{f(b)-f(a)}{g(b)-g(a)}=\frac{f(b)-f(a)}{b^3-a^3}=\frac{f'(\eta_2)}{g'(\eta_2)}=\frac{f'(\eta_2)}{3\eta_2^2}$$

即

$$\frac{f(b)-f(a)}{b-a}=(a^2+b^2+ab)\frac{f'(\eta_2)}{3\eta_2^2}$$

综合以上两个式子有$f'(\eta_1)=(a^2+b^2+ab)\dfrac{f'(\eta_2)}{3\eta_2^2}$.

例 3-11　设函数$f(x)$在$[a,b]$上连续,在(a,b)内可导,且$f(a)=f(b)=1$,试证存在$\eta,\xi\in(a,b)$,使$e^{\eta-\xi}[f(\eta)+f'(\eta)]=1$.

分析:将结论改写为

$$e^{\eta}[f(\eta)+f'(\eta)]=e^{\xi}$$

或

$$e^{\eta}f(\eta)+e^{\eta}f'(\eta)=e^{\xi}$$

则等式左端就是函数$e^xf(x)$在点η处的导数.

证明:设$F(x)=e^xf(x)$,则$F(x)$在$[a,b]$上满足拉格朗日中值定理条件,故至少存在一点$\eta\in(a,b)$,使得

$$\frac{e^bf(b)-e^af(a)}{b-a}=e^{\eta}f(\eta)+e^{\eta}f'(\eta),$$

又因为$f(a)=f(b)=1$,所以

$$\frac{e^b-e^a}{b-a}=e^{\eta}f(\eta)+e^{\eta}f'(\eta),$$

再令$\phi(x)=e^x$,则$\phi(x)$在$[a,b]$上满足拉格朗日中值定理条件,故至少存在一点$\xi\in(a,b)$,使得

$$\frac{e^b-e^a}{b-a}=e^{\xi}.$$

因此存在$\eta,\xi\in(a,b)$,使$e^{\eta}f(\eta)+e^{\eta}f'(\eta)=e^{\xi}$,

即
$$e^{\eta-\xi}[f(\eta)+f'(\eta)]=1.$$

题型 5　用中值定理证明恒等式

欲证对区间 I 内的任意 x，有恒等式 $F(x)=a$，一般用拉格朗日中值定理的推论证明. 首先验证 $F'(x)=0$，由此推出 $F(x)=C$（C 为常数）；然后取区间 I 内一个特殊值确定常数 C，若 $x_0\in I$，则有 $F(x_0)=a$，即 $C=a$.

例 3-12　试证：当 $|x|\leqslant\frac{1}{2}$ 时，有 $3\arccos x-\arccos(3x-4x^3)=\pi$.

证明：令
$$F(x)=3\arccos x-\arccos(3x-4x^3),$$
当 $|x|<\frac{1}{2}$ 时，
$$F'(x)=[3\arccos x-\arccos(3x-4x^3)]'=-3\frac{1}{\sqrt{1-x^2}}+\frac{3(1-4x^2)}{(1-4x^2)\sqrt{1-x^2}}=0,$$
故
$$3\arccos x-\arccos(3x-4x^3)=C.$$

令 $x=0$，则 $C=\pi$. 故当 $|x|<\frac{1}{2}$ 时，$3\arccos x-\arccos(3x-4x^3)=\pi$.

又 $\lim\limits_{x\to\frac{1}{2}}[3\arccos x-\arccos(3x-4x^3)]=\pi$，$\lim\limits_{x\to-\frac{1}{2}}[3\arccos x-\arccos(3x-4x^3)]=\pi$，

故　当 $|x|\leqslant\frac{1}{2}$ 时，有 $3\arccos x-\arccos(3x-4x^3)=\pi$.

题型 6　用中值定理证明不等式

用中值定理证明不等式的一般步骤为：

（1）根据所要证明的不等式恰当地选取函数 $f(x)$ 和区间 $[a,b]$（若要用柯西中值定理，则要选取 $f(x)$ 和 $g(x)$ 与相应的区间 $[a,b]$）.

（2）验证定理的条件后写出中值公式.

（3）考查导函数 $f'(x)$ 的符号、有界性或单调性证明不等式，或根据所证明结论对 $f'(\xi)$，$g'(\xi)$ 进行缩放.

例 3-13　设不恒为常数的函数 $f(x)$ 在 $[a,b]$ 上连续，在 (a,b) 内可导，且 $f(a)=f(b)$，证明在 (a,b) 内至少存在一点 ξ，使得 $f'(\xi)>0$.

证明：由于 $f(a)=f(b)$，且 $f(x)$ 不恒为常函数，故至少存在一点 $c\in(a,b)$，使得 $f(c)\neq f(a)=f(b)$. 于是 $f(c)>f(a)=f(b)$，或 $f(c)<f(a)=f(b)$.

不妨设 $f(c)<f(b)$，则 $f(x)$ 在 $[c,b]$ 上满足拉格朗日中值定理条件，至少存在一点 $\xi\in(c,b)\subset(a,b)$，使得 $f'(\xi)=\frac{f(b)-f(c)}{b-c}>0$.

若 $f(c)>f(b)$，同理可证.

例 3-14　设函数 $f(x)$ 在 $[0,c]$ 上具有单调减少的导函数 $f'(x)$，$f(0)=0$. 证明对于满足不等式 $0<a<b<a+b<c$ 的 a,b，恒有 $f(a)+f(b)>f(a+b)$.

证明：由于命题涉及三个点的函数值，用两次中值定理，为了区分中值的大小，可选取两个区间 $[0,a]$，$[b,a+b]$.

$f(x)$在两区间$[0,a]$，$[b,a+b]$上满足拉格朗日中值定理条件，所以存在$\xi_1\in(0,a)$，$\xi_2\in(b,a+b)$使得

$$f'(\xi_1)=\frac{f(a)-f(0)}{a-0}=\frac{f(a)}{a},$$

$$f'(\xi_2)=\frac{f(a+b)-f(b)}{a+b-b}=\frac{f(a+b)-f(b)}{a},$$

两式相减得到$f(a+b)-[f(a)+f(b)]=a[f'(\xi_2)-f'(\xi_1)]$.

又因为$f'(x)$在$[0,c]$上单调减少，$0<\xi_1<a<b<\xi_2<a+b<c$，故$f'(\xi_2)-f'(\xi_1)<0$，所以$f(a+b)-[f(a)+f(b)]<0$，即$f(a)+f(b)>f(a+b)$.

题型 7　用中值定理求极限

例 3-15　求极限$\lim\limits_{n\to\infty}n\left(\arctan\frac{n+1}{n}-\arctan\frac{n}{n+1}\right)$.

解：设$f(x)=\arctan x$，在区间$\left[\frac{n}{n+1},\frac{n+1}{n}\right]$上，由拉格朗日中值定理，有

$$\arctan\frac{n+1}{n}-\arctan\frac{n}{n+1}=\frac{1}{1+\xi^2}\cdot\frac{2n+1}{n(n+1)}\qquad\left(\frac{n}{n+1}<\xi<\frac{n+1}{n}\right).$$

由夹逼准则知，$\lim\limits_{n\to\infty}\xi=1$，于是$I=\lim\limits_{n\to\infty}\frac{n}{1+\xi^2}\cdot\frac{2n+1}{n(n+1)}=1$.

例 3-16　求极限$\lim\limits_{x\to a}\frac{\sin(x^x)-\sin a^x}{a^{x^x}-a^{a^x}}(a>1)$.

解：用柯西中值定理，设$f(t)=\sin t$，$g(t)=a^t$，则

$$\frac{\sin(x^x)-\sin a^x}{a^{x^x}-a^{a^x}}=\frac{f'(\xi)}{g'(\xi)}=\frac{\cos\xi}{a^\xi\ln a}\quad(\xi\text{ 介于 }a^x\text{ 与 }x^x\text{ 之间}).$$

因$\lim\limits_{x\to a}x^x=\lim\limits_{x\to a}a^x=a^a$，由夹逼准则，$\lim\limits_{x\to a}\xi=a^a$，于是

$$I=\lim_{x\to a}\frac{\cos\xi}{a^\xi\ln a}=\lim_{\xi\to a^a}\frac{\cos\xi}{a^\xi\ln a}=\frac{\cos a^a}{a^{a^a}\ln a}.$$

例 3-17　设函数$f(x)$在$[x_0-\delta,x_0]$上连续，在$(x_0-\delta,x_0)$内可导，且$\lim\limits_{x\to x_0^-}f'(x)$存在，证明：$\lim\limits_{x\to x_0^-}f'(x)=f'_-(x_0)$.

证明：任取$x\in(x_0-\delta,x_0)$，由题设$f(x)$在$[x,x_0]$上满足拉格朗日中值定理的条件，因此，至少存在一点$\xi\in(x,x_0)$，使得

$$\frac{f(x)-f(x_0)}{x-x_0}=f'(\xi)\quad(x<\xi<x_0).$$

当$x\to x_0^-$时，$\xi\to x_0^-$，将上式两边取极限，得

$$\lim_{x\to x_0^-}\frac{f(x)-f(x_0)}{x-x_0}=\lim_{\xi\to x_0^-}f'(\xi),$$

上式右边$\lim\limits_{\xi\to x_0^-}f'(\xi)=\lim\limits_{x\to x_0^-}f'(x)$，由题设知其极限存在，按导数定义，上式左边就是$f(x)$在$x_0$的左导数$f'_-(x_0)$，所以得到$f'_-(x_0)=\lim\limits_{x\to x_0^-}f'(x)$.

【评注】　同样可证明：若函数 $f(x)$ 在 $[x_0, x_0+\delta]$ 上连续，在 $(x_0, x_0+\delta)$ 内可导，且 $\lim\limits_{x\to x_0^+} f'(x)$ 存在，则 $f'_+(x_0) = \lim\limits_{x\to x_0^+} f'(x)$.

题型 8　洛必达法则求极限

例 3-18　求下列极限：

(1) $\lim\limits_{x\to 0}\dfrac{x-\arcsin x}{\sin^3 x}$;　　(2) $\lim\limits_{x\to 1}\dfrac{x-x^x}{1-x+\ln x}$;

(3) $\lim\limits_{x\to\infty}\dfrac{e^x-\dfrac{2}{\pi}x\arctan x}{e^x+x}$;　　(4) $\lim\limits_{x\to 0^+}\dfrac{\ln\tan(2x)}{\ln\tan(3x)}$.

解：

(1) 属于“$\dfrac{0}{0}$”型未定式，直接使用洛必达法则求极限，由于 $\sin^3 x \sim x^3 (x\to 0)$，先用等价无穷小代替可以使求解简化.

$$\lim_{x\to 0}\frac{x-\arcsin x}{\sin^3 x} = \lim_{x\to 0}\frac{x-\arcsin x}{x^3} = \lim_{x\to 0}\frac{1-\dfrac{1}{\sqrt{1-x^2}}}{3x^2} = \frac{1}{3}\lim_{x\to 0}\frac{\sqrt{1-x^2}-1}{x^2}$$

$$= \frac{1}{3}\lim_{x\to 0}\frac{-\dfrac{x}{\sqrt{1-x^2}}}{2x} = -\frac{1}{6}\lim_{x\to 0}\frac{1}{\sqrt{1-x^2}} = -\frac{1}{6}.$$

(2) 属于“$\dfrac{0}{0}$”型未定式，直接使用洛必达法则求极限，由于 x^x 是幂指函数，可以先求其导数，$(x^x)' = (e^{x\ln x})' = e^{x\ln x}(1+\ln x) = x^x(1+\ln x)$.

所以

$$\lim_{x\to 1}\frac{x-x^x}{1-x+\ln x} = \lim_{x\to 1}\frac{1-x^x(1+\ln x)}{-1+\dfrac{1}{x}} = \lim_{x\to 1}\frac{-\left[x^x(1+\ln x)^2 + x^x\dfrac{1}{x}\right]}{-\dfrac{1}{x^2}} = 2.$$

(3) 因为

$$\lim_{x\to+\infty}\frac{e^x-\dfrac{2}{\pi}x\arctan x}{e^x+x} = \lim_{x\to+\infty}\frac{e^x-\dfrac{2}{\pi}\arctan x-\dfrac{2}{\pi}\dfrac{x}{1+x^2}}{e^x+1} = 1,$$

$$\lim_{x\to-\infty}\frac{e^x-\dfrac{2}{\pi}x\arctan x}{e^x+x} = \lim_{x\to-\infty}\frac{e^x-\dfrac{2}{\pi}\arctan x-\dfrac{2}{\pi}\dfrac{x}{1+x^2}}{e^x+1} = 1,$$

所以

$$\lim_{x\to\infty}\frac{e^x-\dfrac{2}{\pi}x\arctan x}{e^x+x} = 1.$$

【评注】　当 $x\to\infty$ 时，若函数中含有 e^x，$\arctan x$，$\operatorname{arccot} x$，一定要分别求 $x\to+\infty$，$x\to-\infty$ 的极限，若两者极限相等，则当 $x\to\infty$ 时极限存在，否则极限不存在.

(4) 属于"$\frac{\infty}{\infty}$"型未定式,直接使用洛必达法则求极限.

$$\lim_{x\to0^+}\frac{\ln\tan(2x)}{\ln\tan(3x)}=\lim_{x\to0^+}\frac{\frac{1}{\tan(2x)}2\sec^2(2x)}{\frac{1}{\tan(3x)}3\sec^2(3x)}=\lim_{x\to0^+}\frac{2\sin3x\cos3x}{3\sin2x\cos2x}=\lim_{x\to0^+}\frac{2\sin6x}{3\sin4x}=1.$$

例 3-19 求下列极限:

(1) $\lim\limits_{x\to1}(1-x)\tan\frac{\pi x}{2}$; (2) $\lim\limits_{x\to0^+}x\ln\sin x$.

解:(1) 属于"$0\cdot\infty$"型未定式,转化为"$\frac{0}{0}$"型未定式再使用洛必达法则.

$$\lim_{x\to1}(1-x)\tan\frac{\pi x}{2}=\lim_{x\to1}\frac{1-x}{\cot\frac{\pi x}{2}}=\lim_{x\to1}\frac{-1}{-\frac{\pi}{2}\csc^2\frac{\pi x}{2}}=\frac{2}{\pi}.$$

(2) 属于"$0\cdot\infty$"型未定式,转化为"$\frac{\infty}{\infty}$"型未定式再使用洛必达法则.

$$\lim_{x\to0^+}x\ln\sin x=\lim_{x\to0^+}\frac{\ln\sin x}{\frac{1}{x}}=\lim_{x\to0^+}\frac{\frac{\cos x}{\sin x}}{-\frac{1}{x^2}}=\lim_{x\to0^+}x\cos x\frac{x}{\sin x}=0.$$

例 3-20 求极限$\lim\limits_{x\to0}\left(\frac{1}{\sin^2x}-\frac{\cos^2x}{x^2}\right)$.

解:本题是"$\infty-\infty$"型的未定式,可先通分化为"$\frac{0}{0}$"型的未定式,再利用洛必达法则.

$$\lim_{x\to0}\left(\frac{1}{\sin^2x}-\frac{\cos^2x}{x^2}\right)=\lim_{x\to0}\frac{x^2-\sin^2x\cos^2x}{x^2\sin^2x}=\lim_{x\to0}\frac{x^2-\frac{1}{4}\sin^22x}{x^4}$$

$$=\lim_{x\to0}\frac{x-\frac{1}{4}\sin4x}{2x^3}=\lim_{x\to0}\frac{1-\cos4x}{6x^2}$$

$$=\lim_{x\to0}\frac{\sin4x}{3x}=\frac{4}{3}.$$

例 3-21 求极限 $\lim\limits_{x\to-\infty}(\sqrt{x^2+x-1}+xe^{\frac{1}{x}})$.

解 1:属于"$\infty-\infty$"型未定式,可以先提出 x 后转化为"$0\cdot\infty$",再变量替换

$$\lim_{x\to-\infty}(\sqrt{x^2+x-1}+xe^{\frac{1}{x}})=\lim_{x\to-\infty}x\left(e^{\frac{1}{x}}-\sqrt{1+\frac{1}{x}-\frac{1}{x^2}}\right)$$

$$\xlongequal{t=\frac{1}{x}}\lim_{t\to0^-}\frac{e^t-\sqrt{1+t-t^2}}{t}$$

$$=\lim_{t\to0^-}\left(e^t-\frac{1-2t}{2\sqrt{1+t-t^2}}\right)=1-\frac{1}{2}=\frac{1}{2}.$$

解 2:变量 $x\to-\infty$,作变量替换 $x=\frac{1}{t}$,将"$\infty-\infty$"型未定式转化为"$\frac{0}{0}$"未定式,再使用

洛必达法则.

$$\lim_{x\to-\infty}\left(\sqrt{x^2+x-1}+xe^{\frac{1}{x}}\right)\xlongequal{t=\frac{1}{x}}\lim_{t\to0^-}\frac{e^t-\sqrt{1+t-t^2}}{t}$$

$$=\lim_{t\to0^-}\left(e^t-\frac{1-2t}{2\sqrt{1+t-t^2}}\right)$$

$$=1-\frac{1}{2}=\frac{1}{2}.$$

例 3-22　设 $f(x)$ 在 a 的某邻域内二阶可导，且 $f'(a)\neq0$，求极限

$$\lim_{x\to a}\left[\frac{1}{f(x)-f(a)}-\frac{1}{(x-a)f'(a)}\right].$$

解：依题设，$f(x)$ 在 $x=a$ 处连续，则 $\lim\limits_{x\to a}f(x)=f(a)$，这是"$\infty-\infty$"型未定式.

$$I=\lim_{x\to a}\frac{f'(a)(x-a)-f(x)+f(a)}{f'(a)(x-a)(f(x)-f(a))}\quad\left(\frac{0}{0}\text{型}\right)$$

$$\xlongequal{\text{洛必达法则}}\frac{1}{f'(a)}\lim_{x\to a}\frac{f'(a)-f'(x)}{f(x)-f(a)+(x-a)f'(x)}\qquad(*)$$

$$=\frac{1}{f'(a)}\lim_{x\to a}\frac{-\dfrac{f'(x)-f'(a)}{x-a}}{\dfrac{f(x)-f(a)}{x-a}+f'(x)}$$

$$=-\frac{1}{f'(a)}\cdot\frac{f''(a)}{2f'(a)}=-\frac{f''(a)}{2[f'(a)]^2}.$$

【评注】　式$(*)$仍是"$\frac{0}{0}$"型，但此处不能用洛必达法则，因为题设没有 $f''(x)$ 连续，因而不能判定 $\lim\limits_{x\to a}f''(x)=f''(a)$，但 $f(x)$ 在 $x=a$ 处二阶可导，故可用导数定义求式$(*)$的极限，若题设 $f(x)$ 有二阶连续导数，则可再用一次洛必达法则.

例 3-23　设 $f''(x)$ 存在，证明：$\lim\limits_{h\to0}\dfrac{f(x+2h)-2f(x+h)+f(x)}{h^2}=f''(x)$.

证明：用洛必达法则：

$$\text{左端}=\lim_{h\to0}\frac{2f'(x+2h)-2f'(x+h)}{2h}$$

$$=\lim_{h\to0}\frac{f'(x+2h)-f'(x)-[f'(x+h)-f'(x)]}{h}$$

$$=2\lim_{h\to0}\frac{f'(x+2h)-f'(x)}{2h}-\lim_{h\to0}\frac{f'(x+h)-f'(x)}{h}$$

$$=2f''(x)-f''(x)=f''(x).$$

例 3-24　设 $f(x)=\begin{cases}\dfrac{g(x)-e^{-x}}{x} & x\neq0\\ 0 & x=0\end{cases}$，其中 $g(x)$ 有二阶连续导数，且 $g(0)=1$，$g'(0)=-1$，

(1) 求 $f'(x)$；

(2) 讨论 $f'(x)$ 在 $(-\infty,+\infty)$ 上的连续性.

解:(1) 当 $x\neq 0$ 时,有

$$f'(x)=\frac{x[g'(x)+e^{-x}]-g(x)+e^{-x}}{x^2}=\frac{xg'(x)-g(x)+(x+1)e^{-x}}{x^2}.$$

当 $x=0$ 时,由导数定义,有

$$f'(0)=\lim_{x\to 0}\frac{g(x)-e^{-x}}{x^2}=\lim_{x\to 0}\frac{g'(x)+e^{-x}}{2x}=\lim_{x\to 0}\frac{g''(x)-e^{-x}}{2}=\frac{g''(0)-1}{2}.$$

所以

$$f'(x)=\begin{cases}\dfrac{xg'(x)-g(x)+(x+1)e^{-x}}{x^2} & x\neq 0\\ \dfrac{g''(0)-1}{2} & x=0\end{cases}.$$

(2) 因为在 $x=0$ 处,有

$$\lim_{x\to 0}f'(x)=\lim_{x\to 0}\frac{g'(x)+xg''(x)-g'(x)+e^{-x}-(x+1)e^{-x}}{2x}$$

$$=\lim_{x\to 0}\frac{g''(x)-e^{-x}}{2}=\frac{g''(0)-1}{2}=f'(0),$$

而 $f'(x)$ 在 $x\neq 0$ 处是连续函数,所以 $f'(x)$ 在 $(-\infty,+\infty)$ 上为连续函数.

题型 9　用泰勒公式求极限

需要记忆的几个常用泰勒公式

$$e^x=1+x+\frac{x^2}{2!}+\cdots+\frac{x^n}{n!}+\frac{e^{\theta x}}{(n+1)!}x^{n+1}(0<\theta<1).$$

$$\sin x=x-\frac{x^3}{3!}+\frac{x^5}{5!}-\cdots+(-1)^n\frac{x^{2n+1}}{(2n+1)!}+o(x^{2n+2})$$

$$\cos x=1-\frac{x^2}{2!}+\frac{x^4}{4!}-\frac{x^6}{6!}+\cdots+(-1)^n\frac{x^{2n}}{(2n)!}+o(x^{2n})$$

$$\ln(1+x)=x-\frac{x^2}{2}+\frac{x^3}{3}-\cdots+(-1)^n\frac{x^{n+1}}{n+1}+o(x^{n+1})$$

$$\frac{1}{1-x}=1+x+x^2+\cdots+x^n+o(x^n)$$

$$(1+x)^m=1+mx+\frac{m(m-1)}{2!}x^2+\cdots+\frac{m(m-1)\cdots(m-n+1)}{n!}x^n+o(x^n)$$

例 3-25　求极限 $\lim\limits_{x\to 0}\dfrac{\cos x-e^{-\frac{1}{2}x^2}}{\sin^4 x}$.

解:属于"$\dfrac{0}{0}$"型未定式,可以直接使用洛必达法则,但分子求导后比较麻烦,计算量较大.

用泰勒公式讨论,由于分母的最高次幂是 4 次,所以只需要将 $\cos x$, $e^{-\frac{1}{2}x^2}$ 展开到出现 x 的 4 次幂即可.

因为

$$\cos x=1-\frac{x^2}{2!}+\frac{x^4}{4!}+o(x^4),$$

$$e^{-\frac{x^2}{2}}=1-\frac{x^2}{2}+\frac{1}{2!}\left(-\frac{x^2}{2}\right)^2+o(x^4),$$

所以

$$\lim_{x\to0}\frac{\cos x-e^{-\frac{1}{2}x^2}}{\sin^4 x}=\lim_{x\to0}\frac{\cos x-e^{-\frac{1}{2}x^2}}{x^4}$$

$$=\lim_{x\to0}\frac{1-\frac{x^2}{2!}+\frac{x^4}{4!}+o(x^4)-1+\frac{x^2}{2}-\frac{1}{2!}\left(-\frac{x^2}{2}\right)^2-o(x^4)}{x^4}$$

$$=\lim_{x\to0}\frac{\left(\frac{1}{4!}-\frac{1}{2}\times\frac{1}{4}\right)x^4+o(x^4)}{x^4}=-\frac{1}{12}.$$

例 3-26　求极限$\lim\limits_{x\to\infty}\left[x-x^2\ln\left(1+\frac{1}{x}\right)\right]$.

解：属于"$\infty-\infty$"型未定式，可以先提出 x 后转化为"$0\cdot\infty$"型未定式，再变量替换转化为"$\frac{0}{0}$"型未定式，再使用洛必达法则. 这里用泰勒公式求解.

因为

$$\ln\left(1+\frac{1}{x}\right)=\frac{1}{x}-\frac{1}{2}\left(\frac{1}{x}\right)^2+o\left(\left(\frac{1}{x}\right)^2\right),$$

所以

$$\lim_{x\to\infty}\left[x-x^2\ln\left(1+\frac{1}{x}\right)\right]=\lim_{x\to\infty}\left[x-x^2\left(\frac{1}{x}-\frac{1}{2}\left(\frac{1}{x}\right)^2+o\left(\left(\frac{1}{x}\right)^2\right)\right)\right]$$

$$=\lim_{x\to\infty}\left[x-x+\frac{1}{2}+o(1)\right]=\frac{1}{2}.$$

注意高阶无穷小之间的运算规律如下：

$$o(x^m)\pm o(x^n)=o(x^m)\ (m\leqslant n),\qquad o(x^m)\cdot o(x^n)=o(x^{m+n}),$$

$$x^m\cdot o(x^n)=o(x^{m+n}),\qquad k\cdot o(x^n)=o(x^n)(k\text{ 为常数}).$$

例 3-27　求极限$\lim\limits_{x\to0}\dfrac{\ln(1+x^2)-\frac{x}{\sqrt{3}}\sin(\sqrt{3}x)}{x^6}$.

解：因为

$$\ln(1+x^2)=x^2-\frac{(x^2)^2}{2}+\frac{(x^2)^3}{3}+o((x^2)^3),$$

$$\sin(\sqrt{3}x)=\sqrt{3}x-\frac{(\sqrt{3}x)^3}{3!}+\frac{(\sqrt{3}x)^5}{5!}+o((\sqrt{3}x)^6),$$

所以，原式$=\lim\limits_{x\to0}\dfrac{1}{x^6}\left[x^2-\dfrac{x^4}{2}+\dfrac{x^6}{3}-\dfrac{x}{\sqrt{3}}\left(\sqrt{3}x-\dfrac{\sqrt{3}x^3}{2}+\dfrac{3\sqrt{3}x^5}{40}\right)+o(x^6)\right]$

$$=\lim_{x\to0}\frac{1}{x^6}\left[\left(\frac{1}{3}-\frac{3}{40}\right)x^6+o(x^6)\right]=\lim_{x\to0}\left[\frac{31}{120}+\frac{o(x^6)}{x^6}\right]=\frac{31}{120}.$$

例 3-28　已知$f(x)$在 $x=0$ 的某邻域内有连续的导数，且$\lim\limits_{x\to0}\left(\dfrac{\sin x}{x^2}+\dfrac{f(x)}{x}\right)=2$，求$f(0)$，$f'(0)$.

解：由于

$$\sin x+xf(x)=x+o(x^2)+x(f(0)+f'(0)x+o(x))$$

$$=(1+f(0))x+f'(0)x^2+o(x^2).$$

又 $2=\lim\limits_{x\to 0}\left(\frac{\sin x}{x^2}+\frac{f(x)}{x}\right)=\lim\limits_{x\to 0}\frac{\sin x+xf(x)}{x^2}=\lim\limits_{x\to 0}\frac{(1+f(0))x+f'(0)x^2+o(x^2)}{x^2}$,

所以当 $x\to 0$ 时分子应为 x 的二阶无穷小,故

$$\begin{cases}1+f(0)=0\\ f'(0)=2\end{cases},$$

即 $f(0)=-1, f'(0)=2$.

题型 10 利用导数研究函数的性态

1. 利用导数判定函数的单调性、确定函数的单调区间

例 3-29 确定函数 $f(x)=\frac{4(x+1)}{x^2}-2$ 的单调区间.

解:函数的定义域为 $(-\infty,0)\cup(0,+\infty)$. 当 $x\neq 0$ 时,

$$f'(x)=\frac{4[(x+1)'x^2-(x+1)(x^2)']}{(x^2)^2}=\frac{-4(x+2)}{x^3}.$$

令 $f'(x)=0$,得驻点 $x_1=-2$,而 $x=0$ 为不可导点,列表讨论如下:

x	$(-\infty,-2)$	-2	$(-2,0)$	0	$(0,+\infty)$
$f'(x)$	$-$	0	$+$	0	$+$
$f(x)$	单调减少		单调增加		单调增加

所以 $(-\infty,-2)$,$(0,+\infty)$ 是函数的单调减区间,而 $(-2,0)$ 是函数的单调增区间.

【评注】 确定函数 $f(x)$ 单调区间步骤:

(1) 确定 $f(x)$ 的定义域.

(2) 求出单调区间的可能分界点:驻点、不可导点.

(3) 判别:驻点、不可导点将 $f(x)$ 的连续区间分成若干个部分区间,假设 (a,b) 是其中的一个部分区间,当 $x\in(a,b)$ 时,若 $f'(x)>0$ 或 $f'(x)\geqslant 0$ ($f'(x)<0$ 或 $f'(x)\leqslant 0$),等号成立的点不构成区间,则 $f(x)$ 在 (a,b) 内单调增加(减少).

例 3-30 设 $f(x)$ 在 $[0,+\infty)$ 上连续,且 $f(0)=0$,当 $x>0$ 时 $f'(x)$ 存在且单调增加,证明当 $x>0$ 时,$\frac{f(x)}{x}$ 单调增加.

证明:令 $F(x)=\frac{f(x)}{x}$,只需证明 $F'(x)=\left(\frac{f(x)}{x}\right)'>0$ 即可. 而 $F'(x)=\frac{xf'(x)-f(x)}{x^2}$,故只需证 $\phi(x)=xf'(x)-f(x)>0$.

因 $f(0)=0$,所以

$$\phi(x)=xf'(x)-f(x)=xf'(x)-[f(x)-f(0)]=x[f'(x)-f'(\xi)]\quad(\xi\in(0,x)).$$

又当 $x>0$ 时 $f'(x)$ 存在且单调增加,且 $0<\xi<x$,故 $f'(x)-f'(\xi)>0$,从而 $\phi(x)>0$,因此 $F'(x)=\left(\frac{f(x)}{x}\right)'>0$,即当 $x>0$ 时,$\frac{f(x)}{x}$ 单调增加.

【评注】 因为题中没有设 $f(x)$ 的二阶导数存在,所以不能求 $F''(x)$ 或 $\phi'(x)$.

2. 利用导数研究函数的极值与最值

作为导数的一个应用，研究函数的极值与最值不仅具有理论意义，而且具有重要的应用价值. 求极值步骤如下：

(1) 确定 $f(x)$ 的定义域.

(2) 求出可能取极值的点：驻点、不可导点 x_0.

(3) 对上述点判别：

1) 设 $f'(x_0)=0$ 或 $f'(x_0)$ 不存在：当 $f'(x)$ 的符号在 x_0 的左右两侧由正（或负）变负（或正）时，则 x_0 是 $f(x)$ 的极大（或极小）值点.

2) 设 $f'(x_0)=0$，若 $f''(x_0)<0$（或 $f''(x_0)>0$），则 x_0 是 $f(x)$ 的极大（或极小）值点.

3) 当 $f'(x_0)=0$，$f''(x_0)$ 不存在时或当 $f'(x_0)=0$，$f''(x_0)=0$ 时，可用上述 1) 考查.

(4) 若 x_0 是极值点，求出极值 $f(x_0)$.

例 3-31　求函数 $f(x)=(x-5)\sqrt[3]{x^2}$ 的极值.

解：函数的定义域为 $(-\infty,+\infty)$. 因 $f'(x)=\dfrac{5(x-2)}{3\sqrt[3]{x}}$，令 $f'(x)=0$，得驻点 $x_1=2$，而 $x_2=0$ 是函数的不可导点，且函数在 $x_2=0$ 处连续.

x	$(-\infty,-0)$	0	$(0,2)$	2	$(2,+\infty)$
$f'(x)$	+	不存在	−	0	+
$f(x)$	单调增加	极大值	单调减少	极小值	单调增加

由上表可见，函数在 $x=0$ 处取得极大值 $f(0)=0$，在 $x=2$ 处取得极小值 $f(2)=-3\sqrt[3]{4}$.

例 3-32　求函数 $f(x)=xe^{-x}$ 在定义域内的最值.

解：函数的定义域为 $(-\infty,+\infty)$. $f'(x)=e^{-x}(1-x)$，$f''(x)=e^{-x}(x-2)$，令 $f'(x)=0$ 得唯一驻点 $x=1$. 由于 $f''(1)=-e^{-1}<0$，知 $f(x)$ 在 $x=1$ 取得唯一极大值 $f(1)=\dfrac{1}{e}$. 它也是 $f(x)$ 的最大值. 又 $\lim\limits_{x\to-\infty}f(x)=\lim\limits_{x\to-\infty}xe^{-x}=-\infty$，$\lim\limits_{x\to+\infty}f(x)=\lim\limits_{x\to+\infty}xe^{-x}=0$，故 $f(x)$ 没有最小值.

例 3-33　设函数 $f(x)=ax^3-6ax^2+b$ 在 $[-1,2]$ 上的最大值为 3，最小值为 -29，又 $a>0$，试求 a,b 的值.

解：$f'(x)=3ax^2-12ax=3ax(x-4)$，令 $f'(x)=0$，得驻点 $x=0$，$x=4$（舍去），由于 $f(-1)=-7a+b$，$f(0)=b$，$f(2)=-16a+b$，又 $a>0$，所以最大值为 $f(0)=b$，最小值为 $f(2)=-16a+b$.

由题设 $b=3$，$-16a+b=-29$，所以 $a=2$，$b=3$.

在闭区间 $[a,b]$ 上求连续函数 $f(x)$ 最值的步骤：

(1) 求出 $f(x)$ 在区间 (a,b) 内的所有驻点和导数不存在点的函数值.

(2) 求出区间端点的函数值 $f(a)$ 和 $f(b)$.

(3) 将这些值进行比较，其中最大（小）者为最大（小）值.

【评注】

(1) 若 $f(x)$ 在连续区间 $[a,b]$ 内仅有一个极值，是极大（小）值时，它就是 $f(x)$ 在 $[a,b]$ 上的最大（小）值，若 $f(x)$ 在 $[a,b]$ 上为单调函数，则最大（小）值在区间端点取得.

(2) 在开区间、半开区间和无限区间内求$f(x)$的最值时,对区间的端点应考查单侧极限,若极限值最大或最小,则$f(x)$在该区间内无最大值或最小值.

(3) 在实际应用中,若函数在所讨论的区间上可导且只有唯一驻点,而实际问题的最值一定存在,则该唯一驻点必是极值点.

例 3-34 求$f(x)=x^3-3x^2+2$在区间$[-a,a]$上的最大值和最小值.

分析:由于a不是确定的数,要按a的不同取值分各种情况考虑,解题时,不能按一般解题程序进行.

解:由$f'(x)=3x(x-2)=0$得$x=0,x=2$,为求$f(x)$的最值,参见下表:

x	$(-\infty,0)$	0	$(0,2)$	2	$(2,+\infty)$
$f'(x)$	+	0	−	0	+
$f(x)$	↗	极大值 2	↘	极小值 −2	↗

(1) 先考虑最大值,注意到$f(0)=2$是极大值,在$(2,+\infty)$内函数$f(x)$单调增加且$f(3)=2$,所以在$[-a,a]$上:当$a\leqslant 3$时,最大值与极大值$f(0)=2$相同;当$a>3$时,最大值是$f(a)=a^3-3a^2+2$.

(2) 再考虑最小值,因

$$f(a)-f(-a)=(a^3-3a^2+2)-(-a^3-3a^2+2)=2a^3>0,$$

所以$f(a)>f(-a)$. 注意到$f(2)=-2$是极小值且$f(-1)=-2$,故在$[-a,a]$上:

当$a\leqslant 2$时,最小值是 $f(-a)=-a^3-3a^2+2$;

当$a>2$时,最小值也是 $f(-a)=-a^3-3a^2+2$.

综上所述,$f(x)$的最大值是$\begin{cases}2 & a\leqslant 3\\ a^3-3a^2+2 & a>3\end{cases}$,最小值是$-a^3-3a^2+2$.

例 3-35 设$x\in(-\infty,+\infty)$时,$f(x)$满足方程$(x-1)f''(x)+2(x-1)[f'(x)]^3=1-e^{1-x}$.

(1) 若$f(x)$在$x=a(a\neq 1)$取得极值,证明它是极小值;

(2) 若$f(x)$在$x=1$取得极值,问它是极大值还是极小值.

分析:(1) 应由$f'(a)=0$,推出$f''(a)>0$;

(2) 应由$f'(1)=0$,判别$f''(1)$的符号.

解:(1) 由题设知$f'(a)=0$,将$x=a(a\neq 1)$代入原方程,有$f''(a)=\dfrac{1-e^{1-a}}{a-1}$,由此,当$a>1$时,$e^{1-a}<1$;当$a<1$时,$e^{1-a}>1$,故$a-1$与$1-e^{1-a}$同号,从而$f''(a)>0$,$f(a)$是极小值.

(2) 由题设知$f'(1)=0$,由$f''(x)$存在知$f'(x)$连续,由原方程有

$$\begin{aligned}\lim_{x\to1}f''(x)&=\lim_{x\to1}\frac{1-e^{1-x}-2(x-1)[f'(x)]^3}{x-1}\\&=1-2\lim_{x\to1}[f'(x)]^3=1-2[f'(1)]^3=1>0.\end{aligned}$$

由极限保号性,在点 1 的某去心邻域内$f''(x)>0$,故$f'(x)$在$x=1$两侧的符号是左负右正,所以$f(1)$是极小值.

例 3-36 已知$f(x)$在$x=0$的某邻域内连续,且$f(0)=0$,$\lim\limits_{x\to0}\dfrac{f(x)}{1-\cos x}=2$,证明在$x=0$处

$f(x)$取极小值.

证明 1:因为$\lim\limits_{x\to0}\frac{f(x)}{1-\cos x}=2$,所以$\frac{f(x)}{1-\cos x}=2+\alpha(x)$,$\lim\limits_{x\to0}\alpha(x)=0$.

$$于是f(x)=2(1-\cos x)+\alpha(x)(1-\cos x),$$

$$f(x)=f(x)-f(0)=2(1-\cos x)+\alpha(x)(1-\cos x),$$

在 $x=0$ 的某邻域内,$f(x)$与$2(1-\cos x)$同号,而$1-\cos x\geqslant0$,故$f(x)-f(0)\geqslant0$,即在 $x=0$ 处 $f(x)$取极小值.

证明 2:由于当 $x\to0$ 时,$1-\cos x\sim\frac{x^2}{2}$,又因$f(0)=0$,则

$$\lim_{x\to0}\frac{f(x)}{1-\cos x}=2\lim_{x\to0}\frac{f(x)}{x^2}=2\lim_{x\to0}\frac{f(x)-f(0)}{(x-0)^2}=2,$$

由保号性知$f(x)-f(0)$与$(x-0)^2$ 同号,即在 $x=0$ 的某邻域内$f(x)-f(0)\geqslant0$,所以$f(x)$在 $x=0$ 处取极小值.

例 3-37　设某种商品的单价为 p 时,售出的商品数量 Q 可以表示成

$$Q=\frac{a}{p+b}-c,$$

其中,a,b,c 均为正数,且 $a>bc$.

(1) 求 p 在何范围变化时,使相应销售额增加或减少?

(2) 要使销售额最大,商品单价 p 应取何值? 最大销售额是多少?

分析:利用一阶导数的符号判定单调性,按单调性求最值点.

解:(1) 设售出商品的销售额为 R,则

$$R=pQ=p\left(\frac{a}{p+b}-c\right),\ R'=\frac{ab-c(p+b)^2}{(p+b)^2}.$$

令 $R'=0$,得　$$p_0=\sqrt{\frac{ab}{c}}-b=\sqrt{\frac{b}{c}}(\sqrt{a}-\sqrt{bc})>0.$$

当$0<p<\sqrt{\frac{b}{c}}(\sqrt{a}-\sqrt{bc})$时,有 $R'>0$,所以随单价 p 的增加,相应的销售额也将增加;

当$p>\sqrt{\frac{b}{c}}(\sqrt{a}-\sqrt{bc})$时,有 $R'<0$,所以随单价 p 的增加,相应的销售额将减少.

(2) 由(1)可知,当$p=\sqrt{\frac{b}{c}}(\sqrt{a}-\sqrt{bc})$时,销售额 R 取得最大值,最大销售额为

$$R_{\max}=\left(\sqrt{\frac{ab}{c}}-b\right)\left(\frac{a}{\sqrt{\frac{ab}{c}}}-c\right)=(\sqrt{a}-\sqrt{bc})^2.$$

例 3-38　某种商品的平均成本$\overline{C}(x)=2$,价格满足关系 $p(x)=20-4x$(x 为销售量),国家向每件商品征税 t 的成本函数是 $C=3x+1$(万元).

(1) 生产多少商品时,利润最大?

(2) 在企业取得最大利润的情况下,t 为何值时才能使税收总额最大?

分析:价格及成本对销量的相依关系确定的情况下,利润的大小将取决于税率.

解:(1) 总成本 $C(x)=x\overline{C}(x)=2x$,总收益 $R(x)=xp(x)=20x-4x^2$,总税收 $T=tx$. 则总

利润函数为

$$L(x)=R-C-T=(18-t)x-4x^2.$$

令$\frac{dL}{dx}=18-t-8x=0$,得$x=\frac{18-t}{8}$.

由于$\frac{d^2L}{dx^2}=-8<0$,因此$L\left(\frac{18-t}{8}\right)=\frac{(18-t)^2}{16}$为最大利润.

(2) 取得最大利润时的税收为

$$T=tx=\frac{t(18-t)}{8}.$$

由$\frac{dT}{dt}=\frac{9-t}{4}=0$ 得唯一驻点$t=9$;由于$\frac{d^2T}{dt^2}=-\frac{1}{4}<0$,可见当$t=9$时$T$有极大值,这时也为最大值,此时税收最大值为

$$T(9)=\frac{9(18-9)}{8}=\frac{81}{8},\text{这时的总利润为 }L=\frac{(18-9)^2}{16}=\frac{81}{16}.$$

例 3-39 当a取下列哪个值时,函数$f(x)=2x^3-9x^2+12x-a$恰有两个不同的零点( ).

A. 2　　B. 4　　C. 6　　D. 8

分析:考查 3 次抛物线的单调性和极值,讨论它与x轴的交点的个数.

解:因$f(x)=2x^3-9x^2+12x-a$,$f(-\infty)=-\infty$,$f(+\infty)=+\infty$,

$$f'(x)=6x^2-18x+12=6(x-1)(x-2),$$

可见,$f'(x)$的符号及$f(x)$的分段单调性均与a无关,列表如下:

x	$(-\infty,1)$	$(1,2)$	$(2,+\infty)$
$f'(x)$	+	−	+
$f(x)$	↗	↘	↗

所以$f(1)=5-a$为极大值,$f(2)=4-a$为极小值,应用三次抛物线的图形特征可得:

当$a<4$时,$f(x)$恰有一个零点,位于$(-\infty,1)$中;

当$a=4$时,$f(x)$恰好有 2 个零点,一个位于$(-\infty,1)$中,另一个为$x=2$;

当$4<a<5$时,$f(x)$恰有 3 个零点,分别位于$(-\infty,1)$,$(1,2)$与$(2,+\infty)$中;

当$a=5$时,$f(x)$恰有 2 个零点,一个为$x=1$,另一个位于$(2,+\infty)$中;

当$a>5$时,$f(x)$恰有一个零点,位于$(2,+\infty)$中.

由上述结论可得:当$a=4$或$a=5$时,$f(x)$恰有 2 个零点,对照 4 个选项,只能选 B.

【评注】 以上解法,实际上是求参数a的一切可能值,判断$f(x)$的零点的个数,所做比题意的要求多得多,若无法完成如此全面的讨论,下面的方法可比较简单地选择出正确选项.

相应于a取值 2,4,6,8,依次记$f(x)$为$f_1(x)$,$f_2(x)$,$f_3(x)$及$f_4(x)$,则

$$f_1(-\infty)=-\infty,f_1(1)=3>0,f_1(2)=2>0,f_1(+\infty)=+\infty;$$

$$f_2(-\infty)=-\infty,f_2(1)=1>0,f_2(2)=0,f_2(+\infty)=+\infty;$$

$$f_3(-\infty)=-\infty,f_3(1)=-1<0,f_3(2)=-2<0,f_3(+\infty)=+\infty;$$

$$f_4(-\infty)=-\infty,f_4(1)=-3<0,f_4(2)=-4<0,f_4(+\infty)=+\infty.$$

结合前面表中列出的单调性,立刻可得:

$f_1(x)$有唯一零点，位于$(-\infty,1)$；$f_2(x)$有 2 个零点，其一位于$(-\infty,1)$，另一为$x=2$；$f_3(x)$及$f_4(x)$都有唯一零点，位于$(2,+\infty)$.

综上所述，应选 B.

3. 利用导数研究函数的凹凸性与拐点

判定连续曲线$y=f(x)$凹凸性与拐点的步骤：

(1) 求函数$f(x)$的定义域D及$f''(x)$.

(2) 令$f''(x)=0$，解出$f''(x)=0$的实根及$f''(x)$不存在的点.

(3) 对于(2)中求出的每一个实根或二阶导数不存在的点x_0，检查$f''(x)$在x_0左、右两侧邻近的符号，当两侧的符号相反时，点$(x_0,f(x_0))$是拐点，当两侧的符号相同时，点$(x_0,f(x_0))$不是拐点.

在$f''(x)>0$的取值范围内，称曲线$y=f(x)$为凹的（或称为上凹的）；

在$f''(x)<0$的取值范围内，称曲线$y=f(x)$为凸的（或称为上凸的）.

例 3-40　求曲线$y=(x-1)\sqrt[3]{x^5}$的凹凸区间与拐点.

解：函数在$(-\infty,+\infty)$内连续，当$x\neq 0$时，

$$y'=\frac{8}{3}x^{\frac{5}{3}}-\frac{5}{3}x^{\frac{2}{3}},\ y''=\frac{10}{9}\frac{4x-1}{\sqrt[3]{x}}$$

令$y''=\frac{10}{9}\frac{4x-1}{\sqrt[3]{x}}=0$，得$x=\frac{1}{4}$，当$x=0$时$y''$不存在，把$(-\infty,+\infty)$分成三个部分区间，列表如下：

x	$(-\infty,0)$	0	$\left(0,\frac{1}{4}\right)$	$\frac{1}{4}$	$\left(\frac{1}{4},+\infty\right)$
y''	+	不存在	−	0	+
$f(x)$	⌣(凹)	拐点	⌢(凸)	拐点	⌣(凹)

$f(0)=0$，$f\left(\frac{1}{4}\right)=-\frac{3}{16\sqrt[3]{16}}$，故拐点为$(0,0)$，$\left(\frac{1}{4},-\frac{3}{16\sqrt[3]{16}}\right)$.

例 3-41　设函数$f(x)$在x_0处具有连续的n阶导数，且

$$f'(x_0)=f''(x_0)=\cdots=f^{(n-1)}(x_0)=0,f^{(n)}(x_0)\neq 0.$$

证明：(1) 当n为偶数时，$f(x)$在点$x=x_0$处取极值；

(2) 当n为奇数时，$(x_0,f(x_0))$是拐点.

证明：(1) 将$f'(x)$在$x=x_0$展开为$n-2$阶泰勒公式

$$f'(x)=f'(x_0)+f''(x_0)(x-x_0)+\cdots+\frac{f^{(n)}(\xi)}{(n-1)!}(x-x_0)^{n-1}\ (\xi\text{在}x\text{与}x_0\text{之间}),$$

由$f^{(n)}(x)$的连续性及$f^{(n)}(x_0)\neq 0$，可知$f^{(n)}(\xi)$不变号. 当n为偶数时，$n-1$为奇数，这时$f'(x)$在$x=x_0$点两侧变号，故$f(x)$在点$x=x_0$处取极值.

(2) 将$f''(x)$在$x=x_0$展开为$n-3$阶泰勒公式

$$f''(x)=f''(x_0)+f'''(x_0)(x-x_0)+\cdots+\frac{f^{(n)}(\xi)}{(n-2)!}(x-x_0)^{n-2}\ (\xi\text{在}x\text{与}x_0\text{之间}),$$

同理由$f^{(n)}(x)$的连续性及$f^{(n)}(x_0)\neq 0$，当n为奇数时，$n-2$为奇数，这时$f''(x)$在$x=x_0$点两侧变号，故$(x_0,f(x_0))$是拐点.

4. 利用函数的单调性和凹凸性证明不等式

例 3-42 证明当$x\geqslant 0$时，$\ln(1+x)\geqslant \dfrac{\arctan x}{1+x}$.

分析：将要证明的不等式化为$(1+x)\ln(1+x)-\arctan x\geqslant 0$，构造辅助函数

$$f(x)=(1+x)\ln(1+x)-\arctan x,$$

判断$f(x)$单调性并证明$f(x)=(1+x)\ln(1+x)-\arctan x\geqslant 0$即可.

证明：令$f(x)=(1+x)\ln(1+x)-\arctan x(x\geqslant 0)$，

因为
$$f'(x)=\ln(1+x)+1-\frac{1}{1+x^2}=\ln(1+x)+\frac{x^2}{1+x^2}\geqslant 0,$$

所以当$x\geqslant 0$时$f(x)$单调增加，则 $f(x)\geqslant f(0)=0$，

即
$$f(x)=(1+x)\ln(1+x)-\arctan x\geqslant 0,$$

从而
$$\ln(1+x)\geqslant\frac{\arctan x}{1+x}.$$

例 3-43 设函数$f(x)$有二阶导数，且处处有$f''(x)>0$，又$\lim\limits_{x\to 0}\dfrac{f(x)}{x^2}=1$. 证明当$x\neq 0$时，$f(x)>0$.

证明 1：利用单调性

因为$f(x)$有二阶导数且$\lim\limits_{x\to 0}\dfrac{f(x)}{x^2}=1$，所以

$$f(0)=\lim_{x\to 0}f(x)=0,$$

$$f'(0)=\lim_{x\to 0}\frac{f(x)-f(0)}{x}=\lim_{x\to 0}\frac{f(x)}{x^2}\cdot x=0.$$

又$f''(x)>0$，表明$f'(x)$是单调增加函数，当$x>0$时，$f'(x)>f'(0)=0$，当$x<0$时，$f'(x)<f'(0)=0$.

从而当$x>0$时$f(x)$是单调增加函数，$f(x)>f(0)=0$，当$x<0$时$f(x)$是单调减少函数，$f(x)>f(0)=0$.

综上有，当$x\neq 0$时，$f(x)>0$.

证明 2：利用凹凸性

由已知条件可得到$f(0)=f'(0)=0$，$f''(0)>0$，由此可得函数$f(x)$在$x=0$点取到极小值，又因为$f''(x)>0$，表明$f(x)$是凹函数，所以$f(0)$是$f(x)$的最小值，故当$x\neq 0$时，$f(x)>f(0)=0$.

题型 11 函数作图

例 3-44 求函数$y=(x-1)e^{\frac{\pi}{2}+\arctan x}$的单调区间和极值，并求该函数图形的渐近线.

分析：利用导数判定单调性，利用极限求渐近线.

解：$y'=\dfrac{x^2+x}{1+x^2}e^{\frac{\pi}{2}+\arctan x}$，令$y'=0$，得驻点$x_1=0$，$x_2=-1$，列表：

x	$(-\infty,-1)$	-1	$(-1,0)$	0	$(0,+\infty)$
y'	+	0	−	0	+
y	↗	$-2e^{\frac{\pi}{4}}$	↘	$-e^{\frac{\pi}{2}}$	↗

由此可见,递增区间为$(-\infty,-1)$,$(0,+\infty)$,递减区间为$(-1,0)$,极小值为$f(0)=-e^{\frac{\pi}{2}}$;极大值为$f(-1)=-2e^{\frac{\pi}{4}}$.

由于 $$a_1=\lim_{x\to+\infty}\frac{f(x)}{x}=e^{\pi},\ b_1=\lim_{x\to+\infty}[f(x)-a_1x]=-2e^{\pi},$$

$$a_2=\lim_{x\to-\infty}\frac{f(x)}{x}=1,\ b_2=\lim_{x\to-\infty}[f(x)-a_2x]=-2,$$

所以渐近线为 $$y_1=a_1x+b_1=e^{\pi}(x-2),$$

$$y_2=a_2x+b_2=x-2,$$

由$y(x)$在$(-\infty,+\infty)$连续,可知无铅直渐近线.

例 3-45 讨论函数$y=\frac{(x-3)^2}{4(x-1)}$的性态,并作出它的图形.

解:(1)函数定义域为$(-\infty,1)\cup(1,+\infty)$,$x=1$为间断点,该函数无周期性及对称性.

(2) $y'=\frac{(x+1)(x-3)}{4(x-1)^2}$,令$y'=0$,得驻点$x_1=-1$,$x_2=3$,而$x_3=1$是不可导点.

$y''=\frac{2}{(x-1)^3}$,当$x=1$时,y''不存在.

(3) 列表

x	$(-\infty,-1)$	-1	$(-1,1)$	1	$(1,3)$	3	$(3,+\infty)$
y'	+	0	−	间断点	−	0	+
y''	−	−	−		+	+	+
y	递增凸	极大值 −2	递减凸		递减凹	极小值 0	递增凹

故极大值为$f(-1)=-2$,极小值为$f(3)=0$,无拐点.

(4) 由$\lim\limits_{x\to1}\frac{(x-3)^2}{4(x-1)}=\infty$,知曲线有垂直渐近线$x=1$.

又 $$a=\lim_{x\to\infty}\frac{f(x)}{x}=\lim_{x\to\infty}\frac{(x-3)^2}{4x(x-1)}=\frac{1}{4},$$

$$b=\lim_{x\to\infty}[f(x)-ax]$$

$$=\lim_{x\to\infty}\left[\frac{(x-3)^2}{4(x-1)}-\frac{x}{4}\right]$$

$$=\lim_{x\to\infty}\frac{-5x+9}{4(x-1)}=-\frac{5}{4},$$

故$y=\frac{1}{4}x-\frac{5}{4}$为斜渐近线.

(5) 描出几个点$(-1,-2)$,$(3,0)$,$\left(0,-\frac{9}{4}\right)$,作出函数图形,如图 3-1 所示.

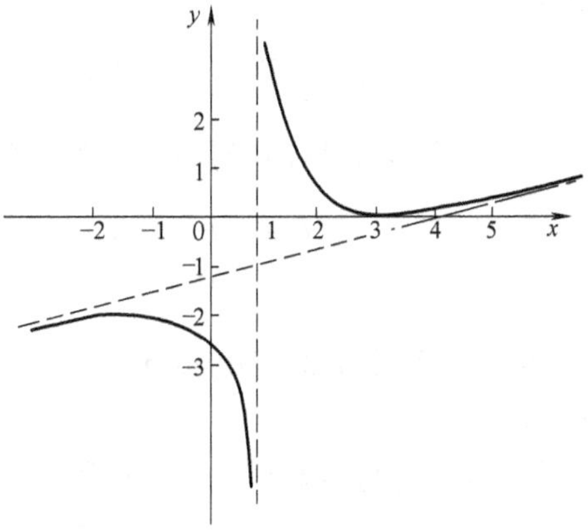

图 3-1

题型 12　边际、弹性及其简单经济应用

例 3-46　设某产品的成本函数和收入函数分别为

$$C(x) = 100 + 5x + 2x^2, R(x) = 200x + x^2,$$

其中，x 代表产量，求：

(1) 边际成本函数、边际收入函数、边际利润函数；

(2) 已经生产并销售 25 个单位产品，第 26 个单位产品会有多少利润？

解：(1) 边际成本函数为 $C'(x) = 5 + 4x$.

边际收入函数为 $R'(x) = 200 + 2x$.

边际利润函数为 $L'(x) = R'(x) - C'(x) = 195 - 2x$.

(2) $L'(25) = 145$，故第 26 个单位产品会有 145 单位利润.

例 3-47　某车间一天内生产某种商品 Q 个单位，总成本函数为 $C(Q) = \frac{1}{4}Q^2 + 12Q + 400$，问日产量 Q 为多少时，平均成本最低？求此时的平均成本与边际成本，并验证他们相等.

解：总成本函数为 $C(Q) = \frac{1}{4}Q^2 + 12Q + 400$，平均成本函数为 $\overline{C}(Q) = \frac{1}{4}Q + 12 + \frac{400}{Q}$，求导得 $\overline{C}'(Q) = \frac{1}{4} - \frac{400}{Q^2}$，令 $\overline{C}'(Q) = 0$，得 $Q = 40$，则 $\overline{C}''(Q) = \frac{800}{Q^2}$，$\overline{C}''(40) > 0$，所以 $Q = 40$ 时 $\overline{C}(Q)$ 取得极小值，极值唯一，因此极小值即最小值，即当日产量 $Q = 40$ 时，平均成本 $\overline{C}(Q)$ 最低，此时 $\overline{C}(40) = 32$，$C'(Q) = \frac{1}{2}Q + 12$，$C'(40) = 32$，由此可见 $\overline{C}(40) = C'(40) = 32$.

例 3-48　设某商品需求函数为 $Q = 12 - \frac{1}{4}P^2$，求

(1) 需求弹性函数 $\eta(P)$；

(2) 求 $\eta(3)$，$\eta(4)$，$\eta(5)$；

(3) P 为多少时，总收益 R 最大？

(4) 设价格 P 上涨或下跌都不超过 1，分别讨论 $P = 3$，$P = 5$ 时，涨价还是跌价，生产者总收益更多？

解：(1) $Q = 12 - \frac{1}{4}P^2$，求导 $Q' = -\frac{1}{2}P$，需求弹性函数为 $\eta(P) = \frac{2P^2}{48 - P^2}$.

(2) $\eta(3) = 0.46$，$\eta(4) = 1$，$\eta(5) = 2.17$.

(3) $R = PQ = 12P - \frac{1}{4}P^3$，$R' = 12 - \frac{3}{4}P^2$，$R'' = -\frac{3}{2}P$，当 $P = 4$ 时，$R' = 0$，$R'' < 0$，这时收益 R 最大.

(4) $P = 3$ 时 $\eta(3) = 0.46$，$\eta < 1$，R 在 $P = 3$ 邻近单调增加，所以涨价（但 P 不超过 4）总收益增加；

$P = 5$ 时 $\eta(5) = 2.17$，$\eta > 1$，R 在 $P = 5$ 邻近单调减少，所以跌价（但 P 不低于 4）总收益增加.

例 3-49　某企业的收益函数为 $R(Q) = 40Q - 4Q^2$，总成本函数为 $C(Q) = 2Q^2 + 4Q + 10$，

若政府对该企业征收产品税 $T=Qt$，其中 t 为税率，求

（1）税收最大时的税率；

（2）企业纳税后的最大利润.

解：（1）利润函数

$L=R-C-T=40Q-4Q^2-(2Q^2+4Q+10)-Qt=-6Q^2+(36-t)Q-10$，

令 $L'(Q)=-12Q+36-t=0$，得 $Q=\dfrac{36-t}{12}$，又 $L''=-12<0$，所以当 $Q=\dfrac{36-t}{12}$时，企业可获纳税后的最大利润.

此时政府的税收 $T=tQ=\dfrac{36t-t^2}{12}$，令 $T'=3-\dfrac{t}{6}=0$，得 $t=18$，而 $T''=-\dfrac{1}{6}<0$，所以当税率 $t=18$ 时政府可获最大税收.

（2）由上面分析当 $Q=\dfrac{36-18}{12}=\dfrac{3}{2}$时，企业有最大利润 $L=\dfrac{7}{2}$.

例 3-50　设某商品的需求函数为 $Q=100-5P$，其中价格 $P\in(0,20)$，Q 为需求量.

（1）求需求量对价格的弹性 $\varepsilon_d(\varepsilon_d>0)$；

（2）推导$\dfrac{\mathrm{d}R}{\mathrm{d}P}=Q(1-\varepsilon_d)$（其中 R 为收益），并用弹性 ε_d 说明价格在何范围内变化时，降低价格反而使收益增加.

分析：由于 $\varepsilon_d>0$，所以 $\varepsilon_d=\left|\dfrac{P}{Q}\dfrac{\mathrm{d}Q}{\mathrm{d}P}\right|$；由 $R=PQ$ 及 $\varepsilon_d=\left|\dfrac{P}{Q}\dfrac{\mathrm{d}Q}{\mathrm{d}P}\right|$可推导$\dfrac{\mathrm{d}R}{\mathrm{d}P}=Q(1-\varepsilon_d)$.

解：（1）$\varepsilon_d=\left|\dfrac{P}{Q}\dfrac{\mathrm{d}Q}{\mathrm{d}P}\right|=\dfrac{P}{20-P}$.

（2）由 $R=PQ$，得

$$\frac{\mathrm{d}R}{\mathrm{d}P}=Q+P\frac{\mathrm{d}Q}{\mathrm{d}P}=Q\left(1+\frac{P}{Q}\frac{\mathrm{d}Q}{\mathrm{d}P}\right)=Q(1-\varepsilon_d).$$

又由 $\varepsilon_d=\dfrac{P}{20-P}=1$，得 $P=10$，当 $10<P<20$ 时，$\varepsilon_d>1$，于是$\dfrac{\mathrm{d}R}{\mathrm{d}P}<0$，故当 $10<P<20$ 时，降低价格反而使收益增加.

【评注】　当 $\varepsilon_d>0$ 时，需求量对价格的弹性公式为 $\varepsilon_d=\left|\dfrac{P}{Q}\dfrac{\mathrm{d}Q}{\mathrm{d}P}\right|=-\dfrac{P}{Q}\dfrac{\mathrm{d}Q}{\mathrm{d}P}$.

利用需求弹性分析收益的变化情况有以下四个常用的公式

$$\mathrm{d}R=(1-\varepsilon_d)Q\mathrm{d}p,\ \frac{\mathrm{d}R}{\mathrm{d}p}=(1-\varepsilon_d)Q,$$

$$\frac{\mathrm{d}R}{\mathrm{d}Q}=\left(1-\frac{1}{\varepsilon_d}\right)p,\ \frac{\varepsilon_R}{\varepsilon_p}=1-\varepsilon_d\text{（收益对价格的弹性）}.$$

例 3-51　设某酒厂有一批新酿的好酒，如果现在（假定 $t=0$）就售出，总收入为 R_0 元. 如果窖藏起来待来日按陈酒价格出售，t 年末总收入为 $R=R_0\mathrm{e}^{\frac{2}{5}\sqrt{t}}$. 假定银行的年利率为 r，并以连续复利计息，试求窖藏多少年售出可使总收入的现值最大，并求 $r=0.06$ 时的 t 值.

分析：根据连续复利公式，t 年末总收入 $R(t)$ 的现值为 $A(t)=R(t)\mathrm{e}^{-rt}$，于是可求出 t 年末

总收入的现值的函数表达式,再求其最大值.

解:连续复利公式,这批酒在窖藏 t 年末售出总收入 $R(t)$ 的现值为

$$A(t) = R(t)e^{-rt} = R_0 e^{\frac{2}{5}\sqrt{t}-rt}$$

于是 $\frac{dA}{dt} = R_0 e^{\frac{2}{5}\sqrt{t}-rt}\left(\frac{1}{5\sqrt{t}} - r\right) = 0, t = \frac{1}{25r^2}$,因驻点唯一,所以这时现值最大. 当 $r = 0.06$ 时,则 $t \approx 11$.

例 3-52 设某产品的需求函数为 $Q = Q(P)$,收益函数为 $R = PQ$,其中 P 为产品价格,Q 为需求量(产品的产量),$Q(P)$ 是单调减函数. 如果当价格为 P_0,对应产量为 Q_0 时,边际收益 $\left.\frac{dR}{dQ}\right|_{Q=Q_0} = a > 0$,收益对价格的边际效应 $\left.\frac{dR}{dP}\right|_{P=P_0} = c < 0$,需求对价格的弹性为 $\varepsilon_p = b > 1$,求 P_0 和 Q_0.

分析:本题的关键在于 P 和 Q 之间存在函数关系,因此 $R = PQ$ 既可看做 P 的函数,又可看做 Q 的函数. 由此分别求出导数 $\frac{dR}{dP}$ 及 $\frac{dR}{dQ}$,并将它们与弹性 $\varepsilon_p = -\frac{dQ}{Q}\Big/\frac{dP}{P}$ 联系起来,进而求得问题的解.

解:由收益 $R = PQ$,对 Q 求导,有

$$\frac{dR}{dQ} = P + Q\frac{dP}{dQ} = P + \left(-\frac{\frac{dP}{P}}{\frac{dQ}{Q}}\right)(-P) = P\left(1 - \frac{1}{\varepsilon_p}\right),$$

$$\left.\frac{dR}{dQ}\right|_{Q=Q_0} = P_0\left(1 - \frac{1}{b}\right) = a,$$

由此可得

$$P_0 = \frac{ab}{b-1}.$$

由收益 $R = PQ$ 对 P 求导,有

$$\frac{dR}{dP} = Q + P\frac{dQ}{dP} = Q - \frac{\frac{dQ}{Q}}{\frac{dP}{P}}(-Q) = Q(1 - \varepsilon_p), \quad \left.\frac{dR}{dP}\right|_{P=P_0} = Q_0(1-b) = c,$$

于是 $Q_0 = \frac{c}{1-b}$.

3.4 疑难问题解析

问题 1 如何理解罗尔定理的条件是充分的,而不是必要的?

答:条件是充分的表明:只要 $f(x)$ 满足定理的三个条件,就有罗尔定理的结论成立,而缺少任何一个条件,都不能保证结论成立. 例如,在 $[-1,1]$ 上连续,且满足两端点函数值相等,但在 $(-1,1)$ 内不可导的函数 $f(x) = |x|$,不存在这样的点 $\xi \in (0,1)$,使得 $f'(\xi) = 0$.

该定理的条件不是必要的是指三个条件不全满足的函数 $f(x)$,罗尔定理的结论也可能成立. 例如在 $[-1,1]$ 上的连续可导函数 $f(x) = x^3$,不满足在两个端点函数值相等的条件,但可

找到 $\xi=0$，使得 $f'(\xi)=0$.

问题2　有关中值问题有哪些解题方法?

答:利用逆向思维,设辅助函数. 一般解题方法有:

(1) 证明含一个中值的等式或根的存在,多用罗尔定理,可用原函数法找辅助函数.

(2) 若结论中涉及含中值的两个不同函数,可考虑用柯西中值定理.

(3) 若结论中含两个或两个以上的中值,必须多次应用中值定理.

(4) 若已知条件中含高阶导数,多考虑用泰勒公式,有时也可考虑对导数用中值定理.

(5) 若结论为不等式,要注意适当放大或缩小的技巧.

问题3　拉格朗日中值公式有哪些常用形式?

答:常用形式有

(1) $\dfrac{f(b)-f(a)}{b-a}=f'(\xi)$;

(2) $f(b)-f(a)=f'(\xi)(b-a),\xi\in(a,b)$.

(3) $f(b)-f(a)=f'[a+\theta(b-a)](b-a),0<\theta<1$.

(4) $f(x+\Delta x)-f(x)=f'(\xi)\Delta x$，$\xi$ 在 x 与 $x+\Delta x$ 之间.

(5) $\Delta y=f'(x+\theta\Delta x)\Delta x,0<\theta<1$，其中 $\Delta y=f(x+\Delta x)-f(x)$.

(6) $f(x+h)-f(x)=f'(x+\theta h)h,0<\theta<1$.

问题4　使用洛必达法则应注意哪些问题?

答:(1) 只有"可导型"的未定式 $\dfrac{0}{0}$ 和 $\dfrac{\infty}{\infty}$ 才能直接使用洛必达法则. 因此使用前必须对欲求极限的函数严格判断,且在连续使用过程中也需不断进行判别. 若进行到某步不属于上述两类未定式,应停止使用.

(2) 其他未定式有 $\infty-\infty,0\cdot\infty,0^0,\infty^0$ 和 1^∞. 它们均不能直接使用洛必达法则. 前两类可通过四则运算化为 $\dfrac{0}{0}$ 或 $\dfrac{\infty}{\infty}$ 型;后三类可用取对数或将函数写成以 e 为底的指数函数求极限方法,化为 $0\cdot\infty$ 型.

(3) 结合其他方法. 运用洛必达法则时,应注意把求极限的多种方法综合运用. 极限式中含 $\dfrac{1}{x^k}$(k 是正整数)时,可考虑用变量代换 $t=\dfrac{1}{x^k}$. 尤其是等价无穷小代换,如

$$\lim_{x\to0}\frac{(e^{2x}-1)\tan x^2}{\ln(1-\sin^2x)\cdot\sin x}\xlongequal{\text{等价无穷小代替}}\lim_{x\to0}\frac{2x\cdot x^2}{-x^2\cdot x}=-2.$$

若直接用洛必达法则求该极限,求导数是非常复杂的.

(4) 洛必达法则失效. 当导数之比的极限不存在也不为 ∞ 时,或求导后发生循环时,不能说明原来函数的极限一定不存在,需另寻他法. 例如,由洛必达法则有 $\lim\limits_{x\to\infty}\dfrac{x+\sin x}{x-\sin x}=\lim\limits_{x\to\infty}\dfrac{1+\cos x}{1-\cos x}$ 不存在. 但 $\lim\limits_{x\to\infty}\dfrac{x+\sin x}{x-\sin x}=\lim\limits_{x\to\infty}\dfrac{1+\dfrac{\sin x}{x}}{1-\dfrac{\sin x}{x}}=1$. 又如,求极限 $\lim\limits_{x\to+\infty}\dfrac{e^x+e^{-x}}{e^x-e^{-x}}$ 时,因分子分母求两次导数后,又变成原来的函数,所以每用两次洛必达法则就出现一次循环,得不出结果,应另想其他方

法,例如,$\lim\limits_{x\to+\infty}\dfrac{e^x+e^{-x}}{e^x-e^{-x}}=\lim\limits_{x\to+\infty}\dfrac{1+e^{-2x}}{1-e^{-2x}}=1$.

(5) 数列的极限可用函数的极限求之.

求数列极限不能直接用洛必达法则,使用时必须先连续化,将数列$f(n)=x_n$化为$f(x)$,再用洛必达法则求极限. 例如$\lim\limits_{n\to\infty}\sqrt[n]{n}$,先求$\lim\limits_{x\to+\infty}\sqrt[x]{x}=\lim\limits_{x\to+\infty}x^{\frac{1}{x}}=e^{\lim\limits_{x\to+\infty}\frac{\ln x}{x}}=1$,再根据数列极限与函数极限关系得到$\lim\limits_{n\to\infty}\sqrt[n]{n}=1$.

(6) 化简,分离出非未定式. 用一次洛必达法则后,若算式$\dfrac{f'(x)}{g'(x)}$较繁,必须进行化简;若算式中有非未定式,应将其分离出来,并算出结果.

问题5　设$f(x)$在x_0处二阶可导,以下推导正确吗?

$$\begin{aligned}\lim_{h\to0}\frac{f(x_0+h)-2f(x_0)+f(x_0-h)}{h^2}&=\lim_{h\to0}\frac{f'(x_0+h)-f'(x_0-h)}{2h}\\&=\lim_{h\to0}\frac{f''(x_0+h)+f''(x_0-h)}{2}\\&=f''(x_0).\end{aligned}$$

答:不正确. 由$f(x)$在x_0处二阶可导,可知$f(x)$在x_0的某邻域内有一阶导数,但在x_0的邻域内是否二阶可导是不知道的,更不知道二阶导数的连续性,因此推导的第一步是正确的,后面两步是错误的.

正确的推导方法为

$$\begin{aligned}\lim_{h\to0}\frac{f(x_0+h)-2f(x_0)+f(x_0-h)}{h^2}&=\lim_{h\to0}\frac{f'(x_0+h)-f'(x_0-h)}{2h}\\&=\frac{1}{2}\left[\lim_{h\to0}\frac{f'(x_0+h)-f'(x_0)}{h}+\lim_{h\to0}\frac{f'(x_0-h)-f'(x_0)}{-h}\right]\\&=\frac{1}{2}[f''(x_0)+f''(x_0)]=f''(x_0).\end{aligned}$$

问题6　设函数$y=f(x)$在$[a,b]$上连续,在(a,b)内可导且$f'(x)\geqslant0$(或$\leqslant0$),其中使$f'(x)=0$成立的点不能构成区间,问此时能判定$f(x)$在区间$[a,b]$上是严格单调增加(或减少)吗?

答:能判定$f(x)$在区间$[a,b]$上是严格单调增加(或减少),以下只就严格单调增加进行证明,严格单调减少证明类似.

设$x_1<x_2$为区间$[a,b]$上任意两点,在区间$[x_1,x_2]$上对$f(x)$应用拉格朗日中值定理有$f(x_1)-f(x_2)=f'(\xi)(x_1-x_2)$,$\xi\in(x_1,x_2)\subset[a,b]$. 因此,由$f'(x)\geqslant0$,$x\in[a,b]$可知,对于$[a,b]$上任意两点$x_1<x_2$,有$f(x_1)\leqslant f(x_2)$,即有函数$f(x)$在区间$[a,b]$上单调增加.

现证必有$f(x_1)<f(x_2)$(用反证法). 假设$\exists x_1,x_2\in[a,b]$,且$x_1<x_2$,有$f(x_1)=f(x_2)$,因为函数$f(x)$是单调增加,所以函数$f(x)$在$[x_1,x_2]$上是常函数,即$\forall x\in(x_1,x_2)$,$f'(x)=0$,与已知条件矛盾. 于是,函数$f(x)$在$[a,b]$内是严格单调增加.

从上述证明过程可看出，把闭区间$[a,b]$换成各种区间（包括无穷区间），结论仍然成立.

例如函数$f(x)=x-\sin x$在$(-\infty,+\infty)$内连续，且$f'(x)=1-\cos x\geqslant 0$，使$f'(x)=1-\cos x=0$的点$x_k=2k\pi(k=0,\pm1,\pm2,\cdots)$不构成区间，所以$f(x)$在区间$(-\infty,+\infty)$内严格单调增加.

问题 7　判定极值的第一充分条件与第二充分条件有什么区别？怎样灵活使用？

答：对于可导函数来说，极值点一定是驻点，因此驻点是函数可能的极值点，但根据极值的定义，函数在导数不存在的点处也可能取得极值. 因此，取得极值的可能点为驻点与导数不存在的点，称这些点为可能的极值点.

第一充分条件是用可能的极值点两侧的一阶导数符号来判定的，而第二充分条件是用驻点处的二阶导数符号来判定的. 因此当函数的二阶导数在驻点处不为零且容易求得时，用第二充分条件判定比较方便. 但当二阶导数为零或二阶导数不存在时，应采用第一充分条件判定.

问题 8　若点$M(x_0,f(x_0))$是曲线$y=f(x)$的拐点，则必有$f''(x_0)=0$吗？

答：不一定. 因为可以证明：若$f(x)$在x_0点二阶导数存在，则$M(x_0,f(x_0))$是曲线$y=f(x)$的拐点的必要条件是$f''(x_0)=0$. 但对于二阶导数不存在的点所对应曲线上的点也可能是曲线的拐点. 例如连续曲线$y=\sqrt[3]{x}$，当$x\neq0$时，$f'(x)=\dfrac{1}{3\sqrt[3]{x^2}}$，$f''(x)=-\dfrac{2}{9x\sqrt[3]{x^2}}$，虽然$x=0$时，$f'(x)$，$f''(x)$都不存在，但当$x<0$时，$f''(x)>0$，当$x>0$时，$f''(x)<0$. 因此该曲线在$(-\infty,0]$上是凹的；在$[0,+\infty)$上是凸的，故点$(0,0)$是曲线的拐点.

问题 9　若$f'(a)>0$，能否得到函数$f(x)$在点a的某个邻域$(a-\delta,a+\delta)$内单调增加？

答：不能. $f'(a)>0$，只能得到函数$f(x)$在点a严格增加，即$\forall x\in(a-\delta,a)$，$f(x)<f(a)$和$\forall x\in(a,a+\delta)$，$f(a)<f(x)$. 但是，函数$f(x)$在点a的某个邻域$(a-\delta,a+\delta)$内不一定是单调增加. 例如，函数$f(x)=\begin{cases}\dfrac{x}{2}+x^2\sin\dfrac{1}{x} & x\neq0\\ 0 & x=0\end{cases}$，而$f'(0)=\dfrac{1}{2}>0$. 函数$f(x)$在点 0 严格增加，但是点 0 的任意邻域$(-\delta,\delta)$内都不是单调增加的. 当$x\neq0$时，$f'(x)=\dfrac{1}{2}-\cos\dfrac{1}{x}+2x\sin\dfrac{1}{x}$.

因为$\lim\limits_{x\to0}2x\sin\dfrac{1}{x}=0$，所以当$|x|$充分小时，$f'(x)$的符号由$\dfrac{1}{2}-\cos\dfrac{1}{x}$的符号来决定.

当$x=\dfrac{1}{2k\pi}(k=\pm1,\pm2,\cdots)$，$|k|$充分大时，$\dfrac{1}{2k\pi}\in(-\delta,\delta)$，有$f'\left(\dfrac{1}{2k\pi}\right)=\dfrac{1}{2}-1=-\dfrac{1}{2}<0$.

当$x=\dfrac{1}{(2k+1)\pi}(k=\pm1,\pm2,\cdots)$，当$|k|$充分大时，$\dfrac{1}{(2k+1)\pi}\in(-\delta,\delta)$，有$f'\left(\dfrac{1}{(2k+1)\pi}\right)=\dfrac{1}{2}+1=\dfrac{3}{2}>0$. 于是，函数$f(x)$在点$\dfrac{1}{(2k+1)\pi}$严格增加，在点$\dfrac{1}{2k\pi}$严格减少，即函数$f(x)$在点 0 的邻域$(-\delta,\delta)$内不是单调的.

3.5　自测试题

自测试题 A

一、单项选择题

1. 设$f(x)=x^2(x^2-2x-3)e^{-x}$则$f'(x)=0$在$(0,3)$内(　　).

A. 有三个根　　B. 只有一个根　　C. 仅有两个根　　D. 至少有两个根

2. 若$f(x)$在$[-1,1]$上连续,在$(-1,1)$内可导,且$|f'(x)|\leqslant M$,$f(0)=0$.则必有(　　).

A. $f(x)\geqslant M$　　B. $f(x)<M$　　C. $|f(x)|\leqslant M$　　D. $|f(x)|>M$

3. 下列求极限的题目中,不能使用洛必达法则的是(　　).

A. $\lim\limits_{x\to 0}\dfrac{\tan 2x}{x}$　　B. $\lim\limits_{x\to 0^+}x\ln x$　　C. $\lim\limits_{x\to 0}\dfrac{x(e^x-1)}{1-\cos x}$　　D. $\lim\limits_{x\to\infty}\dfrac{x-\sin x}{x+\sin x}$

4. 若函数$f(x)$在区间(a,b)内可导,x_1和x_2是区间(a,b)内任意两点$(x_1<x_2)$,则至少存在一点ξ,使(　　).

A. $f(b)-f(a)=f'(\xi)(b-a),a<\xi<b$

B. $f(x_2)-f(x_1)=f'(\xi)(b-x_1),x_1<\xi<b$

C. $f(x_2)-f(x_1)=f'(\xi)(x_2-x_1),x_1<\xi<x_2$

D. $f(x_2)-f(a)=f'(\xi)(x_2-a),a<\xi<x_2$

5. 设$f(x)$一阶可导,且$\lim\limits_{x\to 0}f'(x)=-1$,则$f(0)$(　　).

A. 一定是$f(x)$的极大值　　B. 一定是$f(x)$的极小值

C. 一定不是$f(x)$的极值　　D. 不一定是$f(x)$的极值

6. 设$f(x)$为偶函数且二阶可导,若$f''(0)=-1$,则$f(0)$(　　).

A. 一定是$f(x)$的极大值　　B. 一定是$f(x)$的极小值

C. 一定不是$f(x)$的极值　　D. 不一定是$f(x)$的极值

7. 下列各式中,当$x>0$时成立的是(　　).

A. $x>\tan x$　　B. $e^x<1+x$　　C. $x>\ln(1+x)$　　D. $x<\sin x$

8. 曲线$y=1-e^{-x^2}$(　　).

A. 没有拐点　　B. 有一个拐点　　C. 有两个拐点　　D. 有三个拐点

二、填空题

1. 函数$f(x)=xe^{-\frac{x^2}{2}}$的单调增区间是________.

2. 函数$y=\dfrac{\ln x}{x-2}$的垂直渐进线的方程是________.

3. $x\in(a,b)$,$f'(x)>0$是$f(x)$在(a,b)内单调增加的________条件.

4. 设$x>-1$,则$\arctan\dfrac{1}{1+x}+\arctan(1+x)=$________.

5. 设某种商品的需求函数为$Q=10\sqrt{9-P}$,其中Q表示需求量,P表示产品单价,当$P=$________时,该商品可以获得最大收益,此时需求的价格弹性$\varepsilon_p=$________.

6. 设$\lim\limits_{x\to 0}\dfrac{\ln(1+x)-(ax+bx^2)}{x^2}=2$，则 $a=$__________，$b=$__________．

7. 设 n 是曲线 $y=\dfrac{x^2}{x^2-2}\arctan x$ 的渐近线的条数，则 $n=$__________．

8. $f'(x)>g'(x)$ 是 $f(x)>g(x)$ 的__________条件．

三、计算题

1. 求极限 $\lim\limits_{x\to\infty}\dfrac{e^x-x\arctan x}{e^x+x}$．

2. 求极限 $\lim\limits_{x\to+\infty}\left(x^2\arctan x^2-\dfrac{\pi}{2}x^2\right)$．

3. 求极限 $\lim\limits_{x\to\left(\frac{\pi}{2}\right)^-}(\tan x)^{\cos x}$．

4. 已知 $f(x)$ 在点 x_0 的邻域内有定义，且有 $\lim\limits_{x\to x_0}\dfrac{f(x)-f(x_0)}{(x-x_0)^n}=k$，其中 n 为正常数，$k\neq 0$，讨论 $f(x)$ 在点 x_0 处是否有极值．

5. 设 $f(x)$ 在 $(x_0-\delta,x_0+\delta)(\delta>0)$ 内一阶可导，且 $f(x)$ 在 x_0 点二阶可导，求极限 $\lim\limits_{h\to 0}\dfrac{f(x_0+h)-2f(x_0)+f(x_0-h)}{h^2}$．

6. 已知 $(2,4)$ 是曲线 $y=x^3+ax^2+bx+c$ 的拐点，且曲线在点 $x=3$ 处取得极值，求 a,b,c．

7. 设函数 $f(x)$ 具有二阶连续导数，且 $f(0)=0$，又 $g(x)=\begin{cases}f'(0) & x=0\\ \dfrac{f(x)}{x} & x\neq 0\end{cases}$，

求 $g'(x)$ 并讨论 $g'(x)$ 的连续性．

8. 求函数 $y=\dfrac{x^3}{(x-1)^2}$ 的增减区间、极值、凹凸区间、拐点、渐近线，并画出草图．

四、证明题

1. 证明不等式 $\dfrac{b-a}{1+b^2}<\arctan b-\arctan a<\dfrac{b-a}{1+a^2}$，其中，$b>a>0$．

2. 设 $f(x)=a_1\sin x+a_2\sin 2x+\cdots+a_n\sin nx$，且 $|f(x)|\leqslant|\sin x|$，$a_1,a_2,\cdots,a_n$ 为实常数，证明：$|a_1+2a_2+\cdots+na_n|\leqslant 1$．

3. 当 $0<x<2$ 时，证明不等式 $4x\ln x\geqslant x^2+2x-3$．

4. 设 $b>a>e$，证明：$a^b>b^a$．

自测试题 B

一、单项选择题

1. 对函数 $f(x)=x^3$，$g(x)=x^2$，柯西公式 $\dfrac{f(b)-f(a)}{g(b)-g(a)}=\dfrac{f'(\xi)}{g'(\xi)}$，$\xi\in(a,b)$ 不成立的区间是 $[a,b]$，其中(　　)．

A. $a=0,b=2$　　B. $a=-2,b=0$　　C. $a=2,b=4$　　D. $a=-1,b=1$

2. 设 $f(x)$ 在区间 $[0,1]$ 上连续，在区间 $(0,1)$ 内可导，且 $f(0)=1$，$f(1)=0$，则在 $(0,1)$

内至少存在一点 c,有(　　).

A. $f'(c)=-\frac{f(c)}{c}$　　B. $f'(c)=\frac{f(c)}{c}$　　C. $f(c)=-\frac{f'(c)}{c}$　　D. $f(c)=\frac{f'(c)}{c}$

3. 设 $a>0,b>0$,则 $\lim\limits_{x\to 0}\left(\frac{a^x+b^x}{2}\right)^{\frac{1}{x}}=$(　　).

A. ab　　B. $\sqrt{ab}$　　C. $\ln ab$　　D. $\ln\sqrt{ab}$

4. 函数 $y=f(x)$,若 $f'(x_0)=0,f''(x_0)>0$,则(　　).

A. $f(x_0)$是函数 $f(x)$的极大值　　B. $f(x_0)$是函数 $f(x)$的极小值

C. $f(x_0)$不是函数 $f(x)$的极小值　　D. 不能判定 $f(x_0)$是否是函数 $f(x)$的极值

5. 条件 $f''(x_0)=0$ 是 $f(x)$的图形在$(x_0,f(x_0))$处是拐点的(　　).

A. 必要条件　　B. 充分条件　　C. 充分必要条件　　D. 无关条件

6. 若点(1,3)是曲线 $y=ax^3+bx^2$ 的拐点,则(　　).

A. $a=\frac{9}{2},b=-\frac{3}{2}$　　B. $a=-6,b=9$

C. $a=-\frac{3}{2},b=\frac{9}{2}$　　D. 以上都不对

7. 设产量为 q 时的收益为 $R(q)$,成本为 $C(q)$,利润为 $L(q)$. 已知 $R(q),C(q),L(q)$都是二阶可导的函数,若 $L(q_0)$为最大利润,则 $L''(q_0)$(　　).

A. 小于零　　B. 大于零　　C. 不一定小于零　　D. 等于零

8. 在区间$(1,+\infty)$内,曲线 $y=\ln(x^2+1)$是(　　).

A. 单调递减且凸　　B. 单调递减且凹　　C. 单调递增且凸　　D. 单调递增且凹

二、填空题

1. 曲线 $y=\frac{x^2}{2x+1}$的渐近线方程为__________.

2. 设 $x\to 0$ 时,$e^{\tan x}-e^x$ 与 x^n 是同阶无穷小,则 $n=$__________.

3. 曲线 $y=(x-1)^2(x-3)^2$ 的拐点个数是__________.

4. 函数 $y=x+2\cos x$ 在区间$\left[0,\frac{\pi}{2}\right]$上的最大值是__________.

5. 设函数 $f(x)$在$(-\infty,+\infty)$内可导,且对任意的 x_1,x_2,当 $x_1>x_2$ 时 $f(x_1)>f(x_2)$,则函数 $-f(-x)$单调__________.

6. 函数 $y=|\ln x|$的凹区间是__________.

7. 设函数 $f(x),g(x)$在$[a,b]$$(0<a<b)$上连续,在$(a,b)$内可导,且 $f'(x)=g'(x)$,则 $f(x)-g(x)=$__________.

8. 当 $x\to 0$ 时,$x-(a+b\cos x)\sin x$ 是 x 的 5 阶无穷小,则 $a=$__________,$b=$__________.

三、计算题

1. 求极限 $\lim\limits_{x\to\frac{\pi}{4}}\frac{\sec^2x-2\tan x}{1+\cos 4x}$.

2. 求极限 $\lim\limits_{x\to 0}\frac{\sqrt{1+\tan x}-\sqrt{1+\sin x}}{x\ln(1+x)-x^2}$.

3. 求曲线 $y=f(x)=\dfrac{(x^2+x-2)2^{\frac{1}{x}}}{(x^2-1)\arctan x}$ 的渐近线.

4. 已知 $f(x)$ 在 $(-\infty,+\infty)$ 内可导,且 $\lim\limits_{x\to\infty}f'(x)=\mathrm{e}$,又设 $\lim\limits_{x\to\infty}\left(\dfrac{x+c}{x-c}\right)^x=\lim\limits_{x\to\infty}[f(x)-f(x-1)]$,求 c 的值.

5. 写出 $f(x)=\mathrm{e}^{-\frac{x^2}{2}}$ 的麦克劳林公式,并求 $f^{(98)}(0)$ 与 $f^{(99)}(0)$.

6. 设函数 $f(x)=kx^3-x^2+1$ 在区间 $(0,+\infty)$ 内有且仅有一个零点,求 k 的取值范围.

7. 某商品进价为 a(元/件),根据以往经验,当销售价为 b(元/件)时,销售量为 c 件(a,b,c 均为正常数,且 $b\geqslant\dfrac{4}{3}a$),市场调查表明,销售价每下降10%,销售量可增加40%,现决定一次性降价. 试问,当销售价定为多少时,可获得最大利润?并求出最大利润.

8. 利用导数知识列表分析函数 $y=x-2\arctan x$ 的单调性、凹凸性、极值与拐点,并求渐近线和作函数 $y=x-2\arctan x$ 的图形.

四、证明题

1. 已知函数 $f(x)$ 在 $[0,1]$ 上连续,在 $(0,1)$ 内可导,且 $f(0)=0,f(1)=1$. 证明:

(1)存在 $\xi\in(0,1)$,使得 $f(\xi)=1-\xi$;

(2)存在两个不同的点 $\eta,\zeta\in(0,1)$,使得 $f'(\eta)f'(\zeta)=1$.

2. 设 $f(x)$ 在 $[a,b]$ $(0<a<b)$ 上连续,在 (a,b) 内可导且 $f(x)>0$, $af(b)-bf(a)=0$.
证明:在 (a,b) 内至少存在一点 ξ,使 $f(\xi)=\xi f'(\xi)$.

3. 试证:当 $x>0$ 时,$(x^2-1)\ln x\geqslant(x-1)^2$.

自测试题 C

一、单项选择题

1. 设函数 $f(x)$ 在 $(-\infty,+\infty)$ 内可导,且对任意 x_1,x_2,当 $x_1>x_2$ 时,都有 $f(x_1)>f(x_2)$,则( ).

A. 对任意 $x,f'(x)>0$ B. 对任意 $x,f'(-x)\leqslant 0$

C. 函数 $f(-x)$ 单调增加 D. 函数 $-f(-x)$ 单调增加

2. 设函数 $y=f(x)$ 在 $(0,+\infty)$ 内有界且可导,则( ).

A. 当 $\lim\limits_{x\to\infty}f(x)=0$ 时,必有 $\lim\limits_{x\to\infty}f'(x)=0$

B. 当 $\lim\limits_{x\to\infty}f'(x)$ 存在时,必有 $\lim\limits_{x\to\infty}f'(x)=0$

C. 当 $\lim\limits_{x\to0^+}f(x)=0$ 时,必有 $\lim\limits_{x\to0^+}f'(x)=0$

D. 当 $\lim\limits_{x\to0^+}f'(x)$ 存在时,必有 $\lim\limits_{x\to0^+}f'(x)=0$

3. 设函数 $f(x)$ 有二阶连续导数,且 $f'(0)=0$, $\lim\limits_{x\to0}\dfrac{f''(x)}{|x|}=1$,则( ).

A. $f(0)$ 是 $f(x)$ 的极大值

B. $f(0)$ 是 $f(x)$ 的极小值

C. $(0,f(0))$ 是曲线 $y=f(x)$ 的拐点

D. $f(0)$ 不是 $f(x)$ 的极值,$(0,f(0))$ 也不是曲线 $y=f(x)$ 的拐点

4. 设$f'(x_0)=f''(x_0)=0,f'''(x_0)>0$,则(　　).

A. x_0是$f'(x)$的极大值点　　B. x_0是$f(x)$的极大值点

C. x_0是$f(x)$的极小值点　　D. $(x_0,f(x_0))$是$f(x)$的拐点

5. 正确运用洛必达法则的是(　　).

A. $\lim\limits_{n\to\infty}\sqrt[n]{n}=e^{\lim\limits_{n\to\infty}\frac{\ln n}{n}}=e^{\lim\limits_{n\to\infty}\frac{\frac{1}{n}}{1}}=1$

B. $\lim\limits_{x\to0}\dfrac{x+\sin x}{x-\sin x}=\lim\limits_{x\to0}\dfrac{1+\cos x}{1-\cos x}=\infty$

C. $\lim\limits_{x\to0}\dfrac{x^2\sin\frac{1}{x}}{\sin x}=\lim\limits_{x\to0}\dfrac{2x\sin\frac{1}{x}-\cos\frac{1}{x}}{\cos x}$不存在

D. $\lim\limits_{x\to0}\dfrac{x}{e^x}=\lim\limits_{x\to0}\dfrac{1}{e^x}=1$

6. 设$f(x)$在$(0,1)$内有n阶连续导数,则$\forall x,x_0\in(0,1)$,有(　　).

A. $f(x)=f(x_0)+f'(x_0)(x-x_0)+\dfrac{1}{2!}f''(x_0)(x-x_0)^2+\cdots+\dfrac{1}{n!}f^{(n)}(x_0)(x-x_0)^n$

B. $f(x)=f(x_0)+f'(x_0)(x-x_0)+\dfrac{1}{2!}f''(x_0)(x-x_0)^2+\cdots+\dfrac{1}{n!}f^{(n)}(x_0)(x-x_0)^n+\dfrac{1}{(n+1)!}f^{(n+1)}(\xi)(x-x_0)^{n+1}$($\xi$在$x$与$x_0$之间)

C. $f(x)=f(x_0)+f'(x_0)(x-x_0)+\dfrac{1}{2!}f''(x_0)(x-x_0)^2+\cdots+\dfrac{1}{n!}f^{(n)}(x_0)(x-x_0)^n+o[(x-x_0)^n]$

D. $f(x)=f(x_0)+f'(x_0)(x-x_0)+\dfrac{1}{2!}f''(x_0)(x-x_0)^2+\cdots+\dfrac{1}{n!}f^{(n)}(x_0)(x-x_0)^n+o[(x-x_0)^{n+1}]$

7. 设$f(x)=|x(1-x)|$,则(　　).

A. $x=0$是$f(x)$的极值点,但$(0,0)$不是曲线$y=f(x)$的拐点

B. $x=0$不是$f(x)$的极值点,但$(0,0)$是曲线$y=f(x)$的拐点

C. $x=0$是$f(x)$的极值点,且$(0,0)$是曲线$y=f(x)$的拐点

D. $x=0$不是$f(x)$的极值点,$(0,0)$也不是曲线$y=f(x)$的拐点

8. 设函数$f(x)$在$(-\infty,+\infty)$内连续,其导函数的图像如图3-2所示,则$f(x)$有(　　).

A. 一个极小值点和两个极大值点　　B. 两个极小值点和一个极大值点

C. 两个极小值点和两个极大值点　　D. 三个极小值点和一个极大值点

二、填空题

1. 设函数$y=y(x)$由参数方程$\begin{cases}x=t^3+3t+1\\y=t^3-3t+1\end{cases}$确定,则曲线$y=y(x)$的凸区间为__________.

2. 极限$\lim\limits_{x\to0}\dfrac{\sqrt{1+x}+\sqrt{1-x}-2}{x^2}=$__________.

3. 极限$\lim\limits_{n\to\infty}\left(n\tan\dfrac{1}{n}\right)^{n^2}=$____________.

4. 极限$\lim\limits_{x\to0}\left(\dfrac{1}{\sin^2x}-\dfrac{1}{x^2}\right)=$____________.

5. 曲线$y=x\ln\left(e+\dfrac{1}{x}\right)$的渐近线是____________.

6. 函数$y=(x-2)^2(x+1)^{\frac{2}{3}}$在区间$[-2,2]$上的最大值是____________.

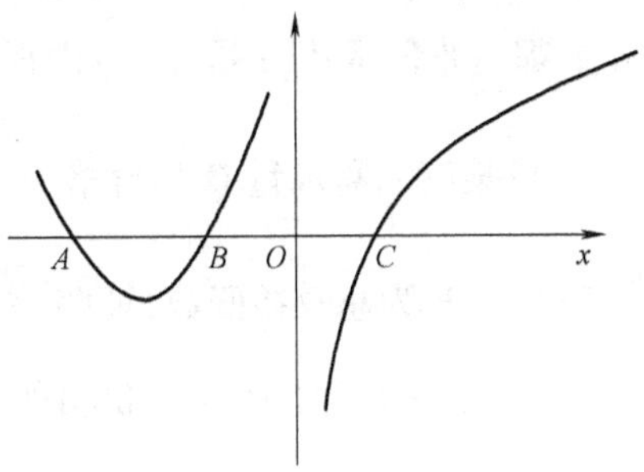

图　3-2

7. 极限$\lim\limits_{x\to+\infty}\dfrac{1-e^{-\frac{2}{x}}}{\dfrac{\pi}{2}-\arctan x}=$____________.

8. 已知$y=y(x)$是由方程$y^3-x^3+2xy=0$所确定的隐函数,曲线$y=y(x)$有斜渐近线$y=ax+b$,则$a=$____________,$b=$____________.

三、计算题

1. 讨论曲线$y=4\ln x+k$与$y=4x+\ln^4x$的交点个数.

2. 求极限$\lim\limits_{x\to+\infty}\dfrac{e^x}{\left(1+\dfrac{1}{x}\right)^{x^2}}$.

3. 就k的不同取值情况,确定方程$x-\dfrac{\pi}{2}\sin x=k$在开区间$\left(0,\dfrac{\pi}{2}\right)$内根的个数,并证明你的结论.

4. 求数列$\{\sqrt[n]{n}\}$的最大项.

5. 求极限$\lim\limits_{x\to0}\left[\dfrac{a}{x}-\left(\dfrac{1}{x^2}-a^2\right)\ln(1+ax)\right](a\neq0)$.

6. 若$\lim\limits_{x\to0}\dfrac{\sin 6x+xf(x)}{x^3}=0$,求$\lim\limits_{x\to0}\dfrac{6+f(x)}{x^2}$.

7. 求极限$\lim\limits_{x\to+\infty}\left[\left(x^3-x^2+\dfrac{x}{2}\right)e^{\frac{1}{x}}-\sqrt{x^6+1}\right]$.

8. 设$y_n=\left(1+\dfrac{1}{n^2}\right)\left(1+\dfrac{2}{n^2}\right)\cdots\left(1+\dfrac{n}{n^2}\right)$,求极限$\lim\limits_{n\to\infty}y_n$.

四、证明题

1. 设函数$f(x)$在区间$[a,b]$上具有二阶导数,且$f(a)=f(b)=0$,$f'(a)f'(b)>0$,证明:存在$\xi\in(a,b)$和$\eta\in(a,b)$,使$f(\xi)=0$及$f''(\eta)=0$.

2. 设$\lim\limits_{x\to0}\dfrac{f(x)}{x}=1$,且$f''(x)>0$,证明:$f(x)\geqslant x$.

3. 设函数$f(x)$在区间$[0,c]$上连续,其导数$f'(x)$在区间$(0,c)$内存在且单调减少;$f(0)=0$. 试用拉格朗日中值定理证明不等式:$f(a+b)\leqslant f(a)+f(b)$,其中常数$a,b$满足条件$0\leqslant a\leqslant b\leqslant a+b\leqslant c$.

4. 设函数$f(x)$在区间$[0,1]$上具有二阶导数,且满足条件$|f(x)|\leqslant a$,$|f''(x)|\leqslant b$,其

中 a,b 都是非负常数，c 是 $(0,1)$ 内任意一点，证明：$|f'(c)| \leqslant 2a + \frac{b}{2}$.

5. 设某商品需求量 Q 是价格 P 的单调减少函数：$Q = Q(P)$，其需求弹性 $\eta = \frac{2P^2}{192 - P^2} > 0$.

(1) 设 R 为总收益函数，证明 $\frac{\mathrm{d}R}{\mathrm{d}P} = Q(1 - \eta)$.

(2) 求 $P = 6$ 时总收益对价格的弹性，并说明其经济意义.

第4章　不定积分

4.1　主要内容

4.1.1　不定积分的概念和性质

1. 原函数定义

如果在区间 I 内,可导函数 $F(x)$ 的导函数为 $f(x)$,即对任一 $x\in I$,都有 $F'(x)=f(x)$(或 $\mathrm{d}F(x)=f(x)\mathrm{d}x$),则函数 $F(x)$ 称为 $f(x)$(或 $f(x)\mathrm{d}x$)在区间 I 内的**原函数**.

2. 原函数存在定理

如果函数 $f(x)$ 在区间 I 上连续,则在区间 I 上存在可导函数 $F(x)$,使对任一 $x\in I$ 都有 $F'(x)=f(x)$.

3. 不定积分定义

在区间 I 上,函数 $f(x)$ 的带有任意常数项的原函数称为 $f(x)$(或 $f(x)\mathrm{d}x$)在区间 I 上的**不定积分**,记作 $\int f(x)\mathrm{d}x$.

由定义可知,若 $F(x)$ 是 $f(x)$ 在区间 I 上的一个原函数,则 $F(x)+C$ 就是 $f(x)$ 的不定积分,即 $\int f(x)\mathrm{d}x=F(x)+C$.

4. 不定积分的几何意义

设 $F(x)$ 是 $f(x)$ 的一个原函数,则称平面曲线 $y=F(x)$ 为 $f(x)$ 的一条**积分曲线**. 不定积分 $\int f(x)\mathrm{d}x$ 表示 $f(x)$ 的一族积分曲线,称之为**积分曲线族**. 该积分曲线族中的每条积分曲线在横坐标相同的点 x_0 处切线斜率相同,都等于 $f(x_0)$.

5. 不定积分的性质

性质1　设 $f(x)$ 的原函数存在,k 为常数,则

$$\int kf(x)\mathrm{d}x=k\int f(x)\mathrm{d}x\qquad(k\neq 0,\text{且为常数}).$$

性质2　设 $f(x)$ 及 $g(x)$ 的原函数存在,则

$$\int[f(x)\pm g(x)]\mathrm{d}x=\int f(x)\mathrm{d}x\pm\int g(x)\mathrm{d}x.$$

综合性质1与性质2,并推广到有限个函数的情形可以得到公式

$$\int[k_1f_1(x)+k_2f_2(x)+\cdots+k_nf_n(x)]\mathrm{d}x=\int k_1f_1(x)\mathrm{d}x+\int k_2f_2(x)\mathrm{d}x+\cdots+\int k_nf_n(x)\mathrm{d}x.$$

(其中 $f_1(x),f_2(x),\cdots,f_n(x)$ 的原函数存在)

4.1.2　基本积分公式和常用积分公式

1. 基本积分公式

(1) $\int k\mathrm{d}x = kx + C$($k$ 是常数);

(2) $\int x^{\mu}\mathrm{d}x = \frac{1}{\mu+1}x^{\mu+1} + C \quad (\mu \neq -1)$;

(3) $\int \frac{1}{x}\mathrm{d}x = \ln|x| + C$;

(4) $\int a^{x}\mathrm{d}x = \frac{1}{\ln a}a^{x} + C \quad (a > 0, a \neq 1)$;

(5) $\int \mathrm{e}^{x}\mathrm{d}x = \mathrm{e}^{x} + C$;

(6) $\int \sin x\mathrm{d}x = -\cos x + C$;

(7) $\int \cos x\mathrm{d}x = \sin x + C$;

(8) $\int \sec^{2}x\mathrm{d}x = \tan x + C$;

(9) $\int \csc^{2}x\mathrm{d}x = -\cot x + C$;

(10) $\int \sec x \cdot \tan x\mathrm{d}x = \sec x + C$;

(11) $\int \csc x \cdot \cot x\mathrm{d}x = -\csc x + C$;

(12) $\int \frac{1}{1+x^{2}}\mathrm{d}x = \arctan x + C$;

(13) $\int \frac{1}{\sqrt{1-x^{2}}}\mathrm{d}x = \arcsin x + C$.

以上十三个基本公式,是求不定积分的基础,必须熟记.

2. 常用积分公式(序号接基本积分公式)

(14) $\int \tan x\mathrm{d}x = -\ln|\cos x| + C$;

(15) $\int \cot x\mathrm{d}x = \ln|\sin x| + C$;

(16) $\int \sec x\mathrm{d}x = \ln|\sec x + \tan x| + C$;

(17) $\int \csc x\mathrm{d}x = \ln|\csc x - \cot x| + C$;

(18) $\int \frac{1}{a^{2}+x^{2}}\mathrm{d}x = \frac{1}{a}\arctan\frac{x}{a} + C(a \neq 0)$;

(19) $\int \frac{1}{a^{2}-x^{2}}\mathrm{d}x = \frac{1}{2a}\ln\left|\frac{a+x}{a-x}\right| + C$;

(20) $\int \frac{1}{\sqrt{a^{2}-x^{2}}}\mathrm{d}x = \arcsin\frac{x}{a} + C(a > 0)$;

(21) $\int \frac{1}{\sqrt{x^{2}+a^{2}}}\mathrm{d}x = \ln\left|x + \sqrt{x^{2}+a^{2}}\right| + C$;

(22) $\int \frac{1}{\sqrt{x^{2}-a^{2}}}\mathrm{d}x = \ln\left|x + \sqrt{x^{2}-a^{2}}\right| + C$;

(23) $\int \sqrt{a^{2}-x^{2}}\mathrm{d}x = \frac{1}{2}x\sqrt{a^{2}-x^{2}} + \frac{a^{2}}{2}\arcsin\frac{x}{a} + C(a > 0)$.

4.1.3 不定积分的积分法

1. 直接积分法

直接利用不定积分的定义、性质和基本积分公式求不定积分.

2. 第一换元法

设 $f(u)$ 具有原函数 $F(u)$, $u = \varphi(x)$ 可导,则有

$$\int f[\varphi(x)]\varphi'(x)\mathrm{d}x = \left[\int f(u)\mathrm{d}u\right]\Big|_{u=\varphi(x)} = F[\varphi(x)] + C$$

第一换元法的实质是复合函数求导公式的逆用,或者说是一阶微分形式不变性的逆用,在基本积分公式的基础上可以将基本积分公式中的 x 替换为 x 的可微函数 $\varphi(x)$,基本积分公式仍然成立.

3. 第二换元法

设 $x = \varphi(t)$ 是单调可导函数,并且 $\varphi'(t) \neq 0$, $f[\varphi(t)]\varphi'(t)$ 存在原函数 $F(t)$,则

$$\int f(x)\mathrm{d}x \xlongequal{x=\varphi(t)} \int f[\varphi(t)]\varphi'(t)\mathrm{d}t = F(t)+C = F[\varphi^{-1}(x)]+C$$

其中,$t=\varphi^{-1}(x)$是$x=\varphi(t)$的反函数.

第二换元积分法常见的有:

(1)当被积函数含根式函数$\sqrt[n]{ax+b}(a\neq 0)$时,选择代换$\sqrt[n]{ax+b}=t$,可以消去根式,化为代数有理式的积分.

(2)当被积函数$f(x)$含如下根式函数时,一般利用三角换元法可以求出积分结果:

若$f(x)$含$\sqrt{a^2-x^2}$,则作换元$x=a\sin t$;

若$f(x)$含$\sqrt{a^2+x^2}$,则作换元$x=a\tan t$;

若$f(x)$含$\sqrt{x^2-a^2}$,则作换元$x=a\sec t$.

【评注】 三角换元法是第二换元积分法中的主要方法,在求此类积分时,不要拘泥于三角换元法,应根据被积函数的具体情况,灵活选择积分方法,尽可能使积分简便.

例如 $$\int x\sqrt{1+x^2}\mathrm{d}x = \frac{1}{2}\int\sqrt{1+x^2}\mathrm{d}(1+x^2) = \frac{1}{3}(1+x^2)^{\frac{3}{2}}+C.$$

(3)被积函数$f(x)$中,若分子上x的最高次数小于分母上x的最高次数时,一般可以选择倒代换$x=\frac{1}{t}$.

(4)当被积函数含根式函数$\sqrt[m]{\frac{ax+b}{cx+d}}$($m$是正整数,$ad-bc\neq 0$)时,选择代换$\sqrt[m]{\frac{ax+b}{cx+d}}=t$消去根式求得积分结果.

4. 分部积分法

设函数$u=u(x)$及$v=v(x)$具有连续导数,则有分部积分公式

$$\int f(x)\mathrm{d}x = \int u(x)\mathrm{d}v(x) = u(x)v(x) - \int v(x)\mathrm{d}u(x).$$

【评注】

(1) 用分部积分公式求不定积分$\int f(x)\mathrm{d}x$时,关键在于把被积表达式$f(x)\mathrm{d}x$恰当分成两部分$u(x)$与$\mathrm{d}v(x)$. 选择$u(x)$与$\mathrm{d}v(x)$的原则:一是由$\mathrm{d}v(x)$或$v'(x)$易求得$v(x)$;二是要使得$\int v(x)\mathrm{d}u(x)$比$\int u(x)\mathrm{d}v(x)$更易计算.

(2) 有的不定积分需要连续两次(或多于两次)运用分部积分公式,在多次$u(x)$与$v(x)$的选择中,要保持$u(x)$与$v(x)$的函数类型一致.

(3) 分部积分法适用的情况:分部积分法主要用于被积函数是两种不同类型函数乘积的积分. 当被积函数是三角函数与幂函数乘积,或是指数函数与幂函数乘积(如$x^n\sin ax$或$x^n\mathrm{e}^{ax}$),则选择幂函数为$u(x)$,被积函数的其余部分为$\mathrm{d}v(x)$;当被积函数是反三角函数与幂函数乘积,或是对数函数与幂函数乘积(如$x^n\arcsin x$或$x^n\ln x$),则选择反三角函数或对数函数为$u(x)$,被积函数的其余部分为$\mathrm{d}v(x)$;当被积函数是三角函数与指数函数乘积(如$\sin ax\cdot\mathrm{e}^{bx}$),则三角函数或指数函数都可以作为$u(x)$,要多次用分部积分公式,且每次用分部积分公式时$u(x)$的选择应是同类型的函数.

4.1.4 几种特殊类型函数的积分法

1. 有理函数的积分

(1) 真分式的分解

设 $R(x)=\dfrac{P_n(x)}{Q_m(x)}(m>n)$(其中 $P_n(x)$,$Q_m(x)$分别是关于 x 的 n,m 次多项式)是有理真分式函数,真分式可用待定系数法化为如下四种部分分式之和

1) $\int\dfrac{A}{x-a}\mathrm{d}x$; 2) $\int\dfrac{A}{(x-a)^k}\mathrm{d}x$;

3) $\int\dfrac{Ax+B}{x^2+px+q}\mathrm{d}x$; 4) $\int\dfrac{Ax+B}{(x^2+px+q)^k}\mathrm{d}x$.

其中,A,B,p,q 都是常数,k 为大于 1 的正整数,3)、4)中 $p^2-4q<0$.

(2) 真分式的积分

真分式的积分归结为上述四种部分分式的积分,它们对应的不定积分为

1) $\int\dfrac{A}{x-a}\mathrm{d}x=A\int\dfrac{\mathrm{d}(x-a)}{x-a}=A\ln|x-a|+C$;

2) $\int\dfrac{A}{(x-a)^k}\mathrm{d}x=A\int(x-a)^{-k}\mathrm{d}(x-a)=A\dfrac{(x-a)^{1-k}}{1-k}+C$;

3) $\int\dfrac{Ax+B}{x^2+px+q}\mathrm{d}x=\dfrac{A}{2}\ln|x^2+px+q|+\dfrac{2B-Ap}{\sqrt{4q-p^2}}\arctan\dfrac{2x+p}{\sqrt{4q-p^2}}+C$;

4) $\int\dfrac{Ax+B}{(x^2+px+q)^k}\mathrm{d}x=\dfrac{A}{2(1-k)}(x^2+px+q)^{1-k}+\left(B-\dfrac{Ap}{2}\right)I_k$.

其中,$I_k=\int\dfrac{1}{(x^2+px+q)^k}\mathrm{d}x$,令 $u=x+\dfrac{p}{2}$,$a=\dfrac{\sqrt{4q-p^2}}{2}$,则可得如下递推公式

$$I_k=\int\frac{1}{(x^2+px+q)^k}\mathrm{d}x=\int\frac{1}{(a^2+u^2)^k}\mathrm{d}u$$
$$=\frac{1}{2(k-1)a^2}\left[\frac{u}{(a^2+u^2)^{k-1}}+(2k-3)\int\frac{1}{(a^2+u^2)^{k-1}}\mathrm{d}u\right].$$

如果 $R(x)$是假分式,则利用多项式除法或其它方法先将 $R(x)$化为多项式与真分式的代数和,再求得积分结果.

【评注】 有理函数的积分,是把真分式分解为部分分式的代数和,然后逐项积分,这种方法也称为分项积分法. 从理论上讲,任何有理函数都可求得其原函数,而且它们是有理函数、对数函数及反正切函数. 但需指出,上述方法具体使用时,计算比较麻烦. 因此,对有理函数的积分,最好先分析被积函数的特点,或先进行简单的初等变形,选择更为简便的方法.

2. 三角函数有理式的积分法

一般地,对三角函数有理式的积分 $\int R(\sin x,\cos x)\mathrm{d}x$,作代换 $x=\tan\dfrac{t}{2}$(即万能代换),即可将三角函数有理式的积分化为有理函数的积分,再按照有理函数的积分方法求得积分结果,并将结果中的 t 用 2arctan x 代回. 但应注意不要拘泥于这种代换,当被积函数满足 $R(\sin x,\cos x)=R(-\sin x,-\cos x)$时,可作代换 $t=\tan x$ 进行积分,比万能代换简单;又如积

分 $\int \sin^2 x\cos x\mathrm{d}x$，可直接用第一换元法积分．

3. 简单无理式的积分

(1) $\int f(x, \sqrt[n]{ax+b})\mathrm{d}x$ (a,b 为常数，且 $a\neq 0$)；

(2) $\int f(x, \sqrt[m]{ax+b}, \sqrt[n]{ax+b})\mathrm{d}x$ (a,b 为常数，且 $a\neq 0$)；

(3) $\int f(x, \sqrt{ax^2+bx+c})\mathrm{d}x$ (a,b,c 为常数，且 $a\neq 0$)．

对积分(1)作变量代换，令 $\sqrt[n]{ax+b}=t$；对积分(2)作变量代换，令 $\sqrt[l]{ax+b}=t$，其中，l 是 m 和 n 的最小公倍数，则积分(1)(2)化为有理函数的积分，求出积分结果后进行回代；对积分(3)，先将根号下的函数配成平方和或平方差，再利用已熟悉的公式或进行三角代换求出积分结果．

【评注】 这里对三角函数有理式的积分和简单无理式的积分，利用适当的变量代换，都可以化为有理函数的积分，但不要拘泥于这些代换，还要根据具体的积分问题具体分析，选择可能的简便计算方法．

4.2 学习要求

1. 理解原函数与不定积分的定义，掌握不定积分的基本性质．
2. 知道原函数存在定理；理解原函数、不定积分的几何意义．
3. 熟练掌握不定积分的基本积分公式．
4. 熟练掌握不定积分的直接积分法、换元积分法和分部积分法．
5. 会求简单的有理函数、三角函数的有理式和无理函数的不定积分．

4.3 基本题型与范例

题型1 原函数与不定积分的概念

例4-1 下列命题中不正确的有(　　)．

A. 若 $f(x)$ 在 (a,b) 内的某个原函数是常数，则 $f(x)$ 在 (a,b) 内恒为零，即 $f(x)\equiv 0$

B. 若 $f(x)$ 的某个原函数为零，则 $f(x)$ 的所有原函数都是常数

C. 若 $f(x)$ 在 (a,b) 内不是连续函数，则 $f(x)$ 在 (a,b) 内必无原函数

D. 若 $F(x)$ 是 $f(x)$ 的任意一原函数，则 $F(x)$ 必定是连续函数

解：假设 $F(x)$ 是 $f(x)$ 原函数，则必有 $F'(x)=f(x)$．

对于选项A，设 $f(x)$ 在 (a,b) 内的某个原函数 $F(x)=k$ (k 是常数)，则对于 (a,b) 内的任意点 $x\in(a,b)$ 有 $f(x)=F'(x)\equiv 0$，所以选项A正确．

对于选项B，设 $f(x)$ 在 (a,b) 内的某个原函数 $F(x)=0$，则 $F(x)+C=C$ 就是 $f(x)$ 的所有原函数，所以选项B正确．

对于选项C，由于 $f(x)$ 在 (a,b) 内连续是 $f(x)$ 存在原函数的充分条件，所以选项C是错误的．

如函数 $f(x)=\begin{cases}2x\sin\frac{1}{x}-\cos\frac{1}{x} & x\neq0\\0 & x=0\end{cases}$ 在点 $x=0$ 处并不连续，但

$$F'(x)=f(x)=\begin{cases}2x\sin\frac{1}{x}-\cos\frac{1}{x} & x\neq0\\0 & x=0\end{cases}.$$

其中

$$F(x)=\begin{cases}x^2\sin\frac{1}{x} & x\neq0\\0 & x=0\end{cases}.$$

因此尽管 $f(x)$ 在 $(-\infty,+\infty)$ 内不连续，但是有原函数 $F(x)$.

对于选项 D，因为若 $F(x)$ 是 $f(x)$ 的原函数，则必有 $F'(x)=f(x)$，而可导必连续，所以 $F(x)$ 连续，所以选项 D 正确.

综上应选 C.

例 4-2　若函数 $f(x)$ 的导数是 $\sin x$，则 $f(x)$ 的一个原函数是(　　).

A. $-\sin x+Cx$　　　B. $-\sin x+x$

C. $-\cos x+1$　　　D. $\cos x+1$

解：由 $f'(x)=\sin x$，得 $f(x)=-\cos x+C_1$，又 $\int f(x)\mathrm{d}x=-\sin x+C_1x+C_2$，取 $C_1=1$，$C_2=0$ 即可. $f(x)$ 的全体原函数，即不定积分是 $-\sin x+C_1x+C_2$（C_1，C_2 是任意常数）.

A 是 $f(x)$ 的无穷多个原函数（不是全体原函数），是干扰项.

这类题也可用逆推法，先排除 A，验证 B

$$(-\sin x+x)'=-\cos x+1=f(x),f'(x)=\sin x.$$

所以应选 B.

例 4-3　若 $f(x)$ 的一个原函数是 $x\ln x-x$，则 $\int e^{2x}f'(e^x)\mathrm{d}x=$ ________.

解：题设为 $f(x)=(x\ln x-x)'$，即 $f(x)=\ln x$. 由此可得

$$f'(x)=\frac{1}{x},f'(e^x)=e^{-x}.$$

于是 $\int e^{2x}e^{-x}\mathrm{d}x=e^x+C$.

例 4-4　设 $\int f'(\tan x)\mathrm{d}x=\tan x+x+C$，则 $f(x)=$ ________.

解：已知等式两端对 x 求导，得

$$f'(\tan x)=\sec^2x+1=\tan^2x+2,$$

即

$$f'(x)=x^2+2.$$

于是

$$f(x)=\int f'(x)\mathrm{d}x=\int(x^2+2)\mathrm{d}x=\frac{1}{3}x^3+2x+C.$$

例 4-5　已知一条曲线在任意点 (x,y) 处的切线斜率为 $2x$，又曲线过点 $(1,2)$，求此曲线方程.

解：设所求曲线方程为 $y=f(x)$，由题设知：曲线上任一点 (x,y) 处的切线斜率为

$$\frac{\mathrm{d}y}{\mathrm{d}x}=2x$$

由于$(x^2)'=2x$,于是$\int 2x\mathrm{d}x = x^2 + C$.

得到切线斜率为$2x$的曲线族方程为

$$y = x^2 + C$$

又由于曲线过点(1,2),将$x=1,y=2$代入$y=x^2+C$,得到$C=1$. 于是,所求曲线方程为$y=x^2+1$.

在实际应用中,若要确定一个满足所给条件的原函数,从几何上讲,就是从积分曲线族中找出一条满足给定条件的积分曲线. 这时,只需利用给定的条件确定出积分常数C的值. 用来确定积分常数C的条件称为初始条件. 在该题中"曲线过点(1,2)"就是初始条件.

题型2 直接积分法

所谓直接积分法就是利用基本积分公式及不定积分的线性运算性质求解不定积分,或者对被积函数作简单的代数、三角恒等变换,将所求不定积分化成若干个可直接利用基本积分公式的形式求解不定积分.

例4-6 求$\int\left(\sin x + \frac{1}{x} - a^x + \frac{1}{\sqrt{1-x^2}}\right)\mathrm{d}x$.

解:
$$\int\left(\sin x + \frac{1}{x} - a^x + \frac{1}{\sqrt{1-x^2}}\right)\mathrm{d}x$$
$$= \int\sin x\mathrm{d}x + \int\frac{1}{x}\mathrm{d}x - \int a^x\mathrm{d}x + \int\frac{1}{\sqrt{1-x^2}}\mathrm{d}x$$
$$= -\cos x + \ln|x| - \frac{1}{\ln a}a^x + \arcsin x + C.$$

例4-7 求$\int(\sqrt{x}+x)^3\mathrm{d}x$.

解:
$$\int(\sqrt{x}+x)^3\mathrm{d}x$$
$$= \int(x^{\frac{3}{2}} + 3x^2 + 3x^{\frac{5}{2}} + x^3)\mathrm{d}x$$
$$= \int x^{\frac{3}{2}}\mathrm{d}x + 3\int x^2\mathrm{d}x + 3\int x^{\frac{5}{2}}\mathrm{d}x + \int x^3\mathrm{d}x$$
$$= \frac{2}{5}x^{\frac{5}{2}} + x^3 + \frac{6}{7}x^{\frac{7}{2}} + \frac{1}{4}x^4 + C.$$

例4-8 求$\int\frac{x^2}{1+x^2}\mathrm{d}x$.

解:进行"加项减项"恒等变形后再积分.

$$\int\frac{x^2}{1+x^2}\mathrm{d}x = \int\frac{x^2+1-1}{1+x^2}\mathrm{d}x$$
$$= \int\left(1 - \frac{1}{1+x^2}\right)\mathrm{d}x$$
$$= \int\mathrm{d}x - \int\frac{1}{1+x^2}\mathrm{d}x$$

$$= x - \arctan x + C.$$

【评注】

(1) 在分项积分后,每个不定积分的结果都含有一个任意常数,由于几个任意常数的和还是任意常数,因此,不论把一个不定积分分成几项来计算,只需在各项运算完后加一个任意常数.

(2) 检验积分结果是否正确时,与证明基本积分公式同样的道理,可以对积分结果进行验证:将积分结果求导,若导数等于被积函数则说明积分运算正确,否则结果是错误的.

例 4-9　求 $\int \frac{1}{\sin^2 x\cos^2 x}dx$.

解:进行三角恒等变形后再积分.

$$\int \frac{1}{\sin^2 x\cos^2 x}dx = \int \frac{\sin^2 x + \cos^2 x}{\sin^2 x\cos^2 x}dx$$

$$= \int\left(\frac{1}{\cos^2 x} + \frac{1}{\sin^2 x}\right)dx = \int \sec^2 x dx + \int \csc^2 x dx$$

$$= \tan x - \cot x + C.$$

例 4-10　求 $\int \sin^2 \frac{x}{2}dx$.

解:进行三角恒等变形后再积分.

$$\int \sin^2 \frac{x}{2}dx = \int \frac{1}{2}(1 - \cos x)dx$$

$$= \frac{1}{2}\int(1 - \cos x)dx = \frac{1}{2}\left(\int dx - \int \cos x dx\right)$$

$$= \frac{1}{2}(x - \sin x) + C.$$

例 4-11　求下列不定积分.

(1) $\int \frac{2 + 3x^2}{x^2(1 + x^2)}dx$;　　(2) $\int\left(\sqrt{\frac{1 + x}{1 - x}} + \sqrt{\frac{1 - x}{1 + x}}\right)dx$;

(3) $\int \frac{\sqrt{x^4 + x^{-4} + 2}}{x^3}dx$;　　(4) $\int \frac{2^x(e^{3x} + 1)}{e^x + 1}dx$.

解:(1) $I = \int\left(\frac{2}{x^2} + \frac{1}{1 + x^2}\right)dx = -\frac{2}{x} + \arctan x + C$.

(2) $I = \int\left(\frac{1 + x}{\sqrt{1 - x^2}} + \frac{1 - x}{\sqrt{1 - x^2}}\right)dx = 2\arcsin x + C$.

(3) $I = \int \frac{1}{x^3}\left(x^2 + \frac{1}{x^2}\right)dx = \int\left(\frac{1}{x} + \frac{1}{x^5}\right)dx = \ln|x| - \frac{1}{4x^4} + C$.

(4) $I = \int 2^x(e^{2x} - e^x + 1)dx = \int[(2e^2)^x - (2e)^x + 2^x]dx$

$$= \frac{(2e^2)^x}{\ln(2e^2)} - \frac{(2e)^x}{\ln(2e)} + \frac{2^x}{\ln 2} + C = 2^x\left(\frac{e^{2x}}{\ln 2 + 2} - \frac{e^x}{\ln 2 + 1} + \frac{1}{\ln 2}\right) + C.$$

例 4-12　求下列不定积分.

(1) $\int \frac{\cos 2x}{\sin^2 x\cos^2 x}dx$; (2) $\int \frac{1+\cos^2 x}{1+\cos 2x}dx$;

(3) $\int \frac{1}{1+\cos x}dx$; (4) $\int \frac{1+\sin 2x}{\sin x+\cos x}dx$.

解: (1) $I = \int \frac{\cos^2 x - \sin^2 x}{\sin^2 x\cos^2 x}dx = \int\left(\frac{1}{\sin^2 x} - \frac{1}{\cos^2 x}\right)dx = -\cot x - \tan x + C$.

(2) $I = \int \frac{1+\cos^2 x}{2\cos^2 x}dx = \frac{1}{2}\int\left(\frac{1}{\cos^2 x} + 1\right)dx = \frac{1}{2}(\tan x + x) + C$.

(3) $I = \int \frac{1-\cos x}{1-\cos^2 x}dx = \int\left(\frac{1}{\sin^2 x} - \csc x\cot x\right)dx = -\cot x + \csc x + C$.

(4) $I = \int \frac{(\sin x+\cos x)^2}{\sin x+\cos x}dx = \int(\sin x+\cos x)dx = -\cos x + \sin x + C$.

题型3 第一换元积分法计算不定积分

第一换元积分法的实质就是复合函数微分法的逆用,即将基本积分公式中的积分变量 x 替换为变量 x 的可微函数 $\varphi(x)$ 后公式仍然成立,即若 $F'(u)=f(u)$,则

$$\int f(u)du = F(u) + C.$$

如果 u 是另一变量 x 的函数 $u=\varphi(x)$,且设 $\varphi(x)$ 可微,则

$$\int f[\varphi(x)]\varphi'(x)dx = F[\varphi(x)] + C.$$

由此可见,虽然 $\int f[\varphi(x)]\varphi'(x)dx$ 是一个整体记号,但如同导数记号 $\frac{dy}{dx}$ 中的 dx 及 dy 可看做微分一样,被积表达式中的 dx 也可当作变量 x 的微分来对待,从而微分等式 $\varphi'(x)dx = du$ 可以方便地应用到被积表达式中来.

能用第一换元积分法的被积函数的特点:被积函数 $g(x)=f[\varphi(x)]\varphi'(x)$,即将被积函数 $g(x)$ 看做两个因子的乘积,其中一个因子是积分变量 x 的复合函数 $f[\varphi(x)]$,另一个因子是可微函数 $\varphi(x)$ 的导数 $\varphi'(x)$(可以差一个常数因子),$\varphi'(x)$ 再与 dx“凑”成中间变量 $\varphi(x)$ 的微分 $d\varphi(x)$,将不易积分的 $\int g(x)dx$ 转化成易于积分的 $\int f[\varphi(x)]d\varphi(x)$,从而求得结果,故这种方法也叫做“凑微分法”,它是最基本也是应用最广的积分法.

常用的凑微分形式有

$$\int f(ax+b)dx = \frac{1}{a}\int f(ax+b)d(ax+b);$$

$$\int x^n f(ax^{n+1}+b)dx = \frac{1}{a(n+1)}\int f(ax^{n+1}+b)d(ax^{n+1}+b);$$

$$\int f\left(\frac{1}{x}\right)\frac{1}{x^2}dx = -\int f\left(\frac{1}{x}\right)d\,\frac{1}{x};$$

$$\int f(\ln x)\,\frac{1}{x}dx = \int f(\ln x)d\ln x;$$

$$\int f(\sin x)\cos x dx = \int f(\sin x)d\sin x;$$

$$\int f(\cos x)\sin x\mathrm{d}x = -\int f(\cos x)\mathrm{d}\cos x;$$

$$\int f(\tan x)\frac{1}{\cos^2 x}\mathrm{d}x = \int f(\tan x)\mathrm{d}\tan x;$$

$$\int f(\arcsin x)\frac{1}{\sqrt{1-x^2}}\mathrm{d}x = \int f(\arcsin x)\mathrm{d}\arcsin x;$$

$$\int f(\arctan x)\frac{1}{1+x^2}\mathrm{d}x = \int f(\arctan x)\mathrm{d}\arctan x.$$

读者应该学会从被积函数中凑出 $\varphi'(x)$ 送入微分号后，从而使积分化成基本积分公式的形式，而不要死记硬背这些公式.

例 4-13　求 $\int \sqrt[3]{3x-4}\mathrm{d}x$.

解：
$$I = \frac{1}{3}\int(3x-4)^{\frac{1}{3}}\mathrm{d}(3x-4) = \frac{1}{4}(3x-4)^{\frac{4}{3}} + C.$$

【评注】　本例可看做是下述公式：若 $F'(x)=f(x)$，则

$$\int f(ax+b)\mathrm{d}x = \frac{1}{a}\int f(ax+b)\mathrm{d}(ax+b) = \frac{1}{a}F(ax+b) + C.$$

上述公式可推广到一般情况：若 $F'(x)=f(x)$，$u\neq 0$，则有

$$\int f(ax^u+b)x^{u-1}\mathrm{d}x = \frac{1}{au}\int f(ax^u+b)\mathrm{d}(ax^u+b) = \frac{1}{au}F(ax^u+b) + C.$$

例 4-14　求 $\int(1-2x)^n\mathrm{d}x\,(n\neq -1)$.

分析：由于 $\mathrm{d}(1-2x) = -2\mathrm{d}x$，令 $1-2x=\phi(x)$，则

$$(1-2x)^n\mathrm{d}x = [\phi(x)]^n\left(-\frac{1}{2}\right)\mathrm{d}[\phi(x)].$$

解：
$$\int(1-2x)^n\mathrm{d}x = -\frac{1}{2}\int(1-2x)^n(1-2x)'\mathrm{d}x = -\frac{1}{2}\int(1-2x)^n\mathrm{d}(1-2x),$$

令 $u=1-2x$，则 $\mathrm{d}u=\mathrm{d}(1-2x)$，所以

$$\text{原式} = -\frac{1}{2}\int u^n\mathrm{d}u = -\frac{1}{2}\frac{u^{n+1}}{n+1} + C \quad (\text{将 } u = 1-2x \text{ 代入}) = -\frac{1}{2(n+1)}(1-2x)^{n+1} + C.$$

例 4-15　求 $\int g(x)\mathrm{d}x = \int \frac{x-2}{x^2-4x+3}\mathrm{d}x$.

分析：由于 $\mathrm{d}(x^2-4x+3) = (2x-4)\mathrm{d}x$，令 $x^2-4x+3=\phi(x)$，则

$$\frac{1}{x^2-4x+3} = f[\phi(x)],\quad g(x)\mathrm{d}x = \frac{1}{2}\frac{1}{x^2-4x+3}(2x-4)\mathrm{d}x.$$

解： $I = \frac{1}{2}\int\frac{1}{x^2-4x+3}\mathrm{d}(x^2-4x+3) \xlongequal{x^2-4x+3=u} \frac{1}{2}\int\frac{1}{u}\mathrm{d}u = \frac{1}{2}\ln|u| + C = \frac{1}{2}\ln|x^2$

$-4x+3|+C$.

计算时,把 x^2-4x+3 理解成新变量 u,不用设出,可写为

$$I=\frac{1}{2}\int\frac{1}{x^2-4x+3}\mathrm{d}(x^2-4x+3)=\frac{1}{2}\ln|x^2-4x+3|+C.$$

【评注】 若被积函数 $g(x)$ 是一个分式,且分子是分母的导数(可以相差一个常数因子),可用第一换元法,即将公式 $\int\frac{1}{x}\mathrm{d}x=\ln|x|+C$ 中的 x 换为 $\varphi(x)$,有公式

$$\int\frac{\varphi'(x)}{\varphi(x)}\mathrm{d}x=\int\frac{1}{\varphi(x)}\mathrm{d}\varphi(x)=\ln|\varphi(x)|+C.$$

例 4-16 求 $\int\left(1-\frac{1}{x^2}\right)\mathrm{e}^{x+\frac{1}{x}}\mathrm{d}x$.

分析: 因 $\left(x+\frac{1}{x}\right)'=1-\frac{1}{x^2}$,令 $x+\frac{1}{x}=\phi(x)$,则 $\mathrm{e}^{x+\frac{1}{x}}=f[\phi(x)]$.

解: $I=\int\mathrm{e}^{x+\frac{1}{x}}\mathrm{d}\left(x+\frac{1}{x}\right)=\mathrm{e}^{x+\frac{1}{x}}+C$.

【评注】 将公式 $\int\mathrm{e}^x\mathrm{d}x=\mathrm{e}^x+C$ 中的 x 替换以 $\phi(x)$,有公式

$$\int\mathrm{e}^{\phi(x)}\phi'(x)\mathrm{d}x=\int\mathrm{e}^{\phi(x)}\mathrm{d}\phi(x)=\mathrm{e}^{\phi(x)}+C.$$

例 4-17 求 $\int 2x\mathrm{e}^{x^2}\mathrm{d}x$.

解: 由于 $\mathrm{d}x^2=2x\mathrm{d}x$,令 $x^2=\phi(x)$,则

$$2x\mathrm{e}^{x^2}=\mathrm{e}^{x^2}\mathrm{d}x^2,$$

所以

$$\int 2x\mathrm{e}^{x^2}\mathrm{d}x=\int\mathrm{e}^{x^2}\mathrm{d}x^2=\mathrm{e}^{x^2}+C.$$

例 4-18 求 $\int x\sqrt{1-x^2}\mathrm{d}x$.

解:

$$\begin{aligned}\int x\sqrt{1-x^2}\mathrm{d}x&=-\frac{1}{2}\int\sqrt{1-x^2}\mathrm{d}(1-x^2)\\&=-\frac{1}{2}\cdot\frac{2}{3}(1-x^2)^{\frac{3}{2}}+C\\&=-\frac{1}{3}(1-x^2)^{\frac{3}{2}}+C.\end{aligned}$$

例 4-19 $\int\frac{1}{a^2+x^2}\mathrm{d}x\quad(a\neq 0)$.

解:

$$\int\frac{1}{a^2+x^2}\mathrm{d}x=\frac{1}{a^2}\int\frac{1}{1+\left(\frac{x}{a}\right)^2}\mathrm{d}x=\frac{a}{a^2}\int\frac{1}{1+\left(\frac{x}{a}\right)^2}\mathrm{d}\,\frac{x}{a}=\frac{1}{a}\arctan\frac{x}{a}+C.$$

同理可得

$$\int\frac{1}{\sqrt{a^2-x^2}}\mathrm{d}x=\arcsin\frac{x}{a}+C.$$

例 4-20 求 $\int\frac{1}{\sqrt{x}(1+x)}\mathrm{d}x$.

分析:注意到$(\sqrt{x})' = \dfrac{1}{2\sqrt{x}}$,令$\sqrt{x} = \varphi(x)$,则$\dfrac{1}{1+x} = \dfrac{1}{1+(\sqrt{x})^2} = f[\phi(x)]$.

解:$I = 2\int \dfrac{1}{1+(\sqrt{x})^2}\mathrm{d}\sqrt{x} = 2\arctan\sqrt{x} + C.$

【评注】 由
$$\int \frac{1}{a^2+x^2}\mathrm{d}x = \frac{1}{a}\arctan\frac{x}{a} + C,$$
可得
$$\int \frac{\varphi'(x)}{a^2+\varphi^2(x)}\mathrm{d}x = \int \frac{1}{a^2+\varphi^2(x)}\mathrm{d}\varphi(x) = \frac{1}{a}\arctan\frac{\varphi(x)}{a} + C.$$

例 4-21 求$\int \dfrac{\mathrm{e}^x}{1+\mathrm{e}^{2x}}\mathrm{d}x$.

分析:注意到$(\mathrm{e}^x)' = \mathrm{e}^x$,令$\mathrm{e}^x = \phi(x)$.

解:$\int \dfrac{\mathrm{e}^x}{1+\mathrm{e}^{2x}}\mathrm{d}x = \int \dfrac{\mathrm{d}\mathrm{e}^x}{1+(\mathrm{e}^x)^2} = \arctan\mathrm{e}^x + C.$

例 4-22 求$\int \dfrac{2x+5}{x^2+2x-3}\mathrm{d}x$.

解:因$(x^2+2x-3)' = 2x+2$,且$2x+5 = 2x+2+3$,所以
$$I = \int \frac{2x+2}{x^2+2x-3}\mathrm{d}x + \int \frac{3}{x^2+2x-3}\mathrm{d}x.$$
上式中的第一个积分
$$\int \frac{2x+2}{x^2+2x-3}\mathrm{d}x = \int \frac{1}{x^2+2x-3}\mathrm{d}(x^2+2x-3) = \ln|x^2+2x-3| + C.$$
第二个积分
$$\begin{aligned}\int \frac{3}{x^2+2x-3}\mathrm{d}x &= \frac{3}{4}\int \frac{(x+3)-(x-1)}{(x+3)(x-1)}\mathrm{d}x \\ &= \frac{3}{4}\int\left(\frac{1}{x-1} - \frac{1}{x+3}\right)\mathrm{d}x \\ &= \frac{3}{4}\ln\left|\frac{x-1}{x+3}\right| + C.\end{aligned}$$
于是$I = \ln|x^2+2x-3| + \dfrac{3}{4}\ln\left|\dfrac{x-1}{x+3}\right| + C.$

【评注】 若被积函数为$\dfrac{hx+l}{ax^2+bx+c}$型,则将其分为$\dfrac{2ax+b}{ax^2+bx+c}$与$\dfrac{1}{ax^2+bx+c}$(这里尚有常数因子)两部分,前一式用第一换元积分法,后一式分下面三种情况:

(1) 当$b^2-4ac>0$时,将ax^2+bx+c因式分解,被积函数分项后,用第一换元积分法,如本例.

(2) 当$b^2-4ac<0$时,将ax^2+bx+c配方,再用第一换元法. 如
$$\int \frac{1}{x^2-2x+5}\mathrm{d}x = \int \frac{1}{2^2+(x-1)^2}\mathrm{d}(x-1) = \frac{1}{2}\arctan\frac{x-1}{2} + C.$$

(3) 当$b^2-4ac=0$时,将ax^2+bx+c写成$(Ax+B)^2$,再用第一换元法. 如
$$\int \frac{1}{x^2+2x+1}\mathrm{d}x = \int \frac{1}{(x+1)^2}\mathrm{d}(x+1) = -\frac{1}{x+1} + C.$$

例 4-23 求$\int \frac{1}{a^2 - b^2x^2}dx(a > 0,b > 0)$.

解:因为$\frac{1}{a^2 - b^2x^2} = \frac{1}{2a}\frac{(a + bx) + (a - bx)}{(a + bx)(a - bx)}$

$$= \frac{1}{2a}\left(\frac{1}{a - bx} + \frac{1}{a + bx}\right),$$

所以

$$\int \frac{1}{a^2 - b^2x^2}dx = \frac{1}{2a}\left(\int \frac{1}{a + bx}dx + \int \frac{1}{a - bx}dx\right)$$

$$= \frac{1}{2ab}\ln\left|\frac{a + bx}{a - bx}\right| + C.$$

当 $b = 1$ 时,有 $\int \frac{1}{a^2 - x^2}dx = \frac{1}{2a}\ln\left|\frac{a + x}{a - x}\right| + C(a > 0)$.

例 4-24 求$\int \frac{2x^2 + x - 1}{x^2 + 1}dx$.

解:$\int \frac{2x^2 + x - 1}{x^2 + 1}dx = \int 2dx + \int \frac{x}{x^2 + 1}dx - 3\int \frac{1}{x^2 + 1}dx$

$$= 2x + \frac{1}{2}\ln(1 + x^2) - 3\arctan x + C.$$

例 4-25 求$\int \frac{x}{\sqrt{8 - 2x - x^2}}dx$.

解: $\int \frac{x}{\sqrt{8 - 2x - x^2}}dx$

$$= \int \frac{x + 1}{\sqrt{8 - 2x - x^2}}dx - \int \frac{1}{\sqrt{8 - 2x - x^2}}dx$$

$$= -\frac{1}{2}\int \frac{(8 - 2x - x^2)'}{\sqrt{8 - 2x - x^2}}dx - \int \frac{1}{\sqrt{9 - (x + 1)^2}}d(x + 1)$$

$$= -\frac{1}{2}\int \frac{d(8 - 2x - x^2)}{\sqrt{8 - 2x - x^2}} - \int \frac{1}{\sqrt{3^2 - (x + 1)^2}}d(x + 1)$$

$$= -\sqrt{8 - 2x - x^2} - \arcsin\left(\frac{x + 1}{3}\right) + C.$$

例 4-26 求$\int \cos^2 x\sin^3 x dx$.

解:因 $\sin^3 x = (1 - \cos^2 x)\sin x$,且$(\cos x)' = -\sin x$,所以

$$I = \int \cos^2 x(\cos^2 x - 1)d\cos x = \frac{1}{5}\cos^5 x - \frac{1}{3}\cos^3 x + C.$$

【评注】 对$\int \sin^m x\cos^n x dx$ 型积分,其中 m,n 为正整数或其中之一为零,分两种情形求积分:

(1) 当 m 和 n 都是偶数或其中之一为零时,用三角公式

$$\sin^2 x = \frac{1 - \cos 2x}{2},\cos^2 x = \frac{1 + \cos 2x}{2},\sin x\cos x = \frac{1}{2}\sin 2x$$

降低被积函数次幂,化为易于求出积分的函数.

(2) 当 m 或 n 中至少有一个为奇数时,例如 $m = 2k+1(k = 0,1,2,\cdots)$,则

$$\int \sin^{2k+1}x\cos^n x\mathrm{d}x = \int \sin^{2k}x\cos^n x\sin x\mathrm{d}x = -\int (1-\cos^2 x)^k\cos^n x\mathrm{d}(\cos x).$$

显然,被积函数是关于 $\cos x$ 的多项式,可求出结果.

下列积分均属此类型:

$$\int \sin^2 x\cos^2 x\mathrm{d}x, \int \sin^5 x\mathrm{d}x, \int \sin 2x\cos^3 x\mathrm{d}x = 2\int \cos^4 x\sin x\mathrm{d}x.$$

例 4-27　求 $\int \sin 2x\cos 3x\mathrm{d}x$.

解:用 $\sin 2x\cos 3x = \frac{1}{2}(\sin 5x - \sin x)$,于是

$$I = \frac{1}{2}\int (\sin 5x - \sin x)\mathrm{d}x = -\frac{1}{10}\cos 5x + \frac{1}{2}\cos x + C.$$

【评注】　被积函数为 $\sin mx\cos nx, \sin mx\sin nx, \cos mx\cos nx$ 时,可用积化和差公式变形,然后用第一换元积分法.

(1) 当 $m = n$ 时,用公式

$$\sin mx\cos mx = \frac{1}{2}\sin 2mx, \sin^2 mx = \frac{1}{2}(1-\cos 2mx), \cos^2 mx = \frac{1}{2}(1+\cos 2mx).$$

(2) 当 $m \neq n$ 时,用公式

$$\sin mx\cos nx = \frac{1}{2}[\sin(m+n)x + \sin(m-n)x]$$

$$\sin mx\sin nx = \frac{1}{2}[\cos(m-n)x - \cos(m+n)x]$$

$$\cos mx\cos nx = \frac{1}{2}[\cos(m+n)x + \cos(m-n)x]$$

例 4-28　求下列不定积分.

(1) $\int \frac{1}{\sin^2 x + 2\cos^2 x}\mathrm{d}x$;　　(2) $\int \frac{1}{(\sin x + 2\cos x)^2}\mathrm{d}x$.

解:因 $\mathrm{d}\tan x = \sec^2 x\mathrm{d}x$.

(1) $I = \int \frac{1}{(\tan^2 x + 2)\cos^2 x}\mathrm{d}x = \frac{1}{\sqrt{2}}\arctan\frac{\tan x}{\sqrt{2}} + C.$

(2) $I = \int \frac{1}{(\tan x + 2)^2\cos^2 x}\mathrm{d}x = -\frac{1}{\tan x + 2} + C.$

例 4-29　求 $\int \frac{1}{5-\cos x}\mathrm{d}x$.

解:用半角公式

$$I = \int \frac{1}{4 + 2\sin^2\frac{x}{2}}\mathrm{d}x$$

$$= \int \frac{1}{2\sin^2\frac{x}{2}\left(2\csc^2\frac{x}{2} + 1\right)}\mathrm{d}x$$

$$= -\frac{1}{2}\int \frac{1}{\cot^2\frac{x}{2}+\frac{3}{2}}\mathrm{d}\left(\cot\frac{x}{2}\right)$$

$$= -\frac{1}{\sqrt{6}}\arctan\frac{\sqrt{2}\cot\frac{x}{2}}{\sqrt{3}}+C.$$

例 4-30 求下列不定积分.

(1) $\int \frac{1}{\mathrm{e}^x(1+\mathrm{e}^{2x})}\mathrm{d}x$; (2) $\int \frac{1}{(1+\mathrm{e}^x)^2}\mathrm{d}x$; (3) $\int \frac{1}{\sqrt{\mathrm{e}^{2x}+1}}\mathrm{d}x$;

(4) $\int \frac{1}{\sqrt{\mathrm{e}^{2x}-1}}\mathrm{d}x$; (5) $\int \sqrt{\frac{\mathrm{e}^x-1}{\mathrm{e}^x+1}}\mathrm{d}x$; (6) $\int \sqrt{1+\mathrm{e}^x}\mathrm{d}x$.

解: 将被积函数适当变形用第一换元法.(1)、(2) 分项;(3)、(4) 分母、分子分别乘 e^{-x};(5)、(6)(分母看成1) 先将分子有理化,再分项.

(1) $I=\int\frac{1+\mathrm{e}^{2x}-\mathrm{e}^{2x}}{\mathrm{e}^x(1+\mathrm{e}^{2x})}\mathrm{d}x=\int\frac{1}{\mathrm{e}^x}\mathrm{d}x-\int\frac{\mathrm{e}^x}{1+\mathrm{e}^{2x}}\mathrm{d}x=-\mathrm{e}^{-x}-\arctan\mathrm{e}^x+C.$

(2) $I=\int\frac{1+\mathrm{e}^x-\mathrm{e}^x}{(1+\mathrm{e}^x)^2}\mathrm{d}x=\int\left[\frac{1}{1+\mathrm{e}^x}-\frac{\mathrm{e}^x}{(1+\mathrm{e}^x)^2}\right]\mathrm{d}x=\int\frac{1+\mathrm{e}^x-\mathrm{e}^x}{1+\mathrm{e}^x}\mathrm{d}x-\int\frac{1}{(1+\mathrm{e}^x)^2}\mathrm{d}(1+\mathrm{e}^x)$

$=x-\ln(1+\mathrm{e}^x)+\frac{1}{1+\mathrm{e}^x}+C.$

(3) $I=-\int\frac{1}{\sqrt{\mathrm{e}^{-2x}+1}}\mathrm{d}\mathrm{e}^{-x}=-\ln(\mathrm{e}^{-x}+\sqrt{\mathrm{e}^{-2x}+1})+C=x-\ln(1+\sqrt{1+\mathrm{e}^{2x}})+C.$

(4) $I=-\int\frac{1}{\sqrt{1-\mathrm{e}^{-2x}}}\mathrm{d}\mathrm{e}^{-x}=-\arcsin\mathrm{e}^{-x}+C.$

(5) $I=\int\frac{\mathrm{e}^x-1}{\sqrt{\mathrm{e}^{2x}-1}}\mathrm{d}x=\ln(\mathrm{e}^x+\sqrt{\mathrm{e}^{2x}-1})+\arcsin\mathrm{e}^{-x}+C.$

(6) $I=\int\frac{1+\mathrm{e}^x}{\sqrt{1+\mathrm{e}^x}}\mathrm{d}x=\int\frac{\mathrm{e}^{-\frac{x}{2}}}{\sqrt{\mathrm{e}^{-x}+1}}\mathrm{d}x+\int\frac{\mathrm{e}^x}{\sqrt{1+\mathrm{e}^x}}\mathrm{d}x=-2\ln(\mathrm{e}^{-\frac{x}{2}}+\sqrt{\mathrm{e}^{-x}+1})+2\sqrt{1+\mathrm{e}^x}$ $+C.$

【评注】 本例是用了指数函数微分的特性:$\mathrm{e}^x\mathrm{d}x=\mathrm{d}\mathrm{e}^x,\mathrm{e}^{-x}\mathrm{d}x=-\mathrm{d}\mathrm{e}^{-x}$.

例 4-31 求下列不定积分.

(1) $\int\frac{1}{(2-x)\sqrt{1-x}}\mathrm{d}x$; (2) $\int\frac{1}{(x+1)\sqrt{1-x}}\mathrm{d}x$;

(3) $\int\frac{x}{\sqrt{1+x^2}(1-x^2)}\mathrm{d}x$; (4) $\int\frac{x}{\sqrt{1-x^2}(1-2x^2)}\mathrm{d}x$.

解: (1) 由于 $2-x=1+(1-x)=1+(\sqrt{1-x})^2$,且 $(\sqrt{1-x})'=\frac{-1}{2\sqrt{1-x}}$,故

$$I=-2\int\frac{1}{1+(\sqrt{1-x})^2}\mathrm{d}\sqrt{1-x}=-2\arctan\sqrt{1-x}+C.$$

(2) 注意到 $-(x+1)=(1-x)-2=(\sqrt{1-x})^2-2$,则

$$I=2\int\frac{1}{(\sqrt{1-x})^2-2}\mathrm{d}\sqrt{1-x}=\frac{1}{\sqrt{2}}\ln\left|\frac{\sqrt{1-x}-\sqrt{2}}{\sqrt{1-x}+\sqrt{2}}\right|+C.$$

(3) 由于 $1-x^2=2-(1+x^2)=2-(\sqrt{1+x^2})^2$,且 $(\sqrt{1+x^2})'=\dfrac{x}{\sqrt{1+x^2}}$,故

$$I=\int\frac{1}{2-(\sqrt{1+x^2})^2}\mathrm{d}\sqrt{1+x^2}=\frac{1}{2\sqrt{2}}\ln\left|\frac{\sqrt{2}+\sqrt{1+x^2}}{\sqrt{2}-\sqrt{1+x^2}}\right|+C.$$

(4) 由于 $1-2x^2=-[1-(2-2x^2)]=-[1-(\sqrt{2-2x^2})^2]$,且 $(\sqrt{1-x^2})'=\dfrac{-x}{\sqrt{1-x^2}}$,故

$$I=\frac{1}{\sqrt{2}}\int\frac{1}{1-(\sqrt{2-2x^2})^2}\mathrm{d}\sqrt{2-2x^2}=\frac{1}{2\sqrt{2}}\ln\left|\frac{1+\sqrt{2-2x^2}}{1-\sqrt{2-2x^2}}\right|+C.$$

【评注】 本例的解题思路:将被积函数分成两个因子乘积之后,其中一个因子可看成 $\varphi'(x)$,而将另一个因子的分母分项,恰好可看成 $f[\varphi(x)]$ 形式. 又如下例

$$\int\frac{x+1}{x\sqrt{x-2}}\mathrm{d}x=\int\frac{1}{\sqrt{x-2}}\mathrm{d}x+2\int\frac{1}{2+(x-2)}\mathrm{d}\sqrt{x-2}=2\sqrt{x-2}+\sqrt{2}\arctan\frac{\sqrt{x-2}}{\sqrt{2}}+C.$$

题型 4　第二类换元法计算不定积分

第二类换元法的思路是当所给积分 $\int g(x)\mathrm{d}x$ 不易积出时,将原积分变量 x 用新变量 t 的一个函数 $x=\varphi(t)$ 来代替,化成以 t 为积分变量的不定积分 $\int f[\varphi(t)]\varphi'(t)\mathrm{d}t$,若该积分能够积出,即达到目的.

例 4-32　求 $\int\dfrac{x\mathrm{d}x}{\sqrt{x-3}}$.

解: 令 $t=\sqrt{x-3}$,即 $x=t^2+3(t>0)$,则 $\mathrm{d}x=2t\mathrm{d}t$, 于是

$$\int\frac{x\mathrm{d}x}{\sqrt{x-3}}=\int\frac{t^2+3}{t}2t\mathrm{d}t=2\int(t^2+3)\mathrm{d}t$$

$$=2\left(\frac{t^3}{3}+3t\right)+C\qquad(将\ t=\sqrt{x-3}\ 代回)$$

$$=\frac{2}{3}(x+6)(x-3)^{\frac{1}{2}}+C.$$

例 4-33　求 $\int\dfrac{\mathrm{d}x}{\sqrt{x}(1+\sqrt[3]{x})}$.

解: $\int\dfrac{\mathrm{d}x}{\sqrt{x}(1+\sqrt[3]{x})}=\int\dfrac{\mathrm{d}x}{\sqrt{x}+\sqrt[6]{x^5}}$.

令 $t=\sqrt[6]{x}$,则 $x=t^6$, $\mathrm{d}x=6t^5\mathrm{d}t$,于是

$$原式=\int\frac{6t^5}{t^3(1+t^2)}\mathrm{d}t=6\int\frac{t^2}{1+t^2}\mathrm{d}t=6\int\mathrm{d}t-6\int\frac{1}{1+t^2}\mathrm{d}t$$

$$=6t-6\arctan t+C\qquad(将\ t=\sqrt[6]{x}\ 回代)$$

$$= 6\sqrt[6]{x} - 6\arctan(\sqrt[6]{x}) + C.$$

例 4-34 求 $\int \frac{1}{\sqrt{x+1} + \sqrt[3]{x+1}}dx$.

解：$\sqrt{x+1}$ 与 $\sqrt[3]{x+1}$ 的根指数分别为 2 和 3，而 2 和 3 的最小公倍数是 6.

设 $\sqrt[6]{x+1} = t$，则 $x = t^6 - 1, dx = 6t^5dt$，则

$$I = \int \frac{6t^5}{t^3 + t^2}dt = 6\int \frac{t^3+1-1}{t+1}dt = 2t^3 - 3t^2 + 6t - 6\ln|t+1| + C$$

$$= 2\sqrt{x+1} - 3\sqrt[3]{x+1} + 6\sqrt[6]{x+1} - 6\ln(\sqrt[6]{x+1} + 1) + C.$$

一般地，如果被积函数含有根式而又不能用凑微分的方法积分时，应设法使用第二类换元法将被积函数有理化，使之易于积分.

例 4-35 求 $\int x^3\sqrt{4-x^2}dx$.

解 1：为了消去根式令 $x = 2\sin t$，则 $x = 2\sin t$ 的反函数是 $t = \arcsin\frac{x}{2}$，于是

$$\int x^3\sqrt{4-x^2}dx$$

$$= \int 8\sin^3 t \cdot 2\cos t \cdot 2\cos t dt = -32\int(1-\cos^2 t)\cos^2 t d\cos t$$

$$= -\frac{32}{3}\cos^3 t + \frac{32}{5}\cos^5 t + C.$$

由 $x = 2\sin t$，有 $\cos t = \frac{\sqrt{4-x^2}}{2}$，回代得

$$\int x^3\sqrt{4-x^2}dx = -\frac{4}{3}(4-x^2)^{\frac{3}{2}} + \frac{1}{5}(4-x^2)^{\frac{5}{2}} + C.$$

解 2：令 $\sqrt{4-x^2} = t$，得 $xdx = -tdt$，

$$\int x^3\sqrt{4-x^2}dx = -\int(4-t^2)t^2dt = -\frac{4}{3}t^3 + \frac{1}{5}t^5 + C$$

$$= -\frac{4}{3}(4-x^2)^{\frac{3}{2}} + \frac{1}{5}(4-x^2)^{\frac{5}{2}} + C.$$

例 4-36 求 $\int \frac{x^3}{\sqrt{4+x^2}}dx$.

解 1：为了消去根式令 $x = 2\tan t$，则

$$\int \frac{x^3}{\sqrt{4+x^2}}dx = \int \frac{8\tan^3 t}{2\sec t} \cdot 2\sec^2 t dt = 8\int \tan^3 t \cdot \sec t dt$$

$$= 8\int(\sec^2 t - 1)d\sec t = 8\left(\frac{1}{3}\sec^3 t - \sec t\right) + C.$$

由 $\sec t = \sqrt{1+\tan^2 t} = \frac{\sqrt{4+x^2}}{2}$ 作变量回代得

$$\int \frac{x^3}{\sqrt{4+x^2}}dx = 8\left[\frac{1}{3}\frac{(4+x^2)^{\frac{3}{2}}}{8} - \frac{1}{2}\sqrt{4+x^2}\right] + C = \frac{1}{3}(4+x^2)^{\frac{3}{2}} - 4\sqrt{4+x^2} + C.$$

解 2:设 $4+x^2=t^2$,则有 $x\mathrm{d}x=t\mathrm{d}t$,所以

$$\int\frac{x^3}{\sqrt{4+x^2}}\mathrm{d}x=\int\frac{x^2}{\sqrt{4+x^2}}\cdot x\mathrm{d}x=\int\frac{t^2-4}{t}\cdot t\mathrm{d}t=\int(t^2-4)\mathrm{d}t$$

$$=\frac{1}{3}t^3-4t+C=\frac{1}{3}(4+x^2)^{\frac{3}{2}}-4\sqrt{4+x^2}+C.$$

例 4-37　求 $\int\frac{\sqrt{a^2-x^2}}{x^4}\mathrm{d}x$.

解:设 $x=\frac{1}{t}$,则 $\mathrm{d}x=-\frac{1}{t^2}\mathrm{d}t$,于是

$$\int\frac{\sqrt{a^2-x^2}}{x^4}\mathrm{d}x=-\int\sqrt{a^2t^2-1}t\mathrm{d}t=-\frac{1}{2a^2}\int\sqrt{a^2t^2-1}\mathrm{d}(a^2t^2-1)$$

$$=-\frac{1}{3a^2}(a^2t^2-1)^{\frac{3}{2}}+C=-\frac{1}{3a^2}\left(\frac{a^2}{x^2}-1\right)^{\frac{3}{2}}+C.$$

当被积函数中分母的最高次数大于分子的最高次数,而其他方法不能求解时,可以用倒代换.

例 4-38　求 $\int\frac{1}{x}\sqrt{\frac{x+1}{x-1}}\mathrm{d}x$.

解 1:由 $\sqrt{\frac{x+1}{x-1}}=t$,得　　$x=\frac{t^2+1}{t^2-1}$,$\mathrm{d}x=\frac{-4t}{(t^2-1)^2}\mathrm{d}t$,

则

$$\int\frac{1}{x}\sqrt{\frac{x+1}{x-1}}\mathrm{d}x=-4\int\frac{t^2}{(t^2+1)(t^2-1)}\mathrm{d}t=-2\int\frac{(t^2+1)+(t^2-1)}{(t^2+1)(t^2-1)}\mathrm{d}t$$

$$=\ln\left|\frac{1+t}{1-t}\right|-2\arctan t+C$$

$$=\ln\left|\frac{\sqrt{x-1}+\sqrt{x+1}}{\sqrt{x-1}-\sqrt{x+1}}\right|-2\arctan\sqrt{\frac{x+1}{x-1}}+C.$$

解 2:先将分子有理化

$$\int\frac{1}{x}\sqrt{\frac{x+1}{x-1}}\mathrm{d}x=\int\frac{1}{\sqrt{x^2-1}}\mathrm{d}x+\int\frac{1}{x\sqrt{x^2-1}}\mathrm{d}x.$$

对上式第二项作代换:$x=\sec t$,$\mathrm{d}x=\sec t\cdot\tan t\mathrm{d}t$

$$\int\frac{1}{x\sqrt{x^2-1}}\mathrm{d}x=\int\mathrm{d}t=t+C=\arccos\frac{1}{x}+C,$$

于是

$$\int\frac{1}{x}\sqrt{\frac{x+1}{x-1}}\mathrm{d}x=\ln\left|x+\sqrt{x^2-1}\right|+\arccos\frac{1}{x}+C.$$

例 4-39　求 $\int\frac{1}{1+\mathrm{e}^x}\mathrm{d}x$.

解:这时的困难在于分母上的 $1+\mathrm{e}^x$,为了简化积分,设 $1+\mathrm{e}^x=t$,即 $x=\ln(t-1)$,$\mathrm{d}x=\frac{1}{t-1}\mathrm{d}t$. 于是

$$\int\frac{1}{1+\mathrm{e}^x}\mathrm{d}x=\int\frac{1}{t(t-1)}\mathrm{d}t=\int\left(\frac{1}{t-1}-\frac{1}{t}\right)\mathrm{d}t=\ln(t-1)-\ln t+C$$

$$= x - \ln(1 + e^x) + C.$$

变量代换法是不定积分的基本方法之一，因此善于用适当的变量代换求积分是掌握积分技巧的一个关键.

题型5 分部积分计算不定积分

分部积分法是微分法中两个函数乘积求导公式的逆用，因此，当被积函数是两个函数乘积时，可考虑用分部积分法.

例 4-40 设$f(x)$的一个原函数为$\dfrac{\sin x}{x}$，计算$\int xf'(2x)\,dx$.

分析：因$f(x) = \left(\dfrac{\sin x}{x}\right)' = \dfrac{x\cos x - \sin x}{x^2}$，于是可以使用分部积分法.

解：$I = \dfrac{1}{2}\int x d[f(2x)] = \dfrac{1}{2}xf(2x) - \dfrac{1}{2}\int f(2x)\,dx = \dfrac{1}{2}xf(2x) - \dfrac{1}{4}\int f(2x)\,d(2x)$

$$= \frac{2x\cos 2x - \sin 2x}{8x} - \frac{\sin 2x}{4\cdot 2x} + C = \frac{\cos 2x}{4} - \frac{\sin 2x}{4x} + C.$$

例 4-41 设$\int f'(\sqrt{x})\,dx = x(e^{\sqrt{x}} + 1) + C$，求$f(x)$.

分析：先求$f'(x)$，再求$f(x)$.

解：将已知等式两端求导，得

$$f'(\sqrt{x}) = e^{\sqrt{x}} + 1 + \frac{\sqrt{x}}{2}e^{\sqrt{x}},$$

令$\sqrt{x} = t$，则

$$f'(t) = \frac{t}{2}e^t + e^t + 1.$$

于是$f(x) = \int\left(\dfrac{1}{2}xe^x + e^x + 1\right)dx = \dfrac{1}{2}e^x(x - 1) + e^x + x + C = \dfrac{1}{2}e^x(x + 1) + x + C.$

由分部积分法，得

$$\int xe^x\,dx = \int x\,de^x = xe^x - \int e^x\,dx = xe^x - e^x + C.$$

例 4-42 求不定积分$\int \ln(x + \sqrt{x^2 - a^2})\,dx$.

解：被积函数是一个对数函数，一般用分部积分法，因为对数函数求导后对数符号消失.

$$\begin{aligned}\int \ln(x + \sqrt{x^2 - a^2})\,dx &= x\ln(x + \sqrt{x^2 - a^2}) - \int x\,d\ln(x + \sqrt{x^2 - a^2}) \\ &= x\ln(x + \sqrt{x^2 - a^2}) - \int x\frac{1}{\sqrt{x^2 - a^2}}\,dx \\ &= x\ln(x + \sqrt{x^2 - a^2}) - \sqrt{x^2 - a^2} + C.\end{aligned}$$

例 4-43 求下列不定积分.

(1) $\int\left(\dfrac{\ln x}{x}\right)^2 dx$；　　(2) $\int \dfrac{xe^x}{\sqrt{e^x - 2}}\,dx$.

解：(1) 设$u = \ln^2 x$，$dv = \dfrac{1}{x^2}dx = d\left(-\dfrac{1}{x}\right)$

$$I=\int \ln^2 x\mathrm{d}\left(-\frac{1}{x}\right)=-\frac{1}{x}\ln^2 x-\int\left(-\frac{1}{x}\right)\mathrm{d}\ln^2 x=-\frac{\ln^2 x}{x}+2\int\frac{\ln x}{x^2}\mathrm{d}x$$

$$=-\frac{\ln^2 x}{x}-\frac{2\ln x}{x}-2\int\left(-\frac{1}{x}\right)\mathrm{d}\ln x=-\frac{\ln^2 x}{x}-\frac{2\ln x}{x}-\frac{2}{x}+C.$$

(2)因 $\mathrm{d}\sqrt{\mathrm{e}^x-2}=\frac{\mathrm{e}^x}{2\sqrt{\mathrm{e}^x-2}}\mathrm{d}x$,由分部积分法得

$$I=2x\sqrt{\mathrm{e}^x-2}-2\int\sqrt{\mathrm{e}^x-2}\mathrm{d}x.$$

这里,对上式右端积分,用第二换元法.

$$\int\sqrt{\mathrm{e}^x-2}\mathrm{d}x\xlongequal{\sqrt{\mathrm{e}^x-2}=t}\int t\frac{2t}{t^2+2}\mathrm{d}t=2\int\frac{t^2+2-2}{t^2+2}\mathrm{d}t=2t-4\frac{1}{\sqrt{2}}\arctan\frac{t}{\sqrt{2}}+C,$$

于是
$$I=2x\sqrt{\mathrm{e}^x-2}-4\sqrt{\mathrm{e}^x-2}+4\sqrt{2}\arctan\frac{\sqrt{\mathrm{e}^x-2}}{\sqrt{2}}+C.$$

例 4-44　求下列不定积分.

(1) $\int\frac{\ln\sin x}{\sin^2 x}\mathrm{d}x$;　　(2) $\int x\tan x\sec^4 x\mathrm{d}x$.

解:(1)被积函数看做是乘积 $\ln\sin x\frac{1}{\sin^2 x}$,用分部积分法. 设 $u=\ln\sin x,\mathrm{d}v=\frac{1}{\sin^2 x}\mathrm{d}x$,则

$$I=-\cot x\ln\sin x+\int\cot^2 x\mathrm{d}x=-\cot x\ln\sin x-\cot x-x+C.$$

(2)因 $\mathrm{d}\sec^4 x=4\sec^3 x\sec x\tan x\mathrm{d}x$,被积函数看做是 x 与 $\tan x\sec^4 x$ 的乘积,用分部积分法.

$$I=\frac{1}{4}\int x\mathrm{d}\sec^4 x=\frac{x}{4}\sec^4 x-\frac{1}{4}\int\sec^4 x\mathrm{d}x$$

$$=\frac{x}{4}\sec^4 x-\frac{1}{4}\int(1+\tan^2 x)\mathrm{d}\tan x$$

$$=\frac{x}{4}\sec^4 x-\frac{1}{4}\tan x-\frac{1}{12}\tan^3 x+C.$$

例 4-45　求下列不定积分.

(1) $\int\mathrm{e}^{2x}\sin^2 x\mathrm{d}x$;　　(2) $\int\frac{x\mathrm{e}^{\arctan x}}{(1+x^2)^{\frac{3}{2}}}\mathrm{d}x$.

(1)**解:**按被积函数的特点,应用分部积分法. 因

$$\sin^2 x=\frac{1}{2}(1-\cos 2x),$$

于是
$$I=\frac{1}{4}\mathrm{e}^{2x}-\frac{1}{2}\int\mathrm{e}^{2x}\cos 2x\mathrm{d}x,$$

而 $\int\mathrm{e}^{2x}\cos 2x\mathrm{d}x=\frac{1}{2}\int\cos 2x\mathrm{d}\mathrm{e}^{2x}=\frac{1}{2}\left(\mathrm{e}^{2x}\cos 2x+2\int\mathrm{e}^{2x}\sin 2x\mathrm{d}x\right)=\frac{1}{2}\mathrm{e}^{2x}\cos 2x+\frac{1}{2}\int\sin 2x\mathrm{d}\mathrm{e}^{2x}$

$$=\frac{1}{2}\mathrm{e}^{2x}\cos 2x+\frac{1}{2}\mathrm{e}^{2x}\sin 2x-\int\mathrm{e}^{2x}\cos 2x\mathrm{d}x,$$

移项
$$\int\mathrm{e}^{2x}\cos 2x\mathrm{d}x=\frac{1}{4}\mathrm{e}^{2x}(\cos 2x+\sin 2x)+C,$$

从而 $$I = \frac{1}{8}e^{2x}(2 - \cos 2x - \sin 2x) + C.$$

(2)**解1**:注意到 $de^{\arctan x} = e^{\arctan x}\frac{1}{1+x^2}dx$,于是

$$I = \int \frac{x}{\sqrt{1+x^2}}de^{\arctan x} = \frac{xe^{\arctan x}}{\sqrt{1+x^2}} - \int \frac{e^{\arctan x}}{(1+x^2)^{\frac{3}{2}}}dx$$
$$= \frac{xe^{\arctan x}}{\sqrt{1+x^2}} - \int \frac{1}{\sqrt{1+x^2}}de^{\arctan x}$$
$$= \frac{xe^{\arctan x}}{\sqrt{1+x^2}} - \frac{e^{\arctan x}}{\sqrt{1+x^2}} - \int \frac{xe^{\arctan x}}{(1+x^2)^{\frac{3}{2}}}dx,$$

移项 $$I = \frac{x-1}{2\sqrt{1+x^2}}e^{\arctan x} + C.$$

解2:因被积函数含根式 $\sqrt{1+x^2}$,先换元. 设 $x = \tan t$,则

$$I = \int e^t \sin t dt \xlongequal{\text{由本例之(1)的解法}} \frac{1}{2}e^t(\sin t - \cos t) + C = \frac{x-1}{2\sqrt{1+x^2}}e^{\arctan x} + C.$$

【评注】 本例用分部积分法出现了循环现象,即等式右端又出现了原来的不定积分,但这恰好解决了问题,用分部积分法时,有些题目会出现这种情况.

例 4-46 求下列不定积分.

(1) $\int \frac{\arctan\sqrt{x^2-1}}{x^2\sqrt{x^2-1}}dx$; (2) $\int \frac{x^2}{x^2-1}\ln\frac{x-1}{x+1}dx$.

解:(1)设 $u = \arctan\sqrt{x^2-1}$,而

$$\frac{1}{x^2\sqrt{x^2-1}}dx = d\frac{\sqrt{x^2-1}}{x},$$

则 $$I = \frac{\sqrt{x^2-1}}{x}\arctan\sqrt{x^2-1} - \int \frac{1}{x^2}dx = \frac{\sqrt{x^2-1}}{x}\arctan\sqrt{x^2-1} + \frac{1}{x} + C.$$

(2)应设 $u = \ln\frac{x-1}{x+1}$,且 $du = \frac{2}{x^2-1}dx$,又 $\frac{x^2}{x^2-1} = 1 + \frac{1}{x^2-1}$.

$$I = \int \ln\frac{x+1}{x-1}dx + \frac{1}{2}\int \ln\frac{x+1}{x-1}d\left(\ln\frac{x+1}{x-1}\right) = x\ln\frac{x+1}{x-1} - \int \frac{2x}{x^2-1}dx + \frac{1}{4}\left(\ln\frac{x+1}{x-1}\right)^2$$
$$= x\ln\frac{x+1}{x-1} - \ln|x^2-1| + \frac{1}{4}\left(\ln\frac{x+1}{x-1}\right)^2 + C.$$

例 4-47 求不定积分 $\int \arcsin\sqrt{\frac{x}{1+x}}dx$.

解1:用分部积分法

$$I = x\arcsin\sqrt{\frac{x}{1+x}} - \int x\frac{1}{2\sqrt{x}(1+x)}dx = x\arcsin\sqrt{\frac{x}{1+x}} - \int \frac{1+x-1}{2\sqrt{x}(1+x)}dx$$
$$= x\arcsin\sqrt{\frac{x}{1+x}} - \sqrt{x} + \arctan\sqrt{x} + C.$$

解 2:先换元．设 $\arcsin\sqrt{\dfrac{x}{1+x}}=t$,则 $x=\tan^2 t$,于是

$$\begin{aligned}I&=\int t\mathrm{d}(\tan^2 t)=t\tan^2 t-\int\tan^2 t\mathrm{d}t\\&=t\tan^2 t-\tan t+t+C\\&=x\arcsin\sqrt{\frac{x}{1+x}}-\sqrt{x}+\arcsin\sqrt{\frac{x}{1+x}}+C.\end{aligned}$$

例 4-48　求下列不定积分．

(1) $\int \mathrm{e}^{2x}(1+\tan x)^2\mathrm{d}x$;　　(2) $\int\dfrac{\mathrm{e}^{\sin x}(x\cos^3 x-\sin x)}{1+\cos 2x}\mathrm{d}x$.

解:(1)将被积函数分成两项和 $(1+\tan x)^2=\dfrac{1}{\cos^2 x}+2\tan x$,则

$$\begin{aligned}&\int\mathrm{e}^{2x}(1+\tan x)^2\mathrm{d}x\\&=\int\mathrm{e}^{2x}\left(\frac{1}{\cos^2 x}+2\tan x\right)\mathrm{d}x\\&=\int\mathrm{e}^{2x}\mathrm{d}\tan x+\int 2\mathrm{e}^{2x}\tan x\mathrm{d}x\\&=\mathrm{e}^{2x}\tan x-\int 2\mathrm{e}^{2x}\tan x\mathrm{d}x+\int 2\mathrm{e}^{2x}\tan x\mathrm{d}x\\&=\mathrm{e}^{2x}\tan x+C.\end{aligned}$$

(2)将被积函数分成两项和 $\dfrac{\mathrm{e}^{\sin x}(x\cos^3 x-\sin x)}{1+\cos 2x}=\dfrac{\mathrm{e}^{\sin x}}{2}\cdot\left(x\cos x-\dfrac{\sin x}{\cos^2 x}\right)$,再分部积分,

$$\begin{aligned}\int\frac{\mathrm{e}^{\sin x}(x\cos^3 x-\sin x)}{1+\cos 2x}\mathrm{d}x&=\frac{1}{2}\int\left(x\cos x\mathrm{e}^{\sin x}-\frac{\sin x}{\cos^2 x}\mathrm{e}^{\sin x}\right)\mathrm{d}x=\frac{1}{2}\left(\int x\mathrm{d}\mathrm{e}^{\sin x}-\int\mathrm{e}^{\sin x}\mathrm{d}\frac{1}{\cos x}\right)\\&=\frac{1}{2}\left(x\mathrm{e}^{\sin x}-\int\mathrm{e}^{\sin x}\mathrm{d}x-\mathrm{e}^{\sin x}\frac{1}{\cos x}+\int\frac{1}{\cos x}\cdot\cos x\cdot\mathrm{e}^{\sin x}\mathrm{d}x\right)\\&=\frac{1}{2}\left(x-\frac{1}{\cos x}\right)\mathrm{e}^{\sin x}+C.\end{aligned}$$

例 4-49　求 $I_n=\int\dfrac{\mathrm{d}x}{(x^2+a^2)^n}$,其中 n 为正整数．

解:有关正整数 n 的递推问题,用分部积分法,当 $n>1$ 时有

$$\begin{aligned}\int\frac{\mathrm{d}x}{(x^2+a^2)^{n-1}}&=\frac{x}{(x^2+a^2)^{n-1}}+2(n-1)\int\frac{x^2}{(x^2+a^2)^n}\mathrm{d}x\\&=\frac{x}{(x^2+a^2)^{n-1}}+2(n-1)\int\left[\frac{1}{(x^2+a^2)^{n-1}}-\frac{a^2}{(x^2+a^2)^n}\right]\mathrm{d}x,\end{aligned}$$

即
$$I_{n-1}=\frac{x}{(x^2+a^2)^{n-1}}+2(n-1)(I_{n-1}-a^2I_n),$$

于是
$$I_n=\frac{1}{2a^2(n-1)}\left[\frac{x}{(x^2+a^2)^{n-1}}+(2n-3)I_{n-1}\right].$$

以此作递推公式,并由 $I_1=\dfrac{1}{a}\arctan\dfrac{x}{a}+C$,即可得 I_n.

题型6 有理函数的不定积分

有理函数的积分，是把真分式分解为部分分式的代数和，然后逐项积分，从理论上讲，任何有理函数都可以求得其原函数，但计算往往比较麻烦，因此，对有理函数的积分，应充分分析被积函数的特点，选择比较简单的方法.

例4-50 求$\int \frac{1}{x(x-1)^2}dx$.

解：由于
$$\frac{1}{x(x-1)^2}=\frac{1}{x}-\frac{1}{x-1}+\frac{1}{(x-1)^2},$$
则
$$\begin{aligned}\int \frac{1}{x(x-1)^2}dx &= \int\left[\frac{1}{x}-\frac{1}{x-1}+\frac{1}{(x-1)^2}dx\right]\\ &= \int\frac{1}{x}dx-\int\frac{1}{x-1}dx+\int\frac{1}{(x-1)^2}dx\\ &= \ln\left|\frac{x}{x-1}\right|-\frac{1}{x-1}+C.\end{aligned}$$

例4-51 求$\int \frac{x-1}{x^2+3x+4}dx$.

解：注意到分母是二次质因式，因此
$$\begin{aligned}&\int\frac{x-1}{x^2+3x+4}dx\\ &= \frac{1}{2}\int\frac{(x^2+3x+4)'}{x^2+3x+4}dx-\int\frac{\frac{5}{2}dx}{x^2+3x+4}\\ &= \frac{1}{2}\int\frac{d(x^2+3x+4)}{x^2+3x+4}-\frac{5}{2}\int\frac{d\left(x+\frac{3}{2}\right)}{\left(x+\frac{3}{2}\right)^2+\frac{7}{4}}\\ &= \frac{1}{2}\ln|x^2+3x+4|-\frac{5}{2}\cdot\frac{2}{\sqrt{7}}\arctan\frac{x+\frac{3}{2}}{\frac{\sqrt{7}}{2}}+C\\ &= \frac{1}{2}\ln|x^2+3x+4|-\frac{5\sqrt{7}}{7}\arctan\frac{2\sqrt{7}}{7}\left(x+\frac{3}{2}\right)+C.\end{aligned}$$

例4-52 求不定积分$\int\frac{x^3+3x^2-7}{x^2-x+1}dx$.

解：因为被积函数是假分式，利用多项式除法可将它表示成整式与真分式之和，即
$$\frac{x^3+3x^2-7}{x^2-x+1}=x+4+\frac{3x-11}{x^2-x+1},$$
其中真分式的分母是二次质因式，
$$\int\frac{x^3+3x^2-7}{x^2-x+1}dx=\int\left(x+4+\frac{3x-11}{x^2-x+1}\right)dx=\int xdx+4\int dx+\int\frac{3x-11}{x^2-x+1}dx$$

$$= \frac{x^2}{2} + 4x + \int \frac{\frac{3}{2}(2x-1) - 11 + \frac{3}{2}}{x^2 - x + 1} dx$$

$$= \frac{x^2}{2} + 4x + \frac{3}{2}\int \frac{d(x^2 - x + 1)}{x^2 - x + 1} - \frac{19}{2}\int \frac{dx}{x^2 - x + 1}$$

$$= \frac{x^2}{2} + 4x + \frac{3}{2}\ln|x^2 - x + 1| - \frac{19}{2}\int \frac{d\left(x - \frac{1}{2}\right)}{\left(x - \frac{1}{2}\right)^2 + \left(\frac{\sqrt{3}}{2}\right)^2}$$

$$= \frac{x^2}{2} + 4x + \frac{3}{2}\ln|x^2 - x + 1| - \frac{19}{\sqrt{3}}\arctan\frac{2x-1}{\sqrt{3}} + C.$$

例 4-53　求下列不定积分.

(1) $\int \frac{x}{(x^2-1)(x^2+1)} dx$;　　(2) $\int \frac{x^2+1}{x^4+x^2+1} dx$;

(3) $\int \frac{1}{x^4(1+x^2)} dx$;　　(4) $\int \frac{1}{(1-x^2)^2} dx$.

解:(1)注意到 $2x dx = dx^2$,直接观察将被积函数分项.

$$I = \frac{1}{4}\int \frac{(x^2+1)-(x^2-1)}{(x^2-1)(x^2+1)} dx^2$$

$$= \frac{1}{4}\left[\int \frac{1}{x^2-1} d(x^2-1) - \int \frac{1}{x^2+1} d(x^2+1)\right]$$

$$= \frac{1}{4}\ln\left|\frac{x^2-1}{x^2+1}\right| + C.$$

(2)因 $d\left(x - \frac{1}{x}\right) = \left(1 + \frac{1}{x^2}\right)dx$,设 $x - \frac{1}{x} = t$,则

$$I = \int \frac{1 + \frac{1}{x^2}}{x^2 + \frac{1}{x^2} + 1} dx = \int \frac{1}{t^2+3} dt = \frac{1}{\sqrt{3}}\arctan\frac{t}{\sqrt{3}} + C = \frac{1}{\sqrt{3}}\arctan\frac{x^2-1}{\sqrt{3}x} + C.$$

(3)用倒代换,设 $x = \frac{1}{t}$,则

$$I = -\int \frac{t^4}{1+t^2} dt = -\int \frac{t^4 - 1 + 1}{1+t^2} dt = -\int\left(t^2 - 1 + \frac{1}{1+t^2}\right)dt$$

$$= -\frac{1}{3}t^3 + t - \arctan t + C = -\frac{1}{3x^3} + \frac{1}{x} - \arctan\frac{1}{x} + C.$$

也可设 $x = \tan t$,则

$$I = \int \cot^4 t dt = \int \cot^2 t(\csc^2 t - 1) dt = -\frac{1}{3}\cot^3 t + \cot t + t + C$$

$$= -\frac{1}{3x^3} + \frac{1}{x} + \arctan x + C.$$

(4)

$$I = \int \frac{(1-x^2)+x^2}{(1-x^2)^2} dx = \int \frac{1}{1-x^2} dx + \int \frac{x^2}{(1-x^2)^2} dx,$$

对上式第二项积分用分部积分法得

$$\int \frac{x^2}{(1-x^2)^2}\mathrm{d}x = \frac{1}{2}\int x\mathrm{d}\left(\frac{1}{1-x^2}\right) = \frac{1}{2}\left(\frac{x}{1-x^2} - \int \frac{1}{1-x^2}\mathrm{d}x\right),$$

故

$$I = \frac{1}{4}\ln\left|\frac{1+x}{1-x}\right| + \frac{x}{2(1-x^2)} + C.$$

题型7 三角有理式的不定积分

例4-54 求$\int \frac{\mathrm{d}x}{2\sin x - \cos x + 5}$.

解:用万能置换公式,将其化为有理函数的积分.

设$\tan\frac{x}{2} = t$,则$\sin x = \dfrac{2\sin\frac{x}{2}\cos\frac{x}{2}}{\cos^2\frac{x}{2} + \sin^2\frac{x}{2}} = \dfrac{2\tan\frac{x}{2}}{1+\tan^2\frac{x}{2}} = \dfrac{2t}{1+t^2}$,

$$\cos x = \cos^2\frac{x}{2} - \sin^2\frac{x}{2} = \frac{1-\tan^2\frac{x}{2}}{1+\tan^2\frac{x}{2}} = \frac{1-t^2}{1+t^2},$$

又$x = 2\arctan t$,$\mathrm{d}x = \dfrac{2}{1+t^2}\mathrm{d}t$,于是

$$\int \frac{\mathrm{d}x}{2\sin x - \cos x + 5} = \int \frac{\frac{2}{1+t^2}\mathrm{d}t}{\frac{4t}{1+t^2} - \frac{1-t^2}{1+t^2} + 5}$$

$$= \int \frac{\mathrm{d}t}{3t^2 + 2t + 2} = \frac{1}{3}\int \frac{\mathrm{d}\left(t+\frac{1}{3}\right)}{\left(t+\frac{1}{3}\right)^2 + \frac{5}{9}}$$

$$= \frac{1}{3}\,\frac{3}{\sqrt{5}}\arctan\frac{t+\frac{1}{3}}{\frac{\sqrt{5}}{3}} + C$$

$$= \frac{1}{\sqrt{5}}\arctan\left(\frac{3\tan\frac{x}{2}+1}{\sqrt{5}}\right) + C.$$

例4-55 求不定积分$\int \frac{\sin^2 x\mathrm{d}x}{1+\sin^2 x}$.

解:由于$\int \frac{\sin^2 x\mathrm{d}x}{1+\sin^2 x} = x - \int \frac{\mathrm{d}x}{1+\sin^2 x}$,对$\int \frac{\mathrm{d}x}{1+\sin^2 x}$,令$\tan x = t$有

$$\int \frac{\mathrm{d}x}{1+\sin^2 x} = \int \frac{1}{1+\frac{t^2}{1+t^2}}\cdot\frac{1}{1+t^2}\mathrm{d}t = \int \frac{1}{1+2t^2}\mathrm{d}t = \frac{1}{\sqrt{2}}\arctan(\sqrt{2}t) + C$$

$$= \frac{1}{\sqrt{2}}\arctan(\sqrt{2}\tan x) + C.$$

所以 $$\int\frac{\sin^2 x\mathrm{d}x}{1+\sin^2 x}=x-\frac{1}{\sqrt{2}}\arctan(\sqrt{2}\tan x)+C.$$

4.4 疑难问题解析

问题1 众所周知,连续函数一定有原函数.反之,在区间I上不连续的函数是否一定没有原函数?

答:不一定.例如函数 $F(x)=\begin{cases}x^2\sin\dfrac{1}{x} & x\neq 0\\ 0 & x=0\end{cases}$

在$(-\infty,+\infty)$内处处有导数,且

$$F'(x)=f(x)=\begin{cases}2x\sin\dfrac{1}{x}-\cos\dfrac{1}{x} & x\neq 0\\ 0 & x=0\end{cases}.$$

因此$f(x)$在$(-\infty,+\infty)$内有原函数,但$f(x)$在点$x=0$处并不连续,我们还注意到$x=0$是$f(x)$的第二类间断点.

因此,函数连续是存在原函数的充分而非必要条件.

问题2 用不同的方法求不定积分时,有时所得结果形式不同,这些结果是否矛盾?

答:只要所得结果的导数与被积函数相同即可,结果不必强求一致,它们之间可能相差一个常数,也可能是函数的代数变形.也就是说,用不同方法得到的不定积分,尽管形式不同,但它们都表示了同一个函数的不定积分,所以这些结果并不矛盾.

问题3 用第二换元积分法求不定积分时,注意哪些问题?

答:用第二换元积分法求不定积分时应注意三个问题:①用于代换的表达式在相应的区间内单调可导,且导数不为零;②换元后的被积函数的原函数存在;③求出原函数后一定要回代.

例4-56 计算$\displaystyle\int\frac{\sqrt{x^2-1}}{x}\mathrm{d}x$.

找出下列求解过程的错误:

$$\int\frac{\sqrt{x^2-1}}{x}\mathrm{d}x\xlongequal{x=\sec t}\int\frac{\tan t}{\sec t}\sec t\cdot\tan t\mathrm{d}t=\int\tan^2 t\mathrm{d}t=\sqrt{x^2-1}-\arccos\frac{1}{x}+C$$

分析:注意到被积函数的定义域为$|x|\geqslant 1$,经变量代换后对应的定义域为$0\leqslant t\leqslant\pi$,$\sqrt{x^2-1}=\sqrt{\tan^2 t}=|\tan t|\neq\tan t$.上述运算中把绝对值丢掉了,即只考虑了$x>1$的情况,原因是代换$x=\sec t$在$|x|\geqslant 1$时不单调.

正确解答:

当$x>1$时,有$\displaystyle\int\frac{\sqrt{x^2-1}}{x}\mathrm{d}x=\sqrt{x^2-1}-\arccos\frac{1}{x}+C$.

当$x<-1$时,有

$$\int\frac{\sqrt{x^2-1}}{x}\mathrm{d}x\xlongequal{x=-t}\int\frac{\sqrt{t^2-1}}{t}\mathrm{d}t=\sqrt{t^2-1}-\arccos\frac{1}{t}+C=\sqrt{x^2-1}-\arccos\frac{1}{-x}+C$$

综合上述两种情况得$\int \frac{\sqrt{x^2-1}}{x}dx = \sqrt{x^2-1} - \arccos\frac{1}{|x|} + C$.

问题4 为什么有些存在原函数的初等函数的不定积分"积不出来"?

答:我们知道,初等函数在其定义区间内连续,因此原函数一定存在,但是有些看起来很简单的初等函数在求不定积分时却"积不出来",所谓"积不出来",并不是它们没有原函数,而是这些原函数不能用初等函数表示,它们是一些"新函数",这就如同加法求逆产生负数,乘法求逆导致分数,乘方求逆导致虚数一样. 常见的原函数不能用初等函数表示的初等函数有 e^{-x^2}, $\frac{\sin x}{x}$, $\sin x^2$, $\frac{1}{\ln x}$, $\frac{1}{\sqrt{1+x^4}}$, $\sqrt{1+x^3}$, $\sqrt{1-k^2\sin^2 x}$ $(0<k<1)$等.

问题5 求分段函数的原函数时应注意什么?

答:一般地,求分段函数的原函数时应注意:

(1)求分段函数的原函数,先分别求出函数在各分段区间内的原函数,然后考查函数在分段点处的连续性.

(2)如果分段函数在分段点处连续,那么在包含该点的区间内原函数存在,根据原函数的连续性,定出积分常数.

(3)如果函数的分段点是第一类间断点,那么在包含该点的区间内原函数不存在.

问题6 函数$\frac{1}{x}$的基本积分公式有两种不同写法,即

$$\int \frac{1}{x}dx = \ln x + C, \int \frac{1}{x}dx = \ln|x| + C$$

由此可见,$\ln x$ 与 $\ln|x|$均为$\frac{1}{x}$的原函数,于是 $\ln x = \ln|x| + C_1$,若令 $x=1$,则 $C_1=0$,因此

$$\ln x = \ln|x|$$

该结论对吗?

答:上述结论显然是错误的. 作为基本概念,只定义了在一个区间上有定义的函数的原函数,而当我们说"在 N 个不相交区间 $I_i(i=1,2,\cdots,N)$ 上有定义的函数 $f(x)$ 的原函数是 $F(x)$",其含义是在指"在某个区间 I_i 上 $f(x)$ 的原函数是 $F(x)$, $i=1,2,\cdots,N$",因此不定积分的性质"当 $F_1(x)$, $F_2(x)$都是$f(x)$的原函数时,存在常数 C,使 $F_1(x)=F_2(x)+C$"是一句不完整的话,正确的说法应该是"如果 $F_1(x)$, $F_2(x)$定义在同一个区间上,且 $F_1(x)$, $F_2(x)$都是$f(x)$的原函数时,存在常数 C,使 $F_1(x)=F_2(x)+C$". 故本问题中说 $\ln x$ 与 $\ln|x|$都是$\frac{1}{x}$的原函数,是不完整的,应该说"在 $x>0$ 时,$\ln x$ 与 $\ln|x|$都是$\frac{1}{x}$的原函数"才是正确的说法. 因此正确的结论是"在 $x>0$ 时,$\ln x=\ln|x|$".

4.5 自测试题

自测试题 A

一、单项选择题

1. 下列函数中不是 $e^{2x}-e^{-2x}$的原函数的是(   ).

A. $\frac{1}{2}(e^{2x}+e^{-2x})$　B. $\frac{1}{2}(e^{x}+e^{-x})^2$　C. $\frac{1}{2}(e^{x}-e^{-x})^2$　D. $2(e^{2x}+e^{-2x})$

2. 下列等式正确的是(　　).

A. $d\int f(x)dx=f(x)$　B. $d\int f(x)dx=f(x)dx$

C. $\frac{d}{dx}\int f(x)dx=f(x)dx$　D. $\frac{d}{dx}\int f(x)dx=f(x)+C$

3. 经过点(1,0)且在任意点 x 处切线斜率为 $3x^2$ 的曲线方程是(　　).

A. $y=x^3$　B. $y=x^3+1$　C. $y=x^3-1$　D. $y=x^3+C$

4. 已知 $f(x)$ 是 $(-\infty,+\infty)$ 内的奇函数, $F(x)$ 是它的一个原函数,则(　　).

A. $F(x)=-F(-x)$　B. $F(-x)=F(x)$

C. $F(x)=-F(-x)+C$　D. $F(x)=F(x)+C$

5. 已知 $\int f(x)dx=e^x\cos 2x+C$,则 $f(x)=$ (　　).

A. $e^x\cos 2x$　B. $-e^x\sin 2x$

C. $e^x(\cos 2x-2\sin 2x)$　D. $e^x(\cos 2x-2\sin 2x)+C$

6. 如果 $\int f(x)dx=F(x)+C$,则 $\int e^{-x}f(e^{-x})dx=$ (　　).

A. $F(e^x)+C$　B. $-F(e^{-x})+C$　C. $F(e^{-x})+C$　D. $e^{-x}F(e^{-x})+C$

7. 不定积分 $\int\left(\frac{1}{\sin^2 x}+1\right)d\sin x=$ (　　).

A. $-\cot x+C$　B. $-\cot x+\sin x+C$

C. $-\frac{1}{\sin x}+\sin x+C$　D. $\frac{1}{\sin x}+\sin x+C$

8. 不定积分 $\int\frac{\ln\ln x}{x}dx=$ (　　).

A. $(\ln\ln x-1)x+C$　B. $(\ln\ln x-\ln x)x+C$

C. $(\ln\ln x-1)\ln x+C$　D. $(\ln\ln x-\ln x)\ln x+C$

二、填空题

1. 已知 $x+e^{-x}$ 是 $f(x)$ 的一个原函数,则 $\int f(\tan x)\sec^2 x dx=$ ________.

2. 已知 $\int f(x+1)dx=x\sin(x+1)+C$,则 $f(x)=$ ________.

3. 已知 $f'(\ln x)=1+x$,则 $f(x)=$ ________.

4. 已知 $f(x)=\begin{cases}x+1 & x\leqslant 1\\ 2x & x>1\end{cases}$,则 $\int f(x)dx=$ ________.

5. 已知一曲线经过点(2,1),且在其上任一点 (x,y) 处的切线斜率等于 $3x$,曲线的方程为________.

6. 设函数 $f(x)$ 满足 $\int xf(x)dx=\arctan x+C$,求 $\int f(x)dx=$ ________.

7. 已知$f(x)$的一个原函数为$(1+\sin x)\ln x$,则$\int xf'(x)\mathrm{d}x=$ ______.

8. 不定积分$\int\frac{x}{\cos^2(x^2+1)}\mathrm{d}x=$ ______.

三、计算题

1. $\int\sqrt{x\sqrt{x\sqrt{x}}}\mathrm{d}x$.

2. $\int\frac{x^2-1}{x^2+1}\mathrm{d}x$.

3. $\int\frac{1+\sin 2x}{\sin x+\cos x}\mathrm{d}x$.

4. $\int\frac{x+2}{\sqrt{x+1}}\mathrm{d}x$.

5. $\int\frac{x^2}{\sqrt{2-x^3}}\mathrm{d}x$.

6. $\int\frac{1}{\mathrm{e}^x+\mathrm{e}^{-x}}\mathrm{d}x$.

7. $\int\frac{\sqrt{x}}{1+x^3}\mathrm{d}x$.

8. $\int\frac{1}{(2-x)\sqrt{1-x}}\mathrm{d}x$.

9. $\int\frac{1}{\sqrt{x-x^2}}\mathrm{d}x$.

10. $\int x\tan^2 x\mathrm{d}x$.

11. $\int\mathrm{e}^x\tan\mathrm{e}^x\mathrm{d}x$.

12. $\int\frac{\ln\tan x}{\sin x\cos x}\mathrm{d}x$.

自测试题 B

一、单项选择题

1. 已知$\sin x$是$f(x)$的一个原函数,则$\lim\limits_{\Delta x\to 0}\frac{f(x+\Delta x)-f(x)}{\Delta x}=$( ).

A. $\sin x$　　B. $\cos x$　　C. $-\sin x$　　D. $-\cos x$

2. 已知$f(x)$的一个原函数为$\frac{\ln x}{x}$,则$\int xf'(x)\mathrm{d}x=$( ).

A. $\frac{\ln x}{x}+C$　　B. $\frac{1+\ln x}{x^2}+C$　　C. $\frac{1}{x}+C$　　D. $\frac{1}{x}-\frac{2\ln x}{x}+C$

3. 已知$f'(x)=2$,且$f(0)=1$,则$\int f(x)f'(x)\mathrm{d}x=$( ).

A. $2x+1$　　B. $(2x+1)^2$　　C. $2x^2+2x+C$　　D. $(2x+1)^2+C$

4. 已知$f'(x)=\phi'(x)$,则下列各式( )成立.

A. $f(x)-\phi(x)=0$　　B. $f(x)-\phi(x)=C$

C. $f(x)+\phi(x)=C$　　D. $\frac{\mathrm{d}}{\mathrm{d}x}\int f(x)\mathrm{d}x=\frac{\mathrm{d}}{\mathrm{d}x}\int\phi(x)\mathrm{d}x$

5. 在区间$(-\infty,+\infty)$上,函数$f(x)=\sin|x|$的一个原函数$F(x)$是( ).

A. $-\cos|x|$　　B. $\begin{cases}\cos x & x<0\\ -\cos x & x\geqslant 0\end{cases}$

C. $\begin{cases}\cos x-1 & x<0\\ -\cos x+1+C & x\geqslant 0\end{cases}$　　D. $\begin{cases}\cos x-2 & x<0\\ -\cos x & x\geqslant 0\end{cases}$

6. 若$\int\frac{f(x)}{\sin^2 x}\mathrm{d}x=g(x)\cdot f(x)+\int\cot^2 x\mathrm{d}x$,则$f(x)$和$g(x)$分别为( ).

A. $\ln\cos x, \tan x$　　B. $\ln\cos x, -\cot x$

C. $\ln\sin x, \tan x$　　D. $\ln|\sin x|, -\cot x$

7. 若$f'\left(\frac{1}{x}\right)=x^2$,则下列式子中正确的是(　　).

A. $f(x) = -x + C$　　B. $f(x) = \frac{1}{3x^3} + C$

C. $f(x) = -\frac{1}{x} + C$　　D. $f(x) = \frac{x^3}{3} + C$

8. 不定积分$\int \frac{1}{1+e^x}dx = $(　　).

A. $\ln(1+e^x)$　　B. $\ln(1+e^x)+C$

C. $x-\ln(1+e^x)$　　D. $x-\ln(1+e^x)+C$

二、填空题

1. 设$\int \frac{f(x)}{x}dx = F(x) + C$,则$\int f(x^\alpha)\frac{dx}{x} = $______.

2. 不定积分$\int \frac{e^{-\frac{1}{x^2}}}{x^3}dx = $______.

3. 已知$f'(t)\big|_{t=x^2} = \frac{1}{x}(x>0)$,则$f(x) = $______.

4. 已知$\int f(x)dx = \arctan e^x + C$,则$\int e^x f(x)dx = $______.

5. 不定积分$\int \frac{dx}{x(1+x^n)} = $______.

6. 已知$xf(x) - \int f(x)dx = \int \frac{x^2}{\sqrt{1+x^2}}dx$,则$f(x) = $______.

7. 已知$f(x) = \begin{cases} x^2 & x \leqslant 0 \\ \sin x & x > 0 \end{cases}$,则$\int f(x)dx = $______.

8. $\int (\sin^3 x + \sin^2 x)dx = $______.

9. 已知$f(x)$的一个原函数为$\ln(x+\sqrt{1+x^2})$,则$\int xf'(x)dx = $______.

10. 设$f'(x) = \sin x$,且$f(0) = -1$,又$F(x)$是$f(x)$的一个原函数,且$F(0) = 0$,则$\int \frac{1}{1+f(x)}dx$与$\int \frac{1}{1-F(x)}dx$分别为______.

三、计算题

1. $\int e^{3x^2+\ln x}dx$.　　2. $\int \frac{\sin 2x}{1+\cos^4 x}dx$.

3. $\int \frac{\sqrt{\arctan\frac{1}{x}}}{1+x^2}dx$.　　4. $\int \frac{1}{x^4(1+x^2)}dx$.

5. $\int \frac{x}{x^2+x+1}dx$.

6. $\int \ln\left(1-\frac{1}{x}\right)dx$.

7. $\int \frac{\sin x}{1+\sin x}dx$.

8. $\int \frac{1}{\sqrt{x(4-x)}}dx$.

9. $\int \frac{1}{(\sin x+2\cos x)^2}dx$.

10. $\int x^x(1+\ln x)dx$.

11. $\int \frac{\sin x-\cos x}{1+\sin 2x}dx$.

12. $\int \sqrt{\frac{\arcsin\sqrt{x}}{x(1-x)}}dx$.

13. $\int \frac{1}{1+\cos^2 x}dx$.

14. $\int \frac{1}{\sin^4 x}dx$.

15. $\int \frac{\ln(x+\sqrt{1+x^2})}{\sqrt{1+x^2}}dx$.

16. $\int \frac{1}{x(x^3+8)}dx$.

17. $\int \frac{1}{(x+1)\sqrt{1-x}}dx$.

18. $\int \arctan\sqrt{x-1}dx$.

19. $\int x\sqrt{\frac{1+x}{1-x}}dx$.

20. $\int \frac{x+\sin x}{1+\cos x}dx$.

21. $\int \sqrt{1-\sin 2x}dx \quad \left(0 \leqslant x \leqslant \frac{\pi}{2}\right)$.

22. $\int \frac{1}{1+x^2}\left(\arctan\frac{1+x}{1-x}\right)^2 dx$.

自测试题 C

一、单项选择题

1. 设$f(x)$是 $\sin 2x$ 的原函数,则下列函数中是$f(x)$的原函数的是(　　).

A. $x+\frac{1}{2}\sin 2x$　　B. $x-\frac{1}{2}\sin 2x$

C. $x+\frac{1}{4}\sin 2x$　　D. $x-\frac{1}{4}\sin 2x$

2. 已知$\int f(x)dx = xf(x) - \int \frac{x}{\sqrt{1+x^2}}dx$,则$f(x)=$(　　).

A. $\sqrt{1+x^2}$　　B. $\ln\sqrt{1+x^2}$　　C. $\frac{1}{\sqrt{1+x^2}}$　　D. $\ln(x+\sqrt{1+x^2})$

3. 设函数$f(x)$满足$\frac{4}{1-x^2}f(x) = \frac{d}{dx}[f(x)]^2$,$f(0)=0$,$f(x)\neq 0$,则$f(x)=$(　　).

A. $\frac{1+x}{1-x}$　　B. $\frac{1-x}{1+x}$　　C. $\ln\left|\frac{1+x}{1-x}\right|$　　D. $\ln\left|\frac{1-x}{1+x}\right|$

4. 设以下出现的积分均有意义,则表达式成立的是(　　).

A. $\int(f(x)+g(x))dx = \int f(x)dx + \int g(x)dx$

B. $\int |f(x)+g(x)|dx = \int |f(x)|dx + \int |g(x)|dx$

C. $\int f(x)g(x)dx = \int f(x)dx\int g(x)dx$

D. $\int \frac{f(x)}{g(x)}dx = \frac{\int f(x)dx}{\int g(x)dx}$

5. 函数 $e^{-|x|}$ 的一个原函数 $F(x)=($　　$)$.

A. $\begin{cases} e^x & x<0 \\ -e^{-x} & x\geqslant 0 \end{cases}$　　B. $\begin{cases} -e^{-x} & x<0 \\ e^x & x\geqslant 0 \end{cases}$

C. $\begin{cases} e^x-2 & x<0 \\ -e^{-x} & x\geqslant 0 \end{cases}$　　D. $\begin{cases} e^x-1 & x<0 \\ -e^{-x} & x\geqslant 0 \end{cases}$

6. 若 $f'(\sin^2 x)=\cos^2 x$，则 $f(x)=($　　$)$.

A. $\sin x-\frac{1}{2}\sin^2 x+C$　　B. $x-\frac{1}{2}x^2+C$

C. $\frac{1}{2}x^2-x+C$　　D. $\cos x-\sin x+C$

7. 设 $\int xf(x)dx = \arcsin x + C$，则 $\int \frac{1}{f(x)}dx = ($　　$)$.

A. $\sqrt{1-x^2}+C$　　B. $x\sqrt{1-x^2}+C$

C. $-\frac{1}{2}(1-x^2)^{\frac{3}{2}}+C$　　D. $-\frac{1}{3}(1-x^2)^{\frac{3}{2}}+C$

8. 下列说法中正确的是(　　).

A. $-\frac{1}{x^2}$ 在 $(-1,1)$ 上的原函数是 $\frac{1}{x}$

B. $\int \frac{-1}{1+x^2}dx = -\arctan\frac{1}{x}+C$

C. 符号函数 $\operatorname{sgn} x$ 在 $(-\infty,+\infty)$ 存在原函数

D. 函数 $f(x)=\begin{cases} 2x\sin\frac{1}{x}-\cos\frac{1}{x} & x\neq 0 \\ 0 & x=0 \end{cases}$ 在 $(-\infty,+\infty)$ 存在原函数

二、填空题

1. $\int \frac{1+\cos^2 x}{1+\cos 2x}dx =$ ________.

2. 已知 $f'(\sin^2 x) = \tan^2 x$，则 $f(x) =$ ________.

3. $\int \frac{\ln x-1}{x^2}dx =$ ________.

4. $\int \frac{1}{\sin 2x+2\sin x}dx =$ ________.

5. $\int \frac{1}{(1+x^4)\sqrt[4]{1+x^4}}dx =$ ________.

6. 积分 $\int \frac{2+ax+x^2}{(1+x)(1+x^2)}dx$ 的结果中不含反正切函数，则 $a =$ ________.

7. $\int \frac{1}{\sqrt{2x+1}+\sqrt{2x-1}}dx =$ ________.

8. $\int \sqrt{e^x + 1}dx =$ ________.

9. $\int \frac{1}{x(x-1)^2}dx =$ ________.

10. $\int \frac{x}{x^4 + 2x^2 + 5}dx =$ ________.

三、计算题

1. $\int (2x^2 - 1)e^{-x^2}dx$.

2. $\int \frac{1}{3\sin x + 4\cos x}dx$.

3. $\int \frac{x^2}{\sqrt{1-x^2}}dx$.

4. $\int \frac{\ln \sin x}{\cos^2 x}dx$.

5. $\int \frac{\arctan x}{x^2}dx$.

6. $\int \frac{x}{\sqrt{1-x^2}}\arcsin x dx$.

7. $\int \frac{x\sin x}{\cos^3 x}dx$.

8. $\int \frac{\arctan e^x}{e^{2x}}dx$.

9. $\int \frac{xe^{\arctan x}}{(1+x^2)^{\frac{3}{2}}}dx$.

10. $\int \frac{\ln(1+x)}{\sqrt{x}}dx$.

11. $\int e^x \frac{1+\sin x}{1+\cos x}dx$.

12. $\int \max(x^3, x^2, 1)dx$.

13. $\int \frac{\arctan x}{x^2(1+x^2)}dx$.

四、综合计算题

1. 求不定积分$\int \left\{\frac{f(x)}{f'(x)} - \frac{f^2(x)f''(x)}{[f'(x)]^3}\right\}dx$.

2. 求不定积分$\int xf'(2x)dx$，其中$f(x)$的原函数为$\frac{\sin x}{x}$.

3. 已知$f(x)$的一个原函数为$\frac{\sin x}{1 + x\sin x}$，求$\int f(x)f'(x)dx$.

4. 设$f(\sin^2 x) = \frac{x}{\sin x}$，求$\int \frac{\sqrt{x}}{\sqrt{1-x}}f(x)dx$.

5. 设$x = y(x-y)^2$，求$\int \frac{dx}{x-3y}$.

6. 设$F(x)$是$f(x)$的一个原函数，当$x \geqslant 0$时，$F(x) > 0$，且$\frac{f(x)}{F(x)} = \frac{1}{\sqrt{1+x^2}}$，$F(0) = 1$，求$f(x)$.

第5章 定 积 分

5.1 主要内容

5.1.1 定积分的概念和基本性质

1. 定积分定义

设函数$f(x)$在$[a,b]$上有界，$\Delta=\{x_0,x_1,\cdots x_n\}$是$[a,b]$的任一个划分，任取$\xi_i\in[x_{i-1},x_i]$ $(i=1,2,\cdots,n)$，令$\Delta x_i=x_i-x_{i-1}$，作乘积$f(\xi_i)\Delta x_i$，作和$S_n=\sum\limits_{i=1}^{n}f(\xi_i)\Delta x_i$，记$\lambda=\max\{\Delta x_1,\Delta x_2,\cdots,\Delta x_n\}$，

如果不论对$[a,b]$怎样划分，也不论在子区间$[x_{i-1},x_i]$上ξ_i怎样取法，此和式的极限都存在(当$\lambda\to0$时)，则称函数$f(x)$在$[a,b]$上是可积的，并称此极限值为函数$f(x)$在区间$[a,b]$上的**定积分**，记为$\int_a^b f(x)\,\mathrm{d}x$，即

$$\int_a^b f(x)\,\mathrm{d}x=\lim_{\lambda\to0}\sum_{i=1}^{n}f(\xi_i)\Delta x_i$$

其中，$f(x)$叫做**被积函数**，$f(x)\mathrm{d}x$叫做**被积表达式**，x叫做**积分变量**，$[a,b]$叫做**积分区间**，a叫做**积分下限**，b叫做**积分上限**，和式S_n叫做**积分和**.

【评注】

(1) 若函数$f(x)$在$[a,b]$上可积，则定积分$\int_a^b f(x)\,\mathrm{d}x$为一常数，它仅与被积函数$f(x)$和积分区间$[a,b]$有关，与区间的划分及$\xi_i$的取法无关，与积分变量用什么字母表示无关，即

$$\int_a^b f(x)\,\mathrm{d}x=\int_a^b f(t)\,\mathrm{d}t$$

(2) 若$f(x)$在$[a,b]$上无界，则$f(x)$在$[a,b]$上不可积，即有界是函数可积的必要条件.

(3) 函数$f(x)$在$[a,b]$上可积的充分条件：

1) 若函数$f(x)$在$[a,b]$上连续，则$f(x)$在$[a,b]$上可积.

2) 若函数$f(x)$在$[a,b]$上有界，且只有有限个间断点，则$f(x)$在$[a,b]$上可积.

2. 定积分的几何意义

(1) 若在$[a,b]$上，$f(x)\geqslant0$，$a<b$，则$\int_a^b f(x)\,\mathrm{d}x$表示由曲线$y=f(x)$和直线$x=a$，$x=b$及$x$轴所围成的曲边梯形的面积.

(2) 在$[a,b]$上，$f(x)\leqslant0$，$a<b$，这时$\int_a^b f(x)\,\mathrm{d}x\leqslant0$且曲边梯形的曲边位于$x$轴的下方，故这时定积分$\int_a^b f(x)\,\mathrm{d}x$表示曲边梯形面积的负值.

(3) 在$[a,b]$上, $f(x)$既取得正值又取得负值时,函数$f(x)$的图形部分位于x轴上方、部分位于x轴下方,此时定积分$\int_a^b f(x)\mathrm{d}x$表示x轴上方图形面积与x轴下方图形的面积的差,即各部分面积的代数和.

3. 定积分的基本性质

在下面定积分的性质中,如无特别声明,积分上、下限的大小均不加限制,并假定积分都是存在的.

(1) 关于定积分的两个规定:

1) 当$a=b$时, $\int_a^b f(x)\mathrm{d}x = 0$.

2) $\int_a^b f(x)\mathrm{d}x = -\int_b^a f(x)\mathrm{d}x$.

(2) 当被积函数为1时, $\int_a^b \mathrm{d}x = b-a$.

(3) **代数和性质**: $\int_a^b [f(x) \pm g(x)]\mathrm{d}x = \int_a^b f(x)\mathrm{d}x \pm \int_a^b g(x)\mathrm{d}x$.

该性质对有限个函数的代数和运算都是成立的.

(4) **数乘性质**: $\int_a^b kf(x)\mathrm{d}x = k\int_a^b f(x)\mathrm{d}x$($k$为常数).

(5) **区间可加性(路径性质)**: 设a,b,c为不相同的常数,则有

$$\int_a^b f(x)\mathrm{d}x = \int_a^c f(x)\mathrm{d}x + \int_c^b f(x)\mathrm{d}x.$$

该性质说明定积分对于区间具有可加性.

(6) **不等式性质**: 如果在$[a,b]$上, $f(x)\geqslant 0$,则

$$\int_a^b f(x)\mathrm{d}x \geqslant 0 (a < b).$$

特别地,若$f(x)$在$[a,b]$上连续且不恒为零,则

$$\int_a^b f(x)\mathrm{d}x > 0.$$

推论1: 如果在$[a,b]$上, $f(x)\leqslant g(x)$,则

$$\int_a^b f(x)\mathrm{d}x \leqslant \int_a^b g(x)\mathrm{d}x (a < b).$$

推论2: 若$f(x)$可积,则$|f(x)|$可积,且

$$\left|\int_a^b f(x)\mathrm{d}x\right| \leqslant \int_a^b |f(x)| \mathrm{d}x \quad (a < b).$$

(7) **估值性质**: 若对任意的$x\in[a,b]$,恒有$m\leqslant f(x)\leqslant M$,则

$$m(b-a) \leqslant \int_a^b f(x)\mathrm{d}x \leqslant M(b-a).$$

【评注】 性质(6)与性质(7)成立的条件是积分下限小于上限.

(8) **定积分中值定理**: 若函数$f(x)$在闭区间$[a,b]$上连续,则在积分区间$[a,b]$上至少存在一点ξ,使$\int_a^b f(x)\mathrm{d}x = f(\xi)(b-a)(a\leqslant\xi\leqslant b)$.

5.1.2 积分上限函数及其导数

1. 积分上限函数

设$f(x)$在区间$[a,b]$上连续,x为$[a,b]$上任意一点,称函数

$$\Phi(x)=\int_a^x f(t)\,dt,x\in[a,b],t\in[a,x]$$

为**积分上限函数**或**变上限积分**.

类似地,若$f(x)$在区间$[a,b]$上连续,x为$[a,b]$上任意一点,函数

$$\Phi(x)=\int_x^b f(t)\,dt,x\in[a,b],t\in[x,b]$$

叫做**积分下限函数**或**变下限积分**.

2. 积分上限函数的导数

定理:如果函数$f(x)$在区间$[a,b]$上连续,则积分上限函数

$$\Phi(x)=\int_a^x f(t)\,dt$$

在$[a,b]$上具有导数,且

$$\Phi'(x)=\frac{d}{dx}\int_a^x f(t)\,dt=f(x)\quad(a\leqslant x\leqslant b).$$

由上述定理进一步可得求导公式

$$\frac{d}{dx}\int_x^b f(t)\,dt=-f(x)$$

$$\frac{d}{dx}\int_{\alpha(x)}^{\beta(x)}f(t)\,dt=f[\beta(x)]\beta'(x)-f[\alpha(x)]\alpha'(x),\text{其中}\alpha(x),\beta(x)\text{可导}.$$

3. 原函数存在定理

如果函数$f(x)$在区间$[a,b]$上连续,则函数

$$\Phi(x)=\int_a^x f(t)\,dt$$

就是$f(x)$在$[a,b]$上的一个原函数.

5.1.3 定积分的计算

1. 牛顿-莱布尼兹公式(Newton-Leibniz)

设函数$f(x)$在区间$[a,b]$上连续,$F(x)$是$f(x)$的一个原函数,则有

$$\int_a^b f(x)\,dx=F(b)-F(a).$$

【评注】 使用牛顿-莱布尼兹公式求定积分时要求被积函数连续,该条件不满足时要慎用.

2. 定积分的换元法

设函数$f(x)$在区间$[a,b]$上连续,函数$x=\varphi(t)$满足下列条件:

(1) $\varphi(t)$在区间$[\alpha,\beta]$上有连续导数.

(2) $\varphi(\alpha)=a,\varphi(\beta)=b,a\leqslant\varphi(t)\leqslant b$.

则有换元公式

$$\int_a^b f(x)\,dx = \int_\alpha^\beta f[\varphi(t)]\varphi'(t)\,dt.$$

3. 定积分的分部积分法

若函数 $u'(x)$ 和 $v'(x)$ 均在区间 $[a,b]$ 上连续,则有定积分分部积分公式

$$\int_a^b u(x)v'(x)\,dx = u(x)v(x)\big|_a^b - \int_a^b u'(x)v(x)\,dx$$

【评注】 定积分的分部积分公式中,$u(x)$ 与 $v(x)$ 选取原则与不定积分分部积分公式中 $u(x)$ 与 $v(x)$ 的选取原则相同.

4. 定积分常用公式(假设被积函数连续)

(1) $\int_a^b f(x)\,dx = \int_a^b f(a+b-x)\,dx.$

(2) $\int_a^b f(x)\,dx = \frac{1}{2}\int_a^b [f(x)+f(a+b-x)]\,dx.$

(3) $\int_a^b f(x)\,dx = (b-a)\int_0^1 f[a+(b-a)x]\,dx.$

(4) $\int_0^{\frac{\pi}{2}} f(\sin x)\,dx = \int_0^{\frac{\pi}{2}} f(\cos x)\,dx.$

(5) $\int_0^{\pi} xf(\sin x)\,dx = \frac{\pi}{2}\int_0^{\pi} f(\sin x)\,dx = \pi\int_0^{\frac{\pi}{2}} f(\sin x)\,dx.$

(6) $\int_{-a}^a f(x)\,dx = \int_0^a [f(x)+f(-x)]\,dx = \begin{cases} 2\int_0^a f(x)\,dx & \text{当} f(x) \text{是偶函数} \\ 0 & \text{当} f(x) \text{是奇函数} \end{cases}$

5.1.4 反常积分

1. 无穷区间上的反常积分

(1) 如果函数 $f(x)$ 在 $[a,+\infty)$ 上连续,则函数 $f(x)$ 在无穷区间 $[a,+\infty)$ 上的反常积分定义为 $\int_a^{+\infty} f(x)\,dx = \lim\limits_{b\to+\infty}\int_a^b f(x)\,dx.$

(2) 若函数 $f(x)$ 在 $(-\infty,b]$ 上连续,则函数 $f(x)$ 在无穷区间 $(-\infty,b]$ 上的反常积分定义为 $\int_{-\infty}^b f(x)\,dx = \lim\limits_{a\to-\infty}\int_a^b f(x)\,dx.$

若以上右端极限存在,称反常积分 $\int_a^{+\infty} f(x)\,dx$ 与 $\int_{-\infty}^b f(x)\,dx$ 收敛,如果上述极限不存在,就称反常积分 $\int_a^{+\infty} f(x)\,dx$ 与 $\int_{-\infty}^b f(x)\,dx$ 发散,这时虽然仍用同样的记号,但已不表示具体的数值了.

(3) 若对某个常数 c(一般取 $c=0$),反常积分 $\int_{-\infty}^c f(x)\,dx$ 与 $\int_c^{+\infty} f(x)\,dx$ 都收敛,则称上述两个反常积分之和为函数 $f(x)$ 在无穷区间 $(-\infty,+\infty)$ 上的反常积分,记作 $\int_{-\infty}^{+\infty} f(x)\,dx$,即

$$\int_{-\infty}^{+\infty} f(x)\,dx = \int_{-\infty}^c f(x)\,dx + \int_c^{+\infty} f(x)\,dx = \lim_{a\to-\infty}\int_a^c f(x)\,dx + \lim_{b\to+\infty}\int_c^b f(x)\,dx.$$

这时也称反常积分 $\int_{-\infty}^{+\infty} f(x)\,dx$ 收敛,否则发散.

【评注】 若 $F(x)$ 是 $f(x)$ 的一个原函数,则可以利用

$$\int_a^{+\infty} f(x)\,dx = F(x)\Big|_a^{+\infty} = \lim_{b\to+\infty}[F(b)-F(a)],$$

$$\int_{-\infty}^{b} f(x)\,dx = F(x)\Big|_{-\infty}^{b} = \lim_{a\to-\infty}[F(b)-F(a)],$$

$$\int_{-\infty}^{+\infty} f(x)\,dx = F(x)\Big|_{-\infty}^{+\infty} = \lim_{b\to+\infty}F(b) - \lim_{a\to-\infty}F(a)$$

简化反常积分的计算.

2. 无界函数的反常积分

若被积函数 $f(x)$ 在 $[a,b]$ 上某点(或有限个点)处无界,则称积分 $\int_a^b f(x)\,dx$ 为**无界函数的反常积分或瑕积分**,并称使被积函数无界的点为**瑕点**.

设函数 $f(x)$ 在点 a 的右邻域内无界($\lim\limits_{x\to a^+}f(x)=\pm\infty$),则定义反常积分 $\int_a^b f(x)\,dx = \lim\limits_{\varepsilon\to0^+}\int_{a+\varepsilon}^b f(x)\,dx$,这时称瑕积分 $\int_a^b f(x)\,dx$ 收敛;如果上述极限不存在,则称瑕积分 $\int_a^b f(x)\,dx$ 发散.

类似地,可定义当 $f(x)$ 在 b 的左邻域内无界或在点 $c\,(a<c<b)$ 无界时,反常积分 $\int_a^b f(x)\,dx$ 的敛散性,这时

$$\int_a^b f(x)\,dx = \lim_{\varepsilon\to0^+}\int_a^{b-\varepsilon} f(x)\,dx,$$

$$\int_a^b f(x)\,dx = \lim_{\varepsilon\to0^+}\int_a^{c-\varepsilon} f(x)\,dx + \lim_{\eta\to0^+}\int_{c+\eta}^{b} f(x)\,dx \text{(注意 } \varepsilon \text{ 与 } \eta \text{ 独立)}.$$

3. 常用的反常积分

(1) $\int_1^{+\infty}\frac{1}{x^p}\,dx = \begin{cases}\frac{1}{p-1} & p>1\\ +\infty & p\leqslant 1\end{cases}.$

(2) $\int_a^{+\infty}\frac{1}{x(\ln x)^p}\,dx = \begin{cases}\frac{1}{p-1}(\ln a)^{1-p} & p>1\\ +\infty & p\leqslant 1\end{cases}(a>1).$

(3) $\int_0^{+\infty} e^{-x^2}\,dx = \frac{\sqrt{\pi}}{2}.$

(4) $\int_0^{+\infty}\frac{\sin x}{x}\,dx = \frac{\pi}{2}.$

(5) $\int_0^1\frac{1}{x^p}\,dx = \begin{cases}\frac{1}{1-p} & 0<p<1\\ \infty & p\geqslant 1\end{cases}.$

(6) $\int_a^b\frac{1}{(x-a)^p}\,dx = \int_a^b\frac{1}{(b-x)^p}\,dx = \begin{cases}\frac{(b-a)^{1-p}}{1-p} & 0<p<1\\ \infty & p\geqslant 1\end{cases}.$

5.1.5 定积分的应用

1. 定积分的元素法

元素法简单地说就是把所求量表达成为某个函数在某个区间上的定积分的分析方法，如果所求量具有以下特点，则可以用定积分计算所求量的大小.

(1) 所求量的大小，取决于某个变量的一个变化区间$[a,b]$及定义在该区间上的函数.

(2) 所求量对于区间具有可加性，即在$[a,b]$上的总量等于$[a,b]$上各个子区间上的部分量之和.

(3) 部分量的近似值是 Δx_i的线性函数，其误差是比 Δx_i高阶的无穷小.

(4) 所求量归结为具有相同结构的和式的极限.

2. 利用定积分求平面图形的面积

(1) 直角坐标系下平面图形面积的计算(假设 $a<b,c<d$)

1) 连续曲线 $y=f(x)$ ($f(x)\geqslant 0$) 及 $x=a,x=b$ 及 x 轴所围成的平面图形面积为

$$A=\int_a^b f(x)\,\mathrm{d}x.$$

2) 由两条曲线 $y_1=f_1(x)$ 与 $y_2=f_2(x)$ 及 $x=a,x=b$ 所围成的平面图形面积为

$$A=\int_a^b [f_1(x)-f_2(x)]\,\mathrm{d}x\quad (f_1(x)>f_2(x)).$$

3) 连续曲线 $x=\phi(y)$ ($\phi(y)\geqslant 0$) 及 $y=c,y=d$ 及 y 轴所围成的平面图形面积为

$$A=\int_c^d \phi(y)\,\mathrm{d}y.$$

4) 由方程 $x=\phi_1(y)$ 与 $x=\phi_2(y)$ 以及 $y=c,y=d$ 所围成的平面图形面积为

$$A=\int_c^d |\phi_1(y)-\phi_2(y)|\,\mathrm{d}y.$$

(2) 极坐标系下平面图形面积的计算(假定 $\alpha<\beta$)

1) 连续曲线 $r=r(\theta)$ 及 $\theta=\alpha,\theta=\beta$ 所围成的平面图形面积为

$$A=\frac{1}{2}\int_\alpha^\beta r^2(\theta)\,\mathrm{d}\theta.$$

2) 连续曲线 $r=r_1(\theta)$ 及 $r=r_2(\theta)$ ($r_1(\theta)\geqslant r_2(\theta)$) 与 $\theta=\alpha,\theta=\beta$ 所围成的平面图形面积为

$$A=\frac{1}{2}\int_\alpha^\beta [r_1^2(\theta)-r_2^2(\theta)]\,\mathrm{d}\theta.$$

3. 利用定积分求旋转体的体积

(1) 连续曲线 $y=f(x)$ ($f(x)\geqslant 0$) 与 $x=a,x=b$ ($a<b$) 及 x 轴所围成的平面图形分别绕 x 轴与 y 轴旋转一周而成的旋转体的体积分别为

$$V=\pi\int_a^b f^2(x)\,\mathrm{d}x$$

与

$$V=2\pi\int_a^b xf(x)\,\mathrm{d}x.$$

(2) 由两条曲线 $y_1=f_1(x)$ 与 $y_2=f_2(x)$ 及 $x=a,x=b$ ($a<b,f_1(x)>f_2(x)$) 所围成的平面图形分别绕 x 轴与 y 轴旋转一周而成的旋转体的体积分别为

$$V = \pi\int_a^b [f_1^2(x) - f_2^2(x)]\mathrm{d}x$$

与

$$V = 2\pi\int_a^b x[f_1(x) - f_2(x)]\mathrm{d}x.$$

(3) 连续曲线 $x=\phi(y)(\phi(y)\geqslant 0)$ 及 $y=c, y=d(c<d)$ 及 y 轴所围成的平面图形绕 y 轴与 x 轴旋转一周而成的旋转体的体积为

$$V = \pi\int_c^d \phi^2(y)\mathrm{d}y$$

与

$$V = 2\pi\int_c^d y\phi(y)\mathrm{d}y.$$

(4) 由方程 $x=\phi_1(y)$ 与 $x=\phi_2(y)(\phi_1(y)>\phi_2(y))$ 以及 $y=c, y=d(c<d)$ 所围成的平面图形绕 y 轴与 x 轴旋转一周而成的旋转体的体积为

$$V = \pi\int_c^d [\phi_1^2(y) - \phi_2^2(y)]\mathrm{d}y$$

与

$$V = 2\pi\int_c^d y[\phi_1(y) - \phi_2(y)]\mathrm{d}y.$$

4. 利用定积分求截面面积已知的立体的体积

如果一个立体不是旋转体,但却知道该立体上垂直于一定轴的各个截面的面积,则这个立体的体积也可以用定积分来计算. 设立体在过点 $x=a, x=b(a<b)$ 且垂直于 x 轴的两平面之间,以 $A(x)$ 表示过点 x 且垂直于 x 轴的平面面积,x 的变化区间为 $[a,b]$,设上述定轴为 x 轴,$A(x)$ 为 x 的连续函数,便得所求立体的体积为

$$V = \int_a^b A(x)\mathrm{d}x.$$

5. 定积分在经济学中的应用

(1) 设一批产品的总产量(或总销售量)x 是时间 t 的函数 $x=x(t)$,它的变化率为 $\frac{\mathrm{d}x}{\mathrm{d}t}=f(t)$,则在 $t=a$ 到 $t=b$ 这段时间内的总产量(或总销售量)为

$$x = \int_a^b f(t)\mathrm{d}t.$$

(2) 设生产销售一批产品的固定成本为 C_0,边际成本为 $C'(x)$,则生产或销售 x 单位产品总成本为

$$C(x) = C_0 + \int_0^x C'(t)\mathrm{d}t,$$

其中,$\int_0^x C'(t)\mathrm{d}t$ 为可变成本.

(3) 设生产销售 x 单位产品的边际收益为 $R'(x)$,则生产或销售 x 单位产品总收益为

$$R(x) = \int_0^x R'(t)\mathrm{d}t.$$

(4) 设生产销售 x 单位产品的边际利润为 $L'(x)(L'(x)=R'(x)-C'(x))$,则生产或销售 x 单位产品总利润为

$$L(x) = \int_0^x L'(t)\mathrm{d}t - C_0.$$

5.2 学习要求

1. 理解定积分的概念,掌握基本性质及积分中值定理.
2. 知道函数$f(x)$在$[a,b]$上可积的必要条件可积的充分条件.
3. 理解变上限积分函数,熟练掌握变上限函数的求导公式.
4. 掌握牛顿-莱布尼兹公式,并能熟练使用牛顿-莱布尼兹公式计算定积分.
5. 熟练掌握定积分的换元法与分部积分法.
6. 理解无穷区间上反常积分、无界函数的反常积分定义,会用定义判断反常积分的敛散性并计算反常积分.
7. 熟练掌握用定积分计算平面图形的面积和旋转体体积的方法.

5.3 基本题型与范例

题型1 对定积分概念与性质的理解

例5-1 判断以下计算是否正确.

(1) $\int_{-1}^{1}\frac{1}{x^2}\mathrm{d}x = -\frac{1}{x}\Big|_{-1}^{1} = -2$.

(2) $\int_{-1}^{1}\left[\frac{\mathrm{d}}{\mathrm{d}x}\left(\arctan\frac{1}{x}\right)\right]\mathrm{d}x = \arctan\frac{1}{x}\Big|_{-1}^{1} = \frac{\pi}{2}$.

(3) 由于$f(x)=\mathrm{e}^{|x|}$在$[-1,1]$上连续,又当$x\neq 0$时,

$$F(x) = \begin{cases}\mathrm{e}^{x} & x\geqslant 0\\ -\mathrm{e}^{-x} & x<0\end{cases}$$

可导,且

$$F'(x) = f(x) = \mathrm{e}^{|x|},$$

所以
$$\int_{-1}^{1}\mathrm{e}^{|x|}\mathrm{d}x = F(x)\Big|_{-1}^{1} = 2\mathrm{e}.$$

解: 以上计算都不正确,(1)与(2)是由于被积函数$\frac{1}{x^2}$和$\frac{\mathrm{d}}{\mathrm{d}x}\left(\arctan\frac{1}{x}\right)$在$[-1,1]$上不连续,所以不能直接用牛顿-莱布尼兹公式,这种有不连续点的定积分见广义积分.

而(3)是由于$F(x)$在$x=0$处虽有定义,但在$x=0$处不可导,故在$[-1,1]$上$F(x)$不是$f(x)=\mathrm{e}^{|x|}$的原函数,可以验证

$$F_1(x) = \begin{cases}\mathrm{e}^{x} & x\geqslant 0\\ 2-\mathrm{e}^{-x} & x<0\end{cases}$$

才是$f(x)=\mathrm{e}^{|x|}$的原函数,这时有

$$\int_{-1}^{1}\mathrm{e}^{|x|}\mathrm{d}x = F_1(x)\Big|_{-1}^{1} = \mathrm{e}-(2-\mathrm{e}) = 2(\mathrm{e}-1).$$

例5-2 设

$$M = \int_{-\frac{\pi}{2}}^{\frac{\pi}{2}} \frac{\sin x}{1 + x^2}\cos^4 x\mathrm{d}x, N = \int_{-\frac{\pi}{2}}^{\frac{\pi}{2}} (\sin^3 x + \cos^4 x)\mathrm{d}x, P = \int_{-\frac{\pi}{2}}^{\frac{\pi}{2}} (x^2\sin^3 x - \cos^4 x)\mathrm{d}x,$$

则下列不等式成立的是(　　).

A. $N<P<M$　　B. $M<P<N$　　C. $N<M<P$　　D. $P<M<N$

解：因为所有的积分区间都是对称的，M 中的被积函数是奇函数，所以 $M=0$，

$$N = \int_{-\frac{\pi}{2}}^{\frac{\pi}{2}} (\sin^3 x + \cos^4 x)\mathrm{d}x = \int_{-\frac{\pi}{2}}^{\frac{\pi}{2}} \cos^4 x\mathrm{d}x > 0,$$

$$P = \int_{-\frac{\pi}{2}}^{\frac{\pi}{2}} (x^2\sin^3 x - \cos^4 x)\mathrm{d}x = -\int_{-\frac{\pi}{2}}^{\frac{\pi}{2}} \cos^4 x\mathrm{d}x < 0,$$

所以 $P<M<N$，选择 D.

例 5-3　在区间$[a,b]$上，设$f(x)>0$，根据定积分的几何意义判断下列各式对否.

(1) 若$f'(x)<0$，$f''(x)<0$，则

$$(b-a)\frac{f(a)+f(b)}{2} < \int_a^b f(x)\mathrm{d}x < (b-a)f(a).$$

(2) 若$f'(x)<0$，$f''(x)>0$，则

$$(b-a)f(b) < \int_a^b f(x)\mathrm{d}x < (b-a)\frac{f(a)+f(b)}{2}.$$

(3) 若$f'(x)>0$，$f''(x)<0$，则

$$(b-a)\frac{f(a)+f(b)}{2} < \int_a^b f(x)\mathrm{d}x < (b-a)f(b).$$

(4) 若$f'(x)>0$，$f''(x)>0$，则

$$(b-a)f(a) < \int_a^b f(x)\mathrm{d}x < (b-a)\frac{f(a)+f(b)}{2}.$$

解：在$[a,b]$上，$f'(x)>0$($f'(x)<0$)，曲线 $y=f(x)$ 上升(下降)；$f''(x)>0$($f''(x)<0$)，曲线 $y=f(x)$ 是凹(凸)的. 由图 5-1a、b、c、d 分别与题中之(1)、(2)、(3)、(4)相对应. 我们看图 5-1d：

$$(b-a)f(a) = \text{矩形 } aADb \text{ 的面积},$$

$$\int_a^b f(x)\mathrm{d}x = \text{曲边梯形 } aABb \text{ 的面积},$$

$$(b-a)\frac{f(a)+f(b)}{2} = \text{梯形 } aABb \text{ 的面积}.$$

显然(4)是对的. 同样分析，各式均是对的.

例 5-4　下列函数中，在区间$[-1,1]$上不可积的是(　　).

A. $f(x)=\begin{cases}1 & -1<x<1,\\ 0 & x=-1, x=1\end{cases}$　　B. $f(x)=\dfrac{1}{2x-1}$

C. $f(x)=\begin{cases}\sin\dfrac{1}{x} & x\neq0,\\ 1 & x=0\end{cases}$　　D. $f(x)=\begin{cases}x\sin\dfrac{1}{x} & x\neq0,\\ 0 & x=0\end{cases}$

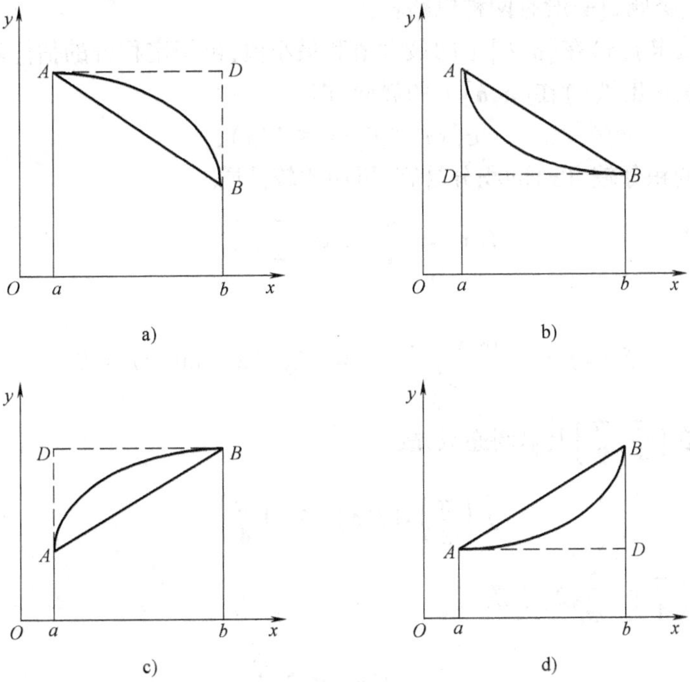

图 5-1

解： 选 B. $f(x)=\dfrac{1}{2x-1}$在$[-1,1]$上有无穷间断点 $x=\dfrac{1}{2}$，即无界. A 在$[-1,1]$上有界，只有两个有限间断点. C 在$[-1,1]$上有界，只有一个有限间断点. D 在$[-1,1]$上连续.

例 5-5 确定下列两个定积分中哪个积分值较大，并说明理由.

$$I_1=\int_0^{\frac{\pi}{2}}\sin(\sin x)\mathrm{d}x, I_2=\int_0^{\frac{\pi}{2}}\cos(\sin x)\mathrm{d}x.$$

分析： 比较两个定积分值的大小，应用定积分的比较性质．大致分两种情况：

(1) 若积分区间相同，直接比较两个被积函数的大小.

(2) 若积分区间不同，可用被积函数的单调性进行比较；可通过变量替换将积分区间化成相同的，再用比较性质；也可判定积分值是大于零、小于零或等于零进行比较.

解： 在区间$\left(0,\dfrac{\pi}{2}\right)$内，$\sin x<x$，且 $\sin x$ 单调增加，$\cos x$ 单调减少，故

$$\sin(\sin x)<\sin x, \cos(\sin x)>\cos x.$$

从而
$$I_1<\int_0^{\frac{\pi}{2}}\sin x\mathrm{d}x=1,\ I_2>\int_0^{\frac{\pi}{2}}\cos x\mathrm{d}x=1,$$

即
$$I_1<I_2\text{（这里计算定积分时，用了牛顿-莱布尼兹公式）}.$$

例 5-6 证明：

(1) $\dfrac{1}{2}\leqslant\int_{\frac{\pi}{4}}^{\frac{\pi}{2}}\dfrac{\sin x}{x}\mathrm{d}x\leqslant\dfrac{\sqrt{2}}{2}$；

(2) $\dfrac{1}{2}\leqslant\int_0^1\dfrac{1}{\sqrt{4-2x-x^2+x^3}}\mathrm{d}x\leqslant\arcsin\dfrac{3}{5}$.

分析：证明此类题目一般有两种思路：

(1) 用微分法求 $f(x)$ 在 $[a,b]$ 上的最大值和最小值，再用定积分的估值定理或比较性质.

(2) 用放缩法求出 $f(x)$ 在 $[a,b]$ 上的界限，即

$$g(x)\leqslant f(x)\leqslant h(x),$$

其中 $g(x)$，$h(x)$ 的积分较 $f(x)$ 的积分易算，再用比较性质.

证明：(1) 令

$$f(x)=\frac{\sin x}{x},x\in\left[\frac{\pi}{4},\frac{\pi}{2}\right],$$

$$f'(x)=\frac{x\cos x-\sin x}{x^2}=\frac{\cos x}{x^2}(x-\tan x)<0,$$

所以 $f(x)=\dfrac{\sin x}{x}$ 在 $\left[\dfrac{\pi}{4},\dfrac{\pi}{2}\right]$ 上单调递减，故

$$f\left(\frac{\pi}{2}\right)\leqslant f(x)\leqslant f\left(\frac{\pi}{4}\right),$$

而 $f\left(\dfrac{\pi}{2}\right)=\dfrac{2}{\pi}$，$f\left(\dfrac{\pi}{4}\right)=\dfrac{2}{\pi}\sqrt{2}$，于是

$$\frac{2}{\pi}\leqslant f(x)\leqslant\frac{2\sqrt{2}}{\pi},$$

由估值定理有 $\dfrac{1}{2}\leqslant\displaystyle\int_{\frac{\pi}{4}}^{\frac{\pi}{2}}\frac{\sin x}{x}\mathrm{d}x\leqslant\frac{\sqrt{2}}{2}$.

(2) 由于当 $x\in[0,1]$ 时，$4\geqslant 4-2x-x^2+x^3\geqslant 4-2x-x^2$，于是

$$\frac{1}{2}\leqslant\int_0^1\frac{1}{\sqrt{4-2x-x^2+x^3}}\mathrm{d}x\leqslant\int_0^1\frac{1}{\sqrt{4-2x-x^2}}\mathrm{d}x,$$

而

$$\int_0^1\frac{1}{\sqrt{4-2x-x^2}}\mathrm{d}x=\int_0^1\frac{1}{\sqrt{5-(x+1)^2}}\mathrm{d}(x+1)=\arcsin\frac{x+1}{\sqrt{5}}\bigg|_0^1$$

$$=\arcsin\frac{2}{\sqrt{5}}-\arcsin\frac{1}{\sqrt{5}}=\arcsin\frac{3}{5},$$

所以

$$\frac{1}{2}\leqslant\int_0^1\frac{1}{\sqrt{4-2x-x^2+x^3}}\mathrm{d}x\leqslant\arcsin\frac{3}{5}.$$

题型 2　用定积分定义求极限

例 5-7　计算极限 $\lim\limits_{n\to\infty}\left(\dfrac{1}{\sqrt{n^2+n}}+\dfrac{1}{\sqrt{n^2+2n}}+\cdots+\dfrac{1}{\sqrt{n^2+n^2}}\right)$.

分析：因为

$$\frac{1}{\sqrt{n^2+n}}+\frac{1}{\sqrt{n^2+2n}}+\cdots+\frac{1}{\sqrt{n^2+n^2}}=\frac{1}{\sqrt{1+\frac{1}{n}}}\frac{1}{n}+\frac{1}{\sqrt{1+\frac{2}{n}}}\frac{1}{n}+\cdots+\frac{1}{\sqrt{1+\frac{n}{n}}}\frac{1}{n},$$

$\dfrac{i}{n}(i=1,2,\cdots,n)$ 是 $[0,1]$ 上的等分点，$\dfrac{1}{n}$ 是等分的区间长度，因此该和是 $\dfrac{1}{\sqrt{1+x}}$ 在 $[0,1]$ 上的

积分和,又由于$\frac{1}{\sqrt{1+x}}$在[0,1]上连续,必可积,该和的极限就是$\int_0^1 \frac{1}{\sqrt{1+x}}dx$.

解:
$$\lim_{n\to\infty}\left(\frac{1}{\sqrt{n^2+n}}+\frac{1}{\sqrt{n^2+2n}}+\cdots+\frac{1}{\sqrt{n^2+n^2}}\right)=\int_0^1 \frac{1}{\sqrt{1+x}}dx,$$

因$2\sqrt{1+x}$是$\frac{1}{\sqrt{1+x}}$的一个原函数,由牛顿-莱布尼兹公式有

$$\lim_{n\to\infty}\left(\frac{1}{\sqrt{n^2+n}}+\frac{1}{\sqrt{n^2+2n}}+\cdots+\frac{1}{\sqrt{n^2+n^2}}\right)=\int_0^1 \frac{1}{\sqrt{1+x}}dx=2\sqrt{1+x}\Big|_0^1=2(\sqrt{2}-1).$$

例 5-8 设$x_n=\sum_{k=1}^{n}\frac{3^{\frac{k}{n}}}{n+\frac{1}{k}}$,求$\lim_{n\to\infty}x_n$.

解: 因为$\sum_{k=1}^{n}\frac{3^{\frac{k}{n}}}{n+1}\leqslant\sum_{k=1}^{n}\frac{3^{\frac{k}{n}}}{n+\frac{1}{k}}\leqslant\sum_{k=1}^{n}\frac{3^{\frac{k}{n}}}{n}$,

又
$$\lim_{n\to\infty}\frac{n}{n+1}\sum_{k=1}^{n}\frac{3^{\frac{k}{n}}}{n}=\lim_{n\to\infty}\frac{n}{n+1}\cdot\lim_{n\to\infty}\sum_{k=1}^{n}\frac{3^{\frac{k}{n}}}{n}=\int_0^1 3^x dx=\frac{2}{\ln 3},$$

$$\lim_{n\to\infty}\sum_{k=1}^{n}\frac{3^{\frac{k}{n}}}{n}=\lim_{n\to\infty}\frac{1}{n}\sum_{k=1}^{n}3^{\frac{k}{n}}=\int_0^1 3^x dx=\frac{2}{\ln 3},$$

所以
$$\lim_{n\to\infty}x_n=\frac{2}{\ln 3}.$$

例 5-9 求极限$\lim_{n\to\infty}\frac{1}{n}\sqrt[n]{(n+1)(n+2)\cdots(2n)}$.

分析: 此题可以通过取对数将乘法变加法,然后用定积分求解,这类方法是处理这类连乘形式极限问题的常用方法.

解: 记$t_n=\frac{1}{n}\sqrt[n]{(n+1)(n+2)\cdots(2n)}$,则

$$\begin{aligned}\ln t_n&=\frac{1}{n}[\ln(n+1)+\ln(n+2)+\cdots+\ln(2n)]-\ln n\\&=\frac{1}{n}[\ln(n+1)+\ln(n+2)+\cdots+\ln(2n)-n\ln n]\\&=\frac{1}{n}\left[\ln\left(1+\frac{1}{n}\right)+\ln\left(1+\frac{2}{n}\right)+\cdots+\ln\left(1+\frac{n}{n}\right)\right]\\&=\frac{1}{n}\sum_{i=1}^{n}\ln\left(1+\frac{i}{n}\right),\end{aligned}$$

$$\lim_{n\to\infty}\ln t_n=\int_0^1\ln(1+x)dx=2\ln 2-1,$$

所以
$$\lim_{n\to\infty}\frac{1}{n}\sqrt[n]{(n+1)(n+2)\cdots(2n)}=\frac{4}{e}.$$

例 5-10 设$f(x)$在[0,1]上连续,且取正值,证明:

$$\lim_{n\to\infty}\sqrt[n]{f\left(\frac{1}{n}\right)\cdot f\left(\frac{2}{n}\right)\cdots f\left(\frac{n}{n}\right)}=e^{\int_0^1\ln f(x)dx}.$$

证明：令 $x_n = \sqrt[n]{f\left(\frac{1}{n}\right)\cdot f\left(\frac{2}{n}\right)\cdots f\left(\frac{n}{n}\right)}$，则 $\ln x_n = \frac{1}{n}\sum_{k=1}^{n}\ln f\left(\frac{k}{n}\right)$，

$$\lim_{n\to\infty}\ln x_n = \lim_{n\to\infty}\sum_{k=1}^{n}\frac{1}{n}\ln f\left(\frac{k}{n}\right) = \int_0^1 \ln f(x)\,dx,$$

故得

$$\lim_{n\to\infty}x_n = e^{\int_0^1 \ln f(x)\,dx}.$$

例 5-11 设 $f(x)$ 在 $[0,1]$ 上连续，且 $f(x)>0$，证明

$$\ln\int_0^1 f(x)\,dx \geqslant \int_0^1 \ln f(x)\,dx.$$

证明：按照定积分定义有

$$\int_0^1 f(x)\,dx = \lim_{n\to\infty}\sum_{i=1}^{n} f\left(\frac{i}{n}\right)\frac{1}{n} = \lim_{n\to\infty}\frac{f\left(\frac{1}{n}\right)+f\left(\frac{2}{n}\right)+\cdots+f\left(\frac{n}{n}\right)}{n},$$

$$e^{\int_0^1 \ln f(x)\,dx} = e^{\lim\limits_{n\to\infty}\frac{1}{n}\sum\limits_{i=1}^{n}\ln f\left(\frac{i}{n}\right)} = \lim_{n\to\infty}\sqrt[n]{f\left(\frac{1}{n}\right)f\left(\frac{2}{n}\right)\cdots f\left(\frac{n}{n}\right)},$$

由于

$$\sqrt[n]{f\left(\frac{1}{n}\right)f\left(\frac{2}{n}\right)\cdots f\left(\frac{n}{n}\right)} \leqslant \frac{1}{n}\left[f\left(\frac{1}{n}\right)+f\left(\frac{2}{n}\right)+\cdots+f\left(\frac{n}{n}\right)\right],$$

对不等式两边取极限，由极限的保号性可得

$$e^{\int_0^1 \ln f(x)\,dx} \leqslant \int_0^1 f(x)\,dx，\text{即 } \ln\int_0^1 f(x)\,dx \geqslant \int_0^1 \ln f(x)\,dx.$$

例 5-12 设 $f(x)$ 在 $[0,\pi]$ 上连续，计算 $\lim\limits_{n\to\infty}\int_0^{\pi} |\sin nx|\, f(x)\,dx$.

解：

$$\begin{aligned}
\lim_{n\to\infty}\int_0^{\pi}|\sin nx|\,f(x)\,dx &= \lim_{n\to\infty}\sum_{k=1}^{n}\int_{\frac{k-1}{n}\pi}^{\frac{k}{n}\pi}|\sin nx|\,f(x)\,dx \\
&= \lim_{n\to\infty}\sum_{k=1}^{n}f(\xi_{n_k})\int_{\frac{k-1}{n}\pi}^{\frac{k}{n}\pi}|\sin nx|\,dx\left(\xi_{n_k}\text{ 介于}\frac{k-1}{n}\pi\text{ 与}\frac{k}{n}\pi\text{ 之间}\right) \\
&\xlongequal{nx=t} \lim_{n\to\infty}\sum_{k=1}^{n}f(\xi_{n_k})\,\frac{1}{n}\int_{(k-1)\pi}^{k\pi}|\sin t|\,dt \\
&= \lim_{n\to\infty}\frac{1}{n}\sum_{k=1}^{n}f(\xi_{n_k})\int_0^{\pi}\sin t\,dt \\
&= \frac{2}{\pi}\cdot\lim_{n\to\infty}\sum_{k=1}^{n}f(\xi_{n_k})\cdot\frac{\pi}{n} = \frac{2}{\pi}\cdot\int_0^{\pi}f(x)\,dx\text{（定积分定义）}.
\end{aligned}$$

【评注】 用定积分计算一个和的极限，该和必须有如下特征：和式中每一项既含有项数的变量 n 也含有极限的变量 n，要根据每一项的结构，找出被积函数与积分区间.

题型 3 变限函数的导数

例 5-13 求下列变限函数的导数，其中 $f(x)$ 连续.

（1）$F(x) = \int_{2x}^{\ln(x+1)} \sqrt{t}e^{t}\,dt$，求 $F'(x)$；

（2）$F(x) = \int_1^{x}\left[\frac{1}{t}\int_0^{t}f(u)\,du\right]dt$，求 $F''(x)$.

解：(1) 由变限函数的求导公式可得

$$F'(x) = \sqrt{\ln(x+1)}e^{\ln(x+1)}[\ln(x+1)]' - \sqrt{2x}e^{2x}(2x)'$$
$$= \sqrt{\ln(x+1)} - 2\sqrt{2x}e^{2x}.$$

(2) $F'(x) = \frac{1}{x}\int_0^x f(u)\mathrm{d}u, F''(x) = \left(\frac{1}{x}\int_0^x f(u)\mathrm{d}u\right)' = \frac{xf(x) - \int_0^x f(u)\mathrm{d}u}{x^2}.$

例 5-14 已知$\int_0^y e^{t^2}\mathrm{d}t + \int_0^{\sin x}\cos^2 t\mathrm{d}t = 0$，求$\frac{\mathrm{d}y}{\mathrm{d}x}$.

解：这是由已知方程确定 y 是 x 的隐函数．将方程两端对 x 求导，注意 y 是 x 的函数，得

$$e^{y^2}\frac{\mathrm{d}y}{\mathrm{d}x} + \cos^2(\sin x)\cos x = 0, \frac{\mathrm{d}y}{\mathrm{d}x} = -e^{-y^2}\cos x\cos^2(\sin x).$$

例 5-15 设 $x = x(t)$ 由方程 $\sin t - \int_1^{x-t} e^{-u^2}\mathrm{d}u = 0$ 所确定，试求$\left.\frac{\mathrm{d}^2x}{\mathrm{d}t^2}\right|_{t=0}$的值.

解：易知，当 $t=0$ 时，$x=1$.

由 $\sin t - \int_1^{x-t} e^{-u^2}\mathrm{d}u = 0$ 两边对 t 求导，得

$$\cos t - e^{-(x-t)^2}\left(\frac{\mathrm{d}x}{\mathrm{d}t} - 1\right) = 0,$$

所以
$$\frac{\mathrm{d}x}{\mathrm{d}t} = 1 + e^{(x-t)^2}\cos t, \left.\frac{\mathrm{d}x}{\mathrm{d}t}\right|_{t=0} = 1 + e,$$

$$\frac{\mathrm{d}^2x}{\mathrm{d}t^2} = -e^{(x-t)^2}\sin t + 2(x-t)\left(\frac{\mathrm{d}x}{\mathrm{d}t} - 1\right)e^{(x-t)^2}\cos t,$$

所以

$$\left.\frac{\mathrm{d}^2x}{\mathrm{d}t^2}\right|_{t=0} = 2(1-0)(1+e-1)e = 2e^2.$$

例 5-16 设$\begin{cases} x = \int_0^t f(u^2)\mathrm{d}u \\ y = [f(t^2)]^2 \end{cases}$，其中$f(u)$ 具有二阶导数，且$f(u) \neq 0$，求$\frac{\mathrm{d}^2y}{\mathrm{d}x^2}$.

解：$\frac{\mathrm{d}x}{\mathrm{d}t} = f(t^2), \frac{\mathrm{d}y}{\mathrm{d}t} = 2f(t^2)f'(t^2)\cdot 2t = 4tf(t^2)f'(t^2)$，

所以
$$\frac{\mathrm{d}y}{\mathrm{d}x} = 4tf'(t^2),$$

于是
$$\frac{\mathrm{d}^2y}{\mathrm{d}x^2} = [4f'(t^2) + 4tf''(t^2)\cdot 2t]\cdot\frac{1}{f(t^2)} = \frac{4[f'(t^2) + 2t^2f''(t^2)]}{f(t^2)}.$$

例 5-17 设$f(x) = \begin{cases} \dfrac{\int_0^x\left[(t-1)\int_0^{t^2}\varphi(u)\mathrm{d}u\right]\mathrm{d}t}{\sin^2 x} & x \neq 0 \\ 0 & x = 0 \end{cases}$，其中 $\varphi(x)$ 为连续函数，试讨论 $f(x)$ 在 $x = 0$ 处的连续性和可导性.

分析：按照连续的定义需要讨论$\lim\limits_{x\to 0}f(x)$ 是否存在且等于$f(0) = 0$；$x = 0$ 是分段点，用定义判断是否可导.

解：(1)
$$\lim_{x\to0}\frac{\int_0^x\left[(t-1)\int_0^{t^2}\varphi(u)\mathrm{d}u\right]\mathrm{d}t}{\sin^2 x}=\lim_{x\to0}\frac{\int_0^x\left[(t-1)\int_0^{t^2}\varphi(u)\mathrm{d}u\right]\mathrm{d}t}{x^2}$$
$$=\lim_{x\to0}\frac{(x-1)\int_0^{x^2}\varphi(u)\mathrm{d}u}{2x}$$
$$=\lim_{x\to0}\frac{\int_0^{x^2}\varphi(u)\mathrm{d}u+(x-1)\varphi(x^2)\cdot2x}{2}=0,$$
故 $f(x)$ 在 $x=0$ 点处连续.

(2)
$$f'(0)=\lim_{x\to0}\frac{f(x)-f(0)}{x}=\lim_{x\to0}\frac{\int_0^x\left[(t-1)\int_0^{t^2}\varphi(u)\mathrm{d}u\right]\mathrm{d}t}{x\sin^2 x}$$
$$=\lim_{x\to0}\frac{\int_0^{x^2}\varphi(u)\mathrm{d}u+(x-1)\varphi(x^2)2x}{6x}$$
$$=\lim_{x\to0}\frac{\int_0^{x^2}\varphi(u)\mathrm{d}u}{6x}+\lim_{x\to0}\frac{(x-1)\varphi(x^2)}{3}$$
$$=\lim_{x\to0}\frac{\varphi(x^2)\cdot2x}{6}-\frac{1}{3}\varphi(0)$$
$$=-\frac{1}{3}\varphi(0).$$
所以 $f(x)$ 在点 $x=0$ 处可导,导数为 $-\frac{1}{3}\varphi(0)$.

例 5-18　设 $f'(t)$ 连续, $f(0)=0$, $f'(0)\neq0$, 求极限 $\lim\limits_{x\to0}\frac{\int_0^{x^2}f(t)\mathrm{d}t}{x^2\int_0^x f(t)\mathrm{d}t}$.

分析：用洛必达法则,但要注意 $f''(x)$ 可能不存在,而 $\lim\limits_{x\to0}\frac{f(x)}{x}=f'(0)$.

解：极限为“$\frac{0}{0}$”型未定式极限,由洛必达法则有
$$\lim_{x\to0}\frac{\int_0^{x^2}f(t)\mathrm{d}t}{x^2\int_0^x f(t)\mathrm{d}t}=\lim_{x\to0}\frac{2xf(x^2)}{2x\int_0^x f(t)\mathrm{d}t+x^2f(x)}$$
$$=2\lim_{x\to0}\frac{f(x^2)}{2\int_0^x f(t)\mathrm{d}t+xf(x)}=2\lim_{x\to0}\frac{2xf'(x^2)}{3f(x)+xf'(x)}$$
$$=4\lim_{x\to0}\frac{f'(x^2)}{\frac{3f(x)}{x}+f'(x)}=4\frac{f'(0)}{3f'(0)+f'(0)}=1.$$
其中, $\lim\limits_{x\to0}\frac{f(x)}{x}=\lim\limits_{x\to0}\frac{f(x)-f(0)}{x}=f'(0)$.

例 5-19 若$\lim\limits_{x\to 0}\dfrac{ax-\sin x}{\int_b^x \frac{\ln(1+t^3)}{t}\mathrm{d}t}=c(c\neq 0)$，求$a,b,c$的值.

解：由于$\lim\limits_{x\to 0}(ax-\sin x)=0$，且$c\neq 0$，故$\lim\limits_{x\to 0}\int_b^x\frac{\ln(1+t^3)}{t}\mathrm{d}t=0$，从而$b=0$，又因

$$\lim_{x\to 0}\frac{ax-\sin x}{\int_b^x\frac{\ln(1+t^3)}{t}\mathrm{d}t}\xlongequal{\text{洛必达法则}}\lim_{x\to 0}\frac{a-\cos x}{\frac{\ln(1+x^3)}{x}}=\lim_{x\to 0}\frac{x(a-\cos x)}{\ln(1+x^3)}=\lim_{x\to 0}\frac{x(a-\cos x)}{x^3}=$$

$\lim\limits_{x\to 0}\dfrac{a-\cos x}{x^2}=c(c\neq 0)$，故必有$a=1$，从而$c=\dfrac{1}{2}$.

例 5-20 设函数$f(x)$可导，且$f(0)=0$，$F(x)=\int_0^x t^{n-1}f(x^n-t^n)\mathrm{d}t$，求$\lim\limits_{x\to 0}\dfrac{F(x)}{x^{2n}}$.

解：令$x^n-t^n=u$，则$F(x)=-\dfrac{1}{n}\int_{x^n}^0 f(u)\mathrm{d}u=\dfrac{1}{n}\int_0^{x^n}f(u)\mathrm{d}u$，$F'(x)=x^{n-1}f(x^n)$.

于是

$$\begin{aligned}\lim_{x\to 0}\frac{F(x)}{x^{2n}}&=\lim_{x\to 0}\frac{F'(x)}{2n\cdot x^{2n-1}}=\frac{1}{2n}\lim_{x\to 0}\frac{f(x^n)}{x^n}\\&=\frac{1}{2n}\lim_{x\to 0}\frac{f(0+x^n)-f(0)}{x^n-0}\\&=\frac{1}{2n}f'(0).\end{aligned}$$

题型 4 变限函数的单调性、极值

例 5-21 设$f(x)$在$[a,b]$上连续，在(a,b)内可导且$f'(x)<0$

$$F(x)=\frac{1}{x-a}\int_a^x f(t)\mathrm{d}t(a<x<b).$$

试证：(1) $F(x)$在(a,b)内单调递减；(2) $0<F(x)-f(x)<f(a)-f(b)$.

证明：(1) 由已知得$F(x)$可导且

$$F'(x)=\frac{(x-a)f(x)-\int_a^x f(t)\mathrm{d}t}{(x-a)^2}.$$

由积分中值定理，上式分子为

$$(x-a)f(x)-\int_a^x f(t)\mathrm{d}t=(x-a)f(x)-f(\xi)(x-a),\xi\in(a,x),$$

所以 $F'(x)=\dfrac{(x-a)f(x)-\int_a^x f(t)\mathrm{d}t}{(x-a)^2}=\dfrac{(x-a)f(x)-f(\xi)(x-a)}{(x-a)^2}=\dfrac{f(x)-f(\xi)}{x-a}$.

由$f'(x)<0$知$f(x)$单调递减，即在(a,b)内，当$\xi<x$时，有$f(x)<f(\xi)$，又$x-a>0$，可得$F'(x)<0$，即$F(x)$在(a,b)内单调递减.

(2) 因$F(x)-f(x)=\dfrac{1}{x-a}\int_a^x f(t)\mathrm{d}t-f(x)\xlongequal{\text{积分中值定理}}f(\xi)-f(x)$，

又由$f(x)$单调递减知，$f(\xi)-f(x)>0$，$f(a)>f(\xi)$，$f(x)>f(b)$，于是有$0<F(x)-f(x)<f(a)-f(b)$.

【评注】 本例也可将$(x-a)f(x)$写成定积分$\int_a^x f(x)\mathrm{d}t$.

例 5-22 设$F(x)=-2a+\int_0^x (t^2-a^2)\mathrm{d}t$.

(1) 求$F(x)$的极大值M;

(2) 若把M看做是a的函数,求当a为何值时,M取极小值.

解:(1) 由于$F'(x)=x^2-a^2=0$得$x=-a,x=a$,且$F''(x)=2x$.

当$a>0$时,$F''(-a)=-2a<0$,所以$F(-a)$为极大值,即

$$M=F(-a)=-2a+\int_0^{-a}(t^2-a^2)\mathrm{d}t=\frac{2a}{3}(a^2-3).$$

当$a<0$时,$F''(a)=2a<0$,所以$F(a)$为极大值,即

$$M=F(a)=-2a+\int_0^{a}(t^2-a^2)\mathrm{d}t=-\frac{2a}{3}(a^2+3).$$

(2) 当$a>0$时,$\frac{\mathrm{d}M}{\mathrm{d}a}=2a^2-2$,由$\frac{\mathrm{d}M}{\mathrm{d}a}=0$得$a=1(a=-1$舍$)$.

当$a<0$时,$\frac{\mathrm{d}M}{\mathrm{d}a}=-2a^2-2$,因$\frac{\mathrm{d}M}{\mathrm{d}a}=0$无解,此时无极值.

又$\frac{\mathrm{d}^2M}{\mathrm{d}a^2}=4a,\left.\frac{\mathrm{d}^2M}{\mathrm{d}a^2}\right|_{a=1}>0$,故当$a=1$时$M$取极小值.

【评注】 变上限函数与其他函数一样,而且比一般函数的导数更容易求导,因此对一般函数的一切问题都可以对变上限函数讨论,比如变上限函数的导数,变上限函数的极限,变上限函数的极值,求含变上限函数方程的根,含变上限函数的中值定理或介值定理的使用,含变上限函数的不等式,变上限函数的最大、小值等. 讨论方法与对一般函数的讨论相同.

题型 5 含参变量的积分

例 5-23 设函数$f(u)$是连续函数.

(1) $F(x)=\int_a^x (x-t)^2 f(t)\mathrm{d}t$,求$F'(x),F''(x)$;

(2) $G(x)=\int_0^x f(t-x)\mathrm{d}t$,求$G'(x)$.

分析:由于$F(x)$的变上限积分表示式的被积函数中出现了变量x,故不能直接利用积分上限函数求导公式,需要将$F(x)$改写为被积函数只含积分变量t的形式,再对其求导,这时一般有两种处理方法:一种是将求导变量x提到积分号外边,如本例第(1)小题的解法;另一种是利用换元法将求导变量x转换到积分限上去,如本例第(2)小题的解法.

解:(1) $F(x)=\int_a^x (x-t)^2 f(t)\mathrm{d}t=x^2\int_a^x f(t)\mathrm{d}t-2x\int_a^x tf(t)\mathrm{d}t+\int_a^x t^2 f(t)\mathrm{d}t$.

$$\begin{aligned}F'(x)&=2x\int_a^x f(t)\mathrm{d}t+x^2f(x)-2\int_a^x tf(t)\mathrm{d}t-2x^2f(x)+x^2f(x)\\&=2x\int_a^x f(t)\mathrm{d}t-2\int_a^x tf(t)\mathrm{d}t.\end{aligned}$$

$$F''(x)=2\int_a^x f(t)\mathrm{d}t+2xf(x)-2xf(x)=2\int_a^x f(t)\mathrm{d}t.$$

(2) 令 $t-x=u$，则 $t=x+u$，$dt=du$，且当 $t=0$ 时，$u=-x$；$t=x$ 时，$u=0$，于是

$$G(x)=\int_0^x f(t-x)\,dt=\int_{-x}^0 f(u)\,du,$$

所以 $G'(x)=\left(\int_0^x f(t-x)\,dt\right)'=\left(\int_{-x}^0 f(u)\,du\right)'=-f(-x)\cdot(-1)=f(-x)$.

【评注】 如果忽略了被积函数中含有积分上限变量（求导变量）这一事实，硬套变上限求导公式，就会出错，如

$$F'(x)=\frac{d}{dx}\left[\int_a^x (x-t)^2 f(t)\,dt\right]=(x-t)^2 f(t)\mid_{t=x}=0.$$

例 5-24 设 $t\in(-\infty,+\infty)$，求 $f(t)=\int_0^1 |x-t|\,x\,dx$.

分析：x 是积分变量，积分区间 $[0,1]$. 被积函数含参变量 t，求积分时，t 可任意取值，即可有 $t\leqslant 0$，$0<t<1$，$t\geqslant 1$. 积分结果是 t 的函数.

解：因积分区间是 $[0,1]$，t 按下述情况取值：

当 $t\leqslant 0$ 时，$I=\int_0^1 (x-t)x\,dx=\frac{1}{3}-\frac{t}{2}$；

当 $0<t<1$ 时，$I=\int_0^t (t-x)x\,dx+\int_t^1 (x-t)x\,dx=\frac{1}{3}-\frac{t}{2}+\frac{t^3}{3}$；

当 $t\geqslant 1$ 时，$I=\int_0^1 (t-x)x\,dx=\frac{t}{2}-\frac{1}{3}$.

综上所述

$$I=\int_0^1 |x-t|\,x\,dx=\begin{cases}\frac{1}{3}-\frac{t}{2} & t\leqslant 0\\ \frac{1}{3}-\frac{t}{2}+\frac{t^3}{3} & 0<t<1\\ \frac{t}{2}-\frac{1}{3} & t\geqslant 1\end{cases}$$

例 5-25 设 $f(x)=x\ (x\geqslant 0)$；$g(x)=\begin{cases}\sin x & 0\leqslant x\leqslant \frac{\pi}{2}\\ 0 & x>\frac{\pi}{2}\end{cases}$，求 $F(x)=\int_0^x f(t)g(x-t)\,dt$ 的表达式.

分析：先将 $g(x-t)$ 化为 $g(x)$ 的形式：设 $u=x-t$ 即可. $F(x)$ 是变上限的函数，按前例思路分段计算.

解：

$$\int_0^x f(t)g(x-t)\,dt \xlongequal{u=x-t} \int_0^x f(x-u)g(u)\,du.$$

当 $0\leqslant x\leqslant \frac{\pi}{2}$ 时，$\int_0^x f(x-t)g(t)\,dt=\int_0^x (x-t)\sin t\,dt=x-\sin x$；

当 $x>\frac{\pi}{2}$ 时，$\int_0^x f(x-t)g(t)\,dt=\int_0^{\frac{\pi}{2}} (x-t)\sin t\,dt+\int_{\frac{\pi}{2}}^{\pi} (x-t)\cdot 0\,dt=x-1$，

所以

$$F(x)=\begin{cases}x-\sin x & 0\leqslant x\leqslant \frac{\pi}{2}\\ x-1 & x>\frac{\pi}{2}\end{cases}.$$

题型 6　通过定积分方程求函数 $f(x)$

例 5-26　设 $f(x)$ 在 $(-\infty,+\infty)$ 上连续，且 $f(x)=e^x+\frac{1}{e}\int_0^1 f(x)dx$，求 $f(x)$.

解 1：令 $\int_0^1 f(x)dx=a$，已知等式两端在 $[0,1]$ 上求积分，得

$$a=\int_0^1 e^x dx+\frac{a}{e}\int_0^1 dx=e-1+\frac{a}{e},$$

即 $a=e$，于是 $f(x)=e^x+\frac{1}{e}\cdot e=e^x+1$.

解 2：由已知式可知，$f(x)=e^x+a$（a 是待定常数）. 将该式代入已知等式得

$$e^x+a=e^x+\frac{1}{e}\int_0^1(e^x+a)dx=e^x+\frac{1}{e}(e-1+a).$$

由此解得 $a=1$，所以 $f(x)=e^x+1$.

例 5-27　设函数 $f(x)$ 可微，且对任意 $x>0$ 满足 $\int_0^1 f(tx)dt+x^3=f(x)$，求 $f(x)$ 的一般表达式.

解：令 $u=tx$，$du=xdt$，则 $\int_0^1 f(tx)dt=\int_0^x f(u)\frac{du}{x}=\frac{1}{x}\int_0^x f(u)du$，代入原方程，整理得 $\int_0^x f(u)du+x^4=xf(x)$，两边对 x 求导得 $f(x)+4x^3=f(x)+xf'(x)$，即 $f'(x)=4x^2$，也即 $f(x)=\frac{4}{3}x^3+C$.

例 5-28　设 $f(x)=\frac{1}{1+x^2}+(1+x^2)\int_0^1 f(x)dx$，求 $\int_0^1 f(x)dx$ 和 $f(x)$.

解：由已知等式 $f(x)=\frac{1}{1+x^2}+(1+x^2)\int_0^1 f(x)dx$ 两边对 x 从 0 到 1 积分，得

$$\int_0^1 f(x)dx=\int_0^1\frac{1}{1+x^2}dx+\int_0^1 f(x)dx\int_0^1(1+x^2)dx=\frac{\pi}{4}+\frac{4}{3}\int_0^1 f(x)dx,$$

所以

$$\int_0^1 f(x)dx=-\frac{3\pi}{4},f(x)=\frac{1}{1+x^2}-\frac{3}{4}\pi(1+x^2).$$

例 5-29　设 $f(x)=x-\int_0^\pi f(x)\cos xdx$，求 $f(x)$.

解：由 $f(x)=x-\int_0^\pi f(x)\cos xdx$ 两边乘上 $\cos x$，得

$$f(x)\cos x=x\cos x-\cos x\cdot\int_0^\pi f(x)\cos xdx.$$

两边对变量 x 从 0 到 π 积分，有

$$\int_0^\pi f(x)\cos xdx=\int_0^\pi x\cos xdx-\int_0^\pi\cos xdx\cdot\int_0^\pi f(x)\cos xdx,$$

从而

$$\int_0^\pi f(x)\cos xdx=x\sin x\big|_0^\pi-\int_0^\pi\sin xdx=\cos x\big|_0^\pi=-2.$$

所以$f(x)=x+2$.

例5-30 设$f(x)$连续,$\int_0^x tf(x-t)\mathrm{d}t=1-\cos x$,求$\int_0^{\frac{\pi}{2}}f(x)\mathrm{d}x$.

解:作变换$u=x-t$,有

$$\int_0^x tf(x-t)\mathrm{d}t=\int_0^x (x-u)f(u)\mathrm{d}u=x\int_0^x f(u)\mathrm{d}u-\int_0^x uf(u)\mathrm{d}u.$$

所以,$x\int_0^x f(u)\mathrm{d}u-\int_0^x uf(u)\mathrm{d}u=1-\cos x$,两边对$x$求导,得

$$\int_0^x f(u)\mathrm{d}u+xf(x)-xf(x)=\sin x,$$

即
$$\int_0^x f(u)\mathrm{d}u=\sin x,$$

故
$$\int_0^{\frac{\pi}{2}}f(x)\mathrm{d}x=\sin\frac{\pi}{2}=1.$$

例5-31 已知$f(x)$在$[0,1]$上连续,且$f(x)=3x-\sqrt{1-x^2}\int_0^1 f^2(x)\mathrm{d}x$,求$f(x)$.

解:设$\int_0^1 f^2(x)\mathrm{d}x=a$,则$f(x)=3x-a\sqrt{1-x^2}$. 将其代入积分表达式得

$$\int_0^1(3x-a\sqrt{1-x^2})^2\mathrm{d}x=a,$$

即
$$\frac{2}{3}a^2-2a+3=a,$$

可解得$a=\frac{3}{2}$或$a=3$,故$f(x)=3x-\frac{3}{2}\sqrt{1-x^2}$或$f(x)=3(x-\sqrt{1-x^2})$.

例5-32 设$f(x)$连续,且$\int_0^x tf(2x-t)\mathrm{d}t=\frac{1}{2}\arctan x^2$,又$f(1)=1$,求$\int_1^2 f(x)\mathrm{d}x$.

解:因$\int_0^x tf(2x-t)\mathrm{d}t\xlongequal{2x-t=u}-\int_{2x}^x(2x-u)f(u)\mathrm{d}u$,

于是
$$2x\int_x^{2x}f(u)\mathrm{d}u-\int_x^{2x}uf(u)\mathrm{d}u=\frac{1}{2}\arctan x^2,$$

上式两端对x求导,并整理得

$$\int_x^{2x}f(u)\mathrm{d}u=\frac{x}{2(1+x^4)}+\frac{xf(x)}{2},$$

令$x=1$,可得$\int_1^2 f(x)\mathrm{d}x=\frac{3}{4}$.

【评注】

(1) 通过含定积分的方程求$f(x)$的解题方法:已知一个含$\int_a^b f(x)\mathrm{d}x$型定积分的等式,而要求$f(x)$. 这时需注意$\int_a^b f(x)\mathrm{d}x$是一个数值,要设法求出$\int_a^b f(x)\mathrm{d}x$.

(2) 已知一个含$\int_a^{\Phi(x)}f(t)\mathrm{d}t$型积分的等式,而要求$f(x)$. 这时从等式对$x$求导入手(有时要两次求导):有的题经求导便得到$f(x)$;有的题求导后得到一个含$f(x)$及$f'(x)$的微分方

程,要通过求解微分方程得到$f(x)$.

(3) 在已知等式中,若含$\int_a^{\Phi(x)} f(t,x)\,dt$ 型或$\int_a^b f(t,x)\,dt$ 型积分,即含参变量,先作变量替换,再求导.

题型 7 通过换元和分部积分计算定积分

例 5-33 计算下列定积分.

(1) $\int_1^e \frac{\sqrt{1+\ln x}}{x}dx$; (2) $\int_0^4 \cos(\sqrt{x}-1)\,dx$;

(3) $\int_{-\ln 2}^0 \sqrt{1-e^{2x}}\,dx$; (4) $\int_0^{\frac{1}{\sqrt{3}}} \frac{1}{(1+5x^2)\sqrt{1+x^2}}dx$.

解: (1) 被积函数含有$\frac{1}{x}$和$\ln x$,将$\frac{1}{x}dx$凑成$d\ln x$有

$$\int_1^e \frac{\sqrt{1+\ln x}}{x}dx = \int_1^e \sqrt{1+\ln x}\,d(1+\ln x) = \frac{2}{3}(1+\ln x)^{\frac{3}{2}}\Big|_1^e = \frac{2}{3}(2\sqrt{2}-1).$$

(2) 被积函数含有$\sqrt{x}$,所以设$x=t^2$,则

$$\begin{aligned}\int_0^4 \cos(\sqrt{x}-1)\,dx &= 2\int_0^2 t\cos(t-1)\,dt = 2\int_0^2 t\,d\sin(t-1)\\ &= [2t\sin(t-1)]\Big|_0^2 - 2\int_0^2 \sin(t-1)\,dt\\ &= 4\sin 1 + [2\cos(t-1)]\Big|_0^2 = 4\sin 1\end{aligned}$$

【评注】 在定积分中进行换元时,积分变量不变,则积分限不变,积分变量发生变换,则积分限跟着变化. 在(1) 的积分过程$\int_1^e \sqrt{1+\ln x}\,d(1+\ln x)$中,积分变量仍然是$x$,所以积分区间不变仍然是[1,e];在(2) 的积分过程中,引入了新的积分变量t,所以积分限由[0,4] 变成了[0,2].

(3) 被积函数含有$\sqrt{1-e^{2x}}$,令$t=\sqrt{1-e^{2x}}$,$x=\frac{1}{2}\ln(1-t^2)$,当$x=0$时,$t=0$,当$x=-\ln 2$时,$t=\frac{\sqrt{3}}{2}$,则

$$\begin{aligned}\int_{-\ln 2}^0 \sqrt{1-e^{2x}}\,dx &= \int_{\frac{\sqrt{3}}{2}}^0 t\cdot\frac{-t}{1-t^2}dt = \int_0^{\frac{\sqrt{3}}{2}} \frac{t^2-1+1}{1-t^2}dt = \left(-t+\frac{1}{2}\ln\frac{1+t}{1-t}\right)\Big|_0^{\frac{\sqrt{3}}{2}}\\ &= -\frac{\sqrt{3}}{2}+\ln(2+\sqrt{3}).\end{aligned}$$

(4) 被积函数含有$\sqrt{1+x^2}$,令$x=\tan t$,当$x=0$时,$t=0$,当$x=\frac{1}{\sqrt{3}}$时,$t=\frac{\pi}{6}$,则

$$\begin{aligned}\int_0^{\frac{1}{\sqrt{3}}} \frac{1}{(1+5x^2)\sqrt{1+x^2}}dx &= \int_0^{\frac{\pi}{6}} \frac{\cos t}{\cos^2 t+5\sin^2 t}dt = \int_0^{\frac{\pi}{6}} \frac{1}{1+4\sin^2 t}d\sin t\\ &= \frac{1}{2}\arctan(2\sin t)\Big|_0^{\frac{\pi}{6}} = \frac{\pi}{8}.\end{aligned}$$

例 5-34 求定积分$\int_{\sqrt{e}}^{e^{\frac{3}{4}}} \frac{1}{x\sqrt{\ln x(1-\ln x)}}dx$.

解：注意到$d\sqrt{\ln x} = \frac{1}{2x\sqrt{\ln x}}dx$，则

$$I = \int_{\sqrt{e}}^{e^{\frac{3}{4}}} \frac{2}{\sqrt{1-(\sqrt{\ln x})^2}}d\sqrt{\ln x} = 2\arcsin(\sqrt{\ln x})\Big|_{\sqrt{e}}^{e^{\frac{3}{4}}} = \frac{\pi}{6}.$$

例 5-35 求$\int_0^{\pi} \frac{x\sin x}{1+\cos^2 x}dx$.

解：设$x = \pi - u$有

$$I = \int_0^{\pi} \frac{(\pi-u)\sin u}{1+\cos^2 u}du = \frac{\pi}{2}\int_0^{\pi} \frac{\sin u}{1+\cos^2 u}du = -\frac{\pi}{2}\int_0^{\pi} \frac{1}{1+\cos^2 u}d\cos u$$

$$= -\frac{\pi}{2}\arctan(\cos u)\Big|_0^{\pi} = \frac{\pi^2}{4}.$$

例 5-36 求下列定积分.

(1) $\int_0^{\frac{\pi}{4}} \ln(1+\tan x)dx$； (2) $\int_0^1 \frac{\ln(1+x)}{1+x^2}dx$.

(1) **解 1**：设$x = \frac{\pi}{4} - u$，则

$$I = \int_0^{\frac{\pi}{4}} \ln\left[1+\tan\left(\frac{\pi}{4}-u\right)\right]du = \int_0^{\frac{\pi}{4}} \ln\left(1+\frac{1-\tan u}{1+\tan u}\right)du$$

$$= \int_0^{\frac{\pi}{4}} [\ln 2 - \ln(1+\tan u)]du = \int_0^{\frac{\pi}{4}} \ln 2dx - \int_0^{\frac{\pi}{4}} \ln(1+\tan x)dx,$$

移项得
$$I = \frac{1}{2}\ln 2\int_0^{\frac{\pi}{4}} dx = \frac{\pi}{8}\ln 2.$$

解 2：

$$I = \int_0^{\frac{\pi}{4}} \ln\frac{\sqrt{2}\sin\left(x+\frac{\pi}{4}\right)}{\cos x}dx = \frac{1}{2}\ln 2\int_0^{\frac{\pi}{4}} dx + \int_0^{\frac{\pi}{4}} \ln\sin\left(x+\frac{\pi}{4}\right)dx - \int_0^{\frac{\pi}{4}} \ln\cos xdx = \frac{\pi}{8}\ln 2.$$

其中，
$$\int_0^{\frac{\pi}{4}} \ln\sin\left(x+\frac{\pi}{4}\right)dx \xlongequal{x=\frac{\pi}{4}-u} \int_0^{\frac{\pi}{4}} \ln\cos udu.$$

(2) **解**：因被积函数中有$1+x^2$，设$x = \tan u$，则$\frac{1}{1+x^2}dx = du$，于是

$$I = \int_0^{\frac{\pi}{4}} \ln(1+\tan u)du = \frac{\pi}{8}\ln 2.$$

例 5-37 求定积分$\int_2^4 \frac{\ln(8-x)}{\ln(8-x)+\ln(2+x)}dx$.

解：设被积函数为$f(x)$，令$x = 2+4-u$，则因$f(x)+f(6-x) = 1$，故由常用公式(2)得
$I = \frac{1}{2}\int_2^4 dx = 1.$

例 5-38 求$\int_0^1 \frac{\ln(1+x)}{(2-x)^2}dx$.

解: $I = \int_0^1 \ln(1+x) d\frac{1}{2-x} = \frac{1}{2-x}\ln(1+x)\Big|_0^1 - \int_0^1 \frac{1}{(1+x)(2-x)}dx$

$= \ln 2 - \frac{1}{3}\int_0^1 \left(\frac{1}{1+x} + \frac{1}{2-x}\right)dx = \frac{1}{3}\ln 2.$

例 5-39 已知$f'(x) = \arctan(x-1)^2$, $f(0) = 0$, 求$\int_0^1 f(x)dx$.

分析: 因已知$f'(x)$,用分部积分法,并设$u = f(x)$,又注意到$f(0) = 0$,而积分上限为1,应设$dv = dx = d(x-1)$.

解: $I = \int_0^1 f(x)d(x-1) = (x-1)f(x)\Big|_0^1 - \int_0^1 (x-1)f'(x)dx = -\frac{1}{2}\int_0^1 \arctan(x-1)^2 d(x-1)^2$.

设$(x-1)^2 = t$,则

$I = \frac{1}{2}\int_0^1 \arctan t dt = \frac{1}{2}t\arctan t\Big|_0^1 - \frac{1}{2}\int_0^1 \frac{t}{1+t^2}dt = \frac{\pi}{8} - \frac{1}{4}\ln(1+t^2)\Big|_0^1 = \frac{\pi}{8} - \frac{1}{4}\ln 2.$

例 5-40 设函数$f(x)$在$(-\infty,+\infty)$内满足$f(x) = f(x-\pi) + \sin x$,且$f(x) = x, x \in (0,\pi)$,求$\int_\pi^{3\pi} f(x)dx$.

解: 当$x \in [\pi, 2\pi)$时,由于$x - \pi \in [0,\pi)$,所以

$$f(x) = f(x-\pi) + \sin x = x - \pi + \sin x.$$

当$x \in [2\pi, 3\pi)$时,由于$x - \pi \in [\pi, 2\pi)$,所以

$$\begin{aligned} f(x) &= f(x-\pi) + \sin x \\ &= x - \pi - \pi + \sin(x-\pi) + \sin x \\ &= x - 2\pi. \end{aligned}$$

于是 $\int_\pi^{3\pi} f(x)dx = \int_\pi^{2\pi}(x - \pi + \sin x)dx + \int_{2\pi}^{3\pi}(x - 2\pi)dx = \pi^2 - 2.$

题型 8　奇偶函数和周期函数的定积分

例 5-41 求下列定积分.

(1) $\int_{-\frac{\pi}{3}}^{\frac{\pi}{3}} \frac{1}{\cos^2 x}\left(x\sin x + \ln\frac{1+x}{1-x}\right)dx$;　　(2) $\int_{-\pi}^{\pi}(\sin x\cos^3 x + 1)\sqrt{1-\cos 2x}dx$.

解: (1) 注意到$\frac{1}{\cos^2 x}\ln\frac{1+x}{1-x}$是奇函数,$\frac{x\sin x}{\cos^2 x}$是偶函数,有

$I = 2\int_0^{\frac{\pi}{3}} x\frac{\sin x}{\cos^2 x}dx = 2\int_0^{\frac{\pi}{3}} x d\frac{1}{\cos x} = 2\left(\frac{x}{\cos x}\Big|_0^{\frac{\pi}{3}} - \int_0^{\frac{\pi}{3}}\frac{1}{\cos x}dx\right)$

$= 2\left(\frac{2\pi}{3} - \ln|\sec x + \tan x|\Big|_0^{\frac{\pi}{3}}\right) = \frac{4\pi}{3} - 2\ln(2+\sqrt{3}).$

(2) $\sqrt{1-\cos 2x} = \sqrt{2}|\sin x|$,且$\sin x\cos^3 x$是奇函数,所以

$$I = 2\sqrt{2}\int_0^\pi \sin x dx = 4\sqrt{2}.$$

例 5-42 设函数$f(x)$,$g(x)$在区间$[-a,a]$上连续,$g(x)$为偶函数,$f(x)$满足条件$f(x)+f(-x)=c$,其中c为常数.

(1) 证明:$\int_{-a}^{a}f(x)g(x)\mathrm{d}x=c\int_{0}^{a}g(x)\mathrm{d}x$;

(2) 用上述等式计算$\int_{-\frac{\pi}{2}}^{\frac{\pi}{2}}|\sin x|\arctan \mathrm{e}^{x}\mathrm{d}x$.

解: (1) 用常用公式(6)$\int_{-a}^{a}f(x)\mathrm{d}x=\int_{0}^{a}[f(x)+f(-x)]\mathrm{d}x$,并注意$g(x)$为偶函数,于是

$$\begin{aligned}\int_{-a}^{a}f(x)g(x)\mathrm{d}x&=\int_{0}^{a}[f(x)g(x)+f(-x)g(-x)]\mathrm{d}x\\&=\int_{0}^{a}[f(x)+f(-x)]g(x)\mathrm{d}x=c\int_{0}^{a}g(x)\mathrm{d}x.\end{aligned}$$

(2) 取$f(x)=\arctan \mathrm{e}^{x}$,$g(x)=|\sin x|$,$a=\frac{\pi}{2}$,因为

$$[f(x)+f(-x)]'=(\arctan \mathrm{e}^{x}+\arctan \mathrm{e}^{-x})'=0,$$

故$f(x)+f(-x)=C$. 又当$x=0$时,$C=\frac{\pi}{2}$,即

$$f(x)+f(-x)=\arctan \mathrm{e}^{x}+\arctan \mathrm{e}^{-x}=\frac{\pi}{2}.$$

由上述等式得

$$\int_{-\frac{\pi}{2}}^{\frac{\pi}{2}}|\sin x|\arctan \mathrm{e}^{x}\mathrm{d}x=\frac{\pi}{2}\int_{0}^{\frac{\pi}{2}}|\sin x|\,\mathrm{d}x=\frac{\pi}{2}\int_{0}^{\frac{\pi}{2}}\sin x\mathrm{d}x=\frac{\pi}{2}.$$

例 5-43 计算定积分$\int_{-1}^{1}[|\mathrm{e}^{x}-\mathrm{e}^{-x}|-\ln(x+\sqrt{x^{2}+1})]\mathrm{d}x$.

解: 因为$|\mathrm{e}^{x}-\mathrm{e}^{-x}|$为偶函数,$\ln(x+\sqrt{x^{2}+1})$为奇函数,所以

$$\int_{-1}^{1}[|\mathrm{e}^{x}-\mathrm{e}^{-x}|-\ln(x+\sqrt{x^{2}+1})]\mathrm{d}x=2\int_{0}^{1}(\mathrm{e}^{x}-\mathrm{e}^{-x})\mathrm{d}x=2\left(\mathrm{e}+\frac{1}{\mathrm{e}}-2\right).$$

例 5-44 求下列定积分.

(1) $\int_{a}^{2n\pi+a}\sin^{6}x\mathrm{d}x$;　　(2) $\int_{\mathrm{e}^{-2n\pi}}^{1}\left|\frac{\mathrm{d}}{\mathrm{d}x}\left[\cos\left(\ln\frac{1}{x}\right)\right]\right|\mathrm{d}x$.

解: (1) 由于$\sin^{6}x$是以π为周期的偶函数,故

$$\begin{aligned}\text{原式}&=\int_{0}^{2n\pi}\sin^{6}x\mathrm{d}x\\&=2n\int_{0}^{\pi}\sin^{6}x\mathrm{d}x\\&=2n\int_{-\frac{\pi}{2}}^{\frac{\pi}{2}}\sin^{6}x\mathrm{d}x\\&=4n\int_{0}^{\frac{\pi}{2}}\sin^{6}x\mathrm{d}x\\&=4n\cdot\frac{5}{6}\cdot\frac{3}{4}\cdot\frac{1}{2}\cdot\frac{\pi}{2}\\&=\frac{5}{8}n\pi.\end{aligned}$$

（2）原式 $=\int_{e^{-2n\pi}}^{1}\left|\frac{1}{x}\sin\left(\ln\frac{1}{x}\right)\right|dx$

$=-\int_{e^{-2n\pi}}^{1}\left|\sin\left(\ln\frac{1}{x}\right)\right|d\ln\frac{1}{x}.$

令 $t=\ln\frac{1}{x}$，则

$$\int_{e^{-2n\pi}}^{1}\left|\frac{d}{dx}\left[\cos\left(\ln\frac{1}{x}\right)\right]\right|dx=\int_{2n\pi}^{0}-|\sin t|\,dt$$

$$=\int_{0}^{2n\pi}|\sin t|\,dt$$

$$=2n\int_{0}^{\pi}\sin t\,dt$$

$$=4n.$$

例 5-45 设函数 $S(x)=\int_{0}^{x}|\cos t|\,dt.$

（1）当 n 为正整数，且 $n\pi\leqslant x<(n+1)\pi$ 时，证明：$2n\leqslant S(x)<2(n+1)$；

（2）求 $\lim\limits_{x\to+\infty}\frac{S(x)}{x}.$

解：（1）因为 $|\cos x|\geqslant 0$，且 $n\pi\leqslant x<(n+1)\pi$，所以

$$\int_{0}^{n\pi}|\cos x|\,dx\leqslant S(x)<\int_{0}^{(n+1)\pi}|\cos x|\,dx.$$

又因为 $|\cos x|$ 是以 π 为周期的函数，所以

$$\int_{0}^{n\pi}|\cos x|\,dx=n\int_{0}^{\pi}|\cos x|\,dx=2n,\int_{0}^{(n+1)\pi}|\cos x|\,dx=2(n+1),$$

因此当 $n\pi\leqslant x<(n+1)\pi$ 时，有 $2n\leqslant S(x)<2(n+1)$.

（2）由（1）知，当 $n\pi\leqslant x<(n+1)\pi$ 时，有

$$\frac{2n}{(n+1)\pi}<\frac{S(x)}{x}<\frac{2(n+1)}{n\pi}$$

令 $x\to+\infty\ (n\to+\infty)$，由夹逼准则，得 $\lim\limits_{x\to+\infty}\frac{S(x)}{x}=\frac{2}{\pi}.$

题型 9 通过定积分的性质证明定积分等式

例 5-46 证明 $\int_{0}^{\frac{\pi}{2}}\sin^{n}x\cos^{n}x\,dx=\frac{1}{2^{n}}\int_{0}^{\frac{\pi}{2}}\cos^{n}x\,dx.$

分析：欲证等式两端积分限相同，对被积函数换元.

证明：左端 $=\frac{1}{2^{n}}\int_{0}^{\frac{\pi}{2}}\sin^{n}(2x)\,dx\xlongequal{2x=u}\frac{1}{2^{n+1}}\int_{0}^{\pi}\sin^{n}u\,du.$

由公式(5) 知 $\int_{0}^{\pi}f(\sin x)\,dx=2\int_{0}^{\frac{\pi}{2}}f(\sin x)\,dx=2\int_{0}^{\frac{\pi}{2}}f(\cos x)\,dx$

$$\frac{1}{2^{n+1}}\int_{0}^{\pi}\sin^{n}x\,dx=\frac{1}{2^{n}}\int_{0}^{\frac{\pi}{2}}\sin^{n}x\,dx=\frac{1}{2^{n}}\int_{0}^{\frac{\pi}{2}}\cos^{n}x\,dx,$$

得证.

例 5-47 设$f(x)$连续,且关于$x = T$对称($a < T < b$).证明:

$$\int_a^b f(x)\,dx = 2\int_T^b f(x)\,dx + \int_a^{2T-b} f(x)\,dx.$$

分析:从欲证等式看,右端积分限含对称点T,利用定积分对区间的可加性,从右端考虑.

证明:右端 $= \int_a^b f(x)\,dx + \int_T^b f(x)\,dx + \int_T^{2T-b} f(x)\,dx$

其中

$$\int_T^{2T-b} f(x)\,dx \xlongequal{令 2T-x=u} -\int_T^b f(2T-u)\,du = -\int_T^b f[T+(T-u)]\,du = -\int_T^b f[T-(T-u)]\,du$$

$$= -\int_T^b f(u)\,du = \int_b^T f(u)\,du,$$

所以$\int_a^b f(x)\,dx = 2\int_T^b f(x)\,dx + \int_a^{2T-b} f(x)\,dx.$

例 5-48 设函数$f(x)$连续,且$f(x) > 0$,试证

$$\int_0^1 \ln f(x+t)\,dt = \int_0^x \ln\frac{f(t+1)}{f(t)}\,dt + \int_0^1 \ln f(t)\,dt.$$

分析:从欲证等式看,左端被积函数含参变量x,右端第一个积分上限为x,若从左端向右端推证,设$x+t=u$,左端将化为积分限为x的积分.

证明:设$x+t=u$,则

$$\int_0^1 \ln f(x+t)\,dt = \int_x^{x+1} \ln f(u)\,du = \int_x^0 \ln f(u)\,du + \int_0^1 \ln f(u)\,du + \int_1^{x+1} \ln f(u)\,du.$$

对右端第三个积分,设$u = t+1$,则

$$\int_1^{x+1} \ln f(u)\,du = \int_0^x \ln f(t+1)\,dt,$$

于是

$$\int_0^1 \ln f(x+t)\,dt = \int_0^x \ln\frac{f(t+1)}{f(t)}\,dt + \int_0^1 \ln f(t)\,dt.$$

例 5-49 设函数$f(x)$在$[0,1]$上有二阶连续导数,证明:

$$\int_0^1 f(x)\,dx = \frac{f(0)+f(1)}{2} - \frac{1}{2}\int_0^1 x(1-x)f''(x)\,dx.$$

证明:被积函数中含有$f''(x)$,用分部积分法得

$$\int_0^1 x(1-x)f''(x)\,dx = \int_0^1 (x-x^2)\,df'(x) = (x-x^2)f'(x)\Big|_0^1 - \int_0^1 f'(x)(1-2x)\,dx$$

$$= -\int_0^1 (1-2x)\,df(x) = -\left[(1-2x)f(x)\Big|_0^1 - \int_0^1 (-2)f(x)\,dx\right]$$

$$= f(1) + f(0) - 2\int_0^1 f(x)\,dx$$

两端被2除,并移项就是所证的不等式.

题型 10 通过构造辅助函数证明定积分等式

例 5-50 设函数$f(x)$在$[0,1]$上可导,且满足$f(1) = 2\int_0^{\frac{1}{2}} e^{x-x^2} f(x)\,dx$,试证:至少存在一点$\xi \in (0,1)$,使$f'(\xi) = (2\xi - 1)f(\xi)$.

分析：欲证等式是含一个中值的等式，将其写成等号一端为0的形式，并将ξ换为x，有$(1-2x)f(x)+f'(x)=0$.

注意到函数$F(x)=\mathrm{e}^{x-x^2}f(x)$，显然有$F'(x)=\mathrm{e}^{x-x^2}(1-2x)f(x)+\mathrm{e}^{x-x^2}f'(x)=0$只需证明$F(x)$在$[0,1]$上满足罗尔定理.

证明：作辅助函数$F(x)=\mathrm{e}^{x-x^2}f(x)$，$F(x)$在$\left[0,\dfrac{1}{2}\right]$上连续，由积分中值定理，有

$$f(1)=2\int_0^{\frac{1}{2}}\mathrm{e}^{x-x^2}f(x)\,\mathrm{d}x=F(c)\left(0\leqslant c\leqslant\frac{1}{2}\right)$$

因$F(1)=f(1)=F(c)$，又因$F(x)$在$[c,1]$上连续，在$(c,1)$内可导，由罗尔定理，至少存在一点$\xi\in(c,1)\subset(0,1)$，使

$$F'(\xi)=[(1-2\xi)f(\xi)+f'(\xi)]\mathrm{e}^{\xi-\xi^2}=0$$

即
$$f'(\xi)=(2\xi-1)f(\xi).$$

例 5-51　设函数$f(x)$在$[0,1]$上可导，$G(x)=\int_0^x t^2f(t)\,\mathrm{d}t$，且$G(1)=f(1)$.

试证：至少存在一点$\xi\in(0,1)$，使$f'(\xi)=-\dfrac{2f(\xi)}{\xi}$.

分析：观察被积函数，并注意欲证等式可改写作

$$xf'(x)+2f(x)=0 \text{ 或 } x^2f'(x)+2xf(x)=0$$

应选取辅助函数$F(x)=x^2f(x)$，用罗尔定理.

证明：由题设，并用积分中值定理，有

$$G(1)=\int_0^1 t^2f(t)\,\mathrm{d}t=\eta^2f(\eta),\eta\in[0,1]$$

令$F(x)=x^2f(x)$，则$F(\eta)=\eta^2f(\eta)=G(1)=f(1)=F(1)$，又$F(x)$在$[\eta,1]$上连续且可导，由罗尔定理，存在$\xi\in(\eta,1)\subset(0,1)$，有

$$F'(\xi)=\xi^2f'(\xi)+2\xi f(\xi)=0$$

即
$$f'(\xi)=-\frac{2f(\xi)}{\xi}.$$

例 5-52　设$f(x)$在$\left[0,\dfrac{\pi}{2}\right]$上连续，在$\left(0,\dfrac{\pi}{2}\right)$内可导，且满足$\int_0^{\frac{\pi}{2}}\cos^2x\cdot f(x)\,\mathrm{d}x=0$，证明：至少存在一点$\xi\in\left(0,\dfrac{\pi}{2}\right)$，使得$f'(\xi)=2f(\xi)\tan\xi$.

证明：由$\int_0^{\frac{\pi}{2}}\cos^2x\cdot f(x)\,\mathrm{d}x=0$，则存在$c\in\left(0,\dfrac{\pi}{2}\right)$，使得$f(c)\cos^2c=0$，但$\cos c\neq0$，则$f(c)=0$，作辅助函数$F(x)=f(x)\cos^2x$，则$F(x)$在$\left[0,\dfrac{\pi}{2}\right]$上连续，在$\left(0,\dfrac{\pi}{2}\right)$内可导，且$F(c)=F\left(\dfrac{\pi}{2}\right)=0$，因此存在$\xi\in\left(c,\dfrac{\pi}{2}\right)\subset\left(0,\dfrac{\pi}{2}\right)$，使得

$$F'(\xi)=f'(\xi)\cos^2\xi-2f(\xi)\cos\xi\sin\xi=0,$$

即
$$f'(\xi)=2f(\xi)\tan\xi.$$

例 5-53　设$f(x)$在$[a,b]$上二阶可微，且

$$f(a)=f(b)=\frac{1}{b-a}\int_a^b f(x)\,\mathrm{d}x$$

证明：存在 $\xi\in(a,b)$，使 $f''(\xi)=0$.

分析：欲证 $f''(\xi)=0$，这是对被积函数 $f(x)$ 用两次罗尔定理，由已知条件知，存在 $c\in(a,b)$，使

$$f(c)=\frac{1}{b-a}\int_a^b f(x)\,\mathrm{d}x=f(a)=f(b)$$

这恰好可对 $f(x)$ 用两次罗尔定理.

证明：由积分中值定理，存在 $c\in(a,b)$，使

$$f(c)=\frac{1}{b-a}\int_a^b f(x)\,\mathrm{d}x.$$

在区间 $[a,c]$ 与 $[c,b]$ 上，函数 $f(x)$ 分别用罗尔定理，存在 $\xi_1\in(a,c)$，存在 $\xi_2\in(c,b)$，使 $f'(\xi_1)=0,f'(\xi_2)=0$.

又在区间 $[\xi_1,\xi_2]$ 上，对 $f'(x)$ 用罗尔定理，则存在 $\xi\in(\xi_1,\xi_2)\subset(a,b)$，使 $f''(\xi)=0$.

例5-54 设函数 $f(x),g(x)$ 在 $[a,b]$ 上连续，试证：存在 $\xi\in(a,b)$，使

$$f(\xi)\int_\xi^b g(x)\,\mathrm{d}x=g(\xi)\int_a^\xi f(x)\,\mathrm{d}x.$$

分析：将欲证等式写成等号一端为0的形式，并将 ξ 换为 x，有

$$f(x)\int_x^b g(t)\,\mathrm{d}t-g(x)\int_a^x f(t)\,\mathrm{d}t=0. \qquad (*)$$

注意到

$$\left(\int_a^x f(t)\,\mathrm{d}t\right)'=f(x),\left(\int_x^b g(t)\,\mathrm{d}t\right)'=-g(x),$$

则式(＊)正是

$$\left[\int_a^x f(t)\,\mathrm{d}t\cdot\int_x^b g(t)\,\mathrm{d}t\right]'=0.$$

证明：令 $F(x)=\int_a^x f(t)\,\mathrm{d}t\cdot\int_x^b g(t)\,\mathrm{d}t$，由于 $f(x),g(x)$ 在 $[a,b]$ 上连续，所以函数 $F(x)$ 在 $[a,b]$ 上连续且可导；又 $F(a)=F(b)=0$，于是，由罗尔定理，存在 $\xi\in(a,b)$，使 $F'(\xi)=0$，即 $f(\xi)\int_\xi^b g(x)\,\mathrm{d}x=g(\xi)\int_a^\xi f(x)\,\mathrm{d}x$.

【评注】 本例中，欲证等式中不显含导数，而实际上 $f(\xi),g(\xi)$ 正是变限定积分的导数，因为本例中，微分中值定理中的函数是变限积分.

例5-55 设函数 $f(x),g(x)$ 在区间 $[a,b]$ 上连续，且 $g(x)\neq0,x\in[a,b]$. 试证：至少存在一点 $\xi\in(a,b)$，使得 $\dfrac{\int_a^b f(x)\,\mathrm{d}x}{\int_a^b g(x)\,\mathrm{d}x}=\dfrac{f(\xi)}{g(\xi)}$.

分析：将欲证等式写成

$$g(x)\int_a^b f(x)\,\mathrm{d}x-f(x)\int_a^b g(x)\,\mathrm{d}x=0.$$

注意到 $\left(\int_a^x f(t)\,\mathrm{d}t\right)'=f(x),\left(\int_a^x g(t)\,\mathrm{d}t\right)'=g(x)$，于是有

$$\left(\int_a^x g(t)\,\mathrm{d}t \cdot \int_a^b f(x)\,\mathrm{d}x - \int_a^x f(t)\,\mathrm{d}t \cdot \int_a^b g(x)\,\mathrm{d}x\right)' = 0.$$

证明：设 $F(x) = \int_a^x g(t)\,\mathrm{d}t \cdot \int_a^b f(x)\,\mathrm{d}x - \int_a^x f(t)\,\mathrm{d}t \cdot \int_a^b g(x)\,\mathrm{d}x$,
则 $F(a) = F(b) = 0$,又 $F(x)$ 在$[a,b]$上连续且可导,由罗尔定理,至少存在一点

$$\xi \in (a,b),\text{使 } F'(\xi) = 0,\text{即}\frac{\int_a^b f(x)\,\mathrm{d}x}{\int_a^b g(x)\,\mathrm{d}x} = \frac{f(\xi)}{g(\xi)}.$$

例 5-56 设函数$f(x)$,$g(x)$ 在$[a,b]$上连续,且$g(x) > 0$,则在$[a,b]$上至少存在一点ξ,使得$\int_a^b f(x)g(x)\,\mathrm{d}x = f(\xi)\int_a^b g(x)\,\mathrm{d}x$.

分析：将欲证等式写成一端为 0 的形式,并将 ξ 换为 x,有

$$\int_a^b f(x)g(x)\,\mathrm{d}x - f(x)\int_a^b g(x)\,\mathrm{d}x = 0.$$

注意到$g(x) = \left(\int_a^x g(t)\,\mathrm{d}t\right)' > 0$, $f(x)g(x) = \left(\int_a^x f(t)g(t)\,\mathrm{d}t\right)'$,将欲证等式两端同乘以$g(x)$,

可写成$\int_a^b f(t)g(t)\,\mathrm{d}t\left(\int_a^x g(t)\,\mathrm{d}t\right)' - \left(\int_a^x f(t)g(t)\,\mathrm{d}t\right)'\int_a^b g(t)\,\mathrm{d}t = 0$

即
$$\left(\int_a^b f(t)g(t)\,\mathrm{d}t\int_a^x g(t)\,\mathrm{d}t - \int_a^x f(t)g(t)\,\mathrm{d}t\int_a^b g(t)\,\mathrm{d}t\right)' = 0.$$

证明 1：设 $F(x) = \int_a^b f(t)g(t)\,\mathrm{d}t\int_a^x g(t)\,\mathrm{d}t - \int_a^x f(t)g(t)\,\mathrm{d}t\int_a^b g(t)\,\mathrm{d}t$,
则 $F(a) = F(b) = 0$,又 $F(x)$ 在$[a,b]$上连续且可导,由罗尔定理,至少存在一点 $\xi \in (a,b) \subset [a,b]$,使得 $F'(\xi) = 0$,即

$$g(\xi)\int_a^b f(t)g(t)\,\mathrm{d}t - f(\xi)g(\xi)\int_a^b g(t)\,\mathrm{d}t = 0,$$

亦即
$$\int_a^b f(x)g(x)\,\mathrm{d}x = f(\xi)\int_a^b g(x)\,\mathrm{d}x(g(x) > 0)$$

【评注】 题设中 $g(x) > 0$,实际上 $g(x)$ 不变号即可.

证明 2：利用连续函数的介值定理.

因为$f(x)$,$g(x)$ 在$[a,b]$上连续,且$g(x) > 0$,由最值定理知,$f(x)$ 在$[a,b]$上有最大值 M 和最小值 m,即 $m \leqslant f(x) \leqslant M$,故

$$mg(x) \leqslant f(x)g(x) \leqslant Mg(x),$$

于是
$$m\int_a^b g(x)\,\mathrm{d}x \leqslant \int_a^b f(x)g(x)\,\mathrm{d}x \leqslant M\int_a^b g(x)\,\mathrm{d}x,$$

因此
$$m \leqslant \frac{\int_a^b f(x)g(x)\,\mathrm{d}x}{\int_a^b g(x)\,\mathrm{d}x} \leqslant M.$$

由连续函数介值定理,存在 $\xi \in [a,b]$,使

$$f(\xi) = \frac{\int_a^b f(x)g(x)\,\mathrm{d}x}{\int_a^b g(x)\,\mathrm{d}x},$$

即
$$\int_a^b f(x)g(x)\mathrm{d}x = f(\xi)\int_a^b g(x)\mathrm{d}x.$$

【评注】 该结论也称为积分第一中值定理.

题型11 定积分不等式证明

例5-57 设在区间[0,1]上，$f''(x)>0$，试证：$\int_0^1 f(x^a)\mathrm{d}x \geqslant f\left(\frac{1}{a+1}\right)$，其中$a$为正实数.

分析： $f\left(\frac{1}{a+1}\right)$是函数$f(x)$在$x=\frac{1}{a+1}$时的值，曲线$y=f(x)$在其点$x=\frac{1}{a+1}$处的切线方程可出现$f\left(\frac{1}{a+1}\right)$.

证明： 依题设，$f(u)$在[0,1]上是凹的，故曲线$y=f(u)$在其切线的上方，在点$u=\frac{1}{a+1}$处，有
$$f(u)\geqslant f\left(\frac{1}{a+1}\right)+f'\left(\frac{1}{a+1}\right)\left(u-\frac{1}{a+1}\right), u\in(0,1),$$
因$a>0$，令$u=x^a$，代入上式，有
$$f(x^a)\geqslant f\left(\frac{1}{a+1}\right)+f'\left(\frac{1}{a+1}\right)\left(x^a-\frac{1}{a+1}\right).$$
在[0,1]上求积分，得
$$\int_0^1 f(x^a)\mathrm{d}x\geqslant f\left(\frac{1}{a+1}\right)+f'\left(\frac{1}{a+1}\right)\left(\int_0^1 x^a\mathrm{d}x-\frac{1}{a+1}\right)=f\left(\frac{1}{a+1}\right).$$

例5-58 设$f(x)=\int_x^{x+1}\sin t^2\mathrm{d}t$，试证：当$x>0$时，有$|f(x)|\leqslant\frac{1}{x}$.

分析： 从已知等式欲推出所证不等式，只能推算已知等式的右端.

证明： 由分部积分法，得
$$\begin{aligned}f(x)&=\int_x^{x+1}\sin t^2\mathrm{d}t=\int_x^{x+1}\frac{1}{2t}\sin t^2\mathrm{d}t^2=-\frac{\cos t^2}{2t}\Big|_x^{x+1}-\int_x^{x+1}\frac{\cos t^2}{2t^2}\mathrm{d}t\\&=-\frac{\cos(x+1)^2}{2(x+1)}+\frac{\cos x^2}{2x}-\int_x^{x+1}\frac{\cos t^2}{2t^2}\mathrm{d}t,\end{aligned}$$
由绝对值不等式的性质，当$x>0$时，有
$$|f(x)|\leqslant\left|-\frac{\cos(x+1)^2}{2(x+1)}\right|+\left|\frac{\cos x^2}{2x}\right|+\int_x^{x+1}\left|\frac{\cos t^2}{2t^2}\right|\mathrm{d}t\leqslant\frac{1}{2(x+1)}+\frac{1}{2x}+\int_x^{x+1}\frac{1}{2t^2}\mathrm{d}t=\frac{1}{x}.$$

例5-59 设$f(x)$在$[a,b]$上连续非负且单调增加，试证：
$$\int_a^b xf(x)\mathrm{d}x\geqslant\frac{a+b}{2}\int_a^b f(x)\mathrm{d}x$$

证明： 将积分上限b换成x，作辅助函数
$$F(x)=\int_a^x tf(t)\mathrm{d}t-\frac{a+x}{2}\int_a^x f(t)\mathrm{d}t, x\in[a,b],$$

则

$$F'(x)=xf(x)-\frac{1}{2}\int_a^x f(t)\,\mathrm{d}t-\frac{a+x}{2}f(x)\xlongequal{\text{积分中值定理}}\frac{1}{2}(x-a)f(x)-\frac{1}{2}(x-a)f(\xi)$$

$$=\frac{1}{2}(x-a)[f(x)-f(\xi)],$$

其中,$\xi\in(a,x)$. 又$f(x)$单调增加,由$f(x)>f(\xi)$知$F'(x)>0$,则$F(x)$单调增加,由此$F(b)\geqslant F(a)=0$,即$\int_a^b xf(x)\,\mathrm{d}x\geqslant\frac{a+b}{2}\int_a^b f(x)\,\mathrm{d}x$.

例 5-60　用柯西积分不等式证明下列各式.

(1) 设$f(x)$在$[a,b]$上连续,且$f(x)>0$,则

$$\int_a^b f(x)\,\mathrm{d}x\cdot\int_a^b\frac{1}{f(x)}\mathrm{d}x\geqslant(b-a)^2;$$

(2) 设$f(x)$在$[a,b]$上有连续的导数,且$f(a)=0$,则

$$\int_a^b f^2(x)\,\mathrm{d}x\leqslant\frac{(b-a)^2}{2}\int_a^b[f'(x)]^2\mathrm{d}x;$$

(3) $\int_0^{\frac{\pi}{2}}\sqrt{x\sin x}\,\mathrm{d}x\leqslant\frac{\pi}{2\sqrt{2}}$.

证明:(1) 在柯西积分不等式中,取$f(x)$为$\sqrt{f(x)}$,$g(x)$为$\frac{1}{\sqrt{f(x)}}$,则有

$$\int_a^b f(x)\,\mathrm{d}x\cdot\int_a^b\frac{1}{f(x)}\mathrm{d}x\geqslant\left(\int_a^b\sqrt{f(x)}\cdot\frac{1}{\sqrt{f(x)}}\mathrm{d}x\right)^2=(b-a)^2.$$

特别地,在$[0,1]$上有　$\int_0^1 f(x)\,\mathrm{d}x\cdot\int_0^1\frac{1}{f(x)}\mathrm{d}x\geqslant 1$.

(2) 因$f'(x)$在$[a,b]$上连续,且$f(a)=0$,故$f(x)=\int_a^x f'(t)\,\mathrm{d}t$,$x\in[a,b]$,由柯西积分不等式和定积分的性质,有

$$f^2(x)=\left[\int_a^x f'(t)\,\mathrm{d}t\right]^2\leqslant\int_a^x\mathrm{d}t\int_a^x[f'(t)]^2\mathrm{d}t\leqslant(x-a)\int_a^b[f'(t)]^2\mathrm{d}t$$

则　$$\int_a^b f^2(x)\,\mathrm{d}x\leqslant\int_a^b[f'(x)]^2\mathrm{d}x\cdot\int_a^b(x-a)\,\mathrm{d}x=\frac{(b-a)^2}{2}\int_a^b[f'(x)]^2\mathrm{d}x.$$

(3) 由柯西积分不等式,有

$$\left[\int_0^{\frac{\pi}{2}}\sqrt{x\sin x}\,\mathrm{d}x\right]^2\leqslant\int_0^{\frac{\pi}{2}}x\,\mathrm{d}x\cdot\int_0^{\frac{\pi}{2}}\sin x\,\mathrm{d}x=\frac{\pi^2}{8},$$

所以　$$\int_0^{\frac{\pi}{2}}\sqrt{x\sin x}\,\mathrm{d}x\leqslant\sqrt{\frac{\pi^2}{8}}=\frac{\pi}{2\sqrt{2}}.$$

例 5-61　设$f(x)$在$[a,b]$上二阶可导,且$f''(x)>0$,证明:

$$f\left(\frac{a+b}{2}\right)\leqslant\frac{1}{b-a}\int_a^b f(x)\,\mathrm{d}x\leqslant\frac{1}{2}[f(a)+f(b)].$$

证明 1:用计算定积分推证,先证左端不等式,因$f''(x)>0$,$x\in[a,b]$,故曲线$y=f(x)$位于其切线的上方,在$x=\frac{a+b}{2}$处,有

$$f(x) \geqslant f\left(\frac{a+b}{2}\right)+f'\left(\frac{a+b}{2}\right)\left(x-\frac{a+b}{2}\right)$$

所以 $\int_a^b f(x)\mathrm{d}x \geqslant f\left(\frac{a+b}{2}\right)\int_a^b \mathrm{d}x + f'\left(\frac{a+b}{2}\right)\int_a^b\left(x-\frac{a+b}{2}\right)\mathrm{d}x = f\left(\frac{a+b}{2}\right)(b-a)+0.$

再证右端不等式,因 $f''(x)>0, x\in[a,b]$,曲线 $y=f(x)$ 凹,连接该曲线两端点 $(a,f(a))$, $(b,f(b))$ 的直线段位于曲线之上,故有

$$f(x) \leqslant f(a) + \frac{f(b)-f(a)}{b-a}(x-a)$$

所以

$$\int_a^b f(x)\mathrm{d}x \leqslant f(a)(b-a) + \frac{f(b)-f(a)}{b-a}\int_a^b (x-a)\mathrm{d}x$$

$$= \frac{1}{2}[f(a)+f(b)](b-a).$$

故不等式得证.

证明2: 用作辅助函数法,对不等式左端,设

$$F(x) = \int_a^x f(t)\mathrm{d}t - (x-a)f\left(\frac{a+x}{2}\right)$$

则

$$F'(x) = f(x) - f\left(\frac{a+x}{2}\right) - \frac{1}{2}(x-a)f'\left(\frac{a+x}{2}\right)$$

$$\xlongequal{\text{拉格朗日中值定理}} \frac{1}{2}(x-a)f'(\xi) - \frac{1}{2}(x-a)f'\left(\frac{a+x}{2}\right)$$

$$= \frac{1}{2}(x-a)\left[f'(\xi) - f'\left(\frac{a+x}{2}\right)\right]$$

$$\xlongequal{\text{拉格朗日中值定理}} \frac{1}{2}(x-a)\left(\xi - \frac{a+x}{2}\right)f''(\eta) \geqslant 0$$

其中,$a\leqslant\frac{a+x}{2}<\xi<x\leqslant b, \frac{a+x}{2}<\eta<\xi$,即 $F(x)$ 在 $[a,b]$ 上单调增加,有 $F(b)\geqslant F(a)=0$,故不等式得证.

对不等式右端,设

$$G(x) = \frac{1}{2}[f(a)+f(x)](x-a) - \int_a^x f(t)\mathrm{d}t$$

则

$$G'(x) = \frac{1}{2}(x-a)f'(x) + \frac{1}{2}[f(a)-f(x)]$$

$$G''(x) = \frac{1}{2}(x-a)f''(x) \geqslant 0 (x\geqslant a)$$

可知 $G'(x)$ 在 $[a,b]$ 上单调增加,且 $G'(x)\geqslant G'(a)=0$;由此有 $G(x)$ 在 $[a,b]$ 上单调增加,有 $G(b)\geqslant G(a)=0$,故不等式得证.

证明3: 用凹函数的特性与积分等式证明.

由 $f''(x)>0$ 知 $f(x)$ 在 $[a,b]$ 上为凹函数,对左端不等式,由

$$\int_a^b f(x)\mathrm{d}x = \int_a^b f(a+b-x)\mathrm{d}x = \int_a^b \frac{f(x)+f(a+b-x)}{2}\mathrm{d}x$$

$$\geqslant \int_a^b f\left[\frac{x+(a+b-x)}{2}\right]dx = (b-a)f\left(\frac{a+b}{2}\right).$$

对右端不等式

$$\int_a^b f(x)\,dx = \int_a^b f\left(\frac{b-x}{b-a}\cdot a + \frac{x-a}{b-a}\cdot b\right)dx \leqslant \int_a^b \left[\frac{b-x}{b-a}f(a) + \frac{x-a}{b-a}f(b)\right]dx$$

$$=\frac{f(a)+f(b)}{2}(b-a).$$

故不等式得证.

例 5-62　设$f(x)$在$[0,\beta]$上连续且单调减少,若$0<\alpha<\beta$,证明:

$$\alpha\int_0^\beta f(x)\,dx < \beta\int_0^\alpha f(x)\,dx.$$

证明 1:利用积分中值定理,存在$\xi_1\in[0,\alpha]$,$\xi_2\in[\alpha,\beta]$,使得

$$\begin{aligned}\alpha\int_0^\beta f(x)\,dx - \beta\int_0^\alpha f(x)\,dx &= (\alpha-\beta)\int_0^\alpha f(x)\,dx + \alpha\int_\alpha^\beta f(x)\,dx \\ &= \alpha(\alpha-\beta)f(\xi_1) + \alpha(\beta-\alpha)f(\xi_2) \\ &= \alpha(\beta-\alpha)[f(\xi_2)-f(\xi_1)].\end{aligned}$$

由于$f(x)$在$[0,\beta]$上连续且单调减少,则$f(\xi_2)<f(\xi_1)$,即

$$\alpha\int_0^\beta f(x)\,dx - \beta\int_0^\alpha f(x)\,dx < 0,$$

从而

$$\alpha\int_0^\beta f(x)\,dx < \beta\int_0^\alpha f(x)\,dx.$$

证明 2:对于任意的$x\in[\alpha,\beta]$,令$F(x)=\alpha\int_0^x f(t)\,dt - x\int_0^\alpha f(x)\,dt$,$F(\alpha)=0$,

$$F'(x) = \alpha f(x) - \int_0^\alpha f(t)\,dt = \alpha[f(x)-f(\xi)] < 0,$$

其中,$\xi\in(0,\alpha)$. 因而$F(x)$单调减少,于是$F(\beta)<F(\alpha)=0$,即

$$\alpha\int_0^\beta f(x)\,dx < \beta\int_0^\alpha f(x)\,dx.$$

证明 3:对于任意的$x\in[0,\beta]$,令

$$F(x) = \frac{\int_0^x f(t)\,dt}{x},$$

$$F'(x) = \frac{xf(x) - \int_0^x f(t)\,dt}{x^2} = \frac{xf(x)-xf(\xi)}{x^2} = \frac{x[f(x)-f(\xi)]}{x^2} < 0 \quad (\xi\in(0,x)),$$

因而$F(x)$单调减少,于是$F(\beta)<F(\alpha)$,即

$$\alpha\int_0^\beta f(x)\,dx < \beta\int_0^\alpha f(x)\,dx.$$

证明 4:对$\int_0^\beta f(x)\,dx$, 取变换$t=\dfrac{\alpha}{\beta}x$,则$dt=\dfrac{\alpha}{\beta}dx$,且$\dfrac{\beta}{\alpha}>1$,于是

$$\alpha\int_0^\beta f(x)\,dx - \beta\int_0^\alpha f(x)\,dx = \beta\int_0^\alpha f\left(\frac{\beta}{\alpha}t\right)dt - \beta\int_0^\alpha f(x)\,dx$$

$$=\beta\int_0^{\alpha}\left[f\left(\frac{\beta}{\alpha}t\right)-f(t)\right]\mathrm{d}t<0.$$

即
$$\alpha\int_0^{\beta}f(x)\,\mathrm{d}x<\beta\int_0^{\alpha}f(x)\,\mathrm{d}x.$$

例 5-63 设函数$f(x)$在$[0,b]$上有连续的导数,证明:

$$|f(0)|\leqslant\frac{1}{b}\int_0^b|f(x)|\,\mathrm{d}x+\int_0^b|f'(x)|\,\mathrm{d}x.$$

分析: 由积分中值定理,有$\frac{1}{b}\int_0^b|f(x)|\,\mathrm{d}x=|f(\xi)|\quad(0\leqslant\xi\leqslant b)$.

证明: 由积分中值定理,存在$\xi\in[0,b]$,使

$$\frac{1}{b}\int_0^b|f(x)|\,\mathrm{d}x=|f(\xi)|,$$

而
$$\int_0^{\xi}f'(x)\,\mathrm{d}x=f(\xi)-f(0),$$

即
$$f(0)=f(\xi)-\int_0^{\xi}f'(x)\,\mathrm{d}x,$$

由定积分的比较性质有

$$|f(0)|=\left|f(\xi)-\int_0^{\xi}f'(x)\,\mathrm{d}x\right|\leqslant|f(\xi)|+\left|\int_0^{\xi}f'(x)\,\mathrm{d}x\right|\leqslant|f(\xi)|+\int_0^{\xi}|f'(x)|\,\mathrm{d}x$$
$$\leqslant\frac{1}{b}\int_0^b|f(x)|\,\mathrm{d}x+\int_0^b|f'(x)|\,\mathrm{d}x.$$

例 5-64 设函数$f(x)$在$(-\infty,+\infty)$内有界且导数连续,且对任意实数x,有$|f(x)+f'(x)|\leqslant1$,试证明:$|f(x)|\leqslant1$.

证明: 由欲证不等式$-1\leqslant f(x)\leqslant1$,得$-\mathrm{e}^x\leqslant f(x)\mathrm{e}^x\leqslant\mathrm{e}^x$,所以可取辅助函数为$F(x)=f(x)\mathrm{e}^x$,因此,$F'(x)=\mathrm{e}^x[f(x)+f'(x)]$.

从已知条件可推得,$|F'(x)|\leqslant\mathrm{e}^x$,即$-\mathrm{e}^x\leqslant F'(x)\leqslant\mathrm{e}^x$. 再对此不等式积分,有$-\int_{-\infty}^{x}\mathrm{e}^x\mathrm{d}x\leqslant\int_{-\infty}^{x}F'(x)\,\mathrm{d}x\leqslant\int_{-\infty}^{x}\mathrm{e}^x\mathrm{d}x$,即$-\mathrm{e}^x\leqslant\mathrm{e}^xf(x)-\lim\limits_{x\to-\infty}\mathrm{e}^xf(x)\leqslant\mathrm{e}^x$,由于已知$f(x)$在$(-\infty,+\infty)$内有界,所以$\lim\limits_{x\to-\infty}\mathrm{e}^xf(x)=0$,故得$-1\leqslant f(x)\leqslant1$,即$|f(x)|\leqslant1$.

例 5-65 设$f(x)$在$[0,b]$上有连续的导数,且$f(0)=0$,设$M=\max\limits_{0\leqslant x\leqslant b}|f'(x)|$,证明:$\left|\int_0^bf(x)\,\mathrm{d}x\right|\leqslant\frac{Mb^2}{2}$.

分析: 依题设,应用拉格朗日中值定理.

证明: 任取$x\in(0,b)$,由拉格朗日中值定理,有

$$f(x)=f(x)-f(0)=f'(\xi)x(0<\xi<x)$$

$$\left|\int_0^bf(x)\,\mathrm{d}x\right|\leqslant\int_0^b|f(x)|\,\mathrm{d}x=\int_0^b|f'(\xi)|\,x\mathrm{d}x\leqslant M\int_0^bx\mathrm{d}x=\frac{Mb^2}{2}.$$

题型 12 反常积分的计算

例 5-66 设 $\alpha>0$ 为常数，计算 $\int_0^{+\infty} e^{-x}e^{-|\alpha-x|}dx$.

解：$\int_0^{+\infty} e^{-x}e^{-|\alpha-x|}dx = \int_0^{\alpha} e^{-x}e^{x-\alpha}dx + \int_{\alpha}^{+\infty} e^{-x}e^{\alpha-x}dx = \left(\alpha+\frac{1}{2}\right)e^{-\alpha}$.

例 5-67 计算$\int_1^{+\infty} \frac{\arctan x}{x^2}dx$.

解：$I = -\int_1^{+\infty} \arctan x\,d\left(\frac{1}{x}\right) = -\frac{1}{x}\arctan x\Big|_1^{+\infty} + \int_1^{+\infty}\frac{1}{x(1+x^2)}dx = \frac{\pi}{4}+I_1 = \frac{\pi}{4}+\frac{1}{2}\ln 2$.

下面用三种方法计算 $I_1\left(I_1 = \int_1^{+\infty}\frac{1}{x(1+x^2)}dx\right)$.

（1）设 $x=\frac{1}{t}$，则

$$I_1 = \int_1^0 \frac{1}{\frac{1}{t}\left(\frac{1}{t^2}+1\right)}\left(-\frac{1}{t^2}\right)dt = \int_0^1\frac{t}{1+t^2}dt = \frac{1}{2}\ln(1+t^2)\Big|_0^1 = \frac{1}{2}\ln 2.$$

（2）$I_1 = \int_1^{+\infty}\frac{1}{x^3\left(1+\frac{1}{x^2}\right)}dx = -\frac{1}{2}\int_1^{+\infty}\frac{d\left(1+\frac{1}{x^2}\right)}{1+\frac{1}{x^2}} = -\frac{1}{2}\ln\left(1+\frac{1}{x^2}\right)\Big|_1^{+\infty} = \frac{1}{2}\ln 2.$

（3）因$\frac{1}{x(1+x^2)} = \frac{1}{x}-\frac{x}{1+x^2}$，取 $b>1$，则

$$\int_1^b\frac{1}{x(1+x^2)}dx = \int_1^b\frac{1}{x}dx - \int_1^b\frac{x}{1+x^2}dx = \ln b - \frac{1}{2}\ln(1+x^2)\Big|_1^b$$

$$=\ln\frac{b}{\sqrt{1+b^2}}+\frac{1}{2}\ln 2,$$

所以 $$\int_1^{+\infty}\frac{1}{x(1+x^2)}dx = \lim_{b\to+\infty}\left(\ln\frac{b}{\sqrt{1+b^2}}+\frac{1}{2}\ln 2\right) = \frac{1}{2}\ln 2.$$

【评注】 本题若得出如下结论将是错误的：由于

$$\int_1^{+\infty}\frac{1}{x(1+x^2)}dx = \int_1^{+\infty}\frac{1}{x}dx - \int_1^{+\infty}\frac{x}{1+x^2}dx$$

而右端的两个反常积分均发散，所以原反常积分发散，实际上，右端是$\infty-\infty$型未定式，按反常积分定义，不能断定这个未定式没有极限.

本例说明：一个反常积分若分成两个发散的反常积分的代数和，不能断定此反常积分发散. 但若一个反常积分可分成一个收敛的反常积分和一个发散的反常积分的代数和，可得出此反常积分发散.

例 5-68 已知$\int_0^{+\infty}\frac{\sin x}{x}dx = \frac{\pi}{2}$，求$\int_0^{+\infty}\frac{\sin^2 x}{x^2}dx$.

解:用分部积分法

$$I=-\int_0^{+\infty}\sin^2x\mathrm{d}\left(\frac{1}{x}\right)=-\frac{\sin^2x}{x}\bigg|_0^{+\infty}+\int_0^{+\infty}\frac{2\sin x\cos x}{x}\mathrm{d}x$$

$$=\int_0^{+\infty}\frac{\sin 2x}{2x}\mathrm{d}(2x)\xlongequal{2x=t}\int_0^{+\infty}\frac{\sin t}{t}\mathrm{d}t=\frac{\pi}{2}.$$

例5-69 已知$\int_0^{+\infty}\mathrm{e}^{-t^2}\mathrm{d}t=\frac{\sqrt{\pi}}{2}$,计算$\int_1^{+\infty}x^2\mathrm{e}^{-x^2+2x}\mathrm{d}x$.

解1:用分部积分法

$$I=\int_1^{+\infty}x^2\mathrm{e}^{-x^2+2x}\mathrm{d}x=-\frac{1}{2}\int_1^{+\infty}x\mathrm{e}^{2x}\mathrm{d}\mathrm{e}^{-x^2}=-\frac{1}{2}\left[x\mathrm{e}^{2x}\mathrm{e}^{-x^2}\bigg|_1^{+\infty}-\int_1^{+\infty}(\mathrm{e}^{2x}+2x\mathrm{e}^{2x})\mathrm{e}^{-x^2}\mathrm{d}x\right]$$

$$=\frac{1}{2}\mathrm{e}+\frac{1}{2}\int_1^{+\infty}\mathrm{e}^{2x}\mathrm{e}^{-x^2}\mathrm{d}x+\int_1^{+\infty}x\mathrm{e}^{2x}\mathrm{e}^{-x^2}\mathrm{d}x,$$

又
$$\int_1^{+\infty}x\mathrm{e}^{2x}\mathrm{e}^{-x^2}\mathrm{d}x=-\frac{1}{2}\int_1^{+\infty}\mathrm{e}^{2x}\mathrm{d}\mathrm{e}^{-x^2}=-\frac{1}{2}\left(\mathrm{e}^{2x}\mathrm{e}^{-x^2}\bigg|_1^{+\infty}-2\int_1^{+\infty}\mathrm{e}^{2x}\mathrm{e}^{-x^2}\mathrm{d}x\right)$$

$$=\frac{1}{2}\mathrm{e}+\int_1^{+\infty}\mathrm{e}^{-x^2+2x}\mathrm{d}x.$$

所以
$$I=\mathrm{e}+\frac{3}{2}\int_1^{+\infty}\mathrm{e}^{-(x-1)^2}\mathrm{e}\mathrm{d}x\xlongequal{x-1=t}\mathrm{e}+\frac{3}{2}\mathrm{e}\int_0^{+\infty}\mathrm{e}^{-t^2}\mathrm{d}t=\mathrm{e}\left(1+\frac{3}{4}\sqrt{\pi}\right).$$

解2:注意到$(\mathrm{e}^{-x^2+2x})'=\mathrm{e}^{-x^2+2x}(-2x+2)$,

$$I=\int_1^{+\infty}(x^2-1+1)\mathrm{e}^{-x^2+2x}\mathrm{d}x=\int_1^{+\infty}(x+1)(x-1)\mathrm{e}^{-x^2+2x}\mathrm{d}x+\int_1^{+\infty}\mathrm{e}^{-x^2+2x}\mathrm{d}x$$

$$=-\frac{1}{2}\int_1^{+\infty}(1+x)\mathrm{d}\mathrm{e}^{-x^2+2x}+\int_1^{+\infty}\mathrm{e}^{-x^2+2x}\mathrm{d}x$$

$$=-\frac{1}{2}\left[(1+x)\mathrm{e}^{-x^2+2x}\bigg|_1^{+\infty}-\int_1^{+\infty}\mathrm{e}^{-x^2+2x}\mathrm{d}x\right]+\int_1^{+\infty}\mathrm{e}^{-x^2+2x}\mathrm{d}x$$

$$=\mathrm{e}+\frac{3}{2}\int_1^{+\infty}\mathrm{e}^{-(x-1)^2}\mathrm{e}\mathrm{d}x=\mathrm{e}+\frac{3}{2}\mathrm{e}\int_0^{+\infty}\mathrm{e}^{-t^2}\mathrm{d}t=\mathrm{e}\left(1+\frac{3}{4}\sqrt{\pi}\right).$$

例5-70 计算$\int_1^2\left[\frac{1}{x\ln^2x}-\frac{1}{(x-1)^2}\right]\mathrm{d}x$.

解:$x=1$是被积函数的瑕点,取$\varepsilon>0$,则

$$I=\lim_{\varepsilon\to0^+}\int_{1+\varepsilon}^2\left[\frac{1}{x\ln^2x}-\frac{1}{(x-1)^2}\right]\mathrm{d}x=\lim_{\varepsilon\to0^+}\left(-\frac{1}{\ln x}+\frac{1}{x-1}\right)\bigg|_{1+\varepsilon}^2$$

$$=\lim_{\varepsilon\to0^+}\left[-\frac{1}{\ln 2}+1+\frac{1}{\ln(1+\varepsilon)}-\frac{1}{1+\varepsilon-1}\right]$$

$$=1-\frac{1}{\ln 2}+\lim_{\varepsilon\to 0^+}\frac{\varepsilon-\ln(1+\varepsilon)}{\varepsilon\ln(1+\varepsilon)}$$

$$=1-\frac{1}{\ln 2}+\frac{1}{2}=\frac{3}{2}-\frac{1}{\ln 2}.$$

【评注】 本题若写成下式是错误的:

$$\int_1^2\left[\frac{1}{x\ln^2 x}-\frac{1}{(x-1)^2}\right]dx=\int_1^2\frac{1}{x\ln^2 x}dx-\int_1^2\frac{1}{(x-1)^2}dx.$$

因右端的两个反常积分均发散,这是$\infty-\infty$型未定式.

例 5-71 设$f(x)=\int_1^{\sqrt{x}}e^{-t^2}dt$,求$\int_0^1\frac{f(x)}{\sqrt{x}}dx$.

解: $x=0$是瑕点,用分部积分法

$$\int_0^1\frac{f(x)}{\sqrt{x}}dx=2\int_0^1 f(x)\,d\sqrt{x}=2\left[\sqrt{x}f(x)\Big|_0^1-\int_0^1\sqrt{x}f'(x)\,dx\right]$$

$$=0-2\int_0^1\sqrt{x}\left(e^{-x}\cdot\frac{1}{2\sqrt{x}}\right)dx=e^{-x}\Big|_0^1=e^{-1}-1.$$

题型 13　定积分的几何应用

例 5-72 求抛物线$y=-x^2+4x-3$及其在点$(0,-3)$和点$(3,0)$处的切线所围成的图形的面积.

解: 易知,点$(0,-3)$,$(3,0)$为抛物线$y=-x^2+4x-3$上的点,因为$y'=-2x+4$,可得$y'(0)=4$,$y'(3)=-2$,从而过这两点的切线方程分别为$y=4x-3$和$y=-2(x-3)$.

联立这两条切线方程,可求得两切线的交点为$\left(\frac{3}{2},3\right)$. 由于$y''=-2<0$,知抛物线是凸的,所以切线在其上方,如图 5-2 所示,所以

$$S=\int_0^{\frac{3}{2}}[(4x-3)-(-x^2+4x-3)]dx+\int_{\frac{3}{2}}^3[-2(x-3)-(-x^2+4x-3)]dx$$

$$=\int_0^{\frac{3}{2}}x^2dx+\int_{\frac{3}{2}}^3(x^2-6x+9)dx=\frac{9}{4}.$$

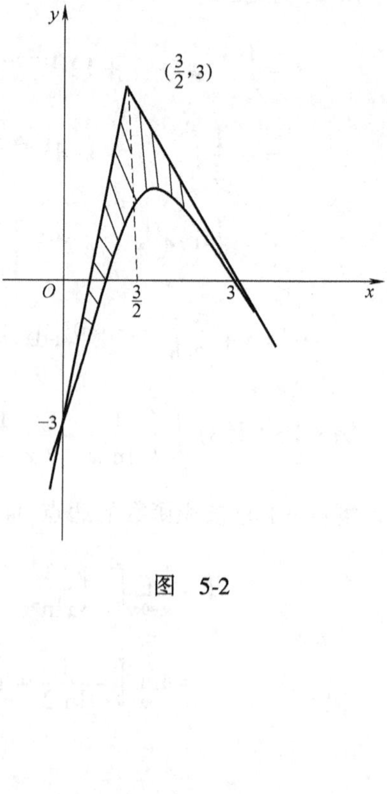

图　5-2

例 5-73 求由曲线$|\ln x|+|\ln y|=1$所围成图形的面积.

解: 去掉绝对值符号,原曲线化为: $\ln x+\ln y=1$有$xy=e$; $-\ln x-\ln y=1$有$xy=e^{-1}$; $-\ln x+\ln y=1$有$y=ex$; $\ln x-\ln y=1$有$y=\frac{x}{e}$. 于是由这四条曲线围成的图形(见图 5-3)的面积为

$$S=\int_{\frac{1}{e}}^{1}\left(ex-\frac{1}{ex}\right)dx+\int_{1}^{e}\left(\frac{e}{x}-\frac{x}{e}\right)dx$$

$$=\left(\frac{1}{2}ex^2-\frac{1}{e}\ln x\right)\Big|_{\frac{1}{e}}^{1}+\left(e\ln x-\frac{x^2}{2e}\right)\Big|_{1}^{e}$$

$$=e-\frac{1}{e}.$$

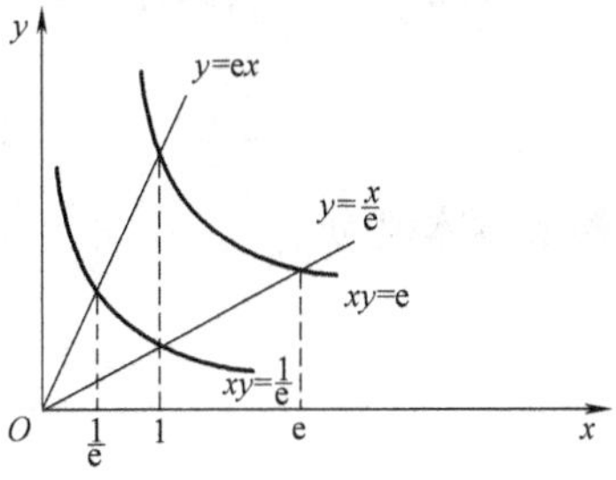

图 5-3

例 5-74 设$f(x)$在区间$[a,b]$上连续,在(a,b)内有$f'(x)>0$. 若$f(a)>0$,对如图 5-4 所示的两个面积函数$A(t)$和$B(t)$,试证存在唯一的$c\in(a,b)$,使$A(c)=3B(c)$.

证明: 在$[a,b]$上任取一点t,令

$$F(t)=A(t)-3B(t)$$

$$=\int_a^t[f(t)-f(x)]dx-3\int_t^b[f(x)-f(t)]dx$$

$$=f(t)(t-a)-\int_a^t f(x)dx$$

$$-3\left[\int_t^b f(x)dx-f(t)(b-t)\right],$$

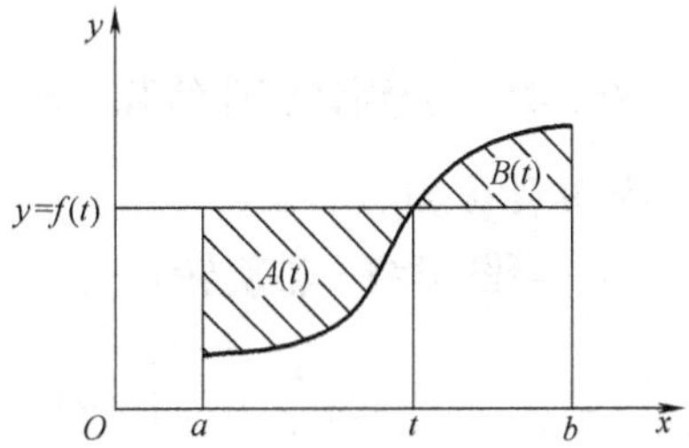

图 5-4

于是$F(x)$在$[a,b]$上连续,又根据题设与积分中值定理,有

$$F(a)=-3\int_a^b[f(x)-f(a)]dx$$

$$=-3[f(\xi)-f(a)](b-a)<0(a\leqslant\xi\leqslant b),$$

$$F(b)=\int_a^b[f(b)-f(x)]dx$$

$$=[f(b)-f(\eta)](b-a)>0(a\leqslant\eta\leqslant b),$$

所以由零点定理知,在(a,b)内至少存在一点c,使$F(c)=0$. 又因为

$$F'(t)=f'(t)[(t-a)+3(b-t)]>0$$

所以$F(t)$在(a,b)内单调增加. 因此在(a,b)内有且仅有一点c,使得$F(c)=0$,即$A(c)=3B(c)$.

例 5-75 设有一正椭圆柱体,其底面的长、短轴分别为$2a$、$2b$,用过此柱体底面的短轴且与底面成α角$\left(0<\alpha<\frac{\pi}{2}\right)$的平面截此柱体,得一楔形体. 求此楔形体的体积$V$.

解 1: 由题设知,底面椭圆方程为$\frac{x^2}{a^2}+\frac{y^2}{b^2}=1$,以垂直于$y$轴的平行平面截此楔形体所得的截面为直角三角形,其中两条直角边的边长分别为$a\sqrt{1-\frac{y^2}{b^2}}$和$a\sqrt{1-\frac{y^2}{b^2}}\tan\alpha$.

因此,得截面面积为$S(y)=\frac{a^2}{2}\left(1-\frac{y^2}{b^2}\right)\tan\alpha$,

故楔形体体积为 $$V=2\int_0^b\frac{a^2}{2}\left(1-\frac{y^2}{b^2}\right)\tan\alpha dy=\frac{2a^2b}{3}\tan\alpha.$$

解 2: 以垂直于x轴的平行平面截此楔形体所得的截面为矩形,其中两边的边长分别为

$x\tan\alpha$ 和 $2b\sqrt{1-\dfrac{x^2}{a^2}}$,因此,得截面面积为

$$S(x) = \frac{2b}{a}\tan\alpha \cdot x\sqrt{a^2-x^2}.$$

故楔形体体积为

$$\begin{aligned} V &= \int_0^a \frac{2b}{a}\tan\alpha \cdot x\sqrt{a^2-x^2}\,dx \\ &= \frac{2b}{a}\tan\alpha \cdot \left(-\frac{1}{3}\sqrt{(a^2-x^2)^3}\right)\Bigg|_0^a \\ &= \frac{2}{3}a^2 b\tan\alpha. \end{aligned}$$

例 5-76 分别计算曲线弧 $y=\cos x\left(-\dfrac{\pi}{2}\leqslant x\leqslant\dfrac{\pi}{2}\right)$与 x 轴围成的图形绕 x 轴、y 轴旋转所得的旋转体体积.

解: 当图形绕 x 轴旋转时,有

$$\begin{aligned} V &= \int_{-\frac{\pi}{2}}^{\frac{\pi}{2}} \pi y^2\,dx = \int_{-\frac{\pi}{2}}^{\frac{\pi}{2}} \pi\cos^2 x\,dx \\ &= 2\pi\int_0^{\frac{\pi}{2}} \cos^2 x\,dx = 2\pi\int_0^{\frac{\pi}{2}} \frac{1+\cos 2x}{2}\,dx = \frac{\pi^2}{2}. \end{aligned}$$

当图形绕 y 轴旋转时,用柱壳法计算有

$$\begin{aligned} V_y &= 2\pi\int_0^{\frac{\pi}{2}} x\cos x\,dx = 2\pi\left\{(x\sin x)\Big|_0^{\frac{\pi}{2}} - \int_0^{\frac{\pi}{2}} \sin x\,dx\right\} = 2\pi\left(\frac{\pi}{2}-1\right) \\ &= \pi(\pi-2). \end{aligned}$$

例 5-77 求曲线 $y=3-|x^2-1|$ 与 x 轴围成的封闭图形绕直线 $y=3$ 旋转所得的旋转体体积.

解: 由于曲线关于 y 轴对称,所以只需研究轴右半部

$$y=\begin{cases} 2+x^2 & 0\leqslant x\leqslant 1 \\ 4-x^2 & x\geqslant 1 \end{cases},$$

易知在 $x\geqslant 0$ 内两抛物线相交于 $P(1,3)$. 作垂直分解,相应于$[x,x+dx]$的小竖条的体积微元为

$$dV_1 = \pi\{3^2-[3-(x^2+2)]^2\}\,dx = \pi(8+2x^2-x^4)\,dx,$$
$$dV_2 = \pi\{3^2-[3-(4-x^2)]^2\}\,dx = \pi(8+2x^2-x^4)\,dx,$$

所以

$$\begin{aligned} V &= 2(V_1+V_2) \\ &= 2\pi\int_0^1 (8+2x^2-x^4)\,dx + 2\pi\int_1^2 (8+2x^2-x^4)\,dx \\ &= 2\pi\int_0^2 (8+2x^2-x^4)\,dx = \frac{448}{15}\pi. \end{aligned}$$

例 5-78 圆 $r=1$ 被心形线 $r=1+\cos\theta$ 分割成两部分,求这两部分的面积.

解: 解方程组$\begin{cases} r=1 \\ r=1+\cos\theta \end{cases}$,得交点$\left(1,\dfrac{\pi}{2}\right)$,$\left(-1,-\dfrac{\pi}{2}\right)$. 由对称性得

$$A_1 = 2\left[\frac{1}{2}\int_0^{\frac{\pi}{2}} d\theta + \frac{1}{2}\int_{\frac{\pi}{2}}^{\pi}(1+\cos\theta)^2 d\theta\right]$$

$$= \frac{\pi}{2} + \int_{\frac{\pi}{2}}^{\pi}\left(1 + 2\cos\theta + \frac{1+\cos 2\theta}{2}\right)d\theta$$

$$= \frac{5}{4}\pi - 2.$$

$$A_2 = \pi - \left(\frac{5\pi}{4} - 2\right) = 2 - \frac{\pi}{4}.$$

例 5-79 求位于曲线 $y = e^x$ 下方,该曲线过原点的切线的左方以及 x 轴上方之间图形的面积.

解: 首先,求出过原点的切线方程,设切点为(x_1, y_1),于是所求切线方程为

$$y - e^{x_1} = e^{x_1}(x - x_1).$$

由于切线经过原点,于是由 $0 - e^{x_1} = e^{x_1}(0 - x_1)$ 得切点$(1, e)$,故所求切线方程为 $y = ex$,则所求面积为

$$A = \int_{-\infty}^{0} e^x dx + \int_0^1 (e^x - ex)dx = \frac{e}{2}.$$

例 5-80 求由曲线 $y = x^4 - 16$,x 轴与直线 $x = 1$ 所围成的在第四象限中的平面图形($x \geqslant 1$),绕直线 $x = 1$ 旋转所得的旋转体体积.

解: 利用柱壳法求解.

$$V = 2\pi\int_1^2 (x-1)\,|y|\,dx = 2\pi\int_1^2 (x-1)\,|x^4 - 16|\,dx$$

$$= 2\pi\int_1^2 (x-1)(16 - x^4)dx = \frac{37\pi}{5}.$$

例 5-81 设平面图形 A 由 $x^2 + y^2 \leqslant 2x$ 与 $y \leqslant x$ 所确定,求图形 A 绕直线 $x = 2$ 旋转一周所得的旋转体体积.

解: 取 y 为积分变量,则边界曲线为 $x = 1 - \sqrt{1 - y^2}$ 与 $x = y(0 \leqslant y \leqslant 1)$. 作水平分割,相应于$[y, y + \Delta y]$的体积微元

$$dV = \pi[2 - (1 - \sqrt{1 - y^2})]^2 dy - \pi(2 - y)^2 dy$$

$$= 2\pi[\sqrt{1 - y^2} - (1 - y)^2]dy$$

所以

$$V = 2\pi\int_0^1 [\sqrt{1 - y^2} - (1 - y)^2]dy$$

$$= 2\pi\int_0^1 \sqrt{1 - y^2}dy + 2\pi\int_0^1 (1 - y)^2 d(1 - y)$$

$$= 2\pi\left(\frac{\pi}{4} - \frac{1}{3}\right).$$

5.4 疑难问题解析

问题 1 下列两个命题是否正确.

(1) 如果 $f(x)$ 在$[a, b]$上有原函数,则 $f(x)$ 在$[a, b]$上可积;

(2) 如果$f(x)$在$[a,b]$上可积,则$f(x)$在$[a,b]$上有原函数.

答: 这两个命题都不正确.

(1) 在$[a,b]$上有原函数存在的函数$f(x)$未必是可积的. 例如

$$F(x)=\begin{cases}x^2\sin\dfrac{1}{x^2} & x\neq 0\\ 0 & x=0\end{cases}$$

在$[-1,1]$上处处有导数

$$F'(x)=f(x)=\begin{cases}2x\sin\dfrac{1}{x^2}-\dfrac{2}{x}\cos\dfrac{1}{x^2} & x\neq 0\\ 0 & x=0\end{cases},$$

因此$f(x)$在$[-1,1]$上有原函数$F(x)$,但$f(x)$在$[-1,1]$上无界,故$f(x)$在$[-1,1]$上不可积.

(2) 在$[a,b]$上可积的函数不一定存在原函数. 例如符号函数

$$\operatorname{sgn} x=\begin{cases}1 & x>0\\ 0 & x=0\\ -1 & x<0\end{cases}$$

在区间$[-1,1]$上可积,因为它只有一个第一类间断点$x=0$,但在某区间上具有第一类间断点的函数不存在原函数,从而$\operatorname{sgn} x$在$[-1,1]$上不存在原函数.

问题 2　在什么条件下,牛顿-莱布尼兹公式$\int_a^b f(x)\mathrm{d}x=F(b)-F(a)$成立?

答: 若函数$f(x)$在$[a,b]$上连续,则牛顿-莱布尼兹公式$\int_a^b f(x)\mathrm{d}x=F(b)-F(a)$成立,此公式也称为微积分基本定理,它把函数$f(x)$在$[a,b]$上的定积分的计算转化为求$f(x)$的原函数在区间$[a,b]$上的增量,使定积分的计算十分方便. 当连续条件不满足时,慎用该公式,比如函数$f(x)=\dfrac{1}{x}$在区间$[-1,1]$上不连续,就不能用该公式.

当然,牛顿-莱布尼兹公式成立的条件还可以适当放宽,常见的有以下两种情况:

(1) 若$f(x)$在$[a,b]$上可积,且原函数$F(x)$存在,则$\int_a^b f(x)\mathrm{d}x=F(b)-F(a)$.

(2) 若$F(x)$在$[a,b]$上连续,在$[a,b]$上$F'(x)=f(x)$分段连续(即除去有限个第一类间断点之外,$f(x)$连续),则$\int_a^b f(x)\mathrm{d}x=F(b)-F(a)$.

问题 3　当$f(x)$在$[a,b]$上可积时,$F(x)=\int_a^x f(t)\mathrm{d}t$在$[a,b]$是否一定可导?

答: 不一定可导. 如符号函数

$$y=\operatorname{sgn} x=\begin{cases}1 & x>0\\ 0 & x=0\\ -1 & x<0\end{cases}$$

在区间$[-1,1]$上可积,但$F(x)=\int_{-1}^x \operatorname{sgn} t\mathrm{d}t=|x|-1$在$x=0$处不可导.

但可以证明$F(x)=\int_a^x f(t)\mathrm{d}t$在$[a,b]$上连续。事实上,对于在$[a,b]$上任意一点$x$及自变量

的改变量$\Delta x(x+\Delta x\in[a,b])$. 由于$f(x)$在$[a,b]$上可积,所以$f(x)$在$[a,b]$有界,不妨设$|f(x)|\leqslant M$. 于是

$$|F(x+\Delta x)-F(x)|=\left|\int_a^{x+\Delta x}f(t)\mathrm{d}t-\int_a^x f(t)\mathrm{d}t\right|=\left|\int_x^{x+\Delta x}f(t)\mathrm{d}t\right|\leqslant M|\Delta x|,$$

故当$\Delta x\to 0$时,$F(x+\Delta x)-F(x)\to 0$.

问题4 对连续函数而言,奇函数的原函数是偶函数吗?偶函数的原函数是奇函数吗?

答: 奇函数的原函数是偶函数,但偶函数的原函数不全是奇函数,这是因为

当$f(x)$连续时,$F(x)=\int_a^x f(t)\mathrm{d}t$是$f(x)$的一个原函数.

若$f(-x)=-f(x)$,则

$$\begin{aligned}F(-x)&=\int_a^{-x}f(t)\mathrm{d}t=-\int_{-a}^{x}f(-t)\mathrm{d}t=\int_{-a}^{x}f(t)\mathrm{d}t\\&=\int_{-a}^{a}f(t)\mathrm{d}t+\int_a^x f(t)\mathrm{d}t=\int_a^x f(t)\mathrm{d}t=F(x),\end{aligned}$$

从而$F(x)$为偶函数. 又$f(x)$的任意一个原函数都可以写为$F(x)+C$,而$F(x)+C$是偶函数,即$f(x)$的所有原函数均是偶函数.

若$f(-x)=f(x)$,则

$$\begin{aligned}F(-x)&=\int_a^{-x}f(t)\mathrm{d}t=-\int_{-a}^{x}f(-t)\mathrm{d}t=-\int_{-a}^{x}f(t)\mathrm{d}t=-\int_{-a}^{a}f(t)\mathrm{d}t-\int_a^x f(t)\mathrm{d}t\\&=-2\int_0^a f(t)\mathrm{d}t-F(x).\end{aligned}$$

可见当$\int_0^a f(t)\mathrm{d}t\neq 0$时,$F(-x)\neq -F(x)$,$F(x)$不是奇函数, 当$\int_0^a f(t)\mathrm{d}t=0$时,$F(-x)=-F(x)$,$F(x)$是奇函数,故$f(x)$的原函数不全是奇函数.

问题5 定积分换元法与不定积分换元法有何共性与差别?

答: 其共同点是:它们都是建立在寻找被积函数的原函数基础上的积分法,其差别和各自特点为:

(1) 不定积分换元法的主要目的是通过换元,求出被积函数的原函数的一般表达式, 有第一类和第二类换元法两种. 第一类换元法的特点是将被积表达式中的一部分凑为中间变量的微分,把中间变量看做积分变量得到被积函数的原函数,而不必出现新的积分变量;第二类换元法的特点是必须把原来的积分变量替换成新的积分变量(这一步的主要目的是简化被积函数),然后求出新变量函数的原函数,再将新变量回代为原来的积分变量,即$x=\varphi(t)$,则有

$$\int f(x)\mathrm{d}x=\left[\int f[\varphi(t)]\varphi'(t)\mathrm{d}t\right]\Big|_{t=\varphi^{-1}(x)}$$

其中,$\varphi^{-1}(x)$是$x=\varphi(t)$的反函数,所以第二类换元法必须要求用以换元的函数的反函数存在。事实上,只要$\varphi'(t)\neq 0$即可,这是与第一类换元法的差别.

(2) 定积分换元法的目的在于求出积分值,因此在换元的同时,也要相应改变积分的上下限,把原积分变换成积分值相等的新积分,从而经过变换后,不必再去关心原被积函数的原函数是什么,也不必再去关心所作变换代换的函数是否有反函数等问题,这是定积分换元法与不定积分换元法最大的差别,从定积分的几何意义来讲,定积分的换元法就是将一个曲边梯形换为另一个曲边梯形,而曲边梯形的面积不变.

问题 6 怎样计算被积函数带绝对值的积分(或被积函数为分段函数的积分)?

答: 定积分的被积函数带绝对值符号时,计算的基本思路就是用分段函数表示被积函数,以去掉绝对值符号,然后用定积分对积分区间的可加性,分段进行计算.

例 5-82 计算积分 $\int_1^3 |x(x-2)|\mathrm{d}x$.

解: 由于在积分区间[1,3]上,被积函数可表示为

$$|x(x-2)| = \begin{cases} x(x-2) & 2 \leqslant x \leqslant 3 \\ -x(x-2) & 1 \leqslant x < 2 \end{cases}$$

所以
$$\int_1^3 |x(x-2)|\mathrm{d}x = -\int_1^2 x(x-2)\mathrm{d}x + \int_2^3 x(x-2)\mathrm{d}x = 2.$$

问题 7 什么是元素法?用元素法解决实际问题的主要步骤是什么?

答: 元素法也叫微元法,它是将实际问题转化为定积分问题的一般方法,也是经济学、工程技术上常用的方法.只要所求量 U 满足用定积分求解的三个特点:

① U 是一个与变量 x 的变化区间 $[a,b]$ 有关的量;② U 对于区间 $[a,b]$ 具有可加性;部分量 ΔU 可以表示为 $\Delta U = f(x)\Delta x + o(\Delta x)$,即 $\Delta U \approx f(x)\Delta x$. 在具体求解时可以用微元法求解,关键 是找部分量增量的表达式 $\Delta U = f(x)\Delta x + o(\Delta x)$,根据问题的实际意义可将注意力集中在寻找 $f(x)\Delta x$,但此时不能忘记当 $\Delta x \to 0$ 时,$f(x)\Delta x$ 与 ΔU 之差是比 Δx 高阶的无穷小量.借用微分的记号,将 $f(x)\Delta x$ 记为 $\mathrm{d}U$,这个量称为所求量的微元或元素.用定积分解决实际问题的关键就是找所求量的微元,将微元 $\mathrm{d}U$ 在给定的区间上积分,即可求得总量,这就是所谓的微元法或元素法.

应用元素法的具体步骤是:根据实际问题的具体情况选择适当的积分变量 x,并确定其变化区间 $[a,b]$;在小区间 $[x, x+\Delta x]$ 上寻找所求量 U 的部分量 ΔU 的近似表达式 $f(x)\Delta x$,建立 U 的微元 $\mathrm{d}U = f(x)\mathrm{d}x$;以所求量的微元 $f(x)\mathrm{d}x$ 为被积表达式,在区间 $[a,b]$ 上积分.

问题 8 怎样利用定积分定义求极限?

答: 由定积分定义,当 $f(x)$ 在 $[a,b]$ 上可积时,我们可以对 $[a,b]$ 用特殊分法,特殊取点,所求积分和式的极限就是 $f(x)$ 在 $[a,b]$ 的定积分,所以当遇到一些和式的极限问题时,若能通过适当变换可化为某个可积函数积分和的形式,就可以使用定积分来计算极限,而要将遇到的和式化为积分和,主要是通过和式确定被积函数和积分区间,下面通过具体例题进行分析.

例 5-83 求极限 $\lim\limits_{n\to\infty}\dfrac{1}{n}\left(\sin\dfrac{\pi}{n} + \sin\dfrac{2\pi}{n} + \cdots + \sin\dfrac{n-1}{n}\pi\right)$.

解: 要将和式 $\dfrac{1}{n}\left(\sin\dfrac{\pi}{n} + \sin\dfrac{2\pi}{n} + \cdots + \sin\dfrac{n-1}{n}\pi\right)$ 化为积分和,把区间[0,1]等分为长度为 $\dfrac{1}{n}$ 的部分区间,$\sin\dfrac{i\pi}{n}$ 理解为函数 $\sin\pi x$ 在第 i 分点处的函数值,因此被积函数可选为 $\sin\pi x$. 当 $n\to\infty$ 时,分点 $\dfrac{1}{n}$ 和 $\dfrac{n-1}{n}$ 分别趋于 0 和 1,所以积分区间选为[0,1]. 于是将区间[0,1]分为 n 等分,取 ξ_i 为 $\left[\dfrac{i-1}{n}, \dfrac{i}{n}\right]$ 的左端点,这样以 $\sin\pi x$ 为被积函数的积分和就是所求极限的表达式. 由于 $\sin\pi x$ 在[0,1]上连续,故可积,从而有

$$\lim_{n\to\infty}\frac{1}{n}\left(\sin\frac{\pi}{n} + \sin\frac{2\pi}{n} + \cdots + \sin\frac{n-1}{n}\pi\right) = \lim_{n\to\infty}\sum_{i=0}^{n-1}\left(\sin\frac{i\pi}{n}\right)\cdot\frac{1}{n}$$

$$=\int_0^1 \sin \pi x \mathrm{d}x = \frac{2}{\pi}.$$

问题 9 影响定积分 $\int_a^b f(x)\mathrm{d}x$ 的因素是哪些?

答: 由定积分定义 $\int_a^b f(x)\mathrm{d}x = \lim\limits_{\lambda\to 0}\sum\limits_{i=1}^{n} f(\xi_i)\Delta x_i$ 知,极限值只与被积函数 $f(x)$ 及闭区间 $[a,b]$ 有关,而与小区间的分法及 ξ_i 的选取无关. 同时,因函数 $f(x)$ 与 $f(t)$ 表示同一个函数,所以 $\int_a^b f(x)\mathrm{d}x = \int_a^b f(t)\mathrm{d}t$,即积分值的大小与积分变量选用什么字母无关.

问题 10 在广义积分的计算中,怎么理解和运用牛顿–莱布尼兹公式?

答: 广义积分的计算中,根据定义讨论它们的敛散性,当积分收敛时计算其值可归结为三步:先求出被积函数 $f(x)$ 的原函数 $F(x)$,其次使用牛顿-莱布尼兹公式,最后求极限. 为了书写方便,通常像定积分一样,写成

$$\int_a^b f(x)\mathrm{d}x = F(x)\Big|_a^b = F(b) - F(a).$$

不过对 $F(a)$ 和 $F(b)$ 的理解随着不同的广义积分而不同. 如当 $f(x)$ 在点 $x=a$(或 $x=b$)无界时, $F(a)$(或 $F(b)$)要理解为 $F(a) = \lim\limits_{x\to a^+}F(x)$(或 $F(b) = \lim\limits_{x\to b^-}F(x)$).

对于无穷区间上的广义积分 $\int_a^{+\infty} f(x)\mathrm{d}x$,当积分收敛时也可以表示为

$$\int_a^{+\infty} f(x)\mathrm{d}x = F(x)\Big|_0^{+\infty} = F(+\infty) - F(a),$$

其中,$F(+\infty) = \lim\limits_{x\to+\infty} F(x)$. 其他无穷区间上的广义积分类同.

5.5 自测试题

自测试题 A

一、单项选择题

1. 若函数 $f(x)$ 在区间 $[a,b]$ 上可积,则成立的是(   ).

A. $\left|\int_a^b f(x)\mathrm{d}x\right| \leqslant \int_a^b |f(x)|\mathrm{d}x$　　B. $\left|\int_a^b f(x)\mathrm{d}x\right| \geqslant \int_a^b |f(x)|\mathrm{d}x$

C. $\left|\int_a^b f(x)\mathrm{d}x\right| = \int_a^b |f(x)|\mathrm{d}x$　　D. $\int_a^b f(x)\mathrm{d}x = \int_a^b |f(x)|\mathrm{d}x$

2. 积分 $\int_{-2\pi}^{4\pi}(1-\sin x)\mathrm{d}x = ($).

A. 2π　　B. 4π　　C. 6π　　D. 8π

3. 设 $F(x) = \int_{x^3}^{x^2} \mathrm{e}^t \mathrm{d}t$,则 $F'(x) = ($).

A. $\mathrm{e}^{x^2} - \mathrm{e}^{x^3}$　　B. $\mathrm{e}^{x^3} - \mathrm{e}^{x^2}$　　C. $2x\mathrm{e}^{x^2} - 3x^2\mathrm{e}^{x^3}$　　D. $2t\mathrm{e}^{t^2} - 3t^2\mathrm{e}^{t^3}$

4. 设 $f(x)$ 为连续函数,则 $\int_0^1 f(\sqrt{1-x})\mathrm{d}x = ($).

A. $2\int_0^1 uf(u)\,du$　　B. $-2\int_0^1 uf(u)\,du$　　C. $\frac{1}{2}\int_0^1 f(u)\,du$　　D. $-\frac{1}{2}\int_0^1 f(u)\,du$

5. 设函数 $f(x)$ 为定义在 $(-\infty,+\infty)$ 上的奇函数且可导，则奇函数是(　　).

A. $\sin f'(x)$　　B. $\int_0^x \sin t\cdot f(t)\,dt$　　C. $\int_0^x f(\sin t)\,dt$　　D. $\int_0^x [\sin t+f(t)]\,dt$

6. 下列广义积分中发散的是(　　).

A. $\int_1^{+\infty}\frac{dx}{x^2}$　　B. $\int_0^1\frac{dx}{1-x}$　　C. $\int_0^1\frac{dx}{\sqrt{1-x}}$　　D. $\int_0^1\frac{dx}{\sqrt[3]{x}}$

7. 若函数 $f(x)$ 为连续函数，$a>0$，则积分 $\int_{\frac{1}{a}}^{a}\left(1-\frac{1}{t^2}\right)f\left(t+\frac{1}{t}\right)dt=$(　　).

A. 1　　B. $\frac{1}{a}$　　C. a　　D. 0

8. 设 $f(x)=\begin{cases}x & x\geqslant 0\\ e^x & x<0\end{cases}$，则 $\int_{-1}^{2}f(x)\,dx=$(　　).

A. $3-\frac{1}{e}$　　B. $3+\frac{1}{e}$　　C. e　　D. ∞

二、填空题

1. 定积分 $\int_{-1}^{1}\sqrt{1-x^2}\,dx=$ ________.

2. 设 $\int_{-\infty}^{+\infty}\frac{A}{1+x^2}dx=1$，则 $A=$ ________.

3. 设 $f(x)$ 是连续函数，且 $f(x)=x+2\int_0^1 f(t)\,dt$，则 $f(x)=$ ________.

4. $\int_0^{\frac{\pi}{2}}\left|\frac{1}{2}-\sin x\right|dx=$ ________.

5. 若 $f(x)$ 连续，且 $\lim\limits_{x\to 0}\frac{f(x)}{x}=1$，求 $\lim\limits_{x\to 0}\frac{\int_0^x f(at)\,dt}{x^2}=$ ________.

6. 设 $n\int_0^1 xf'(2x)\,dx=\int_0^2 xf'(x)\,dx$，则 $n=$ ________.

7. $\frac{d}{dx}\int_{\sqrt{x}}^{x^3}e^{-t^2}dt=$ ________.

8. 曲线 $y=e^x$ 和直线 $y=e^{-x}$，$x=1$ 所围图形的面积为________.

三、计算题

1. $\int_0^{\frac{1}{2}}\frac{x}{\sqrt{1-x^2}}\arcsin x\,dx$.

2. $\int_0^{\ln 2}\sqrt{e^x-1}\,dx$.

3. 设 $f(x)=\begin{cases}1 & 0\leqslant x\leqslant 1\\ x & 1<x\leqslant 2\end{cases}$，求 $\int_1^3 f(x-1)e^x\,dx$.

4. $\int_1^{+\infty}\frac{\ln(1+x)}{(1+x)^2}dx$.

5. $\int_0^1 \frac{x\arctan x}{\sqrt{1+x^2}}dx$.

6. 求$f(x)=\int_0^{x^2}(1-t)e^{-t}dt$在$(-\infty,+\infty)$内的最大值与最小值.

7. 设$f(x)=\begin{cases} e^{-x} & 0 \leqslant x \leqslant 1 \\ 2x & 1 < x \leqslant 2 \end{cases}$,求$F(x)=\int_0^x f(t)dt$的表达式.

四、证明题

1. 函数$f(x)$在闭区间$[0,1]$上连续,在开区间$(0,1)$内可导,且对于$a \in (0,1)$,有$\int_0^a xf(x)dx = af(1)$. 试证在$(0,1)$内存在ξ,使得$f(\xi)+\xi f'(\xi)=0$.

2. 设$f(x)$在$[a,b]$上连续,且$f(x)>0$,又$F(x)=\int_a^x f(t)dt+\int_b^x \frac{1}{f(t)}dt$.

证明:(1)$F'(x) \geqslant 2$; (2)$F(x)=0$在(a,b)内只有一个根.

3. 设$f(x)$在$[0,+\infty)$内可导,且$f'(x)<0$,$F(x)=\int_0^x (x-2t)f(t)dt$.

证明: $F(x)$在$[0,+\infty)$内单调增加.

五、应用题

抛物线$y=x^2$(第一象限部分)上求一点,使过该点的切线与直线$y=0$,$x=8$相交所围成的三角形的面积最大.

自测试题 B

一、单项选择题

1. 设$y=\int_0^x (t-1)dt$,则y有(　　).

A. 极小值$\frac{1}{2}$　　B. 极大值$-\frac{1}{2}$　　C. 极小值$-\frac{1}{2}$　　D. 极大值$\frac{1}{2}$

2. 下列广义积分收敛的是(　　).

A. $\int_e^{+\infty} \frac{\ln x}{x}dx$　　B. $\int_e^{+\infty} \frac{1}{x\ln x}dx$　　C. $\int_e^{+\infty} \frac{1}{x(\ln x)^2}dx$　　D. $\int_e^{+\infty} \frac{1}{x\sqrt{\ln x}}dx$

3. 设$f(x)$在闭区间$[a,b]$上连续,且$f(x)>0$,则方程$\int_a^x f(t)dt+\int_b^x \frac{1}{f(t)}dt=0$,在开区间$(a,b)$内的根有(　　)个.

A. 0　　B. 1　　C. 2　　D. 无穷多

4. 下列结论成立的是(　　).

A. 若$F'(x)=f(x)$,则$\int_a^b f(x)dx = F(b)-F(a)$

B. 若$f(x)$在$[a,b]$上可积, 则$[\int_a^x f(t)dt]'=f(x)(x \in (a,b))$

C. 若$\int_a^b f(x)dx \geqslant 0$, 则在$[a,b]$上, $f(x) \geqslant 0$

D. 若$f(x)$在$[a,b]$上连续,则对于$x_0 \in (a,b)$有$\lim\limits_{\Delta x \to 0}\frac{1}{\Delta x}\int_{x_0}^{x_0+\Delta x} f(x)dx = f(x_0)$

5. 曲线 $y=e^x$ 和直线 $y=1, x=1$ 所围图形的面积为(　　).

A. $2-e$　　B. $e-2$　　C. $e-1$　　D. $e+1$

6. 设 $F(x)=\frac{x^2}{x-a}\int_a^x f(t)\mathrm{d}t$,其中,$f(x)$ 为连续函数,则 $\lim\limits_{x\to a}F(x)$ 等于(　　).

A. a^2　　B. $a^2f(a)$　　C. 0　　D. 不存在

7. 设 $f(x)$ 连续,则在下列变上限定积分定义的函数中,必为偶函数的是(　　).

A. $\int_0^x t[f(t)+f(-t)]\mathrm{d}t$　　B. $\int_0^x t[f(t)-f(-t)]\mathrm{d}t$

C. $\int_0^x f(t^2)\mathrm{d}t$　　D. $\int_0^x f^2(t)\mathrm{d}t$

8. 设 $f(x)$ 有连续的导数,$f(0)=0$,当 $x\to 0$ 时,$\int_0^{f(x)} f(t)\mathrm{d}t$ 与 x^2 是等价无穷小,则 $f'(0)=$(　　).

A. 0　　B. 2　　C. $\sqrt{2}$　　D. $\sqrt[3]{2}$

二、填空题

1. $\int_{-1}^{1} x[f(x)+f(-x)]\mathrm{d}x=$ ________.

2. $\int_{-2}^{2}\frac{x+|x|}{2+x^2}\mathrm{d}x=$ ________.

3. 设 $f(x)$ 连续,则 $\frac{\mathrm{d}}{\mathrm{d}x}\int_0^x tf(x^2-t^2)\mathrm{d}t=$ ________.

4. 若 $f(x)=\frac{1}{1+x^2}+x^3\int_0^1 f(x)\mathrm{d}x$,则 $\int_0^1 f(x)\mathrm{d}x=$ ________.

5. 设 $f(x)$ 在 $(-\infty,+\infty)$ 上连续,且 $\int_0^x tf(x-t)\mathrm{d}t=e^x-x-1$,则 $f(x)=$ ________.

6. $\lim\limits_{x\to+\infty}\frac{1}{x}\int_0^x (t+t^2)e^{t^2-x^2}\mathrm{d}t=$ ________.

7. 设 $f''(x)$ 在 $[0,2]$ 上连续且 $f(0)=0$, $f(2)=4$, $f'(2)=2$,则 $\int_0^1 xf''(2x)\mathrm{d}x=$ ________.

8. 已知 n 和 k 为正整数,且 $1\leqslant k\leqslant n$,则 $\int_{\frac{k-1}{n}\pi}^{\frac{k}{n}\pi}|\sin nx|\mathrm{d}x=$ ________.

三、计算题

1. $\int_{\frac{1}{2}}^{1} e^{\sqrt{2x-1}}\mathrm{d}x$.

2. $\int_0^3 \frac{1}{(1+x)\sqrt{x}}\mathrm{d}x$.

3. $I=\int_1^{+\infty}\frac{1}{e^{1+x}+e^{3-x}}\mathrm{d}x$.

4. $\lim\limits_{x\to\infty}\frac{1}{x}\int_0^x (1+t^2)e^{t^2-x^2}\mathrm{d}t$.

5. 求函数$f(x)=\int_{e}^{x}\frac{\ln t}{t^2-2t+1}dt$在区间$[e,e^2]$上的最大值.

6. 求连续函数$f(x)$,使它满足$\int_0^1 f(tx)\,dt=f(x)+x\sin x$.

7. 已知$\lim\limits_{x\to\infty}\left(\frac{x-a}{x+a}\right)^x=\int_a^{+\infty}4x^2e^{-2x}dx$,求常数$a$的值.

四、证明题

1. 设函数$f(x)$在$[0,\pi]$上连续,且$\int_0^{\pi}f(x)\,dx=0,\int_0^{\pi}f(x)\cos x\,dx=0$.

试证:在$(0,\pi)$内至少存在两个不同的点ξ_1,ξ_2,使$f(\xi_1)=f(\xi_2)=0$.

2. 设函数$f(x)$在$[0,+\infty)$上连续、单调不减且$f(0)\geqslant 0$.

试证函数$F(x)=\begin{cases}\frac{1}{x}\int_0^x t^nf(t)\,dt & x>0\\ 0 & x=0\end{cases}$在$[0,+\infty)$上连续且单调不减(其中$n>0$).

3. 设$f(x)$在$[0,2a]$上连续,证明:$\int_0^{2a}f(x)\,dx=\int_0^a[f(x)+f(2a-x)]\,dx$.

4. 设$f(x),g(x)$在$[a,b]$上连续,且满足

$$\int_a^x f(t)\,dt\geqslant\int_a^x g(t)\,dt,x\in[a,b],\int_a^b f(t)\,dt=\int_a^b g(t)\,dt.$$

证明:$\int_a^b xf(x)\,dx\leqslant\int_a^b xg(x)\,dx$.

五、应用题

设D_1是由抛物线$y=2x^2$和直线$x=a,x=2$及$y=0$所围成的平面区域;D_2是由抛物线$y=2x^2$和直线$y=0$及$x=a$所围成的平面区域,其中$0<a<2$.

(1) 试求D_1绕x轴旋转而成的旋转体体积V_1和D_2绕y轴旋转而成的旋转体体积V_2;

(2) 问a为何值时,V_1+V_2取得最大值?求此最大值.

自测试题 C

一、单项选择题

1. 设$f(x)$连续,$\int_0^a f\left(x-\frac{a}{2}\right)dx=A$,则$\int_{-\frac{a}{2}}^{\frac{a}{2}}[f(x)+f(-x)]\,dx=($　　$)$.

A. 0　　B. $\frac{A}{2}$　　C. A　　D. $2A$

2. 下列广义积分发散的是(　　).

A. $\int_{-1}^{1}\frac{1}{\sin x}dx$　　B. $\int_{-1}^{1}\frac{1}{\sqrt{1-x^2}}dx$　　C. $\int_0^{+\infty}e^{-x^2}dx$　　D. $\int_2^{+\infty}\frac{1}{x\ln^2 x}dx$

3. 设在$[a,b]$上$f(x)>0,f'(x)<0,f''(x)>0$,令$S_1=\int_a^b f(x)\,dx$, $S_2=f(b)(b-a)$, $S_3=\frac{1}{2}[f(b)+f(a)](b-a)$,则(　　).

A. $S_1<S_2<S_3$　　B. $S_2<S_1<S_3$

C. $S_3 < S_1 < S_2$　　D. $S_2 < S_3 < S_1$

4. 设$f(x)$ 可导,则$\frac{d}{dx}\int_0^x tf'(x^2-t^2)dt = ($　$)$.

A. $xf'(x^2)$　B. $-xf'(x^2)$　C. $2xf'(x^2)$　D. $-2xf'(x^2)$

5. 设$F'(x)=f(x)$,则$\int_a^x f(t+a)dt = ($　$)$.

A. $F(x)-F(a)$　B. $F(t)-F(a)$

C. $F(x+a)-F(2a)$　D. $F(t+a)-F(2a)$

6. 设$\delta>0$, 在区间$(-\delta,\delta)$内恒有$|f(x)|\leqslant x^2$, $f''(x)>0$, 记$I=\int_{-\delta}^{\delta}f(x)dx$,则(　).

A. $I=0$　B. $I>0$　C. $I<0$　D. 不确定

7. 设$F(x)=\int_x^{x+2\pi}e^{\sin t}\sin t dt$,则下列结论正确的是(　).

A. $F(x)$ 为正常数　B. $F(x)$ 为负常数

C. $F(x)$ 恒等于零　D. $F(x)$ 不是常数

8. 下列等式正确的是(　).

A. $0<\int_{\frac{\pi}{4}}^{\frac{\pi}{2}}\frac{\sin x}{x}dx\leqslant\frac{1}{2}$　B. $\frac{\sqrt{2}}{2}\leqslant\int_{\frac{\pi}{4}}^{\frac{\pi}{2}}\frac{\sin x}{x}dx\leqslant 2$

C. $\frac{1}{2}\leqslant\int_{\frac{\pi}{4}}^{\frac{\pi}{2}}\frac{\sin x}{x}dx\leqslant\frac{\sqrt{2}}{2}$　D. $\frac{\sqrt{2}}{2}<\int_{\frac{\pi}{4}}^{\frac{\pi}{2}}\frac{\sin x}{x}dx\leqslant 1$

二、填空题

1. 广义积分$\int_1^{+\infty}\frac{1}{e^x+e^{2-x}}dx=$__________.

2. $\int_{-\frac{1}{2}}^{\frac{1}{2}}\left[\frac{\sin x}{x^8+1}+\sqrt{\ln^2(1-x)}\right]dx=$__________.

3. 设$f(x)$ 连续,且$f(x)=2\int_0^{\frac{\pi}{2}}f(x)\cos x dx+x$,则$\int_0^1 f(x)dx=$__________.

4. 设$f(x)$ 连续,$f(x)=1+\int_0^x\frac{1}{x}f(t)dt$,则$f(x)=$__________.

5. $\int_0^2 x\sqrt{1-2x+x^2}dx=$__________.

6. $f(x)$ 为连续函数,且$f(x)=\frac{1}{x+1}-2x\int_0^1 f(x)dx$,则$\int_0^1 f(x)dx=$__________.

7. $F(x)=\int_1^x\frac{\ln t}{1+t^2}dt$,则$F(x)-F\left(\frac{1}{x}\right)=$__________.

8. 设$\int f(x)dx=\frac{\ln x}{x}+C$,则$\int_1^e xf'(x)dx=$__________.

三、计算题

1. $\int_0^{\frac{\pi}{2}}\cos\frac{x}{2}\cos\frac{3x}{2}dx$.

2. $\int_0^{+\infty}\frac{xe^{-x}}{(1+e^{-x})^2}dx$.

3. $\int_0^{\pi}\sqrt{\sin x-\sin^3 x}\,dx$.

4. $\int_{-2}^{2}\min\left(x^2,\frac{1}{|x|}\right)dx$.

5. 已知$f(x)=\begin{cases}x & x<1\\ x^2 & x\geqslant 1\end{cases}$,求$\int_0^x f(t)\,dt$.

6. a 取什么值时,$I=\int_0^1 x\,|a-x|\,dx$ 的值最小$(0<a<1)$.

7. 设$f(x)$ 在$[0,1]$ 上连续,且$f(2-x)=-f(x)$,求$\int_0^{\pi}f(1+\cos x)\,dx$.

四、证明题

1. 设$f(x)$,$g(x)$ 在区间$[a,b]$ 上连续$(a>0)$,$g(x)$ 为偶函数,且$f(x)$ 满足条件$f(x)+f(-x)=A$(A 为常数).

证明:$\int_{-a}^{a}f(x)g(x)\,dx=A\int_0^a g(x)\,dx$.

2. 设函数$f(x)$ 在$[a,b]$ 上可积,且对于任意的$x_1,x_2\in[a,b]$,恒有

$$|f(x_1)-f(x_2)|\leqslant|x_1-x_2|,$$

试证明

$$\left|\int_a^b f(x)\,dx-(b-a)f(a)\right|\leqslant\frac{1}{2}(b-a)^2.$$

3. 设$f(x)$ 在$[a,b]$ 上有连续的导数,且$f(a)=f(b)=0$,试证

$$\max_{a\leqslant x\leqslant b}|f'(x)|\geqslant\frac{4}{(b-a)^2}\int_a^b|f(x)|\,dx.$$

五、应用题

1. 已知曲线$y=a\sqrt{x}\,(a>0)$ 与曲线$y=\ln\sqrt{x}$ 在点(x_0,y_0) 处有公共切线,求

(1) 常数a 及切点;

(2) 两曲线与x 轴围成的平面图形的面积.

2. 设直线$y=ax$ 与抛物线$y=x^2$ 所围成的面积为S_1,它们与直线$x=1$ 所围成的图形面积为S_2,并且$a<1$.

(1) 确定a 的值,使S_1+S_2 达到最小,并求出最小值;

(2) 求该最小值所对应的平面图形绕x 轴旋转一周所得旋转体的体积.

第6章 多元函数微分学与重积分

6.1 主要内容

6.1.1 多元函数的概念

1. 二元函数的定义

设 D 为平面上的一个平面点集，如果对 D 中任意一点 (x,y)，按照某个确定的规则 f，变量 z 总有唯一的数值与点 (x,y) 对应，则称变量 z 是变量 x,y 的**二元函数**，记为

$$z=f(x,y),(x,y)\in D$$

其中，x,y 称为**自变量**，z 称为**因变量**，点集 D 称为该函数 $z=f(x,y)$ 的**定义域**；数集 $Z=\{z\mid z=f(x,y),(x,y)\in D\}$ 称为该函数的**值域**，其中，f 是变量 z 与变量 x,y 之间的对应规则，也可用其他符号如 φ,h 等表示；决定二元函数的因素是定义域 D 与对应规则 f.

类似地可以定义三元及三元以上的函数．二元以及二元以上的函数统称为**多元函数**.

2. 二元函数的极限

设函数 $z=f(x,y)$ 在点 $P_0(x_0,y_0)$ 的某邻域内有定义（在点 P_0 处是否有定义无关紧要），A 为常数，如果对于任意给定的正数 ε，总存在正数 δ，使得对于适合不等式

$$0<|PP_0|=\sqrt{(x-x_0)^2+(y-y_0)^2}<\delta$$

的一切点 $P(x,y)\in D$ 都有 $|f(x,y)-A|<\varepsilon$ 成立，则称 A 为函数 $z=f(x,y)$ 在 $P(x,y)\to P_0(x_0,y_0)$ 时的**极限**，记作

$$\lim_{\substack{x\to x_0\\y\to y_0}}f(x,y)=A\qquad\left(\text{或}\lim_{(x,y)\to(x_0,y_0)}f(x,y)=A\text{ 或}\lim_{P\to P_0}f(P)=A\right).$$

为了区别一元函数的极限，二元函数的极限也叫做**二重极限**.

【评注】 在二元函数极限定义中，$P\to P_0$ 的方式必须是任意的，这种趋近方式可以是直线，也可以是平面上任何一条曲线或其他方式．

3. 二元函数的连续性

若函数 $f(x,y)$ 在点 $P_0(x_0,y_0)$ 的某邻域内有定义，且有

$$\lim_{(x,y)\to(x_0,y_0)}f(x,y)=f(x_0,y_0),$$

则称函数 $f(x,y)$ 在点 (x_0,y_0) 处**连续**，否则称函数 $f(x,y)$ 在点 (x_0,y_0) 处**间断**.

若函数在区域 D 上每一点都连续，则称 $f(x,y)$ 在区域 D 上连续，在区域 D 上的连续函数，其图形为空间一张连续的曲面．

【评注】 与一元函数类似，二元函数有以下性质：

（1）二元连续函数经四则运算后仍为二元连续函数．

（2）二元连续函数的复合函数仍为二元连续函数．

（3）**最值定理**：在有界闭区域 D 上连续的二元函数，在闭区域 D 上必能取到最大值和最

小值.

(4) **介值定理**:在有界闭区域 D 上连续的二元函数,在定义域 D 上能够取到介于其最大值和最小值之间的一切值.

(5) 二元初等函数在其定义区域内是连续的.

类似地可以定义三元及三元以上函数的极限与连续性,三元及三元以上的连续函数与二元连续函数有着相似的性质.

6.1.2　多元函数的偏导数

1. 偏导数的定义

设函数 $z=f(x,y)$ 在点 (x_0,y_0) 的某一邻域内有定义,当 y 固定在 y_0 而 x 在 x_0 处有增量 Δx 时,相应地函数有增量 $f(x_0+\Delta x,y_0)-f(x_0,y_0)$,若极限

$$\lim_{\Delta x\to 0}\frac{f(x_0+\Delta x,y_0)-f(x_0,y_0)}{\Delta x}$$

存在,则称此极限为函数 $z=f(x,y)$ 在点 (x_0,y_0) 处关于自变量 x 的**偏导数**,记作

$$\left.\frac{\partial z}{\partial x}\right|_{\substack{x=x_0\\y=y_0}},f_x(x_0,y_0)\quad 或\ z_x(x_0,y_0).$$

类似地,若极限

$$\lim_{\Delta y\to 0}\frac{f(x_0,y_0+\Delta y)-f(x_0,y_0)}{\Delta y}$$

存在,则称此极限为函数 $z=f(x,y)$ 在点 (x_0,y_0) 处关于自变量 y 的**偏导数**,记作

$$\left.\frac{\partial z}{\partial y}\right|_{\substack{x=x_0\\y=y_0}},f_y(x_0,y_0)\quad 或\ z_y(x_0,y_0).$$

若函数 $z=f(x,y)$ 在区域 D 内的每点 (x,y) 处关于 x 的偏导数都存在,则对 D 内每一点 (x,y) 都有确定的值 $z_x(x,y)$ 与之对应,从而在 D 上建立了一个关于变量 (x,y) 的函数,这个函数叫做 $z=f(x,y)$ 关于变量 x 的偏导函数或偏导数,记为 $\frac{\partial z}{\partial x},f_x,\frac{\partial f}{\partial x}$ 或 z_x.

同理可定义函数 $z=f(x,y)$ 关于变量 y 的偏导函数或偏导数 $\frac{\partial z}{\partial y},f_y,\frac{\partial f}{\partial y}$ 或 z_y.

2. 偏导数的计算

二元函数偏导数 $\frac{\partial z}{\partial x}$ 的计算只需在二元函数 $f(x,y)$ 中,把 y 看做常数,把二元函数 $f(x,y)$ 看做变量 x 的函数,求关于 x 的导数即可得 $\frac{\partial z}{\partial x}$;同理偏导数 $\frac{\partial z}{\partial y}$ 的计算只需在二元函数 $f(x,y)$ 中,把 x 看做常数,把二元函数 $f(x,y)$ 看做变量 y 的函数,求关于 y 的导数即可得 $\frac{\partial z}{\partial y}$.

3. 高阶偏导数

设函数 $z=f(x,y)$ 在区域 D 内具有偏导数

$$\frac{\partial z}{\partial x}=f_x(x,y),\frac{\partial z}{\partial y}=f_y(x,y),$$

则在 D 内 $f_x(x,y)$,$f_y(x,y)$ 仍是 x,y 的函数,若这两个函数的偏导数也存在,则称它们是函数 z

$=f(x,y)$的**二阶偏导数**，按照对自变量求导次序的不同有下列四个二阶偏导数：

$$\frac{\partial}{\partial x}\left(\frac{\partial z}{\partial x}\right)=\frac{\partial^2 z}{\partial x^2}=f_{xx}(x,y);\frac{\partial}{\partial y}\left(\frac{\partial z}{\partial x}\right)=\frac{\partial^2 z}{\partial x\partial y}=f_{xy}(x,y);$$

$$\frac{\partial}{\partial x}\left(\frac{\partial z}{\partial y}\right)=\frac{\partial^2 z}{\partial y\partial x}=f_{yx}(x,y);\frac{\partial}{\partial y}\left(\frac{\partial z}{\partial y}\right)=\frac{\partial^2 z}{\partial y^2}=f_{yy}(x,y).$$

其中，$f_{xy}(x,y)$，$f_{yx}(x,y)$两个偏导数称为**混合偏导数**，若二阶混合偏导函数$f_{xy}(x,y)$和$f_{yx}(x,y)$在同一区域上连续，则在这个区域上有$f_{xy}(x,y)=f_{yx}(x,y)$.

同样可得三阶、四阶、…以及n阶偏导数，二阶以及二阶以上的偏导数统称为**高阶偏导数**.

偏导数的概念、计算及高阶偏导数等很容易被推广至三元及以上函数上.

6.1.3　多元函数的全微分

1. 全微分的定义

若函数$z=f(x,y)$在点(x,y)的全增量

$$\Delta z=f(x+\Delta x,y+\Delta y)-f(x,y)$$

可表示为

$$\Delta z=A\cdot\Delta x+B\cdot\Delta y+o(\rho).$$

其中，A,B不依赖于$\Delta x,\Delta y$而仅与x,y有关，$\rho=\sqrt{(\Delta x)^2+(\Delta y)^2}$，则称函数$z=f(x,y)$在点$(x,y)$**可微分**，$A\Delta x+B\Delta y$称为函数$z=f(x,y)$在点$(x,y)$的**全微分**，记作$\mathrm{d}z$，即

$$\mathrm{d}z=A\Delta x+B\Delta y$$

若函数在区域D内各点处都可微分，则称该函数**在D内可微分**.

2. 可微分的条件

(1) 若函数$z=f(x,y)$在点(x,y)处可微，则函数在该点必连续.

(2) 若函数$z=f(x,y)$在点(x,y)处可微，则函数在该点偏导数$\frac{\partial z}{\partial x},\frac{\partial z}{\partial y}$存在，且

$$\mathrm{d}z=\frac{\partial z}{\partial x}\mathrm{d}x+\frac{\partial z}{\partial y}\mathrm{d}y.$$

(3) 在点(x,y)处，若函数$z=f(x,y)$的两个偏导数$f_x(x,y)$，$f_y(x,y)$存在且连续，则函数在该点必可微.

【评注】　函数$z=f(x,y)$在一点处可微，偏导数存在及连续三者之间的关系是：

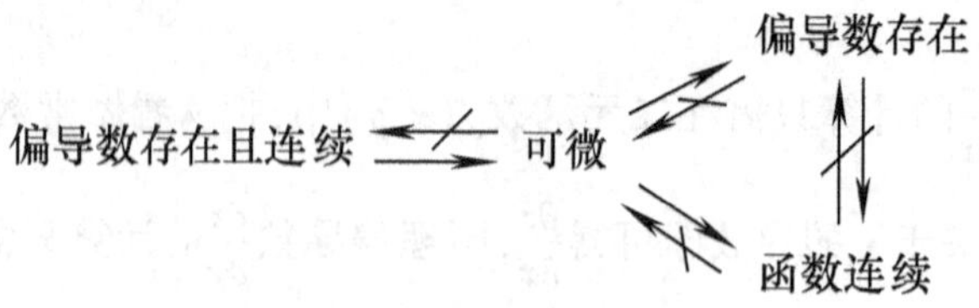

符号"→"表示一定成立；↛表示可能不成立.

3. 全微分在近似计算中的应用

设函数$z=f(x,y)$可微，则当$|\Delta x|$和$|\Delta y|$都较小时，有如下近似计算公式

$$\Delta z\approx\mathrm{d}z=\frac{\partial z}{\partial x}\Delta x+\frac{\partial z}{\partial y}\Delta y,$$

$$f(x+\Delta x,y+\Delta y)\approx f(x,y)+\frac{\partial z}{\partial x}\Delta x+\frac{\partial z}{\partial y}\Delta y.$$

6.1.4　多元复合函数的偏导数计算公式

1. 多个中间变量,一个自变量的情形

若函数 $u=\varphi(t)$ 及 $v=\psi(t)$ 都在点 t 可导,函数 $z=f(u,v)$ 在对应点 (u,v) 具有连续偏导数,则复合函数 $z=f[\varphi(t),\psi(t)]$ 在点 t 可导,且有导数计算公式

$$\frac{\mathrm{d}z}{\mathrm{d}t}=\frac{\partial z}{\partial u}\frac{\mathrm{d}u}{\mathrm{d}t}+\frac{\partial z}{\partial v}\frac{\mathrm{d}v}{\mathrm{d}t}$$

公式中的导数 $\frac{\mathrm{d}z}{\mathrm{d}t}$ 也称为**全导数**.

2. 多个中间变量,多个自变量的情形

若函数 $u=\varphi(x,y)$ 及 $v=\psi(x,y)$ 都在点 (x,y) 具有对 x 及对 y 的偏导数,函数 $z=f(u,v)$ 在对应点 (u,v) 具有连续偏导数,则复合函数 $z=f[\varphi(x,y),\psi(x,y)]$ 在点 (x,y) 的两个偏导数存在,且有偏导数计算公式

$$\frac{\partial z}{\partial x}=\frac{\partial z}{\partial u}\frac{\partial u}{\partial x}+\frac{\partial z}{\partial v}\frac{\partial v}{\partial x},\qquad \frac{\partial z}{\partial y}=\frac{\partial z}{\partial u}\frac{\partial u}{\partial y}+\frac{\partial z}{\partial v}\frac{\partial v}{\partial y}.$$

3. 复合函数的中间变量既有一元函数,又有多元函数的情形

若函数 $u=\varphi(x,y)$ 在点 (x,y) 具有对 x 及对 y 的偏导数,函数 $v=\psi(y)$ 在点 y 可导,函数 $z=f(u,v)$ 在对应点 (u,v) 具有连续偏导数,则复合函数 $z=f[\varphi(x,y),\psi(y)]$ 在点 (x,y) 的两个偏导数存在,且有偏导数计算公式

$$\frac{\partial z}{\partial x}=\frac{\partial z}{\partial u}\frac{\partial u}{\partial x},\qquad \frac{\partial z}{\partial y}=\frac{\partial z}{\partial u}\frac{\partial u}{\partial y}+\frac{\partial z}{\partial v}\frac{\mathrm{d}v}{\mathrm{d}y}.$$

【评注】　以上多元复合函数的求导公式都可以推广到三个以及三个以上变量的情形.

4. 隐函数的求导法则

若三元函数 $F(x,y,z)$ 具有连续偏导数,则由方程 $F(x,y,z)=0$ 确定的函数 $z=z(x,y)$ 的导数有三种求法:

(1) 直接法:方程 $F(x,y,z)=0$ 两边分别对 x,y 求偏导数,得到含 $\frac{\partial z}{\partial x},\frac{\partial z}{\partial y}$ 的两个方程,然后联立解得 $\frac{\partial z}{\partial x},\frac{\partial z}{\partial y}$.

(2) 公式法:把 x,y,z 都看成独立的变量,由公式 $\frac{\partial z}{\partial x}=-\frac{F'_x}{F'_z},\frac{\partial z}{\partial y}=-\frac{F'_y}{F'_z}$ $(F'_z\neq 0)$ 求之.

(3) 全微分法:利用全微分形式不变性求之.

6.1.5　多元函数的极值

1. 二元函数极值、极值点定义

设函数 $z=f(x,y)$ 的定义域为 D, $P_0(x_0,y_0)$ 为 D 的内点,若存在 P_0 的某个邻域 $U(P_0)\subset D$,使得对于该邻域内异于 P_0 的任何点 (x,y),都有

$$f(x,y)<f(x_0,y_0),$$

则称函数 $f(x,y)$ 在点 (x_0,y_0) 有**极大值** $f(x_0,y_0)$,点 (x_0,y_0) 称为函数 $f(x,y)$ 的**极大值点**;若对于该邻域内异于 P_0 的任何点 (x,y),都有

$$f(x,y) > f(x_0,y_0),$$

则称函数 $f(x,y)$ 在点 (x_0,y_0) 有**极小值** $f(x_0,y_0)$，点 (x_0,y_0) 称为函数 $f(x,y)$ 的**极小值点**. 极大值、极小值统称为**极值**. 使得函数取得极值的点称为**极值点**.

以上关于二元函数的极值概念，可推广到 n 元函数. 设 n 元函数 $u=f(P)$ 的定义域为 D，P_0 为 D 的内点. 若存在 P_0 的某个邻域 $U(P_0)\subset D$，使得该邻域内异于 P_0 的任何点 P，都有

$$f(P) < f(P_0) \quad (\text{或}\, f(P) > f(P_0)),$$

则称函数 $f(P)$ 在点 P_0 有**极大值**（或**极小值**）$f(P_0)$.

2. 二元函数取极值的必要与充分条件

必要条件：设函数 $z=f(x,y)$ 在点 (x_0,y_0) 具有偏导数，且在点 (x_0,y_0) 处有极值，则有

$$f_x(x_0,y_0) = 0,\ f_y(x_0,y_0) = 0.$$

能使 $f_x(x,y)=0$，$f_y(x,y)=0$ 同时成立的点 (x_0,y_0) 称为函数 $z=f(x,y)$ 的**驻点**.

充分条件：设函数 $z=f(x,y)$ 在点 (x_0,y_0) 的某邻域内连续且有一阶及二阶连续偏导数，又 $f_x(x_0,y_0)=0$，$f_y(x_0,y_0)=0$，令

$$f_{xx}(x_0,y_0) = A,\ f_{xy}(x_0,y_0) = B,\ f_{yy}(x_0,y_0) = C,$$

则 $f(x,y)$ 在 (x_0,y_0) 处是否取得极值的条件如下：

（1）$AC-B^2>0$ 时具有极值，且当 $A<0$ 时有极大值，当 $A>0$ 时有极小值.

（2）$AC-B^2<0$ 时没有极值.

（3）$AC-B^2=0$ 时可能有极值，也可能没有极值，还需另作讨论.

3. 二元函数的条件极值——拉格朗日乘数法

$P(x,y)$ 为函数 $z=f(x,y)$ 在条件 $\varphi(x,y)=0$ 下的极值点的必要条件是点 (x,y) 满足方程

$$\begin{cases} f_x(x,y) + \lambda\varphi_x(x,y) = 0 \\ f_y(x,y) + \lambda\varphi_y(x,y) = 0. \\ \varphi(x,y) = 0 \end{cases}$$

【评注】

（1）有二阶连续偏导数的函数 $z=f(x,y)$ 的极值的计算步骤如下：

第一步　解方程组

$$f_x(x,y) = 0,\quad f_y(x,y) = 0,$$

求得一切实数解，即可求得一切驻点.

第二步　对于每一个驻点 (x_0,y_0)，求出二阶偏导数的值 A、B 和 C.

第三步　定出 $AC-B^2$ 的符号，按照充分条件的结论判定 $f(x_0,y_0)$ 是否为极值，是极大值还是极小值.

（2）拉格朗日乘数法求条件极值的步骤如下：

先构造拉格朗日函数

$$L(x,y) = f(x,y) + \lambda\varphi(x,y),$$

其中，λ 为参数. 求其对 x 与 y 的一阶偏导数，并使之为零，然后与条件方程 $\varphi(x,y)=0$ 联立得到方程组

$$\begin{cases} L_x(x,y) = 0 \\ L_y(x,y) = 0. \\ \varphi(x,y) = 0 \end{cases}$$

由这方程组解出 x,y 及 λ,这样得到的 (x,y) 就是函数 $f(x,y)$ 在附加条件 $\varphi(x,y)=0$ 下的可能极值点.

该方法还可以推广到自变量多于两个而条件多于一个的情形. 例如,要求函数

$$u=f(x,y,z,t)$$

在附加条件

$$\varphi(x,y,z,t)=0,\psi(x,y,z,t)=0$$

下的极值,可以先作拉格朗日函数

$$L(x,y,z,t)=f(x,y,z,t)+\lambda\varphi(x,y,z,t)+\mu\psi(x,y,z,t),$$

其中,λ,μ 均为参数,求其一阶偏导数,并使之为零,然后与条件方程 $\varphi(x,y,z,t)=0$ 及 $\psi(x,y,z,t)=0$ 联立起来求解,这样得出的 (x,y,z,t) 就是函数 $f(x,y,z,t)$ 在附加条件下的可能极值点.

至于如何确定所求得的点是否为极值点,在实际问题中往往可根据问题本身的性质来判定.

6.1.6　二重积分的概念与性质

1. 二重积分定义

设 $f(x,y)$ 是有界闭区域 D 上的有界函数,将闭区域 D 任意分成 n 个小闭区域 $\Delta\sigma_1,\Delta\sigma_2,\cdots,\Delta\sigma_n$,其中,$\Delta\sigma_i$ 表示第 i 个小闭区域,同时也表示它的面积. 在每个 $\Delta\sigma_i$ 上任取一点 (ξ_i,η_i),作乘积 $f(\xi_i,\eta_i)\Delta\sigma_i(i=1,2,\cdots,n)$,并作和 $\sum\limits_{i=1}^{n}f(\xi_i,\eta_i)\Delta\sigma_i$. 若当各小闭区域的直径中的最大值 λ 趋于零时和的极限总存在,则称 $f(x,y)$ **可积**,此极限称为函数 $f(x,y)$ 在闭区域 D 上的**二重积分**,记作 $\iint\limits_D f(x,y)\mathrm{d}\sigma$, 即

$$\iint\limits_D f(x,y)\mathrm{d}\sigma=\lim_{\lambda\to 0}\sum_{i=1}^{n}f(\xi_i,\eta_i)\Delta\sigma_i$$

其中,$f(x,y)$ 叫做**被积函数**,$f(x,y)\mathrm{d}\sigma$ 叫做**被积表达式**,$\mathrm{d}\sigma$ 叫做**面积元素**,x 与 y 叫做**积分变量**,D 叫做**积分区域**, $\sum\limits_{i=1}^{n}f(\xi_i,\eta_i)\Delta\sigma_i$ 叫做**积分和**.

在直角坐标系中,有时也把面积元素 $\mathrm{d}\sigma$ 记作 $\mathrm{d}x\mathrm{d}y$,而把二重积分记作

$$\iint\limits_D f(x,y)\mathrm{d}x\mathrm{d}y,$$

其中,$\mathrm{d}x\mathrm{d}y$ 叫做**直角坐标系中的面积元素**.

2. 二重积分的几何意义

当被积函数大于零时,二重积分是柱体的体积;当被积函数小于零时,二重积分是柱体的体积的负值.

3. 二重积分的存在性

(1) 若函数 $f(x,y)$ 在有界闭区域 D 上连续,则 $f(x,y)$ 在 D 上可积.

(2) 若有界函数 $f(x,y)$ 在有界闭区域 D 上除去有限个点或有限个光滑曲线外都连续,则 $f(x,y)$ 在 D 上可积.

4. 二重积分的性质

(1) 设 α,β 为常数,则

$$\iint_D[\alpha f(x,y)+\beta g(x,y)]\mathrm{d}\sigma=\alpha\iint_D f(x,y)\mathrm{d}\sigma+\beta\iint_D g(x,y)\mathrm{d}\sigma.$$

(2) 若闭区域 D 被有限条曲线分为有限个部分闭区域,则在 D 上的二重积分等于在各部分闭区域上的二重积分的和. 例如 D 分为两个闭区域 D_1 与 D_2,则

$$\iint_D f(x,y)\mathrm{d}\sigma=\iint_{D_1}f(x,y)\mathrm{d}\sigma+\iint_{D_2}f(x,y)\mathrm{d}\sigma.$$

这个性质表示二重积分对于各部分区域(可两个以上区域)具有可加性.

(3) 若在 D 上,$f(x,y)=1$,σ 为 D 的面积,则

$$\sigma=\iint_D 1\cdot\mathrm{d}\sigma=\iint_D\mathrm{d}\sigma.$$

(4) 若在 D 上, $f(x,y)\leqslant\varphi(x,y)$,则有

$$\iint_D f(x,y)\mathrm{d}\sigma\leqslant\iint_D\varphi(x,y)\mathrm{d}\sigma.$$

特别地,由于

$$-|f(x,y)|\leqslant f(x,y)\leqslant|f(x,y)|$$

所以

$$\left|\iint_D f(x,y)\mathrm{d}\sigma\right|\leqslant\iint_D|f(x,y)|\mathrm{d}\sigma.$$

(5) 设 M,m 分别是 $f(x,y)$ 在闭区域 D 上的最大值和最小值,σ 是 D 的面积,则有

$$m\sigma\leqslant\iint_D f(x,y)\mathrm{d}\sigma\leqslant M\sigma.$$

(6) (二重积分的中值定理)设函数 $f(x,y)$ 在闭区域 D 上连续,σ 是 D 的面积,则在 D 上至少存在一点 (ξ,η),使得

$$\iint_D f(x,y)\mathrm{d}\sigma=f(\xi,\eta)\sigma.$$

6.1.7 二重积分的计算

1. 直角坐标下化为二次积分

D 为 X - 型区域(见图 6-1),即积分域可以表示为 $a\leqslant x\leqslant b,\varphi_1(x)\leqslant y\leqslant\varphi_2(x)$,这时可以化为先对 y,后对 x 的二次积分

$$\iint_D f(x,y)\mathrm{d}\sigma=\int_a^b\mathrm{d}x\int_{\varphi_1(x)}^{\varphi_2(x)}f(x,y)\mathrm{d}y.$$

D 为 Y - 型区域(见图 6-2),即积分域可以表示为 $c\leqslant y\leqslant d,\psi_1(y)\leqslant x\leqslant\psi_2(y)$,这时可以化为先对 x,后对 y 的二次积分

$$\iint_D f(x,y)\mathrm{d}\sigma=\int_c^d\mathrm{d}y\int_{\psi_1(y)}^{\psi_2(y)}f(x,y)\mathrm{d}x.$$

2. 极坐标系下重积分化为二次积分

二重积分的变量从直角坐标变换为极坐标时,面积元素 $\mathrm{d}\sigma=\rho\mathrm{d}\rho\mathrm{d}\theta$,由直角坐标 与极坐标关系得到直角坐标系下重积分计算与极坐标系下重积分计算变换公式为

$$\iint_D f(x,y)\,\mathrm{d}x\mathrm{d}y = \iint_D f(\rho\cos\theta,\rho\sin\theta)\rho\mathrm{d}\rho\mathrm{d}\theta.$$

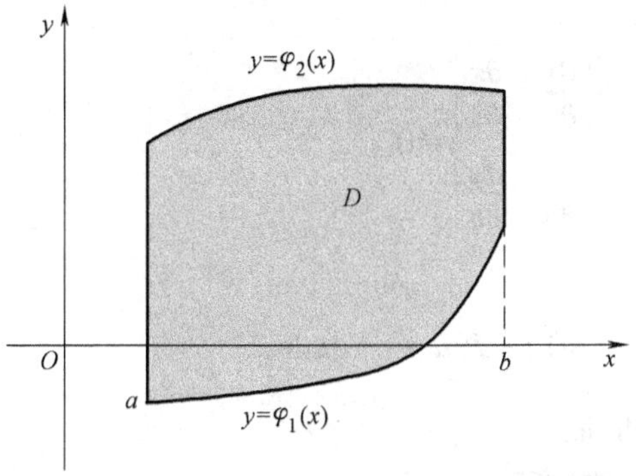

图　6-1

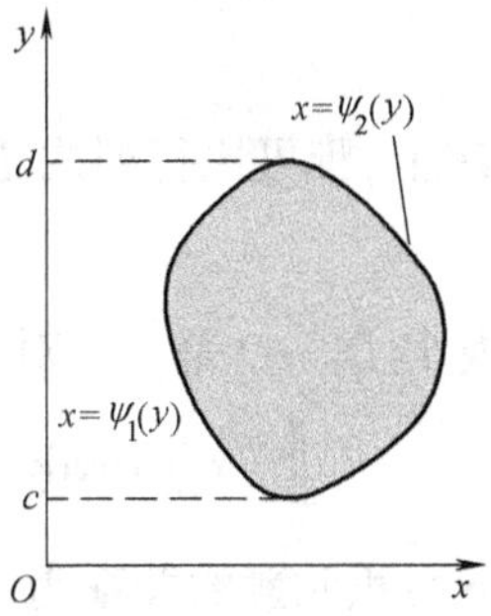

图　6-2

极坐标下重积分的计算化为极坐标系下的二次积分的变换公式为

$$\iint_D f(\rho\cos\theta,\rho\sin\theta)\rho\mathrm{d}\rho\mathrm{d}\theta = \int_\alpha^\beta \mathrm{d}\theta\int_{\varphi_1(\theta)}^{\varphi_2(\theta)} f(\rho\cos\theta,\rho\sin\theta)\rho\mathrm{d}\rho.$$

(1) 若极点 O 在区域 D 的外面，D 是由曲线 $\rho=\varphi_1(\theta)$，$\rho=\varphi_2(\theta)$ 及 $\theta=\alpha$，$\theta=\beta$ 所围成($\alpha<\beta$)(见图 6-3)，即 $D=\{(\rho,\theta)\mid\alpha\leqslant\theta\leqslant\beta,\varphi_1(\theta)\leqslant\rho\leqslant\varphi_2(\theta)\}$，则

$$\iint_D f(\rho\cos\theta,\rho\sin\theta)\rho\mathrm{d}\rho\mathrm{d}\theta = \int_\alpha^\beta \mathrm{d}\theta\int_{\varphi_1(\theta)}^{\varphi_2(\theta)} f(\rho\cos\theta,\rho\sin\theta)\rho\mathrm{d}\rho.$$

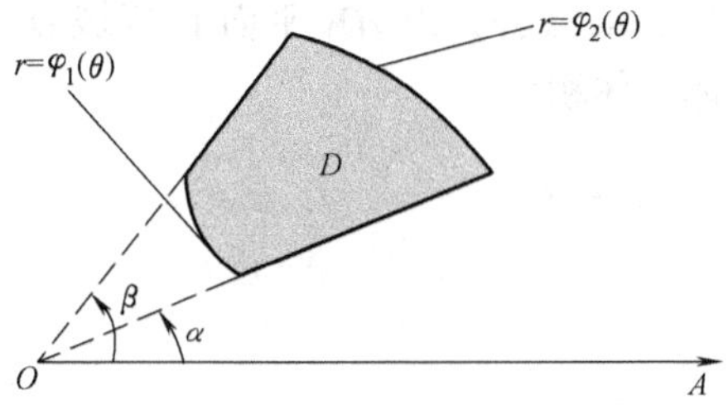

图　6-3

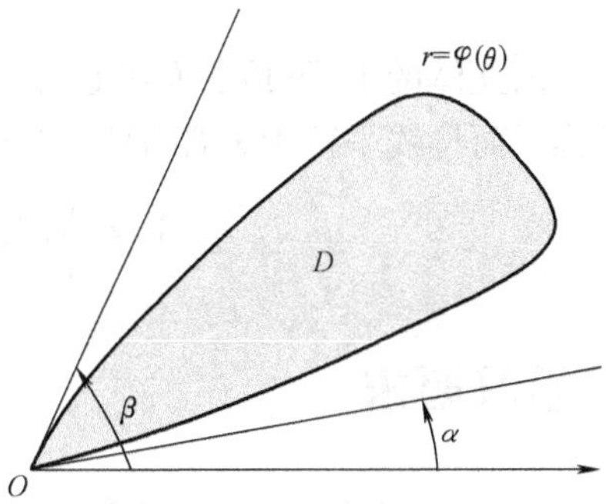

图　6-4

(2) 若极点 O 在区域 D 的边界上，可以看作(1)中 $\varphi_1(\theta)=0$，$\varphi_2(\theta)=\varphi(\theta)$ 时的特例，这时 $D=\{(\rho,\theta)\mid\alpha\leqslant\theta\leqslant\beta,0\leqslant\rho\leqslant\varphi(\theta)\}$，则

$$\iint_D f(\rho\cos\theta,\rho\sin\theta)\rho\mathrm{d}\rho\mathrm{d}\theta = \int_\alpha^\beta \mathrm{d}\theta\int_0^{\varphi(\theta)} f(\rho\cos\theta,\rho\sin\theta)\rho\mathrm{d}\rho.$$

(3) 若极点 O 在区域 D 的内部，可以看做(1)中 $\varphi_1(\theta)=0$，$\varphi_2(\theta)=\varphi(\theta)$，$\alpha=0$，$\beta=2\pi$ 时的特例(见图 6-5)，这时 $D=\{(\rho,\theta)\mid 0\leqslant\theta\leqslant 2\pi,0\leqslant\rho\leqslant\varphi(\theta)\}$，则

$$\iint_D f(\rho\cos\theta,\rho\sin\theta)\rho\mathrm{d}\rho\mathrm{d}\theta = \int_0^{2\pi} \mathrm{d}\theta\int_0^{\varphi(\theta)} f(\rho\cos\theta,\rho\sin\theta)\rho\mathrm{d}\rho.$$

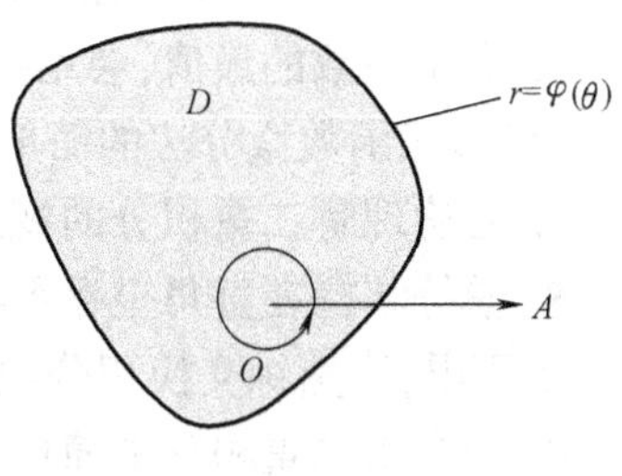

图　6-5

3. 二重积分换元法

设$f(x,y)$在闭区域D上连续,变换$T:\begin{cases}x=x(u,v)\\y=y(u,v)\end{cases},(u,v)\in D'\to D$满足

(1) $x(u,v),y(u,v)$在D'上一阶偏导数连续.

(2) 在D'上,雅可比行列式$J(u,v)=\dfrac{\partial(x,y)}{\partial(u,v)}=\begin{vmatrix}\dfrac{\partial x}{\partial u} & \dfrac{\partial x}{\partial v}\\ \dfrac{\partial y}{\partial u} & \dfrac{\partial y}{\partial v}\end{vmatrix}\neq 0.$

(3) 变换$T:D'\to D$是一一对应的,则

$$\iint_D f(x,y)\,\mathrm{d}x\mathrm{d}y=\iint_{D'}f(x(u,v),y(u,v))\,|J(u,v)|\,\mathrm{d}u\mathrm{d}v,$$

在上述条件下面积元素的关系为$\mathrm{d}\sigma=|J(u,v)|\,\mathrm{d}u\mathrm{d}v$.

4. 二重积分计算的几何应用——平面面积、立体体积

若空间立体以曲面$z=f(x,y)$为顶面,以区域D(如图6-1)为底面,以xOy平面上区域D的边界线为准线而母线平行于z轴的柱面为侧面,则该立体的体积为

$$V=\iint_D f(x,y)\,\mathrm{d}x\mathrm{d}y=\int_a^b\left[\int_{\varphi_1(x)}^{\varphi_2(x)}f(x,y)\,\mathrm{d}y\right]\mathrm{d}x.$$

若$f\equiv 1$,则可求得平面区域D的面积

(1) 在直角坐标系下的面积为$S=\iint\limits_D \mathrm{d}x\mathrm{d}y$.

(2) 在极坐标系下如图6-5的面积为$\sigma=\iint\limits_D \mathrm{d}\sigma=\dfrac{1}{2}\int_0^{2\pi}\phi^2(\theta)\,\mathrm{d}\theta$.

若空间立体的上、下顶曲面函数分别是$z=f(x,y)$,$z=\phi(x,y)$,以xOy平面上 区域D的边界线为准线而母线平行于z轴的柱面为侧面,则该立体的体积为

$$V=\iint_D[f(x,y)-\phi(x,y)]\,\mathrm{d}x\mathrm{d}y.$$

6.2 学习要求

1. 了解多元函数的极限和连续概念.
2. 掌握多元函数偏导数的概念,了解其几何意义,会求多元函数的偏导数与高阶偏导数.
3. 掌握全微分的定义,会求全微分并知道全微分与偏导数、连续之间的关系.
4. 熟练掌握多元复合函数的求导公式,掌握一个方程确定的隐函数的求导方法.
5. 掌握多元函数的极值、极值点的概念,知道可导函数取得极值的充分必要条件.
6. 会求函数的最值,会用拉格朗日乘数法求解条件极值问题,会求多元函数最大值、最小值,了解多元函数微分法的简单经济应用.
7. 正确理解二重积分的概念,知道其几何意义与基本性质.
8. 熟练掌握在直角坐标系与极坐标系下二重积分的计算方法. 能正确确定积分顺序和积分上下限,能熟练交换积分顺序.
9. 会利用二重积分求简单图形的面积和体积.

6.3　基本题型与范例

题型 1　求多元函数的定义域

例 6-1　求函数 $z=\ln(x+y)$ 的定义域.

解：由对数函数的性质可知，当 $x+y>0$ 时函数有意义，故定义域为

$$D=\{(x,y)\mid x+y>0\}.$$

例 6-2　求 $z=\sqrt{1-x-y}+\sqrt{x+2y-1}$ 的定义域.

解：由于偶次根号下不能取负数，所以 x,y 要满足

$$\begin{cases}1-x-y\geqslant 0\\ x+2y-1\geqslant 0\end{cases},$$

即定义域为

$$D=\{(x,y)\mid x+y\leqslant 1\text{ 且 }x+2y\geqslant 1\}.$$

例 6-3　求 $z=\ln(y-x)+\dfrac{\sqrt{x}}{\sqrt{1-x^2-y^2}}$ 的定义域.

解：由对数函数的性质及幂函数的性质可知，x,y 需满足

$$\begin{cases}y-x>0\\ x\geqslant 0\\ 1-x^2-y^2>0\end{cases}$$

即

$$\begin{cases}y>x\\ x\geqslant 0\\ x^2+y^2<1\end{cases}$$

所以定义域为 $D=\{(x,y)\mid y>x\geqslant 0,x^2+y^2<1\}$.

题型 2　求多元函数的表达式

例 6-4　设 $f\left(\ln x,\dfrac{y}{x}\right)=\dfrac{x^2+x(\ln y-\ln x)}{y+x\ln x}$，求 $f(x,y)$.

分析：令 $u=\ln x,v=\dfrac{y}{x}$，则 $x=\mathrm{e}^u,y=v\mathrm{e}^u$，于是得 $f(u,v)$ 关于 u,v 的表达式，再将 u,v 分别用 x,y 代替即得 $f(x,y)$.

另外，直接利用复合函数结构，将等式右端变形

$$f\left(\ln x,\frac{y}{x}\right)=\frac{\frac{1}{x}[x^2+x(\ln y-\ln x)]}{\frac{1}{x}(y+x\ln x)}=\frac{x+\ln\frac{y}{x}}{\frac{y}{x}+\ln x}=\frac{\mathrm{e}^{\ln x}+\ln\frac{y}{x}}{\frac{y}{x}+\ln x},$$

由此可以得到 $f(x,y)$.

解 1：令 $u=\ln x,v=\dfrac{y}{x}$，则 $x=\mathrm{e}^u,y=v\mathrm{e}^u$.

于是 $$f(u,v)=\frac{e^{2u}+e^{u}(\ln ve^{u}-\ln e^{u})}{ve^{u}+e^{u}\ln e^{u}}=\frac{e^{u}+\ln v}{v+u},$$

因此 $$f(x,y)=\frac{e^{x}+\ln y}{x+y}.$$

解 2：因为

$$f\left(\ln x,\frac{y}{x}\right)=\frac{\frac{1}{x}[x^{2}+x(\ln y-\ln x)]}{\frac{1}{x}(y+x\ln x)}=\frac{x+\ln\frac{y}{x}}{\frac{y}{x}+\ln x}=\frac{e^{\ln x}+\ln\frac{y}{x}}{\frac{y}{x}+\ln x},$$

所以 $$f(x,y)=\frac{e^{x}+\ln y}{x+y}.$$

例 6-5 对函数 $z=f(x,y)$，有 $\frac{\partial z}{\partial y}=x^{2}+2y$，且 $f(x,x^{2})=1$，求 $f(x,y)$.

解：由 $\frac{\partial z}{\partial y}=x^{2}+2y$，两端对 y 积分，得

$$z=f(x,y)=x^{2}y+y^{2}+\phi(x),$$

其中，$\phi(x)$ 为待定函数，又由 $f(x,x^{2})=1$，得 $x^{2}\cdot x^{2}+(x^{2})^{2}+\phi(x)=1$，即 $\phi(x)=1-2x^{4}$. 所以

$$f(x,y)=x^{2}y+y^{2}+1-2x^{4}.$$

例 6-6 对函数 $z=f(x,y)$，有 $f_{yy}=2x$，且 $f(x,1)=0$，$f_{y}(x,0)=\sin x$，求 $f(x,y)$.

解：由 $\frac{\partial}{\partial y}\left(\frac{\partial z}{\partial y}\right)=2x$，积分得 $\frac{\partial z}{\partial y}=2xy+\phi(x)$，其中，$\phi(x)$ 为待定函数. 由 $f_{y}(x,0)=\sin x$，得

$$\left.\frac{\partial z}{\partial y}\right|_{y=0}=[2xy+\phi(x)]\Big|_{y=0}=\sin x,$$

得 $\phi(x)=\sin x$，所以有 $\frac{\partial z}{\partial y}=2xy+\sin x$，再积分有 $f(x,y)=xy^{2}+y\sin x+\varphi(x)$，其中，$\varphi(x)$ 为待定函数.

再由 $f(x,1)=0$，有 $f(x,y)\big|_{y=1}=[xy^{2}+y\sin x+\varphi(x)]\big|_{y=1}=x+\sin x+\varphi(x)=0$，即 $\varphi(x)=-x-\sin x$，于是 $f(x,y)=xy^{2}+y\sin x-x-\sin x$.

题型 3 二元函数极限的计算与证明

例 6-7 讨论 $f(x,y)=\frac{xy}{x^{2}+y^{2}}$ 在点 $(0,0)$ 的极限.

解：(1) 当点 p 沿着 x 轴趋于 $(0,0)$ 时，即 $y=0$ 时 $f(x,y)=f(x,0)=0$，所以 $\lim\limits_{\substack{x\to0\\y=0}}f(x,y)=0$. 同理 $\lim\limits_{\substack{x=0\\y\to0}}f(x,y)=0$.

(2) 当点 p 沿着直线 $y=kx$ 趋于 $(0,0)$ 时，这时有 $f(x,y)=f(x,kx)=\frac{k}{1+k^{2}}$，于是 $\lim\limits_{\substack{x\to0\\y=kx}}f(x,y)=\frac{k}{1+k^{2}}$，当 k 取不同值时，极限值不同，所以函数在 $(0,0)$ 点的极限不存在.

【评注】 判断多元函数极限不存在的方法:找两种不同路径,若其中一个极限不存在,或两种路径极限存在但不相等,则极限不存在.

例 6-8 讨论函数 $\lim\limits_{\substack{x\to 0\\ y\to 0}}\dfrac{\sqrt{xy+1}-1}{|x|+|y|}$ 极限的存在性.

解: 因为 $|xy|\leqslant\left(\dfrac{|x|+|y|}{2}\right)^2$, $\dfrac{\sqrt{xy+1}-1}{|x|+|y|}=\dfrac{xy}{|x|+|y|}\dfrac{1}{\sqrt{xy+1}+1}$,

所以 $-\dfrac{1}{4}\dfrac{1}{\sqrt{xy+1}+1}(|x|+|y|)\leqslant\dfrac{\sqrt{xy+1}-1}{|x|+|y|}\leqslant\dfrac{1}{4}\dfrac{1}{\sqrt{xy+1}+1}(|x|+|y|)$,

而

$$\lim_{\substack{x\to 0\\ y\to 0}}\frac{1}{4}(|x|+|y|)\frac{1}{\sqrt{xy+1}+1}=0,$$

由夹逼准则知极限 $\lim\limits_{\substack{x\to 0\\ y\to 0}}\dfrac{\sqrt{xy+1}-1}{|x|+|y|}$ 存在,且 $\lim\limits_{\substack{x\to 0\\ y\to 0}}\dfrac{\sqrt{xy+1}-1}{|x|+|y|}=0.$

例 6-9 设 $f(x,y)=(x^2+y^2)\sin\dfrac{1}{x^2+y^2}(x^2+y^2\neq 0)$,证明

$$\lim_{\substack{x\to 0\\ y\to 0}}f(x,y)=0,$$

证明:对 $\forall\varepsilon>0$,要使

$$|f(x,y)-A|=\left|(x^2+y^2)\sin\frac{1}{x^2+y^2}-0\right|\leqslant x^2+y^2<\varepsilon$$

成立,只需取 $\delta=\sqrt{\varepsilon}$,当 $0<\sqrt{x^2+y^2}<\delta$ 时,总有 $x^2+y^2<\varepsilon$,即

$$\left|(x^2+y^2)\sin\frac{1}{x^2+y^2}\right|<\varepsilon,$$

所以

$$\lim_{\substack{x\to 0\\ y\to 0}}(x^2+y^2)\sin\frac{1}{x^2+y^2}=0.$$

例 6-10 求极限 $\lim\limits_{\substack{x\to 0\\ y\to 0}}\dfrac{\sqrt{xy+1}-1}{xy}$.

解: $\lim\limits_{\substack{x\to 0\\ y\to 0}}\dfrac{\sqrt{xy+1}-1}{xy}=\lim\limits_{\substack{x\to 0\\ y\to 0}}\dfrac{xy+1-1}{xy\left(\sqrt{xy+1}+1\right)}=\dfrac{1}{2}.$

例 6-11 求极限 $\lim\limits_{\substack{x\to 1\\ y\to 0}}\dfrac{\ln(x+y)}{\sqrt{x+y}-1}$.

解: 当 $(x,y)\to(1,0)$ 时, $\ln(x+y)\sim(x+y)-1$,于是

$$\lim_{\substack{x\to 1\\ y\to 0}}\frac{\ln(x+y)}{\sqrt{x+y}-1}=\lim_{\substack{x\to 1\\ y\to 0}}\frac{(x+y)-1}{\sqrt{x+y}-1}=\lim_{\substack{x\to 1\\ y\to 0}}\frac{(\sqrt{x+y}-1)(\sqrt{x+y}+1)}{\sqrt{x+y}-1}=2.$$

例 6-12 求极限 $\lim\limits_{(x,y)\to(\infty,a)}\left(1+\dfrac{1}{xy}\right)^{\frac{x2}{x+y}}(a\neq 0)$.

解: 因为 $\lim\limits_{(x,y)\to(\infty,a)}\left(1+\dfrac{1}{xy}\right)^{xy}=\mathrm{e}$, $\lim\limits_{(x,y)\to(\infty,a)}\dfrac{x}{x+y}\cdot\dfrac{1}{y}=\dfrac{1}{a}$,

所以

$$\lim_{(x,y)\to(\infty,a)}\left[\left(1+\frac{1}{xy}\right)^{xy}\right]^{\frac{x}{x+y}\cdot\frac{1}{y}}=\mathrm{e}^{\frac{1}{a}}.$$

题型 4 多元函数的连续性

例 6-13 设$f(x,y)=\begin{cases}\dfrac{x^2-y^2}{x^2+y^2} & x^2+y^2\neq 0\\ 0 & x^2+y^2=0\end{cases}$,讨论$f(x,y)$的连续性.

分析: 二元函数$f(x,y)$在点(x_0,y_0)连续的定义是$\lim\limits_{(x,y)\to(x_0,y_0)}f(x,y)=f(x_0,y_0)$. 本题中$f(x,y)$是一个分段函数,因$\dfrac{x^2-y^2}{x^2+y^2}$是二元初等函数,在其定义域上连续,故只需考虑$f(x,y)$在$(0,0)$点的连续性.

解: 考虑极限$\lim\limits_{(x,y)\to(0,0)}\dfrac{x^2-y^2}{x^2+y^2}$. 当点$(x,y)$沿着$y=kx$趋于$(0,0)$点时,

$$\lim_{\substack{x\to 0\\ y=kx}}\frac{x^2-y^2}{x^2+y^2}=\lim_{x\to 0}\frac{x^2-(kx)^2}{x^2+(kx)^2}=\frac{1-k^2}{1+k^2}.$$

这是一个与k有关的数值,从而当(x,y)沿着不同路径趋于$(0,0)$点时,$\dfrac{x^2-y^2}{x^2+y^2}$趋于不同的值,所以$\lim\limits_{(x,y)\to(0,0)}\dfrac{x^2-y^2}{x^2+y^2}$不存在,即函数$f(x,y)$在点$(0,0)$不连续.

当$(x,y)\neq(0,0)$时,因$f(x,y)=\dfrac{x^2-y^2}{x^2+y^2}$是二元初等函数,在其定义域上连续,故$f(x,y)$在$\mathbf{R}^2-\{(0,0)\}$内处处连续.

例 6-14 设$f(x,y)=\begin{cases}\dfrac{\sin xy}{y(1+x^2)} & y\neq 0\\ 0 & y=0\end{cases}$,证明$f(x,y)$在$(0,0)$点连续.

解: 当$x\to 0,y\to 0$且$xy\neq 0$时,

$$\frac{\sin xy}{y(1+x^2)}=\frac{\sin xy}{xy}\cdot\frac{x}{1+x^2},$$

$$\lim_{\substack{x\to 0\\ y\to 0}}\frac{\sin xy}{y(1+x^2)}=\lim_{\substack{x\to 0\\ y\to 0}}\frac{\sin xy}{xy}\cdot\frac{x}{1+x^2}=0=f(0,0).$$

当$x\to 0,y\to 0$且$xy=0$时,

$$f(x,y)=0=f(0,0),$$

$$\lim_{\substack{x\to 0\\ y\to 0}}\frac{\sin xy}{y(1+x^2)}=0=f(0,0),$$

所以函数$f(x,y)$在点$(0,0)$连续.

例 6-15 求函数$f(x,y)=\begin{cases}x\sin\dfrac{1}{y} & y\neq 0\\ 0 & y=0\end{cases}$的间断点.

解: 当$x_0\neq 0$时,$\lim\limits_{\substack{x\to x_0\\ y\to 0}}f(x,y)$不存在,而$|f(x,y)|\leqslant\left|x\sin\dfrac{1}{y}\right|\leqslant|x|$,故$\lim\limits_{\substack{x\to 0\\ y\to 0}}f(x,y)=0$. 所以间断点的集合$D=\{(x,y)\mid y=0,x\neq 0\}$.

题型 5　多元函数的偏导数与全微分

求多元函数在一点偏导数的方法：

(1) 由偏导数的定义可知，求偏导数仍是求一元函数的导数问题，即 $f_x(x,y)=\frac{\mathrm{d}}{\mathrm{d}x}f(x,y)$（这时 y 不变）；$f_y(x,y)=\frac{\mathrm{d}}{\mathrm{d}y}f(x,y)$（这时 x 不变）.

(2) 求多元函数偏导数时，求导公式和求导法则与一元函数相同.

(3) 求分段函数在分段点处的导数用偏导数定义.

例 6-16　设 $z=f(x,y)=x^3+2x^2y-y^3$，求 $z=f(x,y)$ 在点 $(1,3)$ 处关于 x 和 y 的偏导数.

解 1：由二元函数在一点的偏导数的定义

$$f_x(1,3)=\lim_{\Delta x\to 0}\frac{f(1+\Delta x,3)-f(1,3)}{\Delta x}$$

$$=\lim_{\Delta x\to 0}\frac{(1+\Delta x)^3+2(1+\Delta x)^2\times 3-3^3-1-2\times 3+3^3}{\Delta x}=15,$$

$$f_y(1,3)=\lim_{\Delta y\to 0}\frac{f(1,3+\Delta y)-f(1,3)}{\Delta y}$$

$$=\lim_{\Delta y\to 0}\frac{1+2(3+\Delta y)-(3+\Delta y)^3-1-2\times 3+3^3}{\Delta y}$$

$$=-25.$$

解 2：由二元函数偏导数和单变量函数导数的关系可得

$$f_x(1,3)=\left.\frac{\mathrm{d}f(x,3)}{\mathrm{d}x}\right|_{x=1}=3x^2+12x\Big|_{x=1}=15,$$

同理 $f_y(1,3)=\left.\frac{\mathrm{d}f(1,y)}{\mathrm{d}y}\right|_{y=3}=\left.\frac{\mathrm{d}}{\mathrm{d}y}(1+2y-y^3)\right|_{y=3}=-25.$

解 3：由偏导函数和偏导数的关系

$$f_x(x,y)=3x^2+4xy,$$

$$f_y(x,y)=2x^2-3y^2,$$

代入有 $f_x(1,3)=15$，$f_y(1,3)=-25$.

【评注】　上述三种解法是求多元函数在一点偏导数的常用方法.

例 6-17　设 $z=x^{\ln y}\sin\frac{y}{x}$，求 $\frac{\partial z}{\partial x},\frac{\partial z}{\partial y}$.

解：对 x 求偏导数，视 y 为常量，$x^{\ln y}$ 是幂函数，则

$$\frac{\partial z}{\partial x}=\frac{\partial}{\partial x}(x^{\ln y})\cdot\sin\frac{y}{x}+x^{\ln y}\cdot\frac{\partial}{\partial x}\left(\sin\frac{y}{x}\right)$$

$$=\ln y\cdot x^{\ln y-1}\cdot\sin\frac{y}{x}+x^{\ln y}\cdot\cos\frac{y}{x}\left(-\frac{y}{x^2}\right)$$

$$=x^{\ln y-1}\cdot\ln y\cdot\sin\frac{y}{x}-\frac{y}{x^2}x^{\ln y}\cdot\cos\frac{y}{x}.$$

对 y 求偏导数，视 x 为常量，则

$$\frac{\partial z}{\partial y}=\frac{\partial}{\partial y}(x^{\ln y})\cdot\sin\frac{y}{x}+x^{\ln y}\cdot\frac{\partial}{\partial y}\left(\sin\frac{y}{x}\right)$$

$$=\ln x\cdot x^{\ln y}\cdot\frac{1}{y}\cdot\sin\frac{y}{x}+x^{\ln y}\cdot\cos\frac{y}{x}\cdot\frac{1}{x}$$

$$=\frac{\ln x}{y}x^{\ln y}\cdot\sin\frac{y}{x}+x^{\ln y-1}\cdot\cos\frac{y}{x}.$$

例 6-18　求函数 $f(x,y)=\begin{cases}\dfrac{xy}{x^2+y^2} & x^2+y^2\neq 0\\ 0 & x^2+y^2=0\end{cases}$ 在(0,0)处的偏导数.

解：由于(0,0)是分段点，用定义讨论

$$f_x(0,0)=\lim_{\Delta x\to 0}\frac{f(0+\Delta x,0)-f(0,0)}{\Delta x}=0,$$

同理 $f_y(0,0)=0$，但该函数在(0,0)点不连续，这是因偏导数只是刻画了沿着平行于 x 轴或 y 轴方向变化的情形.

【评注】　由例 6-18 可知，对多元函数来讲，偏导数存在不能推出连续，当然函数连续也不能推出偏导数存在.

例 6-19　设有函数 $f(x,y)=\begin{cases}\dfrac{x^2y}{x^2+y^2} & x^2+y^2\neq 0\\ 0 & x^2+y^2=0\end{cases}$.

(1) 讨论函数 $f(x,y)$ 在点(0,0)的连续性；

(2) 讨论函数 $f(x,y)$ 的偏导数 $f_x'(x,y)$，$f_y'(x,y)$ 在点(0,0)处的连续性；

(3) 讨论函数 $f(x,y)$ 在点(0,0)处的可微性.

分析：由于 $f(x,y)$ 是分段函数，需要从定义出发讨论.

解：(1) 当 $x^2+y^2\neq 0$ 时，有 $f(x,y)=\dfrac{x^2y}{x^2+y^2}$，又 $\dfrac{|xy|}{x^2+y^2}\leqslant\dfrac{1}{2}$，所以

$$\lim_{(x,y)\to(0,0)}\frac{x^2y}{x^2+y^2}=\lim_{(x,y)\to(0,0)}x\cdot\frac{xy}{x^2+y^2}=0=f(0,0).$$

从而函数 $f(x,y)$ 在点(0,0)连续.

(2) 当 $x^2+y^2\neq 0$ 时，有

$$f_x'(x,y)=\frac{2xy^3}{(x^2+y^2)^2},f_y'(x,y)=1-\frac{3x^2y^2+y^4}{(x^2+y^2)^2};$$

当 $x^2+y^2=0$ 时，有

$$f_x'(0,0)=\lim_{x\to 0}\frac{f(x,0)-f(0,0)}{x}=0.$$

同理可得 $f_y'(0,0)=0$.

由于 $\lim\limits_{\substack{x\to 0\\ y=kx}}f_x'(x,y)=\lim\limits_{\substack{x\to 0\\ y=kx}}\dfrac{2xy^3}{(x^2+y^2)^2}=\dfrac{2k^3}{(k^2+1)^2}$,

$$\lim_{\substack{x\to 0\\ y=kx}}f_y'(x,y)=\lim_{\substack{x\to 0\\ y=kx}}\left[1-\frac{3x^2y^2+y^4}{(x^2+y^2)^2}\right]=\frac{1-k^2}{(k^2+1)^2},$$

因此$\lim\limits_{\substack{x\to 0\\ y=kx}} f_x(x,y)$，$\lim\limits_{\substack{x\to 0\\ y=kx}} f_y(x,y)$ 都不存在，从而函数$f(x,y)$ 的偏导数$f_x(x,y)$,$f_y(x,y)$ 在点(0,0) 处不连续；

(3) 由于$f_x(0,0)=f_y(0,0)=0$，则极限

$$\lim_{\substack{x\to 0\\ y=kx}}\frac{f(x,y)-f(0,0)-xf_x(0,0)-yf_y(0,0)}{\sqrt{x^2+y^2}}=\lim_{\substack{x\to 0\\ y=kx}}\frac{x^2y}{(x^2+y^2)^{\frac{3}{2}}}=\frac{k}{(1+k^2)^{\frac{3}{2}}},$$

因此$\lim\limits_{\substack{x\to 0\\ y\to 0}}\dfrac{f(x,y)-f(0,0)-xf_x(0,0)-yf_y(0,0)}{\sqrt{x^2+y^2}}$不存在，所以函数$f(x,y)$ 在点(0,0) 处不可微．

例6-20　求下列函数的全微分．

(1) $z=x^{\ln y}$，且 $dx=0.1$，$dy=1$，求 $dz\Big|_{\substack{(1,e)\\ dx=0.1,dy=1}}$；

(2) 设 $z=\arcsin\dfrac{y}{x}$，求全微分 dz.

解：(1) 由全微分的定义 $dz=\dfrac{\partial z}{\partial x}dx+\dfrac{\partial z}{\partial y}dy=\ln y\cdot x^{\ln y-1}dx+\ln x\cdot x^{\ln y}\cdot\dfrac{1}{y}dy$,

代入 $dx=0.1$，$dy=1$，有 $dz\Big|_{\substack{(1,e)\\ dx=0.1,dy=1}}=0.1$.

(2) $\dfrac{\partial z}{\partial x}=-\dfrac{y}{x\sqrt{x^2-y^2}}$，$\dfrac{\partial z}{\partial y}=\dfrac{1}{\sqrt{x^2-y^2}}$,

于是 $dz=-\dfrac{y}{x\sqrt{x^2-y^2}}dx+\dfrac{1}{\sqrt{x^2-y^2}}dy$.

题型6　多元复合函数的微分法

例6-21　设 $u=f(x,y,z)=e^{x^2+y^2+z^2}$，而 $z=x^2\sin y$，求$\dfrac{\partial u}{\partial x}$和$\dfrac{\partial u}{\partial y}$.

解：$\dfrac{\partial u}{\partial x}=\dfrac{\partial f}{\partial x}+\dfrac{\partial f}{\partial z}\dfrac{\partial z}{\partial x}=2xe^{x^2+y^2+z^2}+2ze^{x^2+y^2+z^2}.\ 2x\sin y$

$=2x(1+2x^2\sin^2 y)e^{x^2+y^2+x^4\sin^2 y}$,

$\dfrac{\partial u}{\partial y}=\dfrac{\partial f}{\partial y}+\dfrac{\partial f}{\partial z}\dfrac{\partial z}{\partial y}=2ye^{x^2+y^2+z^2}+2ze^{x^2+y^2+z^2}.\ x^2\cos y$

$=2(y+x^4\sin y\cos y)e^{x^2+y^2+x^4\sin^2 y}$.

例6-22　设 $w=f(x+y+z,xyz)$，f具有二阶连续偏导数，求$\dfrac{\partial w}{\partial x}$及$\dfrac{\partial^2 w}{\partial x\partial z}$.

解：令 $u=x+y+z$，$v=xyz$，则 $w=f(u,v)$.

因所给函数由 $w=f(u,v)$ 及 $u=x+y+z$，$v=xyz$ 复合而成，根据复合函数求导法则，有

$$\frac{\partial w}{\partial x}=\frac{\partial f}{\partial u}\frac{\partial u}{\partial x}+\frac{\partial f}{\partial v}\frac{\partial v}{\partial x}=f'_1+yzf'_2$$

$$\frac{\partial^2 w}{\partial x\partial z}=\frac{\partial}{\partial z}(f'_1+yzf'_2)=\frac{\partial f'_1}{\partial z}+yf'_2+yz\frac{\partial f'_2}{\partial z}$$

求$\dfrac{\partial f'_1}{\partial z}$及$\dfrac{\partial f'_2}{\partial z}$时，应注意$f'_1$及$f'_2$仍旧是复合函数，根据复合函数求导法则，有

$$\frac{\partial f'_1}{\partial z}=\frac{\partial f'_1}{\partial u}\frac{\partial u}{\partial z}+\frac{\partial f'_1}{\partial v}\frac{\partial v}{\partial z}=f''_{11}+xyf''_{12}$$

$$\frac{\partial f'_2}{\partial z}=\frac{\partial f'_2}{\partial u}\frac{\partial u}{\partial z}+\frac{\partial f'_2}{\partial v}\frac{\partial v}{\partial z}=f''_{21}+xyf''_{22}$$

于是
$$\begin{aligned}\frac{\partial^2 w}{\partial x\partial z}&=f''_{11}+xyf''_{12}+yf'_2+yzf''_{21}+xy^2zf''_{22}\\&=f''_{11}+y(x+z)f''_{12}+xy^2zf''_{22}+yf'_2.\end{aligned}$$

【评注】

(1) 记号f'_1表示$\dfrac{\partial f}{\partial u}$，$f'_2$表示$\dfrac{\partial f}{\partial v}$.

(2) 记号f''_{11}表示$\dfrac{\partial f'_1}{\partial u}$，$f''_{12}$表示$\dfrac{\partial f'_1}{\partial v}$，$f''_{21}$表示$\dfrac{\partial f'_2}{\partial u}$，$f''_{22}$表示$\dfrac{\partial f'_2}{\partial v}$.

例 6-23　设$f(x,y)=\begin{cases}\dfrac{x^2y}{x^2+y^2} & x^2+y^2\neq 0\\ 0 & x^2+y^2=0\end{cases}$.

(1) 求复合函数$z=f(t,t)$在$t=0$点的全导数$\left.\dfrac{dz}{dt}\right|_{t=0}$；

(2) 这时多元复合函数求导的链式法则$\left.\dfrac{dz}{dt}\right|_{t=0}=f'_x(0,0)\cdot\left.\dfrac{dx}{dt}\right|_{t=0}+f'_y(0,0)\cdot\left.\dfrac{dy}{dt}\right|_{t=0}$是否成立？

解：(1) 当$t\neq 0$时，$f(t,t)=\dfrac{t}{2}$；当$t=0$时，$f(t,t)=0$，因此$z=f(t,t)=\dfrac{t}{2}$，在$t=0$点的全导数为

$$\left.\frac{dz}{dt}\right|_{t=0}=\frac{1}{2}.$$

(2) $f'_x(0,0)=f'_y(0,0)=0$. $f(t,t)$是由$f(x,y)$与$x=t$，$y=t$复合而成，$\dfrac{dx}{dt}=1$，$\dfrac{dy}{dt}=1$，这时的链式法则为$f_x(0,0)\cdot\left.\dfrac{dx}{dt}\right|_{t=0}+f_y(0,0)\cdot\left.\dfrac{dy}{dt}\right|_{t=0}=0$.

因此复合函数$z=f(t,t)$在$t=0$点的全导数不满足如下链式法则

$$\left.\frac{dz}{dt}\right|_{t=0}=f'_x(0,0)\cdot\left.\frac{dx}{dt}\right|_{t=0}+f'_y(0,0)\cdot\left.\frac{dy}{dt}\right|_{t=0}.$$

【评注】　由例6-23可知，使用复合函数求导的链式法则时要注意一阶偏导数连续的条件.

例 6-24　设$f(u,v)$具有二阶连续偏导数，且满足

$$f''_{uu}(u,v)+f''_{vv}(u,v)=1, g(x,y)=f\left[xy,\frac{1}{2}(x^2-y^2)\right],$$

求$g''_{xx}(x,y)+g''_{yy}(x,y)$.

解：$g'_x(x,y)=yf'_u\left[xy,\dfrac{1}{2}(x^2-y^2)\right]+xf'_v\left[xy,\dfrac{1}{2}(x^2-y^2)\right]$,

$$g'_y(x,y) = xf'_u\left[xy,\frac{1}{2}(x^2-y^2)\right] - yf'_v\left[xy,\frac{1}{2}(x^2-y^2)\right],$$

$$\begin{aligned} &g''_{xx}(x,y) \\ &= y^2f''_{uu}\left[xy,\frac{1}{2}(x^2-y^2)\right] + 2xyf''_{uv}\left[xy,\frac{1}{2}(x^2-y^2)\right] + \\ &\quad f'_v\left[xy,\frac{1}{2}(x^2-y^2)\right] + x^2f''_{vv}\left[xy,\frac{1}{2}(x^2-y^2)\right], \end{aligned}$$

$$\begin{aligned} &g''_{yy}(x,y) \\ &= x^2f''_{uu}\left[xy,\frac{1}{2}(x^2-y^2)\right] - 2xyf''_{uv}\left[xy,\frac{1}{2}(x^2-y^2)\right] - \\ &\quad f'_v\left[xy,\frac{1}{2}(x^2-y^2)\right] + y^2f''_{vv}\left[xy,\frac{1}{2}(x^2-y^2)\right], \end{aligned}$$

因此 $g''_{xx}(x,y) + g''_{yy}(x,y) = y^2f''_{uu}\left[xy,\frac{1}{2}(x^2-y^2)\right] + x^2f''_{vv}\left[xy,\frac{1}{2}(x^2-y^2)\right] +$

$$x^2f''_{uu}\left[xy,\frac{1}{2}(x^2-y^2)\right] + y^2f''_{vv}\left[xy,\frac{1}{2}(x^2-y^2)\right] = x^2+y^2.$$

例 6-25　设 $f(x,y)$ 在开圆盘 $D:(x-x_0)^2+(y-y_0)^2<r^2$ 内具有二阶连续偏导数,对任何 $(x,y)\in D$, 令 $k=x-x_0$, $h=y-y_0$, $\phi(t)=f(x_0+tk,\ y_0+th)$, $t\in[0,1]$.

(1) 求 $\phi'(t)$, $\phi''(t)$;

(2) 证明:存在 $\theta\in(0,1)$ 使得

$$f(x,y) = f(x_0,y_0) + \mathrm{d}f\big|_{(x_0,y_0)} + \frac{1}{2!}\mathrm{d}^2f\big|_{(x_0+\theta k,y_0+\theta h)},$$

其中,

$$\mathrm{d}f\big|_{(x_0,y_0)} = f'_x(x_0,y_0)k + f'_y(x_0,y_0)h,$$

$$\begin{aligned} \mathrm{d}^2f\big|_{(x_0+\theta k,y_0+\theta h)} &= f''_{xx}(x_0+\theta k,y_0+\theta h)k^2 + 2f''_{xy}(x_0+\theta k,y_0+\theta h)kh + \\ &\quad f''_{yy}(x_0+\theta k,y_0+\theta h)h^2. \end{aligned}$$

(1) **解**: $\phi'(t) = f'_x(x_0+tk,y_0+th)k + f'_y(x_0+tk,y_0+th)h$,

$\phi''(t) = f''_{xx}(x_0+tk,y_0+th)k^2 + 2f''_{xy}(x_0+tk,y_0+th)kh + f''_{yy}(x_0+tk,y_0+th)h^2$.

(2) **证明**: 由于 $\phi(t)$ 在 $[0,1]$ 上有连续的二阶导函数, 因此对任何 $t\in[0,1]$, 存在 $\theta\in(0,1)$

使得

$$\phi(t) = \phi(0) + \phi'(0)t + \frac{1}{2!}\phi''(\theta t)t^2$$

特别取 $t=1$ 可得

$$\phi(1) = \phi(0) + \phi'(0) + \frac{1}{2!}\phi''(\theta),$$

即

$$f(x,y) = f(x_0,y_0) + \mathrm{d}f\big|_{(x_0,y_0)} + \frac{1}{2!}\mathrm{d}^2f\big|_{(x_0+\theta k,y_0+\theta h)}.$$

【评注】　求多元函数的高阶偏导数就是求偏导数的偏导数, 求复合函数的高阶偏导数时要注意复合函数的偏导数仍然是复合函数.

题型 7　隐函数的微分法

例 6-26　求方程 $2xz-2xyz+\ln(xyz)=0$ 确定的隐函数 $z=f(x,y)$ 在点 $(1,1)$ 处的全微分.

解 1：由隐函数求导公式，令 $F(x,y,z)=2xz-2xyz+\ln(xyz)$，则

$$F_x=2z-2yz+\frac{1}{x},\ F_y=-2xz+\frac{1}{y},\ F_z=2x-2xy+\frac{1}{z},$$

$$\frac{\partial z}{\partial x}=-\frac{F_x}{F_z}=-\frac{2z-2yz+\frac{1}{x}}{2x-2xy+\frac{1}{z}},\ \frac{\partial z}{\partial y}=-\frac{F_y}{F_z}=-\frac{-2xz+\frac{1}{y}}{2x-2xy+\frac{1}{z}},$$

所以
$$\mathrm{d}z=\frac{\partial z}{\partial x}\mathrm{d}x+\frac{\partial z}{\partial y}\mathrm{d}y=-\frac{2z-2yz+\frac{1}{x}}{2x-2xy+\frac{1}{z}}\mathrm{d}x-\frac{-2xz+\frac{1}{y}}{2x-2xy+\frac{1}{z}}\mathrm{d}y.$$

代入点(1,1)，此时 $z=1$，得 $\mathrm{d}z\big|_{(1,1)}=-\mathrm{d}x+\mathrm{d}y.$

解 2：方程两边同时求微分得

$$2(x\mathrm{d}z+z\mathrm{d}x)-2(xy\mathrm{d}z+xz\mathrm{d}y+yz\mathrm{d}x)+\frac{1}{xyz}(xy\mathrm{d}z+xz\mathrm{d}y+yz\mathrm{d}x)=0,$$

解出 dz，有
$$\mathrm{d}z=\frac{\partial z}{\partial x}\mathrm{d}x+\frac{\partial z}{\partial y}\mathrm{d}y=-\frac{2z-2yz+\frac{1}{x}}{2x-2xy+\frac{1}{z}}\mathrm{d}x-\frac{-2xz+\frac{1}{y}}{2x-2xy+\frac{1}{z}}\mathrm{d}y.$$

代入点(1,1)，此时 $z=1$，得　$\mathrm{d}z\big|_{(1,1)}=-\mathrm{d}x+\mathrm{d}y.$

例 6-27　设 $x^2+z^2=y\varphi\left(\frac{z}{y}\right)$，其中函数 φ 可微，求$\frac{\partial z}{\partial x}$，$\frac{\partial z}{\partial y}$.

解 1：由隐函数求导公式，令 $F(x,y,z)=x^2+z^2-y\varphi\left(\frac{z}{y}\right)$，则

$$F_x=2x,F_y=-\varphi\left(\frac{z}{y}\right)+\frac{z}{y}\varphi'\left(\frac{z}{y}\right),F_z=2z-\varphi'\left(\frac{z}{y}\right).$$

所以
$$\frac{\partial z}{\partial x}=-\frac{F_x}{F_z}=\frac{2x}{\varphi'\left(\frac{z}{y}\right)-2z},\ \frac{\partial z}{\partial y}=-\frac{F_y}{F_z}=\frac{-\varphi\left(\frac{z}{y}\right)+\frac{z}{y}\varphi'\left(\frac{z}{y}\right)}{\varphi'\left(\frac{z}{y}\right)-2z}.$$

解 2：将方程 $x^2+z^2=y\varphi\left(\frac{z}{y}\right)$中的 z 看做 x，y 的函数，方程两边分别对 x，y 求偏导数得

$$2x+2z\frac{\partial z}{\partial x}=y\varphi'\left(\frac{z}{y}\right)\cdot\frac{1}{y}\frac{\partial z}{\partial x},\ 2z\frac{\partial z}{\partial y}=\varphi\left(\frac{z}{y}\right)+\varphi'\left(\frac{z}{y}\right)\cdot\frac{y\frac{\partial z}{\partial y}-z}{y},$$

解出
$$\frac{\partial z}{\partial x}=\frac{2x}{\varphi'\left(\frac{z}{y}\right)-2z},\ \frac{\partial z}{\partial y}=\frac{-\varphi\left(\frac{z}{y}\right)+\frac{z}{y}\varphi'\left(\frac{z}{y}\right)}{\varphi'\left(\frac{z}{y}\right)-2z}.$$

解 3：由微分形式不变性，将方程两边同时求微分得

$$2x\mathrm{d}x+2z\mathrm{d}z=\varphi\left(\frac{z}{y}\right)\mathrm{d}y+y\varphi'\left(\frac{z}{y}\right)\cdot\frac{y\mathrm{d}z-z\mathrm{d}y}{y^2},$$

整理有
$$dz = \frac{2x}{\varphi'\left(\frac{z}{y}\right)-2z}dx + \frac{-\varphi\left(\frac{z}{y}\right)+\frac{z}{y}\varphi'\left(\frac{z}{y}\right)}{\varphi'\left(\frac{z}{y}\right)-2z}dy,$$

所以
$$\frac{\partial z}{\partial x} = \frac{2x}{\varphi'\left(\frac{z}{y}\right)-2z},\ \frac{\partial z}{\partial y} = \frac{-\varphi\left(\frac{z}{y}\right)+\frac{z}{y}\varphi'\left(\frac{z}{y}\right)}{\varphi'\left(\frac{z}{y}\right)-2z}$$

题型8 多元函数的极值及其求法

求具有二阶连续偏导数的二元函数 $z = f(x,y)$ 的极值的步骤如下：

第一步 解方程组
$$f_x(x,y) = 0,\qquad f_y(x,y) = 0,$$
求得一切实数解，即可求得一切驻点.

第二步 对于每一个驻点 (x_0,y_0)，求其二阶偏导数并令
$$f_{xx}(x_0,y_0) = A, f_{xy}(x_0,y_0) = B, f_{yy}(x_0,y_0) = C.$$

第三步 根据 $AC - B^2$ 的符号，判断是否有极值，是极大值还是极小. 若 $AC - B^2 > 0$ 则有极值，且当 $A < 0$ 时有极大值，当 $A > 0$ 时有极小值；若 $AC - B^2 < 0$ 则没有极值；若 $AC - B^2 = 0$ 则可能有极值，也可能没有极值，还需另作讨论.

例 6-28 求函数 $f(x,y) = x^3 - y^3 + 3x^2 + 3y^2 - 9x$ 的极值.

解：令 $\begin{cases} f_x(x,y) = 3x^2 + 6x - 9 = 0 \\ f_y(x,y) = -3y^2 + 6y = 0 \end{cases}$，

求得驻点为 $(1,0)$，$(1,2)$，$(-3,0)$，$(-3,2)$.

求二阶偏导数
$$f_{xx}(x,y) = 6x + 6,\qquad f_{xy}(x,y) = 0,\qquad f_{yy}(x,y) = -6y + 6$$

在点 $(1,0)$ 处，$AC - B^2 = 72 > 0$，又 $A > 0$，所以函数在 $(1,0)$ 处有极小值 $f(1,0) = -5$.

在点 $(1,2)$ 处，$AC - B^2 = -72 < 0$，所以 $(1,2)$ 不是极值点.

在点 $(-3,0)$ 处，$AC - B^2 = -72 < 0$，所以 $(-3,0)$ 不是极值点.

在点 $(-3,2)$ 处，$AC - B^2 = 72 > 0$，又 $A < 0$，所以函数在 $(-3,2)$ 处有极大值 $f(-3,2) = 31$.

例 6-29 求由方程 $2x^2 + 2y^2 + z^2 + 8xz - z + 8 = 0$ 所确定的隐函数的极值.

解：令 $F(x,y,z) = 2x^2 + 2y^2 + z^2 + 8xz - z + 8$，$F'_x = 4x + 8z$，$F'_y = 4y$，$F'_z = 2z + 8x - 1$，则
$$\frac{\partial z}{\partial x} = -\frac{4(x+2z)}{2z+8x-1},\qquad \frac{\partial z}{\partial y} = -\frac{4y}{2z+8x-1}.$$

由 $\frac{\partial z}{\partial x} = 0$ 得 $x = -2z$，$\frac{\partial z}{\partial y} = 0$ 得 $y = 0$. 代入原方程得到 $z_1 = 1, z_2 = -\frac{8}{7}$.

当 $z_1 = 1$ 时，$x_1 = -2$，$y_1 = 0$；当 $z_2 = -\frac{8}{7}$ 时，$x_2 = \frac{16}{7}$，$y_2 = 0$.

于是得到驻点 $P_1(-2,0)$，$P_2\left(\frac{16}{7},0\right)$.

求二阶偏导数:

$$\frac{\partial^2 z}{\partial x^2}=-4\frac{\left(1+2\frac{\partial z}{\partial x}\right)(2z+8x-1)-(x+2z)\left(2\frac{\partial z}{\partial x}+8\right)}{(2z+8x-1)^2};$$

$$\frac{\partial^2 z}{\partial x\partial y}=-4\frac{2\frac{\partial z}{\partial y}(2z+8x-1)-(x+2z)2\frac{\partial z}{\partial y}}{(2z+8x-1)^2};$$

$$\frac{\partial^2 z}{\partial y^2}=-4\frac{(2z+8x-1)-y\cdot 2\frac{\partial z}{\partial y}}{(2z+8x-1)^2};$$

在驻点 $P_1(-2,0)$ 处，$A=\frac{4}{15}$，$B=0$，$C=\frac{4}{15}$，$AC-B^2=\left(\frac{4}{15}\right)^2>0$，且 $A>0$，故 $P_1(-2,0)$ 是极小值点，极小值为 $z_1=1$.

在驻点 $P_2\left(\frac{16}{7},0\right)$处，$A=-\frac{4}{15}$，$B=0$，$C=-\frac{4}{15}$，$AC-B^2=\left(\frac{4}{15}\right)^2>0$，且 $A<0$，故 $P_2\left(\frac{16}{7},0\right)$是极大值点，极大值为 $z_1=-\frac{8}{7}$.

例 6-30 证明函数 $f(x,y)=(1+e^y)\cos x-ye^y$ 有无穷多个极大值，但无极小值.

证明：解方程组 $\begin{cases}f'_x=-(1+e^y)\sin x=0\\ f'_y=e^y(\cos x-1-y)=0\end{cases}$,

得 $x=k\pi$，$y=(-1)^k-1(k=0,\pm1,\pm2,\cdots)$.

因此，当 $k=2n$ 时，$y=0$；当 $k=2n+1$ 时，$y=-2$. 于是得到无穷多个驻点:$(2n\pi,0)$，$((2n+1)\pi,-2)(n=0,\pm1,\pm2,\cdots)$.

又 $f''_{xx}=-(1+e^y)\cos x$，$f''_{xy}=-e^y\sin x$，$f''_{yy}=e^y(\cos x-2-y)$.

在点$(2n\pi,0)(n=0,\pm1,\pm2,\cdots)$处，$A=-2$，$B=0$，$C=-1$，$AC-B^2=2>0$，这说明函数 $z=f(x,y)$ 在点$(2n\pi,0)$处取得极大值，且有无穷多个.

在点$((2n+1)\pi,-2)$ $(n=0,\pm1,\pm2,\cdots)$处，$A=1+e^{-2}$，$B=0$，$C=-e^{-2}$，$AC-B^2=-(e^{-2}+e^{-4})<0$，这说明函数 z 在点$((2n+1)\pi,-z)$处无极值.

题型 9　多元函数的条件极值

例 6-31 求函数 $u=xyz$ 在附加条件

$$\frac{1}{x}+\frac{1}{y}+\frac{1}{z}=\frac{1}{a}\quad(x>0,\ y>0,\ z>0,a>0)\tag{1}$$

下的极值.

解：作拉格朗日函数

$$L(x,y,z)=xyz+\lambda\left(\frac{1}{x}+\frac{1}{y}+\frac{1}{z}-\frac{1}{a}\right),$$

令

$$L_x = yz - \frac{\lambda}{x^2} = 0;$$

$$L_y = xz - \frac{\lambda}{y^2} = 0; \tag{2}$$

$$L_z = xy - \frac{\lambda}{z^2} = 0.$$

注意到以上三个方程左端的第一项都是三个变量 x,y,z 中某两个变量的乘积，将各方程两端同乘以相应缺少的那个变量，使各方程左端的第一项都成为 xyz，然后将所得的三个方程左、右两端相加，得

$$3xyz - \lambda\left(\frac{1}{x} + \frac{1}{y} + \frac{1}{z}\right) = 0,$$

把(1) 代入上式,得 $xyz = \dfrac{\lambda}{3a}$.

再把这个结果分别代入(2) 中各式，便得 $x = y = z = 3a$. 由此得到点$(3a,3a,3a)$ 是函数 $u = xyz$ 在条件(1) 下唯一可能的极值点. 把条件(1) 确定的隐函数记作 $z = z(x, y)$，将目标函数看做 $u = xyz(x,y) = F(x,y)$，再应用二元函数极值的充分条件判断，可知$(3a,3a,3a)$ 是函数 $u = xyz$ 在条件(1) 下的极小值点. 因此，目标函数 $u = xyz$ 在条件(1) 下在点$(3a,3a,3a)$ 处取得极小值 $27a^3$.

例 6-32 设某电视机厂生产一台电视机的成本为 c，每台电视机的销售价格为 p，销售量为 x. 假设该厂的生产处于平衡状态，即电视机的生产量等于销售量. 根据市场预测，销售量 x 与销售价格 p 之间有下面的关系

$$x = Me^{-ap} \qquad (M > 0, a > 0) \tag{1}$$

其中，M 为市场最大需求量，a 是价格系数. 同时，生产部门根据对生产环节的分析，对每台电视机的生产成本 c 有如下测算

$$c = c_0 - k\ln x \qquad (k > 0, x > 1) \tag{2}$$

其中,c_0 是只生产一台电视机时的成本，k 是规模系数.

据上述条件,应如何确定电视机的售价 p，才能使该厂获得最大利润?

解：设厂家获得的利润为 u，每台电视机售价为 p，每台生产成本为 c，销售量为 x，则

$$u = (p - c)x$$

于是问题化为求利润函数 $u = (p - c)x$ 在附加条件(1),(2) 下的极值问题.

作拉格朗日函数

$$L(x,p,c) = (p - c)x + \lambda(x - Me^{-ap}) + \mu(c - c_0 + k\ln x),$$

令

$$\begin{cases} L_x = (p - c) + \lambda + k\dfrac{\mu}{x} = 0 \\ L_p = x + \lambda aMe^{-ap} = 0 \\ L_c = -x + \mu = 0 \end{cases},$$

求解得

$$c = c_0 - k(\ln M - ap) \tag{3}$$

$$\lambda = -\frac{1}{a} \tag{4}$$

由 $L_c = 0$ 知 $x = \mu$，即 $\frac{x}{\mu} = 1$. (5)

将(3)，(4)，(5) 代入 $L_x = 0$，得

$$p - c_0 + k(\ln M - ap) - \frac{1}{a} + k = 0,$$

由此得

$$p^* = \frac{c_0 - k\ln M + \frac{1}{a} - k}{1 - ak},$$

因为由问题本身可知最优价格必定存在，所以这个 p^* 就是电视机的最优价格. 只要确定了规模系数 k，价格系数 a，电视机的最优价格问题就解决了.

例 6-33　求函数 $f(x,y) = x^2 + 3xy + 2y^2$ 在 $x^2 + y^2 \leqslant 1$ 上的最大值与最小值.

解：由 $f'_x = 2x + 3y = 0$ 与 $f'_y = 3x + 4y = 0$ 得 $f(x,y)$ 的唯一驻点 $P(0,0)$，在点 P 处，$B^2 - AC = (f''^2_{xy} - f''_{xx} \cdot f''_{yy})_P > 0$，无极值.

在边界 $x^2 + y^2 = 1$ 上，令

$$F(x,y,\lambda) = x^2 + 3xy + 2y^2 - \lambda(x^2 + y^2 - 1),$$

则

$$F'_x = (2 - 2\lambda)x + 3y, \quad F'_y = 3x + (4 - 2\lambda)y.$$

因(0,0) 不在边界 $x^2 + y^2 = 1$ 上，所以，要使得 $F'_x = F'_y = 0$ 有非零解，必须

$$\begin{vmatrix} 2 - 2\lambda & 3 \\ 3 & 4 - 2\lambda \end{vmatrix} = 4\lambda^2 - 12\lambda - 1 = 0，解得\ \lambda = \frac{3 \pm \sqrt{10}}{2}.$$

由 $xF'_x + yF'_y = 0$，即得 $f(x,y) = x^2 + 3xy + 2y^2 = \lambda = \frac{3 \pm \sqrt{10}}{2}$，这就是 $f(x,y)$ 在 $x^2 + y^2 \leqslant 1$ 上的最大值与最小值.

题型 10　二重积分的概念与性质

例 6-34　比较下列积分的大小：

$$\iint\limits_D (x + y)^2 \mathrm{d}\sigma, \iint\limits_D (x + y)^3 \mathrm{d}\sigma,$$

其中

$$D: (x - 2)^2 + (y - 1)^2 \leqslant 2.$$

解：积分域 D 的边界为圆周 $(x-2)^2 + (y-1)^2 = 2$. 它与 x 轴交于点(1,0)，与直线 $x + y = 1$ 相切. 而域 D 位于直线 $x + y = 1$ 的上方，故在 D 上 $x + y \geqslant 1$，从而 $(x+y)^2 \leqslant (x+y)^3$，所以

$$\iint\limits_D (x + y)^2 \mathrm{d}\sigma \leqslant \iint\limits_D (x + y)^3 \mathrm{d}\sigma.$$

例 6-35　设 $I_1 = \iint\limits_{D_1} (x^2 + y^2)^2 \mathrm{d}\sigma$，其中，$D_1$ 是矩形区域：$0 \leqslant x \leqslant 1, 0 \leqslant y \leqslant 2$，又 $I_2 = \iint\limits_{D_2} (x^2 + y^2)^2 \mathrm{d}\sigma$，其中，$D_2$ 是矩形区域：$-1 \leqslant x \leqslant 1, -2 \leqslant y \leqslant 2$，试利用二重积分的几何意义说明 I_1 和 I_2 之间的关系.

解：由于被积函数$(x^2+y^2)^2>0$，由二重积分的几何意义，I_1 和 I_2 分别是 D_1 和 D_2 为底，以曲面$(x^2+y^2)^2$为顶的曲顶柱体体积，又 $D_1\subset D_2$，从而 $I_1<I_2$ 且 $I_1=\frac{1}{4}I_2$.

例 6-36　记 $I_1=\iint\limits_{x^2+y^2\leqslant 1}\sqrt[3]{1-x^2-y^2}\mathrm{d}x\mathrm{d}y$，$I_2=\iint\limits_{1\leqslant x^2+y^2\leqslant 2}\sqrt[3]{1-x^2-y^2}\mathrm{d}x\mathrm{d}y$，$I_3=\iint\limits_{2\leqslant x^2+y^2\leqslant 4}\sqrt[3]{1-x^2-y^2}\mathrm{d}x\mathrm{d}y$，则 I_1，I_2 与 I_3 之间的大小关系(用不等式表示)为________.

解：显然在 $x^2+y^2\leqslant 1$ 内，$f(x,y)=\sqrt[3]{1-x^2-y^2}\geqslant 0$.

令 $D_2=\{(x,y)\mid 1\leqslant x^2+y^2\leqslant 2\}$，在 D_2 内 $-1\leqslant\sqrt[3]{1-x^2-y^2}\leqslant 0$.

令 $D_3=\{(x,y)\mid 2\leqslant x^2+y^2\leqslant 4\mid\}$，在 D_3 内 $\sqrt[3]{1-x^2-y^2}\leqslant -1$，且 D_2 的面积 σ_2 和 D_3 的面积 σ_3 满足 $\sigma_3=2\pi>\sigma_2=\pi$，所以 I_1，I_2 与 I_3 之间的大小关系应为 $I_3<I_2<I_1$.

例 6-37　设 $D=[0,\pi;0,\pi]$，则二重积分$\iint\limits_D\max(x,y)\sin x\sin y\mathrm{d}x\mathrm{d}y$ 等于(　　).

A. π　　B. $\frac{5}{4}\pi$　　C. $\frac{5}{3}\pi$　　D. $\frac{5}{2}\pi$

解：由于被积函数中出现 $\max(x,y)$，应把 D 用 $y=x$ 分为 D_1 和 D_2 两个部分，所以

$$\iint\limits_D\max(x,y)\sin x\sin y\mathrm{d}x\mathrm{d}y=\int_0^{\pi}\mathrm{d}x\int_0^{x}x\sin x\sin y\mathrm{d}y+\int_0^{\pi}\mathrm{d}y\int_0^{y}y\sin x\sin y\mathrm{d}x=\frac{5}{2}\pi.$$

故选择 D.

例 6-38　估计下列积分之值.

$$I=\iint\limits_D\frac{\mathrm{d}x\mathrm{d}y}{100+\cos^2x+\cos^2y},\ D:|x|+|y|\leqslant 10.$$

解：D 的面积为 $\sigma=(10\sqrt{2})^2=200$. 由于

$$\frac{1}{102}\leqslant\frac{1}{100+\cos^2x+\cos^2y}\leqslant\frac{1}{100},$$

由积分性质有$\frac{200}{102}\leqslant I\leqslant\frac{200}{100}$，即 $1.96\leqslant I\leqslant 2$.

例 6-39　试估计下列积分值的范围.

(1) $I=\iint\limits_D\cos(xy)^2\mathrm{d}\sigma$，其中 $D=\{(x,y)\mid 0\leqslant x\leqslant 1,0\leqslant y\leqslant 1\}$.

(2) $\iint\limits_D(x+y+10)\mathrm{d}\sigma$，其中 $D=\{(x,y)\mid(x-2)^2+(y-1)^2\leqslant 2\}$.

解：(1) 由于 $1-\frac{1}{2}(xy)^4\leqslant\cos(xy)^2\leqslant 1$，

所以
$$\iint\limits_D\left(1-\frac{1}{2}x^4y^4\right)\mathrm{d}\sigma\leqslant\iint\limits_D\cos(xy)^2\mathrm{d}\sigma\leqslant 1,$$

其中，
$$\iint\limits_D\left(1-\frac{1}{2}x^4y^4\right)\mathrm{d}\sigma=1-\frac{1}{2}\left(\int_0^1y^4\mathrm{d}y\right)^2=\frac{49}{50}.$$

故得
$$\frac{49}{50}\leqslant\iint\limits_D\cos(xy)^2\mathrm{d}\sigma\leqslant 1.$$

(2) 在 D 上有 $1 \leqslant x+y \leqslant 5$，所以 $11 \leqslant x+y+10 \leqslant 15$，又 D 的面积为 2π. 故得

$$22\pi \leqslant \iint_D (x+y+10)\mathrm{d}\sigma \leqslant 30\pi.$$

题型 11　选择适当的积分顺序计算二重积分

例 6-40　计算 $\iint\limits_D \frac{\sin x}{x}\mathrm{d}x\mathrm{d}y$，其中 D 是直线 $y=x$，$y=0$，$x=\pi$ 所围成的闭区域(见图 6-6).

解：由被积函数与积分域可知选择直角坐标系，又积分域 D 为 X - 型域：要先对 y 积分，因此

$$\iint_D \frac{\sin x}{x}\mathrm{d}x\mathrm{d}y = \int_0^{\pi}\frac{\sin x}{x}\mathrm{d}x\int_0^x \mathrm{d}y = \int_0^{\pi}\sin x\mathrm{d}x = (-\cos x)\Big|_0^{\pi} = 2.$$

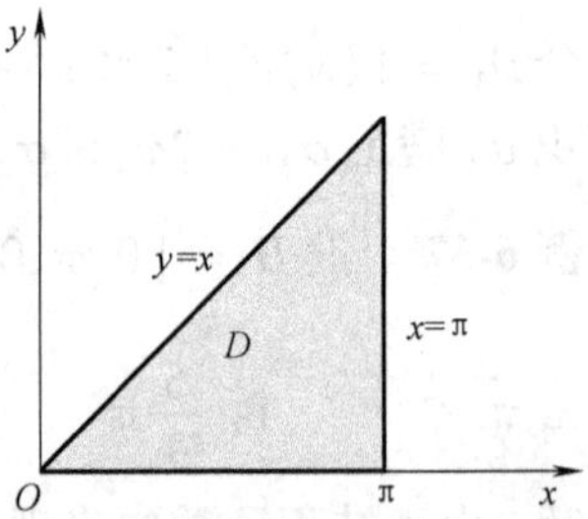

图　6-6

【评注】　此题为直角坐标系下二重积分的计算. 本题被积函数 $\frac{\sin x}{x}$ 的原函数不是初等函数，所以不能先对 x 积分，应先对 y 积分后对 x 积分.

例 6-41　计算 $\iint\limits_D \mathrm{e}^{-x^2-y^2}\mathrm{d}x\mathrm{d}y$，其中 D：$x^2+y^2 \leqslant a^2$.

解：在极坐标系下 D：$\begin{cases}0 \leqslant r \leqslant a \\ 0 \leqslant \theta \leqslant 2\pi\end{cases}$，故

$$\text{原式} = \iint_D \mathrm{e}^{-r^2}r\mathrm{d}r\mathrm{d}\theta = \int_0^{2\pi}\mathrm{d}\theta\int_0^a r\mathrm{e}^{-r^2}\mathrm{d}r = 2\pi\left(\frac{-1}{2}\mathrm{e}^{-r^2}\right)\Big|_0^a = \pi(1-\mathrm{e}^{-a^2}).$$

【评注】　由于 e^{-x^2} 与 e^{-y^2} 的原函数不是初等函数，故本题无法用直角坐标计算，要在极坐标系下计算二重积分.

例 6-42　计算二重积分 $\iint\limits_D x\mathrm{e}^{-y^2}\mathrm{d}x\mathrm{d}y$，其中，$D=\left\{(x,y)\,\middle|\,\frac{\sqrt{y}}{3} \leqslant x \leqslant \frac{\sqrt{y}}{2}\right\}$.

解：$\iint\limits_D x\mathrm{e}^{-y^2}\mathrm{d}x\mathrm{d}y = \int_0^{+\infty}\mathrm{e}^{-y^2}\mathrm{d}y\int_{\frac{\sqrt{y}}{3}}^{\frac{\sqrt{y}}{2}}x\mathrm{d}x = \frac{1}{2}\int_0^{+\infty}\left(\frac{y}{4}-\frac{y}{9}\right)\mathrm{e}^{-y^2}\mathrm{d}y = \frac{5}{72}\int_0^{+\infty}y\mathrm{e}^{-y^2}\mathrm{d}y = \frac{5}{144}.$

题型 12　利用对称性计算二重积分(参见本章问题 18)

若函数 $f(x,y)$ 在闭域 D 上连续，当 D 关于 x 对称，令 D 位于 x 轴上方部分为 D_1，则在域 D 上：

(1) $f(x,y)$ 满足 $f(x,y)=f(x,-y)$，即在域 D 上 $f(x,y)$ 关于变量 y 为偶函数，有

$$\iint_D f(x,y)\mathrm{d}x\mathrm{d}y = 2\iint_{D_1} f(x,y)\mathrm{d}x\mathrm{d}y.$$

(2) $f(x,y)$ 满足 $f(x,y)=-f(x,-y)$，即在域 D 上 $f(x,y)$ 关于变量 y 为奇函数，有

$$\iint_D f(x,y)\mathrm{d}x\mathrm{d}y=0.$$

若函数 $f(x,y)$ 在闭域 D 上连续，当 D 关于 y 对称，令 D 位于 y 轴右方部分为 D_1，且在域 D 上 $f(x,y)$ 关于变量 x 具有奇偶性时，则 $f(x,y)$ 的二重积分具有类似(1)(2)的结果.

例 6-43 计算二重积分 $I=\iint_D(x^2+xy\mathrm{e}^{x^2+y^2})\mathrm{d}x\mathrm{d}y$，其中：

(1) D 为圆域 $x^2+y^2\leqslant1$；

(2) D 由直线 $y=x$，$y=-1$，$x=1$ 围成.

解：

(1) 积分域如图 6-7 所示，利用对称性.

$$I=\iint_D x^2\mathrm{d}x\mathrm{d}y+\iint_D xy\mathrm{e}^{x^2+y^2}\mathrm{d}x\mathrm{d}y=\frac{1}{2}\iint_D(x^2+y^2)\mathrm{d}x\mathrm{d}y+0$$
$$=\frac{1}{2}\int_0^{2\pi}\mathrm{d}\theta\int_0^1 r^3\mathrm{d}r=\frac{\pi}{4}.$$

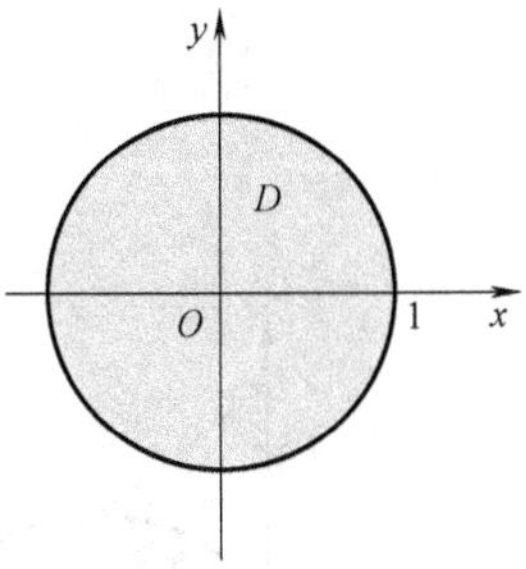

图 6-7

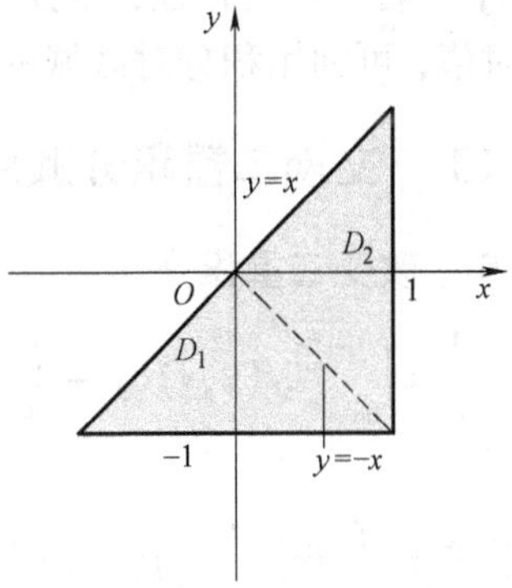

图 6-8

(2) 积分域如图 6-8 所示，添加辅助线 $y=-x$，将 D 分为 D_1，D_2，利用对称性，得

$$I=\iint_D x^2\mathrm{d}x\mathrm{d}y+\iint_{D_1}xy\mathrm{e}^{x^2+y^2}\mathrm{d}x\mathrm{d}y+\iint_{D_2}xy\mathrm{e}^{x^2+y^2}\mathrm{d}x\mathrm{d}y$$
$$=\int_{-1}^1 x^2\mathrm{d}x\int_{-1}^x\mathrm{d}y+0+0=\frac{2}{3}.$$

【评注】 利用对称性求二重积分，被积函数若为关于变量 x（或 y）是奇（偶）函数，积分域则需关于 x（或 y）轴对称.

例 6-44 计算下列二重积分.

(1) $I=\iint_D\mathrm{sgn}(y-x^2)\mathrm{d}x\mathrm{d}y$，$D$：$-1\leqslant x\leqslant1$，$0\leqslant y\leqslant1$；

(2) $I=\iint_D(\sqrt{x^2+y^2-2xy}+2)\mathrm{d}x\mathrm{d}y$，其中，$D$ 为圆域 $x^2+y^2\leqslant1$ 在第一象限部分.

解：(1) 作辅助线 $y=x^2$ 把与 D 分成 D_1，D_2 两部分（见图 6-9），则

$$I=\iint_{D_1}\mathrm{d}x\mathrm{d}y-\iint_{D_2}\mathrm{d}x\mathrm{d}y=2\int_0^1\mathrm{d}x\int_{x^2}^1\mathrm{d}y-2\int_0^1\mathrm{d}x\int_0^{x^2}\mathrm{d}y=\frac{2}{3}.$$

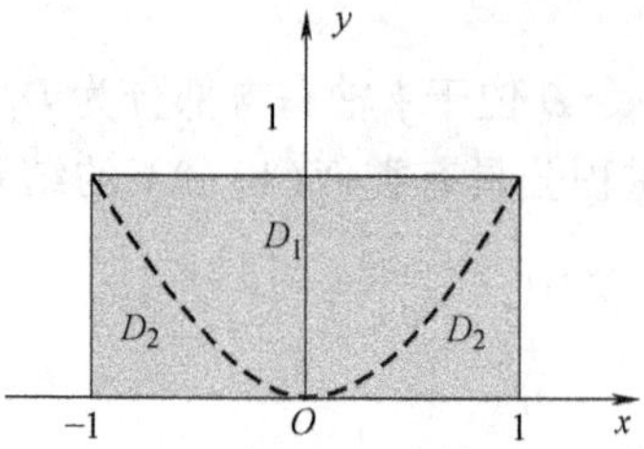

图　6-9

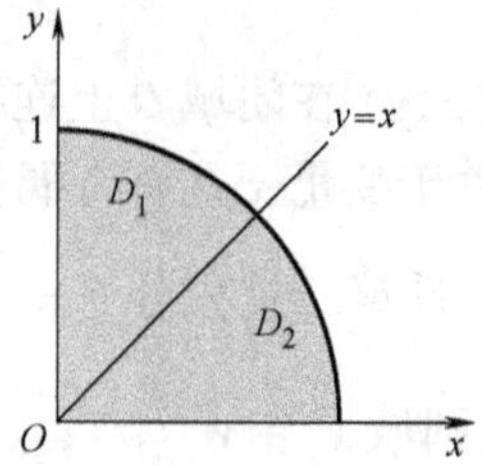

图　6-10

（2）$I=\iint_D(\sqrt{x^2+y^2-2xy}+2)\mathrm{d}x\mathrm{d}y=\iint_D(|x-y|+2)\mathrm{d}x\mathrm{d}y$，作辅助线 $y=x$ 将 D 分成 D_1，D_2 两部分（见图 6-10），则

$$I=2\iint_{D_2}(x-y)\mathrm{d}x\mathrm{d}y+2\iint_D\mathrm{d}x\mathrm{d}y=\frac{2}{3}(\sqrt{2}-1)+\frac{\pi}{2}.$$

【评注】　若不用对称性，需分块积分以去掉绝对值符号. 一般地，被积函数是分段函数或带有绝对值，可利用积分对区域的可加性分区域积分.

题型 13　交换二重积分顺序

例 6-45　改变二重积分

$$\int_0^1\mathrm{d}x\int_0^{\sqrt{2x-x^2}}f(x,y)\mathrm{d}y+\int_1^2\mathrm{d}x\int_0^{2-x}f(x,y)\mathrm{d}y$$

的积分顺序.

解：原式 $=\int_0^1\mathrm{d}y\int_{-\sqrt{1-y^2}}^{2-y}f(x,y)\mathrm{d}x$.（见图 6-11）

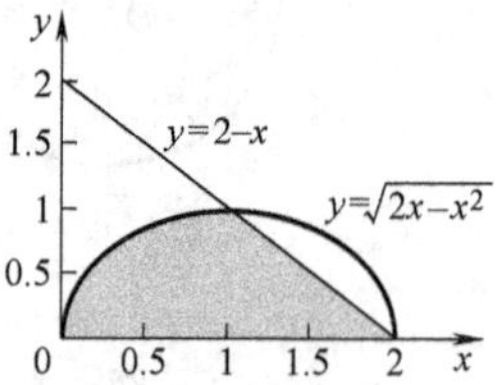

图　6-11

【评注】　交换积分顺序：如果积分区域 D 是 X－型，可用不等式 $\varphi_1(x)\leqslant y\leqslant\varphi_2(x)$，$a\leqslant x\leqslant b$ 表示，若又是 Y－型的，可用不等式 $\psi_1(y)\leqslant x\leqslant\psi_2(y)$，$c\leqslant y\leqslant d$ 表示，则

$$\int_a^b\mathrm{d}x\int_{\varphi_1(x)}^{\varphi_2(x)}f(x,y)\mathrm{d}y=\int_c^d\mathrm{d}y\int_{\psi_1(y)}^{\psi_2(y)}f(x,y)\mathrm{d}x=\iint_D f(x,y)\mathrm{d}\sigma.$$

上式表明，这两个不同次序的二次积分相等，因为它们都等于同一个二重积分.

例 6-46　交换下列二次积分的积分次序：

（1）$I=\int_0^1\mathrm{d}y\int_{\sqrt{y}}^{\sqrt{2-y^2}}f(x,y)\mathrm{d}x$；

（2）$I=\int_0^1\mathrm{d}x\int_0^{x^2}f(x,y)\mathrm{d}y+\int_1^3\mathrm{d}x\int_0^{\frac{3-x}{2}}f(x,y)\mathrm{d}y$.

解：（1）由原式知积分区域为 D，容易求得 $x=\sqrt{y}$ 与 $y=\sqrt{2-x^2}$ 的交点为 $(1,1)$. 用 $x=1$ 把 D 分为 D_1 与 D_2，其中，$D_1:0\leqslant y\leqslant x^2$，$0\leqslant x\leqslant 1$，$D_2:0\leqslant y\leqslant\sqrt{2-x^2}$，$1\leqslant x\leqslant\sqrt{2}$. 故得

$$I=\int_0^1\mathrm{d}x\int_0^{x^2}f(x,y)\mathrm{d}y+\int_1^{\sqrt{2}}\mathrm{d}x\int_0^{\sqrt{2-x^2}}f(x,y)\mathrm{d}y.$$

(2) 积分区域如图 6-12 所示.

可表示为
$$\begin{cases}\sqrt{y} < x < 3 - 2y,\\ 0 < y < 1\end{cases}$$

变换积分次序得
$$I = \int_0^1 dy \int_{\sqrt{y}}^{3-2y} f(x,y)\,dx.$$

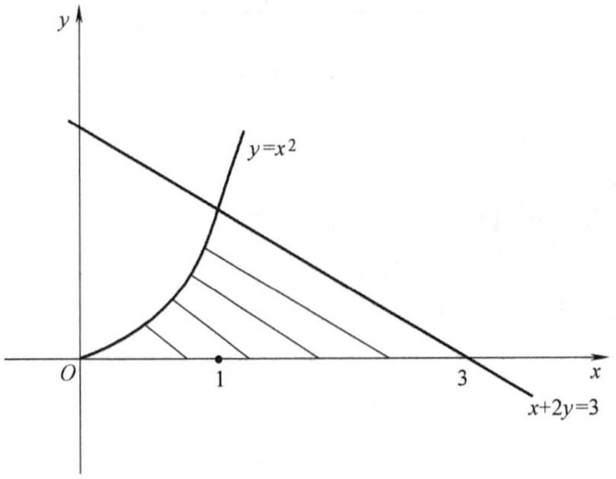

图　6-12

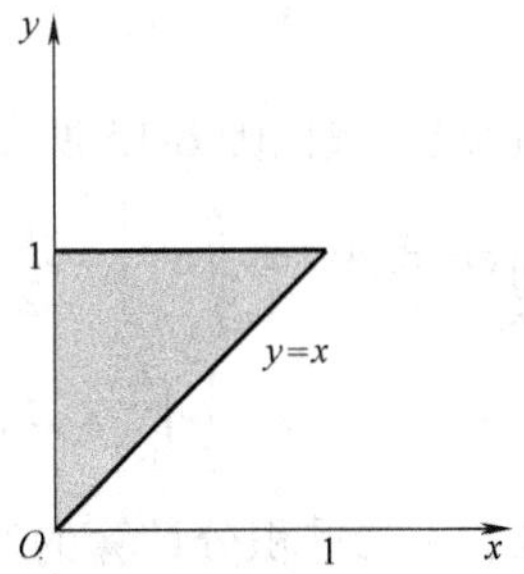

图　6-13

例 6-47　设 $f(x) \in C[0,1]$，且 $\int_0^1 f(x)\,dx = A$，求 $I = \int_0^1 dx \int_x^1 f(x)f(y)\,dy$.

解：积分域如图 6-13 所示。交换积分顺序后，x，y 互换
$$I = \int_0^1 dy \int_0^y f(x)f(y)\,dx = \int_0^1 dx \int_0^x f(x)f(y)\,dy,$$

所以
$$\begin{aligned}2I &= \int_0^1 dx \int_x^1 f(x)f(y)\,dy + \int_0^1 dx \int_0^x f(x)f(y)\,dy \\ &= \int_0^1 dx \int_0^1 f(x)f(y)\,dy \\ &= \int_0^1 f(x)\,dx \int_0^1 f(y)\,dy = A^2\end{aligned}$$

从而 $I = \dfrac{A^2}{2}$.

题型 14　二重积分换元法

例 6-48　计算 $\iint\limits_D e^{\frac{y-x}{y+x}} dxdy$，其中，$D$ 是 x 轴，y 轴和直线 $x + y = 2$ 所围成的闭域(见图 6-14).

解：令 $u = y - x$，$v = y + x$，$x = \dfrac{v-u}{2}$，$y = \dfrac{v+u}{2}$ $(D' \to D)$
$$J = \frac{\partial(x,y)}{\partial(u,v)} = \begin{vmatrix} -\frac{1}{2} & \frac{1}{2} \\ \frac{1}{2} & \frac{1}{2} \end{vmatrix} = -\frac{1}{2}$$

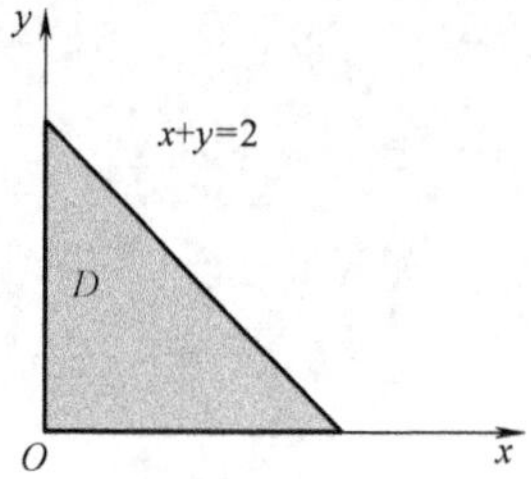

图　6-14

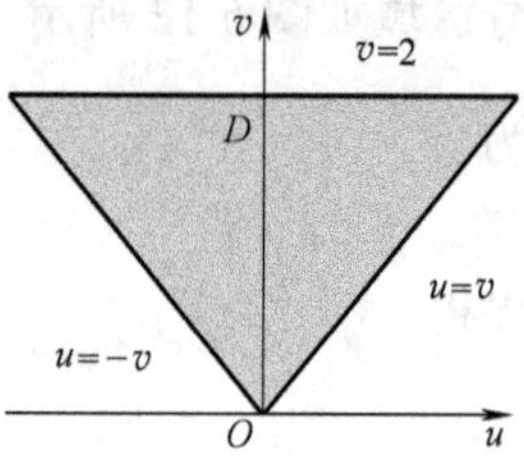

图　6-15

变换后积分域如图 6-15 所示。

$$\iint_D e^{\frac{y-x}{y+x}}dxdy = \iint_D e^{\frac{u}{v}}\left|-\frac{1}{2}\right|dudv = \frac{1}{2}\int_0^2 dv\int_{-v}^{v} e^{\frac{u}{v}}du$$

$$= \frac{1}{2}\int_0^2 (e - e^{-1})vdv = e - e^{-1}.$$

【评注】　二重积分计算的基本技巧：

(1) 交换积分顺序的方法；

(2) 利用对称性简化计算；

(3) 消去被积函数绝对值符号(分块积分法、利用对称性)；

(4) 利用重积分换元公式.

题型 15　二重积分的几何应用

例 6-49　求由圆 $x^2+y^2=2y$，$x^2+y^2=4y$ 及直线 $x-\sqrt{3}y=0$，$y-\sqrt{3}x=0$ 所围成的平面闭区域的面积(见图 6-16).

解：$y-\sqrt{3}x=0\Rightarrow\theta_2=\frac{\pi}{3}$，$r\sin\theta-\sqrt{3}r\cos\theta=0$，$\tan\theta=\sqrt{3}$，

$$x-\sqrt{3}y=0\Rightarrow\theta_1=\frac{\pi}{6},$$

$$x^2+y^2=2y\Rightarrow r=2\sin\theta,$$

$$x^2+y^2=4y\Rightarrow r=4\sin\theta,$$

$$\iint_D dxdy=\int_{\frac{\pi}{6}}^{\frac{\pi}{3}}d\theta\int_{2\sin\theta}^{4\sin\theta}rdr=\frac{\pi}{2}.$$

例 6-50　求由下列曲面所围成的立体体积，$z=x+y$，$z=xy$，$x+y=1$，$x=0$，$y=0$.

解：所围立体在 xOy 面上的投影如图 6-17 所示，其中 D：$x+y\leqslant 1$，$x\geqslant 0$，$y\geqslant 0$.

因 $0\leqslant x+y\leqslant 1$，所以 $x+y\geqslant xy$.

所求体积为

$$V=\iint_D(x+y-xy)d\sigma=\int_0^1dx\int_0^{1-x}(x+y-xy)dy$$

$$=\int_0^1\left[x(1-x)+\frac{1}{2}(1-x)^3\right]dx=\frac{7}{24}.$$

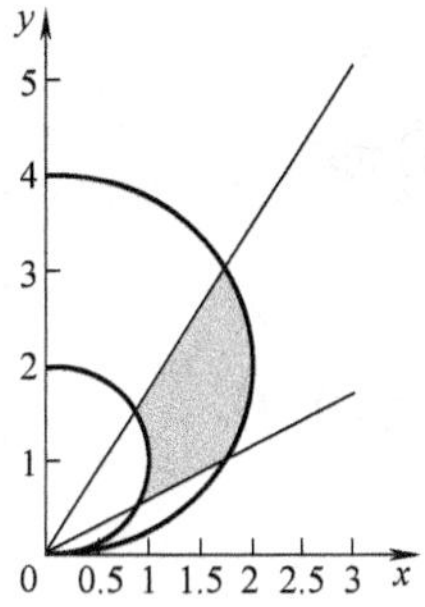

图　6-16

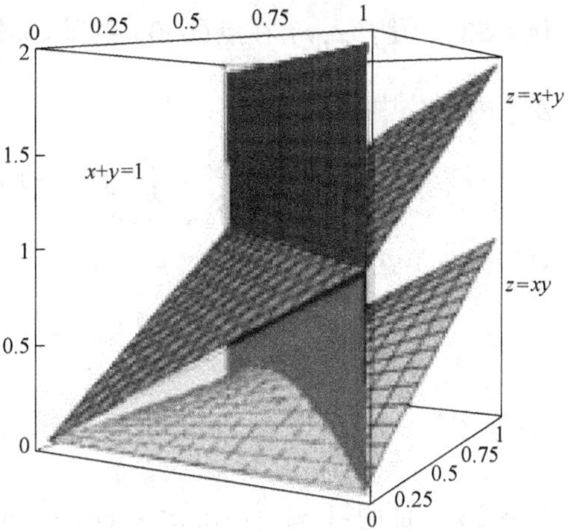

图　6-17

题型16　含参变量的积分

例6-51　设$f(x,y)$连续，且$f(0,0)\neq0$，求极限$\lim\limits_{x\to0^+}\dfrac{\int_0^{x^2}\mathrm{d}t\int_x^{\sqrt{t}}f(t,u)\,\mathrm{d}u}{x^3}$.

解： 将$x>0$看做常数，令$I_x=\int_0^{x^2}\mathrm{d}t\int_x^{\sqrt{t}}f(t,u)\,\mathrm{d}u$，把它化为二重积分，注意$u=x$在$u=\sqrt{t}$的上方，所以$I_x=-\int_0^{x^2}\mathrm{d}t\int_{\sqrt{t}}^{x}f(t,u)\,\mathrm{d}u=-\iint\limits_{D_x}f(t,u)\,\mathrm{d}t\mathrm{d}u$，其中$D_x$如图6-18所示.

又由二重积分中值定理，$\exists(\xi,\eta)\in D_x$，使

$$I_x=-f(\xi,\eta)\iint\limits_{D_x}\mathrm{d}t\mathrm{d}u=-f(\xi,\eta)\int_0^x\mathrm{d}u\int_0^{u^2}\mathrm{d}t=-f(\xi,\eta)\frac{1}{3}x^3,$$

故
$$\lim_{x\to0^+}\frac{\int_0^{x^2}\mathrm{d}t\int_x^{\sqrt{t}}f(t,u)\,\mathrm{d}u}{x^3}=\lim_{x\to0^+}\frac{-f(\xi,\eta)\frac{1}{3}x^3}{x^3},$$

由于$x\to0^+$时，整个区域$D_x\to0$，故$(\xi,\eta)\to(0,0)$，

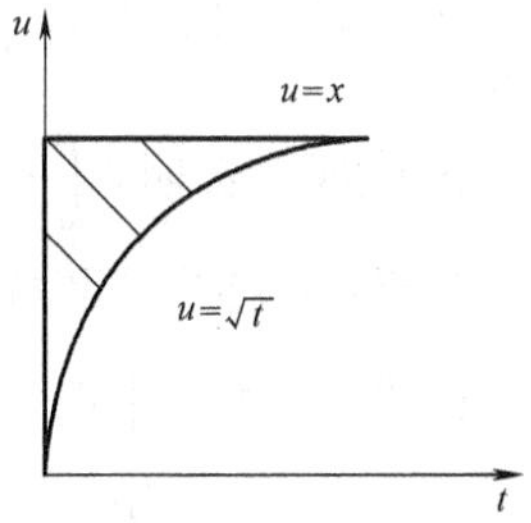

图　6-18

因此
$$\lim_{x\to0}\frac{\int_0^{x^2}\mathrm{d}t\int_x^{\sqrt{t}}f(t,u)\,\mathrm{d}u}{x^3}=-\frac{1}{3}f(0,0).$$

例6-52　设$f(x,y)$在原点的某个邻域内连续，区域$D:x^2+y^2\leqslant t^2$在邻域内，且$F(t)=\iint\limits_{D}f(x,y)\,\mathrm{d}x\mathrm{d}y$，试证：$\lim\limits_{t\to0^+}\dfrac{F'(t)}{t}=2\pi f(0,0)$.

证明：$F(t)=\int_0^{2\pi}\mathrm{d}\theta\int_0^t f(r\cos\theta,r\sin\theta)r\mathrm{d}r=\int_0^t\left[\int_0^{2\pi}f(r\cos\theta,r\sin\theta)r\mathrm{d}\theta\right]\mathrm{d}r$

$$F'(t)=t\int_0^{2\pi}f(t\cos\theta,t\sin\theta)\,\mathrm{d}\theta=2\pi t\cdot f(t\cos\xi,t\sin\xi)\,(0\leqslant\xi\leqslant2\pi),$$

故
$$\lim_{t\to0^+}\frac{F'(t)}{t}=\lim_{t\to0^+}2\pi f(r\cos\xi,r\sin\xi)=2\pi f(0,0).$$

例 6-53　设 $f(x,y)$ 在点 $(0,0)$ 的某邻域内连续，求极限 $\lim\limits_{\rho\to0^+}\dfrac{1}{\rho^2}\iint\limits_{x^2+y^2\leqslant\rho^2}f(x,y)\,\mathrm{d}\sigma$.

解：由积分中值定理知，

$$\lim_{\rho\to0^+}\frac{1}{\rho^2}\iint\limits_{x^2+y^2\leqslant\rho^2}f(x,y)\,\mathrm{d}\sigma=\lim_{\rho\to0^+}\frac{1}{\rho^2}f(\xi,\eta)\pi\rho^2,$$

其中，$\xi^2+\eta^2\leqslant\rho^2$，于是

$$\lim_{\rho\to0^+}\frac{1}{\rho^2}\iint\limits_{x^2+y^2\leqslant\rho^2}f(x,y)\,\mathrm{d}\sigma=\lim_{\substack{\xi\to0\\ \eta\to0}}f(\xi,\eta)\pi=\pi f(0,0).$$

题型 17　用二重积分证明等式或不等式

例 6-54　证明：$1\leqslant\iint\limits_D(\sin x^2+\cos y^2)\,\mathrm{d}\sigma\leqslant\sqrt{2}$，其中，$D$ 为 $0\leqslant x\leqslant1$，$0\leqslant y\leqslant1$.

证明：利用题中 x，y 位置的对称性，有

$$\begin{aligned}&\iint\limits_D(\sin x^2+\cos y^2)\,\mathrm{d}\sigma\\
&=\frac{1}{2}\Big[\iint\limits_D(\sin x^2+\cos y^2)\,\mathrm{d}\sigma+\iint\limits_D(\sin y^2+\cos x^2)\,\mathrm{d}\sigma\Big]\\
&=\frac{1}{2}\Big[\iint\limits_D(\sin x^2+\cos x^2)\,\mathrm{d}\sigma+\iint\limits_D(\sin y^2+\cos y^2)\,\mathrm{d}\sigma\Big]\\
&=\iint\limits_D(\sin x^2+\cos x^2)\,\mathrm{d}\sigma=\sqrt{2}\iint\limits_D\sin\Big(x^2+\frac{\pi}{4}\Big)\mathrm{d}\sigma.\end{aligned}$$

由于 $0\leqslant x^2\leqslant1$，所以 $\dfrac{1}{\sqrt{2}}\leqslant\sin\Big(x^2+\dfrac{\pi}{4}\Big)\leqslant1$，又 D 的面积为 1，故结论成立.

例 6-55　证明：$\int_0^a\mathrm{d}y\int_0^y\mathrm{e}^{m(a-x)}f(x)\,\mathrm{d}x=\int_0^a(a-x)\mathrm{e}^{m(a-x)}f(x)\,\mathrm{d}x$.

分析：左端积分区域如图 6-19 所示，交换积分顺序即可证得.

证明：

$$\begin{aligned}左边&=\int_0^a\mathrm{d}y\int_0^y\mathrm{e}^{m(a-x)}f(x)\,\mathrm{d}x\\
&=\int_0^a\mathrm{d}x\int_x^a\mathrm{e}^{m(a-x)}f(x)\,\mathrm{d}y\\
&=\int_0^a(a-x)\mathrm{e}^{m(a-x)}f(x)\,\mathrm{d}x=右边.\end{aligned}$$

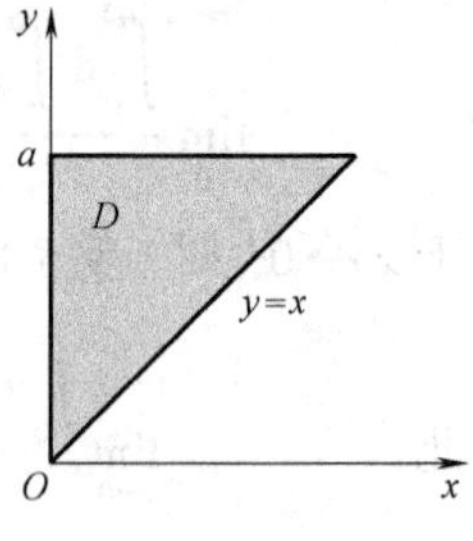

图　6-19

例 6-56　设 $f(x)$ 在 $[a,b]$ 上连续，证明 $\Big(\int_a^bf(x)\,\mathrm{d}x\Big)^2\leqslant(b-a)\int_a^bf^2(x)\,\mathrm{d}x$.

证明：

$$\begin{aligned}左端&=\int_a^bf(x)\,\mathrm{d}x\int_a^bf(y)\,\mathrm{d}y=\iint\limits_Df(x)f(y)\,\mathrm{d}x\mathrm{d}y\leqslant\frac{1}{2}\iint\limits_D[f^2(x)+f^2(y)]\,\mathrm{d}x\mathrm{d}y\\
&=\frac{1}{2}\Big(\int_a^b\mathrm{d}y\int_a^bf^2(x)\,\mathrm{d}x+\int_a^b\mathrm{d}x\int_a^bf^2(y)\,\mathrm{d}y\Big)\\
&=\frac{b-a}{2}\Big(\int_a^bf^2(x)\,\mathrm{d}x+\int_a^bf^2(y)\,\mathrm{d}y\Big)=(b-a)\int_a^bf^2(x)\,\mathrm{d}x=右端.\end{aligned}$$

题型 18　有关二重积分的综合题

例 6-57　设函数 $f(t)$ 在 $[0, +\infty)$ 上连续且满足方程

$$f(t) = e^{4\pi t^2} + \iint\limits_{x^2+y^2\leqslant 4t^2} f\left(\frac{1}{2}\sqrt{x^2+y^2}\right)dxdy,$$

求 $f(t)$.

解：由于 $$\iint\limits_{x^2+y^2\leqslant 4t^2} f\left(\frac{1}{2}\sqrt{x^2+y^2}\right)dxdy = \int_0^{2\pi}d\theta\int_0^{2t}f\left(\frac{1}{2}r\right)rdr = 2\pi\int_0^{2t}f\left(\frac{1}{2}r\right)rdr,$$

所以 $$f(t) = e^{4\pi t^2} + 2\pi\int_0^{2t}f\left(\frac{1}{2}r\right)rdr.$$

对上式两边关于 t 求导得 $f'(t) = 8\pi t e^{4\pi t^2} + 8\pi t f(t)$，
解该一阶线性非齐次微分方程得

$$f(t) = e^{\int 8\pi t dt}\left(\int 8\pi t e^{4\pi t^2}e^{-\int 8\pi t dt}dt + C\right) = e^{4\pi t^2}\left(8\pi\int t dt + C\right) = e^{4\pi t^2}(4\pi t^2 + C)$$

由原方程可得 $f(0) = 1$，从而 $C = 1$. 因此 $f(t) = e^{4\pi t^2}(4\pi t^2 + 1)$.

【评注】　此题为定积分、二重积分与微分方程相结合的例子，这类题目要求会综合运用高等数学的知识.

例 6-58　求 $F(t) = \iint\limits_D f(x,y)dxdy$，$D$ 由 $x + y = t$，$x = 0$，$y = 0$ 所围，其中

$$f(x,y) = \begin{cases}1 & 0\leqslant x\leqslant 1,\ 0\leqslant y\leqslant 1\\ 0 & 其他\end{cases}.$$

解：被积函数与变量 t 的取值有关.

当 $t < 0$ 时，$F(t) = 0$.

当 $0\leqslant t\leqslant 1$ 时，$F(t) = \int_0^t\int_0^{t-x}dxdy = \frac{1}{2}t^2$.

当 $1\leqslant t\leqslant 2$ 时，$F(t) = \int_0^{t-1}\int_0^1 dxdy + \int_{t-1}^1\int_0^{t-x}dxdy = -\frac{1}{2}t^2 + 2t - 1$.

当 $t > 2$ 时，$F(t) = \int_0^1\int_0^1 dxdy = 1$.

所以 $$F(t) = \begin{cases}0 & t < 0\\ \dfrac{t^2}{2} & 0\leqslant t\leqslant 1\\ -\dfrac{t^2}{2} + 2t - 1 & 1\leqslant t\leqslant 2\\ 1 & t > 2\end{cases}$$

【评注】　此题为分段函数的二重积分，且积分区域随着 t 的变化而变化，注意对 t 取值范围的讨论.

6.4　疑难问题解析

问题 1　怎样理解二元函数的极限？

答：对二元函数极限的理解要注意以下两点：

(1) 当动点 P 以任何方式趋于 P_0 时，函数 $f(x,y)$ 都趋于同一数值 A，这时才称 $f(x,y)$ 当 $P\to P_0$ 时的极限为 A. 这里的点 P 是点 P_0 的某一邻域内异于 P_0 的任一点，P_0 是函数 $f(x,y)$ 定义域内的一个聚点.

(2) 若点 P 以某一特殊方式,例如沿着一条定直线或定曲线趋于 P_0 时,这时即使函数趋于某一数值,也不能断定该二元函数的极限存在. 例如函数

$$f(x,y)=\frac{x+y}{x-y}$$

虽然当点 $P(x,y)$ 沿 x 轴趋于点(0,0) 时，有

$$\lim_{\substack{x\to 0\\ y=0}}f(x,y)=\lim_{\substack{x\to 0\\ y=0}}f(x,0)=\lim_{x\to 0}\frac{x}{x}=1.$$

由此并不能判定函数 $f(x,y)$ 当 $x\to 0$，$y\to 0$ 时的极限为 1，因为当点 $P(x,y)$ 沿 y 轴趋于点(0,0) 时，有

$$\lim_{\substack{x=0\\ y\to 0}}f(x,y)=\lim_{\substack{x=0\\ y\to 0}}f(0,y)=\lim_{x\to 0}\frac{y}{-y}=-1.$$

一般地,当点 $P(x,y)$ 沿直线 $y=kx$ 趋于点(0,0) 时，有

$$\lim_{\substack{x\to 0\\ y=kx}}f(x,y)=\lim_{x\to 0}\frac{x+kx}{x-kx}=\frac{1+k}{1-k}\ (k\neq 1).$$

可见，当点 $P(x,y)$ 沿斜率不同的直线 $y=kx$ 趋于点(0,0) 时，函数 $f(x,y)$ 趋于不同的常数 $\frac{1+k}{1-k}$，所以当 $x\to 0$，$y\to 0$ 时，函数 $f(x,y)$ 的极限不存在.

问题 2　二元函数极限与一元函数极限有什么不同?

答：一元函数极限存在的充要条件是左右极限(即左右两个方向) 存在且相等，但对二元函数极限就复杂多了，即使沿无穷多个方向的极限存在，也不能说二重极限存在.

如函数
$$f(x,y)=\frac{xy^2}{x^2+y^4}$$

当点 $P(x,y)$ 沿任何射线方向(均为指向原点的射线) 趋于原点(0,0) 时函数 $f(x,y)$ 的极限均存在，即

$$\lim_{\rho\to 0}f(\rho\cos\alpha,\ \rho\cos\beta)=\lim_{\rho\to 0}\frac{\rho^3\cos\alpha\cos^2\beta}{\rho^2\cos^2\alpha+\rho^4\cos^4\beta}=0\left(\alpha+\beta=\frac{\pi}{2}\right),$$

但 $\lim\limits_{\substack{x\to 0\\ y\to 0}}f(x,y)$ 并不存在. 事实上，当点 $P(x,y)$ 沿着曲线 $y=\sqrt{x}$ 趋于点(0,0) 时有

$$\lim_{\substack{x\to 0\\ y=\sqrt{x}}}f(x,y)=\frac{x^2}{x^2+(\sqrt{x})^4}=\frac{1}{2}.$$

表明当点 $P(x,y)$ 沿着不同曲线趋于点(0,0) 时，极限不同，所以 $\lim\limits_{\substack{x\to 0\\ y\to 0}}f(x,y)$ 不存在.

问题 3　若一元函数 $f(x_0,y)$ 在 y_0 处连续，$f(x,y_0)$ 在 x_0 处连续，则二元函数 $f(x,y)$ 在点 $(x_0,\ y_0)$ 处是否一定连续?

答：不一定连续. 这是因为二元函数连续的定义是建立在二重极限的基础之上的，所以对每一个变量连续，只相当于一种特定方式的极限存在，并不能保证 (x,y) 以任何方式趋于

(x_0,y_0) 时的极限都存在，且其极限值都等于 $f(x_0,y_0)$，从而也就不能保证 $f(x,y)$ 在 (x_0,y_0) 处连续.

如函数 $f(x,y)=\begin{cases}\dfrac{xy}{x^2+y^2} & x^2+y^2\neq 0\\ 0 & x^2+y^2=0\end{cases}$，$f(0,y)=0$ 在 $y=0$ 处连续，$f(x,0)=0$ 在 $x=0$ 处连续，但极限 $\lim\limits_{\substack{x\to 0\\ y\to 0}}f(x,y)=\lim\limits_{\substack{x\to 0\\ y\to 0}}\dfrac{xy}{x^2+y^2}$ 是不存在的，因此 $f(x,y)$ 在 $(0,0)$ 点处不连续.

问题4　求二元函数 $f(x,y)=\dfrac{xy}{x+y}$ 当 $x\to 0,y\to 0$ 的极限时，令 $x=r\cos\theta$，$y=r\sin\theta$，则有 $\lim\limits_{\substack{x\to 0\\ y\to 0}}f(x,y)=\lim\limits_{\substack{x\to 0\\ y\to 0}}\dfrac{xy}{x+y}=\lim\limits_{r\to 0}\dfrac{r^2\cos\theta\sin\theta}{r(\cos\theta+\sin\theta)}=0$，对吗？

答：不对. 这里作极坐标变换 $x=r\cos\theta$，$y=r\sin\theta$ 没有错误，当 $x\to 0$，$y\to 0$ 时，$r\to 0$，同时 θ 在 $[0,2\pi]$ 上与 r 无关地任意变化，错误出现在求极限的过程中，把 θ 看成任意给定的常数，这意味着 (x,y) 沿着直线 $y=x\tan\theta\left(\theta\neq-\dfrac{\pi}{4},\dfrac{3\pi}{4}\right)$ 趋向于 $(0,0)$ 时，$f(x,y)=\dfrac{xy}{x+y}$ 趋于零（当 $\theta=-\dfrac{\pi}{4}$ 或 $\dfrac{3\pi}{4}$ 时函数无意义）.

如果再让 (x,y) 沿着曲线 $y=x^3-x$ 趋向于 $(0,0)$ 时，又有

$$\lim_{\substack{x\to 0\\ y=x^3-x}}\frac{xy}{x+y}=\lim_{x\to 0}\frac{x^4-x^2}{x^3}=\infty,$$

可见极限 $\lim\limits_{\substack{x\to 0\\ y\to 0}}\dfrac{xy}{x+y}$ 不存在.

问题5　如何求二重极限？

答：求二元函数极限常用的方法有：

(1) 利用连续函数的定义及初等函数的连续性，如果 (x_0,y_0) 是 $f(x,y)$ 的连续点，则有 $\lim\limits_{\substack{x\to x_0\\ y\to x_0}}f(x,y)=f(x_0,y_0)$.

(2) 利用极限的性质，如极限的四则运算法则及夹逼准则等.

(3) 转化为含一个变量的一元函数极限问题，再利用一元函数求极限的方法.

如求极限

$$\lim_{\substack{x\to 0\\ y\to 0}}\frac{\sqrt{x^2+y^2}-\sin\sqrt{x^2+y^2}}{(x^2+y^2)^{\frac{3}{2}}}.$$

解：令 $\sqrt{x^2+y^2}=t$，则原式 $=\lim\limits_{t\to 0}\dfrac{t-\sin t}{t^3}=\lim\limits_{t\to 0}\dfrac{1-\cos t}{3t^2}=\dfrac{1}{6}$.

(4) 利用无穷小量与有界变量的乘积仍是无穷小量的结论.

例6-59　求极限 $\lim\limits_{\substack{x\to 0\\ y\to 0}}(x^2+\sin y)\sin\dfrac{1}{x+y}$.

解：因为 $\lim\limits_{\substack{x\to 0\\ y\to 0}}(x^2+\sin y)=0$，而 $\left|\sin\dfrac{1}{x+y}\right|\leqslant 1$，所以 $\lim\limits_{\substack{x\to 0\\ y\to 0}}(x^2+\sin y)\sin\dfrac{1}{x+y}=0$.

(5) 利用重要极限公式，一元函数中的两个重要极限公式可以推广为如下的形式

$$\lim_{u(x,y)\to 0}\frac{\sin u(x,y)}{u(x,y)}=1,\quad \lim_{u(x,y)\to 0}(1+u(x,y))^{\frac{1}{u(x,y)}}=\mathrm{e}.$$

例 6-60　求极限$\lim\limits_{\substack{x\to\infty\\ y\to 1}}\left(1+\dfrac{1}{xy}\right)^{\frac{x^2y}{x+y}}$.

解：$\lim\limits_{\substack{x\to\infty\\ y\to 1}}\left(1+\dfrac{1}{xy}\right)^{xy\frac{x}{x+y}}=\mathrm{e}.$

(6) 消去分子分母中极限为 0 的因子.

例 6-61　求极限$\lim\limits_{\substack{x\to 0\\ y\to 0}}\dfrac{2-\sqrt{xy+4}}{xy}$.

解：
$$\lim_{\substack{x\to 0\\ y\to 0}}\frac{(2-\sqrt{xy+4})(2+\sqrt{xy+4})}{xy(2+\sqrt{xy+4})}=\lim_{\substack{x\to 0\\ y\to 0}}\frac{xy}{xy(2+\sqrt{xy+4})}=-\frac{1}{4}.$$

(7) 利用等价无穷小替换.

例 6-62　求极限$\lim\limits_{\substack{x\to 0\\ y\to 0}}\dfrac{\sqrt{1+x^2+y^2}-1}{|x|+|y|}$.

解：当 $x\to 0$, $y\to 0$ 时, $x^2+y^2\to 0$, $\sqrt{1+x^2+y^2}-1\sim\dfrac{1}{2}(x^2+y^2)$,

所以有
$$\lim_{\substack{x\to 0\\ y\to 0}}\frac{\sqrt{1+x^2+y^2}-1}{|x|+|y|}=\lim_{\substack{x\to 0\\ y\to 0}}\frac{\frac{1}{2}(x^2+y^2)}{|x|+|y|}=0.$$

问题 6　二元函数的连续性与可导性(即一阶偏导数都存在,下同)**之间有何关系?它与一元函数的情形有何不同?**

答：一元函数可导必连续，但对于二元函数来说，可导性与连续性之间没有必然联系. 在一般情况下，$\dfrac{\partial f}{\partial x}$, $\dfrac{\partial f}{\partial y}$存在与$f(x,y)$连续既非必要也非充分条件.

例如：$\varphi(x,y)=\sqrt{x^2+y^2}$在点(0,0)处连续，但它在点(0,0)处的两个偏导数都不存在，而函数

$$f(x,y)=\begin{cases}1 & xy\neq 0\\ 0 & xy=0\end{cases}$$

在点(0,0)处有

$$f_x(0,0)=\lim_{\Delta x\to 0}\frac{f(0+\Delta x,0)-f(0,0)}{\Delta x}=0,$$

$$f_y(0,0)=\lim_{\Delta y\to 0}\frac{f(0,0+\Delta y)-f(0,0)}{\Delta y}=0,$$

但因$\lim\limits_{\substack{x\to 0\\ y\to 0}}f(x,y)$不存在，从而$f(x,y)$在(0,0)处不连续.

问题 7　为什么偏导数存在而函数不连续呢?

答：这是由于$f(x,y)$在点$M_0(x_0,y_0)$处$f_x(x_0,y_0)$的存在，只能得到$f(x,y_0)$在点$x=x_0$连续；同样$f'_y(x_0,y_0)$存在，只能得到$f(x_0,y)$在点(x_0,y_0)处连续，也就是说，只能得到动点(x,y)沿着平行于坐标轴的直线$x=x_0$和$y=y_0$趋于(x_0,y_0)时，函数$f(x,y)$的极限为$f(x_0,y_0)$，但这并不能保证(x,y)以任何方式趋向于(x_0,y_0)时，$f(x,y)$的极限为$f(x_0,y_0)$，所以，

两个偏导数存在，不能保证函数连续.

问题 8　一个可导的二元函数具备什么条件时，该函数连续？

答： 若在某包含 $P(x,y)$ 在内的区域上，$f(x,y)$ 的偏导数 $f_x(x,y)$，$f_y(x,y)$ 存在而且有界，则 $f(x,y)$ 在该区域上连续.

事实上，因

$$\begin{aligned}\Delta z &= f(x+\Delta x,\ y+\Delta y)-f(x,y)\\ &=[f(x+\Delta x,y+\Delta y)-f(x,y+\Delta y)]+[f(x,y+\Delta y)-f(x,y)]\end{aligned}$$

应用拉格朗日中值定理，得

$$f(x+\Delta x,y+\Delta y)-f(x,y+\Delta y)=f'_x(x+\theta_1\Delta x,y+\Delta y)\Delta x\ (0<\theta_1<1)$$

$$f(x,y+\Delta y)-f(x,y)=f'_y(x,y+\theta_2\Delta y)\Delta y(0<\theta_2<1)$$

于是　$f(x+\Delta x,y+\Delta y)-f(x,y)=f'_x(x+\theta_1\Delta x,y+\Delta y)\Delta x+f'_y(x,y+\theta_2\Delta y)\Delta y.$

由于在所述区域上偏导数有界，所以存在 $M>0$，使

$$|f'_x(x+\theta_1\Delta x,y+\Delta y)|\leqslant M,\ |f'_x(x+\theta_1\Delta x,y+\Delta y)|\leqslant M,$$

故　$$|\Delta z|=|f(x+\Delta x,y+\Delta y)-f(x,y)|\leqslant M(|\Delta x|+|\Delta y|).$$

而 $\lim\limits_{\substack{\Delta x\to 0\\ \Delta y\to 0}}(|\Delta x|+|\Delta y|)=0$，因此，$\lim\limits_{\substack{\Delta x\to 0\\ \Delta y\to 0}}f(x+\Delta x,y+\Delta y)=f(x,y)$，所以，$f(x,y)$ 在区域上连续.

问题 9　如何计算二元函数 $f(x,y)$ 的偏导数 $f_x(x_0,y_0)$.

答： 方法 1：首先在二元函数 $f(x,y)$ 中，把 y 看做常数对 x 求偏导数 $f_x(x,y)$，再把 $x=x_0$，$y=y_0$ 代入偏导数 $f_x(x,y)$ 中.

方法 2：首先在二元函数 $f(x,y)$ 中，把 $y=y_0$ 带入函数 $f(x,y)$，再对 x 求导，再把 $x=x_0$ 带入.

例 6-63　$f(x,y)=\ln\left(x+\dfrac{y}{2x}\right)$，求 $f_x(1,0)$.

解 1： 由 $f_x(x,y)=\left(1-\dfrac{y}{2x^2}\right)\dfrac{1}{x+\dfrac{y}{2x}}$，代入 $x=1$，$y=0$ 得 $f_x(1,0)=1$.

解 2： 由 $f(x,0)=\ln x$，有 $\dfrac{\mathrm{d}f(x,0)}{\mathrm{d}x}=\dfrac{1}{x}$，代入 $x=1$ 得 $f_x(1,0)=1$.

问题 10　如果函数 $z=f(x,y)$ 的偏导数 $\dfrac{\partial z}{\partial x}$ 和 $\dfrac{\partial z}{\partial y}$ 在点 P_0 都存在，函数 $f(x,y)$ 在点 P_0 全微分一定存在吗？

答： 不一定. 由全微分定义，如果函数 $z=f(x,y)$ 在点 P_0 的全增量 Δz 与它的线性主部 $A\Delta x+B\Delta y$ 的差满足

$$\lim_{P\to 0}\frac{\Delta z-(A\Delta x+B\Delta y)}{P}=0\quad(\text{其中 } P=\sqrt{(\Delta x)^2+(\Delta y)^2})$$

则称函数 $z=f(x,y)$ 在 P_0 点可微，并称

$$A\Delta x+B\Delta y=f_x(x_0,y_0)\Delta x+f_y(x_0,y_0)\Delta y$$

为函数 $f(x,y)$ 在 P_0 点处的全微分. 如果上述极限不存在或者存在但不等于零. 那么函数 $z=f(x,y)$ 在点 P_0 不可微.

例如函数
$$f(x,y)=\begin{cases}\dfrac{xy}{\sqrt{x^2+y^2}} & x^2+y^2\neq 0\\ 0 & x^2+y^2=0\end{cases}$$
在点(0,0) 处有 $f_x(0,0)=0$, $f_y(0,0)=0$, 但是
$$\Delta z-[f_x(0,0)\Delta x+f_y(0,0)\Delta y]=\frac{\Delta x\Delta y}{\sqrt{(\Delta x)^2+(\Delta y)^2}},$$
当 $P(\Delta x,\Delta y)$ 沿着直线 $y=x$ 趋于(0,0) 时, 有
$$\frac{\dfrac{\Delta x\Delta y}{\sqrt{(\Delta x)^2+(\Delta y)^2}}}{\rho}=\frac{\Delta x\Delta y}{(\Delta x)^2+(\Delta y)^2}=\frac{(\Delta x)^2}{(\Delta x)^2+(\Delta x)^2}=\frac{1}{2},$$
它不能随 $\rho\to 0$ 而趋于零, 这表明当 $\rho\to 0$ 时, $\Delta z-[f_x(0,0)\Delta x+f_y(0,0)\Delta y]$ 不是比 ρ 高阶的无穷小, 因此函数在点(0,0) 的全微分不存在, 即函数在点(0,0) 处不可微.

问题 11　对于任何二元函数, 它的两个二阶混合偏导数 f_{xy} 与 f_{yx} 一定相等吗?

答: 不一定. 例如
$$f(x,y)=\begin{cases}xy\dfrac{x^2-y^2}{x^2+y^2} & x^2+y^2\neq 0\\ 0 & x^2+y^2=0\end{cases},$$
有
$$f_x(x,y)=\begin{cases}\dfrac{(x^4+4x^2y^2-y^4)y}{(x^2+y^2)^2} & x^2+y^2\neq 0\\ 0 & x^2+y^2=0\end{cases}.$$
又根据定义 $f_{xy}(0,0)=\lim\limits_{\Delta y\to 0}\dfrac{f_x(0,0+\Delta y)-f_x(0,0)}{\Delta y}=\lim\limits_{\Delta y\to 0}\dfrac{-\Delta y-0}{\Delta y}=-1.$

同理可得　$f_{yx}(0,0)=1.$

因此对于该函数来讲 $f_{xy}\neq f_{yx}$. 然而当 f_{xy} 与 f_{yx} 在区域 D 内连续时, 则一定有 $f_{xy}=f_{yx}$, 即二阶混合偏导数在连续的条件下与求导次序无关.

问题 12　二元函数的极值点一定是驻点吗?

答: 不一定. 函数 $f(x,y)$ 的极值点是指使 $f(x,y)$ 取得极值的点; 而函数 $f(x,y)$ 的驻点是使 $f_x(x,y)=0$, $f_y(x,y)=0$ 同时成立的点, 一般来说函数 $f(x,y)$ 的极值点不一定是驻点. 如 $z=-\sqrt{x^2+y^2}$ 在点(0,0) 处有极大值, 但在(0,0) 处的偏导数 $\dfrac{\partial z}{\partial x}$ 和 $\dfrac{\partial z}{\partial y}$ 都不存在, 即点(0, 0) 不是函数的驻点, 但由极值的必要条件知道, 可导函数的极值点一定是驻点.

问题 13　二元函数的驻点一定是极值点吗?

答: 不一定. 例如点(0,0) 是函数 $z=xy$ 的驻点, 但不是极值点. 这是因为 $z=xy$ 在点(0,0) 的任何邻域内总有函数值为正的点, 也总有函数值为负的点. 又如点(0,0) 是函数 $z=x^2+y^2$ 的驻点, 也是它的极值点, 函数在这点有极小值. 因此, 驻点是否为极值点需要加以判别.

问题 14　如果二元连续函数在某区域内只有一个极值, 并且是极大(小) 值, 则这个极大(小) 值一定是函数在该区域上的最大(小) 值吗?

答: 不一定. 对于一元连续函数来说, 若在某区间内只有一个极值, 则这个极大(小) 值

就是函数在该区间上的最大(小)值. 但对二元函数来说，却没有类似的结论，比如二元函数

$$f(x,y) = x^3 - 4x^2 + 2xy - y^2(-6 \leqslant x \leqslant 6, -1 \leqslant y \leqslant 1),$$

有

$$\begin{cases} f_x = 3x^2 - 8x + 2y = 0 \\ f_y = 2x - 2y = 0 \end{cases},$$

解得 $x = 0$, $y = 0$; $x = 2$, $y = 2$. 由于点(2,2)不在函数的定义域内，所以函数 $f(x,y)$ 只有一个驻点，且在这一点有

$$A = f_{xx}(0,0) = -8,\ B = f_{xy}(0,0) = 2,\ C = f_{yy}(0,0) = -2$$

因为 $B^2 - AC = -12 < 0$, $A = -8 < 0$, 所以函数在(0,0)点取得极大值 $f(0,0) = 0$, 然而它不是函数的最大值，因为在点(5,0)处有 $f(5,0) = 25 > 0$.

但是，如果根据问题的实际意义，知道二元可导函数在某区域内部取得最大(小)值，并且在该区域内函数只有一个驻点，则可以肯定，函数在该驻点取得最大(小)值.

问题 15　能否用极值的充分条件来判别条件极值问题?

答: 不能. 举例如下:

例 6-64　求 $z = xy$ 在条件 $y = x + 2$ 下的极值.

解: 先化为无条件极值求解，为此将 $y = x + 2$ 代入目标函数得

$$z = x(x+2) = (x+1)^2 - 1,$$

当 $x = -1$ 时有极小值 $z = -1$.

再用拉格朗日乘数法，构造目标函数

$$F(x,y) = xy + \lambda(y - x - 2),$$

由方程组

$$\begin{cases} \dfrac{\partial F}{\partial x} = y - \lambda = 0 \\ \dfrac{\partial F}{\partial y} = x + \lambda = 0 \\ y = x + 2 \end{cases},$$

解得 $x = -1$, $y = 1$.

再由　$A = F_{xx} = 0,\ B = F_{xy} = 1,\ C = F_{yy} = 0,\ B^2 - AC = 1 > 0$

断定在 $x = -1$, $y = 1$ 无极值. 该结论显然是错误的. 因为由附加条件 $y = x + 2$ 可知函数 $F(x, y)$ 中的变量 x,y 不是独立的，因此不能按照二元函数极值的充分条件来判别. 正确的做法是，在函数 $F(x,y) = xy + \lambda(y - x - 2)$ 中把 y 看做 x 的函数，两端关于 x 求导，有

$$\frac{dF}{dx} = y + (x + \lambda)\frac{dy}{dx} - \lambda,$$

将 $y = x + 2$, $\dfrac{dy}{dx} = 1$ 代入上式得

$$\frac{dF}{dx} = 2x + 2,\ \frac{d^2F}{dx^2} = 2.$$

当 $x = -1$ 时，$\dfrac{dF}{dx} = 0$, $\dfrac{d^2F}{dx^2} = 2 > 0$, 所以 $F(x,y)$ 在 $x = -1$ 时，有极小值，即 $z = xy$ 在条件 $y = x + 2$ 下当 $x = -1$ 时，有极小值 $z = -1$.

问题 16　计算二重积分的一般方法是什么?

答: (1) 二重积分的计算主要是将二重积分化为累次积分，选择积分次序和确定积分限

是关键，可根据积分区域的形状确定积分次序和积分限.

（2）选择积分次序的原则：先积容易积分的，并能为后面的积分创造条件；积分区域尽量不分片或划分越少越好.

（3）积分限的确定原则：易用常数限定下来的变量一般后积分；先积分的变量上下限应为关于后积分变量的函数或常数，后积分变量的上下限应为常数.

问题 17　化重积分为累次积分时，每个积分的上限是否必须大于下限？

答：是，这是由二重积分定义 $\iint\limits_D f(x,y)\mathrm{d}\sigma = \lim\limits_{\lambda\to 0}\sum\limits_{i=1}^{n} f(\xi_i,\eta_i)\Delta\sigma_i$ 决定的，定义中 $\Delta\sigma_i$ 表示面积，所以 $\Delta\sigma_i > 0$，因此积分的上限必须大于下限.

问题 18　积分区域为 $D = \{(x,y) \mid 1 \leqslant x^2 + y^2 \leqslant 4\}$. D_1 为 D 的第一象限部分，则

$$\iint\limits_D f(x,y)\mathrm{d}x\mathrm{d}y = 4\iint\limits_{D_1} f(x,y)\mathrm{d}x\mathrm{d}y$$

是否成立？（设函数 $f(x,y)$ 连续）

答：$\iint\limits_D f(x,y)\mathrm{d}x\mathrm{d}y = 4\iint\limits_{D_1} f(x,y)\mathrm{d}x\mathrm{d}y$ 不一定成立. 当 $f(x,y)$ 关于 x，y 均为偶函数时，上式才成立.

【评注】　关于对称区域上的积分有下列结论：

（1）若积分区域 D 关于 x 轴对称，当 $f(x,y)$ 关于变量 y 为偶函数时

$$\iint\limits_D f(x,y)\mathrm{d}x\mathrm{d}y = 2\iint\limits_{D_1} f(x,y)\mathrm{d}x\mathrm{d}y;$$

当 $f(x,y)$ 关于 y 为奇函数时

$$\iint\limits_D f(x,y)\mathrm{d}x\mathrm{d}y = 0,$$

其中，D_1 为 D 在 x 轴上侧部分（见本章题型 12）.

（2）若积分区域 D 关于 y 轴对称，当 $f(x,y)$ 关于变量 x 为偶函数时

$$\iint\limits_D f(x,y)\mathrm{d}x\mathrm{d}y = 2\iint\limits_{D_1} f(x,y)\mathrm{d}x\mathrm{d}y;$$

当 $f(x,y)$ 关于变量 x 为奇函数时

$$\iint\limits_D f(x,y)\mathrm{d}x\mathrm{d}y = 0,$$

其中，D_1 为 D 在 y 轴右侧部分.

（3）若积分区域 D 关于 x 轴 y 轴均对称，当 $f(x,y)$ 关于变量 x 和变量 y 均为偶函数时

$$\iint\limits_D f(x,y)\mathrm{d}x\mathrm{d}y = 4\iint\limits_{D_1} f(x,y)\mathrm{d}x\mathrm{d}y;$$

当 $f(x,y)$ 关于变量 x 或变量 y 为奇函数时

$$\iint\limits_D f(x,y)\mathrm{d}x\mathrm{d}y = 0,$$

其中，D_1 为 D 在第一象限部分.

（4）若积分区域 D 关于直线 $y = x$ 对称，且 $f(x,y) = f(y,x)$ 时

$$\iint_D f(x,y)\,\mathrm{d}x\mathrm{d}y = \iint_D f(y,x)\,\mathrm{d}x\mathrm{d}y.$$

6.5　自测试题

自测试题 A

一、选择题(单选或多选)

1. 设$f(x,y) = \dfrac{xy}{x^2 - y^2}$，则$f\left(\dfrac{y}{x},\dfrac{x}{y}\right) = ($　　$)$.

A. $\dfrac{xy}{y^4 - x^2}$　　B. $\dfrac{x^2y^2}{y^4 - x^4}$　　C. $\dfrac{x^2 + y^2}{y^4 - x^4}$　　D. $\dfrac{y^2 - x^2}{y^4 - x^4}$

2. 若函数$f(x,y)$在区域D内具有二阶偏导数，则结论正确的是(　　).

A. 必有$\dfrac{\partial^2 f}{\partial x \partial y} = \dfrac{\partial^2 f}{\partial y \partial x}$　　B. $f(x,y)$在D内必可微

C. $f(x,y)$在D内必连续　　D. A,B,C 都不对

3. 二元函数$f(x,y)$在点(x_0, y_0)处的两个偏导数$f_x(x_0,y_0)$，$f_y(x_0,y_0)$存在是函数$f(x,y)$在点(x_0,y_0)连续的(　　).

A. 必要而非充分条件　　B. 充分而非必要条件

C. 充分必要条件　　D. 既非充分又非必要条件

4. $f_x(x_0,y_0) = 0$，$f_y(x_0,y_0) = 0$是函数$f(x,y)$在点(x_0,y_0)取得极值的(　　).

A. 必要条件　　B. 充分条件

C. 充分必要条件　　D. 既非充分又非必要条件

5. 设$f(x,y) = x^3(y^2 - 1) + (x - 1)\tan^3\sqrt{\dfrac{y}{x}}$，则$f_y(1,0) = ($　　$)$.

A. -1　　B. 1　　C. 2　　D. 0

6. 设区域$D = \{(x,y) \mid x^2 + y^2 \leqslant a^2,\ y \geqslant 0\}$，$(a > 0)$. 则$\iint_D |xy|\,\mathrm{d}x\mathrm{d}y = ($　　$)$.

A. $\int_{-a}^{a}\mathrm{d}x\int_0^{\sqrt{a^2-x^2}} xy\mathrm{d}y$　　B. $\int_{-a}^{0}\mathrm{d}x\int_0^{\sqrt{a^2-x^2}} -xy\mathrm{d}y + \int_0^{a}\mathrm{d}x\int_0^{\sqrt{a^2-x^2}} xy\mathrm{d}y$

C. $\int_0^{\pi}\mathrm{d}\theta\int_0^{a}(-r^3\cos\theta\sin\theta)\mathrm{d}r$　　D. $\int_0^{\frac{\pi}{2}}\mathrm{d}\theta\int_0^{a} r^3\cos\theta\sin\theta\mathrm{d}r - \int_{\frac{\pi}{2}}^{\pi}\mathrm{d}\theta\int_0^{a} r^3\cos\theta\sin\theta\mathrm{d}r$

7. $D = \{(x,y) \mid x^2 + y^2 \leqslant R^2, y \geqslant 0\}$，下列积分值(　　)为零.

A. $\iint_D yx^2\mathrm{d}\sigma$　　B. $\iint_D xy^2\mathrm{d}\sigma$　　C. $\iint_D (x^2 + y^2)\mathrm{d}\sigma$　　D. $\iint_D (x + y)\mathrm{d}\sigma$

8. 函数$f(x,y)$在(x_0,y_0)处存在偏导数是$f(x,y)$在(x_0,y_0)处可微的(　　)条件.

A. 充分　　B. 必要　　C. 充分必要　　D. 无关

二、填空题

1. 函数 $z = \arcsin\dfrac{y}{x} + \sqrt{\dfrac{x^2+y^2-x}{2x-x^2-y^2}}$ 的定义域为____________.

2. 若 $z = \sqrt{y} + f(\sqrt{x}-1)$，如果当 $y=1$ 时，$z=x$，则 $f(x)$ 和 $z=z(x,y)$ 的表达式分别为____________.

3. 设由 $F(x,y,z)=0$ 确定了二元函数 $z=f(x,y)$，且已知 $\left.\dfrac{\partial F}{\partial x}\right|_{(1,1,1)} = -1$，$\left.\dfrac{\partial F}{\partial y}\right|_{(1,1,1)} = 2$，$\left.\dfrac{\partial z}{\partial y}\right|_{(1,1,1)} = 1$，则 $\left.\dfrac{\partial z}{\partial x}\right|_{(1,1,1)} =$ ____________.

4. 设 $z=f(x^2+y^2)$，且 f 可微，则 $\dfrac{\partial z}{\partial x} =$ ____________.

5. 设 $f(x,y,z) = \sqrt[z]{\dfrac{x}{y}}$，则 $\mathrm{d}f(1,1,1) =$ ____________.

6. 交换积分顺序 $\int_0^1 \mathrm{d}y \int_{\sqrt{y}}^{\sqrt{2-y^2}} f(x,y)\,\mathrm{d}x =$ ____________.

7. 二次积分的值 $\int_0^1 \mathrm{d}x \int_x^1 \mathrm{e}^{-y^2}\,\mathrm{d}y =$ ____________.

8. 函数 $z = \dfrac{y^2+2x}{y^2-2x}$ 的间断点是____________.

三、计算题

1. 求函数 $z = \ln[x\ln(y-x)]$ 的定义域并画出定义域草图.

2. 设 $z = f(y\mathrm{e}^x, x^2-y)$，且函数 f 具有二阶连续的偏导数，求 $\dfrac{\partial^2 z}{\partial x\partial y}$.

3. 设 $z = (x^2+y^2)\mathrm{e}^{-\arctan\frac{y}{x}}$，求 $\mathrm{d}z$.

4. 方程 $F\left(x+\dfrac{z}{y}, y+\dfrac{z}{x}\right)=0$ 确定了函数 $z=f(x,y)$，其中 F 为可微函数，计算 $x\dfrac{\partial z}{\partial x} + y\dfrac{\partial z}{\partial y}$.

5. 由方程 $2x^2+2y^2+z^2+8xz+2z-15=0$ 确定函数 $z=z(x,y)$，求 $\left.\dfrac{\partial z}{\partial x}\right|_{(1,1,1)}$，$\left.\dfrac{\partial^2 z}{\partial x^2}\right|_{(1,1,1)}$.

6. 设抛物面 $z=x^2+y^2$ 被平面 $x+y+z=1$ 所截得一椭圆，求此椭圆上的点到原点的最短距离.

7. 求重积分 $\iint\limits_D \dfrac{xy}{x^2+y^2}\mathrm{d}\sigma$，其中 $D=\{(x,y)\mid y\geqslant x, 1\leqslant x^2+y^2\leqslant 2\}$.

8. 求 $\int_0^1 x^3 f(x)\,\mathrm{d}x$，其中 $f(x)=\int_1^{x^2}\dfrac{\sin y}{y}\mathrm{d}y$.

9. 计算积分 $\iint\limits_D \sqrt{|y-x^2|}\,\mathrm{d}\sigma$，$D: |x|\leqslant 1, 0\leqslant y\leqslant 2$.

10. 利用二重积分性质估计 $\iint\limits_{x^2+y^2\leqslant 2}(4x^2+y^2+7)\mathrm{d}\sigma$ 的值.

四、证明题

设$f(x)$是连续的偶函数，证明：$\iint\limits_D f(y-x)\mathrm{d}x\mathrm{d}y = 2\int_0^{2a} f(t)(2a-t)\mathrm{d}t$（其中$D$为正方形闭区域$|x|\leqslant a, |y|\leqslant a, a>0$）.

自测试题B

一、选择题（单选或多选）

1. 设$f(x+y,x-y)=2(x^2+y^2)\mathrm{e}^{x^2-y^2}$，则$f(x,y)=($　　$)$.

A. $(x^2+y^2)\mathrm{e}^{xy}$　　B. $(x^2-y^2)\mathrm{e}^{xy}$　　C. $(x^2+y^2)\mathrm{e}^{\frac{x}{y}}$　　D. $(x^2-y^2)\mathrm{e}^{\frac{y}{x}}$

2. 若函数$f(x,y)$在区域D内连续，关于极值的陈述正确的是(　　).

A. $f(x,y)$在偏导数不存在的点也可能取到极值

B. 若$f(x,y)$在D内有唯一驻点，则$f(x,y)$至多有一个极值点

C. 若函数$f(x,y)$有两个极值点，则其中之一必为极大值点，另一个必为极小值点

D. 在驻点(x_0,y_0)处，若$[f_{xy}(x_0,y_0)]^2-f_{xx}(x_0,y_0)f_{yy}(x_0,y_0)\geqslant 0$，则$(x_0,y_0)$不为极值点

3. 定义在开区域D上的函数$f(x,y)$，对D上任意一点(x,y)都有$f'_x(x,y)=a, f'_y(x,y)=b$（a,b为常数），则有(　　).

A. $f(x,y)$在D上连续　　B. $f(x,y)$在D上可微

C. $f(x,y)$在D上有最大值、最小值　　D. $f(x,y)$在D上为常数

4. 设$\rho=\sqrt{(\Delta x)^2+(\Delta y)^2}$，则函数$z=f(x,y)$在$(x_0,y_0)$处可微分的充分必要条件是$z=f(x,y)$在$(x_0,y_0)$(　　).

A. 连续且偏导数存在

B. 偏导数存在

C. $\lim\limits_{\rho\to 0}[\Delta z-f'_x(x_0,y_0)\Delta x-f'_y(x_0,y_0)\Delta y]=0$

D. $\lim\limits_{\rho\to 0}\dfrac{\Delta z-f'_x(x_0,y_0)\Delta x-f'_y(x_0,y_0)\Delta y}{\rho}=0$

5. 设$f(x,y)$连续，且$f(x,y)=xy+\iint\limits_D f(u,v)\mathrm{d}u\mathrm{d}v$，其中，$D$是$y=0$，$y=x^2$，$x=1$由所围区域，则$f(x,y)$等于(　　).

A. xy　　B. $2xy$　　C. $xy+\dfrac{1}{8}$　　D. $xy+1$

6. 设$f(x,y)$为连续函数，则$\int_0^{\frac{\pi}{4}}\mathrm{d}\theta\int_0^1 f(r\cos\theta, r\sin\theta)r\mathrm{d}r$等于(　　).

A. $\int_0^{\frac{\sqrt{2}}{2}}\mathrm{d}x\int_x^{\sqrt{1-x^2}} f(x,y)\mathrm{d}y$　　B. $\int_0^{\frac{\sqrt{2}}{2}}\mathrm{d}x\int_0^{\sqrt{1-x^2}} f(x,y)\mathrm{d}y$

C. $\int_0^{\frac{\sqrt{2}}{2}}\mathrm{d}y\int_y^{\sqrt{1-y^2}} f(x,y)\mathrm{d}x$　　D. $\int_0^{\frac{\sqrt{2}}{2}}\mathrm{d}y\int_0^{\sqrt{1-y^2}} f(x,y)\mathrm{d}x$

7. 设可微函数$f(x,y)$在点(x_0,y_0)取得极小值，则下列结论正确的是(　　).

A. $f(x_0,y)$在$y=y_0$处的导数等于零　　B. $f(x_0,y)$在$y=y_0$处的导数大于零

C. $f(x_0,y)$ 在 $y=y_0$ 处的导数小于零　　D. $f(x_0,y)$ 在 $y=y_0$ 处的导数不存在

8. 二元函数 $f(x,y)=\begin{cases}\dfrac{xy}{x^2+y^2} & (x,y)\neq(0,0)\\ 0 & (x,y)=(0,0)\end{cases}$ 在点(0,0) 处(　　).

A. 连续且偏导数存在　　B. 连续但偏导数不存在

C. 不连续但偏导数存在　　D. 不连续且偏导数不存在

二、填空题

1. 设 $z=f(x,y)=\ln(x^2+y^2)$，则当 $x=2$，$y=1$，$\Delta x=0.1$，$\Delta y=-0.1$ 时，全微分 $dz=$ ______.

2. 极限 $\lim\limits_{\substack{x\to0\\y\to0}}\dfrac{2\sin xy}{1-\sqrt{xy+1}}=$ ______.

3. 设 $f(x+y,x-y)=x^2-y^2$，则 $f'_x(x,y)+f'_y(x,y)=$ ______.

4. 设函数 $f(x,y)$ 在 (a,b) 处存在偏导数，则 $\lim\limits_{y\to0}\dfrac{f(a,b+y)-f(a,b-y)}{y}=$ ______.

5. 设 $y=f(x,t)$，则由 $F(x,y,t)=0$ 两边对 x 求导的结果为______.

6. 计算累次积分 $\int_0^3 dx\int_{\frac{\pi}{2}}^{\pi}|x-2|\sin y\,dy=$ ______.

7. 设区域 D 为 $x^2+y^2\leqslant R^2$，则 $\iint\limits_D\left(\dfrac{x^2}{a^2}+\dfrac{y^2}{b^2}\right)dxdy=$ ______.

8. 若函数 $z=f(x,y)$ 满足 $\dfrac{\partial^2 z}{\partial y^2}=2$，且 $f(x,1)=x+2$，$f'_y(x,1)=x+1$，则 $f(x,y)=$ ______.

三、计算题

1. 求下列函数的极限.

(1) $\lim\limits_{\substack{x\to+\infty\\y\to+\infty}}\left(\dfrac{xy}{x^2+y^2}\right)^{x^2y^2}$；　　(2) $\lim\limits_{\substack{x\to0\\y\to0}}\dfrac{x^2y+xy}{x+y}$；

2. 设 $u=f(x,y,z)=xy+xF(z)$，其中 F 为可微函数且 $z=\dfrac{y}{x}$，求 $\dfrac{\partial u}{\partial x}$，$\dfrac{\partial u}{\partial y}$.

3. 试求多项式 $P(x)=x^2+ax+b$，使得积分 $\int_{-1}^{1}P^2(x)dx$ 取最小值.

4. 求函数 $z=x^2-y^2+2a^2$ 在圆 $x^2+y^2\leqslant a^2$ 内的最大值与最小值.

5. 设 $u=f(x,y,z)$ 有连续一阶偏导数，又函数 $y=y(x)$ 及 $z=z(x)$ 分别由下列两式确定：$e^{xy}-xy=2$ 和 $e^x=\int_0^{x-z}\dfrac{\sin t}{t}dt$，求 $\dfrac{du}{dx}$.

6. 求重积分 $\iint\limits_D\dfrac{\sin x}{x}d\sigma$，其中，$D=\{(x,y)\mid x^2\leqslant y\leqslant x,0\leqslant x\leqslant1\}$.

7. 设 $f(x)=\int_1^{x^2}e^{-y^2}dy$，计算 $\int_0^1 xf(x)dx$.

8. 计算 $I=\int_{\frac14}^{\frac12}dy\int_{\frac12}^{\sqrt{y}}e^{\frac{y}{x}}dx+\dfrac12\int_{\frac12}^{1}dy\int_y^{\sqrt{y}}e^{\frac{y}{x}}dx$.

9. 求$\iint\limits_D(\sqrt{x^2+y^2}+y)\mathrm{d}\sigma$，其中，$D$ 是由圆 $x^2+y^2=4$ 和 $(x+1)^2+y^2=1$ 所围成的平面区域.

10. 设闭区域 $D: x^2+y^2\leqslant y, x\geqslant 0$，$f(x,y)$ 为 D 上的连续函数，且

$$f(x,y)=\sqrt{1-x^2-y^2}-\frac{8}{\pi}\iint\limits_D f(u,v)\mathrm{d}u\mathrm{d}v,$$

求 $f(x,y)$.

四、证明题

1. 设 $y=f(x,t)$，而 t 是由方程 $F(x,y,t)=0$ 确定的 x，y 的函数，证明：

$$\frac{\mathrm{d}y}{\mathrm{d}x}=\frac{\dfrac{\partial f}{\partial x}\cdot\dfrac{\partial F}{\partial t}-\dfrac{\partial f}{\partial t}\cdot\dfrac{\partial F}{\partial x}}{\dfrac{\partial F}{\partial t}+\dfrac{\partial f}{\partial t}\cdot\dfrac{\partial F}{\partial y}}.$$

2. 设 $z=\dfrac{y}{F(x^2-y^2)}$，其中 F 是任意可导函数，证明：

$$\frac{1}{x}\frac{\partial z}{\partial x}+\frac{1}{y}\frac{\partial z}{\partial y}=\frac{z}{y^2}.$$

3. 证明：$\int_{-\infty}^{\infty}\mathrm{e}^{-x^2}\mathrm{d}x=\sqrt{\pi}$.

自测试题 C

一、单项选择题

1. 下列偏导数的表达式中正确的是(　　).

A. $f'_x(a,b)=\lim\limits_{h,k\to 0}\dfrac{f(a+h,b+k)-f(a,b)}{\sqrt{h^2+k^2}}$

B. $f'_x(0,0)=\lim\limits_{x\to 0}\dfrac{f(x,0)}{x}$

C. $f'_y(0,y)=\lim\limits_{\Delta y\to 0}\dfrac{f(0,y+\Delta y)-f(0,y)}{\Delta y}$

D. $f'_x(x,0)=\lim\limits_{x\to 0}\dfrac{f(x,y)-f(x,0)}{x}$

2. 考虑二元函数 $f(x,y)$ 的下面四条性质：

① $f(x,y)$ 在点 (x_0,y_0) 处连续；

② $f(x,y)$ 在点 (x_0,y_0) 处的两个偏导数连续；

③ $f(x,y)$ 在点 (x_0,y_0) 处可微；

④ $f(x,y)$ 在点 (x_0,y_0) 处的两个偏导数存在.

用“$P\Rightarrow Q$”表示可由性质 P 推出 Q，则有(　　).

A. ②⇒③⇒①　　B. ③⇒②⇒①

C. ③⇒④⇒①　　D. ③⇒①⇒④

3. 设有三元方程 $xy - z\ln y + e^{xz} = 1$，根据隐函数存在定理，存在点 $(0,1,1)$ 的一个邻域，在此邻域内该方程(　　).

A. 只能确定一个具有连续偏导数的隐函数 $z = z(x,y)$

B. 可确定两个具有连续偏导数的隐函数 $y = y(x,z)$ 和 $z = z(x,y)$

C. 可确定两个具有连续偏导数的隐函数 $x = x(y,z)$ 和 $z = z(x,y)$

D. 只能确定一个具有连续偏导数的隐函数 $y = y(x,z)$

4. 设函数 $u(x,y) = \phi(x+y) + \phi(x-y) + \int_{x-y}^{x+y} \varphi(t)\mathrm{d}t$，其中 ϕ 具有二阶导数，φ 具有一阶导数，则必有(　　).

A. $\dfrac{\partial^2 u}{\partial x^2} = -\dfrac{\partial^2 u}{\partial y^2}$　　B. $\dfrac{\partial^2 u}{\partial x^2} = \dfrac{\partial^2 u}{\partial y^2}$

C. $\dfrac{\partial^2 u}{\partial x \partial y} = \dfrac{\partial^2 u}{\partial y^2}$　　D. $\dfrac{\partial^2 u}{\partial x \partial y} = \dfrac{\partial^2 u}{\partial x^2}$

5. 设 $f(x,y)$，$\varphi(x,y)$ 均存在连续偏导数，且 $\varphi'_y(x,y) \neq 0$，已知 (x_0,y_0) 是 $f(x,y)$ 在约束条件 $\varphi(x,y) = 0$ 下的一个极值点，下列选项正确的是(　　).

A. 若 $f'_x(x_0,y_0) = 0$，则 $f'_y(x_0,y_0) = 0$

B. 若 $f'_x(x_0,y_0) = 0$，则 $f'_y(x_0,y_0) \neq 0$

C. 若 $f'_x(x_0,y_0) \neq 0$，则 $f'_y(x_0,y_0) = 0$

D. 若 $f'_x(x_0,y_0) \neq 0$，则 $f'_y(x_0,y_0) \neq 0$

6. 已知函数 $f(x,y)$ 在点 $(0,0)$ 的某个邻域内连续，且 $\lim\limits_{\substack{x\to 0\\ y\to 0}} \dfrac{f(x,y) - xy}{(x^2+y^2)^2} = 1$，则(　　).

A. 点 $(0,0)$ 不是 $f(x,y)$ 的极值点　　B. 点 $(0,0)$ 是 $f(x,y)$ 的极大值点

C. 点 $(0,0)$ 不是 $f(x,y)$ 的极小值点

D. 根据条件无法判断点 $(0,0)$ 是否为 $f(x,y)$ 的极值点

7. 累次积分 $\int_0^{\frac{\pi}{2}} \mathrm{d}\theta \int_0^{\cos\theta} f(r\cos\theta, r\sin\theta) r\mathrm{d}r$ 可以写成(　　).

A. $\int_0^1 \mathrm{d}y \int_0^{\sqrt{y-y^2}} f(x,y)\mathrm{d}x$　　B. $\int_0^1 \mathrm{d}y \int_0^{\sqrt{1-y^2}} f(x,y)\mathrm{d}x$

C. $\int_0^1 \mathrm{d}x \int_0^1 f(x,y)\mathrm{d}y$　　D. $\int_0^1 \mathrm{d}x \int_0^{\sqrt{x-x^2}} f(x,y)\mathrm{d}y$

8. 设 $f(x,y) = \begin{cases} \dfrac{3xy}{x^2+y^2} & (x,y) \neq (0,0) \\ 0 & (x,y) = (0,0) \end{cases}$，则在原点处(　　).

A. 偏导数不存在，也不连续　　B. 偏导数存在但不连续

C. 偏导数存在且可微　　D. 偏导数不存在也不可微

二、填空题

1. 若函数 $z = z(x,y)$ 满足 $\dfrac{\partial^2 z}{\partial x \partial y} = x + y$ 及条件 $z(x,0) = x$，$z(0,y) = y^2$，则 $z(x,y) =$

________.

2. 设函数f,g有连续导数,令$u = yf\left(\frac{x}{y}\right)+xg\left(\frac{y}{x}\right)$,则$x\frac{\partial^2 u}{\partial x^2}+y\frac{\partial^2 u}{\partial x\partial y} =$ ________.

3. 设函数$f(u,v)$由关系式$f(xg(y),y) = x+g(y)$确定,其中函数$g(y)$可微,且$g(y)\neq 0$,则$\frac{\partial^2 f}{\partial u\partial v} =$ ________.

4. 设$w = f(t)$,$t = \varphi(xy,x^2+y^2)$,其中f,φ都具有连续的二阶导数及偏导数,计算$\frac{\partial^2 w}{\partial x^2} =$ ________.

5. 函数$u = f(x,y) = x-x^2-y^2$在$D = \{(x,y)\mid x^2+y^2\leqslant 1\}$上的最大值为________,最小值为________.

6. 交换积分顺序$\int_{\pi}^{2\pi}\mathrm{d}x\int_{\sin x}^{0}f(x,y)\,\mathrm{d}y =$ ________.

7. 将二重积分换为累次积分,其中D:$x^4-4a^2x^2+x^2-2xy+y^2\leqslant 0$　$(a>0)$,$\iint\limits_D f(x,y)\,\mathrm{d}x\mathrm{d}y =$ ________.

8. 设积分区域D是以原点为中心,半径为r的圆域,则$\lim\limits_{r\to 0}\frac{1}{\pi r^2}\iint\limits_D \mathrm{e}^{x^2+y^2}\cos(xy)\,\mathrm{d}x\mathrm{d}y =$ ________.

三、计算题

1. 设$z = z(x,y)$是由方程$f(y-x,yz) = 0$所确定的隐函数,其中函数f对各个变量具有连续的二阶偏导数,求$\frac{\partial z}{\partial x},\frac{\partial^2 z}{\partial x^2}$.

2. 求极限$\lim\limits_{\substack{x\to 0\\ y\to 0}}(x^2+y^2)^{x^2y^2}$.

3. 设$u = f(x,y,z)$有连续偏导数,且$z = z(x,y)$由方程$x\mathrm{e}^x-y\mathrm{e}^y = z\mathrm{e}^z$确定,求$\mathrm{d}u$.

4. 设函数$z = f(x,y)$在点$(1,1)$处可微,且$f(1,1) = 1$,$\left.\frac{\partial f}{\partial x}\right|_{(1,1)} = 2$,$\left.\frac{\partial f}{\partial y}\right|_{(1,1)} = 3$,$g(x) = f(x,f(x,x))$,求$\left.\frac{\mathrm{d}g^3(x)}{\mathrm{d}x}\right|_{x=1}$.

5. 计算积分$\int_1^2\mathrm{d}x\int_{\sqrt{x}}^{x}\sin\frac{\pi x}{2y}\mathrm{d}y+\int_2^4\mathrm{d}x\int_{\sqrt{x}}^{2}\sin\frac{\pi x}{2y}\mathrm{d}y$.

6. 计算积分$\iint\limits_D \mathrm{e}^{\max\{x^2,y^2\}}\,\mathrm{d}x\mathrm{d}y$,其中$D$是由$0\leqslant x\leqslant 1,0\leqslant y\leqslant 1$所围成.

7. 求球面$x^2+y^2+z^2 = 4a^2$和柱面$x^2+y^2 = 2ax$所包围的在柱面内部的体积.

8. 设分段函数$f(x,y) = \begin{cases} x^2y & 1\leqslant x\leqslant 2,0\leqslant y\leqslant x\\ 0 & 其他\end{cases}$,求$\iint\limits_D f(x,y)\,\mathrm{d}x\mathrm{d}y$,其中,$D$是由$x^2+y^2\geqslant 2x$所构成.

9. 分解已知正数a为n个正的因数,使它们的倒数和最小.

四、证明题

1. 设有函数$f(x,y)=\begin{cases}(x^2+y^2)\sin\dfrac{1}{x^2+y^2} & x^2+y^2\neq 0\\ 0 & x^2+y^2=0\end{cases}$.

证明:(1) 在点(0,0) 的领域内有偏导数$f'_x(x,y)$,$f'_y(x,y)$;

(2) 偏导数$f'_x(x,y)$,$f'_y(x,y)$ 在点(0,0) 处不连续;

(3) 函数$f(x,y)$ 在点(0,0) 处可微.

2. 设$f(x)$ 是[0,1] 上单调增的连续函数. 证明$\dfrac{\int_0^1 xf^3(x)\,\mathrm{d}x}{\int_0^1 xf^2(x)\,\mathrm{d}x}\geqslant\dfrac{\int_0^1 f^3(x)\,\mathrm{d}x}{\int_0^1 f^2(x)\,\mathrm{d}x}$.

第7章 无穷级数

7.1 主要内容

7.1.1 级数的基本概念和性质

1. 无穷级数的定义

对给定的数列 $u_1,u_2,\cdots,u_n,\cdots$,称 $u_1+u_2+\cdots+u_n+\cdots$ 为**常数项无穷级数**,简称**级数**,记作 $\sum\limits_{n=1}^{\infty}u_n$,即 $\sum\limits_{n=1}^{\infty}u_n=u_1+u_2+\cdots+u_n+\cdots$,其中,第 n 项 u_n 叫做级数的**一般项**.

各项都是正数或零的级数,称为**正项级数**;各项是正负交错的级数称为**交错级数**. 交错级数可以写成下面的形式:

$$u_1-u_2+u_3-u_4+\cdots,\text{或}-u_1+u_2-u_3+u_4-\cdots,$$

其中,$u_1,u_2,\cdots$都是正数,否则称为**任意项级数**.

2. 级数的收敛与发散

若级数 $\sum\limits_{n=1}^{\infty}u_n$ 的部分和数列 $S_n=u_1+u_2+\cdots+u_n=\sum\limits_{i=1}^{n}u_i$ 有极限 s,即 $\lim\limits_{n\to\infty}S_n=s$,则称无穷级数 $\sum\limits_{n=1}^{\infty}u_n$ **收敛**,这时极限 s 叫做这级数的**和**,并写成 $s=u_1+u_2+\cdots+u_n+\cdots$;若部分和数列$\{S_n\}$没有极限,则称无穷级数 $\sum\limits_{n=1}^{\infty}u_n$ **发散**.

3. 数项级数的性质

性质1 对任一非零常数 k, $\sum\limits_{n=1}^{\infty}u_n$ 与 $\sum\limits_{n=1}^{\infty}ku_n$ 的敛散性相同,当收敛时有 $\sum\limits_{n=1}^{\infty}ku_n=k\sum\limits_{n=1}^{\infty}u_n$.

性质2 若 $\sum\limits_{n=1}^{\infty}u_n$ 与 $\sum\limits_{n=1}^{\infty}v_n$ 都收敛,则 $\sum\limits_{n=1}^{\infty}(u_n\pm v_n)$收敛,且 $\sum\limits_{n=1}^{\infty}(u_n\pm v_n)=\sum\limits_{n=1}^{\infty}u_n\pm\sum\limits_{n=1}^{\infty}v_n$.

性质3 增加或减少级数的前有限项,不改变级数的敛散性. 但在级数收敛时其和会发生变化.

性质4 收敛级数任意加括号后所得的级数仍收敛,且级数的和不变.

【评注】 若加括号后所得级数发散,则原级数发散,若加括号后所得级数收敛,则原级数可能收敛也可能发散,所以可以用加括号的方法判别一个级数是发散的,但不能用加括号的方法判别一个级数是收敛的.

性质5 级数收敛的必要条件:若级数$\sum u_n$ 收敛,则$\lim\limits_{n\to\infty}u_n=0$.

【评注】 如果级数的一般项不趋于零,则该级数必定发散.

7.1.2 常数项级数的审敛法

1. 正项级数敛散性的判别法

(1) 正项级数收敛的基本定理

正项级数 $\sum_{n=1}^{\infty} u_n$ 收敛的充要条件是其部分和数列 $\{S_n\}$ 有上界.

(2) 比较审敛法的不等式形式

设 $\sum_{n=1}^{\infty} u_n$ 和 $\sum_{n=1}^{\infty} v_n$ 都是正项级数,若存在常数 $c>0$,使得 $u_n \leqslant cv_n (n=1,2,\cdots)$ 且级数 $\sum_{n=1}^{\infty} v_n$ 收敛,则级数 $\sum_{n=1}^{\infty} u_n$ 收敛;若级数 $\sum_{n=1}^{\infty} u_n$ 发散,则级数 $\sum_{n=1}^{\infty} v_n$ 发散.

常用于比较审敛法的级数:

1) 等比级数(几何级数) $\sum_{n=0}^{\infty} aq^n (a\neq 0, q$ 为公比):当 $|q|<1$ 时,级数收敛,其和为 $\frac{a}{1-q}$;当 $|q|\geqslant 1$ 时,级数发散.

2) p-级数 $\sum_{n=1}^{\infty} \frac{1}{n^p}$:当 $p>1$ 时,收敛,当 $p\leqslant 1$ 时,发散. 特别地,当 $p=1$ 时, $\sum_{n=1}^{\infty} \frac{1}{n}$为调和级数,该级数发散.

(3) 比较审敛法的极限形式

设 $\sum_{n=1}^{\infty} u_n$ 和 $\sum_{n=1}^{\infty} v_n$ 都是正项级数,且$\lim\limits_{n\to\infty}\frac{u_n}{v_n}=l$,则

1) 当 $0<l<+\infty$ 时,级数 $\sum_{n=1}^{\infty} v_n$ 与 $\sum_{n=1}^{\infty} u_n$ 同时收敛、同时发散.

2) 当 $l=0$ 时,若级数 $\sum_{n=1}^{\infty} v_n$ 收敛,则 $\sum_{n=1}^{\infty} u_n$ 收敛;若级数 $\sum_{n=1}^{\infty} u_n$ 发散,则 $\sum_{n=1}^{\infty} v_n$ 发散.

3) 当 $l=+\infty$ 时,若级数 $\sum_{n=1}^{\infty} u_n$ 收敛,则 $\sum_{n=1}^{\infty} v_n$ 收敛;若级数 $\sum_{n=1}^{\infty} v_n$ 发散,则 $\sum_{n=1}^{\infty} u_n$ 发散.

(4) 比值(达朗贝尔(D' Alembert))审敛法

设 $\sum_{n=1}^{\infty} u_n$ 为正项级数,且$\lim\limits_{n\to\infty}\frac{u_{n+1}}{u_n}=\rho$,则

1) 当 $0\leqslant\rho<1$ 时,级数 $\sum_{n=1}^{\infty} u_n$ 收敛.

2) 当 $\rho>1\left(或\lim\limits_{n\to\infty}\frac{u_{n+1}}{u_n}=+\infty\right)$时,级数 $\sum_{n=1}^{\infty} u_n$ 发散.

3) 当 $\rho=1$ 时,级数可能收敛也可能发散.

(5) 根值(柯西 Cauchy)审敛法

设 $\sum_{n=1}^{\infty} u_n$ 为正项级数,且 $\lim\limits_{n\to\infty}\sqrt[n]{u_n}=\rho$,则

1) 当 $0\leqslant\rho<1$ 时,级数 $\sum_{n=1}^{\infty} u_n$ 收敛.

2）当$\rho>1$（或$\lim\limits_{n\to\infty}\sqrt[n]{u_n}=+\infty$）时，级数$\sum\limits_{n=1}^{\infty}u_n$发散.

3）$\rho=1$时，级数可能收敛也可能发散.

【评注】 比值审敛法与根值审敛法中的条件都是充分非必要条件，$\rho=1$时要用其他方法判别级数的敛散性.

(6) 积分审敛法

设$\sum\limits_{n=1}^{\infty}u_n$为正项级数，且设$f(n)=u_n$，若$f(x)$是$[1,+\infty)$上单调递减的连续函数，则级数$\sum\limits_{n=1}^{\infty}u_n$收敛的充分必要条件是广义积分$\int_1^{+\infty}f(x)\,\mathrm{d}x$收敛.

2. 交错级数判别法（莱布尼兹判别法）

若交错级数$\sum\limits_{n=1}^{\infty}(-1)^{n-1}u_n(u_n>0)$满足条件：

(1) $u_n\geqslant u_{n+1}(n=1,2,3,\cdots)$.

(2) $\lim\limits_{n\to\infty}u_n=0$，

则级数$\sum\limits_{n=1}^{\infty}(-1)^{n-1}u_n$收敛，且其和$s\leqslant u_1$，其余项$r_n$的绝对值$|r_n|\leqslant u_{n+1}$.

【评注】 判断$u_n\geqslant u_{n+1}(n=1,2,3,\cdots)$有三种方法：①证明$\dfrac{u_{n+1}}{u_n}<1$；②验证$u_{n+1}-u_n<0$；③利用求导法：令$u_n=u(n)$，验证$u(x)$连续可导且单调递减.

3. 绝对收敛与条件收敛

设$\sum\limits_{n=1}^{\infty}u_n$为任意项级数（$u_n$为任意实数）：

(1) 若级数$\sum\limits_{n=1}^{\infty}|u_n|$收敛，称级数$\sum\limits_{n=1}^{\infty}u_n$**绝对收敛**.

(2) 若$\sum\limits_{n=1}^{\infty}u_n$收敛，而$\sum\limits_{n=1}^{\infty}|u_n|$发散，则称级数$\sum\limits_{n=1}^{\infty}u_n$**条件收敛**.

定理 若级数$\sum\limits_{n=1}^{\infty}|u_n|$收敛，则$\sum\limits_{n=1}^{\infty}u_n$收敛，即绝对收敛级数一定收敛.

4. 任意项级数敛散性判别方法

(1) 若$\lim\limits_{n\to\infty}|u_n|\neq0$，则级数$\sum\limits_{n=1}^{\infty}u_n$发散.

(2) 若级数$\sum\limits_{n=1}^{\infty}|v_n|$收敛，且$|u_n|\leqslant|v_n|(n=1,2,\cdots)$，则级数$\sum\limits_{n=1}^{\infty}u_n$绝对收敛.

(3) 若级数$\sum\limits_{n=1}^{\infty}|v_n|$收敛，且$\lim\limits_{n\to\infty}\left|\dfrac{u_n}{v_n}\right|=l(0\leqslant l<+\infty)$，则级数$\sum\limits_{n=1}^{\infty}u_n$绝对收敛.

(4) 若$\lim\limits_{n\to\infty}\left|\dfrac{u_{n+1}}{u_n}\right|=\rho$，或$\lim\limits_{n\to\infty}\sqrt[n]{|u_n|}=\rho$，则

1）当$0\leqslant\rho<1$时，级数$\sum\limits_{n=1}^{\infty}u_n$绝对收敛.

2）当 $\rho>1$（或 $\rho=+\infty$）时，级数 $\sum_{n=1}^{\infty}u_n$ 发散.

3）当 $\rho=1$ 时，级数可能收敛也可能发散.

7.1.3 幂级数

1. 函数项级数收敛域、和函数

设有定义在区间 I 上的函数列 $u_1(x),u_2(x),u_3(x),\cdots,u_n(x),\cdots$，称 $u_1(x)+u_2(x)+u_3(x)+\cdots+u_n(x)+\cdots=\sum_{n=1}^{\infty}u_n(x)$ 为定义在区间 I 上的**函数项无穷级数**，简称**函数项级数**.

设 $x_0\in I$，若级数 $u_1(x_0)+u_2(x_0)+u_3(x_0)+\cdots+u_n(x_0)+\cdots$ 收敛，则称点 x_0 是函数项级数的**收敛点**；否则称点 x_0 为**发散点**，函数项级数 $\sum_{n=1}^{\infty}u_n(x)$ 的所有收敛点的全体称为它的**收敛域**，所有发散点的全体称为它的**发散域**.

在收敛域上，函数项级数的和是 x 的函数 $s(x)$，称 $s(x)$ 为函数项级数的**和函数**，记为 $s(x)=u_1(x)+u_2(x)+u_3(x)+\cdots+u_n(x)+\cdots$.

2. 幂级数定义

形如 $\sum_{n=0}^{\infty}a_n(x-x_0)^n=a_0+a_1(x-x_0)+a_2(x-x_0)^2+\cdots+a_n(x-x_0)^n+\cdots$ 的函数项级数称为 $(x-x_0)$ 的**幂级数**.

特别地，当 $x_0=0$ 时，$\sum_{n=0}^{\infty}a_nx^n=a_0+a_1x+a_2x^2+\cdots+a_nx^n+\cdots$ 称为 x 的幂级数，其中，a_0，$a_1,a_2,\cdots,a_n,\cdots$ 为常数，称为幂级数的**系数**，这种形式的级数也叫做**标准型幂级数**.

3. 幂级数的收敛半径和收敛域

(1) 阿贝尔(Abel)定理

若级数 $\sum_{n=0}^{\infty}a_nx^n$ 当 $x=x_0\ (x_0\neq0)$ 时收敛，则满足不等式 $|x|<|x_0|$ 的一切 x 幂级数 $\sum_{n=0}^{\infty}a_nx^n$ 绝对收敛. 如果级数 $\sum_{n=0}^{\infty}a_nx^n$ 当 $x=x_0$ 时发散，则满足不等式 $|x|>|x_0|$ 的一切 x 幂级数 $\sum_{n=0}^{\infty}a_nx^n$ 发散.

(2) 收敛半径

若存在常数 $R>0$，使当 $|x|<R$ 时，幂级数 $\sum_{n=0}^{\infty}a_nx^n$ 收敛；当 $|x|>R$ 时，幂级数 $\sum_{n=0}^{\infty}a_nx^n$ 发散，则称该常数 R 为幂级数 $\sum_{n=0}^{\infty}a_nx^n$ 的**收敛半径**，开区间 $(-R,R)$ 称为幂级数 $\sum_{n=0}^{\infty}a_nx^n$ 的**收敛区间**.

(3) 收敛半径的计算

设幂级数 $\sum_{n=0}^{\infty}a_nx^n$ 满足 $\lim\limits_{n\to\infty}\left|\frac{a_{n+1}}{a_n}\right|=\rho$ 或 $\lim\limits_{n\to\infty}\sqrt[n]{|a_n|}=\rho$，则有

1）当 $0<\rho<+\infty$ 时，$R=\frac{1}{\rho}$.

2）当$\rho=0$时，$R=+\infty$.

3）当$\rho=+\infty$时，$R=0$.

在确定了收敛半径$R(0<R<+\infty)$后，分别将$x=R$和$x=-R$代入原幂级数判别其敛散性，从而确定收敛域为$[-R,R]$，$(-R,R)$，$[-R,R)$，$(-R,R]$之一.

4. 幂级数的运算性质

性质1 设幂级数$\sum\limits_{n=0}^{\infty}a_nx^n=s_1(x)$，收敛半径为$R_1$，幂级数$\sum\limits_{n=0}^{\infty}b_nx^n=s_2(x)$，收敛半径为$R_2$，则：(1) $\sum\limits_{n=0}^{\infty}(a_n\pm b_n)x^n=\sum\limits_{n=0}^{\infty}a_nx^n\pm\sum\limits_{n=0}^{\infty}b_nx^n=s_1(x)\pm s_2(x)$，收敛半径为$\min\{R_1,R_2\}$.

(2) $\sum\limits_{n=0}^{\infty}a_nx^n\sum\limits_{n=0}^{\infty}b_nx^n=\sum\limits_{n=0}^{\infty}(a_0b_n+a_1b_{n-1}+\cdots+a_nb_0)x^n=s_1(x)s_2(x)$，收敛半径为$\min\{R_1,R_2\}$.

性质2 幂级数$\sum\limits_{n=0}^{\infty}a_nx^n$的和函数$s(x)$在其收敛域$I$上连续.

性质3 幂级数$\sum\limits_{n=0}^{\infty}a_nx^n$的和函数$s(x)$在其收敛域$I$上可积，并有逐项积分公式

$$\int_0^x s(x)\mathrm{d}x=\int_0^x\Big[\sum_{n=0}^{\infty}a_nx^n\Big]\mathrm{d}x=\sum_{n=0}^{\infty}\int_0^x a_nx^n\mathrm{d}x=\sum_{n=0}^{\infty}\frac{a_n}{n+1}x^{n+1}\ (x\in I)$$

逐项积分后所得到的幂级数和原级数有相同的收敛半径.

性质4 幂级数$\sum\limits_{n=0}^{\infty}a_nx^n$的和函数$s(x)$在其收敛区间$(-R,R)$内可导，且有逐项求导公式

$$s'(x)=\Big(\sum_{n=0}^{\infty}a_nx^n\Big)'=\sum_{n=0}^{\infty}(a_nx^n)'=\sum_{n=1}^{\infty}na_nx^{n-1}(|x|)<R)$$

逐项求导后所得到的幂级数和原级数有相同的收敛半径，但收敛域可能发生变化.

7.1.4 函数展开成幂级数

1. 泰勒级数与麦克劳林级数

若$f(x)$在点x_0的某邻域内具有各阶导数$f'(x)$，$f''(x)$，$\cdots$，$f^{(n)}(x)$，$\cdots$，则幂级数

$$f(x_0)+f'(x_0)(x-x_0)+\frac{f''(x_0)}{2!}(x-x_0)^2+\cdots+\frac{f^{(n)}(x_0)}{n!}(x-x_0)^n+\cdots$$

称为函数$f(x)$在处$x=x_0$的**泰勒级数**. 特别地，当$x_0=0$时，级数

$$f(0)+f'(0)x+\frac{f''(0)}{2!}x^2+\cdots+\frac{f^{(n)}(0)}{n!}x^n+\cdots,$$

称为函数$f(x)$的**麦克劳林级数**.

2. 函数展开成泰勒级数的充要条件

(1) 泰勒(Taylor)中值定理

若函数$f(x)$在含有x_0的某个开区间(a,b)内具有直到$n+1$阶的导数，则对任一$x\in(a,$

$b)$,有

$$f(x)=f(x_0)+f'(x_0)(x-x_0)+\frac{f''(x_0)}{2!}(x-x_0)^2+\cdots+\frac{f^{(n)}(x_0)}{n!}(x-x_0)^n+R_n(x)$$

其中,$R_n(x)=\frac{f^{(n+1)}(\xi)}{(n+1)!}(x-x_0)^{n+1}$,$\xi$ 是 x_0 与 x 之间的某个值.

(2) 函数展开成泰勒级数的充要条件

设函数$f(x)$在点 x_0 的某一邻域内具有任意阶导数,则$f(x)$在 $x=x_0$ 处能展开成泰勒级数,即

$$f(x)=f(x_0)+f'(x_0)(x-x_0)+\frac{f''(x_0)}{2!}(x-x_0)^2+\cdots+\frac{f^{(n)}(x_0)}{n!}(x-x_0)^n+\cdots(x\in U(x_0))$$

的充分必要条件是$f(x)$的泰勒公式中的余项 $R_n(x)$当 $n\to\infty$ 时的极限为零,即$\lim\limits_{n\to\infty}R_n(x)=0(x\in U(x_0))$.

3. 常见函数的幂级数展开式

(1) $\frac{1}{1-x}=1+x+x^2+\cdots+x^n+\cdots(-1<x<1)$.

(2) $\frac{1}{1+x}=1-x+x^2-x^3+\cdots+(-1)^nx^n+\cdots(-1<x<1)$.

(3) $e^x=1+x+\frac{x^2}{2!}+\cdots+\frac{x^n}{n!}+\cdots(-\infty<x<+\infty)$.

(4) $\sin x=x-\frac{x^3}{3!}+\frac{x^5}{5!}-\cdots+(-1)^{n-1}\frac{x^{2n-1}}{(2n-1)!}+\cdots(-\infty<x<+\infty)$.

(5) $\cos x=1-\frac{x^2}{2!}+\frac{x^4}{4!}-\cdots+(-1)^n\frac{x^{2n}}{(2n)!}+\cdots(-\infty<x<\infty)$.

(6) $\ln(1+x)=x-\frac{x^2}{2}+\frac{x^3}{3}-\frac{x^4}{4}+\cdots+(-1)^n\frac{x^{n+1}}{n+1}+\cdots(-1<x\leqslant 1)$.

(7) $(1+x)^m=1+mx+\frac{m(m-1)}{2!}x^2+\cdots+\frac{m(m-1)\cdots(m-n+1)}{n!}x^n+\cdots(-1<x<1)$.

7.2 学习要求

1. 理解无穷级数收敛、发散的概念.
2. 掌握无穷级数的基本性质及收敛的必要条件,熟悉几何级数、调和级数及 p - 级数的敛散性.
3. 掌握正项级数收敛的充要条件,会用比较审敛法、比值审敛法、根值审敛法及积分审敛发判定正项级数的敛散性.
4. 掌握交错级数的莱布尼茨判别法.
5. 理解任意项级数绝对收敛、条件收敛的概念,会判断任意项级数的敛散性.
6. 理解函数项级数收敛域及发散域的概念.
7. 会计算幂级数的收敛半径、收敛区间、收敛域,会求幂级数的和函数,会求数项级数的和.
8. 掌握函数幂级数展开方法.

7.3 基本题型与范例

题型1 有关级数概念与性质的命题

例7-1 判断级数$\frac{1}{1\times 2}+\frac{1}{2\times 3}+\cdots+\frac{1}{n(n+1)}+\cdots$的敛散性.

解:由于一般项$u_n=\frac{1}{n(n+1)}=\frac{1}{n}-\frac{1}{n+1}$,因此部分和为

$$S_n=\frac{1}{1\times 2}+\frac{1}{2\times 3}+\cdots+\frac{1}{n(n+1)}=\left(1-\frac{1}{2}\right)+\left(\frac{1}{2}-\frac{1}{3}\right)+\cdots+\left(\frac{1}{n}-\frac{1}{n+1}\right)=1-\frac{1}{n+1},$$

从而$\lim\limits_{n\to\infty}S_n=\lim\limits_{n\to\infty}\left(1-\frac{1}{n+1}\right)=1$,所以该级数收敛,其和为1.

例7-2 若$\sum\limits_{n=1}^{\infty}u_n$与$\sum\limits_{n=1}^{\infty}v_n$都发散,则下列选项中正确的是(　　).

A. $\sum\limits_{n=1}^{\infty}(u_n+v_n)$发散　　B. $\sum\limits_{n=1}^{\infty}u_nv_n$必发散

C. $\sum\limits_{n=1}^{\infty}(|u_n|+|v_n|)$必发散　　D. $\sum\limits_{n=1}^{\infty}(u_n^2+v_n^2)$必发散

解:由$\sum\limits_{n=1}^{\infty}u_n$与$\sum\limits_{n=1}^{\infty}v_n$都发散,可得两个正项级数$\sum\limits_{n=1}^{\infty}|u_n|$与$\sum\limits_{n=1}^{\infty}|v_n|$都发散,于是由比较审敛法知其和的级数$\sum\limits_{n=1}^{\infty}(|u_n|+|v_n|)$发散,所以选C.

例7-3 设a为常数,则级数$\sum\limits_{n=1}^{\infty}\left[\frac{\sin(na)}{n^2}-\frac{1}{\sqrt{n}}\right]$(　　).

A. 绝对收敛　　B. 条件收敛

C. 发散　　D. 敛散性与a的取值有关

解:因为$\frac{\sin(na)}{n^2}\leqslant\frac{1}{n^2}$,可知$\sum\limits_{n=1}^{\infty}\frac{\sin(na)}{n^2}$收敛,而级数$\sum\limits_{n=1}^{\infty}\frac{1}{\sqrt{n}}$发散,所以$\sum\limits_{n=1}^{\infty}\left[\frac{\sin(na)}{n^2}-\frac{1}{\sqrt{n}}\right]$发散,应选C.

例7-4 求级数$\sum\limits_{n=1}^{\infty}\frac{n}{(n+1)!}$的和.

解:因为$\frac{n}{(n+1)!}=\frac{n+1}{(n+1)!}-\frac{1}{(n+1)!}=\frac{1}{n!}-\frac{1}{(n+1)!}$,

部分和$S_n=\left(\frac{1}{1!}-\frac{1}{2!}\right)+\left(\frac{1}{2!}-\frac{1}{3!}\right)+\cdots+\left(\frac{1}{n!}-\frac{1}{(n+1)!}\right)=1-\frac{1}{(n+1)!}$,

所以$\lim\limits_{n\to\infty}S_n=1$,即级数$\sum\limits_{n=1}^{\infty}\frac{n}{(n+1)!}$的和为1.

例7-5 判断级数$\frac{1}{\sqrt{2}-1}-\frac{1}{\sqrt{2}+1}+\frac{1}{\sqrt{3}-1}-\frac{1}{\sqrt{3}+1}+\frac{1}{\sqrt{4}-1}-\frac{1}{\sqrt{4}+1}+\cdots$的敛散性.

解:考虑加括号级数

$$\left(\frac{1}{\sqrt{2}-1}-\frac{1}{\sqrt{2}+1}\right)+\left(\frac{1}{\sqrt{3}-1}-\frac{1}{\sqrt{3}+1}\right)+\left(\frac{1}{\sqrt{4}-1}-\frac{1}{\sqrt{4}+1}\right)+\cdots$$

其一般项为
$$a_n=\frac{1}{\sqrt{n}-1}-\frac{1}{\sqrt{n}+1}=\frac{2}{n-1},$$

因为 $\sum\limits_{n=2}^{\infty} a_n=2\sum\limits_{n=1}^{\infty}\frac{1}{n}$发散,故原级数发散.

【评注】 加括号后发散的级数原级数必发散.

例 7-6 分别就级数 $\sum\limits_{n=1}^{\infty} u_n$收敛与发散两种情况讨论下列级数的敛散性.

(1) $\sum\limits_{n=1}^{\infty}(u_n+0.00001)$;　(2) $\sum\limits_{n=1}^{\infty} u_{n+10000}$;　(3) $\sum\limits_{n=1}^{\infty}\frac{1}{u_n}$.

解:首先设级数 $\sum\limits_{n=1}^{\infty} u_n$ 收敛.

(1) $\sum\limits_{n=1}^{\infty}(u_n+0.00001)$发散,因为级数 $\sum\limits_{n=1}^{\infty} u_n$ 收敛,故$\lim\limits_{n\to\infty} u_n=0$,从而$\lim\limits_{n\to\infty}(u_n+0.00001)=0.00001\neq 0$,一般项不趋于零是级数发散的充分条件.

(2) $\sum\limits_{n=1}^{\infty} u_{n+10000}$收敛,因为在级数中添加或去掉有限项不改变级数的敛散性,而级数 $\sum\limits_{n=1}^{\infty} u_{n+10000}$是去掉级数 $\sum\limits_{n=1}^{\infty} u_n$ 的前 10000 项后得到的级数,故级数 $\sum\limits_{n=1}^{\infty} u_{n+10000}$仍然收敛.

(3) $\sum\limits_{n=1}^{\infty}\frac{1}{u_n}$发散. 因为$\lim\limits_{n\to\infty} u_n=0$,所以$\lim\limits_{n\to\infty}\frac{1}{u_n}=\infty\neq 0$.

其次考虑级数 $\sum\limits_{n=1}^{\infty} u_n$ 发散的情况.

现在我们只知道 $\sum\limits_{n=1}^{\infty} u_n$ 发散,即$\lim\limits_{n\to\infty} S_n$ 不存在,此时不能假设$\lim\limits_{n\to\infty} u_n\neq 0$.

(1) $\sum\limits_{n=1}^{\infty}(u_n+0.00001)$可能收敛也可能发散. 如 $\sum\limits_{n=1}^{\infty}\frac{1}{n}$发散, $\sum\limits_{n=1}^{\infty}\left(\frac{1}{n}+0.00001\right)$也发散,而 $\sum\limits_{n=1}^{\infty}\left(\frac{1}{n^2}-0.00001\right)$发散,但 $\sum\limits_{n=1}^{\infty}\left(\frac{1}{n^2}-0.00001+0.00001\right)=\sum\limits_{n=1}^{\infty}\frac{1}{n^2}$却收敛.

(2) $\sum\limits_{n=1}^{\infty} u_{n+10000}$发散,因为去掉级数前 10000 项,不改变级数敛散性.

(3) $\sum\limits_{n=1}^{\infty}\frac{1}{u_n}$可能收敛也可以发散. 如 $\sum\limits_{n=1}^{\infty}\frac{1}{n}$发散, $\sum\limits_{n=1}^{\infty} n$ 也发散, $\sum\limits_{n=2}^{\infty}(n-1)(n+1)$发散,但 $\sum\limits_{n=2}^{\infty}\frac{1}{(n-1)(n+1)}$却收敛.

【评注】 对于这类问题的分析要力求全面,分析中不要轻易下结论,也不能附加题中未给的条件.

题型 2　用比较审敛法判断级数的敛散性

例 7-7 判断下列级数的敛散性.

(1) $\sum_{n=2}^{\infty}\tan\frac{\pi}{2^n}$;　　　　(2) $\sum_{n=2}^{\infty}\frac{1}{\ln^{10}n}$.

解:(1) 当 $n\to\infty$ 时, $\tan\frac{\pi}{2^n}$ 与 $\frac{\pi}{2^n}$ 为等价无穷小,故选择级数 $\sum_{n=2}^{\infty}\frac{\pi}{2^n}$ 为比较对象,因为 $\lim_{n\to\infty}\frac{\tan\frac{\pi}{2^n}}{\frac{\pi}{2^n}}=1$,级数 $\sum_{n=2}^{\infty}\frac{\pi}{2^n}$ 收敛,所以 $\sum_{n=2}^{\infty}\tan\frac{\pi}{2^n}$ 收敛.

(2) 因 n 充分大时 $\frac{1}{n}<\frac{1}{\ln^{10}n}$,级数 $\sum_{n=2}^{\infty}\frac{1}{n}$ 发散,所以级数 $\sum_{n=2}^{\infty}\frac{1}{\ln^{10}n}$ 发散.

例 7-8 判断级数 $\sum_{n=1}^{\infty}\frac{\ln n}{n^{\frac{5}{4}}}$ 的敛散性.

解: $\sum_{n=1}^{\infty}\frac{\ln n}{n^{\frac{5}{4}}}$ 的一般项为 $\frac{\ln n}{n^{\frac{5}{4}}}$,分子是 $\ln n$,当 $n\to\infty$ 时为无穷大,因此由 $\sum_{n=1}^{\infty}\frac{1}{n^{\frac{5}{4}}}$ 的收敛性不能推知 $\sum_{n=1}^{\infty}\frac{\ln n}{n^{\frac{5}{4}}}$ 收敛,但是注意到:

(1) $\lim_{n\to\infty}\frac{\ln n}{n^{\alpha}}=0$,其中 $\alpha>0$.

(2) $\frac{\ln n}{n^{\frac{5}{4}}}=\frac{\ln n}{n^{\frac{5}{4}-\alpha+\alpha}}=\frac{\ln n}{n^{\alpha}}\frac{1}{n^{\frac{5}{4}-\alpha}}$,可以适当地选取 α 使 $\frac{5}{4}-\alpha>1$,如取 $\alpha=\frac{1}{8}$,

则
$$\frac{\ln n}{n^{\frac{5}{4}}}=\frac{\ln n}{n^{\frac{5}{4}-\frac{1}{8}+\frac{1}{8}}}=\frac{\ln n}{n^{\frac{1}{8}}}\frac{1}{n^{\frac{5}{4}-\frac{1}{8}}}=\frac{\ln n}{n^{\frac{1}{8}}}\frac{1}{n^{\frac{9}{8}}},$$

因 $\lim_{n\to\infty}\frac{\frac{\ln n}{n^{\frac{5}{4}}}}{\frac{1}{n^{\frac{9}{8}}}}=\lim_{n\to\infty}\frac{\ln n}{n^{\frac{1}{8}}}=0$,且 $\sum_{n=1}^{\infty}\frac{1}{n^{\frac{9}{8}}}$ 收敛,所以级数 $\sum_{n=1}^{\infty}\frac{\ln n}{n^{\frac{5}{4}}}$ 收敛.

例 7-9 设 $a_n>0$, $\sum_{i=1}^{\infty}a_n$ 收敛,且常数 $\lambda\in\left(0,\frac{\pi}{2}\right)$,则级数 $\sum_{n=1}^{\infty}(-1)^n\left(n\tan\frac{\lambda}{n}\right)a_{2n}$ (　　).

A. 绝对收敛　　　　B. 条件收敛

C. 发散　　　　D. 收敛性与 λ 有关

解:由题设知 $\sum_{n=1}^{\infty}a_n$ 为正项级数,由于 $\sum_{n=1}^{\infty}a_n$ 收敛,因此 $\sum_{n=1}^{\infty}a_{2n}$ 收敛,记 $u_n=\left(n\tan\frac{\lambda}{n}\right)a_{2n}$, $v_n=a_{2n}$,由于

$$\lim_{n\to\infty}\frac{u_n}{v_n}=\lim_{n\to\infty}\frac{\left(n\tan\frac{\lambda}{n}\right)a_{2n}}{a_{2n}}=\lim_{n\to\infty}\frac{\tan\frac{\lambda}{n}}{\frac{1}{n}}=\lim_{n\to\infty}\frac{\frac{\lambda}{n}}{\frac{1}{n}}=\lambda,$$

因此, $\sum_{n=1}^{\infty}\left(n\tan\frac{\lambda}{n}\right)a_{2n}$ 收敛,即 $\sum_{n=1}^{\infty}(-1)^n\left(n\tan\frac{\lambda}{n}\right)a_{2n}$ 绝对收敛,故应选 A.

例 7-10　判断级数 $\sum\limits_{n=1}^{\infty}\frac{1}{n\sqrt[n]{n}}$的敛散性.

解 1:因$\lim\limits_{n\to\infty}\sqrt[n]{n}=1$,所以对$\forall\varepsilon>0$,$\exists N$,当$n>N$时,有$1-\varepsilon<\sqrt[n]{n}<1+\varepsilon$,$\frac{1}{n\sqrt[n]{n}}>\frac{1}{n(1+\varepsilon)}$,因调和级数$\sum\limits_{n=1}^{\infty}\frac{1}{n}$发散,由比较判别法,知原级数发散.

解 2:因为$\lim\limits_{n\to\infty}\frac{\frac{1}{n\sqrt[n]{n}}}{\frac{1}{n}}=\lim\limits_{n\to\infty}\frac{1}{\sqrt[n]{n}}=1$,而级数$\sum\limits_{n=1}^{\infty}\frac{1}{n}$发散,由比较审敛法知级数$\sum\limits_{n=1}^{\infty}\frac{1}{n\sqrt[n]{n}}$发散.

例 7-11　讨论级数$\sum\limits_{n=1}^{\infty}\left(1-\cos\frac{1}{n}\right)^{p}(p>0)$的敛散性.

解:当$n\to\infty$时,$\left(1-\cos\frac{1}{n}\right)^{p}\sim\left(\frac{1}{2n^{2}}\right)^{p}$,又$\sum\limits_{n=1}^{\infty}\frac{1}{n^{2p}}$当$p>\frac{1}{2}$时收敛,当$p\leqslant\frac{1}{2}$时发散,故级数$\sum\limits_{n=1}^{\infty}\left(1-\cos\frac{1}{n}\right)^{p}$当$p>\frac{1}{2}$收敛,当$p\leqslant\frac{1}{2}$时发散.

例 7-12　判断级数$\sum\limits_{n=1}^{\infty}\frac{1}{2^{\sqrt{n}}}$的敛散性.

解:由于

$$\lim_{x\to+\infty}\frac{x^{2}}{2^{\sqrt{x}}}\xlongequal{\sqrt{x}=t}\lim_{t\to+\infty}\frac{t^{4}}{2^{t}}=0,$$

因此

$$\lim_{n\to\infty}\frac{\frac{1}{2^{\sqrt{n}}}}{\frac{1}{n^{2}}}=\lim_{n\to\infty}\frac{n^{2}}{2^{\sqrt{n}}}=0.$$

由于$\sum\limits_{n=1}^{\infty}\frac{1}{n^{2}}$收敛,由正项级数比较审敛法的极限形式知级数$\sum\limits_{n=1}^{\infty}\frac{1}{2^{\sqrt{n}}}$收敛.

例 7-13　判断$\sum\limits_{n=1}^{\infty}\left[\mathrm{e}-\left(1+\frac{1}{n}\right)^{n}\right]^{p}$的敛散性.

解:由洛必达法则有$\lim\limits_{x\to0^{+}}\frac{\mathrm{e}-(1+x)^{\frac{1}{x}}}{x}=\frac{\mathrm{e}}{2}$,

因此

$$\lim_{n\to\infty}\frac{\mathrm{e}-\left(1+\frac{1}{n}\right)^{n}}{\frac{1}{n}}=\frac{\mathrm{e}}{2},$$

令

$$u_{n}=\left[\mathrm{e}-\left(1+\frac{1}{n}\right)^{n}\right]^{p},$$

则

$$\lim_{n\to\infty}\frac{u_{n}}{\frac{1}{n^{p}}}=\lim_{n\to\infty}\left[\frac{\mathrm{e}-\left(1+\frac{1}{n}\right)^{n}}{\frac{1}{n}}\right]^{p}=\left(\frac{\mathrm{e}}{2}\right)^{p},$$

由正项级数比较审敛法的极限形式知级数$\sum\limits_{n=1}^{\infty}u_{n}$与$\sum\limits_{n=1}^{\infty}\frac{1}{n^{p}}$有相同的敛散性,故当$p>1$时,级

数 $\sum_{n=1}^{\infty}\left[\mathrm{e}-\left(1+\frac{1}{n}\right)^{n}\right]^{p}$ 收敛,当 $p\leqslant 1$ 时,级数 $\sum_{n=1}^{\infty}\left[\mathrm{e}-\left(1+\frac{1}{n}\right)^{n}\right]^{p}$ 发散.

例 7-14 设 $\sum_{n=1}^{\infty}a_n$ 为正项级数,则以下命题中正确的是(　　).

A. 若 $\lim_{n\to\infty}na_n=0$,则 $\sum_{n=1}^{\infty}a_n$ 收敛

B. 若存在非零常数 λ,使 $\lim_{n\to\infty}na_n=\lambda$,则 $\sum_{n=1}^{\infty}a_n$ 发散

C. 若 $\sum_{n=1}^{\infty}a_n$ 收敛,则 $\lim_{n\to\infty}n^2a_n=0$

D. 若 $\sum_{n=1}^{\infty}a_n$ 发散,则存在非零常数 λ,使 $\lim_{n\to\infty}na_n=\lambda$

解:若 $a_n=\frac{1}{n\ln n}$,则 $\lim_{n\to\infty}na_n=0$,但 $\sum_{n=2}^{\infty}\frac{1}{n\ln n}$ 发散,所以选项 A,D 不对.

若 $a_n=\frac{1}{n^2}$,则 $\sum_{n=1}^{\infty}\frac{1}{n^2}$ 收敛,但 $\lim_{n\to\infty}n^2a_n=1$,所以选项 C 不对.

对选项 B 由于存在非零常数 λ 使得

$$\lim_{n\to\infty}na_n=\frac{a_n}{\frac{1}{n}}=\lambda,$$

因为 $\sum_{n=1}^{\infty}\frac{1}{n}$ 发散,所以 $\sum_{n=1}^{\infty}a_n$ 发散. 所以选 B.

题型 3　用比值审敛法、根值审敛法或积分判别法判断级数的敛散性

例 7-15 判断级数 $\sum_{n=1}^{\infty}\frac{a^n}{n^s}(a>0,s>0)$ 的敛散性.

解:因 $\lim_{n\to\infty}\frac{u_{n+1}}{u_n}=a$,由比值审敛法知,当 $a<1$ 时级数收敛;$a>1$ 时级数发散;当 $a=1$ 时,由 p-级数的敛散性可知:$s>1$ 时收敛,$s\leqslant 1$ 时发散.

例 7-16 判断级数 $\sum_{n=1}^{\infty}\frac{1}{(\sqrt{3}-1)^n n^2}$ 的敛散性.

解:其一般项为

$$u_n=\frac{1}{(\sqrt{3}-1)^n n^2},$$

由于 $\lim_{n\to\infty}\frac{u_{n+1}}{u_n}=\lim_{n\to\infty}\frac{\frac{1}{(\sqrt{3}-1)^{n+1}(n+1)^2}}{\frac{1}{(\sqrt{3}-1)^n n^2}}=\lim_{n\to\infty}\frac{1}{(\sqrt{3}-1)}\left(\frac{n}{n+1}\right)^2=\frac{1}{\sqrt{3}-1}>1,$

由比值审敛法知级数 $\sum_{n=1}^{\infty}\frac{1}{(\sqrt{3}-1)^n n^2}$ 发散.

例 7-17 判断级数 $\sum_{n=1}^{\infty}\frac{\ln(n+2)}{\left(a+\frac{1}{n}\right)^n}(a>0)$ 的敛散性.

解:由于$\lim\limits_{n\to\infty}\sqrt[n]{u_n}=\lim\limits_{n\to\infty}\dfrac{\sqrt[n]{\ln(n+2)}}{a+\dfrac{1}{n}}=\dfrac{1}{a}$,当 $a>1$ 时,级数收敛;当$0<a<1$,时,级数发散;当 $a=1$ 时,$\lim\limits_{n\to\infty}u_n=\infty$,级数发散. 综合起来,当 $a>1$ 时,级数收敛;当$0<a\leqslant 1$ 时,级数发散.

例 7-18　判断级数 $\sum\limits_{n=1}^{\infty}\dfrac{2^n}{n+3}x^{2n}$的敛散性.

解:由于通项中含有 a^n,既可以用比值审敛法又可以用根值审敛法,但用根值审敛法时容易求极限,所以令 $a_n=\dfrac{2^n}{n+3}x^{2n}$,则$\sqrt[n]{a_n}=\dfrac{2x^2}{\sqrt[n]{n+3}}$,$\lim\limits_{n\to\infty}\dfrac{2x^2}{\sqrt[n]{n+3}}=2x^2$.

由根值审敛法知:

当 $2x^2<1$ 时,级数 $\sum\limits_{n=1}^{\infty}\dfrac{2^n}{n+3}x^{2n}$收敛;

当 $2x^2>1$ 时,级数 $\sum\limits_{n=1}^{\infty}\dfrac{2^n}{n+3}x^{2n}$发散;

当 $2x^2=1$ 时,级数为 $\sum\limits_{n=1}^{\infty}\dfrac{1}{n+3}$,该级数与 $\sum\limits_{n=1}^{\infty}\dfrac{1}{n}$同发散.

综上可知:当$|x|<\dfrac{1}{\sqrt{2}}$时,级数 $\sum\limits_{n=1}^{\infty}\dfrac{2^n}{n+3}x^{2n}$收敛;当$|x|\geqslant\dfrac{1}{\sqrt{2}}$时,级数 $\sum\limits_{n=1}^{\infty}\dfrac{2^n}{n+3}x^{2n}$发散.

例 7-19　判断级数 $\sum\limits_{n=2}^{\infty}\dfrac{1}{n\ln n}$的敛散性.

解:考虑广义积分$\int_2^{\infty}\dfrac{1}{x\ln x}\mathrm{d}x$,因为 $\sum\limits_{n=2}^{\infty}\dfrac{1}{n\ln n}\geqslant\int_2^{\infty}\dfrac{1}{x\ln x}\mathrm{d}x$,而$\int_2^{\infty}\dfrac{1}{x\ln x}\mathrm{d}x$ 发散,所以 $\sum\limits_{n=2}^{\infty}\dfrac{1}{n\ln n}$发散.

例 7-20　判断级数 $\sum\limits_{n=1}^{\infty}\dfrac{\ln(n+1)}{n^p}(p>0)$的敛散性.

解:由于$\lim\limits_{n\to\infty}\dfrac{\dfrac{\ln n}{n^p}}{\dfrac{\ln(n+1)}{n^p}}=\lim\limits_{n\to\infty}\dfrac{\ln n}{\ln(n+1)}=1$,所以级数 $\sum\limits_{n=1}^{\infty}\dfrac{\ln(n+1)}{n^p}$与级数 $\sum\limits_{n=1}^{\infty}\dfrac{\ln n}{n^p}$有相同的敛散性,因此只需考虑级数 $\sum\limits_{n=1}^{\infty}\dfrac{\ln n}{n^p}$的敛散性,在级数 $\sum\limits_{n=1}^{\infty}\dfrac{\ln n}{n^p}$中,考虑函数$f(x)=\dfrac{\ln x}{x^p}$,由于$f'(x)=\dfrac{1-p\ln x}{x^{p+1}}$,当$x>\mathrm{e}^{\frac{1}{p}}$时,$f'(x)<0$,所以$f(x)$单调减,从而级数 $\sum\limits_{n=1}^{\infty}\dfrac{\ln n}{n^p}$与广义积分$\int_2^{+\infty}\dfrac{\ln x}{x^p}\mathrm{d}x$有相同的敛散性.

当$p=1$时,$\int_2^{+\infty}\dfrac{\ln x}{x}\mathrm{d}x=\dfrac{(\ln x)^2}{2}\Big|_2^{+\infty}=+\infty$,

当$p\neq 1$时,

$$\int_2^{+\infty}\frac{\ln x}{x^p}\mathrm{d}x=\int_2^{+\infty}\ln x\mathrm{d}\frac{x^{1-p}}{1-p}=\left[\frac{x^{1-p}\ln x}{1-p}-\frac{x^{1-p}}{(1-p)^2}\right]\Bigg|_2^{+\infty}=\begin{cases}\dfrac{2^{1-p}}{(1-p)^2}-\dfrac{2^{1-p}\ln 2}{1-p} & p>1\\ \infty & p<1\end{cases}.$$

因此,当 $p>1$ 时,级数 $\sum_{n=1}^{\infty}\frac{\ln(n+1)}{n^p}$ 收敛,当 $p\leqslant 1$ 时,级数 $\sum_{n=1}^{\infty}\frac{\ln(n+1)}{n^p}$ 发散.

例 7-21 判断下列级数敛散性,收敛时求其和.

(1) $\sum_{n=1}^{\infty}\frac{e^n n!}{n^n}$; (2) $\sum_{n=1}^{\infty}\frac{1}{n^3+3n^2+2n}$; (3) $\sum_{n=1}^{\infty}\frac{2n-1}{2^n}$.

解:(1) $u_n=\frac{e^n n!}{n^n}$, $\frac{u_{n+1}}{u_n}=\frac{e^{n+1}(n+1)!}{(n+1)^{n+1}}\Big/\frac{e^n n!}{n^n}=\frac{e}{\left(1+\frac{1}{n}\right)^n}>1(n=1,2,\cdots)$,

所以 $u_n>u_{n-1}>\cdots>u_1=e$,则 $\lim\limits_{n\to\infty}u_n\neq 0$,因此原级数发散.

(2) 由于 $\lim\limits_{n\to\infty}\frac{u_{n+1}}{u_n}=1$,所以不能用比值审敛法,由于

$$
\begin{aligned}
u_n&=\frac{1}{n^3+3n^2+2n}=\frac{1}{n(n+1)(n+2)}\\
&=\frac{1}{2}\ \frac{(n+2)-n}{2n(n+1)(n+2)}=\frac{1}{2}\left[\frac{1}{n(n+1)}-\frac{1}{(n+1)(n+2)}\right](n=1,2,\cdots),
\end{aligned}
$$

$$
\begin{aligned}
\text{因此 } S_n&=\sum_{k=1}^{n}\frac{1}{k^3+3k^2+2k}=\frac{1}{2}\sum_{k=1}^{\infty}\left[\frac{1}{k(k+1)}-\frac{1}{(k+1)(k+2)}\right]\\
&=\frac{1}{2}\left[\frac{1}{1\cdot 2}-\frac{1}{(n+1)(n+2)}\right],
\end{aligned}
$$

而 $\lim\limits_{n\to\infty}S_n=\frac{1}{4}$,所以原级数收敛,其和为 $\frac{1}{4}$.

(3) $S_n=\frac{1}{2}+\frac{3}{2^2}+\frac{5}{2^3}+\cdots+\frac{2n-1}{2^n}$,所以

$$
\begin{aligned}
S_n-\frac{1}{2}S_n&=\left(\frac{1}{2}+\frac{3}{2^2}+\frac{5}{2^3}+\cdots+\frac{2n-1}{2^n}\right)-\left(\frac{1}{2^2}+\frac{3}{2^3}+\frac{5}{2^4}+\cdots+\frac{2n-1}{2^{n+1}}\right)\\
&=\frac{1}{2}+\frac{1}{2}+\frac{1}{2^2}+\frac{1}{2^3}+\cdots+\frac{1}{2^{n-1}}-\frac{2n-1}{2^{n+1}}=\frac{1}{2}+\frac{1}{2}\ \frac{1-\frac{1}{2^{n-1}}}{1-\frac{1}{2}}-\frac{2n-1}{2^{n+1}}\\
&=\frac{1}{2}+1-\frac{1}{2^{n-1}}-\frac{2n-1}{2^{n+1}},
\end{aligned}
$$

所以

$$S_n=3-\frac{1}{2^{n-2}}-\frac{2n-1}{2^n},$$

故 $\lim\limits_{n\to\infty}S_n=3$,说明原级数收敛, 其和为 3.

正项级数审敛法小结:

(1) 比较审敛法的不等式形式的思想是利用一些不等式将级数一般项 a_n 放大或缩小,使放大后的级数收敛,缩小后的级数发散,再判断原级数的敛散性. 常用的参照级数有等比级数、调和级数和 p-级数.

(2) 比较审敛法的极限形式的思想是利用无穷小量阶的比较关系,找出与 a_n 等价的 b_n,再根据 $\sum_{n=1}^{\infty}b_n$ 的敛散性,得到 $\sum_{n=1}^{\infty}a_n$ 的敛散性.

(3) 比值审敛法不用找已知敛散性的参照级数，只要利用级数自身的后项与前项之比的极限值即可判断，该极限值大于1，则级数发散；极限值小于1，则级数收敛；极限为1，则级数敛散性不能判定，应改用其他判别法. 通常一般项中含有 a^n，$n!$ 等因子时用此法较好；若一般项是 n 的有理式，如级数 $\sum\limits_{n=1}^{\infty}\dfrac{1}{(2n-1)(2n+1)}$，用比值判别法是得不出结论的.

(4) 根值审敛法利用级数自身的一般项的 n 次方根的极限值来判定，该极限值大于1，则级数发散；极限值小于1，则级数收敛；极限为1，则级数敛散性不能判定，应改用其他判别法. 若级数的通项为幂函数、指数函数的乘除运算时，宜用根值法. 求极限 $\lim\limits_{n\to\infty}\sqrt[n]{u_n}$ 时，常用以下一些结论：$\lim\limits_{n\to\infty}\sqrt[n]{a}=1\,(a>0)$；$\lim\limits_{n\to\infty}\sqrt[n]{n^a}=1\,(a$ 为实数$)$；$\lim\limits_{n\to\infty}\sqrt[n]{n!}=+\infty$.

(5) 积分判别法适合于通项是幂函数、对数函数的乘除运算的级数.

题型4　任意项级数敛散性的判别

例7-22　判断级数 $\sum\limits_{n=1}^{\infty}(-1)^n\dfrac{n^2}{e^n}$ 的敛散性.

解：因为 $|u_n|=\dfrac{n^2}{e^n}$，$\lim\limits_{n\to\infty}\dfrac{u_{n+1}}{u_n}=\lim\limits_{n\to\infty}\dfrac{(n+1)^2}{e^{n+1}}\Big/\dfrac{n^2}{e^n}=\lim\limits_{n\to\infty}\dfrac{1}{e}\left(\dfrac{n+1}{n}\right)^2=\dfrac{1}{e}<1$，

所以 $\sum\limits_{n=1}^{\infty}\left|(-1)^n\dfrac{n^2}{e^n}\right|$ 收敛，即级数 $\sum\limits_{n=1}^{\infty}(-1)^n\dfrac{n^2}{e^n}$ 绝对收敛.

例7-23　判断级数 $\sum\limits_{n=1}^{\infty}\sin\left(\dfrac{n^2+\alpha n+\beta}{n}\pi\right)(\alpha,\beta>0)$ 的敛散性.

解：当 α 不是整数时，$\lim\limits_{n\to\infty}u_n\neq0$，级数发散；

当 α 为整数时，$u_n=\sin\left((n+\alpha)\pi+\dfrac{\beta}{n}\pi\right)=(-1)^{n+\alpha}\sin\dfrac{\beta}{n}\pi$，由于 $\sin\dfrac{\beta}{n}\pi$ 单调减少且 $\lim\limits_{n\to\infty}\sin\dfrac{\beta}{n}\pi=0$，据莱布尼茨判别法，知 $\sum\limits_{n=1}^{\infty}(-1)^{n+\alpha}\sin\dfrac{\beta}{n}\pi$ 收敛，又 $\lim\limits_{n\to\infty}\dfrac{|u_n|}{\dfrac{\beta}{n}\pi}=1$，$\sum\limits_{n=1}^{\infty}\dfrac{\beta}{n}\pi$ 发散，故原级数条件收敛.

例7-24　判断级数 $\sum\limits_{n=2}^{\infty}\dfrac{(-1)^n}{\sqrt{n+(-1)^n}}$ 的敛散性.

解：尽管 $\sum\limits_{n=2}^{\infty}\dfrac{(-1)^n}{\sqrt{n+(-1)^n}}$ 是交错级数，但数列 $\left\{\dfrac{(-1)^n}{\sqrt{n+(-1)^n}}\right\}$ 不是单调数列，因此不能用莱布尼茨判别法.

设 $S_n=\sum\limits_{k=2}^{n}\dfrac{(-1)^k}{\sqrt{k+(-1)^k}}$，则 $S_{2n+1}=\sum\limits_{k=1}^{n}\left(\dfrac{1}{\sqrt{2k+1}}-\dfrac{1}{\sqrt{2k}}\right)=-\sum\limits_{k=1}^{n}\left(\dfrac{1}{\sqrt{2k}\,\sqrt{2k+1}(\sqrt{2k}+\sqrt{2k+1})}\right)$

由于级数 $\sum\limits_{n=1}^{\infty}\left(\dfrac{1}{\sqrt{2n}\,\sqrt{2n+1}(\sqrt{2n}+\sqrt{2n+1})}\right)$ 收敛，因此 $\lim\limits_{n\to\infty}S_{2n+1}$ 存在，又由于 $S_{2n}=S_{2n+1}+\dfrac{1}{\sqrt{2n}}$，因此 $\lim\limits_{n\to\infty}S_{2n}$ 存在且 $\lim\limits_{n\to\infty}S_{2n}=\lim\limits_{n\to\infty}S_{2n+1}$，从而 $\lim\limits_{n\to\infty}S_n$ 存在，所以级数 $\sum\limits_{n=2}^{\infty}\dfrac{(-1)^n}{\sqrt{n+(-1)^n}}$ 收敛.

【评注】

(1) 莱布尼茨判别法给出了交错级数 $\sum\limits_{n=1}^{\infty}(-1)^n u_n$($u_n$ 同号)收敛的一个充分条件,当数列$\{u_n\}$不单调时不能用莱布尼茨判别法,只能用数项级数收敛的定义及性质来判断交错级数 $\sum\limits_{n=1}^{\infty}(-1)^n u_n$ 的敛散性.

(2) 判断任意项级数 $\sum\limits_{n=1}^{\infty} a_n$ 的敛散性是指出 $\sum\limits_{n=1}^{\infty} a_n$ 绝对收敛、条件收敛还是发散,其步骤一般是先用正项级数判别法判别 $\sum\limits_{n=1}^{\infty}|a_n|$ 的敛散性,当 $\sum\limits_{n=1}^{\infty}|a_n|$ 发散时,再来判别 $\sum\limits_{n=1}^{\infty} a_n$ 是否收敛.

(3) 若由比值判审敛或根值审敛法判断得到级数 $\sum\limits_{n=1}^{\infty}|a_n|$ 发散,即原级数 $\sum\limits_{n=1}^{\infty} a_n$ 不是绝对收敛的,则原级数 $\sum\limits_{n=1}^{\infty} a_n$ 也一定是发散的.

题型5 幂级数的收敛半径、收敛域、收敛区间的计算

例7-25 求级数 $\sum\limits_{n=1}^{\infty}\left(1+\dfrac{1}{n}\right)^{n^2}x^n$ 的收敛域.

解:因$\lim\limits_{n\to\infty}\sqrt[n]{|a_n|}=\lim\limits_{n\to\infty}\left(1+\dfrac{1}{n}\right)^n=\mathrm{e}$,所以收敛半径为 $R=\dfrac{1}{\mathrm{e}}$,即 $-\dfrac{1}{\mathrm{e}}<x<\dfrac{1}{\mathrm{e}}$时原级数收敛.

当 $x=\pm\dfrac{1}{\mathrm{e}}$时,$|u_n|=\left[\dfrac{\left(1+\dfrac{1}{n}\right)^n}{\mathrm{e}}\right]^n>\dfrac{1}{\left(1+\dfrac{1}{n}\right)^n}\to\dfrac{1}{\mathrm{e}}\neq 0(n\to\infty)$(因为$\left(1+\dfrac{1}{n}\right)^{n+1}>\mathrm{e}$),

因此级数在端点发散,故收敛域为$\left(-\dfrac{1}{\mathrm{e}},\dfrac{1}{\mathrm{e}}\right)$.

例7-26 求幂级数 $\sum\limits_{n=1}^{\infty}\dfrac{[3+(-1)^n]^n}{n}x^n$ 的收敛半径.

分析:由于$\lim\limits_{n\to\infty}\left|\dfrac{a_{n+1}}{a_n}\right|$和$\lim\limits_{n\to\infty}\sqrt[n]{|a_n|}$的极限不存在,所以分别考虑偶次幂与奇次幂组成级数的收敛半径.

解:设 $\sum\limits_{k=1}^{\infty}\alpha_k(x)=\sum\limits_{k=1}^{\infty}\dfrac{4^{2k}}{2k}x^{2k}$, $\sum\limits_{k=1}^{\infty}\beta_k(x)=\sum\limits_{k=1}^{\infty}\dfrac{2^{2k-1}}{2k-1}x^{2k-1}$.

$\lim\limits_{n\to\infty}\left|\dfrac{\alpha_{n+1}(x)}{\alpha_n(x)}\right|=(4x)^2$,所以 $R_1=\dfrac{1}{4}$,$\lim\limits_{n\to\infty}\left|\dfrac{\beta_{n+1}(x)}{\beta_n(x)}\right|=(2x)^2$,所以 $R_2=\dfrac{1}{2}$.

由于原级数 $=\sum\limits_{k=1}^{\infty}\alpha_k(x)+\sum\limits_{k=1}^{\infty}\beta_k(x)$,所以收敛半径为 $R=\min\{R_1,R_2\}=\dfrac{1}{4}$.

【评注】

(1) 求幂级数的收敛半径、收敛区间、收敛域的一般步骤是:对于标准型幂级数先由幂级数的系数求出收敛半径 R,从而确定出收敛区间;然后讨论在区间端点处数项级数的敛散性,

确定收敛域.

(2) 对非标准型幂级数,如缺偶次项或奇次项的幂级数,不能用幂级数的系数求其收敛半径,要从比值审敛法或根值审敛法出发,用级数的一般项的绝对值比的极限确定收敛域.

(3) 函数项级数收敛域的确定可以通过变量代换化为幂级数后再确定.

题型 6　求幂级数的和函数、数项级数的和

例 7-27　求幂级数 $\sum\limits_{n=0}^{\infty}(2n+1)x^n$ 的收敛半径及其和函数.

解:令 $a_n=2n+1$,则 $\lim\limits_{n\to\infty}\dfrac{|a_{n+1}|}{|a_n|}=1$,故 $\sum\limits_{n=0}^{\infty}(2n+1)x^n$ 的收敛半径为 $R=1$.

又 $\sum\limits_{n=0}^{\infty}(2n+1)x^n$ 在收敛区间的端点 $x=\pm1$ 处发散,所以它的收敛域是 $(-1,1)$.

当 $x\in(-1,1)$ 时,令 $s(x)=\sum\limits_{n=0}^{\infty}(2n+1)x^n$,则

$$s(x)=2x\sum_{n=1}^{\infty}nx^{n-1}+\sum_{n=0}^{\infty}x^n=2x\left(\sum_{n=0}^{\infty}x^n\right)'+\frac{1}{1-x}=2x\left(\frac{1}{1-x}\right)'+\frac{1}{1-x}$$

$$=2x\frac{1}{(1-x)^2}+\frac{1}{1-x}=\frac{1+x}{(1-x)^2},x\in(-1,1).$$

例 7-28　求幂级数 $\sum\limits_{n=1}^{\infty}\dfrac{n^2}{n!}x^n$ 的收敛区间,并求其和函数.

解:由于 $a_n=\dfrac{n^2}{n!}$,$\lim\limits_{n\to\infty}\dfrac{a_{n+1}}{a_n}=0$,所以幂级数的收敛区间是 $(-\infty,+\infty)$.

设 $s(x)=\sum\limits_{n=1}^{\infty}\dfrac{n^2}{n!}x^n=x\sum\limits_{n=1}^{\infty}\dfrac{n}{(n-1)!}x^{n-1}=xf(x)$.

$$\int_0^x f(x)\mathrm{d}x=\sum_{n=1}^{\infty}\frac{n}{(n-1)!}\int_0^x x^{n-1}\mathrm{d}x=\sum_{n=1}^{\infty}\frac{1}{(n-1)!}x^n=x\sum_{n=1}^{\infty}\frac{x^{n-1}}{(n-1)!}=x\mathrm{e}^x,$$

由此 $f(x)=(x\mathrm{e}^x)'=\mathrm{e}^x(x+1)$,

于是　$$s(x)=xf(x)=x(x+1)\mathrm{e}^x(-\infty<x<+\infty).$$

例 7-29　求级数 $\sum\limits_{n=1}^{\infty}n(n+1)x^n$ 在收敛域内的和函数,并计算常数项级数 $\sum\limits_{n=1}^{\infty}\dfrac{n(n+1)}{2^n}$ 的和.

解:易求得 $R=1$,且在 $|x|=1$ 处级数发散,所以级数的收敛域为 $(-1,1)$.

当 $|x|<1$ 时,令 $s(x)=\sum\limits_{n=1}^{\infty}n(n+1)x^n$,则

$$\int_0^x s(x)\mathrm{d}x=\sum_{n=1}^{\infty}n\int_0^x(n+1)x^n\mathrm{d}x=\sum_{n=1}^{\infty}nx^{n+1}$$

$$=x^2\sum_{n=1}^{\infty}nx^{n-1}=x^2\sum_{n=1}^{\infty}(x^n)'=x^2\left(\sum_{n=1}^{\infty}x^n\right)'$$

$$=x^2\left(\frac{x}{1-x}\right)'=\left(\frac{x}{1-x}\right)^2.$$

对上式求导，得$\left(\int_0^x s(x)\mathrm{d}x\right)'=\left[\left(\frac{x}{1-x}\right)^2\right]'=\frac{2x}{(1-x)^3}$，

故$s(x)=\frac{2x}{(1-x)^3}(|x|<1)$.

令$x=\frac{1}{2}$，得数项级数$\sum\limits_{n=1}^{\infty}\frac{n(n+1)}{2^n}$的和为$s\left(\frac{1}{2}\right)=8$.

例 7-30 求级数$\sum\limits_{n=1}^{\infty}\frac{x^n}{n(n+1)}$的和函数.

解：原式$=\sum\limits_{n=1}^{\infty}\left(\frac{1}{n}-\frac{1}{n+1}\right)x^n=\sum\limits_{n=1}^{\infty}\int_0^x t^{n-1}\mathrm{d}t-\sum\limits_{n=1}^{\infty}\left(\frac{1}{x}\int_0^x t^n\mathrm{d}t\right)\quad(x\neq 0)$

$=\int_0^x\left(\sum\limits_{n=1}^{\infty}t^{n-1}\right)\mathrm{d}t-\frac{1}{x}\int_0^x\left(\sum\limits_{n=1}^{\infty}t^n\right)\mathrm{d}t=\int_0^x\frac{1}{1-t}\mathrm{d}t-\frac{1}{x}\int_0^x\frac{t}{1-t}\mathrm{d}t\quad(0<|x|<1)$

$=-\ln(1-x)+1+\frac{1}{x}\ln(1-x)=1+\left(\frac{1}{x}-1\right)\ln(1-x)$，

即得
$$\sum_{n=1}^{\infty}\frac{x^n}{n(n+1)}=1+\left(\frac{1}{x}-1\right)\ln(1-x)\quad(0<|x|<1),$$

显然，当$x=0$时和为0；当$x=\pm 1$时，级数也收敛. 根据和函数的连续性，有

$$s(x)=\begin{cases}1+\left(\frac{1}{x}-1\right)\ln(1-x) & 0<|x|<1\text{ 及 }x=-1\\ 0 & x=0\\ 1 & x=1\end{cases}$$

例 7-31 求数项级数$\sum\limits_{n=1}^{\infty}\frac{n^2}{3^n}$的和.

解：由于$\sum\limits_{n=1}^{\infty}\left(\frac{n^2}{3^n}+\frac{n}{3^n}\right)=\sum\limits_{n=1}^{\infty}\frac{(n+1)n}{3^n}=\frac{1}{3}\sum\limits_{n=1}^{\infty}\frac{(n+1)n}{3^{n-1}}$，所以$\sum\limits_{n=1}^{\infty}\frac{n^2}{3^n}+\sum\limits_{n=1}^{\infty}\frac{n}{3^n}$

$=\frac{1}{3}\sum\limits_{n=1}^{\infty}\frac{(n+1)n}{3^{n-1}}$.

因为
$$\sum_{n=0}^{\infty}x^n=\frac{1}{1-x}(-1<x<1),$$

对上式求两次导数，有

$$\sum_{n=1}^{\infty}nx^{n-1}=\left(\frac{1}{1-x}\right)'=\frac{1}{(1-x)^2},\ \sum_{n=2}^{\infty}n(n-1)x^{n-2}=\left(\frac{1}{1-x}\right)''=\frac{2}{(1-x)^3}$$

即
$$\sum_{n=1}^{\infty}(n+1)nx^{n-1}=\left(\frac{1}{1-x}\right)''=\frac{2}{(1-x)^3},$$

令$x=\frac{1}{3}$，则$\sum\limits_{n=1}^{\infty}n\left(\frac{1}{3}\right)^{n-1}=\frac{1}{\left(1-\frac{1}{3}\right)^2}=\frac{9}{4}$，$\sum\limits_{n=1}^{\infty}(n+1)n\left(\frac{1}{3}\right)^{n-1}=\frac{2}{\left(1-\frac{1}{3}\right)^3}=\frac{27}{4}$，

所以
$$\sum_{n=1}^{\infty}\frac{n^2}{3^n}=\frac{1}{3}\sum_{n=1}^{\infty}\frac{(n+1)n}{3^{n-1}}-\frac{1}{3}\sum_{n=1}^{\infty}\frac{n}{3^{n-1}}=\frac{1}{3}\times\frac{27}{4}-\frac{1}{3}\times\frac{9}{4}=\frac{3}{2}.$$

【评注】

(1) 求幂级数和函数的基本方法是：应用幂级数的四则运算；逐项积分法、微分法；转换为微分方程求解；利用系数的递推关系等.

(2) 利用幂级数和函数求数项级数的和的方法是：先寻找到合适的幂级数，求其和函数，再将幂级数中的变量取特殊值代入得所求数项级数的和.

题型 7 函数展开为幂级数

例 7-32 将函数 $f(x)=\dfrac{x}{2+x-x^2}$ 展开成 x 的幂级数.

解：先将 $f(x)$ 分项得

$$f(x)=\frac{2}{3}\frac{1}{2-x}-\frac{1}{3}\frac{1}{1+x}.$$

因为
$$\frac{1}{1-x}=\sum_{n=0}^{\infty}x^n,x\in(-1,1),$$

所以
$$-\frac{1}{3}\frac{1}{1+x}=-\frac{1}{3}\sum_{n=0}^{\infty}(-x)^n,x\in(-1,1)$$

$$\frac{2}{3}\frac{1}{2-x}=\frac{2}{3}\times\frac{1}{2}\frac{1}{1-\frac{1}{2}x}=\frac{1}{3}\sum_{n=0}^{\infty}\left(\frac{1}{2}x\right)^n,x\in(-2,2)$$

所以
$$f(x)=\frac{1}{3}\sum_{0}^{\infty}\left(\left(\frac{1}{2}\right)^n-(-1)^n\right)x^n,x\in(-1,1)$$

例 7-33 设 $f(x)=\begin{cases}\dfrac{1+x^2}{x}\arctan x & x\neq0\\ 1 & x=0\end{cases}$，将 $f(x)$ 展开成 x 的幂级数，并求级数 $\sum\limits_{n=1}^{\infty}\dfrac{(-1)^n}{1-4n^2}$ 的和.

解：由于
$$\frac{1}{1+x^2}=\sum_{n=0}^{\infty}(-1)^nx^{2n},x\in(-1,1),$$

所以
$$\arctan x=\int_0^x\frac{1}{1+x^2}\mathrm{d}x=\sum_{n=0}^{\infty}\frac{(-1)^n}{2n+1}x^{2n+1},x\in[-1,1],$$

于是

$$\begin{aligned}f(x)&=1+\sum_{n=1}^{\infty}\frac{(-1)^n}{2n+1}x^{2n}+\sum_{n=0}^{\infty}\frac{(-1)^n}{2n+1}x^{2n+2}\\&=1+\sum_{n=1}^{\infty}\frac{(-1)^n}{2n+1}x^{2n}+\sum_{n=1}^{\infty}\frac{(-1)^{n-1}}{2n-1}x^{2n}\\&=1+\sum_{n=1}^{\infty}(-1)^n\left(\frac{1}{2n+1}-\frac{1}{2n-1}\right)x^{2n}\\&=1+2\sum_{n=1}^{\infty}\frac{(-1)^n}{1-4n^2}x^{2n},x\in[-1,1],\end{aligned}$$

$$\sum_{n=1}^{\infty}\frac{(-1)^n}{1-4n^2}=\frac{1}{2}[f(1)-1]=\frac{\pi}{4}-\frac{1}{2}.$$

例 7-34 将级数 $\sum_{n=1}^{\infty}\frac{(-1)^{n-1}}{2^{n-1}}\cdot\frac{x^{2n-1}}{(2n-1)!}$的和函数展开成$(x-1)$的幂级数.

分析:因 $\sum_{n=1}^{\infty}(-1)^{n-1}\frac{x^{2n-1}}{(2n-1)!}$是 $\sin x$ 的展开式,设法利用已知展开式来解.

解:利用已知展开式 $\sin x=\sum_{n=1}^{\infty}(-1)^{n-1}\frac{x^{2n-1}}{(2n-1)!}$,

$$\sum_{n=1}^{\infty}\frac{(-1)^{n-1}}{2^{n-1}}\cdot\frac{x^{2n-1}}{(2n-1)!}=\sqrt{2}\sum_{n=1}^{\infty}\frac{(-1)^{n-1}}{(2n-1)!}\left(\frac{x}{\sqrt{2}}\right)^{2n-1}$$

$$=\sqrt{2}\sin\frac{x}{\sqrt{2}}=\sqrt{2}\sin\frac{x-1+1}{\sqrt{2}}$$

$$=\sqrt{2}\sin\frac{1}{\sqrt{2}}\cos\frac{x-1}{\sqrt{2}}+\sqrt{2}\cos\frac{1}{\sqrt{2}}\sin\frac{x-1}{\sqrt{2}}$$

$$=\sqrt{2}\sin\frac{1}{\sqrt{2}}\sum_{n=0}^{\infty}\frac{(-1)^{n}}{(2n)!}\left(\frac{x-1}{\sqrt{2}}\right)^{2n}+\sqrt{2}\cos\frac{1}{\sqrt{2}}\sum_{n=0}^{\infty}\frac{(-1)^{n}}{(2n+1)!}\left(\frac{x-1}{\sqrt{2}}\right)^{2n+1}$$

$$=\sqrt{2}\sin\frac{1}{\sqrt{2}}\sum_{n=0}^{\infty}\frac{(-1)^{n}}{2^{n}\cdot(2n)!}(x-1)^{2n}+\cos\frac{1}{\sqrt{2}}\sum_{n=0}^{\infty}\frac{(-1)^{n}}{2^{n}(2n+1)!}(x-1)^{2n+1},x\in(-\infty,+\infty).$$

【评注】 初等函数的幂级数展开式主要有直接展开法和间接法两种,常见题目是间接展开法,就是以一些函数的幂级数展开式为基础,利用函数展开为幂级数的唯一性、幂级数的性质、变量代换等方法求出所要求的幂级数展开式.

题型 8 证明题

例 7-35 若$\lim\limits_{n\to\infty}u_n=a$,证明 $\sum_{n=1}^{\infty}(u_n-u_{n+1})$收敛,并求其和.

证明:级数的部分和为 $S_n=(u_1-u_2)+(u_2-u_3)+\cdots+(u_n-u_{n-1})=u_1-u_{n-1}$

所以
$$\lim_{n\to\infty}S_n=\lim_{n\to\infty}(u_1-u_{n-1})=u_1-a,$$

于是 $\sum_{n=1}^{\infty}(u_n-u_{n+1})$收敛,和为 $S=u_1-a$.

例 7-36 已知级数 $\sum_{n=1}^{\infty}(-1)^{n-1}a_n=2$, $\sum_{n=1}^{\infty}a_{2n-1}=5$,证明级数 $\sum_{n=1}^{\infty}a_n$ 收敛,并求其和.

分析:注意到 $\sum_{n=1}^{\infty}(a_{2n-1}-a_{2n})$是 $\sum_{n=1}^{\infty}(-1)^{n-1}a_n$ 的一个加括号级数,由题意级数 $\sum_{n=1}^{\infty}a_n$ 的奇数项构成的级数 $\sum_{n=1}^{\infty}a_{2n-1}$收敛,从而可以由级数的运算性质判定级数 $\sum_{n=1}^{\infty}a_n$ 收敛并求出其和.

证明:因级数收敛,它的加括号级数也收敛,又级数 $\sum_{n=1}^{\infty}(-1)^{n-1}a_n=2$ 知,$\lim\limits_{n\to\infty}a_n=0$ 且级数 $\sum_{n=1}^{\infty}(a_{2n-1}-a_{2n})$收敛其和为且 2,又因为 $\sum_{n=1}^{\infty}a_{2n-1}=5$,从而

$$\sum_{n=1}^{\infty}(a_{2n-1}+a_{2n})=\sum_{n=1}^{\infty}[2a_{2n-1}-(a_{2n-1}-a_{2n})]=8.$$

设级数 $\sum\limits_{n=1}^{\infty} a_n$ 的部分和为 S_n,则

$$S_{2n}=a_1+a_2+\cdots+a_{2n-1}+a_{2n}=(a_1+a_2)+\cdots+(a_{2n-1}+a_{2n})$$

是 $\sum\limits_{n=1}^{\infty}(a_{2n-1}+a_{2n})$ 的部分和,因此 $\lim\limits_{n\to\infty}S_{2n}=8$. 而 $S_{2n+1}=S_{2n}+a_{2n+1}$,因此 $\lim\limits_{n\to\infty}S_{2n+1}=\lim\limits_{n\to\infty}S_{2n}=8$,从而 $\lim\limits_{n\to\infty}S_n=8$,即级数 $\sum\limits_{n=1}^{\infty} u_n$ 收敛其和为 8.

例 7-37 设级数 $\sum\limits_{n=1}^{\infty} u_n$ 收敛($u_n>0$),证明 $\sum\limits_{n=1}^{\infty}\sqrt{u_n u_{n+1}}$ 收敛.

证明: 因为 $u_n>0$,所以 $u_n+u_{n+1}>\sqrt{u_n u_{n+1}}$,

又由于 $\sum\limits_{n=1}^{\infty} u_n$ 收敛知 $\sum\limits_{n=1}^{\infty} u_{n+1}$ 收敛,从而 $\sum\limits_{n=1}^{\infty}(u_n+u_{n+1})$ 收敛,由正项级数比较判别法知,级数 $\sum\limits_{n=1}^{\infty}\sqrt{u_n u_{n+1}}$ 收敛.

例 7-38 证明:若级数 $\sum\limits_{n=1}^{\infty}|a_n|$ 收敛,$\lim\limits_{n\to\infty}b_n=1$,则 $\sum\limits_{n=1}^{\infty}a_n b_n$ 必收敛.

证明: 因为 $\lim\limits_{n\to\infty}b_n=1$,所以 $\{b_n\}$ 有界,即存在 $M>0$,使得对任意的 n,有 $|b_n|\leqslant M$. 于是 $|a_n b_n|\leqslant M|a_n|$,又级数 $\sum\limits_{n=1}^{\infty}|a_n|$ 收敛,由正项级数比较判别法知 $\sum\limits_{n=1}^{\infty}|a_n b_n|$ 收敛,则 $\sum\limits_{n=1}^{\infty}a_n b_n$ 收敛.

例 7-39 设 $x_1=1, x_{n+1}=x_n+x_n^2$,证明级数 $\sum\limits_{n=1}^{\infty}\dfrac{1}{1+x_n}$ 收敛.

证明: 显然 $\{x_n\}$ 单调增加,$\lim\limits_{n\to\infty}x_n=+\infty$,又

$$\frac{1}{1+x_n}=\frac{x_n^2}{x_n x_{n+1}}=\frac{x_{n+1}-x_n}{x_n x_{n+1}}=\frac{1}{x_n}-\frac{1}{x_{n+1}},$$

则

$$S_n=\sum_{k=1}^{n}\frac{1}{1+x_k}=\sum_{k=1}^{n}\left(\frac{1}{x_k}-\frac{1}{x_{k+1}}\right)=\frac{1}{x_1}-\frac{1}{x_{n+1}}\to\frac{1}{x_1}\ (n\to\infty),$$

故原级数 $\sum\limits_{n=1}^{\infty}\dfrac{1}{1+x_n}$ 收敛.

例 7-40 证明:若正项级数 $\sum\limits_{n=1}^{\infty}u_n$ 满足 $\lim\limits_{n\to\infty}\dfrac{u_{n+1}}{u_n}=l$,则 $\lim\limits_{n\to\infty}\sqrt[n]{u_n}=l$,但反之不成立.

证明: 由 $\lim\limits_{n\to\infty}\dfrac{u_{n+1}}{u_n}=l$ 知,对任意 $\varepsilon>0$(不妨设 $0<\varepsilon<l$),存在 $N>0$,当 $n>N$ 时,

$$l-\varepsilon<\frac{u_{n+1}}{u_n}<l+\varepsilon,$$

令 $n=N+1, N+2, \cdots$,得

$$(l-\varepsilon)^{n-N-1}<\frac{u_{N+2}}{u_{N+1}}\frac{u_{N+3}}{u_{N+2}}\cdots\frac{u_n}{u_{n-1}}<(l+\varepsilon)^{n-N-1},$$

即

$$(l-\varepsilon)^n\frac{u_{N+1}}{(l-\varepsilon)^{N+1}}<u_n<(l+\varepsilon)^n\frac{u_{N+1}}{(l+\varepsilon)^{N+1}}.$$

于是有
$$(l-\varepsilon)\sqrt[n]{\frac{u_{N+1}}{(l-\varepsilon)^{N+1}}}<\sqrt[n]{u_n}<(l+\varepsilon)\sqrt[n]{\frac{u_{N+1}}{(l+\varepsilon)_{N+1}}}.$$

因为对任意的 $a>0$,有 $\lim\limits_{n\to\infty}\sqrt[n]{a}=1$,从而当 n 充分大时,$\lim\limits_{n\to\infty}\sqrt[n]{u_n}=l$.

同理可证 $l=0$ 或 $l=+\infty$ 时,$\lim\limits_{n\to\infty}\sqrt[n]{u_n}=l$.

反之,对于级数 $\sum\limits_{n=1}^{\infty}\frac{3+(-1)^n}{3^n}$,有 $\lim\limits_{n\to\infty}\sqrt[n]{u_n}=\frac{1}{3}<1$,级数收敛,但
$$\lim_{n\to\infty}\frac{u_{n+1}}{u_n}=\lim_{n\to\infty}\frac{3+(-1)^{n+1}}{3[3+(-1)^n]}=\begin{cases}\frac{2}{3} & 当\ n=2k+1\\ \frac{1}{6} & 当\ n=2k\end{cases},$$
即 $\lim\limits_{n\to\infty}\frac{u_{n+1}}{u_n}$ 不存在,由此可见根值法较比值法适用范围更广.

题型9 综合题

例7-41 设 $f(x)$ 在点 $x=0$ 的某一邻域内具有二阶连续导数,$\lim\limits_{n\to\infty}\frac{f(x)}{x}=0$,证明 $\sum\limits_{n=1}^{\infty}f\left(\frac{1}{n}\right)$ 绝对收敛.

分析:所给函数为抽象函数,为了证明 $\sum\limits_{n=1}^{\infty}f\left(\frac{1}{n}\right)$ 绝对收敛,应当利用比较审敛法,将 $\left|f\left(\frac{1}{n}\right)\right|$ 与某个 $v_n\geqslant0$ 相比较,而 $\sum\limits_{n=1}^{\infty}v_n$ 为收敛收数.

证明:由于 $\lim\limits_{x\to0}\frac{f(x)}{x}=0$,$f(x)$ 在 $x=0$ 的某邻域内有二阶连续导数,因此可以得知 $f(0)=0$,且有
$$\lim_{x\to0}\frac{f(x)}{x}=\lim_{x\to0}\frac{f(x)-f(0)}{x}=f'(0)=0.$$
由泰勒公式可知
$$f(x)=f(0)+f'(0)x+\frac{1}{2!}f''(\theta x)x^2=\frac{1}{2}f''(\theta x)x^2\quad(0<\theta<1).$$
由于 $f''(x)$ 在点 $x=0$ 的某邻域内连续,因此在点 $x=0$ 的某邻域内存在一个闭区间为 $f''(x)$ 的有界区间,从而存在 $M>0$,使 $|f''(x)|<M$. 于是 $|f(x)|\leqslant\frac{M}{2}x^2$,令 $x=\frac{1}{n}$. 当 n 充分大时有 $\left|f\left(\frac{1}{n}\right)\right|\leqslant\frac{M}{2}\cdot\frac{1}{n^2}$,由于 $\sum\limits_{n=1}^{\infty}\left(\frac{1}{n^2}\right)$ 收敛,故由正项级数的比较判别法可知 $\sum\limits_{n=1}^{\infty}f\left(\frac{1}{n}\right)$ 绝对收敛.

例7-42 求极限 $\lim\limits_{n\to\infty}\left(\frac{1}{a}+\frac{2}{a^2}+\cdots+\frac{n}{a^n}\right)$,其中 $a>1$.

解:令 $S_n=\frac{1}{a}+\frac{2}{a^2}+\cdots+\frac{n}{a^n}=\sum\limits_{k=1}^{n}\frac{k}{a^k}$,则 $\lim\limits_{n\to\infty}S_n$ 是级数 $\sum\limits_{k=1}^{\infty}\frac{k}{a^k}$ 的和,而级数 $\sum\limits_{k=1}^{\infty}\frac{k}{a^k}$ 又是幂级数 $\sum\limits_{n=1}^{\infty}nx^n$ 的和函数在 $x=\frac{1}{a}$ 处的值.

对幂级数 $\sum_{n=1}^{\infty} nx^n$,易知其收敛半径为1,设其和为 $S(x)(|x|<1)$,则

$$S(x)=\sum_{n=1}^{\infty} nx^n = x\sum_{n=1}^{\infty} nx^{n-1} = x\left(\sum_{n=1}^{\infty} x^n\right)' = x\left(\frac{x}{1-x}\right)' = \frac{x}{(1-x)^2}.$$

由于 $a>1,\frac{1}{a}<1$,所以

$$\lim_{n\to\infty} S_n = S\left(\frac{1}{a}\right) = \frac{a}{(a-1)^2}.$$

例 7-43 设 x_n 是方程 $x=\tan x$ 的正根,证明级数 $\sum_{n=1}^{\infty}\frac{1}{x_n^2}$收敛.

证明:方程 $x=\tan x$ 的正根 $x_n\in\left(n\pi,\left(n+\frac{1}{2}\right)\pi\right)(n=0,1,2,\cdots)$,且 $\{x_n\}$ 单调增加,因而 $\frac{1}{x_n^2}<\frac{1}{(n\pi)^2}$,而 $\sum_{n=1}^{\infty}\frac{1}{n^2\pi^2}$收敛,故由比较审敛法知,级数 $\sum_{n=1}^{\infty}\frac{1}{x_n^2}$收敛.

例 7-44 设 $a_n=\int_0^{\frac{\pi}{4}}\tan^n x\mathrm{d}x$.

(1)求 $\sum_{n=1}^{\infty}\frac{1}{n}(a_n+a_{n+2})$的值;

(2)试证:对任意的常数 $\lambda>0$,级数 $\sum_{n=1}^{\infty}\frac{a_n}{n^\lambda}$收敛.

证明:(1)由于

$$\frac{1}{n}(a_n+a_{n+2}) = \frac{1}{n}\int_0^{\frac{\pi}{4}}\tan^n x(1+\tan^2 x)\mathrm{d}x = \frac{1}{n}\int_0^{\frac{\pi}{4}}\tan^n x\sec^2 x\mathrm{d}x$$

$$= \frac{1}{n}\int_0^{\frac{\pi}{4}}\tan^n x\mathrm{d}\tan x = \frac{1}{n(n+1)},$$

则

$$S_n = \sum_{i=1}^{n}\frac{1}{i}(a_i+a_{i+2}) = \sum_{i=1}^{n}\frac{1}{i(i+1)} = 1-\frac{1}{n+1}.$$

于是

$$\sum_{n=1}^{\infty}\frac{1}{n}(a_n+a_{n+2}) = \lim_{n\to\infty}S_n = 1.$$

(2) 由于

$$0<a_n=\int_0^{\frac{\pi}{4}}\tan^n x\mathrm{d}x \xlongequal{\text{令}\tan x=t} \int_0^1\frac{t^n}{1+t^2}\mathrm{d}t < \int_0^1 t^n\mathrm{d}t = \frac{1}{n+1},$$

因此

$$\frac{a_n}{n^\lambda} < \frac{1}{n^\lambda(n+1)} < \frac{1}{n^{\lambda+1}}.$$

由于 $\lambda+1>1$,可知 $\sum_{n=1}^{n}\frac{1}{n^{\lambda+1}}$ 收敛,从而知级数$\sum_{n=1}^{n}\frac{a_n}{n^\lambda}$ 收敛.

7.4 疑难问题解析

问题1 无穷级数何时可以加括号,何时可以去括号?

答:收敛级数可以加括弧,且收敛级数加括弧后所成的级数仍然收敛于原来的和. 而收敛级数去括弧后所成的级数不一定收敛. 例如$(1-1)+(1-1)+\cdots$是收敛的,但去掉括弧后$1-1+1-1+\cdots$发散;另一方面,带有括弧的发散级数可以去掉括弧,去掉括弧的级数仍发散. 不能用加括号的方法来判别原级收敛,但可以用加括号的方法判定原级数发散.

问题2 无穷级数何时可以加有限项,何时可以去掉有限项?

答:在判断无穷级数敛散性时,加有限项或去掉有限项不会改变无穷级数的敛散性,但是在无穷级数收敛时,加有限项或去掉有限项会改变无穷级数和的大小.

问题3 已知级数 $\sum\limits_{n=1}^{\infty}u_n$,且其第$2n$部分和$S_{2n}\to a$,问级数是否收敛$\sum\limits_{n=1}^{\infty}u_n=a$?

已知级数$\sum\limits_{n=1}^{\infty}u_n$,且其第$2n$部分和$S_{2n}\to a,u_n\to 0$,问级数是否收敛$\sum\limits_{n=1}^{\infty}u_n=a$?

答:因为
$$\lim_{n\to\infty}S_{2n}=a,S_{2n-1}=S_{2n}-u_{2n},\lim_{n\to\infty}u_n=0,$$
所以有
$$\lim_{n\to\infty}S_{2n-1}=\lim_{n\to\infty}(S_{2n}-u_{2n})=\lim_{n\to\infty}S_{2n}-\lim_{n\to\infty}u_{2n}=a,$$
又$\lim\limits_{n\to\infty}S_{2n}=a,\lim\limits_{n\to\infty}S_{2n-1}=a$,所以$\lim\limits_{n\to\infty}S_n=a$.

但若u_n不收敛于0,则级数不一定收敛. 例如,级数$\sum\limits_{n=1}^{\infty}(-1)^n$的第$2n$部分和$S_{2n}=0$,但该级数发散.

【评注】 证明过程中考虑到条件$u_n\to 0$是重要的.

问题4 已知两级数 $\sum\limits_{n=1}^{\infty}u_n$与$\sum\limits_{n=1}^{\infty}v_n$都发散,且有$u_n\geqslant 0,v_n\geqslant 0$,如何判断下列级数敛散性?

(1) $\sum\limits_{n=1}^{\infty}\min(u_n,v_n)$;　　(2) $\sum\limits_{n=1}^{\infty}\max(u_n,v_n)$.

答:$\sum\limits_{n=1}^{\infty}u_n,\sum\limits_{n=1}^{\infty}v_n$都是发散的正项级数,所以它们的部分和数列都无上界,故

(1) 可能收敛也可能发散.

如$\sum\limits_{n=1}^{\infty}u_n=\sum\limits_{n=1}^{\infty}\ln\left(1+\frac{1}{n}\right)$发散,$\sum\limits_{n=1}^{\infty}v_n=\sum\limits_{n=1}^{\infty}\frac{1}{n}$发散,由于$\ln\left(1+\frac{1}{n}\right)\leqslant\frac{1}{n}$,所以$\sum\limits_{n=1}^{\infty}\min(u_n,v_n)=\sum\limits_{n=1}^{\infty}\ln\left(1+\frac{1}{n}\right)$也发散.

另一方面,$\sum\limits_{n=1}^{\infty}u_n=1+0+1+0+\cdots$是发散的,$\sum\limits_{n=1}^{\infty}v_n=0+1+0+1+\cdots$也是发散的,但$\sum\limits_{n=1}^{\infty}\min(u_n,v_n)=0+0+0+\cdots$是收敛的.

(2) 必发散.

设 $\sum_{n=1}^{\infty}\max(u_n,v_n) = \sum_{n=1}^{\infty}c_n$,那么就有 $c_n \geqslant u_n(c_n \geqslant v_n)$,$\sum_{n=1}^{\infty}u_n$ 是正项级数且发散,它的部分和数列趋于 ∞,所以 $\sum_{n=1}^{\infty}c_n$ 的部分和数列也趋于 ∞,故 $\sum_{n=1}^{\infty}\max(u_n,v_n)$ 发散.

问题 5 函数 $f(x)$ 在 x_0 的某邻域内具有任意阶导数,试问 $f(x)$ 是否能在 x_0 处展开为泰勒(Taylor)级数?

答:这里首先必须区分两个概念:

(1) $f(x)$ 在 x_0 的某邻域内具有任意阶导数,则总可以写出泰勒级数

$$\sum_{n=0}^{\infty}\frac{1}{n!}f^{(n)}(x_0)(x-x_0)^n.$$

(2) $f(x)$ 在 x_0 处展开为泰勒(Taylor)级数,是指上述级数在 x_0 的某邻域内收敛,且收敛于 $f(x)$,即

$$f(x) = \sum_{n=0}^{\infty}\frac{1}{n!}f^{(n)}(x_0)(x-x_0)^n,$$

而上式成立的充要条件是 $f(x)$ 的泰勒公式中的余项满足

$$\lim_{n\to\infty}R_n(x) = 0.$$

后者必须证明 $\lim\limits_{n\to\infty}R_n(x)=0$,前者无此要求,也就是说函数 $f(x)$ 在 x_0 处"有泰勒级数"与"能展成泰勒级数"是两个不同的概念. 本问题没有说明余项 $R_n(x)$ 的情况,因此 $f(x)$ 在 x_0 处不一定能展开成泰勒级数.

问题 6 在幂级数 $\sum_{n=0}^{\infty}\frac{2+(-1)^n}{2^n}x^n$ 中,$\left|\frac{a_{n+1}}{a_n}\right| = \frac{1}{2}\,\frac{2+(-1)^{n+1}}{2+(-1)^n} = \begin{cases}\frac{3}{2} & n\text{ 奇}\\ \frac{1}{6} & n\text{ 偶}\end{cases}$ 能否确定它的收敛半径不存在?

答:不能. 因为 $\lim\limits_{n\to\infty}\sqrt[n]{|u_n(x)|} = \lim\limits_{n\to\infty}\sqrt[n]{2+(-1)^n}\frac{|x|}{2} = \frac{|x|}{2}$. 当 $|x|<2$ 时级数收敛,当 $|x|>2$ 时级数发散,所以 $R=2$.

问题 7 设级数 $\sum_{n=1}^{\infty}u_n$ 收敛,且 $\lim\limits_{n\to\infty}\frac{v_n}{u_n} = 1$,问级数 $\sum_{n=1}^{\infty}v_n$ 是否也收敛?说明理由.

答:对正项级数,由比较法可知 $\sum_{n=1}^{\infty}v_n$ 收敛,但对任意项级数却不一定收敛.

如,取 $u_n = \frac{(-1)^n}{\sqrt{n}}$,$v_n = \frac{(-1)^n}{\sqrt{n}} + \frac{1}{n}$,$\lim\limits_{n\to\infty}\frac{v_n}{u_n} = 1 + \lim\limits_{n\to\infty}\frac{(-1)^n}{\sqrt{n}} = 1$,级数 $\sum_{n=1}^{\infty}u_n$ 收敛,但级数 $\sum_{n=1}^{\infty}v_n$ 是发散的.

问题 8 幂级数逐项求导后,收敛半径不变,那么它的收敛域是否也不变?

答:不一定. 例 $f(x) = \sum_{n=1}^{\infty}\frac{x^n}{n^2}$,$f'(x) = \sum_{n=1}^{\infty}\frac{x^{n-1}}{n}$,$f''(x) = \sum_{n=2}^{\infty}\frac{(n-1)x^{n-2}}{n}$,它们的收敛半径都是1,但它们的收敛域各是[-1,1],[-1,1),(-1,1). 收敛半径没变,但它们的收敛域变化了.

问题9 已知$\sum_{n=0}^{\infty}a_nx^n$在$x=x_0$处条件收敛，问该级数收敛半径是多少？

答：根据Abel定理可知，级数在$|x|<|x_0|$收敛，$|x|>|x_0|$时发散，故收敛半径为$R=|x_0|$.

【评注】 由阿贝尔(Abel)定理我们知道形如$\sum_{n=0}^{\infty}a_nx^n$的幂级数，其收敛区间是对称区间. 在收敛半径未知的情况下，若在$x=x_0$处幂级数收敛，则对满足条件$|x|<|x_0|$的一切x，幂级数均绝对收敛，而满足$|x|>|x_0|$的x或$x=-x_0$处幂级数敛散性不能确定. 类似地，在$x=x_0$处幂级数发散，则满足条件$|x|>|x_0|$的一切x，幂级数发散，而满足$|x|<|x_0|$的x或$x=-x_0$处幂级数敛散性不能确定. 若幂级数在$x=x_0$处条件收敛，则该级数收敛半径就是$R=|x_0|$. 但此时不能确定$x=-x_0$的敛散性. 另外在理解收敛域概念时要注意收敛区间端点处幂级数的敛散性.

问题10 如何求$y=\sin^2x$的幂级数？

答：利用$\cos2x$的幂级数展开式

$$y=\frac{1}{2}-\frac{1}{2}\cos2x=\frac{1}{2}-\frac{1}{2}\sum_{n=0}^{\infty}(-1)^n\frac{1}{(2n)!}(2x)^{2n}$$

$$=-\frac{1}{2}\sum_{n=1}^{\infty}(-1)^n\frac{4^n}{(2n)!}x^{2n},x\in(-\infty,+\infty).$$

7.5 自测试题

自测试题A

一、单项选择题

1. 下列级数中，收敛的是(　　).

A. $\sum_{n=1}^{\infty}\frac{1}{n}$　　B. $\sum_{n=1}^{\infty}\frac{1}{n\sqrt{n}}$　　C. $\sum_{n=1}^{\infty}\frac{1}{\sqrt[3]{n^2}}$　　D. $\sum_{n=1}^{\infty}(-1)^n$

2. 下列级数中，收敛的是(　　).

A. $\sum_{n=1}^{\infty}\left(\frac{5}{4}\right)^{n-1}$　　B. $\sum_{n=1}^{\infty}\left(\frac{4}{5}\right)^{n-1}$　　C. $\sum_{n=1}^{\infty}(-1)^{n-1}\left(\frac{5}{4}\right)^{n-1}$　　D. $\sum_{n=1}^{\infty}\left(\frac{5}{4}+\frac{4}{5}\right)^{n-1}$

3. 下列级数中，收敛的是(　　).

A. $\sum_{n=1}^{\infty}\frac{2^n}{n^2}$　　B. $\sum_{n=1}^{\infty}\frac{3^nn!}{n^n}$　　C. $\sum_{n=2}^{\infty}\frac{1}{\pi^n}\sin\frac{\pi}{n}$　　D. $\sum_{n=1}^{\infty}\frac{n+1}{n(n+2)}$

4. 部分和数列$\{S_n\}$有界是正项级数$\sum_{n=1}^{\infty}u_n$收敛的(　　).

A. 充分条件　　B. 必要条件　　C. 充要条件　　D. 既非充分又非必要条件

5. 设a为非零常数，则当(　　)时，级数$\sum_{n=1}^{\infty}\frac{a}{r^n}$收敛.

A. $r<1$　　B. $|r|\leqslant1$　　C. $|r|<|a|$　　D. $|r|>1$

6. 若级数 $\sum_{n=0}^{\infty} a_n(x-3)^n$ 在 $x=-1$ 处收敛，则此级数在 $x=6$ 处(　　).

A. 绝对收敛　B. 发散　C. 条件收敛　D. 敛散性不定

7. 若级数 $\sum_{n=1}^{\infty} a_n(x-1)^n$ 在 $x=-1$ 条件收敛，则其在 $x=-2$ 处(　　).

A. 条件收敛　B. 绝对收敛　C. 发散　D. 不能确定

8. 级数 $\sum_{n=1}^{\infty}\int_0^{\frac{1}{n}}\frac{\sqrt{x}}{1+x^2}dx$(　　).

A. 为无穷大　B. 收敛　C. 发散　D. 敛散性不能确定

二、填空题

1. 设级数 $\sum_{n=1}^{\infty}(-1)^n a_n 2^n$ 收敛，则级数 $\sum_{n=1}^{\infty} a_n$ ________.

2. 设级数 $\sum_{n=1}^{\infty} u_n^2$，$\sum_{n=1}^{\infty} v_n^2$ 收敛，则级数 $\sum_{n=1}^{\infty} u_n v_n$ ________.

3. 若级数 $\sum_{n=1}^{\infty} u_n$ 的前 n 项和 $S_n=\frac{1}{2}-\frac{1}{2(2n+1)}$，则 $u_n=$ ________，$\sum_{n=1}^{\infty} u_n=$ ________.

4. 函数 $f(x)=\ln x$ 在 $x=1$ 处的幂级数展开式为________.

5. 级数 $\sum_{n=1}^{\infty} nx^{n-1}$ 的和为________.

6. 级级 $\sum_{n=0}^{\infty}\frac{(\ln 3)^n}{2^n}$ 的和为________.

7. 级数 $\sum_{n=1}^{\infty}\frac{1}{\sqrt{n}}\ln\frac{n+1}{n}$ 的敛散性为________.

8. 级数 $\sum_{n=1}^{\infty}\frac{1}{\sqrt[n]{n}}\ln\frac{n+1}{n}$ 的敛散性为________.

三、计算题

1. 判别级数 $\sum_{n=1}^{\infty}\frac{(n!)^2}{2n^2}$ 的收敛性.

2. 判别级数 $\sum_{n=1}^{\infty}\frac{n\cos^2\frac{n\pi}{3}}{4^n}$ 的收敛性.

3. 判别级数 $\sum_{n=1}^{\infty}(-1)^n\ln\frac{n+1}{n}$ 的敛散性.

4. 求极限 $\lim_{n\to\infty}[2^{\frac{1}{3}}\times 4^{\frac{1}{9}}\times 8^{\frac{1}{27}}\times\cdots\times(2^n)^{\frac{1}{3^n}}]$.

5. 求幂级数 $\sum_{n=1}^{\infty} n(n+1)x^n$ 在其收敛区间内的和函数，并求常数项级数 $\sum_{n=1}^{\infty}\frac{n(n+1)}{2^n}$ 的和.

6. 求幂级数 $\sum_{n=1}^{\infty}\frac{(-1)^n}{n4^n}(x-1)^{2n-1}$ 的收敛区间.

7. 将函数$f(x) = \ln(4-3x-x^2)$展开成x的幂级数.

8. 求级数$\sum_{n=1}^{\infty}\frac{x^{4n+1}}{4n+1}$的和函数.

四、证明题

若级数$\sum_{n=1}^{\infty}(u_{2n-1}+u_{2n})$收敛,且$\lim_{n\to\infty}u_n=0$,证明级数$\sum_{n=1}^{\infty}u_n$收敛.

自测试题 B

一、单项选择题

1. 设级数$\sum_{n=1}^{\infty}u_n$收敛,则必收敛的级数为(　　).

A. $\sum_{n=1}^{\infty}(-1)^n\frac{u_n}{n}$　B. $\sum_{n=1}^{\infty}u_n^2$　C. $\sum_{n=1}^{\infty}(u_{2n-1}-u_{2n})$　D. $\sum_{n=1}^{\infty}(u_n+u_{n+1})$

2. 若级数$\sum_{n=1}^{\infty}a_n$收敛,则级数(　　).

A. $\sum_{n=1}^{\infty}|a_n|$收敛　B. $\sum_{n=1}^{\infty}(-1)^n a_n$收敛

C. $\sum_{n=1}^{\infty}a_n a_{n+1}$收敛　D. $\sum_{n=1}^{\infty}\frac{a_n+a_{n+1}}{2}$收敛

3. 已知$\{nu_n\}$收敛,$\sum_{n=1}^{\infty}n(u_n-u_{n-1})$收敛,则$\sum_{n=1}^{\infty}u_n$(　　).

A. 为无穷大　B. 收敛　C. 发散　D. 敛散性不能确定

4. 设级数$\sum_{n=1}^{\infty}a_n$绝对收敛,则$\sum_{n=1}^{\infty}\left(1+\frac{1}{n}\right)^n a_n$(　　).

A. 发散　B. 条件收敛　C. 敛散性不能判定　D. 绝对收敛

5. 级数$\sum_{n=2}^{\infty}(-1)^n\frac{1}{\pi^n}\sin\frac{\pi}{n}$(　　).

A. 发散　B. 条件收敛　C. 绝对收敛　D. 敛散性不能判定

6. 级数$\sum_{n=1}^{\infty}\frac{1}{n^p}\sin\frac{\pi}{n}$收敛,则$p$的值为(　　).

A. $p>0$　B. $p<0$　C. $p=0$　D. p值任意

7. 设常数$k>0$,则级数$\sum_{n=1}^{\infty}(-1)^n\frac{k+n}{n^2}$(　　).

A. 发散　B. 绝对收敛

C. 条件收敛　D. 敛散性与k的取值有关

8. 设有级数$\sum_{n=1}^{\infty}a_n x^n$与$\sum_{n=1}^{\infty}b_n x^n$,若$\lim_{n\to\infty}\frac{a_{n+1}}{a_n}=\frac{3}{\sqrt{5}}$,$\lim_{n\to\infty}\frac{b_{n+1}}{b_n}=3$,则幂级数$\sum_{n=1}^{\infty}\frac{a_n^2}{b_n^2}x^n$的收敛半径为(　　).

A. 5　B. $\frac{\sqrt{5}}{3}$　C. $\frac{1}{3}$　D. $\frac{1}{5}$

二、填空题

1. 设 $f(x)=x^3\sin x$，则 $f^{(10)}(0)=$ ________.

2. $\int_0^1\left[1-x+\frac{x^2}{2!}-\frac{x^3}{3!}+\cdots+(-1)^n\frac{x^n}{n!}+\cdots\right]e^{2x}dx=$ ________.

3. 已知幂级数 $\sum\limits_{n=0}^{\infty}a_n(x-3)^n$ 在 $x=0$ 处收敛，在 $x=6$ 处发散，则该幂级数的收敛半径为 ________.

4. 级数 $\sum\limits_{n=1}^{\infty}n(x-1)^n$ 的和函数为________.

5. 若级数 $\sum\limits_{n=1}^{\infty}\frac{(x-a)^n}{n}$ 在 $x=2$ 收敛，则实数 a 的范围是________.

6. 若幂级数 $\sum\limits_{n=0}^{\infty}a_nx^n$ 的收敛半径为 R_1：$0<R_1<+\infty$；$\sum\limits_{n=0}^{\infty}b_nx^n$ 的收敛半径为 R_2：$0<R_2<+\infty$，则幂级数 $\sum\limits_{n=0}^{\infty}(a_n+b_n)x^n$ 的收敛半径至少为________.

7. 幂级数 $\sum\limits_{n=1}^{\infty}a_nx^n$ 的收敛半径为 3，则幂级数 $\sum\limits_{n=1}^{\infty}na_n(x-1)^{n+1}$ 的收敛区间为________.

8. 函数 $\frac{1}{(2-x)^2}$ 的 x 幂级数展开成________.

三、计算题

1. 判断级数 $\sum\limits_{n=1}^{\infty}\frac{(a+1)(2a+1)\cdots(na+1)}{(b+1)(2b+1)\cdots(nb+1)}(a>0,b>0)$ 的敛散性.

2. 求级数 $\sum\limits_{n=2}^{\infty}\frac{1}{(n^2-1)2^n}$ 的和.

3. 求数项级数 $\sum\limits_{n=1}^{\infty}\frac{n^2}{n!}x^{n-1}$ 的和.

4. 级数 $\sum\limits_{n=1}^{\infty}(-1)^{n-1}\frac{1}{\ln(n+1)}$ 是否收敛？若是收敛，是条件收敛还是绝对收敛？

5. 求幂级数 $\sum\limits_{n=1}^{\infty}\frac{3^n+(-2)^n}{n}(x+1)^n$ 的收敛半径和收敛域.

6. 将函数 $f(x)=\frac{x}{1+x-2x^2}$ 展开成 x 的幂级数.

7. 已知 $\sum\limits_{n=0}^{\infty}\frac{1}{(2n+1)^2}=\frac{\pi^2}{8}$，计算 $\int_0^2\frac{1}{x}\ln\frac{2+x}{2-x}dx$ 的值.

8. 设有两条抛物线 $y=nx^2+\frac{1}{n}$，$y=(n+1)x^2+\frac{1}{n+1}$，记它们的交点横坐标的绝对值为 a_n.

(1) 求两条抛物线所围图形面积 S_n；

(2) 求 $\sum\limits_{n=1}^{\infty}\frac{S_n}{a_n}$ 的和.

四、证明题

证明若级数 $\sum_{n=1}^{\infty} u_n$ 收敛($u_n > 0$),则 $\sum_{n=1}^{\infty} \frac{u_n}{n}$ 收敛.

自测试题 C

一、单项选择题

1. 级数 $\sum_{n=1}^{\infty} \frac{(-1)^n}{n - \ln n}$(　　).

A. 绝对收敛　　B. 条件收敛　　C. 发散　　D. 不能判断敛散性

2. 下列结论不正确的是(　　).

A. 若 $\lim\limits_{n\to\infty} \frac{u_n}{v_n} = 1$,则 $\sum_{n=1}^{\infty} u_n$ 与 $\sum_{n=1}^{\infty} v_n$ 的敛散性相同

B. 若 $\lim\limits_{n\to\infty} \left|\frac{u_n}{v_n}\right| = 1$,则 $\sum_{n=1}^{\infty} u_n$ 绝对收敛必有 $\sum_{n=1}^{\infty} v_n$ 绝对收敛

C. 若 $\lim\limits_{n\to\infty} \frac{|a_{n+1}|}{|a_n|} > 1$,则 $\sum_{n=1}^{\infty} a_n$ 发散

D. 若 $\lim\limits_{n\to\infty} \sqrt[n]{|a_n|} < 1$,则 $\sum_{n=1}^{\infty} a_n$ 收敛

3. 设 $u_n = (-1)^n \ln\left(1 + \frac{1}{\sqrt{n}}\right)$,则级数(　　).

A. $\sum_{n=1}^{\infty} u_n$ 与 $\sum_{n=1}^{\infty} u_n^2$ 都收敛　　B. $\sum_{n=1}^{\infty} u_n$ 与 $\sum_{n=1}^{\infty} u_n^2$ 都发散

C. $\sum_{n=1}^{\infty} u_n$ 收敛, $\sum_{n=1}^{\infty} u_n^2$ 发散　　D. $\sum_{n=1}^{\infty} u_n$ 发散, $\sum_{n=1}^{\infty} u_n^2$ 收敛

4. 设 $u_n \neq 0 (n = 1,2,\cdots)$,且 $\lim\limits_{n\to\infty} \frac{n}{u_n} = 1$,则级数 $\sum_{n=1}^{\infty} (-1)^{n+1}\left(\frac{1}{u_n} + \frac{1}{u_{n+1}}\right)$(　　).

A. 发散　　B. 绝对收敛　　C. 条件收敛　　D. 敛散性不能确定

5. 设 $\sum_{n=1}^{\infty} a_n$ 为正项级数,下列结论正确的是(　　).

A. 若 $\lim\limits_{n\to\infty} na_n = 0$,则级数 $\sum_{n=1}^{\infty} a_n$ 收敛

B. 若存在非零常数 λ,使得 $\lim\limits_{n\to\infty} na_n = \lambda$,则级数 $\sum_{n=1}^{\infty} a_n$ 发散

C. 若级数 $\sum_{n=1}^{\infty} a_n$ 收敛,则 $\lim\limits_{n\to\infty} n^2 a_n = 0$

D. 若级数 $\sum_{n=1}^{\infty} a_n$ 发散,则存在非零常数 λ,使得 $\lim\limits_{n\to\infty} na_n = \lambda$

6. 设 $a_n = \sin\left(\frac{1}{2n}\right) (n = 1,2,\cdots)$,则函数项级数 $\sum_{n=1}^{\infty} a_n \left(\frac{1 + 2x}{2 - x}\right)^n$(　　).

A. $-3 \leqslant x < \frac{1}{3}$ 时收敛　　B. 当 $x < -3$ 收敛

C. $x \geqslant \frac{1}{3}$ 时收敛　　D. 敛散性不能判断

7. 级数 $\sum_{n=1}^{\infty}(-1)^{n-1}\left(n\ln\frac{n+1}{n}-1\right)$ 的敛散性为(　　).

A. 绝对收敛　　B. 条件收敛　　C. 发散　　D. 不能判断

8. 数列 $a_n>0$ 单减，且 $\sum_{n=1}^{\infty}(-1)^n a_n$ 发散，$x\in(-\infty,+\infty)$，则级数 $\sum_{n=1}^{\infty}\left(\frac{1}{1+a_n}\right)^n\cos nx$ 的敛散性为(　　).

A. 绝对收敛　　B. 条件收敛　　C. 发散　　D. 不能判断

二、填空题

1. 极限 $\lim_{n\to\infty}\frac{1}{n}\sum_{k=1}^{n}\frac{1}{3^k}\left(1+\frac{1}{k}\right)^{k^2}=$ ________.

2. 已知级数 $\sum_{n=1}^{\infty}(-1)^{n-1}a_n=1$，$\sum_{n=1}^{\infty}a_{2n-1}=6$，则级数 $\sum_{n=1}^{\infty}a_n=$ ________.

3. $\sum_{n=1}^{\infty}\frac{(-1)^n}{4^n(2n+1)}(x-1)^{2n}$ 的收敛域为________.

4. 满足方程 $\int_x^{2x}f(x)\,dx=e^x-1$ 的函数 $f(x)$ 的幂级数展开式为________.

5. 已知级数 $\sum_{n=1}^{\infty}\frac{(-1)^{n-1}}{n}(x-a)^n$ 在 $x>0$ 时发散，且在 $x=0$ 时收敛，则满足条件的常数 a 的值为________.

6. 幂级数 $\sum_{n=0}^{\infty}\left[\left(\frac{n}{n+1}\right)^n x\right]^n$ 的收敛域为________.

7. 已知三次多项式 $P(x)$ 在 $x=1$ 处的函数值及各阶导数值依次为 $P(1)=1$，$P'(1)=-2$，$P''(1)=4$，$P'''(1)=6$，则 $P(x)$ 关于 x 的幂级数展开式为________.

8. 设 u_n 是单调增加且有界的正数列，则级数 $\sum_{n=1}^{\infty}\left(1-\frac{u_n}{u_{n-1}}\right)$ 的敛散性为________.

三、计算题

1. 设 $f(x)=\arctan\frac{1+x}{1-x}$，将 $f(x)$ 展开成 x 的幂级数，并利用展开式求 $f^{(101)}(0)$.

2. 求级数 $\sum_{n=0}^{\infty}\frac{(-1)^n(n^2-n+1)}{2^n}$ 的和.

3. 求级数 $1+\sum_{n=1}^{\infty}(-1)^n\frac{x^{2n}}{2n}(|x|<1)$ 的和函数 $f(x)$ 及其极大值.

4. 已知 $f_n(x)$ 满足 $f_n'(x)=f_n(x)+x^{n-1}e^x$（$n$ 为正整数），且 $f_n(1)=\frac{e}{n}$，求函数项级数 $\sum_{n=1}^{\infty}f_n(x)$ 之和.

5. 设 $\lim_{n\to\infty}\left|\frac{a_{n+1}}{a_n}\right|=\rho(0<\rho<+\infty)$，已知幂级数 $\sum_{n=0}^{\infty}a_nx^n$ 的收敛半径为 R，求下列幂级数的

收敛半径.

(1) $\sum_{n=1}^{\infty} na_n x^{n+2}$;　　(2) $\sum_{n=0}^{\infty} a_n x^{2n+1}$;

(3) $\sum_{n=0}^{\infty} [a_n(2x)^n + a_{n+1}x^n]$;　　(4) $\sum_{n=1}^{\infty} a_n a_{n+1} x^n$.

6. 求 $\sum_{n=0}^{\infty} (-1)^n \frac{1}{4+x^n}$ 的收敛域.

7. 用 x 的幂级数表示下列函数的在 $x=0$ 点取值为 1 的原函数.

(1) $f(x) = \frac{1-\cos x}{x}$;　　(2) $f(x) = \frac{\ln(1-x)}{x}$.

8. 设有正项级数 $\sum_{n=1}^{\infty} a_n$,其部分和为 $S_n = \sum_{k=1}^{n} a_k$,试讨论级数 $\sum_{n=1}^{\infty} \frac{a_n}{S_n^2}$ 收敛性.

四、证明题

1. 设 $a_1 = 2, a_{n+1} = \frac{1}{2}\left(a_n + \frac{1}{a_n}\right)(n = 1,2,\cdots)$,证明:

(1) $\lim\limits_{n\to\infty} a_n$ 存在;　　(2) 级数 $\sum_{n=1}^{\infty}\left(\frac{a_n}{a_{n+1}} - 1\right)$收敛.

2. 设有方程 $x^n + nx - 1 = 0$,其中 n 为正整数,证明此方程存在唯一正实根 x_n,并证明当 $\alpha > 1$ 时,级数 $\sum_{n=1}^{\infty} x_n^{\alpha}$ 收敛.

第 8 章　微分方程与差分方程

8.1　主要内容

8.1.1　微分方程的基本概念

1. 微分方程及其阶

一般地,表示未知函数、未知函数的导数与自变量之间关系的方程,叫做**微分方程**. 未知函数是一元函数的,叫做**常微分方程**;未知函数是多元函数的,叫做**偏微分方程**. 微分方程有时也简称**方程**.

微分方程中所出现的未知函数的最高阶导数的阶数,叫做微分方程的**阶**. n 阶微分方程的一般形式为

$$F[x,y(x),y'(x),\cdots,y^{(n)}(x)] = 0(y^{(n)}(x)\text{ 必须出现})$$

或

$$y^{(n)} = f(x,y,y',\cdots,y^{(n-1)}).$$

2. 微分方程的解及其通解

设函数 $y = \varphi(x)$ 在区间 I 上有 n 阶连续导数,如果在区间 I 上,$y = \varphi(x)$ 满足

$$F[x,\varphi(x),\varphi'(x),\cdots,\varphi^{(n)}(x)] \equiv 0,$$

则函数 $y = \varphi(x)$ 就叫做微分方程 $F(x,y,y',\cdots,y^{(n)}) = 0$ 在区间 I 上的一个**解**.

若 n 阶微分方程的解 $y = \varphi(x)$ 中含有 n 个独立的任意常数,即任意常数的个数与微分方程的阶数相同,这样的解叫做微分方程的**通解**(通解有时也称为一般解但不一定是全部解),通解可以是显式解

$$y = \varphi(x,c_1,c_2,\cdots,c_n)$$

的形式,也可以是隐式解

$$\Phi(x,y,c_1,c_2,\cdots,c_n) = 0$$

的形式.

3. 微分方程的特解与初始条件

若微分方程的解中不包含任何常数,则称其为微分方程的**特解**. 为确定通解中的任意常数,需要自变量取某定值时,对应函数与各阶导数取指定的值,这种条件称为**初始条件**(n 阶方程需要 n 个条件). 求满足初始条件的特解问题为求解初值问题.

4. 微分方程解的几何意义

微分方程解的图形表示积分曲线. 方程的通解表示以 $c_1,c_2,\cdots,c_n$ 为参数的积分曲线. 满足初始条件的特解表示一条确定的积分曲线.

8.1.2　一阶微分方程

一阶微分方程的一般形式为

$$F(x,y,y')=0 \text{ 或 } y'=f(x,y)$$

1. 可分离变量方程

一般形式为
$$\frac{dy}{dx}=f(x)\cdot g(y),$$
即微分方程能写成一端只含 y 的函数和 dy,另一端只含 x 的函数和 dx,则原方程就称为**可分离变量方程**.

若 $g(y)\neq 0$,分离变量后,两端积分得通解
$$G(y)=\int\frac{1}{g(y)}dy=\int f(x)dx=F(x)+C.$$
其中,$G(y)$,$F(x)$ 分别是$\frac{1}{g(y)}$,$f(x)$ 的一个原函数,C 为任意常数.

2. 齐次方程

一般形式为
$$\frac{dy}{dx}=\varphi\left(\frac{y}{x}\right),$$
即微分方程$\frac{dy}{dx}=f(x,y)$ 中函数$f(x,y)$ 可写成$\frac{y}{x}$ 的函数,则称该方程为**齐次方程**.

在齐次方程$\frac{dy}{dx}=\varphi\left(\frac{y}{x}\right)$中,引进新的未知函数$u=\frac{y}{x}$,$y=xu$,则$\frac{dy}{dx}=u+x\frac{du}{dx}$,代入方程,化为可分离变量方程$u+x\frac{du}{dx}=\varphi(u)$,即$\frac{du}{\varphi(u)-u}=\frac{1}{x}dx$,两边积分后再用$u=\frac{y}{x}$ 回代即可得通解.

3. 可化为齐次方程的方程

一般形式为$\frac{dy}{dx}=\varphi\left(\frac{a_1x+b_1y+c_1}{a_2x+b_2y+c_2}\right)$称为可化为齐次方程的方程.

其求解方法是令
$$\begin{cases}a_1h+b_1k+c_1=0\\a_2h+b_2k+c_2=0\end{cases},$$
得 $h=h_0$,$k=k_0$. 令 $x=X+h_0$,$y=Y+k_0$,得$\frac{dY}{dX}=\frac{X+Y}{X-Y}$,即化为齐次方程,按照齐次方程求解,代回原变量, 得原方程的通解.

4. 一阶线性微分方程

一般形式为
$$\frac{dy}{dx}+P(x)y=Q(x)$$
当 $Q(x)=0$ 时,方程称为**一阶线性齐次方程**,这时方程可分离变量,通解为
$$y=Ce^{-\int P(x)dx}.$$
当 $Q(x)\neq 0$ 时,方程称为**一阶线性非齐次方程**,可用常数变异法得通解为
$$y=e^{-\int P(x)dx}\left(\int Q(x)e^{\int P(x)dx}dx+C\right).$$
其中,积分号中不含常数 C.

5. 伯努利(Bernoulli) 方程

一般形式为$\frac{dy}{dx}+P(x)y=Q(x)y^n(n\neq 0,1)$叫做**伯努利**(Bernoulli)**方程**.

引入新的未知函数$z=y^{1-n}$,则$\frac{dz}{dx}=(1-n)y^{-n}\frac{dy}{dx}$,代入方程得到一阶线性非齐次方程$\frac{dz}{dx}+(1-n)P(x)z=(1-n)Q(x)$,求出该方程的通解后,把$y^{1-n}$代入$z$便得到伯努利方程的通解.

6. 全微分方程

若存在$u(x,y)$使$du(x,y)=P(x,y)dx+Q(x,y)dy$

则称
$$P(x,y)dx+Q(x,y)dy=0$$
为**全微分方程**(又叫做**恰当方程**).

全微分方程的判别:若$P(x,y)$,$Q(x,y)$在某单连通域D内有连续一阶偏导数,则$P(x,y)dx+Q(x,y)dy=0$是全微分方程的充要条件是$\frac{\partial P}{\partial y}=\frac{\partial Q}{\partial x}$,$(x,y)\in D$.

对方程$P(x,y)dx+Q(x,y)dy=0$,若存在连续可微函数$\mu=\mu(x,y)\neq 0$,使$\mu(x,y)P(x,y)dx+\mu(x,y)Q(x,y)dy=0$为全微分方程,则称$\mu(x,y)$为原方程的**积分因子**.

全微分方程求解的积分因子法(积分因子)不一定唯一,在简单情况下,可凭观察和经验根据微分倒推式得到积分因子.

常用微分倒推公式

(1) $dx\pm dy=dx\pm y$.

(2) $xdy+ydx=dxy$.

(3) $xdx+ydy=d\frac{1}{2}(x^2+y^2)$.

(4) $\frac{ydx-xdy}{y^2}=d\frac{x}{y}$.

(5) $\frac{ydx-xdy}{x^2}=d\frac{-y}{x}$.

(6) $\frac{ydx-xdy}{xy}=d\ln\frac{x}{y}$.

(7) $\frac{ydx-xdy}{x^2+y^2}=d\arctan\frac{x}{y}$.

(8) $\frac{xdx+ydy}{\sqrt{x^2+y^2}}=d\sqrt{x^2+y^2}$.

8.1.3 可降阶的二阶微分方程

1. $y''=f(x)$型

求解方法:积分两次即可得通解

$$y''=\int\left[\int f(x)dx\right]dx+C_1x+C_2.$$

2. $y''=f(x,y')$型(不显含未知量y)

求解方法:方程中不显含未知量y,令$y'=p(x)$,$y''=p'$,方程化为$p'=f(x,p)$,解此一阶方程,再积分得到原方程通解.

3. $y''=f(y,y')$ 型(不显含自变量 x)

求解方法:方程中不显含自变量 x,令 $y'=p(y)$,$y''=p\frac{\mathrm{d}p}{\mathrm{d}y}$,即把 y''转化为 p 对 y 的导数,方程降阶化为 $p\frac{\mathrm{d}p}{\mathrm{d}y}=f(y,p)$,解此一阶方程,再分离变量得到原方程通解.

【评注】 此时降阶后方程是以 y 为自变量,p 为因变量的方程.

4. $y''=f(y')$ 型(不显含未知量 x,也不显含未知量 y)

求解方法:方程中既不显含未知量 x,也不显含未知量 y,令 $y'=p(x)$,$y''=p'$即可降阶为 $p'=f(p)$,分离变量求解.

8.1.4　二阶线性微分方程

二阶线性微分方程的一般形式为

$$y''+P(x)y'+Q(x)y=f(x).$$

当方程右端 $f(x)\equiv 0$ 时,方程叫做齐次的;当 $f(x)\neq 0$ 时,方程叫做非齐次的.

1. 二阶线性微分方程解的结构

定理1　若函数 $y_1(x)$ 与 $y_2(x)$ 是方程 $y''+P(x)y'+Q(x)y=0$ 的两个解,则 $y=C_1y_1(x)+C_2y_2(x)$ 也是该方程的解,其中 C_1、C_2 是任意常数.

定理2　若 $y_1(x)$ 与 $y_2(x)$ 是方程 $y''+P(x)y'+Q(x)y=0$ 的两个线性无关的特解,则 $y=C_1y_1(x)+C_2y_2(x)$(C_1、C_2 是任意常数)就是该方程 $y''+P(x)y'+Q(x)y=0$ 的通解.

推论　若 $y_1(x),y_2(x),\cdots,y_n(x)$ 是 n 阶齐次线性方程

$$y^{(n)}+a_1(x)y^{(n-1)}+\cdots+a_{n-1}(x)y'+a_n(x)y=0$$

的 n 个线性无关的解,则此方程的通解为

$$y=C_1y_1(x)+C_2y_2(x)+\cdots+C_ny_n(x),$$

其中,$C_1,C_2,\cdots,C_n$ 为任意常数.

定理3　设 $y^*(x)$ 是二阶非齐次线性方程 $y''+P(x)y'+Q(x)y=f(x)$ 的一个特解,$Y(x)$ 是对应的齐次方程 $y''+P(x)y'+Q(x)y=0$ 的通解,则 $y=Y(x)+y^*(x)$ 是二阶非齐次线性微分方程 $y''+P(x)y'+Q(x)y=f(x)$ 的通解.

定理4　若 $y_1^*(x)$ 与 $y_2^*(x)$ 分别是方程 $y''+P(x)y'+Q(x)y=f_1(x)$ 与 $y''+P(x)y'+Q(x)y=f_2(x)$ 的特解,则 $c_1y_1^*(x)+c_2y_2^*(x)$ 就是方程 $y''+P(x)y'+Q(x)y=c_1f_1(x)+c_2f_2(x)$ 的特解.

2. 二阶常系数齐次线性微分方程的解

$y''+py'+qy=0$,其中,p,q 是常数,则称其为**二阶常系数齐次线性微分方程**.

$r^2+pr+q=0$ 叫做微分方程 $y''+py'+qy=0$ 的**特征方程**. 特征方程的两个根设为 r_1,r_2,$r_{1,2}=\frac{-p\pm\sqrt{p^2-4q}}{2}$,则微分方程 $y''+py'+qy=0$ 的通解情况如下表:

特征方程 $r^2+pr+q=0$ 的根	微分方程 $y''+py'+qy=0$ 的通解
实根 $r_1\neq r_2$	$y=C_1\mathrm{e}^{r_1x}+C_2\mathrm{e}^{r_2x}$
$r_1=r_2=-\frac{p}{2}$	$y=(C_1+C_2x)\mathrm{e}^{r_1x}$
$r_{1,2}=\alpha\pm\mathrm{i}\beta$	$y=\mathrm{e}^{\alpha x}(C_1\cos\beta x+C_2\sin\beta x)$

推广 n 阶常系数齐次线性方程($n\geqslant 2$)

$$y^{(n)}+p_1y^{(n-1)}+p_2y^{(n-2)}+\cdots+p_{n-1}y'+p_ny=0,$$

其中,$p_i(i=1,2,\cdots,n)$为常数.

相应的特征方程为 $\lambda^n+p_1\lambda^{n-1}+p_2\lambda^{n-2}+\cdots+p_{n-1}\lambda+p_n=0$.

特征根与方程通解的关系与二阶情形类似:

(1)若特征方程有 n 个不同的实根 $\lambda_1,\lambda_2,\cdots,\lambda_n$,则方程通解为

$$y=C_1e^{\lambda_1x}+C_2e^{\lambda_2x}+\cdots+C_ne^{\lambda_nx}.$$

(2)若 λ_0 为特征方程的 k 重实根($k\leqslant n$),则方程通解中含有$(C_1+C_2x+\cdots+C_kx^{k-1})e^{\lambda_0x}$.

(3)若 $\alpha\pm i\beta$ 为特征方程的 k 重共轭复根($2k\leqslant n$),则方程通解中含有

$$e^{\alpha x}[(C_1+C_2x+\cdots+C_kx^{k-1})\cos\beta x+(D_1+D_2x+\cdots+D_kx^{k-1})\sin\beta x].$$

由此可见,常系数齐次线性方程的通解完全由其特征方程的根决定,但是三次及三次以上代数方程的根不一定容易求得,因此只能讨论某些容易求特征方程根的高阶常系数齐次线性方程的通解.

3. 二阶常系数非齐次线性微分方程的解

方程 $y''+py'+qy=f(x)$,其中,p,q 是常数,称为**二阶常系数非齐次线性微分方程**.

(1)若微分方程右端函数 $f(x)=e^{\lambda x}P_m(x)$,

其中,$P_m(x)$是 x 的一个 m 次多项式,λ 为常数,则该微分方程具有特解

$$y^*=x^kQ_m(x)e^{\lambda x}$$

其中,$Q_m(x)$是与 $P_m(x)$同次(m 次)的多项式,而 k 按 λ 不是特征方程的根、是特征方程的单根或是特征方程的重根依次取为 0、1 或 2.

(2)若微分方程右端函数 $f(x)=e^{\alpha x}[P_n(x)\sin\beta x+P_m(x)\cos\beta x]$,

其中,$P_n(x)$为 n 次多项式,$P_m(x)$为 m 次多项式,α,β 皆为实常数,则该微分方程具有特解

$$y^*=x^ke^{\alpha x}[R_l(x)\cos\beta x+T_l(x)\sin\beta x]$$

其中,$l=\max\{m,n\}$,$k=\begin{cases}0 & \alpha\pm i\beta\text{ 不是特征方程的根}\\ 1 & \alpha\pm i\beta\text{ 是特征方程的根}\end{cases}$.

8.1.5 差分与差分方程

1. 差分方程的基本概念

一阶差分,二阶差分,n 阶差分

设函数 $y_x=f(x)$,x 为非负整数,则

当 $n=1$ 时一阶差分为 $\Delta y_x=y_{x+1}-y_x$.

当 $n=2$ 时二阶差分为 $\Delta^2y_x=\Delta y_{x+1}-\Delta y_x=y_{x+2}-2y_{x+1}+y_x$.

n 阶差分为 $\Delta^ny_x=\Delta^{n-1}y_{x+1}-\Delta^{n-1}y_x=\sum\limits_{k=0}^{n}(-1)^kC_n^ky_{x+n-k}$.

同样,函数 y_x 可用函数的差分来线性表示:

$y_{x+1}=\Delta y_x+y_x$,

$y_{x+2}=\Delta^2y_x+2\Delta y_x+y_x$,

…

$$y_{x+n}=\sum_{k=0}^{n}C_n^k\Delta^k y_x,\Delta^0 y_x=y_x.$$

2. 差分的运算规则

(1) $\Delta(ay_x\pm bz_x)=a\Delta y_x\pm b\Delta z_x$ (a,b 为常数).

(2) $\Delta(y_x\cdot z_x)=y_{x+1}\Delta z_x+z_x\Delta y_x=y_x\Delta z_x+z_{x+1}\Delta y_x$.

(3) $\Delta\left(\dfrac{y_z}{z_x}\right)=\dfrac{z_x\Delta y_x-y_x\Delta z_x}{z_x\cdot z_{x+1}}=\dfrac{z_{x+1}\Delta y_x-y_{x+1}\Delta z_x}{z_x\cdot z_{x+1}}(z_x\neq0)$.

3. 差分方程及其阶的概念

(1)表示自变量、未知函数及未知函数差分之间关系的方程(等式),称为***差分方程***. 其一般形式为

$$F(x,y,\Delta y_x,\cdots,\Delta^n y_x)=0,$$

或

$$G(x,y,y_{x+1},\cdots,y_{x+n})=0.$$

或

$$a_0(x)y_{x+n}+a_1(x)y_{x+n-1}+\cdots+a_{n-1}(x)y_{x+1}+a_n(x)y_x=f(x).$$

(2)差分方程中所含未知函数差分的实际最高阶数,称为差分方程的***阶***. 用未知函数下标表示的差分方程,其阶数通常等于方程中所含未知函数下标的最大值与最小值之差.

4. 差分方程的解

满足差分方程的函数,称为差分方程的***解***,若差分方程解中所含相互独立的任意常数的个数等于方程的阶数,则称此解为该差分方程的***通解***.

为确定通解中的任意常数而对未知函数及其差分所附加的一些条件

$$y_x\big|_{x=x_0}=y_{x_0},\Delta y_x\big|_{x=x_0}=\Delta y_{x_0},\cdots,\Delta^{n-1}y_x\big|_{x=x_0}=\Delta^{n-1}y_{x_0}$$

或

$$y_x\big|_{x=x_0}=y_{x_0},y_x\big|_{x=x_1}=y_{x_1},\cdots,y_x\big|_{x=x_{n-1}}=y_{x_{n-1}}$$

称为***初始条件***(n 阶方程要有 n 个条件). 通解中的任意常数被确定后得到的解,称为差分方程满足初始条件的***特解***.

5. n 阶常系数线性差分方程解的结构

n 阶线性差分方程的一般形式为

$$a_0(x)y_{x+n}+a_1(x)y_{x+n-1}+\cdots+a_{n-1}(x)y_{x+1}+a_n(x)y_x=f(x).$$

其中,$a_0(x),a_1(x),\cdots,a_n(x),f(x)$为已知函数,若$f(x)=0$,则称其为***$n$ 阶齐次线性差分方程***;若$f(x)\neq0$,则称其为***n 阶非齐次线性差分方程***,若 $a_i(x)=a_i(i=0,1,2,\cdots,n)$均为常数,则称此方程为***$n$ 阶常系数线性差分方程***.

设 n 阶常系数非齐次线性差分方程为

$$a_0y_{x+n}+a_1y_{x+n-1}+\cdots+a_{n-1}y_{x+1}+a_ny_x=f(x).\tag{8-1}$$

与它对应的 n 阶常系数齐次线性差分方程为

$$a_0y_{x+n}+a_1y_{x+n-1}+\cdots+a_{n-1}y_{x+1}+a_ny_x=0.\tag{8-2}$$

它们解的结构与线性微分方程相类似,有如下解的结构性质:

(1)叠加性质 1

若函数 $y_x^{(1)},y_x^{(2)},\cdots,y_x^{(k)}$ 为齐次线性差分方程(8-2)的 k 个线性无关解,则这 k 个函数的

任何线性组合

$$y_x = c_1 y_x^{(1)} + c_2 y_x^{(2)} + \cdots + c_k y_x^{(k)}$$

是齐次方程(8-2)的通解,其中,$c_1, c_2, \cdots, c_k$ 为任意常数.

(2)通解结构

若 y_x^* 是非齐次线性差分方程(8-1)的一个特解,Y_x 是方程所对应的齐次线性差分方程(8-2)的通解,则

$$y_x = y_x^* + Y_x$$

是非齐次线性差分方程(8-1)的通解.

(3)叠加性质2

设非齐次线性差分方程中的自由项$f(x)$是几个函数之和,如

$$a_0 y_{x+n} + a_1 y_{x+n-1} + \cdots + a_{n-1} y_{x+1} + a_n y_x = f_1(x) + f_2(x), \tag{8-3}$$

而 $y_x^{(i)*}(i=1,2)$ 分别是非齐次线性方程

$$a_0 y_{x+n} + a_1 y_{x+n-1} + \cdots + a_{n-1} y_{x+1} + a_n y_x = f_i(x)\,(i=1,2)$$

的特解,则函数

$$y_x^* = y_x^{(1)*} + y_x^{(2)*}$$

是方程 $a_0 y_{x+n} + a_1 y_{x+n-1} + \cdots + a_{n-1} y_{x+1} + a_n y_x = f_1(x) + f_2(x)$ 的特解.

6. 一阶线性常系数齐次差分方程

一阶线性常系数齐次差分方程的一般形式为

$$y_{x+1} + a y_x = 0.$$

一阶线性常系数齐次差分方程 $y_{x+1} + a y_x = 0$ 的通解公式为

$$y_x = C(-a)^x\,(C\text{ 为任意常数})$$

一阶线性常系数非齐次差分方程的一般形式为

$$y_{x+1} + a y_x = f(x)$$

由线性差分方程解的结构,先求出对应齐次方程 $y_{x+1} + a y_x = 0$ 的通解 Y_x,再求 $y_{x+1} + a y_x = f(x)$ 的一个特解 y_x^*,则原方程的通解为 $y_x = Y_x + y_x^*$.

(1)若$f(x) = p_n(x)$,$p_n(x)$是 x 的 n 次多项式,则设特解

$$y_x^* = x^k Q_n(x)$$

其中,$Q_n(x)$是与 $p_n(x)$同次的待定多项式,当 -1 不是特征方程的根($a \neq -1$)时,$k=0$,当 -1 是特征方程的根($a=-1$)时. $k=1$.

(2)若$f(x) = b^x p_n(x)\,(b \neq 0,1)$,则设特解

$$y_x^* = x^k b^x Q_n(x)$$

其中,$Q_n(x)$是与 $p_n(x)$同次的待定多项式. 当 b 不是特征方程的根 ($a \neq -b$)时,$k=0$,当 b 是特征方程的根($a \neq b$)时,$k=1$.

7. 二阶常系数线性差分方程

(1) 齐次方程

一般形式为

$$y_{x+2} + p y_{x+1} + q y_x = 0\,(p, q\text{ 为常数}, q \neq 0).$$

相应的特征方程为 $\lambda^2 + p\lambda + q = 0$,特征根为

$$\lambda_{1,2}=\frac{-p\pm\sqrt{p^2-4q}}{2},$$

则差分方程 $y_{x+2}+py_{x+1}+qy_x=0$ 的通解情况如下表：

特征方程 $\lambda^2+p\lambda+q=0$ 的根	差分方程 $y_{x+2}+py_{x+1}+qy_x=0$ 的通解
实根 $\lambda_1\neq\lambda_2$	$Y_x=c_1\lambda_1^x+c_2\lambda_2^x$
$\lambda_1=\lambda_2=-\frac{p}{2}$	$Y_x=(c_1+c_2x)\lambda^x$
$\lambda_{1,2}=\alpha\pm i\beta$	$Y_x=r^x(c_1\cos\theta x+c_2\sin\theta x)$

其中，解 $Y_x=r^x(c_1\cos\theta x+c_2\sin\theta x)$ 中，

$$r=\sqrt{b^2+\beta^2}=\sqrt{q},\alpha=-\frac{p}{2},\beta=\frac{\sqrt{4q-p^2}}{2}$$

$$\theta=\begin{cases}\arctan\dfrac{\beta}{\alpha}, & \alpha\geqslant0\\ \pi+\arctan\dfrac{\beta}{\alpha}, & \alpha<0\end{cases}.$$

(2)非齐次方程

一般形式为　$y_{x+2}+py_{x+1}+qy_x=f(x)$.

解法：先求对应齐次方程 $y_{x+2}+py_{x+1}+qy_x=0$ 的通解 Y_x，再求方程自身的一个特解 y_x^*，则原方程的通解为 $y_x=Y_x+y_x^*$.

1)若 $f(x)=p_n(x)$，$p_n(x)$ 是 x 的 n 次多项式，则设特解

$$y_x^*=x^kQ_n(x)$$

其中，$Q_n(x)$ 是与 $p_n(x)$ 同次的待定多项式. 当 1 不是特征方程的根时，$k=0$；当 1 是特征方程的单根时，$k=1$；当 1 是特征方程的二重根时，$k=2$.

2)若 $f(x)=b^xp_n(x)$（$b\neq0,1$，为常数），则设特解

$$y_x^*=x^kb^xQ_n(x)$$

其中，$Q_n(x)$ 是与 $p_n(x)$ 同次的待定多项式. 当 b 不是特征方程的根时，$k=0$；当 b 是特征方程的单根时，$k=1$；当 b 是特征方程的重根时，$k=2$.

当 $b=1$ 时，(2)的情况就是(1).

8.2　学习要求

1. 了解微分方程与差分方程的基本概念

2. 熟练掌握可分离变量方程、齐次方程和一阶线性微分方程的解法，了解伯努利方程及其通解的求法，了解全微分方程的解法.

3. 掌握一阶常系数齐次线性差分方程的解法，掌握简单的一阶常系数非齐次线性差分方程的解法.

4. 会用降阶法求解下列高阶微分方程：$y''=f(x)$，$y''=f(x,y')$，$y''=f(y,y')$，$y''=f(y')$.

5. 知道二阶线性齐次、非齐次微分方程与差分方程解的结构.

6. 根据二阶线性常系数齐次微分方程与差分方程的特征方程根的不同情况，熟练掌握二

阶常系数线性齐次微分方程与差分方程的解法.

7. 会求解简单的二阶线性常系数非齐次微分方程与差分方程的解.

8.3 基本题型与范例

题型 1 微分方程的基本概念

例 8-1 验证函数 $y=\sqrt{x}\left(C+\int\frac{e^{-x}}{\sqrt{x}}dx\right)$（$C$ 为常数）是否为方程 $2xy'-y=2xe^{-x}$ 的通解.

分析：一阶微分方程的通解中含有一个任意常数，此外将 $y=\sqrt{x}\left(C+\int\frac{e^{-x}}{\sqrt{x}}dx\right)$ 代入方程中考查方程能否成为恒等式.

解：由于

$$y'=\frac{1}{2\sqrt{x}}\left(C+\int\frac{e^{-x}}{\sqrt{x}}dx\right)+\sqrt{x}\frac{e^{-x}}{\sqrt{x}}=\frac{1}{2\sqrt{x}}\left(C+\int\frac{e^{-x}}{\sqrt{x}}dx\right)+e^{-x},$$

$$2xy'-y=\frac{2x}{2\sqrt{x}}\left(C+\int\frac{e^{-x}}{\sqrt{x}}dx\right)+2xe^{-x}-\sqrt{x}\left(C+\int\frac{e^{-x}}{\sqrt{x}}dx\right)=2xe^{-x},$$

从而 $y=\sqrt{x}\left(C+\int\frac{e^{-x}}{\sqrt{x}}dx\right)$ 是原方程的解，式中含一个任意常数 C，故所给函数为方程的通解.

例 8-2 设方程 $y''+y=0$，则下列选项成立的是(　　)（其中 C 是任意常数）.

A. $y=C\sin x$ 是方程的通解　　B. $y=C\sin x$ 是方程的特解

C. $y=C\sin x$ 不是方程的解　　D. 前三个答案都不对

解：正确答案是 D. 因为特解不含任意常数，二阶方程通解需含两个任意常数，又因 $C\sin x$ 满足方程，是方程的解，所以 A，B，C 都不对.

例 8-3 已知曲线上点 $P(x,y)$ 处的法线与 X 轴交点为 Q，且线段 PQ 被 Y 轴平分，求曲线所满足的微分方程.

解：由题意可知，点 $P(x,y)$ 处的法线方程为

$$Y-y=-\frac{1}{y'}(X-x),$$

令 $Y=0$，得 Q 点的横坐标 $X=x+yy'$，所以 $x+yy'=-x$，即曲线满足的微分方程为 $yy'+2x=0$.

题型 2 一阶微分方程求解

1. 可分离变量的微分方程

例 8-4 求微分方程 $y'+\sin(x+y)=\sin(x-y)$ 的解.

解：方程变形为 $y'=-2\cos x\sin y$，分离变量得

$$\frac{1}{\sin y}dy=-2\cos x dx.$$

两边积分得方程通解为

$$\ln|\csc y-\cot y|=-2\sin x+C.$$

例 8-5　求微分方程 $y\sqrt{1-x^2}\mathrm{d}y+x\sqrt{1-y^2}\mathrm{d}x=0$ 的全部解.

解:分离变量,得

$$\frac{y}{\sqrt{1-y^2}}\mathrm{d}y+\frac{x}{\sqrt{1-x^2}}\mathrm{d}x=0,$$

积分得通解

$$\sqrt{1-x^2}+\sqrt{1-y^2}=C.$$

此方程还有使 $\sqrt{1-x^2}\sqrt{1-y^2}=0$ 的四个解:

$x=\pm1,\ -1<y<1;y=\pm1,-1<x<1.$

例 8-6　求方程 $2xy\mathrm{d}x=\mathrm{d}y$ 满足初值条件 $y(0)=0$ 的特解.

解:分离变量有

$$\frac{\mathrm{d}y}{y}=2x\mathrm{d}x,$$

两边积分得

$$\ln|y|=x^2+\ln C,$$

从而得通解为

$$y=Ce^{x^2}(C\text{ 为任意常数}).$$

又由 $y(0)=0$,得 $C=0$,于是满足初值条件的特解为 $y=0$.

【评注】

(1)例 8-6 是一个十分简单的可分离变量方程,分离变量,可得到$\frac{\mathrm{d}y}{y}=2x\mathrm{d}x$,积分得$\ln|y|=x^2+C$,即有 $y=e^{x^2+C}=e^Ce^{x^2}$. 但由结果难以得到满足初值 $y(0)=0$ 的特解,这是因为在分离变量时,前提是 $y\neq0$,但 $y=0$ 是满足方程的一个特解. 一般来说,对于分离变量方程,分离变量后等式两边分别积分,如果得到的隐式解中含有 $\ln y$,这时相应的任意常数一般不写成 C 而写成 $\ln C$,这样做的目的是避免通解表达式中不包含某些特解.

(2)在求解过程中每一步不一定是同解变形,可能增解、也可能减解. 如在例 8-5 的求解过程中两端同时乘以$\frac{1}{\sqrt{1-y^2}},\frac{1}{\sqrt{1-x^2}}$,这里 $x\neq\pm1,y\neq\pm1$,但 $x=\pm1,\ -1<y<1;y=\pm1,\ -1<x<1$ 仍然是方程的解.

2. 一阶齐次微分方程

例 8-7　求微分方程$\frac{\mathrm{d}y}{\mathrm{d}x}=e^{\frac{y}{x}}+\frac{y}{x}$的通解.

解:令$\frac{y}{x}=u$,则$\frac{\mathrm{d}y}{\mathrm{d}x}=u+x\frac{\mathrm{d}u}{\mathrm{d}x}$,原方程化为

$$u+x\frac{\mathrm{d}u}{\mathrm{d}x}=e^u+u,$$

分离变量后得到积分

$$\int\frac{\mathrm{d}u}{e^u}=\int\frac{\mathrm{d}x}{x}+C_1,$$

即

$$-e^{-u}=\ln|x|+C_1=\ln|Cx|,$$

方程通解为 $e^{-\frac{y}{x}}=-\ln|Cx|$(其中,$e^{-\frac{y}{x}}>0,0<|Cx|<1$).

例 8-8　若函数 $y=y(x)$ 在任意点 x 处的改变量为

$$\Delta y=\frac{y\Delta x}{x+\sqrt{x^2+y^2}}+\alpha\ (y>0),$$

当 $\Delta x\to 0$ 时，α 是比 Δx 高阶的无穷小，且 $x=1$ 时 $y=\sqrt{8}$，求 y 与 x 之间的函数关系.

分析：利用导数的定义与高阶无穷小的定义，先建立微分方程，然后解该微分方程.

解：根据题意，等式两边同除以 $\Delta x(\Delta x\neq 0)$，得

$$\frac{\Delta y}{\Delta x}=\frac{y}{x+\sqrt{x^2+y^2}}+\frac{\alpha}{\Delta x},$$

令 $\Delta x\to 0$，取极限，得微分方程

$$\frac{dy}{dx}=\frac{y}{x+\sqrt{x^2+y^2}},$$

即

$$\frac{dx}{dy}=\frac{x}{y}+\sqrt{1+\left(\frac{x}{y}\right)^2},$$

这是齐次微分方程. 设 $u=\frac{x}{y}$，$x=uy$，$\frac{dx}{dy}=u+y\frac{du}{dy}$，代入方程，于是有

$$y\frac{du}{dy}=\sqrt{1+u^2},$$

分离变量积分得

$$\ln(u+\sqrt{1+u^2})=\ln y+\ln C.$$

把 $u=\frac{x}{y}$ 代入，从而 $\frac{x+\sqrt{x^2+y^2}}{y}=Cy$，即通解为

$$x+\sqrt{x^2+y^2}=Cy^2.$$

把 $x=1$，$y=\sqrt{8}$ 代入通解，得 $C=\frac{1}{2}$，所以 x,y 满足 $x+\sqrt{x^2+y^2}=\frac{1}{2}y^2$.

3. 可化为齐次方程的一阶方程

例 8-9　求解微分方程 $\frac{dy}{dx}=\frac{x+y+4}{x-y-6}$，且满足 $y|_{x=2}=-5$.

解：令 $\begin{cases}h+k+4=0\\h-k-6=0\end{cases}$，得 $h=1$，$k=-5$.

令 $x=X+1$，$y=Y-5$，得 $\frac{dY}{dX}=\frac{X+Y}{X-Y}$，再令 $Y=Xu$，$\frac{dY}{dX}=u+X\frac{du}{dX}$，得 $\frac{1-u}{1+u^2}du=\frac{dX}{X}$，两边积分得 $\arctan u-\frac{1}{2}\ln(1+u^2)=\ln|CX|$，代回原变量，得原方程的通解为

$$\arctan\frac{y+5}{x-1}-\frac{1}{2}\ln\left[1+\left(\frac{y+5}{x-1}\right)^2\right]=\ln|C(x-1)|,$$

利用 $y|_{x=2}=-5$ 得 $C=1$，故所求特解为 $\arctan\frac{y+5}{x-1}=\frac{1}{2}\ln[(x-1)^2+(y+5)^2]$.

【评注】 齐次微分方程的判断很重要：如果 $f(x,y)$ 的所有加项中 x,y 的方幂的和相等，则微分方程 $y'=f(x,y)$ 为齐次的；如果 $p(x,y)dx+q(x,y)dy=0$ 中的 $p(x,y)$，$q(x,y)$ 中 x，y 的

方幂的和相等,则该方程是齐次微分方程,从而可化为 $y'=f\left(\frac{y}{x}\right)$的形式.

4. 一阶线性微分方程求解

例 8-10　求方程 $x^2\mathrm{d}y+(2xy-x+1)\mathrm{d}x=0$ 满足 $y(1)=0$ 的特解.

解: 原方程化为

$$\frac{\mathrm{d}y}{\mathrm{d}x}+\frac{2}{x}y=\frac{x-1}{x^2},$$

则

$$y=\mathrm{e}^{-\int\frac{2}{x}\mathrm{d}x}\left[\int\frac{x-1}{x^2}\mathrm{e}^{\int\frac{2}{x}\mathrm{d}x}\mathrm{d}x+C\right]=\frac{1}{2}-\frac{1}{x}+\frac{C}{x^2},$$

由 $y(1)=0$,得 $C=\frac{1}{2}$,故方程的解为 $y=\frac{1}{2}-\frac{1}{x}+\frac{1}{2x^2}$

例 8-11　设 $f(x)$ 可导,且满足 $\int_0^1 f(ux)\mathrm{d}u=\frac{1}{2}f(x)+1$,求函数 $f(x)$.

解: 这是一个积分方程,将原方程两端乘以 x,得

$$x\int_0^1 f(ux)\mathrm{d}u=\frac{1}{2}xf(x)+x,$$

对左端积分作变量代换 $ux=t$,则

$$\int_0^x f(t)\mathrm{d}t=\frac{1}{2}xf(x)+x,$$

两端对 x 求导并化简得微分方程

$$f'(x)-\frac{1}{x}f(x)=-\frac{2}{x},$$

该方程是一阶线性非齐次方程(也可以看做可分离变量方程),求解得

$$f(x)=Cx+2.$$

例 8-12　求微分方程 $\frac{\mathrm{d}y}{\mathrm{d}x}=\frac{y}{x+y^4}$ 的通解.

解: 该方程是以 x 为未知函数,y 为自变量的一阶线性方程.

将微分方程变形为 $\frac{\mathrm{d}x}{\mathrm{d}y}=\frac{x+y^4}{y}$ 即 $\frac{\mathrm{d}x}{\mathrm{d}y}-\frac{1}{y}x=y^3$.

这时 $P(y)=-\frac{1}{y}$,$Q(y)=y^3$,代入一阶线性非齐次求解公式得

$$x=\mathrm{e}^{\int\frac{1}{y}\mathrm{d}y}\left[\int y^3\mathrm{e}^{-\int\frac{1}{y}\mathrm{d}y}\mathrm{d}y+C\right]=\frac{1}{3}y^4+Cy.$$

例 8-13　求微分方程 $y'=\frac{\cos y}{\cos y\sin 2y-x\sin y}$ 的通解.

解: 将微分方程变形为 $\frac{\mathrm{d}x}{\mathrm{d}y}=\frac{\cos y\sin 2y-x\sin y}{\cos y}=\sin 2y-x\tan y$,

$$\frac{\mathrm{d}x}{\mathrm{d}y}+x\cdot\tan y=\sin 2y$$

是以 x 为未知函数, y 为自变量的一阶线性非齐次方程,解为

$$x=\mathrm{e}^{\ln|\cos y|}\left[\int\sin 2y\cdot\mathrm{e}^{-\ln|\cos y|}\mathrm{d}y+C\right]$$

$$= \cos y\left[\int \frac{2\sin y\cos y}{\cos y}dy + C\right] = \cos y[C - 2\cos y].$$

例 8-14 求过点(1,0)且满足关系式 $y'\arcsin x + \frac{y}{\sqrt{1-x^2}} = 1$ 的曲线方程.

分析:该题为一阶线性方程求特解问题.

解 1:利用通解公式来求解,把方程化为

$$y' + \frac{1}{\arcsin x \cdot \sqrt{1-x^2}} \cdot y = \frac{1}{\arcsin x}.$$

根据通解公式,得通解为

$$\begin{aligned} y &= e^{-\int \frac{dx}{\arcsin x\sqrt{1-x^2}}}\left(\int \frac{1}{\arcsin x} e^{\int \frac{dx}{\arcsin x\sqrt{1-x^2}}} dx + C\right) \\ &= e^{-\ln\arcsin x}\left(\int \frac{1}{\arcsin x} e^{\ln\arcsin x} dx + C\right) \\ &= \frac{1}{\arcsin x}(x + C) \end{aligned}$$

把 $x=1, y=0$ 代入通解,得 $C=-1$,故曲线方程为 $y\arcsin x = x-1$.

解 2:把方程该写为 $y'\arcsin x + y(\arcsin x)' = 1$,即 $(y\arcsin x)' = 1$,故两边积分得 $y\arcsin x = x + C$,以下同解法 1.

【评注】注意一阶微分方程求解中的 dx, dy 可同等看待,即对同一一阶微分方程,可以把 x 看做自变量,也可以把 x 看做因变量,求解方法一样.

例 8-15 (银行账户余额) 某银行账户以连续复利方式计息,年利率为 5%,希望连续 20 年以每年 12000 元人民币的速率用这一账户支付职工工资,若时间 t 以年为单位,求账户上余额 $B=f(t)$ 所满足的微分方程,且问当初始存入的数额 B_0 为多少时,才能使 20 年后账户中的余额精确地减至零.

解:显然,银行余额的变化速率 = 利息盈取速率 - 工资支付速率.

因为时间 t 以年为单位,银行余额的变化速率为 $\frac{dB}{dt}$,利息盈取的速率为每年 $0.05B$ 元,工资支付的速率为每年 12000 元,于是,有

$$\frac{dB}{dt} = 0.05B - 12000,$$

利用分离变量法解此方程得

$$B = Ce^{0.05t} + 240000,$$

由 $B|_{t=0} = B_0$,得 $C = B_0 - 240000$,故

$$B = (B_0 - 240000)e^{0.05t} + 240000,$$

由题意,当 $t=20$ 时,$B=0$,即

$$0 = (B_0 - 240000)e + 240000,$$

由此得 $B_0 = 240000 - 240000e^{-1}$ 时,20 年后银行的余额为零.

例 8-16 (污染治理问题) 某湖泊蓄水量为 V,每年流入湖泊中的含污染物 A 的污水量为 $\frac{V}{6}$,流出湖泊的水量为 $\frac{V}{3}$,已知 2005 年底湖泊中的污染物 A 的含量为 $5m_0$(m_0 为国家规定

的达标指标)，所以超过国家规定标准，为了治理污染，从 2006 年初起，限制流入湖泊中的污染物 A 的污水的浓度不超过$\frac{m_0}{V}$，问至少需要经过多少年，湖泊中污染物 A 的含量降至 m_0 以内. 假设湖水中污染物 A 的分布是均匀的.

解：用微小量分析法建立微分方程模型. 设 t 年湖泊中污染物 A 的含量为 $m(t)$，则浓度为 $\frac{m(t)}{V}$，污染物增量为 $\mathrm{d}m(t)$. 又设 2006 年初 $t_0=0$，$m(0)=5m_0$，$m(T)=m_0$（T 为达到国家标准所需的年数），由于

污染物 A 的增量 = 污染物 A 的流入量 − 污染物 A 的流出量.

在时间间隔 $[t,t+\mathrm{d}t]$ 内污染物 A 的流入量为$\frac{V}{6}\frac{m_0}{V}\mathrm{d}t=\frac{m_0}{6}\mathrm{d}t$（因为限制流入湖泊中的含污染物 A 的污水的浓度不超过$\frac{m_0}{V}$），污染物 A 的流出量为$\frac{V}{3}\frac{m(t)}{V}\mathrm{d}t=\frac{m(t)}{3}\mathrm{d}t$，于是

$$\mathrm{d}m=\frac{m_0}{6}\mathrm{d}t-\frac{m}{3}\mathrm{d}t,$$

即

$$\frac{\mathrm{d}m}{\mathrm{d}t}=\frac{m_0}{6}-\frac{m}{3}.$$

此微分方程既可以看做可分离变量的微分方程，也可以看做一阶线性非齐次方程，用一阶线性非齐次方程的公式法求解得

$$m(t)=\mathrm{e}^{-\int\frac{1}{3}\mathrm{d}t}\left(\int\frac{m_0}{6}\mathrm{e}^{\int\frac{1}{3}\mathrm{d}t}\mathrm{d}t+C\right)=\frac{m_0}{2}+C\mathrm{e}^{-\frac{t}{3}}.$$

由 $m(0)=5m_0$，得 $C=\frac{9}{2}m_0$，因此满足初始条件的特解为

$$m(t)=\frac{m_0}{2}+\frac{9}{2}m_0\mathrm{e}^{-\frac{t}{3}}.$$

又由 $m(T)=\frac{m_0}{2}+\frac{9}{2}m_0\mathrm{e}^{-\frac{T}{3}}=m_0$，解得 $T=6\ln 3\approx 6.6$ 年，即至少需要 6.6 年的时间湖泊中的污染物 A 的含量可达标.

5. 伯努利微分方程求解

例 8-17　求方程$\frac{\mathrm{d}x}{\sqrt{xy}}+\left[\frac{2}{y}-\sqrt{\frac{x}{y^3}}\right]\mathrm{d}y=0$ 的通解.

解：注意 x,y 同号，当 $x>0$ 时，$\frac{\mathrm{d}x}{\sqrt{x}}=2\mathrm{d}\sqrt{x}$，故方程可变形为 $2\frac{\mathrm{d}\sqrt{x}}{\mathrm{d}y}-\frac{\sqrt{x}}{y}=-\frac{2}{\sqrt{y}}$. 这是以$\sqrt{x}$为因变量，$y$ 为自变量的一阶线性非齐次方程，由一阶线性非齐次方程通解公式，得

$$\begin{aligned}\sqrt{x}&=\mathrm{e}^{\int\frac{\mathrm{d}y}{2y}}\left(\int-\frac{1}{\sqrt{y}}\mathrm{e}^{-\int\frac{\mathrm{d}y}{2y}}\mathrm{d}x+\ln|C|\right)\\&=\sqrt{y}\left(-\int\frac{1}{\sqrt{y}}\cdot\frac{1}{\sqrt{y}}\mathrm{d}y+\ln|C|\right)=\sqrt{y}\ln\left|\frac{C}{y}\right|.\end{aligned}$$

所求通解为 $y\mathrm{e}^{\sqrt{\frac{x}{y}}}=C(C\neq 0)$.

6. 利用变量代换求解微分方程

例 8-18 求微分方程 $x\mathrm{d}y+y\mathrm{d}x=(x^3y^2-x)\mathrm{d}x$ 的通解.

解:改写原方程为 $x\mathrm{d}y+y\mathrm{d}x=x(x^2y^2-1)\mathrm{d}x$,

令 $u=xy,\mathrm{d}u=x\mathrm{d}y+y\mathrm{d}x$,则原方程化为

$$\mathrm{d}u=x(u^2-1)\mathrm{d}x,$$

分离变量并积分得 $\ln\dfrac{C(u-1)}{u+1}=x^2$,

用 $u=xy$, 带入上式,得原方程通解为 $\ln\dfrac{C(xy-1)}{xy+1}=x^2$.

例 8-19 求微分方程$\dfrac{\mathrm{d}y}{\mathrm{d}x}=(x+y)^2$ 的通解.

解:令 $x+y=u,\dfrac{\mathrm{d}y}{\mathrm{d}x}=\dfrac{\mathrm{d}u}{\mathrm{d}x}-1$,代入原方程得$\dfrac{\mathrm{d}u}{\mathrm{d}x}=1+u^2$,解得 $\arctan u=x+C$,代回 $u=x+y$,得 $\arctan(x+y)=x+C$, 原方程的通解为 $y=\tan(x+C)-x$.

例 8-20 求微分方程$\dfrac{\mathrm{d}y}{\mathrm{d}x}=\dfrac{1}{x\sin^2(xy)}-\dfrac{y}{x}$的通解.

解:令 $z=xy,\dfrac{\mathrm{d}z}{\mathrm{d}x}=y+x\dfrac{\mathrm{d}y}{\mathrm{d}x}$,则

$$\frac{\mathrm{d}z}{\mathrm{d}x}=y+x\left(\frac{1}{x\sin^2(xy)}-\frac{y}{x}\right)=\frac{1}{\sin^2 z},$$

分离变量两边积分得 $2z-\sin 2z=4x+C$,

将 $z=xy$ 代回,所求通解为 $2xy-\sin(2xy)=4x+C$.

【评注】若方程中出现$f(xy)$,$f(x\pm y)$, $f(x^2\pm y^2)$,…, 等形式,可考虑用变量代换 $u=xy,u=x\pm y,u=x^2\pm y^2$,…使原方程化简.

7. 求解全微分方程

例 8-21 求全微分方程$(x-3x^3y^2)\mathrm{d}y+y\mathrm{d}x=0$ 的通解.

解:$P(x,y)=y,Q(x,y)=x-3x^3y^2$

$$\frac{\partial P(x,y)}{\partial y}=1,\frac{\partial Q(x,y)}{\partial x}=1-9x^2y^2,\frac{\partial P(x,y)}{\partial y}\neq\frac{\partial Q(x,y)}{\partial x},$$

原方程不是全微分方程,原方程改写为 $x\mathrm{d}y+y\mathrm{d}x-3x^3y^2\mathrm{d}y=0$,即 $\mathrm{d}(xy)-3x^3y^2\mathrm{d}y=0$.

第一项可以有积分因子$\dfrac{1}{(xy)^m}$, 考虑到第二项的形式,可取 $m=3$,即取积分因子$\dfrac{1}{(xy)^3}$乘以方程,得

$$\frac{\mathrm{d}(xy)}{(xy)^3}-\frac{3}{y}\mathrm{d}y=0,$$

即

$$\mathrm{d}\left[\frac{-1}{2(xy)^2}-3\ln y\right]=0,\text{故原方程通解为}\frac{1}{2(xy)^2}+3\ln y=C.$$

例 8-22 求微分方程$\dfrac{2x}{y^3}\mathrm{d}x+\dfrac{y^2-3x^3}{y^4}\mathrm{d}y=0$ 的通解.

解:由于$\frac{\partial P}{\partial y}=-\frac{6x}{y^4}=\frac{\partial Q}{\partial x}$. 所以该方程是全微分方程,将左端重新组合得

$$\frac{1}{y^2}dy+\left(\frac{2x}{y^3}dx-\frac{3x^2}{y^4}dy\right)=d\left(-\frac{1}{y}\right)+d\left(\frac{x^2}{y^3}\right)=d\left(-\frac{1}{y}+\frac{x^2}{y^3}\right),$$

原方程的通解为
$$-\frac{1}{y}+\frac{x^2}{y^3}=C.$$

例 8-23 求微分方程$\frac{dy}{dx}=-\frac{x^2+x^3+y}{1+x}$的通解.

解 1:(待定系数法)整理得
$$\frac{dy}{dx}+\frac{1}{1+x}y=-x^2,$$

对应齐次方程通解为
$$Y=\frac{C}{1+x},$$

设$y^*=\frac{C(x)}{1+x}$为非齐次方程的解,其中,$C(x)$是待定函数. 代入原方程得

$$C(x)=-\frac{x^3}{3}-\frac{x^4}{4}+C,$$

所以通解为
$$y+xy+\frac{x^3}{3}+\frac{x^4}{4}=C.$$

解 2(公式法):将方程化为一阶线性非齐次的标准形式

$$\frac{dy}{dx}+\frac{1}{1+x}y=-x^2.$$

带入求解公式得
$$y=e^{-\int\frac{1}{1+x}dx}\left[\int-x^2e^{\int\frac{1}{1+x}dx}dx+C\right],$$

所以通解为
$$y+xy+\frac{x^3}{3}+\frac{x^4}{4}=C.$$

解 3(全微分法):整理得$(x^2+x^3+y)dx+(1+x)dy=0$,

令$P(x,y)=(x^2+x^3+y)$,$Q(x,y)=(1+x)$,则$\frac{\partial P}{\partial y}=1=\frac{\partial Q}{\partial x}$,所以该方程是全微分方程.

凑微分后得
$$dy+(xdy+ydx)+x^2dx+x^3dx=0,$$

$$dy+d(xy)+d\frac{x^3}{3}+d\frac{x^4}{4}=0,$$

即

$$d\left(y+xy+\frac{x^3}{3}+\frac{x^4}{4}\right)=0$$

所以通解为$y+xy+\frac{x^3}{3}+\frac{x^4}{4}=C$.

题型 3 可降阶方程求解

例 8-24 求方程$y''=e^{2x}-\cos x$的通解.

解:直接积分即可

$$y'=\int(e^{2x}-\cos x)dx=\frac{1}{2}e^{2x}-\sin x+C_1,$$

$$y=\frac{1}{4}e^{2x}+\cos x+C_1x+C_2.$$

例 8-25　求微分方程$(1+x^2)y''=2xy'$的通解.

解:方程中不显含 y,令 $y'=p(x)$,则 $y''=p'$,代入方程得

$$(1+x^2)p'=2xp,$$

分离变量

$$\frac{dp}{p}=\frac{2xdx}{(1+x^2)},$$

积分得

$$\ln|p|=\ln(1+x^2)+\ln|C_1|,$$

即

$$p=C_1(1+x^2)=y',$$

两端再积分得通解

$$y=C_1\left(\frac{x^3}{3}+x\right)+C_2.$$

例 8-26　求微分方程 $yy''-y'^2=0$ 的通解.

解 1:令 $y'=p(y)$,则

$$y''=\frac{dp}{dx}=p\frac{dp}{dy},$$

代入方程得 $yp\frac{dp}{dy}-p^2=0$,即

$$\frac{dp}{p}=\frac{dy}{y},$$

两端积分得

$$\ln|p|=\ln|y|+\ln|C_1|,$$

即 $p=C_1y$,所以 $y'=C_1y$(一阶线性齐次方程),故所求通解为 $y=C_2e^{C_1x}$.

解 2:两端同乘不为零的因子$\frac{1}{y^2}$,得

$$\frac{yy''-y'^2}{y^2}=\frac{d}{dx}\left(\frac{y'}{y}\right)=0,$$

故 $y'=C_1y$,从而通解为 $y=C_2e^{C_1x}$.

解 3:原方程变为$\frac{y''}{y'}=\frac{y'}{y}$,两边积分,得

$$\ln y'=\ln y+\ln C_1,$$

即 $y'=C_1y$,原方程通解为 $y=C_2e^{C_1x}$.

例 8-27　求微分方程 $yy''+y'^2=0$ 通解.

解: 将方程写成

$$\frac{d}{dx}(yy')=0,$$

故有 $yy'=C_1$,即

$$ydy=C_1dx,$$

积分后得通解为

$$y^2=C_1x+C_2.$$

【评注】这一段技巧性较高, 关键是配导数的方程.

例 8-28　求微分方程 $xy^{(5)}-y^{(4)}=0$ 的通解.

解:设 $y^{(4)}=P(x)$,$y^{(5)}=P'(x)$, 代入原方程

$$xP'-P=0(P\neq0),$$

解线性方程, 得 $P=C_1x$ 即 $y^{(4)}=C_1x$.

两端积分,得

$$y'''=\frac{1}{2}C_1x^2+C_2,$$

…

$$y=\frac{C_1}{120}x^5+\frac{C_2}{6}x^3+\frac{C_3}{2}x^2+C_4x+C_5,$$

原方程通解为

$$y=d_1x^5+d_2x^3+d_3x^2+d_4x+d_5,$$

其中，$d_1=\frac{c_1}{120},d_2=\frac{c_2}{6},d_3=\frac{c_3}{2},d_4=c_4,d_5=c_5$.

题型4　二阶线性微分方程解的结构与性质

例8-29　设 $y''+p(x)y'+q(x)y=f(x)$ 的三个特解是 $y_1=x,y_2=e^x,y_3=e^{2x}$，求此方程满足条件 $y(0)=1,y'(0)=3$ 的特解.

解：此非齐次微分方程的两个特解之差 $e^x-x,e^{2x}-x$ 都是对应齐次微分方程的解，且是线性无关的，故齐次微分方程的通解为

$$y=C_1(e^x-x)+C_2(e^{2x}-x),$$

又 $y_1=x$ 是非齐次微分方程的一个特解，故非齐次微分方程

一个通解为 $y=C_1(e^x-x)+C_2(e^{2x}-x)+x$,

由初始条件 $y(0)=1,y'(0)=3$，可得 $C_1=-1,C_2=2$，因此所求特解为

$$y=-(e^x-x)+2(e^{2x}-x)+x=2e^{2x}-e^x.$$

例8-30　设 $f_1(x),f_2(x)$ 为二阶常系数线性微分方程 $y''+py'+qy=0$ 的两个特解，C_1,C_2 为任意两个常数，则 $C_1f_1(x)+C_2f_2(x)$ 是该方程通解的充分条件是(　　).

A. $f_1(x)f'_2(x)-f_2(x)f'_1(x)=0$　　B. $f_1(x)f'_2(x)+f_2(x)f'_1(x)=0$

C. $f_1(x)f'_2(x)-f_2(x)f'_1(x)\neq0$　　D. $f_1(x)f'_2(x)+f_2(x)f'_1(x)\neq0$

解：$f_1(x),f_2(x)$ 构成二阶常系数线性微分方程通解的充分必要条件是 $f_1(x)$ 与 $f_2(x)$ 线性无关，即对任意非零常数 C，$\frac{f_1(x)}{f_2(x)}\neq C$，亦即有

$$\left(\frac{f_1(x)}{f_2(x)}\right)'=\frac{f_1'(x)f_2(x)-f_1(x)f_2'(x)}{f_2^2(x)}\neq0,$$

从而有 $f_1'(x)f_2(x)-f_1(x)f_2'(x)\neq0$. 因此，由选项C，可以推出 $C_1f_1(x)+C_2f_2(x)$ 为方程通解的结论，故本题选C.

例8-31　验证 $y=e^x$ 是微分方程 $xy''+(x-2)y'+(2-2x)y=0$ 的一个解，并求其通解.

分析：容易验证 $y=e^x$ 是微分方程的一个特解，根据线性方程通解的结构，欲求通解，必须再找到一个与 e^x 线性无关的方程的特解. 可以用 $u(x)e^x$ 代入原方程，整理出一个 关于 $u(x)$ 的二阶齐次线性方程，进一步解出 $u(x)$ 后，可得到原方程的通解.

解：将 $y=e^x$ 代入方程，有 $xe^x+(x-2)e^x+(2-2x)e^x=0$，因此，$y=e^x$ 为方程的一个特解. 将 $y=u(x)e^x,y'=[u'(x)+u(x)]e^x,y''=[u''(x)+2u'(x)+u(x)]e^x$ 代入原方程，得到 $xu''+(3x-2)u'=0$.

设 $u'=p$，则 $u''=p'$，上面方程变为 $xp'+(3x-2)p=0$. 分离变量并积分得

$$\int\frac{dp}{p}=\int\left(\frac{2}{x}-3\right)dx,$$

即有

$$p=u'(x)=C_1x^2e^{-3x},$$

再积分得

$$u = C_1\int x^2 e^{-3x}dx = -\frac{C_1}{27}(9x^2e^{-3x} + 6xe^{-3x} + 2e^{-3x}) + C_2,$$

取 $C_1 = -27, C_2 = 0$，知道 $y = ue^x = (9x^2 + 6x + 2)e^{-2x}$ 是方程 $xy'' + (x-2)y' + (2-2x)y = 0$ 的又一个特解. 由于它与 e^x 线性无关，于是原方程的通解为 $y = C_1e^x + C_2(9x^2 + 6x + 2)e^{-2x}$，其中，$C_1, C_2$ 为任意常数.

【评注】由齐次线性方程解的结构知道若 $y = y(x)$ 是方程的解，则 $y = Cy(x)$ 也是方程的解. 通常将其中的 C 换成 $C(x)$，将 $y = C(x)y(x)$ 代入方程中可得到关于 $C(x)$ 的方程，当求出 $C(x)$ 后，就得到 $y = C(x)y(x)$ 是方程的另一个特解，这种求方程组解的方法叫**常数变易法**. 本题中由 $y = e^x$ 通过常数变易法求出方程另一个特解的方法在线性方程组求通解的过程中是常用的方法.

例 8-32 给出满足下列条件的微分方程.

(1) 方程有通解 $y = (C_1 + C_2x + x^{-1})e^{-x}$；

(2) 方程为二阶常系数非齐次线性方程，并有两个特解 $y_1 = \cos 2x - \frac{1}{4}x\sin 2x$，$y_2 = \sin 2x - \frac{1}{4}x\sin 2x$.

分析：由已知解求原方程，首先要善于从解的结构确定要求方程的基本类型和特征. 从本题题设观察，所求方程均为二阶常系数线性微分方程. 在此基础上，或者直接对通解二次 求导消去两个任意常数，从而得到方程；或者利用解的结构和性质与方程解的关系推导出方程.

解：(1) 通解变形为

$$e^x y = C_1 + C_2x + x^{-1},$$

求导得

$$e^x(y' + y) = C_2 - x^{-2},$$

再求导得方程

$$e^x(y'' + 2y' + y) = \frac{2}{x^3},$$

亦即

$$y'' + 2y' + y = \frac{2}{x^3}e^{-x}.$$

(2) 由题设方程的通解为

$$y = C_1\cos 2x + C_2\sin 2x - \frac{1}{4}x\sin 2x,$$

从而知原方程的特征方程有两个共轭复根 $\pm 2i$，$-\frac{1}{4}x\sin 2x$ 为其特解. 进而知原方程为

$$y'' + 4y = f(x),$$

将 $-\frac{1}{4}x\sin 2x$ 代入得

$$f(x) = \left(-\frac{1}{4}x\sin 2x\right)'' + 4\left(-\frac{1}{4}x\sin 2x\right) = -\cos 2x,$$

因此,所求方程为

$$y''+4y=-\cos 2x.$$

题型 5 高阶线性常系数微分方程求解

例 8-33 求微分方程 $y''-6y'+13y=0$ 的通解.

解:特征方程为 $\lambda^2-6\lambda+13=0$,

特征根为 $\lambda=3\pm 2i$,

微分方程通解为 $y=e^{3x}(C_1\cos 2x+C_2\sin 2x)$.

例 8-34 求微分方程 $y''+y'-2y=2\cos 2x$ 的通解.

解:对应的特征方程为 $r^2+r-2=0$,

特征方程的根为 $\lambda=-2,\lambda=1$.

齐次方程通解为 $y=C_1e^{-2x}+C_2e^x$,

设原方程的特解为 $y^*=a\cos 2x+b\sin 2x$,代入原方程得

$$-4a\cos 2x-4b\sin 2x-2a\sin 2x+2b\cos 2x-2a\cos 2x-2b\sin 2x=2\cos 2x,$$

所以 $a=-\dfrac{3}{10},b=\dfrac{1}{10}$,故 $y=C_1e^{-2x}+C_2e^x-\dfrac{3}{10}\cos 2x+\dfrac{1}{10}\sin 2x$.

例 8-35 求方程 $y'''-4y''+5y'-2y=0$ 的通解.

解:特征方程为 $\lambda^3-4\lambda^2+5\lambda-2=0$,即 $(\lambda-1)^2(\lambda-2)=0$.

特征根 $\lambda_1=1$ 是二重根,$\lambda_2=2$,

微分方程通解为 $y=(C_1+C_2x)e^x+C_3e^{2x}$.

例 8-36 求微分方程 $y^{(5)}+y^{(4)}+2y^{(3)}+2y''+y'+y=0$ 的通解.

解:特征方程为 $r^5+r^4+2r^3+2r^2+r+1=0$,即 $(r+1)(r^2+1)^2=0$,

特征根为 $r_1=-1,r_2=r_3=i,r_4=r_5=-i$.

故所求通解为 $y=C_1e^{-x}+(C_2+C_3x)\cos x+(C_4+C_5x)\sin x$.

例 8-37 写出微分方程 $y''-4y'+4y=6x^2+8e^{2x}$ 的待定特解的形式.

解:设 $y''-4y'+4y=6x^2$ 的特解为 y_1^*,$y''-4y'+4y=8e^{2x}$ 的特解为 y_2^*,则所求特解为

$$y^*=y_1^*+y_2^*,$$

对应齐次方程为 $y''-4y'+4y=0$,

特征方程为 $r^2-4r+4=0$,特征根 $r_{1,2}=2$.

由于 $r_{1,2}=2$ 是二重根,所以设

$$y_1^*=Ax^2+Bx+C,y_2^*=Dx^2e^{2x},$$

于是待定特解的形式为 $y^*=y_1^*+y_2^*=Ax^2+Bx+C+Dx^2e^{2x}$.

【评注】

(1)二阶常系数齐次线性微分方程求通解:只需求特征方程的根,再写出相应通解即可.

(2)二阶常系数非齐次线性微分方程求通解:关键是寻找非齐次微分方程的特解,注意由原方程判断特解的形式,再确定特解的形式中的未知系数.

例 8-38 求下列高阶常系数非齐次线性微分方程的初值问题.

(1)$y^{(4)}-y=2e^x$, $y(0)=y'(0)=y''(0)=y^{(3)}(0)=1$;

(2) $y^{(3)}+4y''+4y'-2e^{-2x}=0$, $y(0)=y'(0)=y''(0)=0$.

分析:求高阶常系数非齐次线性微分方程的方法同二阶常系数非齐次线性微分方程的方法一样.

解:(1)方程对应的齐次方程为 $y^{(4)}-y=0$,它的特征方程为 $\lambda^4-1=0$,特征根为 $\lambda_1=1$, $\lambda_2=-1$, $\lambda_3=i$, $\lambda_4=-i$. 因此齐次方程的通解为

$$Y=C_1e^x+C_2e^{-x}+C_3\cos x+C_4\sin x.$$

在 $y^{(4)}-y=2e^x$ 中,由于 $\lambda=1$ 是相应齐次方程的特征根,因此它有形如 $y=axe^x$ 的特解, 将它代入 $y^{(4)}-y=2e^x$ 中,注意到

$$(xe^x)^{(k)}=(k+x)e^x(k=1,2,\cdots)$$

因此 $a=\frac{1}{2}$, $y^{(4)}-y=2e^x$ 有特解 $y=\frac{1}{2}xe^x$,其通解为

$$y=C_1e^x+C_2e^{-x}+C_3\cos x+C_4\sin x+\frac{1}{2}xe^x.$$

将初值条件 $y(0)=y'(0)=y''(0)=y^{(3)}(0)=1$ 代入通解中可得

$$\begin{cases}C_1+C_2+C_3=1\\C_1-C_2+C_4+\frac{1}{2}=1\\C_1+C_2-C_3+1=1\\C_1-C_2-C_4+\frac{3}{2}=1\end{cases}.$$

由此可求得 $C_1=C_2=\frac{1}{4}$, $C_3=C_4=\frac{1}{2}$,所求初值问题的解为

$$y=\frac{1}{4}e^x+\frac{1}{4}e^{-x}+\frac{1}{2}\cos x+\frac{1}{2}\sin x+\frac{1}{2}xe^x.$$

(2)方程对应的齐次方程为 $y^{(3)}+4y''+4y'=0$,它的特征方程为 $r^3+4r^2+4r=0$,特征根为 $\lambda_1=0$, $\lambda_2=\lambda_3=-2$,因此齐次方程的通解为

$$Y=C_1+(C_2+C_3x)e^{-2x}.$$

在 $y^{(3)}+4y''+4y'-2e^{-2x}=0$ 中,由于 $\lambda=-2$ 是相应齐次方程的特征根,且是二重根,因此它有形如 $y=ax^2e^{-2x}$ 的特解,将 $y=ax^2e^{-2x}$ 代入 $y^{(3)}+4y''+4y'-2e^{-2x}=0$ 中可得 $a=-\frac{1}{2}$,因此 $y^{(3)}+4y''+4y'-2e^{-2x}=0$ 的通解为

$$y=C_1+(C_2+C_3x)e^{-2x}-\frac{1}{2}x^2e^{-2x}.$$

将初值条件 $y(0)=y'(0)=y''(0)=0$ 代入通解中可得

$$\begin{cases}C_1+C_2=0\\C_3-2C_2=0\\-4C_3+4C_2-1=0\end{cases}.$$

由此可得 $C_1=\frac{1}{4}$, $C_2=-\frac{1}{4}$, $C_3=-\frac{1}{2}$. 所求初值问题的解为

$$y=\frac{1}{4}-\frac{1}{4}(1+2x)e^{-2x}-\frac{1}{2}x^2e^{-2x}.$$

题型 6　应用题

例 8-39　某商品的收益 R 随需求量 x 增加的增长率等于收益立方的 2 倍减去需求的立方再除以需求与收益平方之积的 3 倍,且当 $x=10$ 时,$R=0$,试确定收益 R 与需求 x 之间的关系.

解:根据题意,收益 R 与需求 x 应满足如下关系:

$$\begin{cases}\dfrac{\mathrm{d}R}{\mathrm{d}x}=\dfrac{2R^3-x^3}{3xR^2},\\ R\big|_{x=10}=0\end{cases}$$

把方程改写为

$$3R^2\frac{\mathrm{d}R}{\mathrm{d}x}-\frac{2}{x}R^3=-x^2,$$

这是一阶线性非齐次方程,其通解为

$$u=R^3=\mathrm{e}^{\int\frac{2}{x}\mathrm{d}x}\left[\int(-x^2)\mathrm{e}^{-\int\frac{2}{x}\mathrm{d}x}\mathrm{d}x+C\right]$$
$$=x^2(C-x)=Cx^2-x^3,$$

由 $R\big|_{x=10}=0$ 代入,得 $C=10$. 所以收益 R 与需求 x 之间的关系为

$$R^3=10x^2-x^3,$$

即

$$R=\sqrt[3]{10x^2-x^3}.$$

例 8-40　某项新技术要在总数 N 个企业群体中推广,$P(t)$ 为 t 时刻已掌握该项技术的企业数,设新技术推广方式一方面采用已掌握技术的企业逐渐向尚未推广该技术的企业扩展,另一方面直接通过媒体向企业推广. 若前者推广速度与已掌握该项技术的企业数 $P(t)$ 成正比,后者推广速度则直接与尚未掌握该项技术的企业数 $N-P(t)$ 成正比,求 $P(t)$ 所满足的微分方程,并求解方程.

分析:注意到$\dfrac{\mathrm{d}P(t)}{\mathrm{d}t}$是推广速度.

解:依题设,$\dfrac{\mathrm{d}P(t)}{\mathrm{d}t}=k_1P(t)[N-P(t)]+k_2[N-P(t)]$,

即

$$\frac{\mathrm{d}P(t)}{\mathrm{d}t}=[N-P(t)][k_1P(t)+k_2]\ (k_1,k_2\text{ 为正的常数}).$$

分离变量得

$$\frac{\mathrm{d}P(t)}{[N-P(t)][k_1P(t)+k_2]}=\mathrm{d}t,$$

两边积分得

$$\ln\left|\frac{k_1P+k_2}{N-P}\right|=(k_1N+k_2)t+\ln C,$$

整理得

$$P(t)=\frac{NC\mathrm{e}^{(k_1N+k_2)t}-k_2}{k_1+C\mathrm{e}^{(k_1N+k_2)t}}.$$

设 $P(0)=P_0$,得

$$P(t)=\frac{ANe^{(k_1N+k_2)t}-k_2}{k_1+Ae^{(k_1N+k_2)t}},$$

其中，$A=\dfrac{k_1P_0+k_2}{N-P_0}$

例 8-41　如图 8-1 所示，平行于 y 轴的动直线被曲线 $y=f(x)$ 与 $y=x^3(x\geqslant0)$ 截下的线段 PQ 之长数值上等于阴影部分的面积，求曲线 $f(x)$.

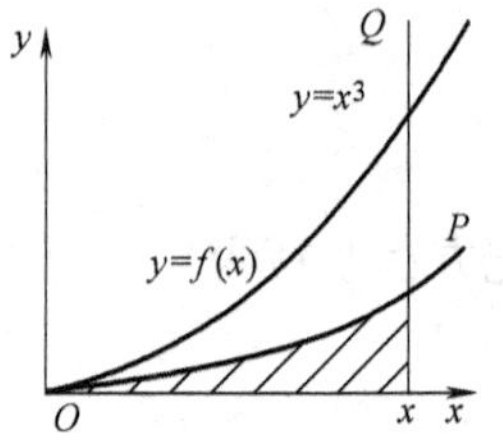

图　8-1

解：$\int_0^x f(t)\,dt=\sqrt{(x^3-y)^2}$，即 $\int_0^x y\,dx=x^3-y$，两边求导得 $y'+y=3x^2$，这是一阶线性非齐次方程，解此微分方程得

$$y=e^{-\int dx}\left[C+\int 3x^2e^{\int dx}dx\right]=Ce^{-x}+3x^2-6x+6,$$

由 $y|_{x=0}=0$，得 $C=-6$，所求曲线为 $y=3(-2e^{-x}+x^2-2x+2)$.

例 8-42　设函数 $y=y(x)(x\geqslant0)$ 有二阶导数且 $y'(x)>0, y(0)=1$. 过曲线 $y=y(x)(x\geqslant0)$ 上任一点作该曲线的切线及 x 轴的垂线，上述两条直线与 x 轴所围成的三角形的面积记为 S_1，区间 $[0,x]$ 上以 $y=y(x)$ 为曲边的曲边梯形的面积记为 S_2，且 $2S_1-S_2=1$，求曲线 $y=y(x)$ 的方程.

分析：切线的斜率是函数的导数，曲边梯形的面积是定积分.

解：设曲线 $y=y(x)$ 在点 $P(x,y)$ 的切线方程为 $Y-y=y'(X-x)$，它与 x 轴的交点为 $A\left(x-\dfrac{y}{y'},0\right)$，点 $P(x,y)$ 在 x 轴上的垂足为 $B(x,0)$，于是

$$S_1=\frac{1}{2}|y||AB|=\frac{1}{2}\left|y\left[x-\left(x-\frac{y}{y'}\right)\right]\right|=\frac{1}{2}\left|\frac{y^2}{y'}\right|,$$

由于 $y'(x)>0$，因此 $S_1=\dfrac{y^2}{2y'}$，又 $S_2=\int_0^x y(t)\,dt$，由 $2S_1-S_2=1$ 得

$$\frac{y^2}{y'}-\int_0^x y(t)\,dt=1,$$

因为 $y(0)=1$，由上式可知 $y'(0)=1$，将上式两端关于 x 求导并化简，便得到初值问题

$$\begin{cases}y''=y'^2\\ y(0)=1\\ y'(0)=1\end{cases}.$$

令 $p=y'$，则 $y''=p\dfrac{dp}{dy}$，微分方程变为

$$yp\frac{dp}{dy}=p^2,$$

因 $p=y'>0$，故上式中可消去 p，得 $\dfrac{dp}{dy}=p$，分离变量后求解得

$$p=C_1y$$

代入初始条件 $y(0)=1, y'(0)=1$，得 $C_1=1$，于是有

$$\frac{dy}{dx}=y,$$

分离变量后解得

$$y = C_2 e^x.$$

代入初始条件 $y(0)=1$,得 $C_2=1$,所以曲线的方程为 $y=e^x$.

例 8-43 设有级数 $2+\sum_{n=1}^{\infty}\frac{x^{2n}}{(2n)!}$.

(1)求此级数的收敛域;

(2)证明此级数的和函数 $y(x)$ 满足微分方程 $y''-y=-1$;

(3)求微分方程 $y''-y=-1$ 的通解,并由此确定该级数的和函数 $y(x)$.

解:(1)由于该级数缺奇次幂项,不能用求收敛半径的定理来解,应用比值审敛法. 对于任何 x,有

$$\lim_{n\to\infty}\left|\frac{u_{n+1}(x)}{u_n(x)}\right| = \lim_{n\to\infty}\left|\frac{\frac{x^{2(n+1)}}{(2n+2)!}}{\frac{x^{2n}}{(2n)!}}\right| = \lim_{n\to\infty}\frac{|x|^2}{(2n+1)(2n+2)} = 0 < 1,$$

所以级数的收敛半径为 $+\infty$,收敛域为 $(-\infty,+\infty)$.

(2)设 $y(x) = 2+\sum_{n=1}^{\infty}\frac{x^{2n}}{(2n)!}, y' = \sum_{n=1}^{\infty}\frac{x^{2n-1}}{(2n-1)!}$,

$$y'' = \sum_{n=1}^{\infty}\frac{x^{2n-2}}{(2n-2)!} = 1+\sum_{n=1}^{\infty}\frac{x^{2n}}{(2n)!}, x\in(-\infty,+\infty),$$

所以

$$y''-y=-1.$$

(3)对应齐次方程的特征方程为 $r^2-1=0$,特征根为 $r=\pm1$,对应齐次方程的通解为 $Y=C_1e^{-x}+C_2e^x$,易知特解为 $y^*=1$,所以方程的通解为

$$y=C_1e^{-x}+C_2e^x+1.$$

由所给级数可知 $y(0)=2, y'(0)=0; y'=-C_1e^{-x}+C_2e^x$,可解得 $C_1=C_2=\frac{1}{2}$,所以该级数的和函数为 $y(x)=\frac{1}{2}(e^{-x}+e^x)+1$.

题型 7 差分方程求解及其经济应用

例 8-44 计算函数 $y_x=\ln(1+x)+2^x$ 的三阶差分 $\Delta^3 y_x$.

解:因为 $\Delta^3 y_x = y_{x+3}-3y_{x+2}+3y_{x+1}-y_x$,带入函数 $y_x=\ln(1+x)+2^x$,有

$$\begin{aligned}\Delta^3 y_x &= \ln(x+4)-3\ln(x+3)+3\ln(x+2)-\ln(x+1)+2^{x+3}-32^{x+2}+32^{x+1}-2^x\\ &= \ln\frac{(x+4)(x+2)^3}{(x+3)^3(x+1)}+2^x.\end{aligned}$$

例 8-45 验证函数 $y_x=\frac{C}{1+Cx}$是方程 $(1+y_x)y_{x+1}=y_x$ 的通解,并求该方程满足 $y_0=-4$ 的特解,其中 C 是任意常数.

解:将函数 $y_x=\frac{C}{1+Cx}$代入方程,由于 $y_x=\frac{C}{1+Cx}$,因此

$$1+y_x=\frac{1+Cx+C}{1+Cx},y_{x+1}=\frac{C}{1+C(x+1)}=\frac{C}{1+Cx+C},$$

$$(1+y_x)y_{x+1}=\frac{1+Cx+C}{1+Cx}\frac{C}{1+Cx+C}=\frac{C}{1+Cx}=y_x.$$

又由于方程$(1+y_x)y_{x+1}=y_x$是一阶差分方程,因此$y_x=\dfrac{C}{1+Cx}$是它的通解.

将$y_0=-4$代入通解中可得$C=-4$,因此所求的初值问题的解为$y_x=\dfrac{-4}{1-4x}$.

例 8-46 求下列一阶差分方程的通解与特解.

(1)$\Delta y_x=3x^2+7x,y_1=1$;

(2)$2f(x+1)-f(x)=4x\cdot 3^x;f(0)=2$.

分析:这是两个一阶常系数线性非齐次差分方程,先求其对应齐次方程的通解Y_x,再求非齐次方程的一个特解y_x^*,从而可得非齐次方程的通解$y_x=Y_x+y_x^*$.

(1)**解 1**:原方程改写为$y_{x+1}-y_x=3x^2+7x$,对应齐次方程的特征方程为$\lambda-1=0,\lambda=1$,故对应齐次方程的通解为$Y_x=C$.

由于1是特征方程的根,$p_n(x)=3x^2+7x$是二次多项式,因此设特解

$$y_x^*=x(Ax^2+Bx+C)=Ax^3+Bx^2+Cx,y_{x+1}^*=A(x+1)^3+B(x+1)^2+C(x+1),$$

代入原方程得

$$3Ax^2+(3A+2B)x+A+B+C=3x^2+7x.$$

比较方程两边同次幂系数,得$A=1,B=2,C=-3$.于是$y_x^*=x^3+2x^2-3x$,方程的通解为

$$y_x-Y_x+y_x^*=C+x^3+2x^2-3x.$$

解 2:由阶乘函数的差分知道

$$\Delta\left(\frac{x^{(n)}}{n}\right)=x^{(n-1)}\ (x^{(n)}=x(x-1)\cdots(x-n+1))$$

常数的差分$\Delta(C)=0$,而$\Delta y_x=3x^2+7x=3x(x-1)+10x=3x^{(2)}+10x^{(1)}$,所以通解

$$\begin{aligned}y_x&=3\cdot\frac{1}{3}x^{(3)}+10\cdot\frac{1}{2}x^{(2)}+C\\&=x(x-1)(x-2)+5x(x-1)+C\\&=x^3+2x^2-3x+C.\end{aligned}$$

由$y_1=1$代入通解,得$C=1$,所以方程满足$y_1=1$的特解为

$$y_x=x^3+2x^2-3x+1.$$

(2)**解**:记$y_x=f(x)$,方程改写为$y_{x+1}-\dfrac{1}{2}y_x=2x\cdot 3^x$,容易求出对应齐次方程的通解为$Y_x=C\left(\dfrac{1}{2}\right)^x$,特征方程的根为$\lambda=\dfrac{1}{2}$.

因为$b=3$不是特征方程的根,$p_n(x)=2x$为一次多项式,故设特解

$$y_x^*=(Ax+B)\cdot 3^x,y_{x+1}^*=[A(x+1)+B]\cdot 3^{x+1},$$

代入方程得

$$[A(x+1)+B]\cdot 3^{x+1}-\frac{1}{2}(Ax+B)\cdot 3^x=2x\cdot 3^x,$$

约去 3^x,整理得

$$5Ax+6A+5B=4x.$$

比较两边同次幂系数,得 $A=\frac{4}{5}, B=-\frac{24}{25}$,于是特解为 $y_x^*=\left(\frac{4x}{5}-\frac{24}{25}\right)\cdot 3^x$

方程的通解为

$$y_x=C\left(\frac{1}{2}\right)^x+\left(\frac{4x}{5}-\frac{24}{25}\right)\cdot 3^x$$

由 $f(0)=y_0=2$,代入得 $C=\frac{74}{25}$,所以方程满足 $f(0)=2$ 的特解为

$$y_x=\frac{74}{25}\left(\frac{1}{2}\right)^x+\left(\frac{4x}{5}-\frac{24}{25}\right)\cdot 3^x.$$

例 8-47　设 $P_n(x)=x^n+a_1x^{n-1}+a_2x^{n-2}+\cdots+a_{n-1}x+a_n$ 为关于 x 的 n 次多项式,证明:

(1) $\Delta^{n+1}P_n(x)=0$;　　(2) $\Delta^nP_n(x)=n!$.

分析:本题是差分类似于导数的一个性质,用数学归纳法来证.

证明:(1)当 $n=1$ 时,有

$$\Delta^2P_1(x)=\Delta^2(x+a_1)=(x+2+a_1)-2(x+1+a_1)+(x+a_1)=0$$

结论正确. 假设 $n=k$ 时结论正确,则 $n=k+1$ 时,有

$$\Delta^{k+2}P_{k+1}(x)=\Delta^{k+1}[\Delta P_{k+1}(x)]=\Delta^{k+1}[P_{k+1}(x+1)-P_{k+1}(x)],$$

注意到 $P_{k+1}(x+1)-P_{k+1}(x)$ 是关于 x 的最高次项为 $(k+1)x^k$ 的 k 次多项式. 由归纳假设有 $\Delta^{k+1}[P_{k+1}(x+1)-P_{k+1}(x)]=0$ 成立,从而 $\Delta^{k+2}P_{k+1}(x)=0$. 由数学归纳法知道对一切正整数 n 有 $\Delta^{n+1}P_n(x)=0$.

(2)当 $n=1$ 时, $\Delta P_1(x)=(x+1+a_1)-(x+a_1)=1$,

因此结论成立. 假设当 $n=k$ 时结论成立,则当 $n=k+1$ 时,有

$$\Delta^{k+1}P_{k+1}(x)=\Delta^k[\Delta P_{k+1}(x)]=\Delta^k[P_{k+1}(x+1)-P_{k+1}(x)],$$

注意到 $P_{k+1}(x+1)-P_{k+1}(x)$ 是关于 x 的最高次项为 $(k+1)x^k$ 的多项式,即存在 $k-1$ 次多项式 $Q_{k-1}(x)$ 使得

$$P_{k+1}(x+1)-P_{k+1}(x)=(k+1)x^k+Q_{k-1}(x),$$

由(1)知道 $\Delta^kQ_{k-1}(x)=0$,由归纳假设知道 $\Delta^kx^k=k!$. 因此

$$\Delta^{k+1}P_{k+1}(x)=\Delta^k[P_{k+1}(x+1)-P_{k+1}(x)]=(k+1)k!=(k+1)!.$$

由数学归纳法知道对一切正整数 m 有 $\Delta^mP_m(n)=m!$.

【评注】证明中用到了如下性质

(1) $\Delta^k[af(x)]=a\Delta^kf(x)$

由差分定义有 $\Delta^k[af(x)]=\sum\limits_{i=0}^{k}C_k^i(-1)^{k-1}af(x+i)=a\sum\limits_{i=0}^{k}C_k^i(-1)^{k-1}f(x+i)=a\Delta^kf(x)$

(2) $\Delta^k[f_1(x)+f_2(x)]=\Delta^kf_1(x)+\Delta^kf_2(x)$.

该性质可以直接由差分运算性质得到.

例 8-48 设 $y_x = C_1 + C_2 a^x$ 是方程 $y_{x+2} - 4y_{x+1} + 3y_x = 0$ 的通解,求 a 的值.

分析:这是二阶差分方程,其通解中必须含有两个任意常数及两个线性无关的解.

解:当 $y_x = C_1 + C_2 a^x$ 时,有

$$y_{x+2} - 4y_{x+1} + 3y_x = C_2 a^x (a^2 - 4a + 3),$$

因此 $y_x = C_1 + C_2 a^x$ 是 $y_{x+2} - 4y_{x+1} + 3y_x = 0$ 的通解当且仅当 $a^2 - 4a + 3 = 0$,且 $a \neq 1$. 从而 $a = 3$.

例 8-49 求下列二阶差分方程的通解或满足初始条件的特解.

(1) $2y_{x+2} - y_{x+1} - y_x = 6x + 1, y_0 = 2, y_1 = 4$;

(2) $2y_{x+2} + 3y_{x+1} - 2y_x = (15x - 2) \cdot \left(\frac{1}{2}\right)^x$.

分析:所给方程都是二阶常系数非齐次线性差分方程,先求对应齐次方程的通解,再求非齐次方程的一个特解,即可得其通解.

解:(1) 对应齐次方程的特征方程为

$$2\lambda^2 - \lambda - 1 = (2\lambda + 1)(\lambda - 1) = 0,$$

特征根 $\lambda_1 = -\frac{1}{2}, \lambda_2 = 1$,对应齐次方程的通解为

$$Y_x = C_1\left(-\frac{1}{2}\right)^x + C_2.$$

因为 1 是特征方程的单根,$p_n(x) = 6x + 1$ 是一次多项式,设特解为

$$y_x^* = x(Ax + B) = Ax^2 + Bx,$$
$$y_{x+1}^* = A(x+1)^2 + B(x+1) = Ax^2 + (2A + B)x + A + B,$$
$$y_{x+2}^* = A(x+2)^2 + B(x+2) = Ax^2 + (4A + B)x + 4A + 2B,$$

代入原方程得

$$6Ax + 7A + 3B = 6x + 1,$$

比较方程两边同次幂系数,解得 $A = 1, B = -2$,方程的特解为 $y_x^* = x^2 - 2x$,原方程的通解为

$$y_x = C_1\left(-\frac{1}{2}\right)^x + C_2 + x^2 - 2x,$$

由 $y_0 = 2, y_1 = 4$ 代入通解,得 $C_1 = -2, C_2 = 4$,所以方程满足初始条件的特解为

$$y_x = (-2)\left(-\frac{1}{2}\right)^x + 4 + x^2 - 2x.$$

(2) 对应齐次方程的特征方程为

$$2\lambda^2 + 3\lambda - 2 = (2\lambda - 1)(\lambda + 2) = 0,$$

特征根 $\lambda_1 = \frac{1}{2}, \lambda_2 = -2$,对应齐次方程的通解为

$$Y_x = C_1\left(\frac{1}{2}\right)^x + C_2(-2)^x,$$

因为 $B = \frac{1}{2}$ 是特征方程的单根,$p_n(x) = 15x - 2$ 为一次多项式,设特解为

$$y_x^* = x(Ax+B)\cdot\left(\frac{1}{2}\right)^x = (Ax^2+Bx)\cdot\left(\frac{1}{2}\right)^x,$$

$$y_{x+1}^* = [A(x+1)^2+B(x+1)]\cdot\left(\frac{1}{2}\right)^{x+1},$$

$$y_{x+2}^* = [A(x+2)^2+B(x+2)]\cdot\left(\frac{1}{2}\right)^{x+2},$$

代入方程约去$\left(\frac{1}{2}\right)^x$,整理得

$$5Ax+\frac{7A+5B}{2}=15x-2,$$

比较方程两边同次幂系数,得 $A=3,B=-5$,于是

$$y_x^* = (3x^2-5x)\cdot\left(\frac{1}{2}\right)^x,$$

所以,方程的通解为

$$y_x = Y_x + y_x^* = (3x^2-5x+C_1)\left(\frac{1}{2}\right)^x + C_2(-2)^x.$$

例 8-50　在讨论供需关系时,某商品的需求量 D_x、供给量 S_x 和价格 P_x 均为时间 x 的函数, x 取非负整数值,传统的基本动态供需均衡模型为

$$\begin{cases} D_x = a + bP_x \\ S_x = a_1 + b_1 P_{x-1}. \\ D_x = S_x \end{cases}$$

其中,a,a_1,b_1 为正的常数,且 $a>a_1$,b 为负的常数.

模型表明,现期需求量依赖于同期价格,现期供给量依赖于前期价格. 试求价格 P_x 满足的动态供需模型的差分方程,并由它的通解讨论价格相对时间 x 的稳定性(极限$\lim\limits_{x\to\infty}P_x$存在称之稳定的,否则称之是不稳定的).

分析:供需平衡时 $D_x=S_x$,可以直接得到 P_x 满足的差分方程.

解:由动态供需模型可得

$$a+bP_x = a_1+b_1P_{x-1},$$

从而 P_x 满足的差分方程为

$$P_{x+1}-\frac{b_1}{b}P_x=\frac{a_1-a}{b}.$$

该方程的通解为

$$P_x = C\left(\frac{b_1}{b}\right)^x + \frac{a-a_1}{b_1-b},$$

记 $P_1=\frac{a-a_1}{b_1-b}$,称之为均衡价格.

若记 P_0 为初始价格,则

$$P_x = (P_0-P_1)\left(\frac{b_1}{b}\right)^x + P_1,$$

当$|b|>b_1$时，$\lim\limits_{n\to\infty}P_n=P_1$，说明$P_x$将“振荡”地趋于均衡价格$P_1$；当$|b|<b_1$时，$\lim\limits_{n\to\infty}P_1=\infty$，说明$P_x$处于不稳定状态.

例 8-51　已知某人欠有债务 25000 元，月利率为 1%，计划在 12 个月内采用每月等额付款的方式还清债务，问他每月应付多少钱？记a_x为第x个月付款后还剩余的债务额，求a_x满足的差分方程.

分析：所用模型为：当月还款后剩余债务 = 上月剩余债务 - 当月还款额

并注意到上月剩余债务中包含利息.

解：设b为每月还款额，依题意a_x满足的差分方程为

$$a_{x+1}=(1+1\%)a_x-b,$$

该方程的通解为

$$a_x=C(1.01)^x+100b.$$

由$a_0=25000$，$a_{12}=0$，可求得

$$b=\frac{250(1.01)^{12}}{(1.01)^{12}-1},C=\frac{25000}{1-(1.01)^{12}},$$

即$C\approx-197122$，$b\approx2221.22$.

因此他每月应付款 2221.22 元，12 个月可以还清债务.

【评注】差分方程中涉及的函数都是以非负整数为自变量的函数，因此货币存储问题和库存问题常用差分方程来解决. 在建立差分方程时，要注意到不同时期值之间的关系.

8.4　疑难问题解析

问题 1　微分方程的通解和特解的关系？

答：若微分方程的解中含有独立的任意常数，且这些任意常数的个数与微分方程的阶数相同，这样的解叫做微分方程的通解. 确定了通解中的任意常数以后，就得到微分方程的特解，特解中不含任意常数.

如：方程$y''-y=0$，$y=c_1e^x+c_2e^{-x}$是该微分方程的通解，$y=2e^x-e^{-x}$是该微分方程的特解.

通解和特解的关系：当n阶微分方程通解中的任意n个常数根据给定的n个初始条件确定之后，就得到特解；图像上看通解对应积分曲线族. 而特解是积分曲线族的其中一条曲线.

问题 2　通解是否包含微分方程所有的解？

答：微分方程通解不一定包含了微分方程所有的解.

如：方程$(y')^2-4y=0$通解为$y=(x+C)^2$，但没包含方程的解$y=0$.

如：方程$(x+y)y'=0$有解$y=-x$及$y=C$，后者是通解，但不包含前一个解.

如果所考虑的微分方程是线性的且未知函数最高阶导数的系数为 1，则微分方程通解就包含了微分方程所有的解.

如：微分方程$\frac{dy}{dx}=3x^2y$的通解. 分离变量得$\frac{dy}{y}=3x^2dx$，两边积分$\int\frac{dy}{y}=\int3x^2dx$，得$\ln|y|=x^3+C_1$，即$y=\pm e^{x^3+C_1}=\pm e^{C_1}e^{x^3}$，令$C=\pm e^{C_1}$，则$y=Ce^{x^3}$（$C$为任意常数）此式含分离变量

时丢失的解 $y=0$.

【评注】在求解过程中每一步不一定是同解变形，可能增、减解.

问题 3　可以验证 $y_1=(x-1)^2$ 和 $y_2=(x+1)^2$ 都是微分方程(A)：$(x^2-1)y''-2xy'+2y=0$ 及微分方程(B)：$2yy''-(y')^2=0$ 的解，这两个解的线性组合为(C)：$y=C_1(x-1)^2+C_2(x+1)^2$，其中，C_1,C_2 为任意常数. 为什么线性组合(C)只是(A)的解，而不是(B)的解？

答：因为微分方程(A)是二阶线性齐次微分方程，根据线性齐次微分方程解的叠加原理知道，线性组合(C)必是(A)的解，而微分方程(B)是二阶非线性微分方程，非线性微分方程没有解的叠加原理，因此不是(B)的解.

问题 4　$y=C_1x^2+C_2e^x+3$ 是哪个微分方程的通解，其中，C_1,C_2 是任意常数.

答：一般由通解求微分方程的方法就是把通解中的任意常数通过求导消去. 此题对通解求导两次，得三个含 C_1,C_2 的方程，消去 C_1,C_2 即为所求.

$$y'=2C_1x+C_2e^x,\ y''=2C_1+C_2e^x,$$
$$y''=2C_1+y'-2C_1x=2C_1(1-x)+y',$$
$$y=C_1x^2+y'-2C_1x+3=C_1x(x-2)+y'+3,$$

消去 C_1，得到 $(2x-x^2)y''+(x^2-2)y'+2(1-x)y=6(1-x)$ 即为所求方程.

问题 5　解释差分方程为何与微分方程相似？

答：差分方程与微分方程的分类、性质与解都有许多相似之处. 这是因为把函数的导数(微商)$\frac{dy}{dx}$定义为函数的差商$\frac{\Delta y}{\Delta x}$的极限，即$\frac{dy}{dx}=\lim\limits_{\Delta x\to 0}\frac{\Delta y}{\Delta x}$，当 $\Delta x\to 0$ 时，

$$\frac{dy}{dx}=\frac{\Delta y}{\Delta x}+o(\Delta x)\text{，于是}\frac{dy}{dx}\approx\frac{\Delta y}{\Delta x}\text{，若取 }\Delta x=1\text{，则}$$

$$\frac{dy}{dx}\approx\Delta y=y(x+1)-y(x).$$

用$\frac{\Delta y}{\Delta x}$近似代替$\frac{dy}{dx}$就是离散化. 例如，马尔萨斯人口模型$\frac{dx}{dt}=rx\Rightarrow\frac{\Delta x}{\Delta t}=rx$，取 $\Delta t=1$，$\Delta x=rx$，即 $\Delta x_t=rx_t$ 或 $\Delta x_n=rx_n$，这一差分方程就是离散的马尔萨斯人口模型. 另一方面，当 $\Delta x\to 0$ 时，离散情形(差分方程)又总以连续情形(微分方程)为极限，这主要是因为

$$\lim_{\Delta x\to 0}\frac{\Delta y}{\Delta x}=\frac{dy}{dx}.$$

8.5　自测试题

自测试题 A

一、单项选择题

1. $(xy^2+x)dx+(y-x^2y)dy=0$ 是(　　).

A. 可分离变量方程　　B. 齐次方程

C. 线性方程　　D. 伯努利方程

2. $(x^2y^2+xy)y'=1$ 是(　　).

A. 可分离变量方程　　B. 齐次方程

C. 线性方程　　D. 伯努利方程

3. 方程 $y''-2y=xe^{2x}$ 的特解函数 y^* 的形式应该是(　　).

A. $y^*=(A_1x+A_2)e^{2x}$　　B. $y^*=Axe^{2x}$

C. $y^*=Ax^2e^{2x}$　　D. $y^*=(A_1+A_2x)x\cdot e^{2x}$

4. 方程 $y''+4y=\cos 2x$ 的特解函数 y^* 的形式应该是(　　).

A. $y^*=A\cos 2x$　　B. $y^*=A_1\cos 2x+A_2\sin 2x$

C. $y^*=x(A_1\cos 2x+A_2\sin 2x)$　　D. $y^*=x^2(A_1\cos 2x+A_2\sin 2x)$

5. 具有通解 $y=e^x(C_1\sin x+C_2\cos x)$ (C_1,C_2为任意常数)的 2 阶常系数齐次线性微分方程是(　　).

A. $y''-y'+y=0$　　B. $y''-2y'+2y=0$

C. $y''+y=0$　　D. $y''-2y'+y=0$

6. 设 $y_1=e^{-x}$, $y_2=2x$ 是 3 阶常系数齐次线性微分方程 $y'''+ay''+by'+cy=0$ 的两个解,则 a,b,c 的值分别为(　　).

A. $a=2,b=1,c=0$　　B. $a=1,b=0,c=0$

C. $a=1,b=0,c=1$　　D. $a=-1,b=0,c=0$

7. 下列等式中,是差分方程的是(　　).

A. $3\Delta y_x+3y_x=x^2$　　B. $\Delta^3y_x=0$

C. $y_{x+a}-y_{x-a}=y_x$　　D. $\Delta y_{x+1}=y_{x+2}-y_{x+1}$

8. 函数 $y_x=A2^x+8$ 是差分方程(　　)的通解.

A. $y_{x+2}-3y_{x+1}+2y_x=0$　　B. $y_{x+1}-2y_x=8$

C. $\Delta^2y_x-y_x=-8$　　D. $y_{x+1}-3y_x+2y_{x-1}=0$

二、填空题

1. 微分方程 $xy\mathrm{d}x+\sqrt{1-x^2}\mathrm{d}y=0$,满足初始条件 $y(1)=2$ 的特解为__________.

2. 微分方程 $xy'+y=1$ 的通解为__________.

3. 微分方程 $x^2y'+xy=y^2$ 满足初始条件 $y_{x=1}=1$ 的特解为__________.

4. 微分方程 $y''-2y'+5y=e^x\sin 2x$ 的通解为__________.

5. 曲线通过点(2,3),它在两坐标轴之间的任意切线被切点平分,这曲线的方程为__________.

6. 已知连续函数 $f(x)$ 满足 $2f(x)+e^{-x^2}+4\int_0^x xf(x)\mathrm{d}x=0$,则 $f(x)=$__________.

7. 已知函数 $y_x=(x+1)^3+2^x$(x 为非负整数),则 $\Delta^3y_x=$__________.

8. 二阶常系数非齐次线性差分方程 $y_{x+2}-7y_{x+1}+12y_x=0$ 的通解是__________.

三、计算题

1. 求下列微分方程的通解或在给定初始条件下的特解.

(1) $(1+e^x)yy'=e^x$, $y(0)=1$;

(2) $xy'=y\ln\dfrac{y}{x}$;

(3) $y'-y\tan x=\sec x$, $y(0)=0$;

(4) $y'=\frac{1}{2x-y^2}$;

(5) $y'-y=\frac{x^2}{y}$;

(6) $y'''+3y'-4y=0$;

(7) $y''-8y'+16y=x+e^{4x}$;

(8) $y''+y+\sin 2x=0, y(\pi)=1, y'(\pi)=1$.

2. $xy'+y=y(\ln x+\ln y)$ 求通解.

3. 在线性微分方程 $y''+py'+qy=0$ 中(p,q 为常数),令 $y=e^{-\frac{1}{2}px}u$,将因变量 y 换成 u,试求出 u 满足的微分方程.

4. 已知二阶常微分方程 $y''+ay'+by=ce^x$ 有特解 $y=e^{-x}(1+xe^{2x})$,求微分方程的通解.

5. 若函数 $f(x)$ 满足方程 $\int_0^1 f(tx)\,dt = nf(x)$ (n 为正整数),求连续函数 $f(x)$.

6. 设市场上某商品的需求函数和供给函数分别为 $D=10-P-4P'+P''$, $S=-2+2P+5P'+10P''$,其中 P 为价格,已知价格函数满足初始条件:$P(0)=5, P'(0)=\frac{1}{2}$,求在市场均衡条件下的价格函数 $P=P(t)$.

7. 设 $y_1(x), y_2(x)$ 是一阶线性方程 $y'+P(x)y=Q(x)$ 的两个不同的解,求证方程的任何一个解 $y(x)$ 必须满足恒等式

$$\frac{y(x)-y_1(x)}{y_2(x)-y_1(x)}=k\ (k\ 为某一常数).$$

8. 求一阶常系数非齐次线性差分方程 $3y_{x+1}-2y_x=\left(-\frac{1}{4}\right)^x+3x^2$ 的通解.

自测试题 B

一、单项选择题

1. 下列各组函数中,线性相关的是(　　).

A. e^{x+1}, e^{x-1}　　B. $e^{\sqrt{x}}, e^{-\sqrt{x}}$　　C. $\sin x, \cos x$　　D. $\sin^2 x, \cos^2 x$

2. 方程 $y'\sin x=y\ln y$ 满足定解条件 $y\left(\frac{\pi}{2}\right)=e$ 的特解是(　　).

A. $\frac{e}{\sin x}$　　B. $\frac{e}{\tan\frac{1}{2}x}$　　C. $e^{\tan\frac{x}{2}}$　　D. $e^{\sin x}$

3. 方程 $x+y-2+(1-x)y'=0$ 是(　　)微分方程.

A. 可分离变量　　B. 一阶齐次　　C. 伯努利　　D. 一阶线性

4. 设 $y_1(x)$ 是方程 $y'+P(x)y=Q(x)$ 的一个特解,C 是任意常数,则该方程的通解是(　　).

A. $y=y_1+e^{-\int P(x)dt}$　　B. $y=y_1+Ce^{-\int P(x)dx}$

C. $y=y_1+e^{-\int P(x)dx}+C$　　D. $y=y_1+Ce^{\int P(x)dx}$

5. 若用代换 $y=z^m$ 可将微分方程 $y'=ax^\alpha+by^\beta$ 化为一阶齐次方程,则 α 和 β 应满足的条

件是(　　).

A. $\frac{1}{\beta}-\frac{1}{\alpha}=1$　　B. $\frac{1}{\beta}+\frac{1}{\alpha}=1$　　C. $\frac{1}{\alpha}-\frac{1}{\beta}=1$　　D. $\frac{1}{\alpha}+\frac{1}{\beta}=1$

6. 设常数 p 和 q 满足 $p^2-4q=0(p\neq0)$,则微分方程 $y''+py'+qy=0$ 的通解是(　　).

A. $y=Ce^{-\frac{p}{2}x}$　　B. $y=Cxe^{-\frac{p}{2}x}$　　C. $y=(C_1+C_2x)e^{-\frac{p}{2}x}$　　D. $y=C_1x+C_2$

7. 差分方程 $y_t-3y_{t-1}=2B$(B 为常数)的通解为 $y_t=$(　　).

A. $C3^t-B$　　B. 3^t-B　　C. $C(-3)^t-B$　　D. $C3^t+B$

8. 差分方程 $y_{x+2}-4y_{x+1}+3y_x=3x+2$ 的特解形式为 $y_x^*=$(　　).

A. $Ax+B$　　B. $x(Ax+B)$　　C. $x^2(Ax+B)$　　D. $A\cdot3^x$

二、填空题

1. 微分方程 $2x\sqrt{1-y^2}dx+ydy=0$ 的通解是__________.

2. $y''+y'+2=0$, $y(0)=0, y'(0)=0$ 特解是__________.

3. 设线性无关的函数 y_1,y_2,y_3 都是 $y''+a_1(x)y'+a_2(x)y=f(x)$ 的解,C_1,C_2 是任意常数,则该方程的通解是__________.

4. $y^{(5)}+y^{(4)}+2y'''+2y''+y'+y=0$ 通解是__________.

5. $(x^2+y^2+2x)dx+2ydy=0$ 通解是__________.

6. 某商品的需求量 x 对价格 p 的弹性 $\eta=-3p^3$,市场对该商品的最大需求量为 1 万件,则需求函数是__________.

7. 差分方程 $\Delta y_x=2x$ 的通解为 $y_x=$__________.

8. 差分方程 $y_{x+2}-5y_{x+1}+6y_x=0$ 的通解是__________.

三、计算题

1. 验证 $y=e^x\int_0^x e^{t^2}dt$ 是微分方程 $y'-y=e^{x+x^2}$ 的解;并说明是通解还是特解.

2. 求解方程 $\frac{dy}{dx}=\sqrt{|y|}$.

3. 求下列方程的通解或特解.

(1) $x^2dy=(y^2-xy+x^2)dx$;

(2) $x^2y'+y=(x^2+1)e^x$,当 $x\to-\infty$ 时,$y\to1$;

(3) $2y'\ln x+\frac{y}{x}=y^{-1}\cos x$;

(4) $y'\cos y+\sin y=x+1$.

4. 求满足方程 $y(x)=\int_0^x y(t)dt+e^x$ 的函数 $y(x)$.

5. 已知二阶常系数非齐次微分方程的右端 $f(x)$ 和特征根,试写出待定特解的形式.

(1) $r_1=0, r_2=1$; $f(x)=ax^2+bx+c$;

(2) $r_1=-1, r_2=-1$; $f(x)=e^{-x}(ax+b)$;

(3) $r_1=0, r_2=1$; $f(x)=\cos x+\sin x$;

(4) $r_1=-1-i, r_2=-1+i$; $f(x)=e^{-x}(A\cos x+B\sin x)$.

6. 求方程 $y''+y=x^2+\cos x$ 的特解.

7. 求方程 $y''+ay=0$ 的通解.

8. 求方程 $y'=\dfrac{3x^2+y^2-6x+3}{2xy-2y}$的通解.

9. 设 $y''+p(x)y'=f(x)$ 有一个特解为$\dfrac{1}{x}$,对应的齐次方程有一个特解为 x^2,试求:(1) $p(x)$,$f(x)$的表达式;(2) 此方程的通解.

10. 求差分方程 $2y_{n+1}-6y_n=\dfrac{1}{2}3^n+2$ 满足条件 $y_0=5$ 的特解.

11. 设某种商品在 t 时期的供给量 S_t 与需求量 D_t 都是这一时期商品价格 p_t 的线性函数:$S_t=3p_t-2$,$D_t=4-5p_t$,且在 t 时期的价格 p_t 由 $t-1$ 时期的价格 p_{t-1}与供给量及需求量之差 $S_{t-1}-D_{t-1}$按关系式 $p_t=p_{t-1}-\dfrac{1}{16}(S_{t-1}-D_{t-1})$确定,试求该商品的价格随时间变化的规律.

自测试题 C

一、单项选择题

1. 已知 $y=\dfrac{x}{\ln x}$是微分方程 $y'=\dfrac{y}{x}+\varphi\left(\dfrac{x}{y}\right)$的解,则 $\varphi\left(\dfrac{x}{y}\right)$的表达式为(　　).

A. $-\dfrac{y^2}{x^2}$　　B. $\dfrac{y^2}{x^2}$　　C. $-\dfrac{x^2}{y^2}$　　D. $\dfrac{x^2}{y^2}$

2. 设 $y=f(x)$是微分方程 $y''+y'-e^{\sin x}=0$ 的解,且$f'(x_0)=0$,则 $y=f(x)$在(　　).

A. x_0 的某领域内单调增加　　B. x_0 的某领域内单调减少

C. x_0 处取得极小值　　D. x_0 处取得极大值

3. 函数 $y=C_1e^x+C_2e^{-2x}+xe^x$满足的一个微分方程是(　　).

A. $y''-y'-2y=3xe^x$　　B. $y''-y'-2y=3e^x$

C. $y''+y'-2y=3xe^x$　　D. $y''+y'-2y=3e^x$

4. 设连续函数$f(x)$ 满足关系式$f(x)=\int_0^{2x}f\left(\dfrac{t}{2}\right)dt+\ln 2$,且,则$f(x)$ 等于(　　).

A. $e^x\ln 2$　　B. $e^{2x}\ln 2$　　C. $e^x+\ln 2$　　D. $e^{2x}+\ln 2$

5. 具有特解 $y_1=e^{-x}$,$y_2=2xe^{-x}$,$y_3=3e^x$的 3 阶常系数齐次线性微分方程是(　　).

A. $y'''-y''-y'+y=0$　　B. $y'''+y''-y'-y=0$

C. $y'''-6y''+11y'-6y=0$　　D. $y'''-2y''-y'+2y=0$

6. 一个以 $y_1=e^x$,$y_2=2xe^x$,$y_3=\cos 2x$,$y_4=3\sin 2x$ 为特解的 4 阶常系数线性齐次微分方程,其通解为(　　).

A. $y=(C_1+C_2x)e^x+C_3\cos 2x+C_4\sin 2x$

B. $y=(C_1+C_2)e^x+C_3\cos 2x+C_4\sin 2x$

C. $y=(C_1+C_2x)e^x+C_3x\cos 2x+C_4\sin 2x$

D. $y=(C_1+C_2x)e^x+C_3\cos 2x+C_4x\sin 2x$

7. 若方程 $y''+py'+qy=0$ 的一切解都是 x 的周期函数,则应该有(　　).

A. $p>0,q=0$　　B. $p<0,q=0$

C. $p=0,q>0$　　D. $p=0,q<0$

8. 差分方程 $y_{x+2}-4y_{x+1}+3y_x=2x+x\cdot 3^x$ 的特解形式 $y_x^*=$(　　).

A. $ax+b+(cx+d)3^x$　　B. $x(ax+b)+x(cx+d)\cdot 3^x$

C. $ax+bx\cdot 3^x$　　D. $ax+b+x(cx+d)\cdot 3^x$

二、填空题

1. 微分方程 $(1+y^2)\mathrm{d}x+(x-\arctan y)\mathrm{d}y=0$ 的通解是________.

2. 已知微分方程 $y''+p(x)y'+q(x)y=f(x)$ 有三个解 $y_1=x,y_2=\mathrm{e}^x,y_3=\mathrm{e}^{2x}$,此方程满足初始条件 $y(0)=1,y'(0)=3$ 的特解为________.

3. 已知函数 $y=y(x)$ 在任意点 x 处的增量 $\Delta y=\dfrac{y\Delta x}{1+x^2}+\alpha$,且当 $\Delta x\to 0$ 时,α 是 Δx 的高阶无穷小,$y(0)=\pi$,则 $y(1)=$________.

4. $y=\left(C_1+C_2x+\dfrac{1}{x}\right)\mathrm{e}^{-x}$ 是方程________的通解.

5. 设函数 $f(x)$ 在 $(-\infty,+\infty)$ 内有连续导数,且满足关系式 $f(t)=2\iint\limits_{x^2+y^2\leqslant t^2}(x^2+y^2)f(\sqrt{x^2+y^2})\,\mathrm{d}x\mathrm{d}y+t^4$,则 $f(x)=$________.

6. 微分方程 $y'=\dfrac{y}{x}+\phi\left(\dfrac{x}{y}\right)$ 有通解 $y=\dfrac{x}{(\ln Cx)^{\frac{1}{2}}}$,则 $\phi(x)=$________.

7. 设某人贷款 20 万元购房,月利率为 0.5%,20 年还清,每月分期等量付款,问每月应 还款________万元.

8. 已知 $y_1(x)=2^x,y_2(x)=2^x-4x+1$ 是差分方程 $y_{x+1}+P(x)y_x=f(x)$ 的两个特解,则满足条件的 $P(x)$, $f(x)$ 及方程的通解是________.

三、计算题

1. 求微分方程 $y''+4y'+4y=\mathrm{e}^{\alpha x}$ 的通解(其中 α 为实数).

2. 求微分方程通解 $(1+xy)y\mathrm{d}x+(1-xy)x\mathrm{d}y=0$.

3. 求微分方程 $x^2y''-2xy'-(y')^2=0$ 的通解.

4. 求微分方程 $\begin{cases}2y''+(y')^2=y\\ y(0)=2,y'(0)=1\end{cases}$ 的特解.

5. 求方程 $\dfrac{\mathrm{d}x}{\sqrt{xy}}+\left(\dfrac{2}{y}-\sqrt{\dfrac{x}{y^3}}\right)\mathrm{d}y=0$ 的通解.

6. 设 $F(x)=f(x)g(x)$, 其中函数 $f(x),g(x)$ 在 $(-\infty,+\infty)$ 内满足以下条件: $f'(x)=g(x),g'(x)=f(x)$, 且 $f(0)=0$, $f(x)+g(x)=2\mathrm{e}^x$.

(1)求 $F(x)$ 所满足的一阶微分方程;(2)求出 $F(x)$ 的表达式.

7. 设有微分方程 $y'+y=f(x)$,其中 $f(x)=\begin{cases}2 & 0\leqslant x\leqslant 1\\ 0 & x>1\end{cases}$,试求此方程满足初始条件 $y|_{x=0}=0$ 的特解.

8. 求微分方程 $\begin{cases}y''+y=x & x\leqslant\dfrac{\pi}{2}\\ y''+4y=0 & x>\dfrac{\pi}{2}\end{cases}$ 满足条件 $y|_{x=0}=0,y'|_{x=0}=0$ 的在 $x=\dfrac{\pi}{2}$ 处连续且可微

的解.

9. 设函数 $y(x)$ 在 $(-\infty, +\infty)$ 内有二阶导数，且 $y' \neq 0$，$x = x(y)$ 是 $y = y(x)$ 的反函数，

(1) 试将 $x = x(y)$ 所满足的方程 $\frac{d^2x}{dy^2} + (y + \sin x)\left(\frac{dx}{dy}\right)^3 = 0$ 变换为 $y = y(x)$ 所满足的微分方程；

(2) 求解变换后微分方程满足初值条件 $y(0) = 0, y'(0) = \frac{3}{2}$ 的解.

自测试题参考答案与提示

第 1 章

自测试题 A

一、单项选择题

1. 答案：B

2. 答案：A

提示：令 $t=g(x)=x-1$，则 $f(t)=\dfrac{t}{t+2}$.

3. 答案：B

提示：考虑数列 $u_n=(-1)^n$.

4. 答案：D

5. 答案：D

提示：考虑数列 $x_n=(-1)^n$.

6. 答案：C

提示：令 $x_0=0, f_1(x)=f_2(x)=\dfrac{1}{x}$.

7. 答案：A

提示：$f(-1)=f(1)=f(7)=7$.

8. 答案：D

提示：$\lim\limits_{x\to0^+}f(x)=\lim\limits_{x\to0^+}\dfrac{\pi}{2}\cos x=\dfrac{\pi}{2}$，$\lim\limits_{x\to0^-}f(x)=\lim\limits_{x\to0^-}\arctan\dfrac{1}{x}=-\dfrac{\pi}{2}$.

二、填空题

1. 答案：$[-a,a]$

2. 答案：$\begin{cases}4+x & x<-2\\ 2 & x\geqslant -2\end{cases}$

提示：
$$f[f(x)]=\begin{cases}2+f(x) & f(x)<0\\ 2 & f(x)\geqslant 0\end{cases}$$
$$=\begin{cases}2+(2+x) & 2+x<0\text{ 且 }x<0\\ 2 & 2+x\geqslant0\text{ 且 }x\geqslant0\end{cases}=\begin{cases}4+x & x<-2\\ 2 & x\geqslant -2\end{cases}.$$

3. 答案：$1-\cos x$

提示：$f\left(\sin\dfrac{x}{2}\right)=1+\left(1-2\sin^2\dfrac{x}{2}\right)=2\left(1-\sin^2\dfrac{x}{2}\right)$，

故 $f(x)=2(1-x^2)$，$x\in[-1,1]$. 从而

$$f\left(\cos\frac{x}{2}\right)=2\left(1-\cos^2\frac{x}{2}\right)=2\sin^2\frac{x}{2}=1-\cos x.$$

4. 答案：6

5. 答案：$y=\begin{cases}-\sqrt{x} & x\geqslant 0\\ \log_2(1-x) & x<0\end{cases}$

6. 答案：2

提示：当 $x\to\infty$ 时，$\frac{1}{x^3}$是$\frac{1}{x^2}$的高阶无穷小，$\frac{1}{x^2}$与$\frac{1}{x^3}+\frac{1}{x^2}$等价.

7. 答案：27

提示：多项式$(x+1)^2(3x-1)^3$ 与 $x^4(x+2)$的最高次项分别为 $27x^5$ 和 x^5，其系数之比为 27.

8. 答案：2

提示：$\lim\limits_{x\to 0}\frac{e^{2x}-1}{kx}=\frac{2}{k}\lim\limits_{x\to 0}\frac{e^{2x}-1}{2x}=\frac{2}{k}=1.$

三、计算题

1. 解：$\begin{cases}0 & k>2\\ \frac{1}{2} & k=2\\ \infty & k<2\end{cases}$

2. 解：$\lim\limits_{x\to 0}\frac{\tan 3x}{\sqrt{1-\cos 2x}}=\lim\limits_{x\to 0}\frac{\tan 3x}{\sqrt{2}|\sin x|}$，因为 $\lim\limits_{x\to 0^+}\frac{\tan 3x}{\sqrt{2}|\sin x|}=\frac{3}{\sqrt{2}}$，$\lim\limits_{x\to 0^-}\frac{\tan 3x}{\sqrt{2}|\sin x|}=-\frac{3}{\sqrt{2}}$，左右极限不相等，故极限不存在.

3. 解：$\lim\limits_{n\to\infty}\left(\frac{\sqrt{n^2+a^2}}{n}+\frac{\arctan n}{n}+n\tan\frac{3}{n}\right)=\lim\limits_{n\to\infty}\frac{\sqrt{n^2+a^2}}{n}+\lim\limits_{n\to\infty}\frac{\arctan n}{n}+\lim\limits_{n\to\infty}\frac{\tan\frac{3}{n}}{\frac{1}{n}}$

$$=1+0+3=4.$$

4. 解：$\lim\limits_{x\to 0}x\left(\sin\frac{1}{x^2}-\csc 2x\right)=\lim\limits_{x\to 0}x\sin\frac{1}{x^2}-\lim\limits_{x\to 0}\frac{x}{\sin 2x}=0-\frac{1}{2}=-\frac{1}{2}.$

5. 解：$\lim\limits_{x\to -8}\frac{\sqrt{1-x}-3}{2+\sqrt[3]{x}}=\lim\limits_{x\to -8}\frac{-(4-2\sqrt[3]{x}+\sqrt[3]{x^2})(x+8)}{(\sqrt{1-x}+3)(x+8)}=\lim\limits_{x\to -8}\frac{-(4-2\sqrt[3]{x}+\sqrt[3]{x^2})}{\sqrt{1-x}+3}=-2.$

6. 解：$\lim\limits_{n\to\infty}\frac{\sqrt{n^2+n}-n}{\sqrt{n(n+1)}-\sqrt{n^2-1}}=\lim\limits_{n\to\infty}\frac{(\sqrt{n(n+1)}+\sqrt{n^2-1})n}{(n+1)(\sqrt{n^2+n}+n)}=1.$

7. 解：由条件，需$\lim\limits_{x\to 3}(x^2-2x+b)=0$，即 $9-6+b=0$，$b=-3$. 这时

$$\lim_{x\to 3}\frac{x^2-2x-3}{x-3}=\lim_{x\to 3}(x+1)=4.$$

8. 解：$\lim\limits_{x\to 0^+}f(x)=\lim\limits_{x\to 0^+}2^{\frac{1}{x-1}}=2^{-1}=\frac{1}{2}$，$\lim\limits_{x\to 0^-}f(x)=\lim\limits_{x\to 0^-}\left(\frac{\sin x}{x}-\frac{1}{2}\right)=\frac{1}{2}$，而 $f(0)=\sqrt{2}\neq\frac{1}{2}$，故 $x=0$ 为可去间断点.

$\lim\limits_{x\to1^+}f(x)=\lim\limits_{x\to1^+}2^{\frac{1}{x-1}}=\infty$，故 $x=1$ 为无穷间断点.

四、证明题

1. 证明：令 $f(x)=xe^x-x-\cos\frac{\pi}{2}x$，其在 $[0,2]$ 上连续，且 $f(0)=-1<0$，$f(2)=2e^2-1>0$，由零点定理，至少存在一点 $\xi\in(0,2)$，使 $f(\xi)=0$，即 $xe^x-x-\cos\frac{\pi}{2}x=0$ 至少有一正实根 ξ.

2. 证明：设 $f(x)=\sin x+x+1$，显然 $f(x)$ 在 $\left[-\frac{\pi}{2},\frac{\pi}{2}\right]$ 上连续.

又 $f\left(-\frac{\pi}{2}\right)=\sin\left(-\frac{\pi}{2}\right)-\frac{\pi}{2}+1=-\frac{\pi}{2}<0$；$f\left(\frac{\pi}{2}\right)=\sin\frac{\pi}{2}+\frac{\pi}{2}+1=\frac{\pi}{2}+2>0$. 由零点定理知，$f(x)$ 在 $\left(-\frac{\pi}{2},\frac{\pi}{2}\right)$ 内至少有一个实根，即方程 $\sin x+x+1=0$ 在区间 $\left(-\frac{\pi}{2},\frac{\pi}{2}\right)$ 内至少有一个实根.

自测试题 B

一、单项选择题

1. 答案：C
2. 答案：C
3. 答案：C

提示：令 $t=\frac{1}{x}$，$t\to0$，则 $1-\cos t\sim\frac{1}{2}t^2\sim\frac{1}{2}t^2+2t^3$.

4. 答案：D
5. 答案：C

提示：注意 $f(x)\equiv0$ 的情形.

6. 答案：C
7. 答案：D

提示：$\lim\limits_{x\to0^+}\frac{1}{e^{\frac{x}{x-1}}-1}=-\infty$，$\lim\limits_{x\to0^-}\frac{1}{e^{\frac{x}{x-1}}-1}=+\infty$，$\lim\limits_{x\to1^+}\frac{1}{e^{\frac{x}{x-1}}-1}=0$，$\lim\limits_{x\to1^-}\frac{1}{e^{\frac{x}{x-1}}-1}=-1$.

8. 答案：C

提示：$\lim\limits_{x\to0}f(x)=\lim\limits_{x\to0}\frac{x}{1+\operatorname{arccot}\frac{1}{x}}=0=f(0)$，则 $f(x)$ 在 $[-5,5]$ 上连续，从而有界.

二、填空题

1. 答案：x^2-2

提示：$f\left(x+\frac{1}{x}\right)=x^2+\frac{1}{x^2}=\left(x+\frac{1}{x}\right)^2-2$.

2. 答案：$m=-1$，$n=4$

提示：由 $\lim\limits_{x\to0}\frac{1-\cos(e^{x^2}-1)}{2^mx^n}=\lim\limits_{x\to0}\frac{\frac{1}{2}(e^{x^2}-1)^2}{2^mx^n}=\lim\limits_{x\to0}\frac{x^4}{2^{m+1}x^n}=1$，得 $m=-1$，$n=4$.

3. 答案：e^{-1}

提示：$\lim\limits_{x\to 3}\left(\dfrac{1}{x-2}\right)^{\frac{1}{x-3}}=e^{\lim\limits_{x\to 3}\frac{1}{x-3}\left(\frac{1}{x-2}-1\right)}=e^{\lim\limits_{x\to 3}\frac{1}{2-x}}=e^{-1}$.

4. 答案：$\dfrac{1}{2}$

提示：设 $x_n=\dfrac{1}{n^2+n+1}+\dfrac{2}{n^2+n+2}+\cdots+\dfrac{n}{n^2+n+n}$，则$\dfrac{\frac{1}{2}n(n+1)}{n^2+2n}<x_n<\dfrac{\frac{1}{2}n(n+1)}{n^2+n+1}$.

5. 答案：-4

提示：$\lim\limits_{x\to 0}\dfrac{a\tan x+b(1-\cos x)}{\ln(1-2x)+c(1-e^{-x^2})}=\lim\limits_{x\to 0}\dfrac{ax+b\frac{1}{2}x^2}{-2x+cx^2}=\dfrac{a}{-2}=2$.

6. 答案：1

提示：$\lim\limits_{x\to+\infty}x[\ln(1+x)-\ln x]=\ln\left(\lim\limits_{x\to+\infty}\left(1+\dfrac{1}{x}\right)^x\right)=\ln e=1$.

7. 答案：$\begin{cases}-1 & x<0\\ 0 & x=0\\ 1 & x>0\end{cases}$

提示：当 $x>0$ 时，$\lim\limits_{x\to\infty}2^{-nx}=0$；当 $x<0$ 时，$\lim\limits_{x\to\infty}2^{-nx}=+\infty$.

8. 答案：$(-\infty,-1),(-1,+\infty)$

提示：$\lim\limits_{x\to 1}f(x)=2=f(1)$. $\lim\limits_{x\to -1^-}f(x)=0\neq f(-1)=-2$.

三、计算题

1. 解：$\lim\limits_{x\to 0}\dfrac{e^x+e^{-x}-2}{2x}=\lim\limits_{x\to 0}\left(\dfrac{e^x-1}{2x}+\dfrac{e^{-x}-1}{2x}\right)=\lim\limits_{x\to\infty}\dfrac{e^x-1}{2x}-\lim\limits_{x\to 0}\dfrac{e^{-x}-1}{-2x}=\dfrac{1}{2}-\dfrac{1}{2}=0$.

2. 解：因为$\lim\limits_{x\to 1}\dfrac{x^k-1}{x-1}=\lim\limits_{x\to 1}\dfrac{e^{k\ln x}-1}{x-1}=\lim\limits_{x\to 1}\dfrac{k\ln[1+(x-1)]}{x-1}=\lim\limits_{x\to 1}\dfrac{k(x-1)}{x-1}=k$.

从而$\lim\limits_{x\to 1}\dfrac{x+x^2+\cdots+x^n-n}{x-1}=\lim\limits_{x\to 1}\dfrac{(x-1)+(x^2-1)+\cdots+(x^n-1)}{x-1}$

$$=1+2+\cdots+n=\frac{n(n+1)}{2}.$$

3. 解：原式$=\lim\limits_{x\to 0}\dfrac{1-\cos x+\cos x-\cos x\ \sqrt{\cos 2x}}{x^2}$

$$=\lim_{x\to 0}\left[\frac{1-\cos x}{x^2}+\cos x\,\frac{1-\sqrt{\cos 2x}}{x^2}\right]$$

$$=\frac{1}{2}+\lim_{x\to 0}\frac{1-\cos 2x}{1+\sqrt{\cos 2x}}\cdot\frac{1}{x^2}=\frac{1}{2}+1=\frac{3}{2}.$$

4. 解：$\lim\limits_{x\to\frac{\pi}{2}}(\sin x)^{\tan x}=\lim\limits_{x\to\frac{\pi}{2}}(\sin^2 x)^{\frac{\tan x}{2}}=\lim\limits_{x\to\frac{\pi}{2}}(1-\cos^2 x)^{\frac{\tan x}{2}}$

$$=e^{\lim\limits_{x\to\frac{\pi}{2}}-\frac{1}{2}\cos^2 x\tan x}=e^{\lim\limits_{x\to\frac{\pi}{2}}-\frac{1}{2}\cos x\sin x}=e^0=1.$$

5. 解：原式 $=\lim\limits_{x\to0}\dfrac{(-2)\sin\dfrac{x(e^x+e^{-x})}{2}\sin\dfrac{x(e^x-e^{-x})}{2}}{x^3}$

$=-2\lim\limits_{x\to0}\dfrac{\sin\dfrac{x(e^x+e^{-x})}{2}}{x}\dfrac{x(e^x-e^{-x})}{2x^2}$

$=\lim\limits_{x\to0}-\dfrac{e^x-e^{-x}}{x}=-2.$

6. 解：原式 $=\lim\limits_{x\to+\infty}\ln\left[2^x\left(1+\dfrac{1}{2^x}\right)\right]\ln\left(1+\dfrac{3}{x}\right)$

$=\lim\limits_{x\to+\infty}\left[x\ln2+\ln\left(1+\dfrac{1}{2^x}\right)\right]\ln\left(1+\dfrac{3}{x}\right)$

$=\lim\limits_{x\to+\infty}\left[x\ln2\cdot\dfrac{3}{x}+\dfrac{1}{2^x}\dfrac{3}{x}\right]=3\ln2.$

7. 解：间断点为满足 $x=0$ 或 $x+1=0$ 或 $x-1=0$ 或 $\dfrac{1}{x-1}+\dfrac{1}{x}=0$ 的点，即 $x_1=0,x_2=-1,x_3=1,x_4=\dfrac{1}{2}$为间断点.

除了 x_1,x_2,x_3,x_4 外，有　　$f(x)=\dfrac{x-1}{(x+1)(2x-1)}$，

易知$\lim\limits_{x\to0}f(x)=1,\lim\limits_{x\to-1}f(x)=\infty,\lim\limits_{x\to1}f(x)=0,\lim\limits_{x\to\frac{1}{2}}f(x)=\infty$.

故 $x_1=0,x_3=1$ 为第一类(可去)间断点；$x_2=-1,x_4=\dfrac{1}{2}$为第二类(无穷)间断点.

8. 解：$\dfrac{x^2+1}{x+1}-ax-b=\dfrac{x^2+1-ax^2-ax-bx-b}{x+1}=\dfrac{(1-a)x^2-(a+b)x+(1-b)}{x+1}$，由条件，分子必须是零次多项式，即 $1-a=0,a+b=0$，得 $a=1,b=-1$.

四、证明题

1. 证明：因为 $f(x)$ 在 $[a,b]$ 上连续，所以在 $[a,b]$ 上存在最大值 M，最小值 m.

不妨假定 $f(x_1)=m, f(x_n)=M$，所以

$$m\leqslant\frac{c_1f(x_1)+c_2f(x_2)+\cdots+c_nf(x_n)}{c_1+c_2+\cdots+c_n}\leqslant M,$$

由介值定理知存在 $\xi(a<x_1\leqslant\xi\leqslant x_n<b)$，使得

$$f(\xi)=\frac{c_1f(x_1)+c_2f(x_2)+\cdots+c_nf(x_n)}{c_1+c_2+\cdots+c_n}.$$

2. 证明：原方程式 $=\dfrac{a_1(x-\lambda_2)(x-\lambda_3)+a_2(x-\lambda_1)(x-\lambda_3)+a_3(x-\lambda_1)(x-\lambda_2)}{(x-\lambda_1)(x-\lambda_2)(x-\lambda_3)}=0.$

令上式分子为 $f(x)=a_1(x-\lambda_2)(x-\lambda_3)+a_2(x-\lambda_1)(x-\lambda_3)+a_3(x-\lambda_1)(x-\lambda_2)$，$f(x)$ 在 $[\lambda_1,\lambda_2]$ 上连续且 $f(\lambda_1)=a_1(\lambda_1-\lambda_2)(\lambda_1-\lambda_3)>0$，$f(\lambda_2)=a_2(\lambda_2-\lambda_1)(\lambda_2-\lambda_3)<0$，所以 $\exists\xi_1\in(\lambda_1,\lambda_2)$，使 $f(\xi_1)=0$，ξ_1 即为原方程在 (λ_1,λ_2) 内的一个实根. 同理可证原方程在 (λ_2,λ_3) 内有一实根.

自测试题 C

一、单项选择题

1. 答案：A

提示：$\lim\limits_{x\to 1}f(x)=\infty$，$\lim\limits_{x\to 2}f(x)=\infty$，$f(x)$在$x=0$点的左右极限存在.

2. 答案：D

提示：考察$f(x)=g(x)=\varphi(x)=x$.

3. 答案：A

提示：$\lim\limits_{x\to 0^+}\dfrac{e^{\frac{1}{x}}-1}{e^{\frac{1}{x}}+1}=1$，$\lim\limits_{x\to 0^-}\dfrac{e^{\frac{1}{x}}-1}{e^{\frac{1}{x}}+1}=-1$.

4. 答案：D

提示：当$a=0$时，$g(x)$在$x=0$处连续，否则不连续.

5. 答案：B

提示：
$$\lim_{x\to+\infty}\sin\left(\pi[x]+\frac{\pi^2}{x}\right)=\lim_{x\to+\infty}\left(\sin\pi[x]\cos\frac{\pi^2}{x}+\cos\pi[x]\sin\frac{\pi^2}{x}\right)$$
$$=0+\lim_{x\to+\infty}(-1)^{[x]}\sin\frac{\pi^2}{x}=0.$$

6. 答案：A

提示：A 错误. 当$\lim\limits_{x\to a}(f(x)-g(x))=0$时，$\lim\limits_{x\to a}f(x)$，$\lim\limits_{x\to a}g(x)$可能不存在，例如：$g(x)=f(x)=\dfrac{1}{x-a}$.

由极限的定义可以证明，B，C，D 正确.

7. 答案：C

提示：当$x\neq 0$时，$f(x)=\lim\limits_{n\to\infty}\dfrac{3nx}{1-nx}=\lim\limits_{n\to\infty}\dfrac{3x}{\frac{1}{n}-x}=-3$. 当$x=0$时，$f(x)=0$.

8. 答案：C

二、填空题

1. 答案：$\dfrac{1}{1-x}$

提示：$f_1(x)$单调、可逆，其逆函数$f_1^{-1}(x)=\dfrac{1+x}{2-x}$，则有$f_n(x)=f_1^{-1}(f_{n+1}(x))$. 可推知$f_{31}(x)=f_1(x)$，$f_{30}(x)=f_1^{-1}(f_1(x))=x$，$f_{29}(x)=f_1^{-1}(x)=\dfrac{1+x}{2-x}$，$f_{28}(x)=f_1^{-1}(f_{29})=\dfrac{1}{1-x}$.

2. 答案：$-\ln 2$

提示：$\lim\limits_{x\to\frac{\pi}{2}}(\ln|1-\sin x|+\ln\sec^2 x)=\lim\limits_{x\to\frac{\pi}{2}}\ln\dfrac{|1-\sin x|}{\cos^2 x}=\ln\left|\lim\limits_{x\to\frac{\pi}{2}}\dfrac{1-\sin x}{\cos^2 x}\right|$

$$=\ln\left|\lim_{x\to\frac{\pi}{2}}\frac{1-\sin x}{1-\sin^2 x}\right|=\ln\left|\lim_{x\to\frac{\pi}{2}}\frac{1}{1+\sin x}\right|=-\ln 2.$$

3. 答案：$\dfrac{3}{2}$

提示：$\displaystyle\lim_{x\to 0}\frac{3\sin x+x^2\cos\frac{1}{x}}{(1+\cos x)\ln(1+x)}=\frac{1}{2}\lim_{x\to 0}\frac{3x+x^2\cos\frac{1}{x}}{x}=\frac{3}{2}.$

4. 答案：$e^{-\frac{1}{2}}$

提示：$a=\lim\limits_{x\to 0}f(x)=\lim\limits_{x\to 0}(\cos x)^{\frac{1}{x^2}}=e^{\lim\limits_{x\to 0}\frac{1}{x^2}(\cos x-1)}=e^{-\frac{1}{2}}.$

5. 答案：$\dfrac{3}{4}$

提示：$$1=\lim_{x\to 0}\frac{\sqrt{1+x\arcsin x}-\sqrt{\cos x}}{kx^2}=\lim_{x\to 0}\left(\frac{\sqrt{1+x\arcsin x}-1}{kx^2}+\frac{1-\sqrt{\cos x}}{kx^2}\right)$$

$$=\lim_{x\to 0}\left(\frac{\frac{1}{2}x^2}{kx^2}+\frac{1-\cos x}{kx^2(1+\sqrt{\cos x})}\right)=\frac{3}{4k}.$$

6. 答案：$\dfrac{\sqrt{2}}{2}$

提示：$$\lim_{x\to 0^+}f(x)=\lim_{x\to 0^+}\frac{1}{x}\ln\left(\frac{x}{x+x^2}\right)=\lim_{x\to 0^+}\frac{1}{x}\left(\frac{x}{x+x^2}-1\right)=-1,$$

$$\lim_{x\to 0^-}f(x)=\lim_{x\to 0^-}\frac{ax}{\sqrt{\frac{1}{2}x^2}}=\lim_{x\to 0^-}\frac{\sqrt{2}ax}{-x}=-\sqrt{2}a.$$

7. 答案：$\dfrac{3}{5}$

提示：原式$$=\lim_{x\to\infty}x^4\tan\left(\arctan\frac{2x^2+5}{x^2+1}-\arctan\frac{2x^2+7}{x^2+2}\right)$$

$$=\lim_{x\to\infty}x^4\,\frac{\frac{2x^2+5}{x^2+1}-\frac{2x^2+7}{x^2+2}}{1+\frac{2x^2+5}{x^2+1}\cdot\frac{2x^2+7}{x^2+2}}=\frac{3}{5}.$$

8. 答案：$\dfrac{3}{2}$

提示：设 $$x_n=\frac{1+\frac{1}{n}}{n+\frac{1}{n}}+\frac{1+\frac{2}{n}}{n+\frac{2}{n}}+\frac{1+\frac{3}{n}}{n+\frac{3}{n}}+\cdots+\frac{1+\frac{n}{n}}{n+\frac{n}{n}},$$

则 $$\frac{1}{n+1}\sum_{k=1}^{n}\left(1+\frac{k}{n}\right)<x_n<\frac{1}{n}\sum_{k=1}^{n}\left(1+\frac{k}{n}\right).$$

而$\displaystyle\lim_{n\to\infty}\frac{1}{n}\sum_{k=1}^{n}\left(1+\frac{k}{n}\right)=\lim_{n\to\infty}\frac{1}{n+1}\sum_{k=1}^{n}\left(1+\frac{k}{n}\right)=\frac{3}{2}$，所以由夹逼准则可知原式等于$\dfrac{3}{2}$.

三、计算题

1. 解：因为 $\lim\limits_{x\to+\infty}[(x^n+7x^4+2)^\alpha-x]=\lim\limits_{x\to+\infty}[x^{n\alpha}(1+7x^{4-n}+2x^{-n})^\alpha-x]$，所以由极限存在可得 $n\alpha=1$，由极限不为零得 $4-n=-1$，因此 $\alpha=\dfrac{1}{5}$.

2. 解：$\lim\limits_{n\to\infty}\tan^n\left(\dfrac{\pi}{4}+\dfrac{2}{n}\right)=\lim\limits_{n\to\infty}\left(\dfrac{1+\tan\dfrac{2}{n}}{1-\tan\dfrac{2}{n}}\right)^n=\lim\limits_{n\to\infty}\left(1+\dfrac{2\tan\dfrac{2}{n}}{1-\tan\dfrac{2}{n}}\right)^n$

$$=\lim_{n\to\infty}\left(1+\frac{2\tan\frac{2}{n}}{1-\tan\frac{2}{n}}\right)^{\frac{1-\tan\frac{2}{n}}{2\tan\frac{2}{n}}\cdot\frac{4\tan\frac{2}{n}}{\frac{2}{n}}\cdot\frac{1}{1-\tan\frac{2}{n}}}=e^4.$$

3. 解：$\lim\limits_{x\to0}\dfrac{1}{x^3}\left[\left(\dfrac{2+\cos x}{3}\right)^x-1\right]=\lim\limits_{x\to0}\dfrac{1}{x^3}[e^{x\ln\frac{2+\cos x}{3}}-1]=\lim\limits_{x\to0}\dfrac{\ln\dfrac{2+\cos x}{3}}{x^2}$

$$=\lim_{x\to0}\frac{\ln\left(1+\dfrac{\cos x-1}{3}\right)}{x^2}=\lim_{x\to0}\frac{\cos x-1}{3x^2}=-\frac{1}{6}.$$

4. 解：原式 $=\lim\limits_{x\to-\infty}\dfrac{3x^2-x-2}{\sqrt{x^2+\sin x}\left(\sqrt{4x^2+x-1}-x-1\right)}$

$$=\lim_{x\to-\infty}\frac{3-\dfrac{1}{x}-\dfrac{2}{x^2}}{\sqrt{1+\dfrac{\sin x}{x^2}}\left(\sqrt{4+\dfrac{1}{x}-\dfrac{1}{x^2}}+1+\dfrac{1}{x}\right)}=1.$$

5. 解：原式 $=\lim\limits_{x\to0^+}\dfrac{1-\cos x}{x(1-\cos\sqrt{x})(1+\sqrt{\cos x})}=\lim\limits_{x\to0^+}\dfrac{\dfrac{1}{2}x^2}{x\cdot\dfrac{1}{2}x(1+\sqrt{\cos x})}=\dfrac{1}{2}.$

6. 解：$\lim\limits_{x\to0^+}\left(\dfrac{2+e^{\frac{1}{x}}}{1+e^{\frac{4}{x}}}+\dfrac{\sin x}{|x|}\right)=\lim\limits_{x\to0^+}\left(\dfrac{2e^{-\frac{4}{x}}+e^{-\frac{3}{x}}}{e^{-\frac{4}{x}}+1}+\dfrac{\sin x}{x}\right)=1$,

$$\lim_{x\to0^-}\left(\frac{2+e^{\frac{1}{x}}}{1+e^{\frac{4}{x}}}+\frac{\sin x}{|x|}\right)=\lim_{x\to0^-}\left(\frac{2+e^{\frac{1}{x}}}{1+e^{\frac{4}{x}}}-\frac{\sin x}{x}\right)=1,$$

故原式 $=1$.

7. 解：$f(x)$ 在区间 $(0,2\pi)$ 内的间断点为 $\dfrac{1}{\tan\left(x-\dfrac{\pi}{4}\right)}$ 无定义的点，即 $x=\dfrac{\pi}{4},\dfrac{3\pi}{4},\dfrac{5\pi}{4},\dfrac{7\pi}{4}$ 各点.

在 $x=\dfrac{\pi}{4}$ 处，$\lim\limits_{x\to\left(\frac{\pi}{4}\right)^+}f(x)=+\infty$，在 $x=\dfrac{5\pi}{4}$ 处，$\lim\limits_{x\to\left(\frac{5\pi}{4}\right)^+}f(x)=+\infty$，故 $x=\dfrac{\pi}{4},\dfrac{5\pi}{4}$ 为 $f(x)$ 的第二类间断点.

在 $x=\frac{3\pi}{4}$处，$\lim\limits_{x\to\frac{3\pi}{4}}f(x)=1$，在 $x=\frac{7\pi}{4}$处，$\lim\limits_{x\to\frac{7\pi}{4}}f(x)=1$，但相应的函数值在该处无定义，故 $f(x)$在这两处为可去间断点.

8. 解：令$(1+x)(1+x^2)\cdots(1+x^{2^n})=y$，则

$$(1-x)(1+x)(1+x^2)\cdots(1+x^{2^n})=1-x^{2^{n+1}}=(1-x)y.$$

当 $x\neq1$ 时，$y=\frac{1-x^{2^{n+1}}}{1-x}$，所以$\lim\limits_{n\to\infty}y=\begin{cases}\frac{1}{1-x} & |x|<1\\ \infty & |x|>1\\ \infty & x=1\\ 0 & x=-1\end{cases}$.

四、证明题

1. 证明：不妨设 $n^{\frac{1}{n}}=1+a_n(a_n>0)$，则 $n=(1+a_n)^n$，$n=1+na_n+\frac{n(n-1)}{2}a_n^2+\cdots+a_n^n$，于是 $n>1+\frac{n(n-1)}{2}a_n^2$，从而 $a_n<\sqrt{\frac{2}{n}}$，因此$0<a_n<\sqrt{\frac{2}{n}}$，$\lim\limits_{n\to\infty}a_n=0$，所以$\lim\limits_{n\to\infty}\sqrt[n]{n}=1$.

2. 证明：$\left|\frac{x_1+x_2+\cdots+x_n}{n}-a\right|\leqslant\frac{|x_1-a|+|x_2-a|+\cdots+|x_n-a|}{n}$，因$\lim\limits_{n\to\infty}x_n=a$，故 $\forall\varepsilon>0$，$\exists N_1>0$，$n>N_1$ 时，$|x_n-a|<\frac{\varepsilon}{2}$. 从而

$$\frac{|x_1-a|+|x_2-a|+\cdots+|x_n-a|}{n}\leqslant\frac{|x_1-a|+\cdots+|x_{N_1}-a|}{n}+\frac{n-N_1}{n}\cdot\frac{\varepsilon}{2},$$

注意：这里$|x_1-a|+\cdots+|x_{N_1}-a|$为定数，因而$\exists N_2>0$，当 $n>N_2$ 时

$$\frac{|x_1-a|+\cdots+|x_{N_1}-a|}{n}<\frac{\varepsilon}{2},$$

于是令 $N=\max\{N_1,N_2\}$，则 $n>N$ 时，$\left|\frac{x_1+x_2+\cdots+x_n}{n}-a\right|<\frac{\varepsilon}{2}+\frac{n-N}{n}\cdot\frac{\varepsilon}{2}<\frac{\varepsilon}{2}+\frac{\varepsilon}{2}=\varepsilon$.

3. 证明：令 $\phi(x)=f(x)-f\left(x+\frac{1}{n}\right)$，$\phi(x)$在$\left[0,1-\frac{1}{n}\right]$上连续，所以有最大值 M 及最小值 m.

于是有 $m\leqslant\phi\left(\frac{k}{n}\right)\leqslant M(k=0,1,\cdots,n-1)$，所以 $m\leqslant\frac{1}{n}\sum\limits_{k=0}^{n-1}\phi\left(\frac{k}{n}\right)\leqslant M$.

故存在 $x_n\in\left[0,1-\frac{1}{n}\right]$，使

$$\begin{aligned}\phi(x_n)&=\frac{1}{n}\sum_{k=0}^{n-1}\phi\left(\frac{k}{n}\right)=\frac{1}{n}\left[\phi(0)+\phi\left(\frac{1}{n}\right)+\cdots+\phi\left(\frac{n-1}{n}\right)\right]\\&=\frac{1}{n}\left[f(0)-f\left(\frac{1}{n}\right)+f\left(\frac{1}{n}\right)-f\left(\frac{2}{n}\right)+\cdots+f\left(\frac{n-1}{n}\right)-f(1)\right]\\&=\frac{1}{n}[f(0)-f(1)]=0,\end{aligned}$$

即 $f(x_n)=f\left(x_n+\frac{1}{n}\right)$.

4. 提示：证明数列单调减少且有下界.

证明：记 $y_n=\dfrac{2^n n!}{n^n}(n=1,2,\cdots)$，显然 $y_n>0$. 由于 $\dfrac{y_{n+1}}{y_n}=\dfrac{2}{\left(1+\dfrac{1}{n}\right)^n}<1$，即 $y_{n+1}=\dfrac{2}{\left(1+\dfrac{1}{n}\right)^n}y_n$，且数列 $\{y_n\}$ 单调减少，故由单调有界准则，数列 $\{y_n\}$ 有极限，记为 $\lim\limits_{n\to\infty}y_n=A$，因为 $\lim\limits_{n\to\infty}y_{n+1}=\lim\limits_{n\to\infty}\dfrac{2}{\left(1+\dfrac{1}{n}\right)^n}y_n$，即 $A=\dfrac{2}{e}A$，故 $A=0$.

第 2 章

自测试题 A

一、单项选择题

1. 答案：C

2. 答案：B

提示：由 $y'=2x-4=2$，得 $x=3$.

3. 答案：A

提示：因 $\lim\limits_{x\to a}\dfrac{\frac{f(x)-f(a)}{x-a}}{x-a}=l$，即 $\dfrac{f(x)-f(a)}{x-a}$ 与 $x-a$ 为同阶无穷小.

4. 答案：C

提示：$\lim\limits_{x\to 0^-}f(x)=b=f(0)=1$，$f'_-(0)=\lim\limits_{x\to 0^-}\dfrac{\sin 2x}{x}=2=f'_+(0)=a$.

5. 答案：D

6. 答案：A

提示：设 $l\neq 0$，$f(x+l)=f(x)$，则 $f'(x+l)=f'(x)$.

7. 答案：B

提示：$f(-x)=f(x)$，求导得 $-f'(-x)=f'(x)$. 由此得 $f'(-x_0)=-f'(x_0)=-\dfrac{1}{2}$.

8. 答案：D

提示：$\lim\limits_{x\to 0}f(x)=0=f(0)$，$f(x)$ 在 0 点连续. $f'_-(0)=1$，$f'_+(0)=0$，$f(x)$ 在 0 点不可导.

二、填空题

1. 答案：$\dfrac{1}{4}$

提示：$\lim\limits_{x\to 0}\dfrac{x}{f(x_0-2x)-f(x_0)}=-\dfrac{1}{2}\lim\limits_{x\to 0}\dfrac{1}{\frac{f(x_0-2x)-f(x_0)}{-2x}}=-\dfrac{1}{2}\cdot\dfrac{1}{f'(x_0)}=\dfrac{1}{4}$.

2. 答案：$y=\frac{1}{2}x-\frac{5}{2}$

提示：$y'=-\frac{y^2+\frac{y}{x}}{2xy+\ln x}, y'|_{x=1,y=-2}=\frac{1}{2}.$

3. 答案：$\frac{1}{2}$

提示：$\lim\limits_{x\to 0}\frac{f(x)}{x}=\lim\limits_{x\to 0}\frac{f(x)-f(0)}{x-0}=f'(0)=\frac{1}{2}.$

4. 答案：$3x-y=7$

提示：$\frac{dy}{dx}=\frac{\frac{dy}{dt}}{\frac{dx}{dt}}=\frac{3}{2}t$，切线方程 $y-y(t)=\frac{3}{2}t\cdot(x-x(t))$，把 $t=2$ 代入.

5. 答案：$-\frac{1}{4}$

提示：$\lim\limits_{x\to 0^+}\frac{d}{dx}f(\cos\sqrt{x})=\lim\limits_{x\to 0^+}f'(\cos\sqrt{x})\cdot(-\sin\sqrt{x})\cdot\frac{1}{2\sqrt{x}}=f'(1)\cdot\left(-\frac{1}{2}\right)=-\frac{1}{4}.$

6. 答案：$y'=[x^{\frac{1}{x}-2}(1-\ln x)+x^{\frac{1}{x}}]e^x$

提示：$\ln y=\frac{1}{x}\ln x+x$，求导得 $\frac{y'}{y}=-\frac{1}{x^2}\ln x+\frac{1}{x^2}+1=x^{-2}(1-\ln x)+1.$

7. 答案：6

提示：$f'(1)=\lim\limits_{x\to 1}\frac{f(x)-f(1)}{x-1}=\lim\limits_{x\to 1}\frac{(x^3-1)\varphi(x)}{x-1}=\lim\limits_{x\to 1}(x^2+x+1)\varphi(x)=6.$

8. 答案：$\frac{8!}{x^9}$

提示：$(\ln x)^{(k)}=(-1)^{k-1}(k-1)!\ x^{-k}$. 令 $u=\ln x, v=x$，则由莱布尼兹公式得

$$(uv)^{(n)}=\sum_{k=0}^{n}C_n^k u^{(n-k)}v^{(k)}=C_n^0(\ln x)^{(n)}x+C_n^1(\ln x)^{(n-1)}.$$

令 $n=10$，代入公式即得 $y^{(10)}=\frac{8!}{x^9}.$

三、计算题

1. 解：$y'=\arctan x+\frac{x}{1+x^2}-\frac{1}{2}\frac{2x}{1+x^2}=\arctan x.$

2. 解：$y'=\frac{1}{\sqrt{x^2+a^2}+x}\left(\frac{x}{\sqrt{x^2+a^2}}+1\right)=\frac{1}{\sqrt{x^2+a^2}}, y''=-x(x^2+a^2)^{-\frac{3}{2}}.$

3. 解：$y'=\frac{1}{x}f'(\ln x)+\frac{f'(x)}{f(x)}, y''=\frac{1}{x^2}f''(\ln x)-\frac{1}{x^2}f'(\ln x)+\frac{f''(x)f(x)-(f'(x))^2}{[f(x)]^2}.$

4. 解：$y'=\frac{1}{2}\left(\frac{1}{1+x}+\frac{1}{1-x}\right)-\frac{1+\frac{x}{\sqrt{1-x^2}}\arcsin x}{1-x^2}$

$$=\frac{1}{1-x^2}-\frac{1}{1-x^2}-\frac{x}{(1-x^2)^{\frac{3}{2}}}\arcsin x$$

$$=-\frac{x}{(1-x^2)^{\frac{3}{2}}}\arcsin x,$$

故
$$\mathrm{d}y=-\frac{x}{(1-x^2)^{\frac{3}{2}}}\arcsin x\mathrm{d}x.$$

5. 解：$\mathrm{d}y=f'[x+\varphi(x)]\mathrm{d}[x+\varphi(x)]=f'[x+\varphi(x)][1+\varphi'(x)]\mathrm{d}x.$

6. 解 1：将原方程两边对 x 求导得

$$f''(\sin x)\cos x=\sin x,\ f''(\sin x)=\frac{\sin x}{\cos x}=\frac{\sin x}{\sqrt{1-\sin^2 x}},$$

故
$$f''(x)=\frac{x}{\sqrt{1-x^2}}.$$

解 2：由原方程得 $f'(\sin x)=1-\sqrt{1-\sin^2 x}$，故 $f'(x)=1-\sqrt{1-x^2}$.

所以
$$f''(x)=\frac{x}{\sqrt{1-x^2}}.$$

7. 解：$\ln|y|=\ln\left|\frac{\sqrt{x+2}(3-x)^4}{(x+1)^5}\right|=\ln\sqrt{x+2}+\ln(3-x)^4-\ln|x+1|^5$

$$=\frac{1}{2}\ln|x+2|+4\ln|x-3|-5\ln|x+1|,$$

两边对 x 求导，得 $\frac{1}{y}y'=\frac{1}{2}\cdot\frac{1}{x+2}+\frac{4}{x-3}-5\frac{1}{x+1}$，故

$$y'=\frac{\sqrt{x+2}(3-x)^4}{(x+1)^5}\left[\frac{1}{2(x+2)}+\frac{4}{x-3}-\frac{5}{x+1}\right].$$

8. 解：(1) 由 $\lim\limits_{x\to0}f(x)=\lim\limits_{x\to0}x^n\sin\frac{1}{x}=0=f(0)$ 知，当 $n\geqslant1$ 时，上式成立，即 $n=1,2,\cdots$ 时，$f(x)$ 在 $x=0$ 处连续.

(2) 因 $f'(0)=\lim\limits_{x\to0}\frac{f(x)-f(0)}{x}=\lim\limits_{x\to0}\frac{x^n\sin\frac{1}{x}}{x}=\lim\limits_{x\to0}x^{n-1}\sin\frac{1}{x}$，

显然，当 $n-1>0$，即 $n=2,3,\cdots$ 时，上述极限存在，且 $f'(0)=0$，此时

$$f'(x)=\begin{cases}nx^{n-1}\sin\frac{1}{x}-x^{n-2}\cos\frac{1}{x} & x\neq0\\ 0 & x=0\end{cases}.$$

(3) $\lim\limits_{x\to0}f'(x)=\lim\limits_{x\to0}\left(nx^{n-1}\sin\frac{1}{x}-x^{n-2}\cos\frac{1}{x}\right)$，当 $n-2>0$，即 $n=3,4,\cdots$ 时，有 $\lim\limits_{x\to0}f'(x)=0=f'(0)$，此时，$f'(x)$ 在 $x=0$ 连续.

自测试题 B

一、单项选择题

1. 答案：C

提示：$\lim\limits_{t\to0}\frac{f(x_0)-f(x_0-t)}{t}=\lim\limits_{-t\to0}\frac{f(x_0+(-t))-f(x_0)}{-t}=f'(x_0)$.

2. 答案：B

提示：$\frac{\mathrm{d}}{\mathrm{d}x}\left[f\left(\frac{1}{x^2}\right)\right]=f'\left(\frac{1}{x^2}\right)\cdot\left(-\frac{2}{x^3}\right)=\frac{1}{x}$，即$f'\left(\frac{1}{x^2}\right)=-\frac{x^2}{2}$，则$f'\left(\frac{1}{2}\right)=-1$.

3. 答案：A

提示：$f(-x)=-f(x)$，两边关于x求导，则$-f'(-x)=-f(x)$.

4. 答案：B

提示：$\lim\limits_{h\to0}\frac{1}{h^2}f(1-\cos h)$存在$\Leftrightarrow f'_+(0)$存在.

$\lim\limits_{h\to0}\frac{1}{h}f(1-\mathrm{e}^h)=\lim\limits_{h\to0}\frac{1-\mathrm{e}^h}{h}\cdot\lim\limits_{h\to0}\frac{f(1-\mathrm{e}^h)}{1-\mathrm{e}^h}=-f'(0)$.

$\lim\limits_{h\to0}\frac{1}{h^2}f(h-\sin h)=\lim\limits_{h\to0}\frac{f(h-\sin h)}{h-\sin h}\frac{h-\sin h}{h^2}$.

注意：有界量乘以无穷小仍是无穷小；

$\lim\limits_{h\to0}\frac{1}{h}[f(2h)-f(h)]$存在不能保证$f'(0)$存在，例如$f(x)=\begin{cases}1 & x\neq0\\0 & x=0\end{cases}$.

5. 答案：C

提示：设$u(x)=f(x)-g(x)$，$u(0)=0$，$u'(0)=\lim\limits_{x\to0}\frac{u(x)}{x}<0$，则由极限的保号性质，存在$\delta>0$，使得当$x\in(-\delta,0)\cup(0,\delta)$时，$\frac{u(x)}{x}<0$，即当$x\in(-\delta,0)$时，$u(x)>0$；当$x\in(0,\delta)$时，$u(x)<0$.

6. 答案：D

提示：$\lim\limits_{x\to0}f(x)=\lim\limits_{x\to0}\frac{g(x)}{x}=f(0)=2$，则$\lim\limits_{x\to0}g(x)=0=g(0)$，由此可知，$g'(0)=2$.

7. 答案：C

提示：由$|f(x)|\leqslant x^2$，得$|f(0)|\leqslant0$，从而$f(0)=0$. 又有$0\leqslant\left|\frac{f(x)}{x}\right|\leqslant|x|$，令$x\to0$，得$f'(0)=0$.

8. 答案：A

提示：$g(x_0)=0$，$g'(x_0)=\lim\limits_{x\to x_0}\frac{1-\cos(x-x_0)}{x-x_0}f(x)=\lim\limits_{x\to x_0}\frac{\frac{1}{2}(x-x_0)^2}{x-x_0}f(x)=0$.

二、填空题

1. 答案：$y=-\frac{1}{2}x$

提示：$-1=\lim\limits_{x\to0}\frac{f(2x)-f(0)}{2x}\cdot\frac{2x}{\sin x}=2f'(0)$，$f'(0)=-\frac{1}{2}$.

2. 答案：0

提示：$f(0)=0, 1=\lim\limits_{x\to 0}\dfrac{\cos x-1}{e^{f(x)}-1}=\lim\limits_{x\to 0}\dfrac{-\frac{1}{2}x^2}{f(x)}=-\dfrac{1}{2}\lim\limits_{x\to 0}\dfrac{x}{\frac{f(x)}{x}}$，$\dfrac{f(x)}{x}$与 x 为同阶无穷小.

$$f'(0)=\lim_{x\to 0}\frac{f(x)}{x}=0.$$

3. 答案：$\dfrac{1}{(x+1)^2}\ln\dfrac{2x-1}{x+1}$

提示：$\dfrac{dy}{dx}=f'\left(\dfrac{2x-1}{x+1}\right)\cdot\dfrac{3}{(x+1)^2}=\dfrac{1}{3}\ln\dfrac{2x-1}{x+1}\cdot\dfrac{3}{(x+1)^2}=\dfrac{1}{(x+1)^2}\ln\dfrac{2x-1}{x+1}$.

4. 答案：1

提示：$\lim\limits_{x\to 0}\dfrac{g(x)}{x}=g'(0)=\cos 0-\sin 0\cdot g(0)=1$.

5. 答案：$\dfrac{y^2-e^x-2x\cos(x^2+y^2)}{2y\cos(x^2+y^2)-2xy}$

提示：对方程两边关于 x 求导得 $\cos(x^2+y^2)\cdot(2x+2yy')+e^x-y^2-2xyy'=0$.

6. 答案：$\dfrac{n^2}{2^n}$

提示：$\dfrac{dy}{dx}=\dfrac{\frac{dy}{dt}}{\frac{dx}{dt}}=\dfrac{nt^{n-1}}{t^{-1}}=nt^n$，$\dfrac{d^2y}{dx^2}=\dfrac{\frac{d\left(\frac{dy}{dx}\right)}{dt}}{\frac{dx}{dt}}=\dfrac{n^2t^{n-1}}{t^{-1}}=n^2t^n$.

7. 答案：$e^{f(x)}\left[\dfrac{1}{x}f'(\ln x)+f'(x)f(\ln x)\right]dx$

提示：$dy=e^{f(x)}f'(\ln x)\dfrac{1}{x}dx+f(\ln x)e^{f(x)}f'(x)dx$

$$=e^{f(x)}\left[\frac{1}{x}f'(\ln x)+f'(x)f(\ln x)\right]dx.$$

8. 答案：$(-1)^{n+1}n!$

提示：$f^{(n)}(x)=-\left(\dfrac{1}{x-1}\right)^{(n)}=-(-1)^n n!\ (x-1)^{-n-1}$. $f^{(n)}(2)=(-1)^{n+1}n!$.

三、计算题

1. 解：$\lim\limits_{x\to 0}\dfrac{f(1-\cos x)}{\tan 5x^2}=\lim\limits_{x\to 0}\dfrac{f(1-\cos x)-f(0)}{5x^2}=\lim\limits_{x\to 0}\left(\dfrac{f(1-\cos x)-f(0)}{1-\cos x}\cdot\dfrac{1-\cos x}{5x^2}\right)$

$$=\lim_{x\to 0}\frac{f(1-\cos x)-f(0)}{1-\cos x}\cdot\lim_{x\to 0}\frac{1-\cos x}{5x^2}=\frac{1}{10}f'(0).$$

2. 解 1：两端对 x 求导，得

$$e^x\sin y+e^x y'\cos y+e^{-y}y'\cos x+e^{-y}\sin x=0.$$

于是
$$y'=-\frac{e^x\sin y+e^{-y}\sin x}{e^x\cos y+e^{-y}\cos x}$$

故
$$dy=-\frac{e^x\sin y+e^{-y}\sin x}{e^x\cos y+e^{-y}\cos x}dx.$$

解 2：两端对 x 求微分，得 $d(e^x\sin y)-d(e^{-y}\cos x)=0$，即 $\sin y d(e^x)+e^x d(\sin y)-[\cos x d(e^{-y})+e^{-y}d(\cos x)]=0$，

于是　$\sin y e^x dx+\cos y e^x dy-[-\cos x e^{-y}dy+e^{-y}(-\sin x)dx]=0.$

整理得　$[\cos y e^x+\cos x e^{-y}]dy+[\sin y e^x+e^{-y}\sin x]dx=0$，

故
$$dy=-\frac{e^x\sin y+e^{-y}\sin x}{e^x\cos y+e^{-y}\cos x}dx.$$

3. 解：因为在求极限的过程中 x 是常量，所以 $\lim\limits_{t\to+\infty}e^{tx}=\begin{cases}+\infty & x>0\\ 1 & x=0\\ 0 & x<0\end{cases}$，从而得

$f(x)=\begin{cases}0 & x\geqslant 0\\ \dfrac{x}{2+x^2} & x<0\end{cases}$，显然当 $x>0$ 或 $x<0$ 时，函数 $f(x)$ 可导；

当 $x=0$ 时，$f'_+(0)=\lim\limits_{x\to0^+}\dfrac{f(x)-f(0)}{x-0}=\lim\limits_{x\to0^+}\dfrac{0-0}{x}=0$，$f'_-(0)=\lim\limits_{x\to0^-}\dfrac{f(x)-f(0)}{x-0}=$
$\lim\limits_{x\to0^-}\dfrac{\frac{x}{2+x^2}-0}{x}=\dfrac{1}{2}.$

因为 $f'_+(0)\neq f'_-(0)$，故 $f(x)$ 在 $x=0$ 处不可导.

4. 解：把导数看做微分之商，故
$$\frac{dy}{d(x^3)}=\frac{d[\sin^2(x^4)]}{d(x^3)}=\frac{2\sin(x^4)\cos(x^4)\cdot 4x^3dx}{3x^2dx}=\frac{8}{3}x\sin(x^4)\cos(x^4).$$

5. 解：由 f 具有二阶导数，得
$$y'=\cos f(x^2)\cdot f'(x^2)\cdot 2x=2xf'(x^2)\cos f(x^2),$$
$$\begin{aligned}y''&=2f'(x^2)\cos f(x^2)+2xf''(x^2)\cdot 2x\cos f(x^2)+2xf'(x^2)[-\sin f(x^2)]\cdot f'(x^2)\cdot 2x\\&=2f'(x^2)\cos f(x^2)+4x^2f''(x^2)\cos f(x^2)-4x^2[f'(x^2)]^2\sin f(x^2).\end{aligned}$$

6. 解 1：由导数定义
$$\lim_{x\to a}\frac{x^x-a^a}{x-a}=(x^x)'|_{x=a}=(e^{x\ln x})'|_{x=a}=x^x(\ln x+1)|_{x=a}=a^a(\ln a+1).$$

解 2：原式 $=\lim\limits_{x\to a}\dfrac{x^x-a^x}{x-a}+\lim\limits_{x\to a}\dfrac{a^x-a^a}{x-a}$
$$=\lim_{x\to a}\frac{a^x(a^{x\log_a^x-x}-1)}{x-a}+\lim_{x\to a}\frac{a^a(a^{x-a}-1)}{x-a}=a^a(\ln a+1).$$

7. 解：$\lim\limits_{n\to\infty}x_n=0$，$\lim\limits_{n\to\infty}\dfrac{y_n}{x_n}=1$，于是 $\lim\limits_{n\to\infty}y_n=0$，$x_n\sim y_n$.
$$\begin{aligned}\lim_{n\to\infty}\frac{f(x_0+x_n)-f(x_0-y_n)}{x_n}&=\lim_{n\to\infty}\frac{f(x_0+x_n)-f(x_0)+f(x_0)-f(x_0-y_n)}{x_n}\\&=\lim_{n\to\infty}\frac{f(x_0+x_n)-f(x_0)}{x_n}-\lim_{n\to\infty}\frac{f(x_0-y_n)-f(x_0)}{x_n}\\&=f'(x_0)-\lim_{n\to\infty}\frac{f(x_0-y_n)-f(x_0)}{y_n}\cdot\frac{y_n}{x_n}=2f'(x_0).\end{aligned}$$

四、证明题

证明：因为对任何实数 x_1，x_2，有 $f(x_1+x_2)=f(x_1)f(x_2)$，令 $x_2=0$，则有 $f(x_1)=f(x_1)f(0)$，即 $f(x_1)[1-f(0)]=0$，由 x_1 的任意性及 $f'(0)=1$，得到 $f(0)=1$.（由 $f'(0)=1$，知 $f(x)$ 不恒为零，因而有 $f(0)=1$）所以，对于任意 x，有

$$f'(x)=\lim_{\Delta x\to 0}\frac{f(x+\Delta x)-f(x)}{\Delta x}=\lim_{\Delta x\to 0}\frac{f(x)f(\Delta x)-f(x)}{\Delta x}$$

$$=\lim_{\Delta x\to 0}\frac{f(x)[f(\Delta x)-1]}{\Delta x}=f(x)\lim_{\Delta x\to 0}\frac{f(\Delta x)-f(0)}{\Delta x}$$

$$=f(x)f'(0)=f(x).$$

自测试题 C

一、单项选择题

1. 答案：C

提示：$f(x)=\lim\limits_{n\to\infty}\sqrt[n]{1+|x|^{3n}}=e^{\lim\limits_{n\to\infty}\frac{1}{n}\ln(1+|x|^{3n})}=\begin{cases}1 & |x|\leqslant 1\\ |x|^3 & |x|>1\end{cases}$. 可由函数 $y=f(x)$ 的图形知，$f(x)$ 在 $x=\pm 1$ 处不可导.

2. 答案：C

提示：$f'(x)=f'(-x)$，$f''(x)=-f''(-x)$.

3. 答案：D

提示：

$$\lim_{x\to 0^+}f(x)=\lim_{x\to 0^-}f(x)=f(0)=0.$$

$$f'_-(0)=\lim_{x\to 0^-}\frac{f(x)-f(0)}{x-0}=\lim_{x\to 0^-}\frac{x^2g(x)}{x}=0,$$

$$f'_+(0)=\lim_{x\to 0^+}\frac{f(x)-f(0)}{x-0}=\lim_{x\to 0^+}\frac{1-\cos x}{x\sqrt{x}}=\frac{1}{2}\lim_{x\to 0^+}\frac{x^2}{x^{\frac{3}{2}}}=0,$$

故 $f(x)$ 在 $x=0$ 处可导，且 $f'(0)=0$.

4. 答案：A

提示：先证 $f(0)=0\Rightarrow F'(0)$ 存在. 首先注意到，$\lim\limits_{x\to 0^+}\dfrac{|\sin x|}{x}=1$，$\lim\limits_{x\to 0^-}\dfrac{|\sin x|}{x}=-1$，$\lim\limits_{x\to 0}f(x)=0$.

则
$$F'(0)=\lim_{x\to 0}\frac{f(x)(1+|\sin x|)-f(0)}{x}=f'(0)+\lim_{x\to 0}f(x)\frac{|\sin x|}{x}=f'(0).$$

再证 $F'(0)$ 存在 $\Rightarrow f(0)=0$. $F'(0)=\lim\limits_{x\to 0}\dfrac{f(x)(1+|\sin x|)-f(0)}{x}=f'(0)+\lim\limits_{x\to 0}f(x)\dfrac{|\sin x|}{x}$. 若 $f(0)\neq 0$，则极限 $\lim\limits_{x\to 0}f(x)\dfrac{|\sin x|}{x}$ 不存在，矛盾.

5. 答案：C

提示：$\lim\limits_{x\to x_0}\dfrac{|f(x)-f(x_0)|}{x-x_0}$ 存在的充要条件是 $a=\lim\limits_{x\to x_0^+}\dfrac{|f(x)-f(x_0)|}{x-x_0}$ 与 $b=\lim\limits_{x\to x_0^-}\dfrac{|f(x)-f(x_0)|}{x-x_0}$ 存在且 $a=b$. 由极限保号性质，易知 $a\geqslant 0$，$b\leqslant 0$，则 $a=b=0$，即

$\lim\limits_{x\to x_0}\dfrac{|f(x)-f(x_0)|}{x-x_0}=0$,由极限定义,这等价于$\lim\limits_{x\to x_0}\dfrac{f(x)-f(x_0)}{x-x_0}=0$,即$f'(0)=0$.

6. 答案:B

提示:若$f(a)=0$且$f'(a)=0$,则

$$|f(x)|'_{x=a}=\lim_{x\to a}\frac{|f(x)|-|f(a)|}{x-a}=\lim_{x\to a}\frac{|f(x)|}{x-a}$$

$$=\lim_{x\to a}\left|\frac{f(x)-f(a)}{x-a}\right|\cdot\frac{|x-a|}{x-a}$$

$$=|f'(a)|\cdot\lim_{x\to a}\frac{|x-a|}{x-a}=0.$$

由此易知,若$f(a)=0$且$f'(a)\neq0$,则$|f(x)|$在点$x=a$处不可导.

若$f(a)>0$且$f'(a)>0$,则由$f(x)$在$x=a$点连续,有

$$|f(x)|'_{x=a}=\lim_{x\to a}\frac{|f(x)|-|f(a)|}{x-a}=\lim_{x\to a}\frac{f(x)-f(a)}{x-a}=f'(a).$$

若$f(a)<0$且$f'(a)<0$,同理可得

$$|f(x)|'_{x=a}=\lim_{x\to a}\frac{|f(x)|-|f(a)|}{x-a}=\lim_{x\to a}\frac{-f(x)+f(a)}{x-a}=-f'(a).$$

7. 答案:C

提示:$f'(0)=\lim\limits_{x\to0}\dfrac{f(x)-f(0)}{x}>0$,由极限保号性质,存在$\delta>0$,使得当$x\in(-\delta,0)\cup(0,\delta)$时,有$\dfrac{f(x)-f(0)}{x}>0$,即当$x\in(-\delta,0)$时,$f(x)<f(0)$;当$x\in(0,\delta)$时,$f(x)>f(0)$.

8. 答案:D

提示:由$f'(a)>0$,$f'(b)<0$,利用极限保号性质,易知A和B正确. 选项C是零点定理的推论.

二、填空题

1. 答案:$x-y=0$

提示:$y+xy'+2x^{-1}=4y^3y'$,$y'=\dfrac{y+2x^{-1}}{4y^3-x}$,$y'|_{x=1,y=1}=1$.

2. 答案:$-\pi dx$

提示:

$$\ln y=x\ln(1+\sin x),\ \frac{y'}{y}=\ln(1+\sin x)+\frac{x\cos x}{1+\sin x},$$

$$dy=y'dx=(1+\sin x)^x\left(\ln(1+\sin x)+\frac{x\cos x}{1+\sin x}\right)dx.$$

3. 答案:3

提示:$\dfrac{dy}{dx}=\dfrac{y'_t}{x'_t}=\dfrac{3f'(e^{3t}-1)e^{3t}}{f'(t)}$.

4. 答案:-2

提示:$e^yy'+6y+6xy'+2x=0$,$y'=-\dfrac{6y+2x}{e^y+6x}$;$e^y(y')^2+e^yy''+12y'+6xy''+2=0$,$y''=$

$-\dfrac{e^y(y')^2+12y'+2}{e^y+6x}$. 当 $x=0$ 时,$y=0$,则 $y'(0)=0,y''(0)=-2$.

5. 答案：-2

提示：$-1=\lim\limits_{x\to0}\dfrac{f(1)-f(1-x)}{2x}=\dfrac{1}{2}\lim\limits_{x\to0}\dfrac{f(1-x)-f(1)}{-x}=\dfrac{1}{2}f'(1)$.

6. 答案：$n!f^{n+1}(x)$

提示：$f'(x)=f^2(x)$, $f''(x)=2f(x)f'(x)=2f^3(x)$,由归纳可知 $f^{(n)}(x)=n!f^{n+1}(x)$.

7. 答案：$\ln 2\cdot\sin 2x\cdot 2^{\sqrt{\sin^2 x}}\dfrac{1}{2|\sin x|}$

提示：$y=2^{|\sin x|}=2^{\sqrt{\sin^2 x}}$, $\dfrac{dy}{dx}=2^{\sqrt{\sin^2 x}}\ln 2\cdot\dfrac{2\sin x\cos x}{2\sqrt{\sin^2 x}}=\ln 2\cdot\sin 2x\cdot 2^{|\sin x|}\dfrac{1}{2|\sin x|}$.

8. 答案：$f''(\sqrt{x})\cdot\dfrac{1}{4x}-\dfrac{1}{4}f'(\sqrt{x})x^{-\frac{3}{2}}$

提示：$\dfrac{dy}{dx}=f'(\sqrt{x})\cdot\dfrac{1}{2\sqrt{x}}$, $\dfrac{d^2y}{dx^2}=f''(\sqrt{x})\dfrac{1}{4x}-\dfrac{1}{4}f'(\sqrt{x})x^{-\frac{3}{2}}$.

三、计算题

1. 解：由莱布尼兹公式及 $[\ln(1+x)]^{(k)}=\dfrac{(-1)^{k-1}(k-1)!}{(1+x)^k}$($k$ 为正整数),得

$$f^{(n)}(x)=x^2\frac{(-1)^{n-1}(n-1)!}{(1+x)^n}+2nx\frac{(-1)^{n-2}(n-2)!}{(1+x)^{n-1}}+n(n-1)\frac{(-1)^{n-3}(n-3)!}{(1+x)^{n-2}},$$

所以 $f^{(n)}(0)=(-1)^{n-3}n(n-1)(n-3)!=\dfrac{(-1)^{n-1}n!}{n-2}$.

2. 解：由于 $\lim\limits_{h\to0}[af(h)+bf(2h)-f(0)]=0$,所以 $(a+b-1)f(0)=0$,由于 $f(0)\neq0$,故 $a+b-1=0$. 又因

$$\begin{aligned}0&=\lim_{h\to0}\frac{af(h)+bf(2h)-f(0)}{h}=\lim_{h\to0}\frac{af(h)+(1-a)f(2h)-f(0)}{h}\\&=\lim_{h\to0}\frac{a[f(h)-f(2h)]}{h}+\lim_{h\to0}\frac{f(2h)-f(0)}{h}=-af'(0)+2f'(0),\end{aligned}$$

由此得 $a=2,b=-1$.

3. 解：$\lim\limits_{x\to0}[f(1+\sin x)-3f(1-\sin x)]=\lim\limits_{x\to0}[8x+\alpha(x)]$,得 $f(1)-3f(1)=0$,故 $f(1)=0$. 又 $\lim\limits_{x\to0}\dfrac{f(1+\sin x)-3f(1-\sin x)}{\sin x}=\lim\limits_{x\to0}\left[\dfrac{8x}{\sin x}+\dfrac{\alpha(x)}{x}\cdot\dfrac{x}{\sin x}\right]=8$.

设 $\sin x=t$,则有

$$\lim_{x\to0}\frac{f(1+\sin x)-3f(1-\sin x)}{\sin x}=\lim_{t\to0}\frac{f(1+t)-f(1)}{t}+3\lim_{t\to0}\frac{f(1-t)-f(1)}{-t}=4f'(1),$$

所以 $f'(1)=2$.

由于 $f(x+5)=f(x)$,所以 $f(6)=f(1)=0$, $f'(6)=f'(1)=2$,故所求的切线方程为 $y=2(x-6)$.

4. 解：(1)$x\to2$ 时,$2-x\to0$, $f(0)=1$,因此

$$\frac{x^2-2x}{f(2-x)-1}=\frac{2-x}{f(2-x)-f(0)}(-x).$$

由于 $$\lim_{x\to2}\frac{f(2-x)-f(0)}{2-x}=f'(0)=-1,$$

因此 $$\lim_{x\to2}\frac{x^2-2x}{f(2-x)-1}=\lim_{x\to2}\frac{2-x}{f(2-x)-f(0)}\cdot\lim_{x\to2}(-x).=\frac{1}{f'(0)}\cdot(-2)=2$$

(2)由于 $f(0)=1$,因此 $\frac{2^x f(x)-1}{x}=2^x\cdot\frac{f(x)-f(0)}{x}+\frac{2^x-1}{x}$,

$$\lim_{x\to0}\frac{2^x f(x)-1}{x}=\lim_{x\to0}2^x\cdot\lim_{x\to0}\frac{f(x)-f(0)}{x}+\lim_{x\to0}\frac{2^x-1}{x}=f'(0)+\ln2=-1+\ln2.$$

5. 解:方程两边取对数,得 $\ln x+f(y)=y$,再两端对 x 求导,得 $\frac{1}{x}+f'(y)y'=y'$,解得 $y'=\frac{1}{x(1-f'(y))}$,上式两端再对 x 求导,得

$$y''=-\frac{1}{x^2(1-f'(y))^2}[1-f'(y)+x(-f''(y))\cdot y']$$

$$=\frac{1-f'(y)-xf''(y)\frac{1}{x(1-f'(y))}}{x^2(1-f'(y))^2}$$

$$y''=\frac{f''(y)-(1-f'(y))^2}{x^2(1-f'(y))^3}.$$

6. 解:记 $y=\left[\frac{f\left(a+\frac{1}{x}\right)}{f(a)}\right]^x$,考查 $\ln y=x\ln\frac{f\left(a+\frac{1}{x}\right)}{f(a)}=\frac{\ln f\left(a+\frac{1}{x}\right)-\ln f(a)}{\frac{1}{x}}$,

所以 $\lim_{x\to\infty}\frac{\ln f\left(a+\frac{1}{x}\right)-\ln f(a)}{\frac{1}{x}}=[\ln f(x)]'\Big|_{x=a}=\frac{f'(a)}{f(a)}$,即 $\lim_{x\to\infty}\left[\frac{f\left(a+\frac{1}{x}\right)}{f(a)}\right]^x=e^{\frac{f'(a)}{f(a)}}$.

7. 解:$y'=f'[f^2(2^{x^2})]\cdot2f(2^{x^2})f'(2^{x^2})\cdot2^{x^2}\ln2\cdot2x$

$=4\ln2\cdot x\cdot2^{x^2}\cdot f(2^{x^2})f'(2^{x^2})f'[f^2(2^{x^2})]$.

四、证明题

1. 证明:必要性:由于 $h(x)$ 在点 x_0 可导,因而 $h(x)$ 在点 x_0 连续,$h(x_0)=f(x_0)=\lim_{x\to x_0^+}h(x)=\lim_{x\to x_0^+}g(x)=g(x_0)$.

另外,$h(x)$ 在点 x_0 的左,右导数都存在且相等,注意到

$$h'_+(x_0)=\lim_{x\to x_0^+}\frac{h(x)-h(x_0)}{x-x_0}=\lim_{x\to x_0^+}\frac{g(x)-g(x_0)}{x-x_0}=g'_+(x_0)=g'(x_0),$$

$$h'_-(x_0)=\lim_{x\to x_0^-}\frac{h(x)-h(x_0)}{x-x_0}=\lim_{x\to x_0^-}\frac{f(x)-f(x_0)}{x-x_0}=f'_-(x_0)=f'(x_0),$$

因此 $$h'_+(x_0)=g'(x_0)=h'_-(x_0)=f'(x_0).$$

充分性:由于 $$f(x_0)=g(x_0)=h(x_0),$$

$$\lim_{x\to x_0^+}\frac{h(x)-h(x_0)}{x-x_0}=\lim_{x\to x_0^+}\frac{g(x)-g(x_0)}{x-x_0}=g'_+(x_0)=g'(x_0),$$

$$\lim_{x\to x_0^-}\frac{h(x)-h(x_0)}{x-x_0}=\lim_{x\to x_0^-}\frac{f(x)-f(x_0)}{x-x_0}=f'_-(x_0)=f'(x_0),$$

因此 $h'_+(x_0)$，$h'_-(x_0)$存在且相等，$h(x)$在点 x_0 可导.

2. 证明：由于$f(a)=f(b)=0$，因此$f'_+(a)=\lim\limits_{x\to a^+}\dfrac{f(x)}{x-a}$，$f'_-(b)=\lim\limits_{x\to b^-}\dfrac{f(x)}{x-b}$.

又由于$f'_+(a)<0$，$f'_-(b)<0$. 根据函数极限的局部保号性，存在 $\delta_1\left(0<\delta_1<\dfrac{b-a}{2}\right)$与 $\delta_2\left(0<\delta_2<\dfrac{b-a}{2}\right)$，使得$\dfrac{f(x)}{x-a}<0$，$x\in(a,a+\delta_1)$，$\dfrac{f(x)}{x-b}<0$，$x\in(b-\delta_2,b)$，任取 $x_1\in(a,a+\delta_1)$，$x_2\in(b-\delta_2,b)$，则 $a<x_1<\dfrac{a+b}{2}<x_2<b$. 因此$f(x_1)<0$，$f(x_2)>0$. 由闭区间上连续函数的零点定理可得$f(x)$在$(x_1,x_2)\subset(a,b)$内必有一个零点.

第 3 章

自测试题 A

一、单项选择题

1. 答案：B

提示：$f'(x)=(-x^4+6x^3-3x^2-6x)\mathrm{e}^{-x}$，只需判断 $g(x)=x^3-6x^2+3x+6=0$ 在$(0,3)$中零点个数. 由于 $g(0)=6$，$g(3)=-12$，故由零点定理知 $g(x)=0$ 在$(0,3)$中至少有一根. 又因为 $g'(x)=3x^2-12x+3=0$ 有两个实根 $x_{1,2}=2\mp\sqrt{3}$，易知，当 $x\in(0,2-\sqrt{3})$时，$g'(x)>0$；当 $x\in(2-\sqrt{3},3)$时，$g'(x)<0$. 从而 $g(x)$在$(0,2-\sqrt{3})$上单调增加，在$(2-\sqrt{3},3)$上单调减小. 由此可知，$f'(x)=0$ 在$(0,3)$上只有唯一根.

2. 答案：C

提示：由拉格朗日中值定理，$\forall x\in[-1,1]$，$\exists\xi\in(-1,1)$，使得$f(x)=f(0)+f'(\xi)x=f'(\xi)x$. 从而有$|f(x)|=|f'(\xi)|\cdot|x|\leqslant|f'(\xi)|\leqslant M$.

3. 答案：D

提示：由于极限$\lim\limits_{x\to\infty}\dfrac{1-\cos x}{1+\cos x}$不存在，故不能应用洛必达法则.

4. 答案：C

提示：$f(x)$在$[x_1,x_2]$上满足拉格朗日中值定理的条件.

5. 答案：C

提示：因$\lim\limits_{x\to 0}f'(x)=-1$，则$\exists\delta>0$，当 $x\in(-\delta,0)\cup(0,\delta)$时，$f'(x)<0$. 又由于$f(x)$一阶可导，由拉格朗日中值定理，在 0 与 x 之间存在某点 ξ，使得$f(x)-f(0)=f'(\xi)x$. 当 $x\in(-\delta,0)$时，因$f'(\xi)x>0$，则$f(x)>f(0)$；而当 $x\in(0,\delta)$时，因$f'(\xi)x<0$，则$f(x)<f(0)$，故$f(0)$不是$f(x)$的极值.

6. 答案：A

提示：因为可导的偶函数在零点的导数为零，且 $f''(0)=-1<0$，由极值的第二充分条件，即函数 $f(x)$ 在 0 处取得极大值.

7. 答案：C

提示：$\ln(1+t)$ 在 $[0,x]$ 上可导，由拉格朗日中值定理，$\exists\xi\in(0,x)$ 使得 $\ln(1+x)=\dfrac{1}{1+\xi}x<x$.

8. 答案：C

提示：$y''=2e^{-x^2}(1-2x^2)$，函数有两个拐点 $\left(\pm\dfrac{1}{\sqrt{2}},1-e^{\frac{-1}{2}}\right)$.

二、填空题

1. 答案：$[-1,1]$

提示：由 $f'(x)=e^{-\frac{x^2}{2}}(1-x^2)>0$ 即得.

2. 答案：$x=0,x=2$

提示：当 $x\to0^+$ 和 2 时，$y(x)\to\infty$.

3. 答案：充分非必要

4. 答案：$\dfrac{\pi}{2}$

提示：$y'=\left(\arctan\dfrac{1}{1+x}+\arctan(1+x)\right)'=0$，知 $y=C.\ y(0)=\dfrac{\pi}{2}$，则 $C=\dfrac{\pi}{2}$.

5. 答案：6，-1

提示：收益函数 $R=PQ=10P\sqrt{9-P}$，令 $\dfrac{dR}{dP}=10\sqrt{9-P}-\dfrac{5P}{\sqrt{9-P}}=0$，得 $P=6$. 此时需求的价格弹性 $E_p=\dfrac{P}{Q}\dfrac{dQ}{dP}=\dfrac{P}{10\sqrt{9-P}}\cdot\dfrac{-5}{\sqrt{9-P}}=\dfrac{6}{10\sqrt{3}}\cdot\dfrac{-5}{\sqrt{3}}=-1$.

6. 答案：$1,-\dfrac{5}{2}$

提示：由题设，可得 $2+b=\lim\limits_{x\to0}\dfrac{\frac{1}{x}\ln(1+x)-a}{x}$，故 $a=\lim\limits_{x\to0}\dfrac{1}{x}\ln(1+x)=\ln e=1$. 由洛必达法则，$2+b=\lim\limits_{x\to0}\dfrac{\ln(1+x)-x}{x^2}=\lim\limits_{x\to0}\dfrac{\frac{1}{1+x}-1}{2x}=\lim\limits_{x\to0}\dfrac{-\frac{1}{(1+x)^2}}{2}=-\dfrac{1}{2}$，即 $b=-\dfrac{5}{2}$.

7. 答案：4

提示：渐近线为 $x=\pm\sqrt{2},y=\pm\dfrac{\pi}{2}$.

8. 答案：无关

三、计算题

1. 解：
$$\lim_{x\to-\infty}\frac{e^x-x\arctan x}{e^x+x}=\lim_{x\to-\infty}\frac{\frac{1}{x}e^x-\arctan x}{\frac{1}{x}e^x+1}=\frac{\pi}{2},$$

$$\lim_{x\to+\infty}\frac{e^x-x\arctan x}{e^x+x}=\lim_{x\to+\infty}\frac{1-\dfrac{x}{e^x}\arctan x}{1+\dfrac{x}{e^x}}=1,$$

左右极限不相等,故极限不存在.

2. 解: $\lim\limits_{x\to+\infty}\left(x^2\arctan x^2-\dfrac{\pi}{2}x^2\right)=\lim\limits_{x\to+\infty}x^2\left(\arctan x^2-\dfrac{\pi}{2}\right)=\lim\limits_{x\to+\infty}\dfrac{\arctan x^2-\dfrac{\pi}{2}}{x^{-2}}$

$$=\lim_{x\to+\infty}\frac{\dfrac{2x}{1+x^4}}{-2x^{-3}}=-\lim_{x\to+\infty}\frac{x^4}{1+x^4}=-1.$$

3. 解: $\lim\limits_{x\to\left(\frac{\pi}{2}\right)^-}(\tan x)^{\cos x}=e^{\lim\limits_{x\to\left(\frac{\pi}{2}\right)^-}\cos x\ln\tan x}=e^{\lim\limits_{x\to\left(\frac{\pi}{2}\right)^-}\frac{\frac{1}{\tan x}\cdot\sec^2 x}{\sec x\tan x}}=e^{\lim\limits_{x\to\left(\frac{\pi}{2}\right)^-}\frac{\cos x}{\sin^2 x}}=e^0=1.$

4. 解: 由$\lim\limits_{x\to x_0}\dfrac{f(x)-f(x_0)}{(x-x_0)^n}=k$,根据极限与无穷小的关系定理有

$$\frac{f(x)-f(x_0)}{(x-x_0)^n}=k+\alpha(x),$$

其中
$$\lim_{x\to x_0}\alpha(x)=0,$$

于是$f(x)-f(x_0)=(k+\alpha(x))(x-x_0)^n$,可知当$x$在点$x_0$的充分小邻域内时,$(k+\alpha(x))$与$k$同符号,因此

(1)当x在点x_0的充分小邻域内时,若n为偶数,则$f(x)-f(x_0)$与k同符号.

当$k>0$时,$f(x)-f(x_0)>0$,可知$f(x_0)$为$f(x)$的极小值;

当$k<0$时,$f(x)-f(x_0)<0$,可知$f(x_0)$为$f(x)$的极大值.

(2)当x在点x_0的充分小邻域内时,若n为奇数,则$f(x)-f(x_0)$在点x_0的两侧异号,即不恒正(或恒负),可知$f(x_0)$不是极值.

5. 解: 由于$f(x)$在$(x_0-\delta,x_0+\delta)(\delta>0)$内一阶可导,由洛必达法则可得

$$\lim_{h\to0}\frac{f(x_0+h)-2f(x_0)+f(x_0-h)}{h^2}=\lim_{h\to0}\frac{f'(x_0+h)-f'(x_0-h)}{2h},$$

这时$\dfrac{f'(x_0+h)-f'(x_0-h)}{2h}$不符合洛必达法则的条件,因此不能用洛必达法则求它的极限,

但
$$f''(x_0)=\lim_{h\to0}\frac{f'(x_0+h)-f'(x_0)}{h},$$

因此 $\lim\limits_{h\to0}\dfrac{f'(x_0+h)-f'(x_0-h)}{2h}=\dfrac{1}{2}\left[\lim\limits_{h\to0}\dfrac{f'(x_0+h)-f'(x_0)}{h}+\lim\limits_{h\to0}\dfrac{f'(x_0-h)-f'(x_0)}{-h}\right]$

$$=f''(x_0).$$

6. 解: 由题设有$\begin{cases}y|_{x=2}=4\\y''|_{x=2}=0\\y'|_{x=3}=0\end{cases}$,又$y'=3x^2+2ax+b$,$y''=6x+2a$.

所以有$\begin{cases}8+4a+2b+c=4\\12+2a=0\\27+6a+b=0\end{cases}$，解得 $a=-6,b=9,c=2$.

7. 解：当 $x\neq0$ 时，$g'(x)=\dfrac{xf'(x)-f(x)}{x^2}$，这时 $g'(x)$ 连续；

当 $x=0$ 时，$g'(0)=\lim\limits_{x\to0}\dfrac{f(x)-xf'(0)}{x^2}=\lim\limits_{x\to0}\dfrac{f'(x)-f'(0)}{2x}=\dfrac{1}{2}f''(0)$，

所以
$$g'(x)=\begin{cases}\dfrac{xf'(x)-f(x)}{x^2} & x\neq0\\ \dfrac{1}{2}f''(0) & x=0\end{cases},$$

又 $\lim\limits_{x\to0}g'(x)=\lim\limits_{x\to0}\dfrac{xf'(x)-f(x)}{x^2}=\lim\limits_{x\to0}\dfrac{f'(x)+xf''(x)-f'(x)}{2x}=\dfrac{1}{2}f''(0)$，

所以 $g'(x)$ 在 $x=0$ 时连续，所以 $g'(x)$ 连续.

8. 解：(1) 定义域为 $(-\infty,1)\cup(1,+\infty)$，且 $y=\dfrac{x^3}{(x-1)^2}$ 是非奇非偶函数.

(2) 由于 $x=0$ 时，$y=0$，故曲线过原点，又 $x=1$ 是函数的间断点.

(3) $y'=\dfrac{x^2(x-3)}{(x-1)^3}$，令 $y'=0$ 得驻点 $x=0,x=3$.

$$y''=\frac{6x}{(x-1)^4}，令\ y''=0\ 得\ x=0.$$

列表如下

x	$(-\infty,0)$	0	$(0,1)$	1	$(1,3)$	3	$(3,+\infty)$
y'	+	0	+	无定义	−	0	+
y''	−	0	+		+	$\frac{9}{8}$	+
y	↑∩	0	↑∪		↓∪	$\frac{27}{4}$	↑∪

由表看出拐点是 $(0,0)$，极小值是 $y(3)=\dfrac{27}{4}$.

(4) $x=1$ 是其铅直渐近线；$a=\lim\limits_{x\to\infty}\dfrac{f(x)}{x}=1$，$b=\lim\limits_{x\to\infty}[f(x)-x]=2$，故 $y=x+2$ 是其斜渐近线；无水平渐近线.

(5) 作图略.

四、证明题

1. 证明：令 $f(x)=\arctan x$，显然它在 $[a,b]$ 上满足拉格朗日中值定理的条件，故存在 $\xi\in(a,b)$，使
$$f(b)-f(a)=f'(\xi)(b-a),$$
即
$$\arctan b-\arctan a=\frac{1}{1+\xi^2}(b-a)\ (a<\xi<b).$$
而
$$\frac{1}{1+b^2}<\frac{1}{1+\xi^2}<\frac{1}{1+a^2},$$

故
$$\frac{b-a}{1+b^2}<\frac{b-a}{1+\xi^2}<\frac{b-a}{1+a^2},$$
所以
$$\frac{b-a}{1+b^2}<\arctan b-\arctan a<\frac{b-a}{1+a^2}.$$

2. 证明：$f(x)=a_1\sin x+a_2\sin 2x+\cdots+a_n\sin nx$，故 $f(0)=0$，
$$f'(x)=a_1\cos x+2a_2\cos 2x+\cdots+na_n\cos nx.$$
显然，$f(x)$ 在 $[0,x]$ 或 $[x,0]$ 上满足拉格朗日中值定理的条件，于是有
$$f(x)-f(0)=f'(\xi)x(\xi\text{ 在 }0\text{ 与 }x\text{ 之间}).$$
因此 $|f(x)|=|x||f'(\xi)|=|x|\cdot|a_1\cos\xi+2a_2\cos 2\xi+\cdots+na_n\cos n\xi|\leqslant|\sin x|$，即当 $x\to0$ 时，由于 ξ 在 0 与 x 之间，故当 $x\to0$ 时，$\xi\to0$，从而可得 $|a_1+2a_2+\cdots+na_n|\leqslant\lim\limits_{x\to\infty}\left|\frac{\sin x}{x}\right|=1$.

3. 证明：所证不等式等价于 $4x\ln x-x^2-2x+3\geqslant0$，作辅助函数 $f(x)=4x\ln x-x^2-2x+3$，只要证明不等式 $\min f(x)\geqslant0(0<x<2)$ 成立即可.

考虑 $f(x)$ 在 $(0,2)$ 内的最小值问题：
$$f'(x)=4\ln x-2x+2,\ f''(x)=\frac{4}{x}-2>0,$$
令 $f'(x)=0$，得驻点 $x_0=1$. 因为 $f''(1)=2>0$，所以 $f(1)=0$ 为极小值. 又因为
$$\lim_{x\to0^+}f(x)=\lim_{x\to0^+}(4x\ln x-x^2-2x+3)=3>0,$$
$$\lim_{x\to2^-}(4x\ln x-x^2-2x+3)=8\ln 2-4-4+3=8\ln 2+5>0,$$
所以，$f(1)=0$ 也是 $f(x)$ 在 $(0,2)$ 的最小值，故当 $0<x<2$ 时，$f(x)\geqslant f(1)=0$，即当 $0<x<2$ 时，$4x\ln x\geqslant x^2+2x-3$.

4. 证明：设 $f(x)=x\ln a-a\ln x$，且 $x\geqslant a$，由 $b>a>\mathrm{e}$，得 $\ln b>\ln a>1$，由 $f'(x)=\ln a-\frac{a}{x}>1-\frac{a}{x}\geqslant0$，可知 $f(x)$ 当 $x\geqslant a$ 时单调增加，所以当 $b>a$ 时，$f(b)>f(a)$，即 $b\ln a-a\ln b>a\ln a-a\ln a=0$，也即 $a^b>b^a$.

自测试题 B

一、单项选择题

1. 答案：D

提示：因在 $[-1,1]$ 上 $g'(x)=2x$ 有零点 $x=0$，不满足柯西中值定理的条件.

2. 答案：A

提示：令 $g(x)=xf(x)$，则 $g(x)$ 在 $[0,1]$ 上满足罗尔定理的条件，存在 $c\in(0,1)$ 使得 $g'(c)=0$，即 $f(c)+cf'(c)=0$，$f'(c)=-\frac{f(c)}{c}$.

3. 答案：B

提示：$\lim\limits_{x\to0}\left(\frac{a^x+b^x}{2}\right)^{\frac{1}{x}}=\mathrm{e}^{\lim\limits_{x\to0}\left(\frac{a^x+b^x}{2}-1\right)\cdot\frac{1}{x}}=\mathrm{e}^{\lim\limits_{x\to0}\frac{(a^x-1)+(b^x-1)}{2x}}=\mathrm{e}^{\frac{1}{2}\lim\limits_{x\to0}\left(\frac{a^x-1}{x}+\frac{b^x-1}{x}\right)}=\sqrt{ab}.$

4. 答案：B

提示：这是函数在驻点处取得极小值的第二充分条件.

5. 答案：D

提示：取 $x_0=0$. 若 $f(x)=x^4$，则 $f''(x_0)=0$，但 x_0 不是 $f(x)$ 的拐点. 若 $f(x)=\begin{cases}-x^4 & x<0,\\ x^4 & x\geqslant 0,\end{cases}$ 也有 $f''(x_0)=0$，而此时 x_0 是 $f(x)$ 的拐点.

6. 答案：C

提示：函数图像过(1,3)点，则有 $3=a+b$. $y''(x)=6ax+2b$，令 $y''(1)=0$ 得 $3a+b=0$.

7. 答案：C

提示：$L(q)$ 是二阶可导的函数，若 $L(q_0)$ 为最大利润，则 $L''(q_0)$ 可能小于0，也可能等于0.

8. 答案：C

提示：当 $x\in(1,+\infty)$ 时，$y'(x)=\dfrac{2x}{1+x^2}>0$，故 y 单调增加. $y''(x)=\dfrac{2(1-x^2)}{(1+x^2)^2}<0$，$y$ 在 $(1,+\infty)$ 是凸的.

二、填空题

1. 答案：$x=-\dfrac{1}{2}$，$y=\dfrac{1}{2}x-\dfrac{1}{4}$

提示：$\lim\limits_{x\to-\frac{1}{2}}\dfrac{x^2}{2x+1}=\infty$，故 $x=-\dfrac{1}{2}$ 是函数 y 的垂直渐近线. 又

$$\lim_{x\to\infty}\frac{y(x)}{x}=\lim_{x\to\infty}\frac{x}{2x+1}=\frac{1}{2},$$

$$\lim_{x\to\infty}\left(\frac{x^2}{2x+1}-\frac{x}{2}\right)=\lim_{x\to\infty}\frac{-x}{4x^2-2x}=-\frac{1}{4},$$

故函数 y 有斜渐近线 $y=\dfrac{1}{2}x-\dfrac{1}{4}$.

2. 答案：3

提示：$\lim\limits_{x\to0}\dfrac{e^{\tan x}-e^x}{x^n}=\lim\limits_{x\to0}\dfrac{e^x(e^{\tan x-x}-1)}{x^n}=\lim\limits_{x\to0}\dfrac{\tan x-x}{x^n}=\lim\limits_{x\to0}\dfrac{\sec^2 x-1}{nx^{n-1}}=\lim\limits_{x\to0}\dfrac{x^2}{nx^{n-1}}$ 存在且非零，由此得 $n=3$.

3. 答案：2

提示：$y=(x-1)^2[(x-1)^2-4(x-1)+4]=(x-1)^4-4(x-1)^3+4(x-1)^2$. 由此可得，$y''=4[3(x-1)^2-6(x-1)+2]$ 为二次多项式，易知 $y''=0$ 有相异实根，y 有两个拐点.

4. 答案：$\dfrac{\pi}{6}+\sqrt{3}$

提示：令 $y'=1-2\sin x=0$，得驻点为 $x=\dfrac{\pi}{6}$. $y\left(\dfrac{\pi}{6}\right)=\dfrac{\pi}{6}+\sqrt{3}>y(0)=2>y\left(\dfrac{\pi}{2}\right)=\dfrac{\pi}{2}$.

5. 答案：增加

提示：当 $x_1>x_2$ 时，$f(-x_1)<f(-x_2)$，$-f(-x_1)>-f(-x_2)$，故 $-f(-x)$ 单调增加.

6. 答案：(0,1]

提示：$|\ln x|=\begin{cases}\ln x & x>1\\ -\ln x & 0<x\leqslant 1\end{cases}$，而$(\ln x)''=-x^{-2}$. 从而当$x>1$时，$(|\ln x|)''<0$；当$x\in(0,1)$时，$(|\ln x|)''>0$，故函数$|\ln x|$的最大凹区间为$(0,1]$.

7. 答案：$f(a)-g(a)$或$f(b)-g(b)$

提示：由$f'(x)=g'(x)$，可知$f(x)-g(x)=C$(常数)，则$C=f(a)-g(a)=f(b)-g(b)$.

8. 答案：$\frac{4}{3},-\frac{1}{3}$

提示：设$A\neq 0$，使
$$A=\lim_{x\to 0}\frac{x-(a+b\cos x)\sin x}{x^5},$$

则
$$A=\lim_{x\to 0}\frac{\sin x}{x}\cdot\frac{\frac{x}{\sin x}-(a+b\cos x)}{x^4}=\lim_{x\to 0}\frac{\frac{x}{\sin x}-(a+b\cos x)}{x^4}.$$

由此可知，$\lim\limits_{x\to 0}\frac{x}{\sin x}-(a+b\cos x)=0$，即得$a=1-b$. 将之代入原极限式中，得
$$A=\lim_{x\to 0}\frac{x-\sin x+b(1-\cos x)\sin x}{x^5},$$

从而有
$$x-\sin x+b(1-\cos x)\sin x=Ax^5+o(x^5),$$

则有
$$b=\lim_{x\to 0}\frac{Ax^5+o(x^5)+\sin x-x}{(1-\cos x)\sin x}$$
$$=\lim_{x\to 0}\frac{Ax^5+o(x^5)+\sin x-x}{\frac{1}{2}x^3}=\lim_{x\to 0}\frac{\cos x-1}{\frac{3}{2}x^2}=\lim_{x\to 0}\frac{-\frac{1}{2}x^2}{\frac{3}{2}x^2}=-\frac{1}{3},$$

所以$a=\frac{4}{3}$.

三、计算题

1. 解：
$$\lim_{x\to\frac{\pi}{4}}\frac{\sec^2 x-2\tan x}{1+\cos 4x}=\lim_{x\to\frac{\pi}{4}}\frac{2\sec^2 x\tan x-2\sec^2 x}{-4\sin 4x}$$
$$=-\frac{1}{2}\lim_{x\to\frac{\pi}{4}}\frac{\sec^2 x(\tan x-1)}{\sin 4x}$$
$$=\lim_{x\to\frac{\pi}{4}}\frac{(\tan x-1)}{\sin(4x-\pi)}=\lim_{x\to\frac{\pi}{4}}\frac{\tan x-1}{4x-\pi}$$
$$=\lim_{x\to\frac{\pi}{4}}\frac{\sec^2 x}{4}=\frac{1}{2}.$$

2. 解：
$$\text{原式}=\lim_{x\to 0}\frac{\tan x-\sin x}{x(\ln(1+x)-x)(\sqrt{1+\tan x}+\sqrt{1+\sin x})}$$
$$=\frac{1}{2}\lim_{x\to 0}\frac{\sin x(1-\cos x)}{x(\ln(1+x)-x)}\cdot\frac{1}{\cos x}$$
$$=\frac{1}{2}\lim_{x\to 0}\frac{\sin x}{x}\cdot\frac{\frac{1}{2}x^2}{\ln(1+x)-x}$$

$$=\frac{1}{4}\lim_{x\to 0}\frac{x^2}{\ln(1+x)-x}=\frac{1}{4}\lim_{x\to 0}\frac{2x}{\frac{1}{1+x}-1}$$

$$=\frac{1}{4}\lim_{x\to 0}\frac{2x(1+x)}{-x}=-\frac{1}{2}.$$

3. 解：(1) $\lim\limits_{x\to+\infty}\dfrac{(x^2+x-2)2^{\frac{1}{x}}}{(x^2-1)\arctan x}=\dfrac{1}{\frac{\pi}{2}}=\dfrac{2}{\pi}$，故 $y=\dfrac{2}{\pi}$ 为 $f(x)$ 的水平渐近线；

$\lim\limits_{x\to-\infty}\dfrac{(x^2+x-2)2^{\frac{1}{x}}}{(x^2-1)\arctan x}=\dfrac{1}{-\frac{\pi}{2}}=-\dfrac{2}{\pi}$，故 $y=-\dfrac{2}{\pi}$ 为 $f(x)$ 的水平渐近线.

(2)使 $f(x)$ 没有意义的点是 $x=-1,x=0,x=1$.

$\lim\limits_{x\to-1}\dfrac{(x^2+x-2)2^{\frac{1}{x}}}{(x^2-1)\arctan x}=\infty$，故 $x=-1$ 为 $f(x)$ 的垂直渐近线；

$\lim\limits_{x\to0^+}\dfrac{(x^2+x-2)2^{\frac{1}{x}}}{(x^2-1)\arctan x}=\infty$，故 $x=0$ 为 $f(x)$ 的垂直渐近线；

$\lim\limits_{x\to1}\dfrac{(x^2+x-2)2^{\frac{1}{x}}}{(x^2-1)\arctan x}=\dfrac{12}{\pi}$，故 $x=1$ 不是 $f(x)$ 的垂直渐近线.

4. 解：由条件易知 $c\neq0$，$\lim\limits_{x\to\infty}\left(\dfrac{x+c}{x-c}\right)^x=\lim\limits_{x\to\infty}\left(1+\dfrac{2c}{x-c}\right)^x=e^{2c}$，另一方面，由拉格朗日中值定理得 $f(x)-f(x-1)=f'(\xi)$，其中 $\xi\in(x-1,x)$. 因此 $\lim\limits_{x\to\infty}[f(x)-f(x-1)]=\lim\limits_{x\to\infty}f'(\xi)=e$，

比较等式两端得 $e^{2c}=e$，故 $c=\dfrac{1}{2}$.

5. 解：将公式 $e^x=1+x+\dfrac{x^2}{2!}+\dfrac{x^3}{3!}+\cdots+\dfrac{x^n}{n!}+o(x^n)$ 中的 x 用 $\left(-\dfrac{x^2}{2}\right)$ 替换，得

$$e^{-\frac{x^2}{2}}=1-\frac{x^2}{2}+\frac{x^4}{2^2\cdot2!}+\cdots+(-1)^n\frac{x^{2n}}{2^n n!}+o(x^{2n}).$$

根据泰勒公式系数的定义，在上述 $f(x)$ 的麦克劳林公式中，x^{98} 与 x^{99} 的系数分别为 $\dfrac{1}{98!}f^{(98)}(0)=(-1)^{49}\dfrac{1}{2^{49}49!}$ 与 $\dfrac{1}{99!}f^{(99)}(0)=0$. 由此得 $f^{(98)}(0)=-\dfrac{98!}{2^{49}49!}$ 及 $f^{(99)}(0)=0$.

6. 解：$k=0$ 时，$f(x)=-x^2+1$ 在区间 $(0,+\infty)$ 内有且仅有一个零点.

$k>0$ 时，$f'(x)=3kx^2-2x$，$f''(x)=6kx-2$. $f(x)$ 在区间 $(0,+\infty)$ 内有唯一驻点 $x_0=\dfrac{2}{3k}$，且 $f'(x_0)=2>0$，因此 $f(x_0)=1-\dfrac{4}{27}\dfrac{1}{k^2}$ 是极小值，从而是最小值. 由条件可知，当 $1-\dfrac{4}{27}\dfrac{1}{k^2}=0$ 时，即 $k=\dfrac{2}{3\sqrt{3}}$ 时，$f(x)$ 在区间 $(0,+\infty)$ 内有且仅有一个零点.

$k<0$ 时，$f(x)$ 在区间 $(0,+\infty)$ 内严格单减，由于 $f(0)=1$，$\lim\limits_{x\to+\infty}f(x)=-\infty$，因此 $f(x)$ 在区间 $(0,+\infty)$ 内有且仅有一个零点.

综上所述，$k\leqslant0$ 或 $k=\dfrac{2}{3\sqrt{3}}$ 时，$f(x)$ 在区间 $(0,+\infty)$ 内有且仅有一个零点.

7. 解：设 p 表示降价后的销售价，x 为增加的销售量，$L(x)$ 为总利润，则 $\frac{x}{b-p}=\frac{0.4c}{0.1b}$，则 $p=b-\frac{b}{4c}x$. 从而

$$L(x)=\left(b-\frac{b}{4c}x-a\right)(c+x),$$

对 x 求导得

$$L'(x)=-\frac{b}{2c}x+\frac{3}{4}b-a.$$

令 $L'(x)=0$，求得唯一驻点 $x_0=\frac{(3b-4a)c}{2b}$. 由问题的实际意义或 $L''(x)=-\frac{b}{2c}<0$ 可知，$x_0=\frac{(3b-4a)c}{2b}$ 为极大值点，也是最大值点，故定价为 $p=b-\left(\frac{3}{8}b-\frac{1}{2}a\right)=\frac{5}{8}b+\frac{1}{2}a$ 时，最大利润为 $L(x_0)=\frac{c}{16b}(5b-4a)^2$（元）.

8. 解：(1) 定义域为 $(-\infty,+\infty)$.

(2) $y'=1-\frac{2}{1+x^2}=\frac{x^2-1}{1+x^2}$，$y''=\frac{4x}{(1+x^2)^2}$，令 $y'=0$ 得 $x=\pm1$；令 $y''=0$ 得 $x=0$.

(3) 列表

x	$(-\infty,-1)$	-1	$(-1,0)$	0	$(0,1)$	1	$(1,+\infty)$
y'	+	0	−		−	0	+
y''	−		−	0	+		+
y	$\uparrow\cap$	极大值 $\frac{\pi}{2}-1$	$\downarrow\cap$	拐点 $(0,0)$	$\downarrow\cup$	极小值 $1-\frac{\pi}{2}$	$\uparrow\cup$

(4) 渐近线

$$\lim_{x\to\infty}\frac{x-2\arctan x}{x}=\lim_{x\to\infty}\left(1-\frac{2\arctan x}{x}\right)=1,\text{则 } k=1.$$

$$\lim_{x\to+\infty}(-2\arctan x)=-\pi,\ \lim_{x\to-\infty}(-2\arctan x)=\pi,$$

所以有两条斜渐近线分别为 $y=x+\pi$，$y=x-\pi$. 无水平渐近线和垂直渐近线.

(5) 画图略.

四、证明题

1. 证明：(1) 令 $g(x)=f(x)+x-1$，则 $g(x)$ 在 $[0,1]$ 连续，且 $g(0)=-1<0$，$g(1)=1>0$，所以存在 $\xi\in(0,1)$，使得 $g(\xi)=f(\xi)+\xi-1=0$，即 $f(\xi)=1-\xi$.

(2) 根据拉格朗日中值定理，存在 $\eta\in(0,\xi)$，$\zeta\in(\xi,1)$，使得

$$f'(\eta)=\frac{f(\xi)-f(0)}{\xi}=\frac{1-\xi}{\xi},\ f'(\zeta)=\frac{f(1)-f(\xi)}{1-\xi}=\frac{1-(1-\xi)}{1-\xi}=\frac{\xi}{1-\xi},$$

从而 $f'(\eta)f'(\zeta)=1$.

2. 提示：对函数 $\varphi(x)=\frac{f(x)}{x}$ 在 $[a,b]$ 应用拉格朗日中值定理.

3. 证明：令 $\varphi(x)=\ln x-\frac{x-1}{x+1}$，则 $\varphi'(x)=\frac{1}{x}-\frac{2}{(x+1)^2}=\frac{x^2+1}{x(x+1)^2}>0$（当 $x>0$），$\varphi(1)=0$，所以 $0<x<1$ 时，$\varphi(x)<0$；当 $1<x<+\infty$ 时，$\varphi(x)>0$. 于是，当 $x>0$ 时，$(x^2-1)\varphi(x)=(x^2-1)\ln x-(x-1)^2\geqslant 0$，即 $(x^2-1)\ln x\geqslant(x-1)^2$.

自测试题 C

一、单项选择题

1. 答案：D

提示：A 不一定成立．例如取 $f(x)=x^3$，则 f 单调增加，但 $f'(0)=0$.

2. 答案：B

提示：A 错误．例如 $f(x)=\frac{1}{x+1}\sin(x+1)^2$，则 f 有界，并且当 $x\to+\infty$ 时，$f(x)\to 0$. 但当 $x\to+\infty$ 时，$f'(x)=-\frac{1}{(x+1)^2}\sin(x+1)^2+2\cos(x+1)^2$ 的极限不存在．

B 正确．因 $f(x)$ 有界，则 $\exists M>0$ 使得 $|f(x)|\leqslant M,\ \forall x\in(0,+\infty)$．对于任意的自然数 n，在区间 $[n,2n]$ 上应用拉格朗日中值定理，$\exists\xi_n\in(n,2n)$ 使得 $f'(\xi_n)=\frac{f(2n)-f(n)}{n}$，从而有，$|f'(\xi_n)|\leqslant\frac{2M}{n}$. 令 $n\to\infty$，则 $\xi_n\to+\infty$，且 $|f'(\xi_n)|\to 0$. 又由于极限 $\lim\limits_{x\to\infty}f'(x)$ 存在，故 $\lim\limits_{x\to\infty}f'(x)=\lim\limits_{n\to\infty}f'(\xi_n)=0$.

3. 答案：B

提示：0 为函数 f 的驻点．由 f'' 连续且 $\lim\limits_{x\to 0}\frac{f''(x)}{|x|}=1$，知 $f''(0)=0$，并存在 0 点的某个去心邻域 U，使得当 $x\in U$ 时，$f''(x)>0$. 由拉格朗日中值定理，在 0 与 $x\in U$ 之间存在 ξ，使得 $f'(x)=f'(0)+f''(\xi)x=f''(\xi)x$. 当 $x>0$ 时，$f'(x)>0$；当 $x<0$ 时，$f'(x)<0$. 所以 0 是 $f(x)$ 的极小值点．

4. 答案：D

提示：由极值第二充分条件可知 x_0 是 $f'(x)$ 的极小值点．由极限保号性可知在 x_0 的两个单侧邻域内 f'' 异号，再由拐点定义知 $(x_0,f(x_0))$ 是 $f(x)$ 的拐点．

5. 答案：B

提示：不满足洛必达法则第二条．数列极限不能直接使用洛必达法则，所以 A 错；

选项 C：不满足洛必达法则第三条．$\lim\frac{f'(x)}{g'(x)}$ 的极限不存在，$\lim\frac{f(x)}{g(x)}$ 的极限未必不存在，正确结果是 $\lim\limits_{x\to 0}\frac{x^2\sin\frac{1}{x}}{\sin x}=\lim\limits_{x\to 0}\frac{x^2\sin\frac{1}{x}}{x}=\lim\limits_{x\to 0}x\sin x=0$；

选项 D：，这不是未定式，不满足洛必达法则第一条，正确结果应是 $\lim\limits_{x\to 0}\frac{x}{e^x}=\lim\limits_{x\to 0}\frac{0}{1}=0$.

6. 答案：C

提示：A 中无余项；B 是带拉格朗日型余项的 n 阶泰勒公式，它的成立需要 $f(x)$ 满足在(0,

1)内具有 $n+1$ 阶导数;n 阶泰勒公式的皮亚诺(Peano)型余项应是 $o[(x-x_0)^n]$.

7. 答案:C

提示:因 $f(x)\geqslant 0$,且 f 的零点只有 0 和 1,故 0 是 $f(x)$ 的极小值点. 当 $x\in(0,1)$ 时,$f(x)=x(1-x)$,$f''(x)=-2<0$,$f(x)$ 为凸函数. 当 $x\in(-\infty,0)\cup(1,+\infty)$ 时,$f(x)=x(x-1)$,$f''(x)=2>0$,$f(x)$ 为凹函数. 所以(0,0)为函数 $f(x)$ 的拐点.

8. 答案:C

提示:点 A 和 O 为函数的极大值点,而点 B 和 C 为函数的极小值点.

二、填空题

1. 答案:$x\in(-\infty,1]$

提示:$y'(x)=\dfrac{y'(t)}{x'(t)}=\dfrac{t^2-1}{t^2+1}$,$y''(x)=\dfrac{\mathrm{d}}{\mathrm{d}t}\left(\dfrac{y'(t)}{x'(t)}\right)\cdot\dfrac{\mathrm{d}t}{\mathrm{d}x}=\left(\dfrac{t^2-1}{t^2+1}\right)'\cdot\dfrac{1}{x'(t)}=\dfrac{4t}{3(t^2+1)^3}$. 当 $t<0$ 时,即 $x<1$ 时,$y''(x)<0$,此时 $y(x)$ 为凸函数. 从而最大凸区间为 $(-\infty,1]$.

2. 答案:$-\dfrac{1}{4}$

提示:$$\lim_{x\to0}\frac{\sqrt{1+x}+\sqrt{1-x}-2}{x^2}=\lim_{x\to0}\frac{\dfrac{1}{2\sqrt{1+x}}-\dfrac{1}{2\sqrt{1-x}}}{2x}=\frac{1}{4}\lim_{x\to0}\frac{1}{\sqrt{1-x^2}}\lim_{x\to0}\frac{\sqrt{1-x}-\sqrt{1+x}}{x}$$
$$=\frac{1}{4}\lim_{x\to0}\left[\frac{-1}{2\sqrt{1-x}}-\frac{1}{2\sqrt{1+x}}\right]=-\frac{1}{4}.$$

3. 答案:$\mathrm{e}^{\frac{1}{3}}$

提示:$$\lim_{n\to\infty}\left(n\tan\frac{1}{n}\right)^{n^2}=\mathrm{e}^{\lim\limits_{n\to\infty}\left(n\tan\frac{1}{n}-1\right)\cdot n^2}=\mathrm{e}^{\lim\limits_{t\to0^+}\frac{\tan t-t}{t^3}}=\mathrm{e}^{\lim\limits_{t\to0^+}\frac{\sec^2t-1}{3t^2}}=\mathrm{e}^{\lim\limits_{t\to0^+}\frac{\tan^2t}{3t^2}}=\mathrm{e}^{\lim\limits_{t\to0^+}\frac{t^2}{3t^2}}=\mathrm{e}^{\frac{1}{3}}.$$

4. 答案:$\dfrac{1}{3}$

提示:

$$\begin{aligned}\lim_{x\to0}\left(\frac{1}{\sin^2x}-\frac{1}{x^2}\right)&=\lim_{x\to0}\frac{x^2-\sin^2x}{x^2\sin^2x}\\&=\lim_{x\to0}\frac{(x+\sin x)}{\sin x}\cdot\frac{(x-\sin x)}{x^2\sin x}\\&=\lim_{x\to0}\frac{x+\sin x}{\sin x}\cdot\lim_{x\to0}\frac{x-\sin x}{x^3}\\&=2\lim_{x\to0}\frac{x-\sin x}{x^3}=2\lim_{x\to0}\frac{1-\cos x}{3x^2}\\&=2\lim_{x\to0}\frac{\frac{1}{2}x^2}{3x^2}=\frac{1}{3}.\end{aligned}$$

5. 答案:$y=x+\dfrac{1}{\mathrm{e}}$,$x=-\dfrac{1}{\mathrm{e}}$

提示:因 $\lim\limits_{x\to\left(-\frac{1}{\mathrm{e}}\right)^-}x\ln\left(\mathrm{e}+\dfrac{1}{x}\right)=+\infty$,故 $x=-\dfrac{1}{\mathrm{e}}$ 为函数 y 的垂直渐近线. 又因

$$\lim_{x\to\infty}\frac{x\ln\left(\mathrm{e}+\frac{1}{x}\right)}{x}=1$$

$$\lim_{x\to\infty}\left[x\ln\left(\mathrm{e}+\frac{1}{x}\right)-x\right]=\lim_{x\to\infty}x\ln\left(1+\frac{1}{\mathrm{e}x}\right)=\lim_{x\to\infty}\frac{1}{\mathrm{e}}\ln\left(1+\frac{1}{\mathrm{e}x}\right)^{\mathrm{e}x}=\frac{1}{\mathrm{e}},$$

故函数 y 有斜渐近线 $y=x+\frac{1}{\mathrm{e}}$.

6. 答案:16

提示:闭区间上可导函数的最值只能在边界点或驻点处取得. $y(-2)=16, y(2)=0$. 令 $y'(x)=2(x-2)(x+1)^{\frac{2}{3}}+\frac{2}{3}(x-2)^2(x+1)^{-\frac{1}{3}}=\frac{2}{3}(x+1)^{-\frac{1}{3}}(x-2)(4x+1)=0$,解得驻点 $x=2, x=-\frac{1}{4}$. $y\left(-\frac{1}{4}\right)=\frac{81}{16}\left(\frac{9}{16}\right)^{\frac{1}{3}}<16$. 而 $x=-1$ 为函数 y 的不可导点,并且 $y(-1)=0<16$,故函数 y 在 -2 处取得最大值 16.

7. 答案:2

提示: $\lim\limits_{x\to+\infty}\dfrac{1-\mathrm{e}^{-\frac{2}{x}}}{\frac{\pi}{2}-\arctan x}=\lim\limits_{x\to+\infty}\dfrac{-\mathrm{e}^{-\frac{2}{x}}\cdot\frac{2}{x^2}}{-\frac{1}{1+x^2}}=\lim\limits_{x\to+\infty}\dfrac{2+2x^2}{x^2}=2.$

8. 答案: $1,-\frac{2}{3}$

提示:由 $y^3-x^3+2xy=0$,可得 $\left(\frac{y}{x}\right)^3-1+\frac{2}{x}\cdot\left(\frac{y}{x}\right)=0$. 由于极限 $\lim\limits_{x\to\infty}\frac{y}{x}=a$,两边取极限,得 $a=1$. 又 $\lim\limits_{x\to\infty}(y-x)=b$,而 $y-x=-\dfrac{2xy}{x^2+xy+y^2}=-\dfrac{2}{\left(\frac{x}{y}\right)^{-1}+1+\left(\frac{y}{x}\right)}$, $b=-\frac{2}{3}$.

三、计算题

1. 解:设 $\varphi(x)=\ln^4x-4\ln x+4x-k$,则有 $\varphi'(x)=\dfrac{4(\ln^3x-1+x)}{x}$,不难看出, $x=1$ 是 $\varphi(x)$ 的驻点.

当 $0<x<1$ 时, $\varphi'(x)<0$,即 $\varphi(x)$ 单调减少;当 $x>1$ 时, $\varphi'(x)>0$,即 $\varphi(x)$ 单调增加,故 $\varphi(1)=4-k$ 为函数 $\varphi(x)$ 的最小值.

当 $k<4$,即 $4-k>0$ 时, $\varphi(x)=0$ 无实根,即两条曲线无交点.

当 $k=4$,即 $4-k=0$ 时, $\varphi(x)=0$ 有唯一实根,即两条曲线只有一个交点.

当 $k>4$,即 $4-k<0$ 时,由于

$$\lim_{x\to0^+}\varphi(x)=\lim_{x\to0^+}[\ln x(\ln^3x-4)+4x-k]=+\infty;$$

$$\lim_{x\to+\infty}\varphi(x)=\lim_{x\to+\infty}[\ln x(\ln^3x-4)+4x-k]=+\infty,$$

故 $\varphi(x)=0$ 有两个实根,分别位于 $(0,1)$ 与 $(1,+\infty)$ 即两条曲线有两个交点.

2. 解:本题是 $\frac{\infty}{\infty}$ 型极限,直接用洛必达法则求不出该极限,注意到

$$\frac{e^x}{\left(1+\frac{1}{x}\right)^{x^2}}=\left[\frac{e}{\left(1+\frac{1}{x}\right)^x}\right]^x,$$

则

$$\lim_{x\to+\infty}\frac{e^x}{\left(1+\frac{1}{x}\right)^{x^2}}=\lim_{x\to+\infty}\left[\frac{e}{\left(1+\frac{1}{x}\right)^x}\right]^x=\lim_{x\to+\infty}e^{x\left[1-x\ln\left(1+\frac{1}{x}\right)\right]},$$

由于

$$\lim_{x\to+\infty}x\left[1-x\ln\left(1+\frac{1}{x}\right)\right]=\lim_{y\to0^+}\frac{1-\frac{\ln(1+y)}{y}}{y}=\lim_{y\to0^+}\frac{y-\ln(1+y)}{y^2}=\lim_{y\to0^+}\frac{1-\frac{1}{1+y}}{2y}=\frac{1}{2}.$$

故原式 $=e^{\frac{1}{2}}$.

3. 解：设 $f(x)=x-\frac{\pi}{2}\sin x$，则 $f(x)$ 在 $\left(0,\frac{\pi}{2}\right)$ 上连续．由 $f'(x)=1-\frac{\pi}{2}\cos x=0$，解得 $f(x)$ 在 $\left(0,\frac{\pi}{2}\right)$ 内的唯一驻点为 $x_0=\arccos\frac{2}{\pi}$.

由于当 $x\in(0,x_0)$ 时，$f'(x)<0$，当 $x\in\left(x_0,\frac{\pi}{2}\right)$ 时，$f'(x)>0$，所以 $f(x)$ 在 $[0,x_0]$ 上单调减少，在 $\left(x_0,\frac{\pi}{2}\right)$ 上单调增加，因此 x_0 是 $f(x)$ 在 $\left(0,\frac{\pi}{2}\right)$ 内的唯一极小值点，极小值为 $y_0=f(x_0)=x_0-\frac{\pi}{2}\sin x_0$，故最小值为 $x_0-\frac{\pi}{2}\sin x_0$. 又因 $f(0)=f\left(\frac{\pi}{2}\right)=0$，故在 $\left(0,\frac{\pi}{2}\right)$ 内 $f(x)$ 的取值范围为 $[y_0,0)$.

因此当 $k\notin[y_0,0)$，即 $k<y_0$ 或 $k\geqslant0$ 时，原方程在 $\left(0,\frac{\pi}{2}\right)$ 内没有根；

当 $k=y_0$ 时，原方程在 $\left(0,\frac{\pi}{2}\right)$ 内有唯一根 x_0；

当 $k\in(y_0,0)$ 时，原方程在 $(0,x_0)$ 和 $\left(x_0,\frac{\pi}{2}\right)$ 内各恰有一个根，即原方程在 $\left(0,\frac{\pi}{2}\right)$ 内恰有两个不同的根．

4. 解：取 $f(x)=x^{\frac{1}{x}}(x>0)$，则 $f'(x)=x^{\frac{1}{x}-2}(1-\ln x)$，令 $f'(x)=0$，得驻点 $x=e$.

当 $0<x<e$ 时，$f'(x)>0$；当 $e<x<+\infty$ 时，$f'(x)<0$，因此点 $x=e$ 为 $f(x)$ 的极大点．由于驻点唯一，极大点也是最大点且最大值为 $f(e)=e^{\frac{1}{e}}$.

由 $1<\sqrt{2}$ 及 $f(x)$ 在 $(e,+\infty)$ 内单调减少，知 $\sqrt[3]{3}>\sqrt[4]{4}>\cdots>\sqrt[n]{n}>\cdots$，又 $\max\{\sqrt{2},\sqrt[3]{3}\}=\sqrt[3]{3}$，故数列 $\{\sqrt[n]{n}\}$ 的最大项为 $\sqrt[3]{3}$.

5. 解：原式 $=\lim\limits_{x\to0}\left(\frac{a}{x}-\frac{\ln(1+ax)}{x^2}\right)+\lim\limits_{x\to0}a^2\ln(1+ax)=\lim\limits_{x\to0}\frac{ax-\ln(1+ax)}{x^2}$

$$=\lim_{x\to0}\frac{a-\frac{a}{1+ax}}{2x}=\lim_{x\to0}\frac{a^2x}{2x(1+ax)}=\frac{a^2}{2}.$$

6. 解：$\sin 6x = 6x - \frac{1}{3!}(6x)^3 + o(x^3)$，则

$$\lim_{x\to 0}\frac{\sin 6x + xf(x)}{x^3} = \lim_{x\to 0}\frac{6x - 36x^3 + o(x^3) + xf(x)}{x^3} = \lim_{x\to 0}\left(\frac{6+f(x)}{x^2} - 36\right) = 0,$$

即 $\lim\limits_{x\to 0}\frac{6+f(x)}{x^2} = 36.$

提示：还可用无穷小与函数极限的关系求解.

【评注】 此题不能用洛必达法则.

7. 解：令 $x = \frac{1}{t}$，则原式 $= \lim\limits_{t\to 0^+}\frac{\left(1 - t + \frac{1}{2}t^2\right)e^t - \sqrt{t^6+1}}{t^3}$

$$= \lim_{t\to 0^+}\frac{\left(1 - t + \frac{1}{2}t^2\right)\left(1 + t + \frac{1}{2}t^2 + \frac{1}{6}t^3 + o(t^3)\right) - \sqrt{t^6+1}}{t^3}$$

$$= \lim_{t\to 0^+}\frac{\left(\frac{1}{6}t^3 + o(t^3)\right) - (\sqrt{t^6+1} - 1)}{t^3} = \lim_{t\to 0^+}\frac{\frac{1}{6}t^3 - \frac{1}{2}t^6}{t^3} = \frac{1}{6}.$$

8. 解：已知式两端取对数，得 $\ln y_n = \ln\left(1 + \frac{1}{n^2}\right) + \ln\left(1 + \frac{2}{n^2}\right) + \cdots + \ln\left(1 + \frac{n}{n^2}\right).$

注意到，当 $x > 0$ 时，有 $\frac{x}{1+x} < \ln(1+x) < x$ 由此，有

$$\frac{\frac{k}{n^2}}{1 + \frac{k}{n^2}} < \ln\left(1 + \frac{k}{n^2}\right) < \frac{k}{n^2}(1 \leqslant k \leqslant n),$$

又
$$\lim_{n\to\infty}\sum_{k=1}^{n}\frac{k}{n^2} = \frac{1}{2},\ \lim_{n\to\infty}\sum_{k=1}^{n}\left[\frac{k}{n^2} - \frac{\frac{k}{n^2}}{1 + \frac{k}{n^2}}\right] = \lim_{n\to\infty}\sum_{k=1}^{n}\frac{k^2}{n^2(n^2+k)} = 0,$$

其中
$$\sum_{k=1}^{n}\frac{k^2}{n^2(n^2+k)} < \sum_{k=1}^{n}\frac{k^2}{n^4} = \frac{n(n+1)(2n+1)}{6n^4},$$

所以 $\lim\limits_{n\to\infty}\sum\limits_{k=1}^{n}\frac{\frac{k}{n^2}}{1 + \frac{k}{n^2}} = \frac{1}{2}$，由夹逼准则有 $\lim\limits_{n\to\infty}\sum\limits_{k=1}^{n}\ln\left(1 + \frac{k}{n^2}\right) = \frac{1}{2}$，于是 $\lim\limits_{n\to\infty}y_n = e^{\frac{1}{2}}.$

四、证明题

1. 证明：不妨设 $f'(a) > 0, f'(b) > 0$，即 $\lim\limits_{x\to a^+}\frac{f(x)}{x-a} > 0, \lim\limits_{x\to b^-}\frac{f(x)}{x-b} > 0$，故由函数极限的局部保号性知，存在 $x_1 \in (a, a+\delta_1), x_2 \in (b-\delta_2, b)$ 使 $f(x_1) > 0, f(x_2) < 0$. 由闭区间上连续函数的零点定理可得存在 $\xi \in (x_1, x_2) \subset (a,b)$ 使得 $f(\xi) = 0$.

再由 $f(a) = f(b) = f(\xi)$ 及罗尔定理，知存在 $\eta_1 \in (a,\xi)$ 和 $\eta_2 \in (\xi, b)$ 使 $f'(\eta_1) = f'(\eta_2) = 0$，又在区间 $[\eta_1, \eta_2]$ 上对 $f'(x)$ 应用罗尔定理，知存在 $\eta \in (\eta_1, \eta_2) \subset (a,b)$ 使 $f''(\eta) = 0$.

2. 证明：因为$f(x)$连续且具有一阶导数，所以由$\lim\limits_{x\to0}\dfrac{f(x)}{x}=1$，知$f(0)=0$. 又

$$f'(0)=\lim_{x\to0}\frac{f(x)-f(0)}{x-0}=\lim_{x\to0}\frac{f(x)}{x}=1.$$

令$F(x)=f(x)-x$，则$F(0)=0$，由于$F'(x)=f'(x)-1$，所以$F'(0)=0$.

又由$F''(x)=f''(x)>0$，知$F'(x)$单调增加，故$F(0)$是$F(x)$的极小值，且$F(x)$只有一个驻点，从而$F(0)$是$F(x)$的最小值. 因此$F(x)\geqslant F(0)=0$，即$f(x)\geqslant x$.

3. 证明：根据待证结论构造辅助函数，令$F(x)=f(a+x)-f(x)$，则$F(x)$在$[0,b]$上连续，在$(0,b)$内可导，且$F'(x)=f'(a+x)-f'(x), x\in(0,b)$. 由于$f'(x)$在区间$(0,c)$内存在且单调减少，故$F'(x)\leqslant0, x\in(0,b)$. 根据拉格朗日中值定理证明，存在$\xi\in(0,b)$，使得$F(b)-F(0)=F'(\xi)b\leqslant0$，即$f(a+b)\leqslant f(a)+f(b)$.

4. 证明：

$$f(x)=f(c)+f'(c)(x-c)+\frac{f''(\xi)(x-c)^2}{2!},$$

其中

$$\xi=c+\theta(x-c)\ (0<\theta<1).$$

在

$$f(x)=f(c)+f'(c)(x-c)+\frac{f''(\xi)(x-c)^2}{2!}$$

中令$x=0$，则有

$$f(0)=f(c)+f'(c)(0-c)+\frac{f''(\xi_1)(0-c)^2}{2!}\qquad(0<\xi_1<c<1);$$

在

$$f(x)=f(c)+f'(c)(x-c)+\frac{f''(\xi)(x-c)^2}{2!}$$

中令$x=1$，则有

$$f(1)=f(c)+f'(c)(1-c)+\frac{f''(\xi_2)(1-c)^2}{2!}\qquad(0<c<\xi_2<1);$$

上述两式相减，得

$$f(1)-f(0)=f'(c)+\frac{1}{2!}[f''(\xi_2)(1-c)^2-f''(\xi_1)c^2],$$

于是

$$\begin{aligned}|f'(c)|&=\left|f(1)-f(0)-\frac{1}{2!}[f''(\xi_2)(1-c)^2-f''(\xi_1)c^2]\right|\\&\leqslant|f(1)|+|f(0)|+\frac{1}{2}|f''(\xi_2)|(1-c)^2+\frac{1}{2}|f''(\xi_1)|c^2\\&\leqslant a+a+\frac{b}{2}[(1-c)^2+c^2].\end{aligned}$$

又因$c\in(0,1)$，$(1-c)^2+c^2\leqslant1$，故$|f'(c)|\leqslant2a+\dfrac{b}{2}$.

5. 证明：(1)$R(P)=PQ(P)$，两边同时对P求导得

$$\frac{dR}{dP}=Q+\frac{PdQ}{dP}=Q\left(1+\frac{P}{Q}\frac{dQ}{dP}\right)=Q(1-\eta).$$

(2)$\dfrac{E_R}{E_P}=\dfrac{P}{R}\dfrac{dR}{dP}=\dfrac{P}{PQ}Q(1-\eta)=1-\eta=\dfrac{192-3P^2}{192-P^2}$.

$$\left.\frac{E_R}{E_P}\right|_{P=6}=\frac{192-3\times6^2}{192-6^2}=\frac{7}{13}\approx0.54$$

经济意义:在 $P=6$ 时,价格提高(降低)1%,则收益提高(降低)大约 0.54%.

第 4 章

自测试题 A

一、单项选择题

1. 答案:D

提示: $\int(e^{2x}-e^{-2x})dx=\frac{1}{2}(e^{2x}+e^{-2x})+C$

2. 答案:B

3. 答案:C

提示: $y'=3x^2, y=\int 3x^2dx=x^3+C. x=1, y=0$,得 $C=-1$.

4. 答案:B

提示: $F'(x)=f(x)$, $f(x)$ 为奇函数,则 $F'(-x)+F'(x)=0$,即 $\frac{d}{dx}[-F(-x)+F(x)]=0$,从而存在常数 C,使 $F(x)-F(-x)=C$,令 $x=0$,得 $C=0$.

5. 答案:C

提示: $f(x)=(e^x\cos2x+C)'=e^x(\cos2x-2\sin2x)$.

6. 答案:B

提示: $\int e^{-x}f(e^{-x})dx=-\int f(e^{-x})d(e^{-x})=-F(e^{-x})+C$.

7. 答案:C

8. 答案:C

提示: $\int\frac{\ln\ln x}{x}dx=\int\ln\ln x\,d\ln x=\ln x\ln\ln x-\int\frac{1}{x}dx=(\ln\ln x-1)\ln x+C$.

二、填空题

1. 答案: $\tan x+e^{-\tan x}+C$

提示:
$$f(x)=(x+e^{-x})'=1-e^{-x}.$$
$$\int f(\tan x)\sec^2x\,dx=\int f(\tan x)\,d\tan x=\tan x+e^{-\tan x}+C.$$

2. 答案: $\sin x+(x-1)\cos x$

提示:作变量替换 $t=x+1$,再将 t 用 x 替换,已知条件等价于 $\int f(x)dx=(x-1)\sin x+C$,则
$$f(x)=[(x-1)\sin x+C]'=\sin x+(x-1)\cos x.$$

3. 答案: $x+e^x+C$

提示:令 $t=\ln x$,则 $f'(t)=1+e^t$. $f(x)=\int(1+e^x)dx=x+e^x+C$.

4. 答案: $\int f(x)dx=\begin{cases}\frac{x^2}{2}+x+C & x\leqslant 1\\ x^2+\frac{1}{2}+C & x>1\end{cases}$ (C 为任意常数)

提示：$\int(x+1)\mathrm{d}x=\frac{1}{2}x^2+x+C$，$\int 2x\mathrm{d}x=x^2+C_1$，其中 C 和 C_1 为任意常数．因函数 $\int f(x)\mathrm{d}x$ 在 $x=1$ 点连续，则 $\frac{3}{2}+C=1+C_1$，即 $C_1=\frac{1}{2}+C$.

5. 答案：$y=\frac{3x^2}{2}-5$

提示：$y'=3x$，$y=\int 3x\mathrm{d}x=\frac{3}{2}x^2+C$，将 $x=2$，$y=1$ 代入得 $C=-5$.

6. 答案：$\frac{1}{2}\ln\left(\frac{x^2}{1+x^2}\right)+C$

提示：对 $\int xf(x)\mathrm{d}x=\arctan x+C$ 求导，得

$$f(x)=\frac{1}{x(1+x^2)},$$

则

$$\int f(x)\mathrm{d}x=\int\frac{1}{x}\mathrm{d}x-\int\frac{x}{1+x^2}\mathrm{d}x=\ln x-\ln\sqrt{1+x^2}+C.$$

7. 答案：$x\cos x\ln x+\sin x-(1+\sin x)\ln x+C$

提示：

$$f(x)=((1+\sin x)\ln x)'=\cos x\ln x+\frac{1+\sin x}{x},$$

$$\begin{aligned}\int xf'(x)\mathrm{d}x&=xf(x)-\int f(x)\mathrm{d}x=x\cos x\ln x+(1+\sin x)-(1+\sin x)\ln x+C_1\\&=x\cos x\ln x+\sin x-(1+\sin x)\ln x+C.\end{aligned}$$

8. 答案：$\frac{1}{2}\tan(x^2+1)+C$

提示：$\int\frac{x}{\cos^2(x^2+1)}\mathrm{d}x=\frac{1}{2}\int\sec^2(x^2+1)\mathrm{d}(x^2+1)=\frac{1}{2}\tan(x^2+1)+C$.

三、计算题

1. 解：$\int\sqrt{x\sqrt{x\sqrt{x}}}\mathrm{d}x=\int x^{\frac{7}{8}}\mathrm{d}x=\frac{8}{15}x^{\frac{15}{8}}+C$.

2. 解：$\int\frac{x^2-1}{x^2+1}\mathrm{d}x=\int\frac{x^2+1-2}{x^2+1}\mathrm{d}x=x-\arctan x+C$.

3. 解：$\int\frac{1+\sin 2x}{\sin x+\cos x}\mathrm{d}x=\int\frac{(\sin x+\cos x)^2}{\sin x+\cos x}\mathrm{d}x=\sin x-\cos x+C$.

4. 解：$\int\frac{x+2}{\sqrt{x+1}}\mathrm{d}x=\int\frac{x+1+1}{\sqrt{x+1}}\mathrm{d}x=\int\sqrt{x+1}\mathrm{d}x+\int\frac{1}{\sqrt{x+1}}\mathrm{d}x=2\sqrt{x+1}+\frac{2}{3}(1+x)^{\frac{3}{2}}+C$.

5. 解：$\int\frac{x^2}{\sqrt{2-x^3}}\mathrm{d}x=\frac{1}{3}\int\frac{1}{\sqrt{2-x^3}}\mathrm{d}x^3=-\frac{2}{3}\sqrt{2-x^3}+C$.

6. 解：$\int\frac{1}{\mathrm{e}^x+\mathrm{e}^{-x}}\mathrm{d}x=\int\frac{\mathrm{e}^x}{1+\mathrm{e}^{2x}}\mathrm{d}x=\arctan\mathrm{e}^x+C$.

7. 解：$\int \frac{\sqrt{x}}{1+x^3}dx = \frac{2}{3}\int \frac{1}{1+(x^{\frac{3}{2}})^2}dx^{\frac{3}{2}} = \frac{2}{3}\arctan(x\sqrt{x})) + C$.

8. 解：$\int \frac{1}{(2-x)\sqrt{1-x}}dx = -2\int \frac{1}{1+(\sqrt{1-x})^2}d\sqrt{1-x} = -2\arctan\sqrt{1-x} + C$.

9. 解：$\int \frac{1}{\sqrt{x-x^2}}dx = 2\int \frac{1}{\sqrt{1-x}}d\sqrt{x} = 2\arcsin\sqrt{x} + C$.

10. 解：$\int x\tan^2 x dx = \int x(\sec^2 x - 1)dx = \int x\sec^2 x dx - \int x dx = \int x d\tan x - \int x dx$

$$= x\tan x + \ln|\cos x| - \frac{1}{2}x^2 + C.$$

11. 解：$\int e^x \tan e^x dx = \int \tan e^x de^x = -\ln|\cos e^x| + C$.

12. 解：$\int \frac{\ln\tan x}{\sin x\cos x}dx = \int \frac{\ln\tan x}{\cos^2 x\tan x}dx = \int \ln\tan x d\ln\tan x = \frac{1}{2}(\ln\tan x)^2 + C$.

自测试题 B

一、单项选择题

1. 答案：C

提示：$(\sin x)' = f(x), f'(x) = (\sin x)'' = -\sin x$.

2. 答案：D

提示：$\int xf'(x)dx = xf(x) - \int f(x)dx. f(x) = \left(\frac{\ln x}{x}\right)' = \frac{1-\ln x}{x^2}, \int f(x)dx = \frac{\ln x}{x} + C$.

3. 答案：C

提示：$\int f(x)f'(x)dx = \frac{1}{2}f^2(x) + C. f(x) = 2x + C_1, C_1 = f(0) = 1$.

4. 答案：B

5. 答案：D

提示：$\int \sin x dx = -\cos x + C_1, \int \sin(-x)dx = \cos x + C$，$C_1$ 和 C 为任意常数．函数 $\int f(x)dx$ 在 $x=0$ 点连续，则 $C_1 = 2 + C$，从而 $\int f(x)dx = \begin{cases} 2-\cos x + C & x \geqslant 0 \\ \cos x + C & x < 0 \end{cases}$，取 $C=-2$ 即可．

6. 答案：D

提示：$\int \frac{f(x)}{\sin^2 x}dx = f(x)\cdot(-\cot x) + \int f'(x)\cot x dx$，则 $g(x) = -\cot x, f(x) = \int \cot x dx = \ln|\sin x| + C$.

7. 答案：C

提示：令 $t = \frac{1}{x}$，则有 $f'(t) = \frac{1}{t^2}, f'(x) = \frac{1}{x^2}$

8. 答案：D

提示：$\int \frac{1}{1+e^x}dx = \int\left(1 - \frac{e^x}{1+e^x}\right)dx = x - \ln(1+e^x) + C$.

二、填空题

1. 答案：$\frac{1}{\alpha}F(x^{\alpha})+C$

提示：令 $t=x^{\alpha}$，则 $\frac{dx}{x}=\frac{dt}{\alpha t}$，$\int f(x^{\alpha})\frac{dx}{x}=\int\frac{f(t)}{\alpha t}dt=\frac{F(t)}{\alpha}+C=\frac{1}{\alpha}F(x^{\alpha})+C.$

2. 答案：$\frac{1}{2}e^{-\frac{1}{x^2}}+C$

提示：令 $t=\frac{1}{x}$，则 $\int\frac{e^{-\frac{1}{x^2}}}{x^3}dx=-\int te^{-t^2}dt=\frac{1}{2}e^{-t^2}+C=\frac{1}{2}e^{-\frac{1}{x^2}}+C.$

3. 答案：$2\sqrt{x}+C$

提示：$f'(t)=\frac{1}{\sqrt{t}}$，则 $f(x)=\int\frac{dx}{\sqrt{x}}=2\sqrt{x}+C.$

4. 答案：$\frac{1}{2}\ln(1+e^{2x})+C$

提示：$f(x)=\frac{e^x}{1+e^{2x}}\cdot\int e^xf(x)dx=\int\frac{e^{2x}}{1+e^{2x}}dx=\frac{1}{2}\ln(1+e^{2x})+C.$

15. 答案：$\frac{1}{n}\ln\left|\frac{x^n}{1+x^n}\right|+C$

提示：$\int\frac{dx}{x(1+x^n)}=\frac{1}{n}\int\frac{d(x^n)}{x^n(1+x^n)}=\frac{1}{n}\int\left(\frac{1}{x^n}-\frac{1}{1+x^n}\right)dx^n=\frac{1}{n}\ln\left|\frac{x^n}{1+x^n}\right|+C.$

6. 答案：$\sqrt{1+x^2}+C$

提示：对等式两边求导，得 $f'(x)=\frac{x}{\sqrt{1+x^2}}$，$f(x)=\int\frac{xdx}{\sqrt{1+x^2}}=\sqrt{1+x^2}+C.$

7. 答案：$\int f(x)dx=\begin{cases}\frac{x^3}{3}+C & x\leqslant 0\\ -\cos x+1+C & x>0\end{cases}$ （C 为任意常数）.

提示：$\int x^2dx=\frac{1}{3}x^3+C$，$\int\sin xdx=-\cos x+C_1$，其中 C 和 C_1 为任意常数. 函数 $\int f(x)dx$ 在 $x=0$ 点连续，则有 $C_1=C+1$，从而 $\int f(x)dx=\begin{cases}\frac{x^3}{3}+C & x\leqslant 0\\ -\cos x+1+C & x>0\end{cases}$.

8. 答案：

$$f(x)=-\cos x+\frac{1}{3}\cos^3x+\frac{1}{2}x-\frac{1}{4}\sin 2x+C$$

提示：

$$\begin{aligned}\int(\sin^3x+\sin^2x)dx&=\int(\cos^2x-1)d\cos x+\frac{1}{2}\int(1-\cos 2x)dx\\&=-\cos x+\frac{1}{3}\cos^3x+\frac{1}{2}x-\frac{1}{4}\sin 2x+C\end{aligned}$$

9. 答案：$\frac{x}{\sqrt{1+x^2}}-\ln(x+\sqrt{1+x^2})+C$

提示：$f(x)=(\ln(x+\sqrt{1+x^2}))'=\frac{1}{\sqrt{1+x^2}}$，$\int xf'(x)dx=xf(x)-\int f(x)dx.$

10. 答案：$-\cot x-\csc x+C,\tan x-\sec x+C$

提示：因为$f'(x)=\sin x$，且$f(0)=-1$，所以$f(x)=-\cos x$.

又$F(x)$是$f(x)$的一个原函数，且$F(0)=0$，所以$F(x)=-\sin x$，则

$$\int\frac{1}{1+f(x)}dx=\int\frac{1+\cos x}{\sin^2 x}dx=\int\csc^2 x dx+\int\frac{1}{\sin^2 x}d\sin x,$$

$$\int\frac{1}{1-F(x)}dx=\int\frac{1}{1+\sin x}dx=\int\frac{1-\sin x}{\cos^2 x}dx=\int\frac{1}{\cos^2 x}dx+\int\frac{1}{\cos^2 x}d\cos x.$$

三、计算题

1. 解：$\int e^{3x^2+\ln x}dx=\int e^{3x^2}\cdot e^{\ln x}dx=\int xe^{3x^2}dx=\frac{1}{6}e^{3x^2}+C.$

2. 解：$$\int\frac{\sin 2x}{1+\cos^4 x}dx=\int\frac{2\sin x\cos x}{1+(\cos^2 x)^2}dx=-\int\frac{1}{1+(\cos^2 x)^2}d\cos^2 x$$
$$=-\arctan(\cos^2 x)+C.$$

3. 解：$$\int\frac{\sqrt{\arctan\frac{1}{x}}}{1+x^2}dx=\int\frac{\sqrt{\arctan\frac{1}{x}}}{x^2\left(1+\frac{1}{x^2}\right)}dx=-\int\sqrt{\arctan\frac{1}{x}}d\arctan\frac{1}{x}$$
$$=-\frac{2}{3}\left(\arctan\frac{1}{x}\right)^{\frac{3}{2}}+C.$$

4. 解：$$\int\frac{1}{x^4(1+x^2)}dx\xlongequal{x=\frac{1}{t}}-\int\frac{t^4}{t^2+1}dt=-\frac{1}{3x^3}+\frac{1}{x}-\arctan\frac{1}{x}+C.$$

5. 解：$$\int\frac{x}{x^2+x+1}dx=\frac{1}{2}\int\frac{2x+1}{x^2+x+1}dx-\frac{1}{2}\int\frac{1}{x^2+x+1}dx$$
$$=\frac{1}{2}\int\frac{d(x^2+x+1)}{x^2+x+1}-\frac{1}{2}\int\frac{dx}{\frac{3}{4}+\left(x+\frac{1}{2}\right)^2}$$
$$=\frac{1}{2}\ln|x^2+x+1|-\frac{1}{2}\int\frac{dx}{\frac{3}{4}\left(1+\left(\frac{2x+1}{\sqrt{3}}\right)^2\right)}$$
$$=\frac{1}{2}\ln|x^2+x+1|-\frac{1}{\sqrt{3}}\arctan\frac{2x+1}{\sqrt{3}}+C.$$

6. 解：$\int\ln\left(1-\frac{1}{x}\right)dx=x\ln\left(1-\frac{1}{x}\right)-\ln|x-1|+C.$

7. 解：$$\int\frac{\sin x}{1+\sin x}dx=\int\frac{\sin x(1-\sin x)}{1-\sin^2 x}dx.$$
$$=\int\frac{\sin x-(1-\cos^2 x)}{\cos^2 x}dx=\frac{1}{\cos x}-\tan x+x+C.$$

8. 解：$$\int\frac{1}{\sqrt{x(4-x)}}dx=\int\frac{1}{\sqrt{x}\ \sqrt{4-x}}dx=2\arcsin\frac{\sqrt{x}}{2}+C.$$

9. 解：$$\int\frac{1}{(\sin x+2\cos x)^2}dx=\int\frac{dx}{\cos^2 x(\tan x+2)^2}=-\frac{1}{\tan x+2}+C.$$

10. 解：$\int x^x(1+\ln x)\mathrm{d}x = x^x + C.$

11. 解：$\int \frac{\sin x - \cos x}{1+\sin 2x}\mathrm{d}x = \int \frac{-\mathrm{d}(\sin x + \cos x)}{(\sin x + \cos x)^2} = \frac{1}{\sin x + \cos x} + C.$

12. 解：$\int \sqrt{\frac{\arcsin\sqrt{x}}{x(1-x)}}\mathrm{d}x = 2\int \frac{\sqrt{\arcsin\sqrt{x}}}{\sqrt{1-x}}\mathrm{d}\sqrt{x} = 2\int \sqrt{\arcsin\sqrt{x}}\,\mathrm{d}\arcsin\sqrt{x}$

$$= \frac{4}{3}(\arcsin\sqrt{x})^{\frac{3}{2}} + C.$$

13. 解：$\int \frac{1}{1+\cos^2 x}\mathrm{d}x = \int \frac{1}{\tan^2 x + 2}\mathrm{d}\tan x = \frac{1}{\sqrt{2}}\arctan\left(\frac{\tan x}{\sqrt{2}}\right) + C.$

14. 解：$\int \frac{1}{\sin^4 x}\mathrm{d}x = \int \csc^2 x\,\mathrm{d}(-\cot x) = -\frac{1}{3}\cot^3 x - \cot x + C.$

15. 解：$\int \frac{\ln(x+\sqrt{1+x^2})}{\sqrt{1+x^2}}\mathrm{d}x = \frac{1}{2}[\ln(x+\sqrt{1+x^2})]^2 + C.$

16. 解：$\int \frac{1}{x(x^3+8)}\mathrm{d}x = \frac{1}{8}\ln|x| - \frac{1}{24}\ln|x^3+8| + C.$

17. 解：$\int \frac{1}{(x+1)\sqrt{1-x}}\mathrm{d}x \xlongequal{\sqrt{1-x}=t} -2\int \frac{1}{2-t^2}\mathrm{d}t = -\frac{1}{\sqrt{2}}\ln\left|\frac{\sqrt{2}+t}{\sqrt{2}-t}\right| + C$

$$= -\frac{1}{\sqrt{2}}\ln\left|\frac{\sqrt{2}+\sqrt{1-x}}{\sqrt{2}-\sqrt{1-x}}\right| + C.$$

18. 解：$\int \arctan\sqrt{x-1}\,\mathrm{d}x = x\arctan\sqrt{x-1} - \sqrt{x-1} + C.$

19. 解：$\int x\sqrt{\frac{1+x}{1-x}}\mathrm{d}x = \int \frac{x(1+x)}{\sqrt{1-x^2}}\mathrm{d}x \xlongequal{x=\sin t} \int \sin t\,\mathrm{d}t + \int \sin^2 t\,\mathrm{d}t$

$$= -\cos t + \frac{1}{2}t - \frac{1}{2}\sin t\cos t + C$$

$$= -\sqrt{1-x^2} + \frac{1}{2}\arcsin x - \frac{1}{2}x\sqrt{1-x^2} + C.$$

20. 解：$\int \frac{x+\sin x}{1+\cos x}\mathrm{d}x = \int \frac{x + 2\sin\frac{x}{2}\cos\frac{x}{2}}{2\cos^2\frac{x}{2}}\mathrm{d}x$

$$= \int \frac{x}{2\cos^2\frac{x}{2}}\mathrm{d}x + \int \tan\frac{x}{2}\mathrm{d}x = x\tan\frac{x}{2} + C.$$

21. 解：$\int \sqrt{1-\sin 2x}\,\mathrm{d}x = \int |\sin x - \cos x|\mathrm{d}x = \begin{cases} \sin x + \cos x - \sqrt{2} + C & 0 \leqslant x \leqslant \frac{\pi}{4} \\ -\sin x - \cos x + \sqrt{2} + C & \frac{\pi}{4} < x \leqslant \frac{\pi}{2} \end{cases}.$

22. 解：$\int \frac{1}{1+x^2}\left(\arctan\frac{1+x}{1-x}\right)^2\mathrm{d}x$

$$= \int \left(\arctan \frac{1+x}{1-x}\right)^2 \mathrm{d}\left(\arctan \frac{1+x}{1-x}\right) = \frac{1}{3}\left(\arctan \frac{1+x}{1-x}\right)^3 + C.$$

自测试题 C

一、单项选择题

1. 答案:D

提示:已知 $f'(x) = \sin 2x$,问(　　)$' = f(x)$,即(　　)$'' = \sin 2x$,对选项中的函数求导即可.

2. 答案:D

提示:对照分部积分公式知,$u = f(x)$,而 $\mathrm{d}u = \frac{1}{\sqrt{1+x^2}}\mathrm{d}x$,故 $u = \ln(x + \sqrt{1+x^2})$.

已知等式两端求导也可得结论.

3. 答案:C

提示:由于 $f(x)$ 满足 $\frac{4}{1-x^2}f(x) = \frac{\mathrm{d}}{\mathrm{d}x}[f(x)]^2$,则 $f'(x) = \frac{2}{1-x^2}$,积分可得 $f(x)$.

4. 答案:A

提示:按照不定积分的定义和性质判断.

5. 答案:C

提示:由于 $\mathrm{e}^{-|x|} = \begin{cases} \mathrm{e}^x & x < 0 \\ -\mathrm{e}^{-x} & x \geqslant 0 \end{cases}$,所以 $\int \mathrm{e}^{-|x|}\mathrm{d}x = \begin{cases} \mathrm{e}^x + C_1 & x < 0 \\ -\mathrm{e}^{-x} + C_2 & x \geqslant 0 \end{cases}$,又因原函数 $F(x)$ 连续,所以 $C_1 = C_2 - 2$,取 $C_2 = 0$ 即可.

6. 答案:B

提示:令 $t = \sin^2 x$,则有 $f'(t) = 1 - t$,由此两边求不定积分,可得答案.

7. 答案:D

提示:对 $\int x f(x)\mathrm{d}x = \arcsin x + C$ 求导得 $f(x) = \frac{1}{x\sqrt{1-x^2}}$,则 $\frac{1}{f(x)} = x\sqrt{1-x^2}$,求不定积分即可.

8. 答案:D

提示:对函数 $F(x) = \begin{cases} x^2 \sin \frac{1}{x} & x \neq 0 \\ 0 & x = 0 \end{cases}$,由于函数 $F'(x) = f(x)$,所以 $F(x)$ 是 $f(x)$ 的原函数,由此可见不连续函数也可以存在原函数.

二、填空题

1. 答案:$\frac{1}{2}\tan x + \frac{1}{2} + C$

提示:$\int \frac{1+\cos^2 x}{1+\cos 2x}\mathrm{d}x = \int \frac{1+\cos^2 x}{2\cos^2 x}\mathrm{d}x = \frac{1}{2}\tan x + \frac{1}{2}x + C.$

2. 答案:$-x - \ln(1-x) + C$

提示:令 $t = \sin^2 x$,则 $f'(t) = \tan^2 x = \frac{t}{1-t}$,故 $\int f(x)\mathrm{d}x = \int \frac{x}{1-x}\mathrm{d}x = -x - \ln(1-x) + C.$

3. 答案：$-\frac{\ln x}{x}+C$

提示：令 $t=\ln x$，则 $x=e^t$，且有

$$\int\frac{\ln x-1}{x^2}dx=\int(t-1)e^{-t}dt=-(t-1)e^{-t}+\int e^{-t}dt$$

$$=(1-t)e^{-t}-e^{-t}+C=-\frac{\ln x}{x}+C.$$

4. 答案：$\frac{1}{8}\tan^2\frac{x}{2}+\frac{1}{4}\ln\left|\tan\frac{x}{2}\right|+C$

提示：$\int\frac{1}{\sin 2x+2\sin x}dx=\int\frac{dx}{2\sin x(1+\cos x)}=\int\frac{dx}{4\sin\frac{x}{2}\cos\frac{x}{2}\cdot 2\cos^2\frac{x}{2}}$

$$=\frac{1}{4}\int\frac{d\tan\frac{x}{2}}{\sin\frac{x}{2}\cos\frac{x}{2}}=\frac{1}{4}\int\frac{1}{\tan\frac{x}{2}}\sec^2\frac{x}{2}d\tan\frac{x}{2}$$

$$=\frac{1}{4}\int\left(\tan\frac{x}{2}+\frac{1}{\tan\frac{x}{2}}\right)d\tan\frac{x}{2}=\frac{1}{8}\tan^2\frac{x}{2}+\frac{1}{4}\ln\left|\tan\frac{x}{2}\right|+C.$$

5. 答案：$\frac{x}{\sqrt[4]{1+x^4}}+C$

提示：令 $t=\frac{1}{x}$，则

$$\int\frac{1}{(1+x^4)\sqrt[4]{1+x^4}}dx=\int(t^4+1)^{-\frac{5}{4}}\cdot t^5\cdot(-t^{-2})dt=-\frac{1}{4}\int(t^4+1)^{-\frac{5}{4}}d(t^4+1)$$

$$=\frac{1}{\sqrt[4]{t^4+1}}+C=\frac{x}{\sqrt[4]{1+x^4}}+C.$$

6. 答案：$a=-1$

提示：

$$\int\frac{2+ax+x^2}{(1+x)(1+x^2)}dx=\int\frac{dx}{1+x}+\int\frac{1+ax}{(1+x)(1+x^2)}dx$$

$$=\ln|1+x|+\frac{1-a}{2}\int\frac{dx}{1+x}+\frac{a-1}{2}\int\frac{xdx}{1+x^2}+\frac{1+a}{2}\int\frac{dx}{1+x^2}$$

$$=\ln|1+x|+\frac{1-a}{2}\ln|1+x|+\frac{a-1}{4}\ln|1+x^2|+\frac{1+a}{2}\arctan(1+x^2),$$

故得 $a=-1$.

7. 答案：$\frac{1}{4}[(2x+1)^{\frac{3}{2}}-(2x-1)^{\frac{3}{2}}]+C$

提示：$\int\frac{1}{\sqrt{2x+1}+\sqrt{2x-1}}dx=\int\frac{\sqrt{2x+1}-\sqrt{2x-1}}{2}dx$

$$= \frac{1}{4}[(2x+1)^{\frac{3}{2}} - (2x-1)^{\frac{3}{2}}] + C.$$

8. 答案：$2\ln(\sqrt{e^x+1}-1) - x + 2\sqrt{e^x+1} + C$

提示：令 $t = \sqrt{e^x+1}$，则有

$$\int \sqrt{e^x+1}dx = \int t\cdot\frac{2t}{t^2-1}dt = 2t + \int\frac{2}{t^2-1}dt = 2t + \ln\left|\frac{t-1}{t+1}\right| + C$$

$$= 2\sqrt{e^x+1} + \ln\frac{\sqrt{e^x+1}-1}{\sqrt{e^x+1}+1} + C$$

$$= 2\ln(\sqrt{e^x+1}-1) - x + 2\sqrt{e^x+1} + C.$$

9. 答案：$\ln|x| - \ln|x-1| - \frac{1}{x-1} + C$

提示：令 $t = \frac{1}{x-1}$，则

$$\int\frac{1}{x(x-1)^2}dx = -\int\frac{t}{1+t}dt = -t + \int\frac{dt}{1+t} = -t + \ln|1+t| + C$$

$$= \ln|x| - \ln|x-1| - \frac{1}{x-1} + C.$$

10. 答案：$\frac{1}{4}\arctan\frac{x^2+1}{2} + C$

提示：$\int\frac{x}{x^4+2x^2+5}dx = \frac{1}{2}\int\frac{d(x^2+1)}{(x^2+1)^2+2^2} = \frac{1}{4}\arctan\frac{x^2+1}{2} + C.$

三、计算题

1. 解：$\int(2x^2-1)e^{-x^2}dx = \int -x de^{-x^2} - \int e^{-x^2}dx = -xe^{-x^2} + \int e^{-x^2}dx - \int e^{-x^2}dx = -xe^{-x^2} + C.$

2. 解：$\int\frac{1}{3\sin x + 4\cos x}dx = \frac{1}{5}\ln\left|\frac{2\tan\frac{x}{2}+1}{2-\tan\frac{x}{2}}\right| + C.$（提示：半角代换）

3. 解：$\int\frac{x^2}{\sqrt{1-x^2}}dx = -\int\frac{1-x^2-1}{\sqrt{1-x^2}}dx = -\int\left(\sqrt{1-x^2} - \frac{1}{\sqrt{1-x^2}}\right)dx$

$$= -\int\sqrt{1-x^2}dx + \int\frac{1}{\sqrt{1-x^2}}dx$$

$$= -x\sqrt{1-x^2} + \int x\frac{-x}{\sqrt{1-x^2}}dx + \int\frac{1}{\sqrt{1-x^2}}dx$$

所以 $\int\frac{x^2}{\sqrt{1-x^2}}dx = \frac{1}{2}(-x\sqrt{1-x^2} + \arcsin x) + C.$

4. 解：$\int\frac{\ln\sin x}{\cos^2 x}dx = \int\ln\sin x d\tan x = \tan x\ln\sin x - \int dx = \tan x\ln\sin x - x + C.$

5. 解：$\int\frac{\arctan x}{x^2}dx = -\int\arctan x d\frac{1}{x} = -\frac{1}{x}\arctan x + \int\frac{1}{x(1+x^2)}dx$

$$= -\frac{1}{x}\arctan x + \frac{1}{2}\ln\frac{x^2}{1+x^2} + C.$$

6. 解：$\int\frac{x}{\sqrt{1-x^2}}\arcsin x\mathrm{d}x = -\int\arcsin x\mathrm{d}\sqrt{1-x^2} = -\sqrt{1-x^2}\cdot\arcsin x + \int\mathrm{d}x$

$$= -\sqrt{1-x^2}\cdot\arcsin x + x + C.$$

7. 解：$\int\frac{x\sin x}{\cos^3 x}\mathrm{d}x = \frac{1}{2}\int x\mathrm{d}(\tan x)^2 = \frac{1}{2}[x(\tan x)^2 - \int(\tan x)^2\mathrm{d}x]$

$$= \frac{1}{2}[x(\tan x)^2 - \tan x + x] + C.$$

8. 解：$\int\frac{\arctan \mathrm{e}^x}{\mathrm{e}^{2x}}\mathrm{d}x = -\frac{1}{2}\int\arctan \mathrm{e}^x\mathrm{d}\mathrm{e}^{-2x} = -\frac{1}{2}\left(\mathrm{e}^{-2x}\arctan \mathrm{e}^x - \int\frac{\mathrm{e}^{-x}}{1+\mathrm{e}^{2x}}\mathrm{d}x\right)$

$$= -\frac{1}{2}\left[\mathrm{e}^{-2x}\arctan \mathrm{e}^x - \int\left(\frac{1}{\mathrm{e}^x} - \frac{\mathrm{e}^x}{1+\mathrm{e}^{2x}}\right)\mathrm{d}x\right]$$

$$= -\frac{1}{2}[\mathrm{e}^{-2x}\arctan \mathrm{e}^x + \mathrm{e}^{-x} + \arctan \mathrm{e}^x] + C.$$

9. 解：$\int\frac{x\mathrm{e}^{\arctan x}}{(1+x^2)^{\frac{3}{2}}}\mathrm{d}x = \int\frac{x}{\sqrt{1+x^2}}\mathrm{d}\mathrm{e}^{\arctan x} = \mathrm{e}^{\arctan x}\frac{x}{\sqrt{1+x^2}} - \int\mathrm{e}^{\arctan x}\frac{1}{(1+x^2)^{\frac{3}{2}}}\mathrm{d}x$

$$= \mathrm{e}^{\arctan x}\frac{x}{\sqrt{1+x^2}} - \int\mathrm{e}^{\arctan x}\frac{1}{(1+x^2)^{\frac{3}{2}}}\mathrm{d}x$$

$$= \mathrm{e}^{\arctan x}\frac{x}{\sqrt{1+x^2}} - \int\frac{1}{\sqrt{1+x^2}}\mathrm{d}\mathrm{e}^{\arctan x}$$

$$= \frac{x\mathrm{e}^{\arctan x}}{\sqrt{1+x^2}} - \frac{\mathrm{e}^{\arctan x}}{\sqrt{1+x^2}} - \int\frac{x\mathrm{e}^{\arctan x}}{\sqrt{1+x^2}}\mathrm{d}x$$

移项有

$$\int\frac{x\mathrm{e}^{\arctan x}}{(1+x^2)^{\frac{3}{2}}}\mathrm{d}x = \frac{(x-1)\mathrm{e}^{\arctan x}}{2\sqrt{1+x^2}} + C.$$

10. 解：$\int\ln\frac{(1+x)}{\sqrt{x}}\mathrm{d}x = 2\sqrt{x}\ln(1+x) - 4\sqrt{x} + 4\arctan\sqrt{x} + C.$

11. 解：$\int\mathrm{e}^x\frac{1+\sin x}{1+\cos x}\mathrm{d}x = -\mathrm{e}^x\cot x + \frac{\mathrm{e}^x}{\sin x} + C.$

12. 解：令 $f(x) = \max(x^3, x^2, 1) = \begin{cases} x^2 & x \leqslant -1 \\ 1 & |x| < 1 \\ x^3 & x \geqslant 1 \end{cases}$，

设 $f(x)$ 的原函数为 $F(x)$，则 $F(x) = \begin{cases} \frac{1}{3}x^3 + C_1 & x \leqslant -1 \\ x + C_2 & |x| < 1 \\ \frac{1}{4}x^4 + C_3 & x \geqslant 1 \end{cases}$

其中，C_1, C_2, C_3 皆为常数，由于 $F(x)$ 连续，所以

$$\lim_{x\to-1^-}F(x)=\frac{1}{3}+C_1=\lim_{x\to-1^+}F(x)=1+C_2,$$

$$\lim_{x\to-1^+}F(x)=\frac{1}{4}+C_3=\lim_{x\to-1^-}F(x)=1+C_2.$$

于是令 $C=C_2$,则 $C_1=\frac{2}{3}+C,C_3=\frac{3}{4}+C$,所以

$$\int\max(x^3,x^2,1)\mathrm{d}x=\begin{cases}\frac{1}{3}x^3+\frac{2}{3}+C & x\leqslant-1\\ x+C & -1<x<1\\ \frac{1}{4}x^4+\frac{3}{4}+C & x\geqslant1\end{cases}$$

13. 解:令 $\arctan x=t$,于是

$$\int\frac{\arctan x}{x^2(1+x^2)}\mathrm{d}x=-\frac{1}{x}\arctan x+\ln\frac{|x|}{\sqrt{1+x^2}}-\frac{1}{2}\arctan^2x+C.$$

四、综合计算题

1. 解:

$$\int\frac{f(x)[f'(x)]^2-f^2(x)f''(x)}{[f'(x)]^3}\mathrm{d}x=\int\frac{f(x)}{f'(x)}\cdot\frac{[f'(x)]^2-f(x)f''(x)}{[f'(x)]^2}\mathrm{d}x$$

$$=\int\frac{f(x)}{f'(x)}\mathrm{d}\left[\frac{f(x)}{f'(x)}\right]=\frac{1}{2}\left[\frac{f(x)}{f'(x)}\right]^2+C.$$

2. 解:由已知 $f(x)=\left(\frac{\sin x}{x}\right)'=\frac{x\cos x-\sin x}{x^2}$.

$$\int xf'(2x)\mathrm{d}x=\frac{1}{2}\int x\mathrm{d}f(2x)=\frac{1}{2}xf(2x)-\frac{1}{4}\int f(2x)\mathrm{d}(2x)=\frac{\cos2x}{4}-\frac{\sin2x}{4x}+C.$$

3. 解:$\int f(x)f'(x)\mathrm{d}x=\frac{1}{2}f^2(x)+C=\frac{1}{2}\left[\left(\frac{\sin x}{1+x\sin x}\right)'\right]^2+C=\frac{1}{2}\left(\frac{\cos x-\sin^2x}{(1+x\sin x)^2}\right)^2+C.$

4. 解:令 $u=\sin^2x$,则 $f(x)=\frac{\arcsin\sqrt{x}}{\sqrt{x}}$,于是

$$\int\frac{\sqrt{x}}{\sqrt{1-x}}f(x)\mathrm{d}x=\int\frac{\arcsin x}{\sqrt{1-x}}\mathrm{d}x=-2\int\arcsin\sqrt{x}\mathrm{d}(\sqrt{1-x})$$

$$=-2\sqrt{1-x}\arcsin\sqrt{x}+2\sqrt{x}+C.$$

5. 解 1:令 $x=yt,t=(x-y)^2,x-y=\pm\sqrt{t}$,则 $x=\pm\frac{t\sqrt{t}}{t-1},y=\frac{\sqrt{t}}{t-1},\mathrm{d}x=\pm\frac{(t-3)\sqrt{t}}{2(t-1)^2}\mathrm{d}t$.

于是 $\int\frac{\mathrm{d}x}{x-3y}=\frac{1}{2}\int\frac{1}{t-1}\mathrm{d}t=\frac{1}{2}\ln|t-1|+C=\frac{1}{2}\ln\left|\frac{x}{y}-1\right|+C.$

解 2:令 $x-y=t$,则 $x=yt^2,x=\frac{t^3}{t^2-1},\mathrm{d}x=\frac{t^2(t^2-3)}{(t^2-1)^2}\mathrm{d}t$.

于是 $\int\frac{\mathrm{d}x}{x-3y}=\int\frac{t}{t^2-1}\mathrm{d}t=\frac{1}{2}\ln|t^2-1|+C=\frac{1}{2}\ln|(x-y)^2-1|+C.$

6. 解:

$$\int\frac{f(x)}{F(x)}\mathrm{d}x=\int\frac{\mathrm{d}F(x)}{F(x)}=\ln F(x)+C_1,$$

而
$$\int \frac{1}{\sqrt{1+x^2}}dx = \ln(x+\sqrt{1+x^2}) + C_2,$$
所以
$$\ln F(x) + C_1 = \ln(x+\sqrt{1+x^2}) + C_2,$$
即
$$\ln F(x) = \ln(x+\sqrt{1+x^2}) + C \quad (C_2 - C_1 = C).$$

又 $F(0) = 1$ 所以 $C = 0$. 从而 $F(x) = x + \sqrt{1+x^2}, f(x) = F'(x) = 1 + \dfrac{x}{\sqrt{1+x^2}}$.

第 5 章

自测试题 A

一、选择题

1. 答案:A

2. 答案:C

提示:$\int_{-2\pi}^{4\pi}(1-\sin x)dx = 6\pi + \cos x\Big|_{-2\pi}^{4\pi} = 6\pi$.

3. 答案:C

提示:$F'(x) = e^{x^2}\cdot 2x - e^{x^3}\cdot 3x^2$.

4. 答案:A

提示:令 $u = \sqrt{1-x}$,则$\int_0^1 f(\sqrt{1-x})dx = \int_0^1 f(u)2udu$.

5. 答案:B

提示:$f'(x)$ 是偶函数,$\sin f'(x)$ 是偶函数,$f(\sin t)$ 是奇函数,$\int_0^x f(\sin t)dt$ 是偶函数 . $\sin t + f(t)$ 是奇函数,$\int_0^x[\sin t + f(t)]dt$ 是偶函数 . $\sin t\cdot f(t)$ 是偶函数,$\int_0^x \sin t\cdot f(t)dt$ 是奇函数 .

6. 答案:B

提示:$\int_0^1 \frac{dx}{1-x} = -\ln(1-x)\Big|_0^1 = +\infty$.

7. 答案:D

提示:$\int_{\frac{1}{a}}^{a}\left(1-\frac{1}{t^2}\right)f\left(t+\frac{1}{t}\right)dt = \int_{\frac{1}{a}}^{a}f\left(t+\frac{1}{t}\right)d\left(t+\frac{1}{t}\right) = \int_{a+\frac{1}{a}}^{a+\frac{1}{a}}f(u)du = 0$.

8. 答案:A

提示:$\int_{-1}^{2}f(x)dx = \int_{-1}^{0}e^x dx + \int_0^2 x dx = 3 - \frac{1}{e}$.

二、填空题

1. 答案:$\frac{1}{2}\pi$

提示:令 $x = \sin t, t\in\left[-\frac{\pi}{2},\frac{\pi}{2}\right]$,则$\int_{-1}^{1}\sqrt{1-x^2}dx = \int_{-\frac{\pi}{2}}^{\frac{\pi}{2}}\cos^2 t dt = \int_{-\frac{\pi}{2}}^{\frac{\pi}{2}}\frac{1+\cos 2t}{2}dt = \frac{\pi}{2}$.

2. 答案：$\frac{1}{\pi}$

提示：$1=\int_{-\infty}^{+\infty}\frac{A}{1+x^2}\mathrm{d}x=A\arctan x\Big|_{-\infty}^{+\infty}=A\pi.$

3. 答案：$x-1$

提示：对等式 $f(x)=x+2\int_0^1 f(t)\mathrm{d}t$ 积分，得 $\int_0^1 f(x)\mathrm{d}x=\int_0^1 x\mathrm{d}x+2\int_0^1 f(t)\mathrm{d}t$，则 $\int_0^1 f(t)\mathrm{d}t=-\frac{1}{2}$，即得 $f(x)=x-1.$

4. 答案：$\sqrt{3}-1-\frac{\pi}{12}$

提示：$\int_0^{\frac{\pi}{2}}\left|\frac{1}{2}-\sin x\right|\mathrm{d}x=\int_0^{\frac{\pi}{6}}\left(\frac{1}{2}-\sin x\right)\mathrm{d}x+\int_{\frac{\pi}{6}}^{\frac{\pi}{2}}\left(\sin x-\frac{1}{2}\right)\mathrm{d}x=\sqrt{3}-1-\frac{\pi}{12}.$

5. 答案：$\frac{a}{2}$

提示：$\lim\limits_{x\to 0}\frac{\int_0^x f(at)\mathrm{d}t}{x^2}=\lim\limits_{x\to 0}\frac{f(ax)}{2x}=\frac{a}{2}.$

6. 答案：4

提示：$n\int_0^1 xf'(2x)\mathrm{d}x=\int_0^2 xf'(x)\mathrm{d}x=\int_0^1(2t)f'(2t)\mathrm{d}(2t)=4\int_0^1 tf'(2t)\mathrm{d}t.$

7. 答案：$3x^2\mathrm{e}^{-x^6}-\frac{1}{2\sqrt{x}}\mathrm{e}^{-x}$

提示：$\frac{\mathrm{d}}{\mathrm{d}x}\int_{\sqrt{x}}^{x^3}\mathrm{e}^{-t^2}\mathrm{d}t=\mathrm{e}^{-x^6}\cdot 3x^2-\mathrm{e}^{-x}\cdot\frac{1}{2\sqrt{x}}.$

8. 答案：$\mathrm{e}+\frac{1}{\mathrm{e}}-2$

提示：$\int_0^1(\mathrm{e}^x-\mathrm{e}^{-x})\mathrm{d}x=\mathrm{e}^x\Big|_0^1+\mathrm{e}^{-x}\Big|_0^1=\mathrm{e}+\frac{1}{\mathrm{e}}-2.$

三、计算题

1. 解：$\int_0^{\frac{1}{2}}\frac{x}{\sqrt{1-x^2}}\arcsin x\mathrm{d}x\xlongequal{x=\sin t}\int_0^{\frac{\pi}{6}}t\sin t\mathrm{d}t=(-t\cos t+\sin t)\Big|_0^{\frac{\pi}{6}}=\frac{1}{2}-\frac{\sqrt{3}\pi}{12}.$

2. 解：$\int\sqrt{\mathrm{e}^x-1}\mathrm{d}x\xlongequal{u=\sqrt{\mathrm{e}^x-1}}\int\frac{2u^2}{1+u^2}\mathrm{d}u=2(u-\arctan u)+C=2(\sqrt{\mathrm{e}^x-1}-\arctan\sqrt{\mathrm{e}^x-1})+C$

所以 $\int_0^{\ln 2}\sqrt{\mathrm{e}^x-1}\mathrm{d}x=2(\sqrt{\mathrm{e}^x-1}-\arctan\sqrt{\mathrm{e}^x-1})\Big|_0^{\ln 2}=2-\frac{\pi}{2}$

3. 解：$\int_1^3 f(x-1)\mathrm{e}^x\mathrm{d}x\xlongequal{t=x-1}\int_0^2 f(t)\mathrm{e}^{t+1}\mathrm{d}t=\mathrm{e}\left(\int_0^1\mathrm{e}^t\mathrm{d}t+\int_1^2 t\mathrm{e}^t\mathrm{d}t\right)=\mathrm{e}(\mathrm{e}^2+\mathrm{e}-1)$

4. 解：$\int_1^{+\infty}\frac{\ln(1+x)}{(1+x)^2}dx=-\int_1^{+\infty}\ln(1+x)d\frac{1}{1+x}=-\frac{\ln(1+x)}{1+x}\Big|_1^{+\infty}+\int_1^{+\infty}\frac{1}{(1+x)^2}dx=$ $\frac{1}{2}\ln 2+\frac{1}{2}$.

5. 解：$\int_0^1\frac{x\arctan x}{\sqrt{1+x^2}}dx=\int_0^1\arctan x d\sqrt{1+x^2}=\sqrt{1+x^2}\arctan x\Big|_0^1-\int_0^1\frac{1}{\sqrt{1+x^2}}dx=\sqrt{2}\frac{\pi}{4}$ $-\ln(1+\sqrt{2})$.

6. 解：令 $f'(x)=2x(1-x^2)e^{-x^2}=0$，得 $x=0,x=-1,x=1$. 又 $f(0)=0,f(1)=f(-1)$ $=\int_0^1(1-t)e^{-t}dt=e^{-1},f(+\infty)=f(-\infty)=\int_0^{+\infty}(1-t)e^{-t}dt=te^{-t}\Big|_0^{+\infty}=0$

因此 $f_{\max}=e^{-1},f_{\min}=0$.

7. 解：当 $0\leqslant x\leqslant 1$ 时，$F(x)=\int_0^x f(t)dt=\int_0^x e^{-t}dt=1-e^{-x}$.

当 $0\leqslant x\leqslant 1$ 时，$F(x)=\int_0^x f(t)dt=\int_0^1 e^{-t}dt+\int_1^x 2tdt=x^2-e^{-1}$.

所以 $F(x)=\begin{cases}1-e^{-x} & 0\leqslant x\leqslant 1\\ x^2-e^{-1} & 1\leqslant x\leqslant 2\end{cases}$.

四、证明题

1. 证明：由积分中值定理有 $\int_0^a xf(x)dx=a\xi_1 f(\xi_1)$ (1)

设 $F(x)=xf(x)$，则 $F(x)=xf(x),F'(x)=f(x)+xf'(x)$. 又 $F(1)=f(1)$

而
$$\int_0^a xf(x)dx=af(1) \tag{2}$$

所以由式(1)，式(2) 得 $a\xi_1 f(\xi_1)=af(1)$，即 $F(\xi_1)=F(1)$.

所以由罗尔定理存在 $\xi\in(\xi_1,1)\subset(0,1)$ 使得 $F'(\xi)=0$.

2. 证明：

(1) $F'(x)=f(x)+\frac{1}{f(x)}=\frac{f^2(x)+1}{f(x)}$，$(f(x)-1)^2\geqslant 0,f^2(x)+1\geqslant 2f(x)>0$

所以 $F'(x)\geqslant 2$.

(2) 因为 $F(a)=\int_b^a\frac{1}{f(t)}dt=-\int_a^b\frac{1}{f(t)}dt<0,F(b)=\int_a^b f(t)dt>0$，

所以 $F(x)=0$ 在 $[a,b]$ 内至少有一个根，因 $F'(x)\geqslant 2>0$，所以 $F(x)$ 在 $[a,b]$ 上是单调增函数，故 $F(x)$ 在 $[a,b]$ 内只有一根.

3. 证明：

$$F(x)=\int_0^x xf(t)dt-\int_0^x 2tf(t)dt=x\int_0^x f(t)dt-\int_0^x 2tf(t)dt,$$

$$F'(x)=\int_0^x f(t)dt-xf(x).$$

因 $F''(x)=-xf'(x)>0,F'(0)=0$，所以 $F'(x)>0$.

五、应用题

解：设切点为 $(x_0,x_0{}^2)$，$x_0>0$，则切线为 $y-x_0{}^2=2x_0(x-x_0)$，即 $y=2x_0x-x_0{}^2$，切线与

x 轴交点为$\left(\frac{x_0}{2},0\right)$. 又当 $x=8$ 时,$y=2x_0\cdot 8-x_0=16x_0-{x_0}^2$,故三角形面积为

$$S=\frac{1}{2}\left(8-\frac{1}{2}x_0\right)\left(16x_0-{x_0}^2\right)=\frac{1}{4}(16-x_0)^2x_0,$$

$$S'(x_0)=\frac{1}{4}(16-x_0)(16-3x_0).$$

令 $S'(x_0)=0$,得 $x_0=16$(舍),$x_0=\frac{16}{3}$,所以当 $x_0=\frac{16}{3}$ 时三角形面积最大.

自测试题 B

一、单项选择题

1. 答案:C

提示:$y=\frac{1}{2}x^2-x$.

2. 答案:C

提示:$\int_{e}^{+\infty}\frac{1}{x(\ln x)^2}dx=-\frac{1}{\ln x}\Big|_{e}^{+\infty}=1$.

3. 答案:B

提示:令 $g(x)=\int_a^x f(t)\,dt+\int_b^x\frac{1}{f(t)}dt$,则 $g(x)$ 在$[a,b]$上连续,且 $g(a)=\int_b^a\frac{1}{f(t)}dt<0$,$g(b)=\int_a^b f(t)\,dt>0$,由零点定理,$g(x)=0$ 在(a,b)内存在根. 又因 $g'(x)=f(x)+\frac{1}{f(x)}>0$,可知根是唯一的.

4. 答案:D

提示:A 错,$f(x)$连续才对. B 错,$f(x)$也必须连续. D 正确.

5. 答案:B

提示:$\int_0^1(e^x-1)\,dx=e-1-1=e-2$.

6. 答案:B

提示:$\lim\limits_{x\to a}\frac{x^2}{x-a}\int_a^x f(t)\,dt=\lim\limits_{x\to a}\frac{a^2f(x)}{1}=a^2f(a)$.

7. 答案:A

提示:$f(t)+f(-t)$ 为偶函数,$f(t)-f(-t)$ 为奇函数. 对任意连续的奇函数 $g(x)$,因为 $\int_0^{-x}g(t)\,dt=\int_0^x g(-u)\,d(-u)=\int_0^x g(t)\,dt$,从而$\int_0^x g(t)\,dt$ 为偶函数. 同理,若 $g(x)$ 为偶函数,则 $\int_0^x g(t)\,dt$ 为奇函数.

8. 答案:D

提示:由洛必达法则有

$$\lim_{x\to 0}\frac{\int_0^{f(x)}f(t)\,dt}{x^2}=\lim_{x\to 0}\frac{f(f(x))\cdot f'(x)}{2x}=\lim_{x\to 0}\frac{1}{2}\frac{f(f(x))}{f(x)}\cdot\frac{f(x)}{x}\cdot f'(x)=\frac{1}{2}[f'(0)]^3.$$

从而$\frac{1}{2}[f'(0)]^3=1$，即$f'(0)=\sqrt[3]{2}$.

二、填空题

1. 答案：0

提示：$x[f(x)+f(-x)]$为奇函数，故$\int_{-1}^{1}x[f(x)+f(-x)]\mathrm{d}x=0$.

2. 答案：ln 3

提示：$\frac{x}{2+x^2}$为奇函数，$\frac{|x|}{2+x^2}$为偶函数，则$\int_{-2}^{2}\frac{x}{2+x^2}\mathrm{d}x=0$，$\int_{-2}^{2}\frac{|x|}{2+x^2}\mathrm{d}x=2\int_{0}^{2}\frac{x}{2+x^2}\mathrm{d}x=\ln(2+x^2)\Big|_0^2=\ln 3$，从而$\int_{-2}^{2}\frac{x+|x|}{2+x^2}\mathrm{d}x=\ln 3$.

3. 答案：$xf(x^2)$

提示：令$u=x^2-t^2$，则$\int_0^x tf(x^2-t^2)\mathrm{d}t=\frac{1}{2}\int_0^{x^2}f(u)\mathrm{d}u$. $\frac{\mathrm{d}}{\mathrm{d}x}\int_0^x tf(x^2-t^2)\mathrm{d}t=\frac{1}{2}\frac{\mathrm{d}}{\mathrm{d}x}\int_0^{x^2}f(u)\mathrm{d}u=xf(x^2)$.

4. 答案：$\frac{\pi}{3}$

提示：等式关于x从0到1积分，得$\int_0^1 f(x)\mathrm{d}x=\arctan x\Big|_0^1+\frac{1}{4}\int_0^1 f(x)\mathrm{d}x$，从而$\int_0^1 f(x)\mathrm{d}x=\frac{\pi}{3}$.

5. 答案：e^x

提示：令$u=x-t$，则$\int_0^x tf(x-t)\mathrm{d}t=\int_0^x(x-u)f(u)\mathrm{d}u=\mathrm{e}^x-x-1$，求导得$\int_0^x f(u)\mathrm{d}u=\mathrm{e}^x-1$，再求导得$f(x)=\mathrm{e}^x$.

6. 答案：$\frac{1}{2}$

提示：由洛必达法则得

$$\lim_{x\to+\infty}\frac{1}{x}\int_0^x(t+t^2)\mathrm{e}^{t^2-x^2}\mathrm{d}t=\lim_{x\to+\infty}\frac{\int_0^x(t+t^2)\mathrm{e}^{t^2}\mathrm{d}t}{x\mathrm{e}^{x^2}}=\lim_{x\to+\infty}\frac{(x+x^2)\mathrm{e}^{x^2}}{\mathrm{e}^{x^2}+2x^2\mathrm{e}^{x^2}}=\frac{1}{2}.$$

7. 答案：0

提示：$\int_0^1 xf''(2x)\mathrm{d}x=\frac{1}{2}xf'(2x)\Big|_0^1-\frac{1}{4}f(2x)\Big|_0^1=\frac{1}{2}f'(2)-\frac{1}{4}f(2)+\frac{1}{4}f(0)=0$.

8. 答案：$\frac{2}{n}$

提示：令$t=nx$，则$\int_{\frac{k-1}{n}\pi}^{\frac{k}{n}\pi}|\sin nx|\mathrm{d}x=\frac{1}{n}\int_{(k-1)\pi}^{k\pi}|\sin t|\mathrm{d}t=\frac{1}{n}\int_0^{\pi}\sin t\mathrm{d}t=\frac{2}{n}$.

三、计算题

1. 解：$\int_{\frac{1}{2}}^{1}\mathrm{e}^{\sqrt{2x-1}}\mathrm{d}x\xlongequal{t=\sqrt{2x-1}}\int_0^1\mathrm{e}^t t\mathrm{d}\mathrm{e}^t=1$.

2. 解:$\int_0^3 \frac{1}{(1+x)\sqrt{x}}\mathrm{d}x = 2\int_0^3 \frac{1}{(1+x)}\mathrm{d}\sqrt{x} = 2\arctan\sqrt{x}\Big|_0^3 = \frac{2}{3}\pi.$

3. 解:$I = \int_1^{+\infty} \frac{\mathrm{e}^{x-3}}{\mathrm{e}^{2(x-1)}+1}\mathrm{d}x = \mathrm{e}^{-2}\int_1^{+\infty} \frac{\mathrm{d}\mathrm{e}^{x-1}}{1+\mathrm{e}^{2(x-1)}} = \mathrm{e}^{-2}\arctan\mathrm{e}^{x-1}\Big|_1^{+\infty} = \frac{\pi}{4}\mathrm{e}^{-2}.$

4. 解:$\lim\limits_{x\to\infty} \frac{1}{x}\int_0^x (1+t^2)\mathrm{e}^{t^2-x^2}\mathrm{d}t = \lim\limits_{x\to\infty} \frac{\mathrm{e}^{-x^2}\int_0^x (1+t^2)\mathrm{e}^{t^2}\mathrm{d}t}{x} = \lim\limits_{x\to\infty} \frac{(1+x^2)\mathrm{e}^{x^2}}{\mathrm{e}^{x^2}+2x^2\mathrm{e}^{x^2}} = \frac{1}{2}.$

5. 解:$f'(x) = \frac{\ln x}{x^2-2x+1} = \frac{\ln x}{(1-x)^2} > 0, x \in [\mathrm{e},\mathrm{e}^2]$ 上严增,故$f(x)$ 在 $x = \mathrm{e}^2$ 时取得最大值,最大值为$f(\mathrm{e}^2) = \int_{\mathrm{e}}^{\mathrm{e}^2} \frac{\ln t}{(t-1)^2}\mathrm{d}t = \ln(1+\mathrm{e}) - \frac{\mathrm{e}}{1+\mathrm{e}}.$

6. 解:令 $tx = u$,则原式变为

$$\frac{1}{x}\int_0^x f(u)\mathrm{d}u = f(x) + x\sin x,$$

$$\int_0^x f(u)\mathrm{d}u = xf(x) + x^2\sin x,$$

即两边求导得 $$f(x) = f(x) + xf'(x) + 2x\sin x + x^2\cos x,$$

则 $$f'(x) = -2\sin x - x\cos x.$$

所以 $$f(x) = 2\cos x - \int x\mathrm{d}\sin x = \cos x - x\sin x + C.$$

7. 解:左边 $= \lim\limits_{x\to\infty}\left(1 - \frac{2a}{x+a}\right)^x = \mathrm{e}^{-2a}$,右边 $= -2\int_a^{+\infty} x^2\mathrm{d}\mathrm{e}^{-2x} = 2a^2\mathrm{e}^{-2a} + 2a\mathrm{e}^{-2a} + \mathrm{e}^{-2a}$,于是 $\mathrm{e}^{-2a} = 2a^2\mathrm{e}^{-2a} + 2a\mathrm{e}^{-2a} + \mathrm{e}^{-2a}$,可得 $a = 0$ 或 $a = -1$.

四、证明题

1. 证明:令 $F(x) = \int_0^x f(t)\mathrm{d}t \quad (0 \leqslant x \leqslant \pi)$,所以 $F(0) = 0, F(\pi) = 0$.

又因为 $0 = \int_0^\pi f(x)\cos x\mathrm{d}x = \int_0^\pi \cos x\mathrm{d}F(x) = \int_0^\pi \sin xF(x)\mathrm{d}x$,

所以存在$\xi \in (0,\pi)$,使$F(\xi)\sin\xi = 0$. 不然,则在$(0,\pi)$ 内$F(\xi)\sin\xi$恒为正,或$F(\xi)\sin\xi$恒为负,均与$\int_0^\pi \sin xF(x)\mathrm{d}x = 0$矛盾.

但当$\xi \in (0,\pi)$ 时,$\sin\xi \neq 0$,故 $F(\xi) = 0$,由上知 $F(0) = F(\pi) = F(\xi) = 0$.

再对 $F(x)$在区间$[0,\xi]$,$[\xi,\pi]$上分别用罗尔定理,至少存在 $\xi_1 \in (0,\xi)$,$\xi_2 \in (\xi,\pi)$,使$F'(\xi_1) = F'(\xi_2) = 0$,即$f(\xi_1) = f(\xi_2) = 0$.

2. 证明:当 $x > 0$ 时,$F(x)$显然连续,在 $x = 0$ 点,只需证明$\lim\limits_{x\to0^+}F(x) = 0$.

$$又\ \lim_{x\to0^+}F(x) = \lim_{x\to0^+}\frac{\int_0^x t^nf(t)\mathrm{d}t}{x} = \lim_{x\to0^+}x^nf(x) = 0 = F(0),$$

故 $F(x)$在$[0,+\infty)$上连续,又

$$F'(x) = \frac{x^{n+1}f(x) - \int_0^x t^nf(t)\mathrm{d}t}{x^2} = \frac{\int_0^x [x^nf(x) - t^nf(t)]\mathrm{d}t}{x^2} \geqslant 0,$$

可见 $F(x)$ 在 $[0,+\infty)$ 上单调不减.

3. 证明:

$$\int_0^{2a} f(x)\mathrm{d}x = \int_0^a f(x)\mathrm{d}x + \int_a^{2a} f(x)\mathrm{d}x, \int_a^{2a} f(x)\mathrm{d}x \xlongequal{x=2a-u} \int_0^a f(2a-u)\mathrm{d}u = \int_0^a f(2a-x)\mathrm{d}x$$

所以
$$\int_0^{2a} f(x)\mathrm{d}x = \int_0^a f(x)\mathrm{d}x + \int_0^a f(2a-x)\mathrm{d}x.$$

4. 分析:令 $F(x) = f(x) - g(x), G(x) = \int_a^x F(t)\mathrm{d}t$,将积分不等式转化为函数不等式即可.

证明:令
$$F(x) = f(x) - g(x), G(x) = \int_a^x F(t)\mathrm{d}t,$$

由题设 $G(x) \geqslant 0, x \in [a,b]$,则

$$G(a) = G(b) = 0, G'(x) = F(x).$$

从而 $\int_a^b xF(x)\mathrm{d}x = \int_a^b x\mathrm{d}G(x) = xG(x)\Big|_a^b - \int_a^b G(x)\mathrm{d}x = -\int_a^b G(x)\mathrm{d}x$.

由于 $G(x) \geqslant 0, x \in [a,b]$,故有

$$-\int_a^b G(x)\mathrm{d}x \leqslant 0,$$

即
$$\int_a^b xF(x)\mathrm{d}x \leqslant 0.$$

因此
$$\int_a^b xf(x)\mathrm{d}x \leqslant \int_a^b xg(x)\mathrm{d}x.$$

【评注】 引入变限积分转化为函数等式或不等式是证明积分等式或不等式的常用方法.

五、应用题

解:

(1) $V_1 = \pi\int_a^2 (2x^2)^2\mathrm{d}x = \dfrac{4\pi}{5}(32 - a^5)$.

$V_2 = \pi a^2 \cdot 2a^2 - \pi\int_0^{2a^2} \dfrac{y}{2}\mathrm{d}y = \pi a^4$.

(2) $V = V_1 + V_2 = \dfrac{4\pi}{5}(32 - a^5) + \pi a^4$

$V' = 4\pi a^3(1-a) = 0$,

得区间(0,2)内的唯一驻点 $a=1$.

当 $0<a<1$ 时,$V'>0$;当 $a>1$ 时,$V'<0$,因此 $a=1$ 是极大值点即最大值点,此时 V_1+V_2 取得最大值 $\dfrac{129}{5}\pi$.

自测试题 C

一、单项选择题

1. 答案:D

提示:令 $t = x - \dfrac{a}{2}$,则 $A = \int_0^a f\left(x - \dfrac{a}{2}\right)\mathrm{d}x = \int_{-\frac{a}{2}}^{\frac{a}{2}} f(t)\mathrm{d}t$,

而

$$\int_{-\frac{a}{2}}^{\frac{a}{2}} f(-x)\,\mathrm{d}x = \int_{-\frac{a}{2}}^{\frac{a}{2}} f(x)\,\mathrm{d}x = A,$$

从而

$$\int_{-\frac{a}{2}}^{\frac{a}{2}} [f(x) + f(-x)]\,\mathrm{d}x = 2A.$$

2. 答案:A

提示:0 为 $\csc x$ 的瑕点.

$$\int_0^1 \csc x\,\mathrm{d}x = \ln\left(\frac{1-\cos x}{\sin x}\right)\Big|_0^1 = \ln\left(\frac{1-\cos 1}{\sin 1}\right) - \ln\lim_{x\to 0^+}\left(\frac{1-\cos x}{\sin x}\right) = +\infty,$$

故 $\int_{-1}^1 \frac{1}{\sin x}\mathrm{d}x$ 发散.

$$\int_{-1}^1 \frac{1}{\sqrt{1-x^2}}\mathrm{d}x = \arcsin x\Big|_{-1}^1 = \pi.\ \int_0^{+\infty} \mathrm{e}^{-x^2}\mathrm{d}x = \int_0^1 \mathrm{e}^{-x^2}\mathrm{d}x + \int_1^{+\infty} \mathrm{e}^{-x}\mathrm{d}x < 1 + 1 = 2.$$

$$\int_2^{+\infty} \frac{1}{x\ln^2 x}\mathrm{d}x = -\frac{1}{\ln x}\Big|_2^{+\infty} = \frac{1}{\ln 2}.$$

3. 答案:B

提示：由积分中值定理，存在 $\xi\in(a,b)$ 使得，$S_1 = \int_a^b f(x)\,\mathrm{d}x = f(\xi)(b-a)$. 又由 $f(x) > 0, f'(x) < 0, f''(x) > 0$，可知 $f(x)$ 为正、凹的减函数，则 $S_2 < f(b)(b-a) < S_1$.

曲线 $y = f(x)$ 处于直线 $y = \frac{f(b)-f(a)}{b-a}(x-a) + f(a)$ 的下方，从而

$$S_1 = \int_a^b f(x)\,\mathrm{d}x < \int_a^b \left[\frac{f(b)-f(a)}{b-a}(x-a) + f(a)\right]\mathrm{d}x = \frac{1}{2}[f(a) + f(b)](b-a) = S_3.$$

4. 答案：A

提示：$\frac{\mathrm{d}}{\mathrm{d}x}\int_0^x tf'(x^2-t^2)\,\mathrm{d}t = \frac{\mathrm{d}}{\mathrm{d}x}\left[-\frac{1}{2}f(x^2-t^2)\Big|_0^x\right] = \frac{\mathrm{d}}{\mathrm{d}x}\left[-\frac{1}{2}f(0) + \frac{1}{2}f(x^2)\right] = xf'(x^2).$

5. 答案：C

提示：$\int_a^x f(t+a)\,\mathrm{d}t = \int_a^x F'(t+a)\,\mathrm{d}t = F(t+a)\Big|_a^x = F(x+a) - F(2a).$

6. 答案：B

提示：由已知条件，可得 $f(0) = f'(0) = 0$. 由泰勒中值定理，存在 ξ 介于 x 与 0 之间，使得 $f(x) = \frac{1}{2}f''(\xi)x^2 > 0, x\in(-\delta,0)\cup(0,\delta)$，则 $I = \int_{-\delta}^{\delta} f(x)\,\mathrm{d}x > 0$.

7. 答案：A

提示：$F(x) = \int_x^{x+2\pi} \mathrm{e}^{\sin t}\sin t\,\mathrm{d}t = -\mathrm{e}^{\sin t}\cos t\Big|_x^{x+2\pi} + \int_x^{x+2\pi} \mathrm{e}^{\sin t}\cos^2 t\,\mathrm{d}t = \int_x^{x+2\pi} \mathrm{e}^{\sin t}\cos^2 t\,\mathrm{d}t > 0.$

8. 答案：C

提示：$\frac{\sin x}{x}$ 在 $\left[\frac{\pi}{4}, \frac{\pi}{2}\right]$ 上恒正，且为减函数，则有

$$\frac{\sin\frac{\pi}{2}}{\frac{\pi}{2}}\left(\frac{\pi}{2}-\frac{\pi}{4}\right)=\frac{1}{2}<\int_{\frac{\pi}{4}}^{\frac{\pi}{2}}\frac{\sin x}{x}\mathrm{d}x<\frac{\sin\frac{\pi}{4}}{\frac{\pi}{4}}\left(\frac{\pi}{2}-\frac{\pi}{4}\right)=\frac{\sqrt{2}}{2}.$$

二、填空题

1. 答案：$\frac{\pi}{4e}$

提示：$\int_1^{-\infty}\frac{\mathrm{d}x}{e^x+e^{2-x}}\mathrm{d}x=\frac{1}{e}\int_1^{+\infty}\frac{\mathrm{d}e^{x-1}}{e^{2(x-1)}+1}=\frac{1}{e}\arctan e^{x-1}\Big|_1^{+\infty}=\frac{\pi}{4e}.$

2. 答案：$\frac{3}{2}\ln\frac{3}{2}+\ln\frac{1}{2}$

提示：原式$=0+\int_{-\frac{1}{2}}^{\frac{1}{2}}|\ln(1-x)|\,\mathrm{d}x=\int_{-\frac{1}{2}}^{0}\ln(1-x)\mathrm{d}x-\int_0^{\frac{1}{2}}\ln(1-x)\mathrm{d}x=\frac{3}{2}\ln\frac{3}{2}+\ln\frac{1}{2}$

3. 答案：$\frac{5}{2}-\pi$

提示：等式两边乘 $\cos x$，积分得

$$\int_0^{\frac{\pi}{2}}f(x)\cos x\mathrm{d}x=2\int_0^{\frac{\pi}{2}}\cos x\mathrm{d}x\int_0^{\frac{\pi}{2}}f(x)\cos x\mathrm{d}x+\int_0^{\frac{\pi}{2}}x\cos x\mathrm{d}x,$$

则 $\int_0^{\frac{\pi}{2}}f(x)\cos x\mathrm{d}x=1-\frac{\pi}{2}.f(x)=x+2-\pi$，从而$\int_0^1 f(x)\mathrm{d}x=\frac{5}{2}-\pi.$

4. 答案：$\ln x+C$

提示：$f(x)$连续，等式求导得

$$f'(x)=-\frac{1}{x^2}\int_0^x f(t)\mathrm{d}t+\frac{1}{x}f(x)=\frac{1}{x},$$

从而$f(x)=\ln x+C.$

5. 答案：1

提示：$\int_0^2 x\sqrt{1-2x+x^2}\mathrm{d}x=\int_0^2 x|x-1|\,\mathrm{d}x=\int_1^2 x(x-1)\mathrm{d}x+\int_0^1 x(1-x)\mathrm{d}x=1.$

6. 答案：$\ln\sqrt{2}$

提示：等式积分，得 $\int_0^1 f(x)\mathrm{d}x=\int_0^1\frac{1}{x+1}\mathrm{d}x-\int_0^1 2x\mathrm{d}x\int_0^1 f(x)\mathrm{d}x$,从而$\int_0^1 f(x)\mathrm{d}x=\ln\sqrt{2}.$

7. 答案：0

提示：$F\left(\frac{1}{x}\right)=\int_1^{\frac{1}{x}}\frac{\ln t}{1+t^2}\mathrm{d}t=\int_1^x\frac{\ln\frac{1}{u}}{1+\frac{1}{u^2}}\mathrm{d}\left(\frac{1}{u}\right)=\int_1^x\frac{\ln u}{1+u^2}\mathrm{d}u=F(x).$

8. 答案：$-\frac{1}{e}-1$

提示：$f(x)=\frac{1-\ln x}{x^2}.\int_1^e xf'(x)\mathrm{d}x=xf(x)\,|_1^e-\int_1^e f(x)\mathrm{d}x=\frac{1-\ln x}{x}\Big|_1^e-\frac{\ln x}{x}\Big|_1^e=-1-\frac{1}{e}.$

三、计算题

1. 解：$\int_0^{\frac{\pi}{2}}\cos\frac{x}{2}\cos\frac{3x}{2}\mathrm{d}x=\frac{1}{2}\int_0^{\frac{\pi}{2}}(\cos x+\cos 2x)\mathrm{d}x=\frac{1}{2}.$

2. 解：$\int \frac{xe^{-x}}{(1+e^{-x})^2}dx = \frac{xe^{-x}}{1+e^x} - \ln(1+e^x) + C$,

则 $$\int_0^{+\infty} \frac{xe^{-x}}{(1+e^{-x})^2}dx = \lim_{x\to+\infty}\left[\frac{xe^{-x}}{1+e^x} - \ln(1+e^x)\right] + \ln2 = \ln2.$$

3. 解：$\int_0^{\pi} \sqrt{\sin x - \sin^3 x}dx = \int_0^{\pi} \sqrt{\sin x}|\cos x|dx = \int_0^{\frac{\pi}{2}} \sqrt{\sin x}\cos x dx + \int_{\frac{\pi}{2}}^{0} \sqrt{\sin x}(-\cos x)dx$

$= \frac{4}{3}$.

4. 解：$\int_{-2}^{2} \min\left(x^2, \frac{1}{|x|}\right)dx = 2\int_0^2 \min\left(x^2, \frac{1}{|x|}\right)dx = 2\left(\int_0^1 x^2 dx + \int_1^2 \frac{1}{x}dx\right) = 2\left(\frac{1}{3} + \ln2\right)$.

5. 解：当 $x<1$ 时，$\int_0^x f(t)dt = \int_0^x t dt = \frac{x^2}{2}$.

当 $x \geqslant 1$ 时，$\int_0^x f(t)dt = \int_0^1 f(t)dt + \int_1^x f(t)dt = \frac{x^3}{3} + \frac{1}{6}$.

所以 $$\int_0^x f(t)dt = \begin{cases} \frac{x^2}{2} & x<1 \\ \frac{x^3}{3}+\frac{1}{6} & x \geqslant 1 \end{cases}$$

6. 解：$I = \int_0^a (ax - x^2)dx + \int_a^1 (x^2 - 2a)dx = \frac{a^3}{3} - \frac{a}{2} + \frac{1}{3}$.

则 $I' = a^2 - \frac{1}{2}$，所以 $a = \frac{\sqrt{2}}{2}$.

7. 解：$\int_0^{\pi} f(1+\cos x)dx = \int_0^{\frac{\pi}{2}} f(1+\cos x)dx + \int_{\frac{\pi}{2}}^{\pi} f(1+\cos x)dx$

$$\int_{\frac{\pi}{2}}^{\pi} f(1+\cos x)dx \xlongequal{t=\pi-x} -\int_{\frac{\pi}{2}}^{0} f(1-\cos x)dx = -\int_0^{\frac{\pi}{2}} f(1+\cos x)dx$$

所以 $\int_0^{\pi} f(1+\cos x)dx = 0$.

四、证明题

1. 证明：$\int_{-a}^{a} f(x)g(x)dx = \int_{-a}^{0} f(x)g(x)dx + \int_0^a f(x)g(x)dx$.

$$\int_{-a}^{0} f(x)g(x)dx \xlongequal{x=-t} -\int_a^0 f(-t)g(-t)dt = \int_0^a f(-x)g(x)dx.$$

$$\int_{-a}^{a} f(x)g(x)dx = \int_0^a f(-x)g(x)dx + \int_0^a f(x)g(x)dx$$

$$= \int_0^a [f(x) + f(-x)]g(x)dx = A\int_0^a g(x)dx.$$

2. 证明：由题设条件，$\forall x \in [a,b]$，$|f(x) - f(a)| \leqslant x - a$，所以

$$\left|\int_a^b [f(x) - f(a)]dx\right| \leqslant \int_a^b |f(x) - f(a)| dx \leqslant \int_a^b (x-a)dx,$$

即 $\left|\int_a^b f(x)dx - \int_a^b f(a)dx\right| \leqslant \frac{1}{2}(b-a)^2$,

也即

$$\left|\int_a^b f(x)\,\mathrm{d}x-(b-a)f(a)\right|\leqslant\frac{1}{2}(b-a)^2.$$

3. 证明：由拉格朗日中值定理，对任意的 $x\in(a,b)$，有

$$f(x)=f(x)-f(a)=(x-a)f'(\xi_1)\,(a<\xi_1<x),$$
$$-f(x)=f(b)-f(x)=(b-x)f'(\xi_2)\,(x<\xi_2<b).$$

由于 $f'(x)$ 在 $[a,b]$ 上连续，存在 $M=\max\limits_{a\leqslant x\leqslant b}|f'(x)|$，因此有

$$|f(x)|\leqslant M(x-a),\ |f(x)|\leqslant M(b-x).$$

于是 $\dfrac{4}{(b-a)^2}\displaystyle\int_a^b|f(x)|\,\mathrm{d}x=\dfrac{4}{(b-a)^2}\left[\int_a^x|f(t)|\,\mathrm{d}t+\int_x^b|f(t)|\,\mathrm{d}t\right]$

$$\leqslant\frac{4}{(b-a)^2}M\left[\int_a^x(t-a)\,\mathrm{d}t+\int_x^b(b-t)\,\mathrm{d}t\right]$$

$$=\frac{2M}{(b-a)^2}[(x-a)^2+(x-b)^2].$$

上式对于 $[a,b]$ 中的一切 x 均成立，取 $x_0=\dfrac{1}{2}(a+b)$ 代入有

$$\frac{4}{(b-a)^2}\int_a^b|f(x)|\,\mathrm{d}x\leqslant\frac{2M}{(b-a)^2}\left[\left(\frac{a+b}{2}-a\right)^2+\left(\frac{a+b}{2}-b\right)^2\right]=M=\max|f'(x)|.$$

五、应用题

1. 解：

(1) 分别对 $y=a\sqrt{x}$ 和 $y=\ln\sqrt{x}$ 求导得 $y'=\dfrac{a}{2\sqrt{x}}$，$y'=\dfrac{1}{2x}$. 可见

$$\frac{a}{2\sqrt{x_0}}=\frac{1}{2x_0}，则\ x_0=\frac{1}{a^2}，所以\ y_0=\frac{1}{2}\ln\frac{1}{a^2}，所以\ a=\frac{1}{\mathrm{e}}，x_0=\mathrm{e}^2，y_0=1.$$

(2) $S=\displaystyle\int_0^1(\mathrm{e}^{2y}-\mathrm{e}^2y^2)\,\mathrm{d}y=\frac{1}{2}\mathrm{e}^{2y}\Big|_0^1-\frac{1}{3}\mathrm{e}^2y^3\Big|_0^1=\frac{1}{6}\mathrm{e}^2-\frac{1}{2}.$

2. 解：

(1) 当 $0<a<1$ 时，$S=\displaystyle\int_0^a(ax-x^2)\,\mathrm{d}x+\int_a^1(x^2-ax)\,\mathrm{d}x=\frac{1}{3}a^3-\frac{1}{2}a+\frac{1}{3}.$

$$S'=\int_0^a(ax-x^2)\,\mathrm{d}x+\int_a^1(x^2-ax)\,\mathrm{d}x=a^2-\frac{1}{2}=0,$$

得 $a=\dfrac{1}{\sqrt{2}}$，$S''\left(\dfrac{1}{\sqrt{2}}\right)=\sqrt{2}>0$. 所以 $S\left(\dfrac{1}{\sqrt{2}}\right)$ 是极小值即最小值，其值为 $S\left(\dfrac{1}{\sqrt{2}}\right)=\dfrac{2-\sqrt{2}}{6}$.

当 $a\leqslant0$ 时，$S=\displaystyle\int_a^0(ax-x^2)\,\mathrm{d}x+\int_0^1(x^2-ax)\,\mathrm{d}x=-\frac{1}{6}a^3-\frac{1}{2}a+\frac{1}{3}.$

$S'=-\dfrac{1}{2}a^2-\dfrac{1}{2}<0$，$S$ 单调减少，故 $a=0$ 时，S 取最小值，此时 $S=\dfrac{1}{3}$.

(2) 当 $0<a<1$ 时，$V_x=\pi\displaystyle\int_0^{\frac{1}{\sqrt{2}}}\left(\frac{1}{2}x^2-x^4\right)\mathrm{d}x+\pi\int_{\frac{1}{\sqrt{2}}}^1\left(x^4-\frac{1}{2}x^2\right)\mathrm{d}x=\frac{\sqrt{2}+1}{30}\pi$. 当 $a=0$ 时，

$V_x=\pi\displaystyle\int_0^1x^4\,\mathrm{d}x=\frac{\pi}{5}.$

第 6 章

自测试题 A

一、选择题(单选或多选)

1. 答案：B

2. 答案：D

提示：若 $\frac{\partial^2 f}{\partial x\partial y},\frac{\partial^2 f}{\partial y\partial x}$ 在 D 内存在不连续，不能保证 $\frac{\partial^2 f}{\partial x\partial y}=\frac{\partial^2 f}{\partial y\partial x}$. 函数偏导数存在是函数可微的必要非充分条件.

3. 答案：D

4. 答案：D

提示：$f_x(x_0,y_0)=0,f_y(x_0,y_0)=0$ 不能保证函数 $f(x,y)$ 在点 (x_0,y_0) 取得极值；反之，函数 $f(x,y)$ 在点 (x_0,y_0) 取得极值，则 $f(x,y)$ 在点 (x_0,y_0) 不一定存在偏导数.

5. 答案：D

提示：$f_y(1,0)=\lim\limits_{\Delta y\to 0}\frac{[(\Delta y)^2-1]-(-1)}{\Delta y}=0.$

6. 答案：BD

提示：令 $D_{\mathrm{I}},D_{\mathrm{II}}$ 分别表示区域 D 与第一、二象限的交集. 则

$$\iint_D |xy|\,\mathrm{d}x\mathrm{d}y=\iint_{D_{\mathrm{I}}}xy\mathrm{d}x\mathrm{d}y+\iint_{D_{\mathrm{II}}}(-xy)\mathrm{d}x\mathrm{d}y=\int_0^a\mathrm{d}x\int_0^{\sqrt{a^2-x^2}}xy\mathrm{d}y+\int_{-a}^0\mathrm{d}x\int_0^{\sqrt{a^2-x^2}}(-xy)\mathrm{d}y.$$

令 $\begin{cases}x=r\cos\theta\\y=r\sin\theta\end{cases}$，则

$$\iint_D |xy|\,\mathrm{d}x\mathrm{d}y=\iint_{D_{\mathrm{I}}}xy\mathrm{d}x\mathrm{d}y+\iint_{D_{\mathrm{II}}}(-xy)\mathrm{d}x\mathrm{d}y=\int_0^{\frac{\pi}{2}}\mathrm{d}\theta\int_0^a r^3\cos\theta\sin\theta\mathrm{d}r-\int_{\frac{\pi}{2}}^{\pi}\mathrm{d}\theta\int_0^a r^3\cos\theta\sin\theta\mathrm{d}r.$$

7. 答案：B

提示：$\iint_D xy^2\mathrm{d}\sigma=\int_{-R}^R\int_0^{\sqrt{R^2-x^2}}xy^2\mathrm{d}x\mathrm{d}y=\int_{-R}^R\frac{x}{3}(\sqrt{R^2-x^2})^3\mathrm{d}x=0.$

8. 答案：B

二、填空题

1. 答案：$\begin{cases}0<x\leqslant x^2+y^2<2x\\|y|\leqslant x\end{cases}$

提示：$x\neq 0,\left|\frac{y}{x}\right|\leqslant 1$，且 $\frac{x^2+y^2-x}{2x-x^2-y^2}\geqslant 0$. 由此得，$|y|\leqslant x,x\neq 0$ 且 $\begin{cases}x^2+y^2-x\geqslant 0\\2x-x^2-y^2>0\end{cases}$，即

$$\begin{cases}0<x\leqslant x^2+y^2<2x\\|y|\leqslant x\end{cases}.$$

2. 答案：$f(x)=x(x+2),z(x,y)=\sqrt{y}+x-1$

提示：$1+f(\sqrt{x}-1)=x$，可得，$f(x)=x(x+2),z(x,y)=\sqrt{y}+f(\sqrt{x}-1)=\sqrt{y}+x-1.$

3. 答案：$-\frac{1}{2}$

提示：由于 $\begin{cases}\frac{\partial F}{\partial x}+\frac{\partial F}{\partial z}\cdot\frac{\partial z}{\partial x}=0\\ \frac{\partial F}{\partial y}+\frac{\partial F}{\partial z}\cdot\frac{\partial z}{\partial y}=0\end{cases}$，则 $\frac{\partial z}{\partial x}=-\frac{\frac{\partial F}{\partial x}}{-\frac{\frac{\partial F}{\partial y}}{\frac{\partial z}{\partial y}}}$. 从而 $\left.\frac{\partial z}{\partial x}\right|_{(1,1,1)}=-\frac{1}{2}$.

4. 答案：$2xf'(x^2+y^2)$

提示：$\frac{\partial z}{\partial x}=f'(x^2+y^2).2x$.

5. 答案：$dx-dy$

提示：$\ln f(x,y,z)=\frac{1}{z}(\ln x-\ln y)$，两边求微分，可得

$df=f(x,y,z)\cdot\left[-\frac{dz}{z^2}(\ln x-\ln y)+\frac{1}{z}\left(\frac{dx}{x}-\frac{dy}{y}\right)\right]$，则 $df(1,1,1)=dx-dy$.

6. 答案：$\int_0^1 dx\int_0^{x^2}f(x,y)dy+\int_1^{\sqrt{2}}dx\int_0^{\sqrt{2-x^2}}f(x,y)dy$

提示：积分区域：$D=\{(x,y)\mid\sqrt{y}\leqslant x\leqslant\sqrt{2-y^2},0\leqslant y\leqslant 1\}$，则易知 $0\leqslant x\leqslant\sqrt{2}$，且 $\begin{cases}y\leqslant x^2\\0\leqslant y\leqslant\sqrt{2-x^2}\end{cases}$，比较 x^2 与 $\sqrt{2-x^2}$ 大小关系，可得

$D=\{(x,y)\mid 0\leqslant x\leqslant 1,0\leqslant y\leqslant x^2\}\cup\{(x,y)\mid 1\leqslant x\leqslant\sqrt{2},0\leqslant y\leqslant\sqrt{2-x^2}\}$.

7. 答案：$\frac{1}{2}(1-e^{-1})$

提示：$\int_0^1 dx\int_x^1 e^{-y^2}dy=\int_0^1 e^{-y^2}dy\int_0^y dx=\int_0^1 e^{-y^2}y\,dy=-\left.\frac{1}{2}e^{-y^2}\right|_0^1=\frac{1}{2}(1-e^{-1})$.

8. 答案：$\{(x,y)\mid y^2-2x=0\}$

三、计算题

1. 解：$D=\{(x,y)\mid x>0,y>x+1$ 或 $x<0,x<y<x+1\}$，图形略.

2. 解：$\frac{\partial^2 z}{\partial x\partial y}=f_1e^x+y(e^x)^2f_{11}+(2x-y)e^xf_{12}-2xf_{22}$.

3. 解：$\frac{\partial z}{\partial x}=(2x+y)e^{-\arctan\frac{y}{x}},\frac{\partial z}{\partial y}=(2y-x)e^{-\arctan\frac{y}{x}}$，

所以 $dz=[(2x+y)dx+(2y-x)dy]e^{-\arctan\frac{y}{x}}$.

4. 解：$\frac{\partial F}{\partial x}=F_1-\frac{z}{x^2}F_2$，$\frac{\partial F}{\partial y}=-\frac{z}{y^2}F_1+F_2$，$\frac{\partial F}{\partial z}=\frac{1}{y}F_1+\frac{1}{x}F_2$

所以 $\frac{\partial z}{\partial x}=\frac{-x^2yF_1+yzF_2}{x(xF_1+yF_2)}$，$\frac{\partial z}{\partial y}=\frac{xzyF_1-xy^2F_2}{y(xF_1+yF_2)}$，

由此可得 $x\frac{\partial z}{\partial x}+y\frac{\partial z}{\partial y}=z-xy$.

5. 解：方程两边对 x 求导得

$$4x+2z\frac{\partial z}{\partial x}+8z+8x\frac{\partial z}{\partial x}+2\frac{\partial z}{\partial x}=0$$

将点(1,1,1)代入并解出 $\left.\frac{\partial z}{\partial x}\right|_{(1,1,1)}=-1$.

对 $4x+2z\frac{\partial z}{\partial x}+8z+8x\frac{\partial z}{\partial x}+2\frac{\partial z}{\partial x}=0$ 两边继续求导得

$$4+2\left(\frac{\partial z}{\partial x}\right)^2+2z\frac{\partial^2 z}{\partial x^2}+8\frac{\partial z}{\partial x}+8\frac{\partial z}{\partial x}+8x\frac{\partial^2 z}{\partial x^2}+2\frac{\partial^2 z}{\partial x^2}=0$$

将点(1,1,1)及 $\left.\frac{\partial z}{\partial x}\right|_{(1,1,1)}=-1$ 代入，解出 $\left.\frac{\partial^2 z}{\partial x^2}\right|_{(1,1,1)}=\frac{5}{6}$.

6. 解：目标函数为 $u=x^2+y^2+z^2$，约束条件为 $x^2+y^2-z=0, x+y+z-1=0$.
作拉格朗日函数 $F(x,y,z)=x^2+y^2+z^2+\lambda_1(x^2+y^2-z)+\lambda_2(x+y+z-1)$，

求可能极值点，解方程组 $\begin{cases}F_x=2x+2\lambda_1 x+\lambda_2=0\\F_y=2y+2\lambda_1 y+\lambda_2=0\\F_x=2z-\lambda_1+\lambda_2=0\\x^2+y^2-z=0\\x+y+z-1=0\end{cases}$

得 $x=y=\frac{-1\pm\sqrt{3}}{2}$，$z=2\mp\sqrt{3}$，得到两个可能的极值点，由问题的几何意义知存在最大值和最小值.

所以当 $x=y=\frac{-1-\sqrt{3}}{2}$，$z=2+\sqrt{3}$时，点 P 到原点的距离最大，其距离为 $d=\sqrt{9+5\sqrt{3}}$；

当 $x=y=\frac{-1+\sqrt{3}}{2}$，$z=2-\sqrt{3}$时，点 P 到原点的距离最小，其距离为 $d=\sqrt{9-5\sqrt{3}}$.

7. 解：由被积函数和积分域的特点考虑用极坐标积分

$$\iint_D\frac{xy}{x^2+y^2}\mathrm{d}\sigma=\int_{\frac{\pi}{4}}^{\frac{5\pi}{4}}\mathrm{d}\theta\int_1^{\sqrt{2}}\cos\theta\sin\theta r\mathrm{d}r=0.$$

8. 解 1：因 $f(x)=\int_1^{x^2}\frac{\sin y}{y}\mathrm{d}y$ 的被积函数不是初等函数不能直接积分，代入有

$$\int_0^1 x^3f(x)\mathrm{d}x=\int_0^1 x^3\left(\int_1^{x^2}\frac{\sin y}{y}\mathrm{d}y\right)\mathrm{d}x=\int_0^1\mathrm{d}x\int_1^{x^2}x^3\frac{\sin y}{y}\mathrm{d}y$$

交换积分顺序得 $\int_0^1 x^3f(x)\mathrm{d}x=-\int_0^1\mathrm{d}y\int_0^{\sqrt{y}}x^3\frac{\sin y}{y}\mathrm{d}x=\frac{1}{4}(\cos 1-\sin 1)$.

解 2：利用分部积分法及变上限定积分的导数计算

$\int_0^1 x^3f(x)\mathrm{d}x=\frac{1}{4}\int_0^1 f(x)\mathrm{d}x^4=\frac{1}{4}\left(x^4f(x)\Big|_0^1-\int_0^1 x^4f'(x)\mathrm{d}x\right)=-\frac{1}{4}\int_0^1 x^4\frac{\sin x^2}{x^2}2x\mathrm{d}x$，再分部积分得 $\frac{1}{4}(\cos 1-\sin 1)$.

9. 解：$\iint\limits_{D}\sqrt{|y-x^2|}\mathrm{d}\sigma=\iint\limits_{D1}\sqrt{|x^2-y|}\mathrm{d}x\mathrm{d}y+\iint\limits_{D1}\sqrt{|y-x^2|}\mathrm{d}x\mathrm{d}y$

$$=\int_{-1}^{1}\mathrm{d}x\int_{0}^{x^2}\sqrt{x^2-y}\mathrm{d}y+\int_{-1}^{1}\mathrm{d}x\int_{x^2}^{2}\sqrt{y-x^2}\mathrm{d}y$$

$$=\int_{-1}^{1}\left[-\frac{2}{3}(x^2-y)^{\frac{3}{2}}\Big|_{0}^{x^2}\right]\mathrm{d}x+\int_{-1}^{1}\left[\frac{2}{3}(y-x^2)^{\frac{3}{2}}\Big|_{x^2}^{2}\right]\mathrm{d}x$$

$$=\int_{-1}^{1}|x|^3\mathrm{d}x+\frac{2}{3}\int_{-1}^{1}(2-x^2)^{\frac{2}{3}}\mathrm{d}x=\frac{5}{3}+\frac{\pi}{2}.$$

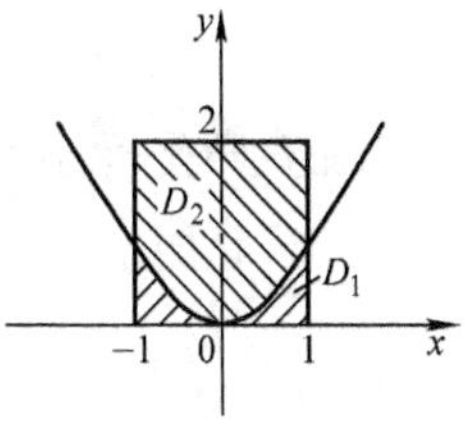

10. 解：在积分区域内有，其面积为 2π，且 $7\leqslant 4x^2+y^2+7\leqslant 4(x^2+y^2)+7\leqslant 15$，所以 $14\pi=7\cdot 2\pi\leqslant\iint\limits_{x^2+y^2\leqslant 2}(4x^2+y^2+7)\mathrm{d}\sigma\leqslant 15\cdot 2\pi=30\pi.$

四、证明题

$$\iint\limits_{D}f(y-x)\mathrm{d}x\mathrm{d}y=\int_{-a}^{a}\mathrm{d}x\int_{-a}^{a}f(y-x)\mathrm{d}y=\int_{-a}^{a}\mathrm{d}x\int_{-a}^{a}f(y-x)\mathrm{d}(y-x)$$

令 $t=y-x$，原式 $\int_{-a}^{a}\mathrm{d}x\int_{-a-x}^{a-x}f(t)\mathrm{d}t$

交换积分顺序

$$\iint\limits_{D}f(y-x)\mathrm{d}x\mathrm{d}y=\int_{-a}^{a}\mathrm{d}x\int_{-a}^{a}f(y-x)\mathrm{d}y=\int_{-2a}^{0}\mathrm{d}t\int_{-a-t}^{a}f(t)\mathrm{d}x+\int_{0}^{2a}\mathrm{d}t\int_{-a}^{a-t}f(t)\mathrm{d}x$$

$$=\int_{-2a}^{0}f(t)(2a+t)\mathrm{d}t+\int_{0}^{2a}f(t)(2a-t)\mathrm{d}t,$$

又因为 $\int_{-2a}^{0}f(t)(2a+t)\mathrm{d}t\xlongequal{v=-t}\int_{2a}^{0}f(-v)(2a-v)\mathrm{d}(-v)\xlongequal{f\text{偶}}\int_{0}^{2a}f(v)(2a-v)\mathrm{d}v$

$$=\int_{0}^{2a}f(t)(2a-t)\mathrm{d}t,$$

所以 $\iint\limits_{D}f(y-x)\mathrm{d}x\mathrm{d}y=2\int_{0}^{2a}f(t)(2a-t)\mathrm{d}t.$

自测试题 B

一、选择题（单选或多选）

1. 答案：A

提示：由 $\begin{cases}x+y=u\\x-y=v\end{cases}$，得 $2(x^2+y^2)=u^2+v^2$，$x^2-y^2=(x+y)(x-y)=uv.$

$f(u,v)=(u^2+v^2)\mathrm{e}^{uv}.$

2. 答案：A

3. 答案：AB

提示：函数 $f(x,y)$ 的偏导数连续，则 $f(x,y)$ 在区域 D 上可微，从而连续.

4. 答案：D

5. 答案：C

提示：等式在区域 D 上积分，得

$$\iint_D f(x,y)\,\mathrm{d}x\mathrm{d}y = \iint_D xy\mathrm{d}x\mathrm{d}y + \int_0^1 x^2\mathrm{d}x\iint_D f(u,v)\,\mathrm{d}u\mathrm{d}v,$$

则 $\iint_D f(x,y)\,\mathrm{d}x\mathrm{d}y = \dfrac{3}{2}\int_0^1 x\mathrm{d}x\int_0^{x^2} y\mathrm{d}y = \dfrac{1}{8}$，从而 $f(x,y) = xy + \dfrac{1}{8}$.

6. 答案：C

提示：令 $\begin{cases} x = r\cos\theta \\ y = r\sin\theta \end{cases}$，则 $r\mathrm{d}r\mathrm{d}\theta = \mathrm{d}x\mathrm{d}y$，由此知函数 $f(x,y)$ 的积分区域为 $\begin{cases} 0\leqslant\theta\leqslant\dfrac{\pi}{4}, \\ 0\leqslant r\leqslant 1 \end{cases}$

在直角坐标系下为 $\begin{cases} 0\leqslant x^2+y^2\leqslant 1 \\ 0\leqslant y\leqslant x \end{cases}$，即 $\begin{cases} y\leqslant x\leqslant\sqrt{1-y^2} \\ 0\leqslant y\leqslant\dfrac{\sqrt{2}}{2} \end{cases}$ 则

$$\int_0^{\frac{\pi}{4}}\mathrm{d}\theta\int_0^1 f(r\cos\theta, r\sin\theta)\,r\mathrm{d}r = \int_0^{\frac{\sqrt{2}}{2}}\mathrm{d}y\int_y^{\sqrt{1-y^2}} f(x,y)\,\mathrm{d}x.$$

7. 答案：A

8. 答案：C

提示：当 x,y 沿直线 $y=kx$（k 为任意非零常数）趋于零时，$f(x,y)\to\dfrac{k}{1+k^2}\neq 0$，不连续. 但

$$f_x(0,0) = \lim_{\Delta x\to 0}\frac{f(0+\Delta x,0)-f(0,0)}{\Delta x} = 0, f_y(0,0) = \lim_{\Delta y\to 0}\frac{f(0+\Delta y,0)-f(0,0)}{\Delta y} = 0.$$

二、填空题

1. 答案：0.04

提示：$\mathrm{d}z = \dfrac{\partial z}{\partial x}\Delta x + \dfrac{\partial z}{\partial y}\Delta y = \left.\dfrac{2x}{x^2+y^2}\right|_{\substack{x=2\\y=1}}\cdot\Delta x + \left.\dfrac{2y}{x^2+y^2}\right|_{\substack{x=2\\y=1}}\cdot\Delta y = 0.04.$

2. 答案：-4

提示：$\lim\limits_{\substack{x\to 0\\y\to 0}}\dfrac{2\sin xy}{1-\sqrt{xy+1}} = -\lim\limits_{z\to 0}\dfrac{2\sin z}{\sqrt{z+1}-1} = -\lim\limits_{z\to 0}\dfrac{2z}{\frac{1}{2}z} = -4.$

3. 答案：$x+y$

提示：作变量替换 $\begin{cases} u = x+y \\ v = x-y \end{cases}$，得 $f(u,v)=uv$，则 $f'_x(x,y)+f'_y(x,y)=x+y$.

4. 答案：$2f'_y(a,b)$

提示：$\lim\limits_{y\to 0}\dfrac{f(a,b+y)-f(a,b-y)}{y} = \lim\limits_{y\to 0}\dfrac{f(a,b+y)-f(a,b)}{y} + \lim\limits_{y\to 0}\dfrac{f(a,b-y)-f(a,b)}{-y}$

$=2f'_y(a,b)$.

5. 答案：$F_x+F_y\cdot y'+F_t\cdot t'=0$，其中 $y'=\dfrac{\mathrm{d}y}{\mathrm{d}x}, t'=\dfrac{\mathrm{d}t}{\mathrm{d}x}$.

6. 答案：$\dfrac{5}{2}$

提示：$\int_0^3\mathrm{d}x\int_{\frac{\pi}{2}}^{\pi}|x-2|\sin y\mathrm{d}y = \int_0^2(2-x)\,\mathrm{d}x\int_{\frac{\pi}{2}}^{\pi}\sin y\mathrm{d}y + \int_2^3(x-2)\,\mathrm{d}x\int_{\frac{\pi}{2}}^{\pi}\sin y\mathrm{d}y = \dfrac{5}{2}.$

7. 答案：$\frac{\pi}{4}R^4\left(\frac{1}{a^2}+\frac{1}{b^2}\right)$

提示：令$\begin{cases}x=r\cos\theta\\y=r\sin\theta\end{cases}$，有 $\mathrm{d}x\mathrm{d}y=r\mathrm{d}r\mathrm{d}\theta$，则

$$\iint_D\left(\frac{x^2}{a^2}+\frac{y^2}{b^2}\right)\mathrm{d}x\mathrm{d}y=\int_0^R\mathrm{d}r\int_0^{2\pi}\left(\frac{\cos^2\theta}{a^2}+\frac{\sin^2\theta}{b^2}\right)r^2\cdot r\mathrm{d}\theta$$

$$=\pi\left(\frac{1}{a^2}+\frac{1}{b^2}\right)\int_0^R r^3\mathrm{d}r=\frac{\pi}{4}R^4\left(\frac{1}{a^2}+\frac{1}{b^2}\right).$$

8. 答案：$f(x,y)=y^2+(x-1)y+2$

提示：将 x 看做参数，由泰勒中值定理，则有

$$f(x,y)=f(x,1)+f'_y(x,1)(y-1)+\frac{f''_y(x,\xi)}{2!}(y-1)^2$$

$$=(x+2)+(x+1)(y-1)+(y-1)^2$$

$$=y^2+(x-1)y+2.$$

三、计算题

1. (1)解：因为 $x^2+y^2\geqslant 2xy, x>0, y>0$，所以 $0<\frac{xy}{x^2+y^2}\leqslant\frac{1}{2}$，从而 $0<\left(\frac{xy}{x^2+y^2}\right)^{x^2y^2}\leqslant\left(\frac{1}{2}\right)^{x^2y^2}$，又因为 $\lim\limits_{\substack{x\to+\infty\\y\to+\infty}}\left(\frac{1}{2}\right)^{x^2y^2}=0$，所以 $\lim\limits_{\substack{x\to+\infty\\y\to+\infty}}\left(\frac{xy}{x^2+y^2}\right)^{x^2y^2}=0$.

(2)解：因为$\lim\limits_{\substack{x\to0\\y=x}}\frac{x^2y+xy}{x+y}=\lim\limits_{x\to0}\frac{x^3+x^2}{2x}=\frac{1}{2}(x^2+x)=0$，

$$\lim_{\substack{x\to0\\y=x^2-x}}\frac{x^2y+xy}{x+y}=\lim_{x\to0}\frac{x^2(x^2-x)+x(x^2-x)}{x+x^2-x}=\lim_{x\to0}\frac{1}{2}(x^2-1)=-1,$$

所以$\lim\limits_{\substack{x\to0\\y\to0}}\frac{x^2y+xy}{x+y}$不存在.

2. 解：$\frac{\partial u}{\partial x}=\frac{\partial f}{\partial x}+\frac{\partial f}{\partial z}\cdot\frac{\partial z}{\partial x}=y+F(z)+xF'(z)\left(-\frac{y}{x^2}\right)=y+F(z)-\frac{y}{x}F'(z)$，

$\frac{\partial u}{\partial y}=\frac{\partial f}{\partial y}+\frac{\partial f}{\partial z}\cdot\frac{\partial z}{\partial y}=x+F'(z)$.

3. 解：记$f(a,b)=\int_{-1}^1 P^2(x)\mathrm{d}x$，

求驻点$\begin{cases}\frac{\partial f}{\partial a}=\frac{4}{3}a=0\\\frac{\partial f}{\partial b}=\frac{4}{3}+4b=0\end{cases}$，即$\begin{cases}a=0\\b=-\frac{1}{3}\end{cases}$.

又 $\frac{\partial^2 f}{\partial a^2}=\frac{4}{3}$，$\frac{\partial^2 f}{\partial b^2}=4$，$\frac{\partial^2 f}{\partial a\partial b}=0$，$B^2-AC<0, A>0$，所以驻点是极值点，又驻点唯一，故极小值就是最小值，于是所求多项式为 $P(x)=x^2-\frac{1}{3}$.

4. 解：所求函数在闭区域 $x^2+y^2\leqslant a^2$ 内连续一定有最大值与最小值，分别求区域内的无条件极值与边界上的条件极值.

区域内有唯一驻点(0, 0)，且 $z(0,0)=2a^2$，边界上的最大值为 $3a^2$，最小值为 a^2. 所以所求函数在闭区域 $x^2+y^2\leqslant a^2$ 上的最大值与最小值分别为 $3a^2$ 与 a^2.

5. 解：
$$\frac{\mathrm{d}u}{\mathrm{d}x}=\frac{\partial f}{\partial x}+\frac{\partial f}{\partial y}\frac{\mathrm{d}y}{\mathrm{d}x}+\frac{\partial t}{\partial z}\frac{\mathrm{d}z}{\mathrm{d}x}.\ (*)$$

由 $\mathrm{e}^{xy}-xy=2$ 两边对 x 求导得 $\frac{\mathrm{d}y}{\mathrm{d}x}=-\frac{y}{x}$，

由 $\mathrm{e}^{x}=\int_0^{x-z}\frac{\sin t}{t}\mathrm{d}t$ 两边对 x 求导得 $\frac{\mathrm{d}z}{\mathrm{d}x}=1-\frac{\mathrm{e}^x(x-z)}{\sin(x-z)}$，

代入(*)式得 $\frac{\mathrm{d}u}{\mathrm{d}x}=\frac{\partial f}{\partial x}-\frac{y}{x}\frac{\partial f}{\partial y}+\left[1-\frac{\mathrm{e}^x(x-z)}{\sin(x-z)}\right]\frac{\partial f}{\partial z}.$

6. 解：$\iint\limits_D\frac{\sin x}{x}\mathrm{d}\sigma=\int_0^1\mathrm{d}x\int_{x^2}^{x}\frac{\sin x}{x}\mathrm{d}y=\int_0^1\left(\frac{\sin x}{x}y\right)\Big|_{x^2}^{x}\mathrm{d}x=1-\sin1.$

7. 解：$f(x)=\int_1^{x^2}\mathrm{e}^{-y^2}\mathrm{d}y$，求 $\int_0^1 xf(x)\mathrm{d}x=\int_0^1\mathrm{d}x\int_1^{x^2}x\mathrm{e}^{-y^2}\mathrm{d}y$

$$\xlongequal{\text{交换积分顺序}}-\int_0^1\mathrm{d}y\int_0^{\sqrt{y}}x\mathrm{e}^{-y^2}\mathrm{d}x=\frac{1}{4}\left(\frac{1}{\mathrm{e}}-1\right).$$

8. 解：积分区域分为两部分 $D_1:\begin{cases}\frac{1}{2}\leqslant x\leqslant\sqrt{y}\\ \frac{1}{4}\leqslant y\leqslant\frac{1}{2}\end{cases}$，$D_2:\begin{cases}y\leqslant x\leqslant\sqrt{y}\\ \frac{1}{2}\leqslant y\leqslant1\end{cases}$，

交换积分顺序得　$I=\int_{\frac{1}{2}}^1\mathrm{d}x\int_{x^2}^{x}\mathrm{e}^{\frac{y}{x}}\mathrm{d}y=\int_{\frac{1}{2}}^1x(\mathrm{e}-\mathrm{e}^x)\mathrm{d}x=\frac{3}{8}\mathrm{e}-\frac{1}{2}\sqrt{\mathrm{e}}.$

9. 解：积分区域 D 分为大圆 $D_1=\{(x,y)\mid x^2+y^2\leqslant4\}$

减去小圆 $D_2=\{(x,y)\mid(x+1)^2+y^2\leqslant1\}$，

再利用对称性与极坐标计算即可 .

令 $D_1=\{(x,y)\mid x^2+y^2\leqslant4\}$，$D_2=\{(x,y)\mid(x+1)^2+y^2\leqslant1\}$. 由对称性，$\iint\limits_D y\mathrm{d}\sigma=0$.

$$\begin{aligned}\iint\limits_D\sqrt{x^2+y^2}\mathrm{d}\sigma&=\iint\limits_{D_1}\sqrt{x^2+y^2}\mathrm{d}\sigma-\iint\limits_{D_2}\sqrt{x^2+y^2}\mathrm{d}\sigma\\&=\int_0^{2\pi}\mathrm{d}\theta\int_0^2r^2\mathrm{d}r-\int_{\frac{\pi}{2}}^{\frac{3\pi}{2}}\mathrm{d}\theta\int_0^{-2\cos\theta}r^2\mathrm{d}r\\&=\frac{16\pi}{3}-\frac{32}{9}=\frac{16}{9}(3\pi-2),\end{aligned}$$

所以，$\iint\limits_D(\sqrt{x^2+y^2}+y)\mathrm{d}\sigma=\frac{16}{9}(3\pi-2).$

10. 解：令 $A=\iint\limits_D f(u,v)\mathrm{d}u\mathrm{d}v$，则 $f(x,y)=\sqrt{1-x^2-y^2}-\frac{8}{\pi}A$，

$$A=\iint\limits_D\left[\sqrt{1-x^2-y^2}-\frac{8}{\pi}\right]A\mathrm{d}x\mathrm{d}y=\iint\limits_D\sqrt{1-x^2-y^2}\mathrm{d}x\mathrm{d}y-A,$$

$$A=\frac{1}{2}\iint\limits_D\sqrt{1-x^2-y^2}\mathrm{d}x\mathrm{d}y=\frac{1}{2}\int_0^{\frac{\pi}{2}}\mathrm{d}\theta\int_0^{\sin\theta}\sqrt{1-r^2}r\mathrm{d}r=\frac{1}{6}\left(\frac{\pi}{2}-\frac{2}{3}\right),$$

所以$f(x,y)=\sqrt{1-x^2-y^2}-\dfrac{4}{3\pi}\left(\dfrac{\pi}{2}-\dfrac{2}{3}\right)$.

四、证明题

1. 证明：因为 t 是 x,y 的隐函数，所以 $\dfrac{\partial t}{\partial x}=-\dfrac{\dfrac{\partial F}{\partial x}}{\dfrac{\partial F}{\partial t}}$，$\dfrac{\partial t}{\partial y}=-\dfrac{\dfrac{\partial F}{\partial y}}{\dfrac{\partial F}{\partial t}}$，

又 $y=f(x,t)=f(x,t(x,y))$，有$\dfrac{dy}{dx}=\dfrac{\partial f}{\partial x}+\dfrac{\partial f}{\partial t}\left(\dfrac{\partial t}{\partial x}+\dfrac{\partial t}{\partial y}\dfrac{dy}{dx}\right)$.

所以 $\dfrac{dy}{dx}=\dfrac{\dfrac{\partial f}{\partial x}+\dfrac{\partial f}{\partial t}\cdot\dfrac{\partial t}{\partial x}}{1-\dfrac{\partial f}{\partial t}\cdot\dfrac{\partial t}{\partial y}}=\dfrac{\dfrac{\partial f}{\partial x}+\dfrac{\partial f}{\partial t}\left(-\dfrac{\partial F}{\partial x}\Big/\dfrac{\partial F}{\partial t}\right)}{1-\dfrac{\partial f}{\partial t}\left(-\dfrac{\partial F}{\partial y}\Big/\dfrac{\partial F}{\partial t}\right)}=\dfrac{\dfrac{\partial f}{\partial x}\cdot\dfrac{\partial F}{\partial t}-\dfrac{\partial f}{\partial t}\cdot\dfrac{\partial F}{\partial x}}{\dfrac{\partial F}{\partial t}+\dfrac{\partial f}{\partial t}\cdot\dfrac{\partial F}{\partial y}}$.

2. 证明：方程两边分别对 x,y 求偏导数有 $\dfrac{\partial z}{\partial x}=-\dfrac{2xyF'}{F^2}$，$\dfrac{\partial z}{\partial y}=\dfrac{F+2y^2F'}{F^2}$，代入即可.

3. 证明：因为$\int_{-\infty}^{\infty}e^{-x^2}dx=\lim\limits_{R\to\infty}\int_{-R}^{R}e^{-x^2}dx$，又记$I=\int_{-R}^{R}\int_{-R}^{R}e^{-x^2-y^2}dxdy=\left(\int_{-R}^{R}e^{-x^2}dx\right)^2$，令$D=\{(x,y)\mid -R\leqslant x\leqslant R,\ -R\leqslant y\leqslant R\}$，$D_1:x^2+y^2\leqslant R^2$，$D_2:x^2+y^2\leqslant(\sqrt{2}R)^2$，

则有 $\iint\limits_{D_1}e^{-(x^2+y^2)}dxdy<\int_{-R}^{R}\int_{-R}^{R}e^{-(x^2+y^2)}dxdy<\iint\limits_{D_2}e^{-(x^2+y^2)}dxdy$.

利用极坐标计算两边的二重积分得

$$\int_0^{2\pi}\int_0^{R}e^{-r^2}rdrd\theta<I<\int_0^{2\pi}\int_0^{\sqrt{2}R}e^{-r^2}rdrd\theta,$$

所以 $\sqrt{\pi(1-e^{-R^2})}<\sqrt{I}<\sqrt{\pi(1-e^{-2R^2})}$，两边取极限 $R\to\infty$，有$\lim\limits_{R\to\infty}\int_{-R}^{R}e^{-x^2}dx=\sqrt{\pi}$，

所以 $\int_{-\infty}^{\infty}e^{-x^2}dx=\sqrt{\pi}$.

自测试题 C

一、单项选择题

1. 答案：C
2. 答案：A
3. 答案：D

提示：令 $F(x,y,z)=xy-z\ln y+e^{xz}-1$. 在点$(0,1,1)$处，$F_x=y-ze^{xz}=0$，$F_y=x-\dfrac{z}{y}=-1$，$F_z=-\ln y+xe^{xz}=0$. 由隐函数存在定理，$F(x,y,z)=0$ 在$(0,1,1)$的某邻域确定一个具有连续偏导数的隐函数 $y=y(x,z)$.

4. 答案：B

提示：$\dfrac{\partial^2 u}{\partial x^2}=\dfrac{\partial^2 u}{\partial y^2}=\phi''(x+y)+\phi''(x-y)+\varphi'(x+y)-\varphi'(x-y)$，

$$\frac{\partial^2 u}{\partial x\partial y}=\phi''(x+y)-\phi''(x-y)+\varphi'(x+y)+\varphi'(x-y).$$

5. 答案：D

提示：$\varphi(x,y)$存在连续偏导数，$\varphi_y'(x,y)\neq 0$，则由隐函数存在定理，方程$\varphi(x,y)=0$在点(x_0,y_0)的某一邻域确定函数$y=\phi(x)$，满足$y_0=\phi(x_0)$，且$\phi'(x_0)=-\dfrac{\varphi_x(x_0,y_0)}{\varphi_y(x_0,y_0)}$.

由$f(x,y)$在约束条件$\varphi(x,y)=0$下在(x_0,y_0)取得极值，且$f(x,y)$可微，则有

$$\frac{\mathrm{d}}{\mathrm{d}x}f(x,\phi(x))\Big|_{x=x_0}=f_x'(x_0,y_0)+f_y'(x_0,y_0)\left(-\frac{\varphi_x(x_0,y_0)}{\varphi_y(x_0,y_0)}\right)=0.$$

从而当$f_x'(x_0,y_0)\neq 0$时，必有$f_y'(x_0,y_0)\neq 0$.

6. 答案：A

提示：记$\rho=\sqrt{x^2+y^2}$. 因$\lim\limits_{\substack{x\to 0\\ y\to 0}}\dfrac{f(x,y)-xy}{(x^2+y^2)^2}=1$，且$f(x,y)$在原点某邻域连续，对于$\varepsilon=\dfrac{1}{2}$，存在点$(0,0)$的某邻域$U$，当$(x,y)\in U$时，有

$$xy+\frac{1}{2}\rho^4<f(x,y)<xy+\frac{3}{2}\rho^4.$$

当(x,y)在U中沿直线$y=kx$，$(k\neq 0)$趋于原点时，因

$kx^2+\dfrac{x^4}{2}(1+k^2)^2<f(x,y)<kx^2+\dfrac{3x^4}{2}(1+k^2)^2$，

则当$x>0$充分小时，若$k>0$，$f(x,y)$恒正，若$k<0$，$f(x,y)$恒负，故$f(0,0)=0$不是函数$f(x,y)$的极值.

7. 答案：D

提示：$\int_0^{\frac{\pi}{2}}\mathrm{d}\theta\int_0^{\cos\theta}f(r\cos\theta,r\sin\theta)r\mathrm{d}r$的积分区域为$\begin{cases}0\leqslant\theta\leqslant\dfrac{\pi}{2}\\ 0\leqslant r\leqslant\cos\theta\end{cases}$. 作变量替换

$\begin{cases}x=r\cos\theta\\ y=r\sin\theta\end{cases}$，则积分区域在此坐标系下表示为$\begin{cases}0\leqslant x\leqslant 1\\ x^2+y^2=x\\ y\geqslant 0\end{cases}$，即$\begin{cases}0\leqslant x\leqslant 1\\ 0\leqslant y\leqslant\sqrt{x-x^2}\end{cases}$.

从而$\int_0^{\frac{\pi}{2}}\mathrm{d}\theta\int_0^{\cos\theta}f(r\cos\theta,r\sin\theta)r\mathrm{d}r=\int_0^1\mathrm{d}x\int_0^{\sqrt{x-x^2}}f(x,y)\mathrm{d}y$.

8. 答案：B

二、填空题

1. 答案：$\dfrac{1}{2}x^2y+\dfrac{1}{2}xy^2+x+y^2$

提示：$z_x(x,y)=\int(x+y)\mathrm{d}y=xy+\dfrac{1}{2}y^2+C(x)$，其中$C(x)$是$x$的某一函数.

$z(x,y)=\int\left(xy+\dfrac{1}{2}y^2+C(x)\right)\mathrm{d}x=\dfrac{1}{2}yx^2+\dfrac{1}{2}y^2x+\int C(x)\mathrm{d}x+D(y)$，

其中，$D(y)$是y的某一函数. 由$z(x,0)=x$和$z(0,y)=y^2$，得

$$\int C(x)\mathrm{d}x+D(0)=x,\ \int C(x)\mathrm{d}x\Big|_{x=0}+D(y)=y^2,$$

即有 $\int C(x)\,\mathrm{d}x + D(y) = y^2 + x + C_1$，

其中，C_1 为常数．将之代入 $z(x,y)$ 的表达式，再由 $z(x,0)=x$，可知 $C_1=0$．从而 $z(x,y)=\frac{1}{2}x^2y+\frac{1}{2}xy^2+x+y^2$．

2. 答案：0

提示：$\frac{\partial u}{\partial x}=f'\left(\frac{x}{y}\right)+g\left(\frac{y}{x}\right)-\frac{y}{x}g'\left(\frac{y}{x}\right)$，$\frac{\partial^2 u}{\partial x^2}=\frac{1}{y}f''\left(\frac{x}{y}\right)+\frac{y^2}{x^3}g''\left(\frac{y}{x}\right)$，

$$\frac{\partial^2 u}{\partial x\partial y}=-\frac{x}{y^2}f''\left(\frac{x}{y}\right)-\frac{y}{x^2}g''\left(\frac{y}{x}\right),\ x\frac{\partial^2 u}{\partial x^2}+y\frac{\partial^2 u}{\partial x\partial y}=0.$$

3. 答案：$-\frac{g'(v)}{g^2(v)}$

提示：令 $\begin{cases}xg(y)=u\\ y=v\end{cases}$，则 $f(u,v)=\frac{u}{g(v)}+g(v)$，$\frac{\partial f}{\partial u}=\frac{1}{g(v)}$，$\frac{\partial^2 f}{\partial u\partial v}=-\frac{g'(v)}{g^2(v)}$．

4. 答案：$f''(t)(y\varphi_1'+2x\varphi_2')^2+f'(t)(y^2\varphi_{11}''+4xy\varphi_{12}''+2\varphi_2'+4x^2\varphi_{22}'')$

提示：$\frac{\partial w}{\partial x}=f'(t)\cdot[y\varphi_1'(xy,x^2+y^2)+\varphi_2'(xy,x^2+y^2)\cdot 2x]$，

$$\frac{\partial^2 w}{\partial x^2}=f''(t)(y\varphi_1'+2x\varphi_2')^2+f'(t)(y^2\varphi_{11}''+4xy\varphi_{12}''+2\varphi_2'+4x^2\varphi_{22}'').$$

5. 答案：$\frac{1}{4}$，-2

提示：令 $\begin{cases}f_x(x_0,y_0)=1-2x_0=0\\ f_y(x_0,y_0)=-2y_0=0\end{cases}$，得 $(x_0,y_0)=\left(\frac{1}{2},0\right)$．$A=f_{xx}(x_0,y_0)=-2<0$，$B=f_{yy}(x_0,y_0)=-2$，$C=f_{xy}(x_0,y_0)=0$．因 $AC-B^2=4>0$，$A<0$，所以 $f(x,y)$ 在 (x_0,y_0) 取得极大值 $\frac{1}{4}$．在边界，单位圆上，$f(x,y)=g(\theta)=\cos\theta-1\leqslant 0,\theta\in[0,2\pi)$．显然，$g(\theta)$ 有最小值 -2．从而，$u=f(x,y)$ 在 D 上有最大值 $\frac{1}{4}$，最小值 -2．

6. 答案：$\int_{-1}^{0}\mathrm{d}y\int_{\pi-\arcsin y}^{2\pi+\arcsin y}f(x,y)\,\mathrm{d}x$

提示：积分区域为 $\begin{cases}\pi\leqslant x\leqslant 2\pi\\ \sin x\leqslant y\leqslant 0\end{cases}$．该区域可表示为 $\begin{cases}-1\leqslant y\leqslant 0\\ x_1(y)\leqslant x\leqslant x_2(y)\end{cases}$，其中 $x_1(y)\in\left[\pi,\frac{3\pi}{2}\right]$，$x_2(y)\in\left[\frac{3\pi}{2},2\pi\right]$，且满足 $\sin x_1=\sin x_2=y$．令 $x_1=\pi+t$，$t\in\left[0,\frac{\pi}{2}\right]$，则 $\sin(\pi+t)=-\sin t=y$，$t=-\arcsin y$，由此得 $x_1=\pi-\arcsin y$．同理，令 $x_2=2\pi-t$，$t\in\left[0,\frac{\pi}{2}\right]$，则 $\sin(2\pi-t)=-\sin t=y$，$t=-\arcsin y$，可得 $x_2=2\pi+\arcsin y$，故 $\int_{\pi}^{2\pi}\mathrm{d}x\int_{\sin x}^{0}f(x,y)\,\mathrm{d}y=\int_{-1}^{0}\mathrm{d}y\int_{\pi-\arcsin y}^{2\pi+\arcsin y}f(x,y)\,\mathrm{d}x$．

7. 答案：$\int_{-2a}^{2a}\mathrm{d}x\int_{x-\sqrt{4a^4-(x^2-2a^2)^2}}^{x+\sqrt{4a^4-(x^2-2a^2)^2}}f(x,y)\,\mathrm{d}y$

提示：区域 $D:(x^2-2a^2)^2+(x-y)^2\leqslant 4a^4$，由此得 $-2a\leqslant x\leqslant 2a$，且

$$x-\sqrt{4a^4-(x^2-2a^2)^2}\leqslant y\leqslant x+\sqrt{4a^4-(x^2-2a^2)^2}.$$

8. 答案：1

提示：作坐标变换 $\begin{cases} x=\rho\cos\theta \\ y=\rho\sin\theta \end{cases}$，则

$$\begin{aligned}\lim_{r\to 0}\frac{1}{\pi r^2}\iint_D e^{x^2+y^2}\cos(xy)\,dxdy &= \lim_{r\to 0}\frac{1}{\pi r^2}\int_0^r d\rho\int_0^{2\pi}e^{\rho^2}\cos(\rho^2\sin\theta\cos\theta)\rho d\theta \\ &= \lim_{r\to 0}\frac{re^{r^2}\int_0^{2\pi}\cos(r^2\sin\theta\cos\theta)d\theta}{2\pi r}\text{（洛必达法则）} \\ &= \lim_{r\to 0}\frac{\int_0^{2\pi}\cos(r^2\sin\theta\cos\theta)d\theta}{2\pi} \\ &= \lim_{r\to 0}\frac{2\pi\cos(r^2\sin\xi\cos\xi)}{2\pi}\text{（定积分中值定理 }\xi\in(0,2\pi)\text{）} \\ &= 1.\end{aligned}$$

三、计算题

1. 解：方程 $f(y-x,yz)=0$ 两边同时对 x 求导得 $-f_1'+yf_2'\frac{\partial z}{\partial x}=0$，解得 $\frac{\partial z}{\partial x}=\frac{f_1'}{yf_2'}$.

对 $-f_1'+yf_2'\frac{\partial z}{\partial x}=0$ 两边继续对 x 求导得

$$f_{11}''-yf_{12}''\frac{\partial z}{\partial x}-yf_{21}''\frac{\partial z}{\partial x}+y^2f_{22}''\left(\frac{\partial z}{\partial x}\right)^2+yf_2'\frac{\partial^2 z}{\partial x^2}=0,$$

解得
$$\frac{\partial^2 z}{\partial x^2}=\frac{1}{y(f_2')^3}(-f_1'^2f_{22}''+2f_1'f_2'f_{12}''-f_2'^2f_{11}'').$$

2. 解：此极限为幂指函数的极限，令 $u=(x^2+y^2)^{x^2y^2}$，则

$$\ln u=x^2y^2\ln(x^2+y^2),$$

又
$$0\leqslant|x^2y^2\ln(x^2+y^2)|\leqslant\frac{(x^2+y^2)^2}{4}|\ln(x^2+y^2)|,$$

再令 $t=x^2+y^2$，则

$$\lim_{\substack{x\to 0\\ y\to 0}}\frac{(x^2+y^2)^2}{4}\ln(x^2+y^2)=\lim_{\substack{x\to 0\\ y\to 0}}\frac{t^2}{4}\ln t=0,$$

所以
$$\lim_{\substack{x\to 0\\ y\to 0}}\frac{(x^2+y^2)^2}{4}|\ln(x^2+y^2)|=0,$$

由夹逼准则得

$$\lim_{\substack{x\to 0\\ y\to 0}}x^2y^2\ln(x^2+y^2)=0,$$

所以
$$\lim_{\substack{x\to 0\\ y\to 0}}(x^2+y^2)^{x^2y^2}=1.$$

3. 解 1：由隐函数求导公式，令 $F(x,y,z)=xe^x-ye^y-ze^z$，则

$$F_x=e^x+xe^x,F_y=-e^y-ye^y,F_z=-e^z-ze^z,$$

$$\frac{\partial z}{\partial x}=-\frac{F_x}{F_z}=\frac{x+1}{z+1}e^{x-z},\ \frac{\partial z}{\partial y}=-\frac{F_y}{F_z}=-\frac{y+1}{z+1}e^{y-z}.$$

而 $\frac{\partial u}{\partial x}=f_x+f_z\cdot\frac{\partial z}{\partial x}=f_x+f_z\cdot\frac{x+1}{z+1}e^{x-z}$，$\frac{\partial u}{\partial y}=f_y+f_z\cdot\frac{\partial z}{\partial y}=f_y-f_z\cdot\frac{y+1}{z+1}e^{y-z}$.

所以 $$du=\frac{\partial u}{\partial x}dx+\frac{\partial u}{\partial y}dy=\left(f_x+f_z\cdot\frac{x+1}{z+1}e^{x-z}\right)dx+\left(f_y-f_z\cdot\frac{y+1}{z+1}e^{y-z}\right)dy.$$

解 2：直接求微分，由 $u=f(x,y,z)$ 得

$$du=f_x dx+f_y dy+f_z dz$$

再对 $xe^x-ye^y=ze^z$ 两边微分得

$$e^x dx+xe^x dx-e^y dy-ye^y dy=e^z dz+ze^z dz,$$

所以 $$dz=\frac{(1+x)e^x dx-(1+y)e^y dy}{(1+z)e^z},$$

将上式代入 $du=f_x dx+f_y dy+f_z dz$ 并整理得

$$du=\left(f_x+f_z\cdot\frac{x+1}{z+1}e^{x-z}\right)dx+\left(f_y-f_z\cdot\frac{y+1}{z+1}e^{y-z}\right)dy.$$

4. 解：$g(1)=f(1,f(1,1))=f(1,1)=1$，

$$\left.\frac{dg^3(x)}{dx}\right|_{x=1}=\left[3g^2(x)\frac{dg(x)}{dx}\right]\Bigg|_{x=1}$$
$$=3g^2(x)\{f_1[x,f(x,x)]+f_2[x,f(x,x)][f_1(x,x)+f_2(x,x)]\}\big|_{x=1}$$
$$=3\times1\times[2+3\times(2+3)]=51.$$

5. 解：交换积分顺序

原式 $=\int_1^2 dy\int_y^{y^2}\sin\frac{\pi x}{2y}dx=\int_1^2\frac{2y}{\pi}\left(\cos\frac{\pi}{2}-\cos\frac{\pi}{2}y\right)dy$

$=-\frac{2}{\pi}\int_1^2 y\cos\frac{\pi}{2}y\,dy=\frac{4}{\pi^3}(2+\pi).$

6. 解：将区域 D 划分为两个区域 $D_1:0\leqslant x\leqslant1,0\leqslant y\leqslant x,D_2:0\leqslant x\leqslant1,x\leqslant y\leqslant1$.

原式 $=\iint\limits_{D_1}e^{\max\{x^2,y^2\}}dxdy+\iint\limits_{D_2}e^{\max\{x^2,y^2\}}dxdy=\iint\limits_{D_1}e^{x^2}dxdy+\iint\limits_{D_2}e^{y^2}dxdy$

$=\int_0^1 dx\int_0^x e^{x^2}dy+\int_0^1 dy\int_0^y e^{y^2}dx=\int_0^1 xe^{x^2}dx+\int_0^1 ye^{y^2}dy=e-1.$

7. 解：$V=2\iint\limits_D z\,dxdy\quad(D:x^2+y^2=2ax)$

$$=2\iint\limits_D\sqrt{4a^2-x^2-y^2}\,dxdy=2\int_{-\frac{\pi}{2}}^{\frac{\pi}{2}}d\theta\int_0^{2a\cos\theta}\sqrt{4a^2-r^2}\,r\,dr$$
$$=-\frac{2}{3}\int_{-\frac{\pi}{2}}^{\frac{\pi}{2}}(4a^2-r^2)^{\frac{3}{2}}\Big|_0^{2a\cos\theta}d\theta=-\frac{16}{3}a^3\int_{-\frac{\pi}{2}}^{\frac{\pi}{2}}(|\sin^3\theta|-1)d\theta$$
$$=-\frac{16}{3}a^3 2\int_0^{\frac{\pi}{2}}(\sin^3\theta-1)d\theta=\frac{16}{3}a^3\left(\pi-\frac{4}{3}\right).$$

8. 解：设 D^* 为 $\sqrt{2x-x^2}\leqslant y\leqslant x,1\leqslant x\leqslant2$，则

原式 $=\iint\limits_{D^*}x^2y\,dxdy=\int_1^2 dx\int_{\sqrt{2x-x^2}}^x x^2y\,dy=\int_1^2(x^4-x^3)dx=\frac{49}{20}.$

9. 解 1：问题归结为在条件 $x_1x_2\cdots x_n = a$ 下，求 $u = \frac{1}{x_1} + \frac{1}{x_2} + \cdots + \frac{1}{x_n}$ 的最小值，其中，$x_i > 0(i = 1,2,\cdots,n)$.

作变换 $t_i = \frac{1}{x_i}(i = 1,2,\cdots,n)$，则问题成为在条件 $t_1t_2\cdots t_n = \frac{1}{a}$ 之下，求 $u = t_1 + t_2 + \cdots + t_n$ 的最小值. 用条件极值的拉格朗日乘数法，令

$$F(t_1,t_2,\cdots,t_n) = t_1 + t_2 + \cdots + t_n + \lambda\left(t_1t_2\cdots t_n - \frac{1}{a}\right),$$

$$\frac{\partial F}{\partial t_i} = 1 + \frac{\lambda t_1t_2\cdots t_n}{t_i} = 0(i = 1,2,\cdots,n).$$

解此方程得 $t_1 = t_2 = \cdots = t_n$，再由条件 $t_1t_2\cdots t_n = \frac{1}{a}$ 得 $t_i = \frac{1}{\sqrt[n]{a}}(i = 1,2,\cdots,n)$，这时 $u = \frac{n}{\sqrt[n]{a}}$.

由于函数只有唯一可能的最值点，且由问题的背景可知应该有最小值，故当 $t_i = \frac{1}{\sqrt[n]{a}}(i = 1,2,\cdots,n)$，即 $x_i = \sqrt[n]{a}$ 时，$u = \frac{n}{\sqrt[n]{a}}$ 是最小值.

解 2：用算术平均数和几何平均数之间的关系

因为

$$\frac{1}{n}(t_1 + t_2 + \cdots + t_n) \geqslant \sqrt[n]{t_1t_2\cdots t_n}$$

故

$$u = t_1 + t_2 + \cdots + t_n \geqslant n\sqrt[n]{t_1t_2\cdots t_n} = \frac{n}{\sqrt[n]{a}},$$

另一方面，当 $t_1 = t_2 = \cdots = t_n = \frac{1}{\sqrt[n]{a}}$ 时 $u = \frac{n}{\sqrt[n]{a}}$，故最小值为 $u = \frac{n}{\sqrt[n]{a}}$.

四、证明题

1. 证明：(1) 当 $x^2 + y^2 \neq 0$ 时，有

$$f'_x(x,y) = 2x\sin\frac{1}{x^2+y^2} + (x^2+y^2)\cos\frac{1}{x^2+y^2}\cdot\left[-\frac{2x}{(x^2+y^2)^2}\right]$$

$$= 2x\sin\frac{1}{x^2+y^2} - \frac{2x}{x^2+y^2}\cos\frac{1}{x^2+y^2}.$$

同理可得
$$f'_y(x,y) = 2y\sin\frac{1}{x^2+y^2} - \frac{2y}{x^2+y^2}\cos\frac{1}{x^2+y^2}.$$

当 $x^2 + y^2 = 0$ 时，有

$$f'_x(0,0) = \lim_{x\to 0}\frac{f(x,0) - f(0,0)}{x} = \lim_{x\to 0}x\sin\frac{1}{x^2} = 0.$$

同理可得 $f'_y(0,0) = 0$.

所以 $f(x,y)$ 在点 $(0,0)$ 的邻域内有偏导数 $f'_x(x,y)$，$f'_y(x,y)$.

(2) 考查 $\lim\limits_{\substack{x\to 0\\y\to 0}}f'_x(x,y) = \lim\limits_{\substack{x\to 0\\y\to 0}}\left(2x\sin\frac{1}{x^2+y^2} - \frac{2x}{x^2+y^2}\cos\frac{1}{x^2+y^2}\right)$.

当点 (x,y) 沿直径 $y = x$ 趋向于点 $(0,0)$ 时有

$$\lim_{\substack{x\to 0\\ y=x\to 0}} 2x\sin\frac{1}{x^2+y^2}=\lim_{x\to 0}2x\sin\frac{1}{2x^2}=0,$$

$$\lim_{\substack{x\to 0\\ y=x\to 0}}\frac{2x}{x^2+y^2}\cos\frac{1}{x^2+y^2}=\lim_{x\to 0}\frac{1}{x}\cos\frac{1}{2x^2}\text{不存在!}$$

所以$\lim\limits_{\substack{x\to 0\\ y\to 0}}f'_x(x,y)$不存在，因而$f'_x(x,y)$在点(0,0)处不连续.

同理可证，$f'_y(x,y)$在点(0,0)处不连续.

(3) 由于$f'_x(0,0)=f'_y(0,0)=0$，极限

$$\lim_{\substack{x\to 0\\ y\to 0}}\frac{f(x,y)-f(0,0)-xf'_x(0,0)-yf'_y(0,0)}{\sqrt{x^2+y^2}}=\lim_{\substack{x\to 0\\ y\to 0}}\sqrt{x^2+y^2}\cdot\sin\frac{1}{x^2+y^2}=0,$$

所以$f(x,y)-f(0,0)=xf'_x(0,0)+yf'_y(0,0)+o(\rho)$（其中$\rho=\sqrt{x^2+y^2}$），即函数$f(x,y)$在点(0,0)处可微.

2. 证明：由于$I=\int_0^1 xf^3(x)\mathrm{d}x\int_0^1 f^2(x)\mathrm{d}x-\int_0^1 f^3(x)\mathrm{d}x\int_0^1 xf^2(x)\mathrm{d}x$

$$=\iint_D xf^3(x)f^2(y)\mathrm{d}x\mathrm{d}y-\iint_D f^3(x)yf^2(y)\mathrm{d}x\mathrm{d}y=\iint_D f^3(x)f^2(y)(x-y)\mathrm{d}x\mathrm{d}y$$

同理，又有$I=\iint_D f^2(x)f^3(y)(y-x)\mathrm{d}x\mathrm{d}y$，

两式相加，注意
$$(x-y)[f(x)-f(y)]\geqslant 0,$$

所以
$$2I=\iint_D f^2(x)f^2(y)(x-y)[f(x)-f(y)]\mathrm{d}x\mathrm{d}y\geqslant 0,$$

即$I\geqslant 0$，命题得证.

第 7 章

自测试题 A

一、单项选择题

1. 答案：B

提示：级数$\sum\limits_{n=1}^{\infty}\frac{1}{n^p}$当$p>1$时收敛，当$p\leqslant 1$时发散.

2. 答案：B

提示：级数$\sum\limits_{n=1}^{\infty}u_n$若$\lim\limits_{n\to\infty}u_n\neq 0$必发散.

3. 答案：C

提示：因$\lim\limits_{n\to\infty}\frac{2^n}{n^2}=+\infty$，级数$\sum\limits_{n=1}^{\infty}\frac{2^n}{n^2}$发散. 又$\lim\limits_{n\to\infty}\dfrac{\frac{3^{n+1}(n+1)!}{(n+1)^{n+1}}}{\frac{3^n n!}{n^n}}=\frac{3}{\mathrm{e}}>1$，级数$\sum\limits_{n=1}^{\infty}\frac{3^n n!}{n^n}$发散.

因$\frac{1}{\pi^n}\left|\sin\frac{\pi}{n}\right| \leqslant \frac{1}{\pi^n}$,级数$\sum\limits_{n=2}^{\infty}\frac{1}{\pi^n}$收敛．则$\sum\limits_{n=2}^{\infty}\frac{1}{\pi^n}\sin\frac{\pi}{n}$收敛．因$\lim\limits_{n\to\infty}\frac{\frac{n+1}{n(n+2)}}{\frac{1}{n}} = 1$,级数$\sum\limits_{n=1}^{\infty}\frac{1}{n}$发散,故$\sum\limits_{n=1}^{\infty}\frac{n+1}{n(n+2)}$发散．

4. 答案:C

5. 答案:D

6. 答案:A

提示:由阿贝尔定理,当$|x-3| < |-1-3|$,即当$-1 < x < 7$时,级数$\sum\limits_{n=0}^{\infty}a_n(x-3)^n$绝对收敛．

7. 答案:C

提示:令$t=x-1$,则级数$\sum\limits_{n=1}^{\infty}a_n t^n$的收敛半径为2. 当$x=-2$,即$t=-3$时,级数$\sum\limits_{n=1}^{\infty}a_n t^n$发散,即$\sum\limits_{n=1}^{\infty}a_n(x-1)^n$发散．

8. 答案:B

提示:设$f(x) = \frac{\sqrt{x}}{1+x^2}(x \geqslant 0)$,$f(0) = 0$,当$0 < x < \frac{1}{3}$时,$f'(x) = \frac{1-3x^2}{2\sqrt{x}(1+x^2)^2} > 0$.
此时,$f(x) > 0$为增函数,则当$n > 3$时,$0 < \int_0^{\frac{1}{n}}\frac{\sqrt{x}}{1+x^2}\mathrm{d}x < \frac{1}{n}\frac{\sqrt{\frac{1}{n}}}{1+\frac{1}{n^2}} = \frac{1}{n\sqrt{n}+\frac{1}{\sqrt{n}}} < \frac{1}{n\sqrt{n}}$,级数$\sum\limits_{n=1}^{\infty}\frac{1}{n\sqrt{n}}$收敛,从而$\sum\limits_{n=1}^{\infty}\int_0^{\frac{1}{n}}\frac{\sqrt{x}}{1+x^2}\mathrm{d}x$收敛．

二、填空题

1. 答案:绝对收敛

提示:幂级数$\sum\limits_{n=1}^{\infty}a_n x^n$在$x=-2$处收敛,则当$|x| < 2$时,级数$\sum\limits_{n=1}^{\infty}a_n x^n$绝对收敛．取$x=1$,可知级数$\sum\limits_{n=1}^{\infty}a_n$绝对收敛．

2. 答案:绝对收敛

提示:由于$|u_n v_n| \leqslant \frac{1}{2}(u_n^2+v_n^2)$,级数$\sum\limits_{n=1}^{\infty}u_n^2$,$\sum\limits_{n=1}^{\infty}v_n^2$收敛,从而$\sum\limits_{n=1}^{\infty}|u_n v_n|$收敛．

3. 答案:$u_n = \frac{1}{(2n-1)(2n+1)}$;$\sum\limits_{n=1}^{\infty}u_n = \frac{1}{2}$

提示:$u_n = S_n - S_{n-1} = \left(\frac{1}{2}-\frac{1}{2(2n+1)}\right)-\left(\frac{1}{2}-\frac{1}{2(2n-1)}\right) = \frac{1}{(2n-1)(2n+1)}$.

$$\sum_{n=1}^{\infty}u_n = \lim_{n\to\infty}S_n = \frac{1}{2}.$$

4. 答案：$\sum_{n=0}^{\infty}\frac{(-1)^n}{n+1}(x-1)^{n+1}(0<x\leqslant 2)$

提示：$f'(x)=\frac{1}{x}=\frac{1}{1+(x-1)}=\sum_{n=0}^{\infty}(-1)^n(x-1)^n(-1<x-1\leqslant 1$，即$0<x<2)$. 从 0 到 x 逐项积分，得 $\ln x=\sum_{n=0}^{\infty}\frac{(-1)^n}{n+1}(x-1)^{n+1}(0<x<2)$. 对 $x=2$ 时，此幂级数也收敛.

5. 答案：$\frac{1}{(1-x)^2}(x\in(-1,1))$

提示：$\int_0^x\sum_{n=1}^{\infty}nx^{n-1}\mathrm{d}x=\sum_{n=1}^{\infty}x^n=\frac{x}{1-x}(-1<x<1)$.

$$\sum_{n=1}^{\infty}nx^{n-1}=\left(\frac{x}{1-x}\right)'=\frac{1}{(1-x)^2}(x\in(-1,1)).$$

6. 答案：$\frac{2}{2-\ln 3}$

提示：$\sum_{n=0}^{\infty}\frac{(\ln 3)^n}{2^n}=\frac{1}{1-\frac{\ln 3}{2}}=\frac{2}{2-\ln 3}$.

7. 答案：收敛

提示：因 $\ln\frac{n+1}{n}<\frac{1}{n}$，则 $0<\frac{1}{\sqrt{n}}\ln\frac{n+1}{n}<\frac{1}{n\sqrt{n}}$. 级数 $\sum_{n=1}^{\infty}\frac{1}{n\sqrt{n}}$ 收敛，从而 $\sum_{n=1}^{\infty}\frac{1}{\sqrt{n}}\ln\frac{n+1}{n}$ 也收敛.

8. 答案：发散

提示：因 $\ln\frac{n+1}{n}>\frac{1}{n+1}$，则 $\frac{1}{\sqrt[n]{n}}\ln\frac{n+1}{n}>\frac{1}{(n+1)\sqrt[n]{n}}$，又因 $\lim_{n\to\infty}\frac{\frac{1}{(n+1)\sqrt[n]{n}}}{\frac{1}{n}}=1$，可知级数 $\sum_{n=1}^{\infty}\frac{1}{n}$ 发散，从而 $\sum_{n=1}^{\infty}\frac{1}{(n+1)\sqrt[n]{n}}$ 发散，故 $\sum_{n=1}^{\infty}\frac{1}{\sqrt[n]{n}}\ln\frac{n+1}{n}$ 发散.

三、计算题

1. 解：正项级数的比值法，$\frac{u_{n+1}}{u_n}=\frac{(n+1!)^2}{2(n+1)^2}\Big/\frac{(n!)^2}{2n^2}=n^2$，所以，级数 $\sum_{n=1}^{\infty}\frac{(n!)^2}{2n^2}$ 发散.

2. 解：正项级数的比较法 $\left|\frac{n\cos^3\frac{n\pi}{3}}{4^n}\right|<\frac{n}{4^n}$，而 $\sum_{n=1}^{\infty}\frac{n}{4^n}$ 收敛，所以 $\sum_{n=1}^{\infty}\frac{n\cos^3\frac{n\pi}{3}}{4^n}$ 绝对收敛.

3. 解：$\sum_{n=1}^{\infty}(-1)^n\ln\frac{n+1}{n}$ 是交错级数，$u_n=\ln\frac{n+1}{n}=\ln\left(1+\frac{1}{n}\right)\sim\frac{1}{n}$，$\sum_{n=1}^{\infty}\ln\frac{n+1}{n}$ 发散.

又 $u_n=\ln\left(1+\frac{1}{n}\right)>u_{n+1}=\ln\left(1+\frac{1}{n+1}\right)$，且 $u_n=\ln\left(1+\frac{1}{n}\right)\xrightarrow{n\to\infty}0$，由莱布尼茨定

理，$\sum_{n=1}^{\infty}(-1)^n\ln\frac{n+1}{n}$ 条件收敛.

4. 解：$\lim_{n\to\infty}[2^{\frac{1}{3}}\times4^{\frac{1}{9}}\times8^{\frac{1}{27}}\times\cdots\times(2^n)^{\frac{1}{3^n}}]=\lim_{n\to\infty}[2^{\frac{1}{3}}\times2^{\frac{2}{9}}\times2^{\frac{3}{27}}\times\cdots\times2^{\frac{n}{3^n}}]$

$$=2^{\frac{1}{3}+\frac{2}{3^2}+\cdots+\frac{n}{3^n}+\cdots}=2^{\sum_{n=1}^{\infty}\frac{n}{3^n}}$$

令 $I_n=\sum_{n=1}^{\infty}\frac{n}{3^n}$，考虑级数 $I_n(x)=\sum_{n=1}^{\infty}nx^n$，当 $x\neq0$ 时，$\frac{I_n(x)}{x}=\sum_{n=1}^{\infty}nx^{n-1}$.

$$\int_0^x\frac{I_n(x)}{x}\mathrm{d}x=\int_0^x\sum_{n=1}^{\infty}nx^{n-1}\mathrm{d}x=\sum_{n=1}^{\infty}x^n=\frac{x}{1-x},$$

所以 $\frac{I_n(x)}{x}=\frac{1}{(1-x)^2}$，$I_n(x)=\frac{x}{(1-x)^2}$，$I_n\left(\frac{1}{3}\right)=\frac{3}{4}$，

进而 $\lim_{n\to\infty}[2^{\frac{1}{3}}\times4^{\frac{1}{9}}\times8^{\frac{1}{27}}\times\cdots\times(2^n)^{\frac{1}{3^n}}]=\sqrt[4]{8}$.

5. 解：先求幂级数 $\sum_{n=1}^{\infty}n(n+1)x^n$ 的和：

当 $|x|<1$ 时，令 $s(x)=\sum_{n=1}^{\infty}n(n+1)x^n$，则

$$\int_0^x s(x)\mathrm{d}x=\sum_{n=1}^{\infty}n\int_0^x(n+1)x^n\mathrm{d}x=\sum_{n=1}^{\infty}nx^{n+1}=x^2\sum_{n=1}^{\infty}nx^{n-1},$$

$$\int_0^x\frac{\int_0^x s(x)\mathrm{d}x}{x^2}\mathrm{d}x=\sum_{n=1}^{\infty}\int_0^x nx^{n-1}\mathrm{d}x=\sum_{n=1}^{\infty}x^n=\frac{x}{1-x}\quad(|x|<1,x\neq0).$$

对上式求导得 $\frac{\int_0^x s(x)\mathrm{d}x}{x^2}=\left(\frac{x}{1-x}\right)'=\frac{1}{(1-x)^2}$，

所以 $\left(\int_0^x s(x)\mathrm{d}x\right)'=\left[\left(\frac{x}{1-x}\right)^2\right]'=\frac{2x}{(1-x)^3}$，$x=0$ 也成立.

故 $s(x)=\frac{2x}{(1-x)^3}(|x|<1)$，令 $x=\frac{1}{2}$ 得到常数项级数的和为 $\sum_{n=1}^{\infty}\frac{n(n+1)}{2^n}=8$.

6. 解：先将级数化为 $\sum_{n=1}^{\infty}a_ny^n$ 型.

$$\sum_{n=1}^{n}\frac{(-1)^n}{n4^n}(x-1)^{2n-1}=(x-1)\sum_{n=1}^{n}\frac{(-1)^n}{n4^n}(x-1)^{2n-2}.$$

令 $(x-1)^2=y$，考虑级数

$$\sum_{n=1}^{\infty}\frac{(-1)^n}{n4^n}y^{n-1}=\sum_{n=0}^{\infty}\frac{(-1)^{n+1}}{(n+1)4^{n+1}}y^n,$$

记 $a_n=\frac{(-1)^{n+1}}{(n+1)4^{n+1}}$，则 $\lim_{n\to\infty}\left|\frac{a_{n+1}}{a_n}\right|=\frac{1}{4}$，收敛半径 $R=4$，所以当 $|y|<4$ 时，$\sum_{n=0}^{\infty}a_ny^n$ 收敛，当 $x=-1$ 时，原级数化为 $\sum_{n=1}^{\infty}\frac{(-1)^{n-1}}{2n}$，当 $x=3$ 时，原级数化为 $\sum_{n=1}^{\infty}\frac{(-1)^n}{2n}$. 这均为收敛的交错级数，所以原级数的收敛区间是[-1,3].

7. 解：$f(x) = \ln(4-3x-x^2) = \ln(4+x)+\ln(1-x)$.

因为 $\ln(1-x) = -\int_0^x \frac{1}{1-x}dx = -\int_0^x \sum_{n=0}^{\infty} x^n dx = -\sum_{n=0}^{\infty} \frac{x^{n+1}}{n+1} \quad (-1 \leqslant x < 1)$

$$\ln(4+x) = \ln4 + \ln\left(1+\frac{x}{4}\right) = \ln4 + \sum_{n=0}^{\infty}(-1)^n \frac{\left(\frac{x}{4}\right)^{n+1}}{n+1} \quad (-4 \leqslant x < 1)$$

所以 $f(x) = \ln(4-3x-x^2) = \ln4 + \sum_{n=0}^{\infty}\left[\frac{(-1)^n}{4^{n+1}} - 1\right]\frac{x^{n+1}}{n+1} \quad (-1 \leqslant x < 1)$

8. 解：这是缺项的幂函数，由于

$$\lim_{n\to\infty} \frac{|u_{n+1}(x)|}{|u_n(x)|} = \lim_{n\to\infty} \frac{4n+1}{4n+5}|x|^4 = |x|^4,$$

因此，当 $|x|<1$ 时，级数收敛，当 $|x|>1$ 时，级数发散，故原级数的收敛域为 $(-1,1)$.

令 $s(x) = \sum_{n=1}^{\infty} \frac{x^{4n+1}}{4n+1}$，$s(0)=0$. 又 $s'(x) = \sum_{n=1}^{\infty} x^{4n} = -1 + \frac{1}{1-x^4}$，故

$$s(x) = s(x) - s(0) = \int_0^x s'(t)dt = -x + \frac{1}{4}\ln\frac{1+x}{1-x} + \frac{1}{2}\arctan x \quad (-1 < x < 1).$$

四、证明题

证明：因为 $S_{2n} = (u_1+u_2)+(u_3+u_4)+\cdots+(u_{2n-1}+u_{2n})$，

$$\sum_{n=1}^{\infty}(u_{2n-1}+u_{2n}) = S = \lim_{n\to\infty} S_{2n}, \lim_{n\to\infty} S_{2n+1} = \lim_{n\to\infty}(S_{2n}+u_{2n+1}) = S,$$

所以 $\sum_{n=1}^{\infty} u_n$ 收敛.

自测试题 B

一、单项选择题

1. 答案：D

提示：若 $u_n = (-1)^n \frac{1}{\ln n}$，$\sum_{n=1}^{\infty}(-1)^n \frac{1}{\ln n}$ 是收敛的，而 $\sum_{n=1}^{\infty} \frac{1}{n\ln n}$ 是发散的，所以 A 错；对 $u_n = (-1)^n \ln\left(1+\frac{1}{\sqrt{n}}\right)$，有 $\sum_{n=1}^{\infty} u_n$ 收敛，$\sum_{n=1}^{\infty} u_n^2$ 发散因此 B 错；若 $u_n = (-1)^n \frac{1}{n}$，则 $\sum_{n=1}^{\infty}(u_{2n-1} - u_{2n}) = -\sum_{n=1}^{\infty}\left(\frac{1}{2n-1}+\frac{1}{2n}\right)$ 发散，C 不正确. D 正确.

2. 答案：D

提示：级数 $\sum_{n=1}^{\infty}(-1)^n \frac{1}{\sqrt{n}}$ 是收敛的，由此可知，A，B，C 选项均不对，故选 D.

3. 答案：B

提示：因 $\sum_{k=1}^{n} k(u_k - u_{k-1}) = nu_n - \sum_{k=0}^{n} u_k$，则 $\sum_{n=1}^{\infty} u_n = \lim_{n\to\infty} nu_n - \sum_{n=1}^{\infty} n(u_n - u_{n-1})$ 收敛.

4. 答案：D

提示：$\left(1+\frac{1}{n}\right)^n |a_n| \leqslant e|a_n|$，从而 $\sum_{n=1}^{\infty}\left(1+\frac{1}{n}\right)^n |a_n| \leqslant \sum_{n=1}^{\infty} |a_n|$，级数 $\sum_{n=1}^{\infty}\left(1+\frac{1}{n}\right)^n a_n$ 绝

对收敛.

5. 答案:C

提示:由于$\left|(-1)^n\frac{1}{\pi^n}\sin\frac{\pi}{n}\right|\leqslant\frac{1}{\pi^n}$,级数$\sum\limits_{n=2}^{\infty}\frac{1}{\pi^n}$收敛,从而$\sum\limits_{n=2}^{\infty}(-1)^n\frac{1}{\pi^n}\sin\frac{\pi}{n}$绝对收敛.

6. 答案:A

提示:$\lim\limits_{n\to\infty}\dfrac{\frac{1}{n^p}\sin\frac{\pi}{n}}{\frac{1}{n^{1+p}}}=\pi>0$,则因当$p>0$时,级数$\sum\limits_{n=1}^{\infty}\frac{1}{n^{1+p}}$收敛,从而级数$\sum\limits_{n=1}^{\infty}\frac{1}{n^p}\sin\frac{\pi}{n}$收敛,而当$p\leqslant0$时,级数$\sum\limits_{n=1}^{\infty}\frac{1}{n^{1+p}}$发散,故级数$\sum\limits_{n=1}^{\infty}\frac{1}{n^p}\sin\frac{\pi}{n}$发散.

7. 答案:C

提示:交错级数$\sum\limits_{n=1}^{\infty}(-1)^n\frac{k+n}{n^2}$收敛,但非绝对收敛.

8. 答案:A

提示:设幂级数$\sum\limits_{n=1}^{\infty}\frac{a_n^2}{b_n^2}x^n$的收敛半径为$R$,则$\frac{1}{R}=\lim\limits_{n\to\infty}\dfrac{\frac{a_{n+1}^2}{b_{n+1}^2}}{\frac{a_n^2}{b_n^2}}=\lim\limits_{n\to\infty}\left(\frac{a_{n+1}}{b_{n+1}}\right)^2\left(\frac{b_n}{a_n}\right)^2=\frac{1}{5}$,$R=5$.

二、填空题

1. 答案:-720

提示:$\sin x=x-\frac{x^3}{3!}+\frac{x^5}{5!}-\cdots+(-1)^{n-1}\frac{x^{2n-1}}{(2n-1)!}+\cdots$.

2. 答案:$\mathrm{e}-1$

提示:$1-x+\frac{x^2}{2!}-\frac{x^3}{3!}+\cdots+(-1)^n\frac{x^n}{n!}+\cdots=\mathrm{e}^{-x}$.

3. 答案:3

提示:幂级数$\sum\limits_{n=0}^{\infty}a_n(x-3)^n$,当$|x-3|>|6-3|=3$时发散,当$|x-3|<|0-3|=3$时收敛,故收敛半径为3.

4. 答案:$s(x)=\frac{x-1}{(2-x)^2}(0<x<2)$

提示:级数$s(x)=\sum\limits_{n=1}^{\infty}n(x-1)^n$的收敛半径为1,收敛域为$0<x<2$.

$$s(x)=(x-1)\left[\sum_{n=1}^{\infty}n(x-1)^{n-1}\right]=(x-1)\left[\sum_{n=0}^{\infty}(n+1)(x-1)^n\right]$$
$$=(x-1)\left[s(x)+\sum_{n=0}^{\infty}(x-1)^n\right]=(x-1)s(x)+\frac{x-1}{2-x},$$

则$s(x)=\frac{x-1}{(2-x)^2}(0<x<2)$.

5. 答案：$1<a<3$

提示：级数 $\sum_{n=1}^{\infty}\frac{(x-a)^n}{n}$ 的收敛半径为1，则 $|2-a|<1$，即 $1<a<3$.

6. 答案：$\min\{R_1,R_2\}$

7. 答案：$(-2,4)$

提示：幂级数 $s(x)=\sum_{n=1}^{\infty}a_nx^n$ 的收敛半径为3，则 $s'(x)=\sum_{n=1}^{\infty}na_nx^{n-1}$ 的收敛半径也为3. 从而级数 $\sum_{n=1}^{\infty}na_nx^{n+1}=x^2s'(x)$ 的收敛半径为3，故幂级数 $\sum_{n=1}^{\infty}na_n(x-1)^{n+1}$ 的收敛区间为 $|x-1|<3$，即 $x\in(-2,4)$.

8. 答案：$\frac{1}{(2-x)^2}=\sum_{n=1}^{\infty}\frac{n}{2^{n+1}}x^{n-1}, x\in(-2,2)$

提示：$\frac{1}{(2-x)^2}=\left(\frac{1}{2-x}\right)'=\frac{1}{2}\left(\frac{1}{1-\frac{x}{2}}\right)'=\frac{1}{2}\left(\sum_{n=0}^{\infty}\frac{x^n}{2^n}\right)'=\sum_{n=1}^{\infty}\frac{n}{2^{n+1}}x^{n-1}$，此幂级数的收敛半径为 $R=\lim_{n\to\infty}\frac{1}{\sqrt[n]{\frac{n}{2^{n+1}}}}=2$，且当 $x=\pm2$ 时，级数发散，故 $\frac{1}{(2-x)^2}=\sum_{n=1}^{\infty}\frac{n}{2^{n+1}}x^{n-1}$，$x\in(-2,2)$.

三、计算题

1. 解：级数的敛散性为 $a<b$ 收敛，$a>b$ 发散，$a=b$ 发散.

2. 解：设
$$s(x)=\sum_{n=2}^{\infty}\frac{1}{(n^2-1)}x^n,\text{则}$$
$$s(x)=\frac{1}{2}\sum_{n=2}^{\infty}\left(\frac{1}{n-1}-\frac{1}{n+1}\right)x^n,$$
其中，
$$\sum_{n=2}^{\infty}\frac{1}{n-1}x^n=x\sum_{n=2}^{\infty}\frac{1}{n-1}x^{n-1}=x\sum_{n=1}^{\infty}\frac{1}{n}x^n,$$
而且
$$\sum_{n=2}^{\infty}\frac{1}{n+1}x^n=\frac{1}{x}\sum_{n=2}^{\infty}\frac{1}{n+1}x^{n+1}=\frac{1}{x}\sum_{n=3}^{\infty}\frac{1}{n}x^n\ (x\neq0),$$
$$\sum_{n=1}^{\infty}\frac{1}{n}x^n=\int_0^x\sum_{n=1}^{\infty}\left(\frac{1}{n}x^n\right)'\mathrm{d}x=\int_0^x\sum_{n=1}^{\infty}(x^{n-1})\mathrm{d}x=\int_0^x\frac{\mathrm{d}x}{1-x}=-\ln(1-x),$$
所以
$$s(x)=\sum_{n=2}^{\infty}\frac{1}{(n^2-1)}x^n=\frac{x}{2}[-\ln(1-x)]-\frac{1}{2x}\left[-\ln(1-x)-x-\frac{x^2}{2}\right]$$
$$=\frac{2+x}{4}+\frac{1-x^2}{2x}\ln(1-x)\ (|x|<1,x\neq0).$$
因此
$$\sum_{n=2}^{\infty}\frac{1}{(n^2-1)2^n}=S\left(\frac{1}{2}\right)=\frac{5}{8}-\frac{3}{4}\ln2.$$

3. 解：考虑求幂级数 $\sum_{n=1}^{\infty}\frac{n^2}{n!}x^{n-1}$ 的和函数 $s(x)$，易知此幂级数的收敛半径 $R=\infty$，且 $\sum_{n=1}^{\infty}\frac{n^2}{n!}=s(1)$. 在 $[0,x]$ 上逐项积分得

$$\int_0^x s(x)\mathrm{d}x = \int_0^x \left(\sum_{n=1}^{\infty} \frac{n^2}{n!}x^{n-1}\mathrm{d}x\right) = \sum_{n=1}^{\infty} \frac{n}{(n-1)!}\int_0^x x^{n-1}\mathrm{d}x = \sum_{n=1}^{\infty} \frac{x^n}{(n-1)!} = x\sum_{n=0}^{\infty} \frac{x^n}{n!} = x\mathrm{e}^x$$

故 $s(x) = (x\mathrm{e}^x)' = \mathrm{e}^x(1+x)$，从而 $s(1) = 2\mathrm{e}$，即原数项级数之和为 2e.

4. 解：$\sum\limits_{n=1}^{\infty} \left|(-1)^{n-1}\frac{1}{\ln(n+1)}\right| = \sum\limits_{n=1}^{\infty} \frac{1}{\ln(n+1)}$，由于 $\frac{1}{\ln(n+1)} > \frac{1}{n+1}$，由比较审敛法得知 $\sum\limits_{n=1}^{\infty} \left|(-1)^{n-1}\frac{1}{\ln(n+1)}\right|$ 发散，故由莱布尼茨审敛法得知 $\sum\limits_{n=1}^{\infty} (-1)^{n-1}\frac{1}{\ln(n+1)}$ 收敛，从而原级数是条件收敛的．

5. 解：因为

$$\lim_{n\to\infty}\frac{|a_{n+1}|}{|a_n|} = \lim_{n\to\infty}\frac{3^{n+1}+(-2)^{n+1}}{n+1}\frac{n}{3^n+(-2)^n} = 3,$$

所以收敛半径 $R = \frac{1}{3}$.

当 $x+1 = -\frac{1}{3}$ 时，级数化为

$$\sum_{n=1}^{\infty} \frac{3^n+(-2)^n}{n}\frac{(-1)^n}{3^n} = \sum_{n=1}^{\infty} \frac{(-1)^n}{n^n} + \sum_{n=1}^{\infty} \frac{1}{n}\left(\frac{2}{3}\right)^n.$$

因上式右端两个级数都收敛，所以级数收敛．

当 $x+1 = \frac{1}{3}$ 时，级数化为

$$\sum_{n=1}^{\infty} \frac{3^n+(-2)^n}{n}\frac{1}{3^n} = \sum_{n=1}^{\infty} \frac{1}{n} + \sum_{n=1}^{\infty} \frac{(-1)^n}{n}\left(\frac{2}{3}\right)^n$$

因上式右端中第一个级数发散，第二个级数收敛，所以级数发散．

由不等式 $-\frac{1}{3} \leqslant x+1 < \frac{1}{3}$，得 $-\frac{4}{3} \leqslant x+1 < -\frac{2}{3}$，级数 $\sum\limits_{n=1}^{\infty} \frac{3^n+(-2)^n}{n}(x+1)^n$ 的收敛域是 $\left[-\frac{4}{3}, -\frac{2}{3}\right)$，收敛半径为 $R = \frac{1}{3}$.

6. 解：先将 $f(x)$ 分项得

$$f(x) = \frac{x}{1+x-2x^2} = \frac{x}{(1-x)(1+2x)} = \frac{1}{3}\left(\frac{1}{1-x} - \frac{1}{1+2x}\right).$$

因 $\frac{1}{1-x} = \sum\limits_{n=0}^{\infty} x^n \ (x \in (-1,1))$，所以 $\frac{1}{1+2x} = \sum\limits_{n=0}^{\infty} (-2x)^n \quad \left(x \in \left(-\frac{1}{2}, \frac{1}{2}\right)\right)$

$$f(x) = \frac{1}{3}\left(\sum_{n=0}^{\infty} x^n - \sum_{n=0}^{\infty} (-2x)^n\right) = \sum_{n=0}^{\infty} \frac{1-(-2)^n}{3}x^n \quad \left(-\frac{1}{2} < x < \frac{1}{2}\right)$$

7. 解：令 $x = 2t$，有

$$\int_0^2 \frac{1}{x}\ln\frac{2+x}{2-x}\mathrm{d}x = \int_0^1 \frac{1}{t}\ln\frac{1+t}{1-t}\mathrm{d}t = \int_0^1 \frac{1}{t}[\ln(1+t) - \ln(1-t)]\mathrm{d}t$$

$$= \int_0^1 \frac{1}{t}[\ln(1+t) - \ln(1-t)]\mathrm{d}t = \int_0^1 \frac{1}{t}\left[\sum_{n=1}^{\infty} (-1)^{n-1}\frac{t^n}{n} + \sum_{n=1}^{\infty} \frac{t^n}{n}\right]\mathrm{d}t$$

$$= \int_0^1 \frac{2}{t}\sum_{n=1}^{\infty} \frac{t^{2n-1}}{2n-1}\mathrm{d}t = \int_0^1 2\sum_{n=1}^{\infty} \frac{t^{2n-2}}{2n-1}\mathrm{d}t$$

$$= 2\sum_{n=1}^{\infty} \int_0^1 \frac{t^{2n-2}}{2n-1}\mathrm{d}t = 2\sum_{n=1}^{\infty} \frac{1}{(2n-1)^2} = 2\sum_{n=0}^{\infty} \frac{1}{(2n+1)^2} = \frac{\pi^2}{4}.$$

8. 解：

(1) 由 $nx^2+\frac{1}{n}=(n+1)x^2+\frac{1}{n+1}$ 可得 $x=\pm\frac{1}{\sqrt{n(n+1)}}$，因此 $a_n=\frac{1}{\sqrt{n(n+1)}}$，

$s_n=\int_{-a_n}^{a_n}\left|\left((n+1)x^2+\frac{1}{n+1}\right)-\left(nx^2+\frac{1}{n}\right)\right|\mathrm{d}x=\frac{4}{3}[n(n+1)]^{-\frac{3}{2}}$.

(2) $\frac{s_n}{a_n}=\frac{4}{3}a_n^2=\left(\frac{1}{n}-\frac{1}{n+1}\right)$，$\sum\limits_{n=1}^{\infty}\frac{s_n}{a_n}=\frac{4}{3}\sum\limits_{k=1}^{\infty}\left(\frac{1}{k}-\frac{1}{k+1}\right)=\frac{4}{3}$.

四、证明题

证明：因为级数 $\sum\limits_{n=1}^{\infty}u_n$ 收敛($u_n>0$)，所以由比较判别法可知 $\sum\limits_{n=1}^{\infty}u_n^2$ 收敛.

又因为 $\sum\limits_{n=1}^{\infty}\frac{1}{n^2}$ 收敛，$u_n^2+\frac{1}{n^2}\geqslant 2\frac{1}{n}u_n$，由比较判别法可知 $\sum\limits_{n=1}^{\infty}\frac{u_n}{n}$ 收敛.

自测试题 C

一、单项选择题

1. 答案：B

提示：设 $f(x)=\frac{1}{x-\ln x}$，则 $f'(x)=\frac{-(x-1)}{x(x-\ln x)^2}$. 当 $x>1$ 时，$f'(x)<0$，且 $f(x)>0$，$\lim\limits_{x\to+\infty}\frac{1}{x-\ln x}=0$. 从而 $\left\{\frac{1}{n-\ln n}\right\}$ 是正项数列，且单调减小收敛于零，由莱布尼茨定理可得 $\sum\limits_{n=1}^{\infty}\frac{(-1)^n}{n-\ln n}$ 收敛.

2. 答案：A

提示：如果级数是正项级数，则上述结论都正确. 而对一般项级数来说，上述结论就未必正确.

首先，A 未必正确. 例如 $u_n=\frac{(-1)^n}{\sqrt{n}}+\frac{1}{n}$，$v_n=\frac{(-1)^n}{\sqrt{n}}$，$\sum\limits_{n=1}^{\infty}v_n$ 收敛，$\sum\limits_{n=1}^{\infty}u_n$ 发散，而 $\lim\limits_{n\to\infty}\frac{u_n}{v_n}=\lim\limits_{n\to\infty}\left[1+\frac{(-1)^n}{\sqrt{n}}\right]=1$.

B 正确.

C 正确. 设 $\lim\limits_{n\to\infty}\frac{|a_{n+1}|}{|a_n|}=r$，则 $r>1$，从而自某项 N_0 后，$\frac{|a_{n+1}|}{|a_n|}>1$，即 $n>N_0$ 时 $\{|a_n|\}$ 是单增数列，因此 $|a_n|>|a_{N_0+1}|$，$\lim\limits_{n\to\infty}|a_n|\neq 0$，$\sum\limits_{n=1}^{\infty}a_n$ 发散.

D 正确. 设 $\lim\limits_{n\to\infty}\sqrt[n]{|a_n|}=r$，则 $r<1$，由根值判别法知道 $\sum\limits_{n=1}^{\infty}|a_n|$ 收敛. 说明 $\sum\limits_{n=1}^{\infty}a_n$ 绝对收敛，从而 $\sum\limits_{n=1}^{\infty}a_n$ 收敛.

【评注】 由比值判别法和根值判别法判别出 $\sum\limits_{n=1}^{\infty}|a_n|$ 发散，则一定有 $\sum\limits_{n=1}^{\infty}a_n$ 发散.

3. 答案:C

提示:当 $n\to\infty$ 时,$\ln\left(1+\frac{1}{\sqrt{n}}\right)$恒正且单调减小趋于零,则 $\sum_{n=1}^{\infty}u_n$收敛.

又$\lim_{n\to\infty}\frac{\ln^2\left(1+\frac{1}{\sqrt{n}}\right)}{\frac{1}{n}}=1>0$,而 $\sum_{n=1}^{\infty}\frac{1}{n}$发散,从而 $\sum_{n=1}^{\infty}u_n^2$发散.

4. 答案:C

提示:由$\lim_{n\to\infty}\frac{n}{u_n}=1$, 知 $\frac{1}{u_n}\sim\frac{1}{n}$,且$\lim_{n\to\infty}\frac{1}{u_n}=0$, 所以选项 B 错.

$$S_n=-\left(\frac{1}{u_1}+\frac{1}{u_2}\right)+\left(\frac{1}{u_2}+\frac{1}{u_3}\right)-\left(\frac{1}{u_3}+\frac{1}{u_4}\right)+\cdots+(-1)^{n+1}\left(\frac{1}{u_n}+\frac{1}{u_{n+1}}\right)=-\frac{1}{u_1}+(-1)^{n+1}\frac{1}{u_{n+1}}$$

$\lim_{n\to\infty}S_n=\lim_{n\to\infty}\left[-\frac{1}{u_1}+(-1)^{n+1}\frac{1}{u_{n+1}}\right]=-\frac{1}{u_1}$,所以选 C.

5. 答案:B

提示:若 $a_n=\frac{1}{n\ln n}$,则$\lim_{n\to\infty}na_n=0$,但 $\sum_{n=1}^{\infty}\frac{1}{n\ln n}$发射,所以选项 A,D 错.

若 $a_n=\frac{1}{n^2}$,则 $\sum_{n=1}^{\infty}\frac{1}{n^2}$收敛,但$\lim_{n\to\infty}na_n=1$,所以选项 C 错误.

对选项 B 由于存在非零常数 λ 使得$\lim_{n\to\infty}na_n=\frac{a_n}{\frac{1}{n}}=\lambda$,因为 $\sum_{n=1}^{\infty}\frac{1}{n}$发散,所以 $\sum_{n=1}^{\infty}a_n$ 发散,故选 B.

6. 答案:A

提示:题中所给级数为函数项级数,可利用变量代换化为幂级数.

令$\frac{1+2x}{2-x}=t$,原级数成为 t 的幂级数 $\sum_{n=1}^{\infty}a_nt^n$. 此时$\rho=\lim_{n\to\infty}\left|\frac{a_{n+1}}{a_n}\right|=\lim_{n\to\infty}\frac{n}{n+1}=1$,因而关于 t 的幂级数的收敛半径为 $R=\frac{1}{\rho}=1$. 由于 $n\to\infty$ 时,$\sin\frac{1}{2n}\sim\frac{1}{2n}$,所以当 $t=-1$ 时,级数为 $\sum_{n=1}^{\infty}(-1)^n\sin\left(\frac{1}{2n}\right)$,由莱布尼茨定理可知其收敛;当 $t=1$ 时,级数为 $\sum_{n=1}^{\infty}\sin\frac{1}{2n}$,发散. 因此,当 $t\in[-1,1)$ 时, $\sum_{n=1}^{\infty}a_nt^n$ 收敛,当 $t\in(-\infty,-1)\cup[1,+\infty)$ 时, $\sum_{n=1}^{\infty}a_nt^n$发散. 所以当 $-1\leqslant\frac{1+2x}{2-x}<1$ 时,原级数收敛,当$\frac{1+2x}{2-x}<-1$ 或$\frac{1+2x}{2-x}\geqslant1$ 时,原级数发散. 解不等式可得,当 $-3\leqslant x<\frac{1}{3}$时,原级数收敛,当 $x<-3$ 或 $x\geqslant\frac{1}{3}$时,原级数发散.

7. 答案:B

提示:注意到 $n\ln\frac{n+1}{n}-1=n\left[\ln\left(1+\frac{1}{n}\right)-\frac{1}{n}\right]$,由 $\ln(1+x)$在 $x=0$ 点的泰勒公式可得

$$n\ln\frac{n+1}{n}-1=n\left[\frac{1}{n}-\frac{1}{2n^2}+o\left(\frac{1}{n^2}\right)-\frac{1}{n}\right]=-\frac{1}{2n}+o\left(\frac{1}{n}\right)\ (n\to\infty),$$

因此 $\sum_{n=1}^{\infty}(-1)^{n-1}\left(n\ln\frac{n+1}{n}-1\right)$不可能绝对收敛.

首先考虑 $\sum_{n=1}^{\infty}(-1)^{n-1}\left(n\ln\frac{n+1}{n}-1\right)$的敛散性. 由不等式 $\ln(1+x)\leqslant x,(x>0)$可知它是负项级数,且$\lim\limits_{n\to\infty}\dfrac{n\ln\frac{n+1}{n}-1}{\frac{1}{n}}=\lim\limits_{x\to0}\dfrac{\ln(1+x)-x}{x^2}=-\dfrac{1}{2}$,

由比较判别法的极限形式可知 $\sum_{n=1}^{\infty}\left(n\ln\frac{n+1}{n}-1\right)$发散. 再设$f(x)=x\ln\frac{x+1}{x}-1$,则

$$f'(x)=\ln\left(1+\frac{1}{x}\right)-\frac{1}{1+x}=\ln\left(1+\frac{1}{x}\right)-\frac{\frac{1}{x}}{\frac{1}{x}+1}.$$

由 $\ln(1+t)>\frac{t}{1+t}$, $t>0$ 可得 $f'(x)>0$, $x\in(0,+\infty)$, 从而数列$\left\{n\ln\frac{n+1}{n}-1\right\}$单调递增趋于 0(因为 $n\ln\frac{n+1}{n}-1$ 与 $-\frac{1}{2n}$ 是等价的无穷小量). 由莱布尼茨定理可得 $\sum_{n=1}^{\infty}(-1)^{n-1}\left(n\ln\frac{n+1}{n}-1\right)$条件收敛.

8. 答案:A

提示:注意莱布尼茨判别法的条件. 由于数列 $\{a_n\}$ 满足 $a_1\geqslant a_2\geqslant\cdots\geqslant a_n\geqslant\cdots$,且 $a_n>0$ $(n=1,2,\cdots)$,因此$\{a_n\}$ 是单调有界数列必收敛. 设$\lim\limits_{n\to\infty}a_n=a$,则 $a\geqslant0$,由于 $\sum_{n=1}^{\infty}(-1)^n a_n$ 发散,则 $a>0$. 这时$\lim\limits_{n\to\infty}\sqrt[n]{\left(\frac{1}{1+a_n}\right)^n}=\lim\limits_{n\to\infty}\frac{1}{1+a_n}=\frac{1}{1+a}<1$,由根值判别法知道 $\sum_{n=1}^{\infty}\left(\frac{1}{1+a_n}\right)^n$ 收敛. 注意到$\left|\left(\frac{1}{1+a_n}\right)^n\cos nx\right|\leqslant\left(\frac{1}{1+a_n}\right)^n$,由比值判别法知道 $\sum_{n=1}^{\infty}\left(\frac{1}{1+a_n}\right)^n\cos nx$ 绝对收敛.

【评注】 判别一般项级数 $\sum_{n=1}^{\infty}a_n$ 的敛散性是指出 $\sum_{n=1}^{\infty}a_n$ 绝对收敛、条件收敛还是发散. 其步骤一般是由正项级数判别法判别 $\sum_{n=1}^{\infty}|a_n|$的敛散性. 当发现 $\sum_{n=1}^{\infty}|a_n|$发散,再来判别 $\sum_{n=1}^{\infty}a_n$ 是否收敛. 值得一提的是,若由比值判别法或根值判别法判别出 $\sum_{n=1}^{\infty}|a_n|$发散,则 $\sum_{n=1}^{\infty}a_n$ 一定发散.

二、填空题

1. 答案:0

提示:$S_n=\sum_{k=1}^{n}\frac{1}{3^k}\left(1+\frac{1}{k}\right)^{k^2}$,$\left(1+\frac{1}{n}\right)^n<\mathrm{e}$,则$\frac{1}{3^n}\left(1+\frac{1}{n}\right)^{n^2}<\frac{1}{3^n}\mathrm{e}^n$, $\sum_{k=1}^{\infty}\frac{1}{3^n}\left(1+\frac{1}{n}\right)^{n^2}$收敛.

从而$\lim\limits_{n\to\infty}\frac{1}{n}\sum_{k=1}^{n}\frac{1}{3^k}\left(1+\frac{1}{k}\right)^{k^2}=0.$

2. 答案：11

提示：由级数收敛则它的加括号级数也收敛性质及级数 $\sum_{n=1}^{\infty}(-1)^{n-1}a_n=1$ 知，$\lim_{n\to\infty}a_n=0$ 且级数 $\sum_{n=1}^{\infty}(a_{2n-1}-a_{2n})$ 收敛且其和为 1，又因为 $\sum_{n=1}^{\infty}a_{2n-1}=6$，从而

$$\sum_{n=1}^{\infty}(a_{2n-1}+a_{2n})=\sum_{n=1}^{\infty}[2a_{2n-1}-(a_{2n-1}-a_{2n})]=11.$$

设级数 $\sum_{n=1}^{\infty}u_n$ 的部分和为 S_n，则

$$S_{2n}=a_1+a_2+\cdots+a_{2n-1}+a_{2n}=(a_1+a_2)+\cdots+(a_{2n-1}+a_{2n})$$

是 $\sum_{n=1}^{\infty}(a_{2n-1}+a_{2n})$ 的部分和，因此 $\lim_{n\to\infty}S_{2n}=11$．而 $S_{2n+1}=S_{2n}+a_{2n+1}$，因此 $\lim_{n\to\infty}S_{2n+1}=\lim_{n\to\infty}S_{2n}=11$，从而 $\lim_{n\to\infty}S_n=11$，即级数 $\sum_{n=1}^{\infty}u_n$ 收敛其和数为 11.

3. 答案：$[-1,3]$

提示：此题为 $x-1$ 的幂级数，且只含偶次幂，即为缺项情形，可通过比值审敛法求收敛区间．

$$\lim_{n\to\infty}\left|\frac{u_{n+1}(x)}{u_n(x)}\right|=\lim_{n\to\infty}\frac{2n+1}{4(2n+3)}|x-1|^2=\frac{1}{4}|x-1|^2,$$

令 $\frac{1}{4}|x-1|^2<1$ 得 $-1<x<3$，当 $x=-1,x=3$ 时，级数均为 $\sum_{n=1}^{\infty}\frac{(-1)^n}{2n+1}$，由莱布尼茨定理知其收敛，故幂级数的收敛域为 $[-1,3]$.

【评注】 此题也可用变量代换 $\left(\frac{x-1}{2}\right)^2=t$ 转化为幂级数 $\sum_{n=1}^{\infty}\frac{(-1)^n}{2n+1}t^n$ 讨论.

4. 答案：$f(x)=\sum_{n=0}^{\infty}\frac{x^n}{n!\ (2^{n+1}-1)}(-\infty,+\infty)$

提示：设 $f(x)=\sum_{n=0}^{\infty}a_nx^n$，则

$$\int_x^{2x}f(x)\mathrm{d}x=\sum_{n=0}^{\infty}\int_x^{2x}a_nx^n\mathrm{d}x=\sum_{n=0}^{\infty}\frac{a_n}{n+1}(2^{n+1}-1)x^{n+1}=\mathrm{e}^x-1=\sum_{n=0}^{\infty}\frac{x^{n+1}}{(n+1)!},$$

由此可得 $a_n=\frac{1}{n!\ (2^{n+1}-1)}$，且幂级数 $\sum_{n=0}^{\infty}a_nx^n$ 的收敛域为 $(-\infty,+\infty)$.

5. 答案：$a=-1$

提示：本题是一个具体的幂级数，可直接求出该级数的收敛域，再根据题设条件确定 a 的取值．由 $\lim_{n\to\infty}\left|\frac{a_{n+1}}{a_n}\right|=\lim_{n\to\infty}\frac{n}{n+1}=1$，知收敛半径为 1，从而得收敛区间为 $|x-a|<1$，即 $a-1<x<a+1$. 又当 $x-a=1$，即 $x=a+1$ 时，原级数为 $\sum_{n=1}^{\infty}\frac{(-1)^{n-1}}{n}$，收敛；当 $x-a=-1$，即 $x=a-1$ 时，原级数为 $\sum_{n=1}^{\infty}\frac{(-1)^{2n-1}}{n}=-\sum_{n=1}^{\infty}\frac{1}{n}$，发散．因此，原级数的收敛域为 $a-1<x<a+1$. 于是，由题设：当 $x=0$ 时级数收敛；当 $x<0$ 时级数发散，知道 $x=0$ 是收敛区间的一个端点，且

位于收敛域内. 因此只有 $a+1=0$,从而 $a=-1$.

6. 答案:$(-\mathrm{e},\mathrm{e})$

提示:求幂级数的收敛半径和收敛域,一般步骤中,先由幂级数的系数求出收敛半径 R,从而确定出收敛区间;然后讨论区间端点处数项级数的敛散性;最后确定出收敛域.

由 $\lim\limits_{n\to\infty}\sqrt[n]{a_n}=\lim\limits_{n\to\infty}\left(\dfrac{n}{n+1}\right)^n=\dfrac{1}{\mathrm{e}}$,知 $\sum\limits_{n=0}^{\infty}\left[\left(\dfrac{n}{n+1}\right)^n x\right]^n$ 的收敛半径为 e,收敛区间为$(-\mathrm{e},\mathrm{e})$,当 $x=\mathrm{e}$ 时,原级数为 $\sum\limits_{n=0}^{\infty}\left[\left(\dfrac{n}{n+1}\right)^n\mathrm{e}\right]^n$,由

$$\lim_{x\to+\infty}x\left[-\ln\left(1+\frac{1}{x}\right)^x+1\right]\xlongequal{t=\frac{1}{x}}\lim_{t\to0^+}\frac{-\ln(1+t)+t}{t^2}=\frac{1}{2},$$

知

$$\lim_{x\to+\infty}\left[\left(\frac{x}{x+1}\right)^x\mathrm{e}\right]^x=\mathrm{e}^{\frac{1}{2}},$$

即 $\lim\limits_{n\to\infty}u_n\neq0$,因而级数发散. 类似地,$x=-\mathrm{e}$ 时,也有 $\lim\limits_{n\to\infty}u_n\neq0$.

7. 答案:$P(x)=4-3x-x^2+x^3$

提示:由于 $P(x)$ 是三次多项式,则 $P^{(n)}(x)=0(n\geqslant4)$. 由 $P(x)$ 在 $x=1$ 处的泰勒级数可求出 $P(x)$ 的解析表示式,再由此解析表示式求出 $P(x)$ 关于 x 的幂级数展开式.

由于 $P(x)$ 在 $x=1$ 处的泰勒级数为

$$P(1)+P'(1)(x-1)+\frac{P''(1)}{2!}(x-1)^2+\frac{P'''(1)}{3!}(x-1)^3,$$

又由于 $P(x)$ 是三次多项式,因此

$$\begin{aligned}P(x)&=P(1)+P'(1)(x-1)+\frac{P''(1)}{2!}(x-1)^2+\frac{P'''(1)}{3!}(x-1)^3\\&=1-2(x-1)+2(x-1)^2+(x-1)^3.\end{aligned}$$

由二项展开式可得 $P(x)=4-3x-x^2+x^3$. 这就是 $P(x)$ 关于 x 的幂级数展开式.

8. 答案:绝对收敛

提示:令 $v_n=\dfrac{u_n}{u_{n-1}}-1=\dfrac{u_n-u_{n-1}}{u_{n-1}}\geqslant0$, $|u_n|<K$,则级数 $\sum\limits_{n=1}^{\infty}\left(1-\dfrac{u_n}{u_{n-1}}\right)$ 与级数 $\sum\limits_{n=1}^{\infty}v_n$ 有相同的敛散性,而 $\sum\limits_{n=1}^{\infty}v_n$ 为正项级数,设 $\sum\limits_{n=1}^{\infty}v_n$ 的部分和为 S_n,则

$$\begin{aligned}S_n&=\frac{u_1-u_0}{u_0}+\frac{u_2-u_1}{u_1}+\cdots+\frac{u_n-u_{n-1}}{u_{n-1}}\leqslant\frac{u_1-u_0}{u_0}+\frac{u_2-u_1}{u_0}+\cdots+\frac{u_n-u_{n-1}}{u_0}\\&=\frac{u_n-u_0}{u_0}<\frac{K-u_0}{u_0},\end{aligned}$$

级数 $\sum\limits_{n=1}^{\infty}v_n$ 收敛,所以 $\sum\limits_{n=1}^{\infty}\left(1-\dfrac{u_n}{u_{n-1}}\right)$ 收敛,且绝对收敛.

三、计算题

1. 提示:注意到 $f'(x)=\dfrac{1}{1+x^2}$,利用 $f'(x)$ 的幂级数展开式可得 $f(x)$ 的幂级数展开式. 另外求 $f^{(101)}(0)$ 可利用函数在某一点的泰勒展开式的唯一性.

解:对函数求导得　$f'(x)=\frac{1}{1+x^2}=\sum_{n=0}^{\infty}(-1)^n x^{2n},x\in(-1,1)$.

积分: $f(x)-f(0)=\int_0^x f'(t)\mathrm{d}t=\int_0^x\sum_{n=0}^{\infty}(-1)^n t^{2n}\mathrm{d}t=\sum_{n=0}^{\infty}(-1)^n\frac{x^{2n+1}}{2n+1}$.

因$f(0)=\arctan 1=\frac{\pi}{4}$,注意到 $x=\pm1$ 时, $\sum_{n=0}^{\infty}\frac{(-1)^n}{2n+1}x^{2n+1}$收敛,故

$$f(x)=\arctan\frac{1+x}{1-x}=\frac{\pi}{4}+\sum_{n=0}^{\infty}(-1)^n\frac{x^{2n+1}}{2n+1},x\in[-1,1).$$

由泰勒展开式, $f(x)=\sum_{n=0}^{\infty}\frac{f^{(n)}(0)}{n!}x^n$,因此有

$$\sum_{n=0}^{\infty}\frac{f^{(n)}(0)}{n!}x^n=\frac{\pi}{4}+\sum_{n=0}^{\infty}\frac{(-1)^n x^{2n+1}}{2n+1}$$

比较 x^{101}项系数,有$\frac{f^{(101)}(0)}{101!}=\frac{(-1)^{50}}{101}$,得

$$f^{(101)}(0)=100!.$$

【评注】 先求$f'(x)$,再对$f'(x)$的幂级数展开式逐项积分得出$f(x)$的幂级数展开式,是常见的一种方法,但要注意两点:

(1)由$f'(x)$积分到$f(x)$时,应该有等式$f(x)=\int_0^x f(x)\mathrm{d}x+f(0)$,不要忘记加$f(0)$,虽然许多情况下$f(0)=0$,但不具一般性,如本题$f(0)=\frac{\pi}{4}$.

(2)由$f'(x)$的展开式积分得到$f(x)$的展开式时,其收敛域可能扩大,因此积分后要对收敛区间端点检验,由$f(x)$的幂级数展开式作调整.

2. 解: $\sum_{n=0}^{\infty}\frac{(-1)^n(n^2-n+1)}{2^n}=\sum_{n=2}^{\infty}\left(-\frac{1}{2}\right)^n(n^2-n)+\sum_{n=0}^{\infty}\left(-\frac{1}{2}\right)^n$,

其中, $\sum_{n=0}^{\infty}\left(-\frac{1}{2}\right)^n=\frac{1}{1+\frac{1}{2}}=\frac{2}{3}$.

对$\frac{1}{1-x}=\sum_{n=0}^{\infty}x^n$连续求导两次,得

$\sum_{n=2}^{\infty}n(n-1)x^{n-2}=\left(\frac{1}{1-x}\right)''=\frac{2}{(1-x)^3},x\in(-1,1)$

$\sum_{n=2}^{\infty}n(n-1)x^n=\frac{2x^2}{(1-x)^3}$,取 $x=-\frac{1}{2}$,则 $\sum_{n=2}^{\infty}n(n-1)\left(-\frac{1}{2}\right)^n=\frac{4}{27}$,

故 $\sum_{n=0}^{\infty}\frac{(-1)^n(n^2-n+1)}{2^n}=\frac{4}{27}+\frac{2}{3}=\frac{22}{27}$.

3. 解: $f'(x)=\sum_{n=1}^{\infty}(-1)^n x^{2n-1}=-\frac{x}{1+x^2}$,

上式两边从 0 到 x 积分,得

$$f(x)-f(0)=-\int_0^x\frac{t}{1+t^2}\mathrm{d}t=-\frac{1}{2}\ln(1+x^2).$$

由 $f(0)=1$，得 $f(x)=1-\frac{1}{2}\ln(1+x^2)\ (|x|<1)$. 令 $f'(x)=0$，求得唯一驻点 $x=0$，

由于 $f''(x)=-\frac{1-x^2}{(1+x^2)^2}$，$f''(0)=-1<0$，可见 $f(x)$ 在 $x=0$ 处取得极大值，且极大值为 $f(0)=1$.

4. 解：由于 $f_n'(x)=f_n(x)+x^{n-1}e^x$ 是一阶线性常微分方程，其解为

$$f_n(x)=e^{\int dx}\left(\int x^{n-1}e^xe^{-\int dx}dx+C\right)=e^x\left(\int x^{n-1}dx+C\right)=e^x\left(\frac{1}{n}x^n+C\right).$$

由于 $f_n(1)=\frac{e}{n}$，所以 $C=0$，故

$$f_n(x)=\frac{e^xx^n}{n},\quad \sum_{n=1}^{\infty}f_n(x)=\sum_{n=1}^{\infty}\frac{e^xx^n}{n}=e^x\sum_{n=1}^{\infty}\frac{x^n}{n}.$$

设 $s(x)=\sum\limits_{n=1}^{\infty}\frac{x^n}{n}$ 的收敛域为 $x\in[-1,1)$. 当 $x\in(-1,1)$ 时，有

$$s'(x)=\sum_{n=1}^{\infty}x^{n-1}=\frac{1}{1-x},$$

故
$$s(x)=\int_0^x\frac{1}{1-t}dt=\ln\left|\frac{1}{1-x}\right|.$$

$$\sum_{n=1}^{\infty}f_n(x)=e^xs(x)=-e^x\ln(1-x),x\in(-1,1).$$

当 $x=-1$ 时，$\sum\limits_{n=1}^{\infty}f_n(-1)=-e^{-1}\ln2$.

5. 提示：收敛半径是关于幂级数收敛性的一个重要概念. 收敛半径可以由比值或根值判别法，根据极限值 $\lim\limits_{n\to\infty}\left|\frac{a_{n+1}}{a_n}\right|$ 或 $\lim\limits_{n\to\infty}\sqrt[n]{|a_n|}$ 确定，也可以利用收敛半径概念确定，即若 $|x|<R$，级数 $\sum\limits_{n=0}^{\infty}a_nx^n$ 收敛，且若 $|x|>R$，级数 $\sum\limits_{n=0}^{\infty}a_nx^n$ 发散，则称 R 为幂级数 $\sum\limits_{n=0}^{\infty}a_nx^n$ 的收敛半径. 本题(1)，(4)可以用前一种方法计算，(2)，(3)则可以由定义推出.

解：由题设 $\lim\limits_{n\to\infty}\left|\frac{a_{n+1}}{a_n}\right|=\rho=\frac{1}{R}$ 存在，则当 $|x|<R$ 时，$\sum\limits_{n=1}^{\infty}a_nx^n$ 收敛，且当 $|x|>R$ 时，$\sum\limits_{n=1}^{\infty}a_nx^n$ 发散. 于是

(1) 由 $\lim\limits_{n\to\infty}\left|\frac{(n+1)a_{n+1}}{na_n}\right|=R^{-1}$，知 $\sum\limits_{n=1}^{\infty}na_nx^{n+2}$ 的收敛半径为 R.

(2) 由 $\sum\limits_{n=0}^{\infty}a_nx^{2n+1}=x\sum\limits_{n=0}^{\infty}a_n(x^2)^n$，知当 $|x^2|<R$，即 $|x|<\sqrt{R}$ 时，$\sum\limits_{n=0}^{\infty}a_nx^{2n+1}$ 收敛，且当 $|x^2|>R$，即 $|x|>R$ 时，$\sum\limits_{n=0}^{\infty}a_nx^{2n+1}$ 发散，故 $\sum\limits_{n=0}^{\infty}a_nx^{2n+1}$ 的收敛半径为 $\sqrt{R}$.

(3) 对 $\sum\limits_{n=0}^{\infty}a_n(2x)^n$，当 $|2x|<R$，即 $|x|<\frac{R}{2}$ 时收敛，且 $|2x|>R$，即 $|x|>\frac{R}{2}$ 时发散，知

$\sum\limits_{n=0}^{\infty} a_n(2x)^n$ 的收敛半径为$\dfrac{R}{2}$，又 $\sum\limits_{n=0}^{\infty} a_{n+1}x^n$收敛半径为 R，因此，$\sum\limits_{n=0}^{\infty}[a_n(2x)^n+a_{n+1}x^n]$的收敛半径为 $\min\left\{R,\dfrac{R}{2}\right\}=\dfrac{R}{2}$.

(4)由$\lim\limits_{n\to\infty}\left|\dfrac{a_{n+1}a_{n+2}}{a_na_{n+1}}\right|=\lim\limits_{n\to\infty}\left|\dfrac{a_{n+1}}{a_n}\right|\left|\dfrac{a_{n+2}}{a_{n+1}}\right|=\dfrac{1}{R^2}$，从而知 $\sum\limits_{n=0}^{\infty} a_na_{n+1}x^n$ 收敛半径为 R^2.

6. 解：由

$$\lim_{n\to\infty}\left|\frac{\dfrac{(-1)^{n+1}}{4+x^{n+1}}}{\dfrac{(-1)^n}{4+x^n}}\right|=\begin{cases}\dfrac{1}{|x|}<1 & |x|>1\\ 1 & |x|\leqslant 1\end{cases}$$

当$|x|<1$时，$\lim\limits_{n\to\infty}\left|\dfrac{(-1)^n}{4+x^n}\right|=\dfrac{1}{4}\neq 0$，$|x|=1$ 原幂级数发散，因此，原幂级数的收敛区间和收敛域均为$|x|>1$.

7. 提示：注意到这两个函数的原函数都不能用初等函数表示. 但可以表示成幂函数．本题可以用 $\cos x$ 和 $\ln(1-x)$ 的麦克劳林展开式通过幂级数逐项积分求得所要的原函数.

解：(1)由于

$$\cos x=\sum_{n=0}^{\infty}\frac{(-1)^n}{(2n)!}x^{2n}=1+\sum_{n=1}^{\infty}\frac{(-1)^n}{(2n)!}x^{2n},$$

因此 $x\neq 0$ 时，

$$\frac{1-\cos x}{x}=-\sum_{n=1}^{\infty}\frac{(-1)^n}{(2n)!}x^{2n-1}.$$

由于 $x=0$ 是$\dfrac{1-\cos x}{x}$的可去间断点，因此$f(x)=\dfrac{1-\cos x}{x}$ 在任何闭区间上可积，从而由幂级数在收敛区间内可以逐项积分得到

$$\int_0^x f(t)\,\mathrm{d}t=-\int_0^x\sum_{n=1}^{\infty}\frac{(-1)^n}{(2n)!}t^{2n-1}\mathrm{d}t=-\sum_{n=1}^{\infty}\frac{(-1)^n}{(2n)!}t^{2n-1}\mathrm{d}t$$
$$=-\sum_{n=1}^{\infty}\frac{(-1)^n}{(2n)}\frac{x^{2n}}{(2n)!},$$

因此 $F(x)=1-\sum\limits_{n=1}^{\infty}\dfrac{(-1)^n}{(2n)}\dfrac{x^{2n}}{(2n)!}$是$f(x)$的在 $x=0$ 点取值为 1 的原函数.

(2)由于

$$\ln(1-x)=\sum_{n=1}^{\infty}\frac{(-1)^{n-1}}{n}(-x)^n=-\sum_{n=1}^{\infty}\frac{x^n}{n},\ x\in[-1,1),$$

因此 $x\neq 0$ 时，

$$\frac{\ln(1-x)}{x}=-\sum_{n=1}^{\infty}\frac{x^{n-1}}{n}.$$

由于 $x=0$ 是$\dfrac{\ln(1-x)}{x}$的可去间断点. 因此 $f(x)=\dfrac{\ln(1-x)}{x}$ 在$[-1,1)$内任何闭区间上可积. 从而由幂级数在收敛区间内可以逐项积分得到

$$\int_0^x f(x)\,\mathrm{d}t=-\int_0^x\sum_{n=1}^{\infty}\frac{t^{n-1}}{n}\mathrm{d}t=-\sum_{n=1}^{\infty}\frac{1}{n}\int_0^x t^{n-1}\mathrm{d}t$$

$$= -\sum_{n=1}^{\infty}\frac{x^n}{n^2}, x\in(-1,1).$$

由于 $\sum\limits_{n=1}^{\infty}\frac{x^n}{n^2}$在 $x=\pm1$ 处收敛,因此上式在$[-1,1]$上处处成立. 由此可得 $F(x)=1-\sum\limits_{n=1}^{\infty}\frac{x^n}{n^2}$是$f(x)$在区间$[-1,1]$上、且在 $x=0$ 点取值为 1 的原涵数.

【评注】 将函数$f(x)$在某点x_0处展开成幂级数就是将$f(x)$展开成$x-x_0$的幂级数,一般有两种方法:其一是利用函数的泰勒公式;其二是利用常见函数的麦克劳林展开式间接展开,且第二种方法是常见的方法. 在间接展开时,或者将函数变形,使之成为某种常见函数(包括用变量替换),或者求导,或者求积分使得导函数$f'(x)$或$f(x)$的原函数成为某种常见函数,再利用幂级数在收敛区间内可以逐项求导和逐项积分的性质求出$f(x)$的幂级数展开式,值得一提的是,求导或求积分的过程中,幂级数的收敛半径不变但收敛域可能会变.

8. 解:设级数 $\sum\limits_{n=1}^{\infty}\frac{a_n}{S_n^2}$的部分和为$\sigma_n$,则

$$\begin{aligned}\sigma_n &= \sum_{k=1}^{\infty}\frac{a_k}{S_k^2}=\frac{a_1}{S_1^2}+\frac{a_2}{S_2^2}+\cdots+\frac{a_n}{S_n^2}\\ &\leqslant\frac{a_1}{S_1^2}+\frac{a_2}{S_1S_2}+\cdots+\frac{a_n}{S_{n-1}S_n}\\ &=\frac{1}{a_1}+\left(\frac{1}{S_1}-\frac{1}{S_2}\right)+\cdots+\left(\frac{1}{S_{n-1}}-\frac{1}{S_n}\right)\leqslant\frac{2}{a_1}.\end{aligned}$$

$\{\sigma_n\}$单调增加且有上界,故 $\sum\limits_{n=1}^{\infty}\frac{a_n}{S_n^2}$收敛.

四、证明题

1. 证明:(1) $a_{n+1}=\frac{1}{2}\left(a_n+\frac{1}{a_n}\right)\geqslant\sqrt{a_n\cdot\frac{1}{a_n}}=1$, $a_{n+1}-a_n=\frac{1}{2}\left(a_n+\frac{1}{a_n}\right)-a_n=\frac{1-a_n^2}{2a_n}\leqslant0$,故$\{a_n\}$为单调递减有下界的数列,所以$\lim\limits_{n\to\infty}a_n$ 存在.

(2)由(1)得 $0\leqslant\frac{a_n}{a_{n+1}}-1=\frac{a_n-a_{n+1}}{a_{n+1}}\leqslant a_n-a_{n+1}$.

记 $S_n=\sum\limits_{k=1}^{n}(a_k-a_{k+1})=a_1-a_{n+1}$,因$\lim\limits_{n\to\infty}a_{n+1}$存在,所以级数 $\sum\limits_{n=1}^{\infty}(a_n-a_{n+1})$收敛,由比较审敛法知级数 $\sum\limits_{n=1}^{\infty}\left(\frac{a_n}{a_{n+1}}-1\right)$收敛.

2. 证明:记$f_n(x)=x^n+nx-1$,当 $x>0$ 时,

$$f'_n(x)=nx^{n-1}+n>0$$

故$f_n(x)$在$[0,+\infty)$上单调增加. 而$f_n(0)=-1<0$, $f_n(1)=n>0$,有连续函数介值定理知$f_n(x)=x^n+nx-1=0$ 存在唯一正实根 x_n.

由 $x_n^n+nx_n-1=0$ 与 $x_n>0$ 知 $0<x_n=\frac{1-x_n^n}{n}<\frac{1}{n}$,当 $\alpha>1$ 时,$0<x_n^{\alpha}<\left(\frac{1}{n}\right)^{\alpha}$,而正项级数 $\sum\limits_{1}^{\infty}\left(\frac{1}{n}\right)^{\alpha}$ 收敛,所以 $\alpha>1$ 时,级数 $\sum\limits_{n=1}^{\infty}x_n^{\alpha}$ 收敛.

第 8 章

自测试题 A

一、单项选择题

1. 答案:A

提示:原方程可化为$\frac{y}{y^2+1}dy = \frac{x}{x^2-1}dx$.

2. 答案:D

提示:原方程可化为$\frac{dx}{dy}-yx=y^2x^2$(伯努利方程 $n=2$).

3. 答案:A

提示:特征方程为 $r^2-2=0$,$r_{1,2}=\pm\sqrt{2}\neq\lambda=2$,故特解为 $y^*=(A_1x+A_2)e^{2x}$.

4. 答案:C

提示:特征方程为 $r^2+4=0$,$r_{1,2}=\pm 2i\neq\lambda=0$,故特解为 $y^*=x(A_1\cos 2x+A_2\sin 2x)$.

5. 答案:B

提示:所求齐次微分方程的特征方程的根应为 $r_{1,2}=1\pm i$,而选项 B 的特征方程为 $r^2-2r+2=0$,满足条件.

6. 答案:B

提示:由已知条件,特征方程 $r^3+ar^2+br+c=0$ 有根 $r_1=-1$, $r_{2,3}=0$,故

$$r^3+ar^2+br+c=r^2(r+1)=r^3+r^2,$$

则 $a=1,b=0,c=0$.

7. 答案:B

提示:按照差分及差分方程的定义验证即可.

8. 答案:C

提示:按照差分方程的定义验证即可.

二、填空题

1. 答案:$y=2e^{\sqrt{1-x^2}}$

提示:原方程可化为变量可分离方程$\frac{x}{\sqrt{1-x^2}}dx=-\frac{1}{y}dy$,解得 $y(x)=Ce^{\sqrt{1-x^2}}$. 由

$$y(1)=2\text{ ,得 }C=2\text{,从而 }y=2e^{\sqrt{1-x^2}}$$

2. 答案:$y=\frac{1}{x}(x+C)$

提示:原方程可化为变量可分离方程$\frac{1}{1-y}dy=\frac{1}{x}dx$,解得 $y=\frac{1}{x}(x+C)$.

3. 答案:$y=\frac{2x}{1+x^2}$

提示:原方程可化为齐次方程$\frac{dy}{dx}+\frac{y}{x}=\left(\frac{y}{x}\right)^2$. 令 $y=ux$,则$\frac{du}{u^2-2u}=\frac{dx}{x}$,解得 $u=\frac{2}{1-Cx^2}$,

即 $y=\frac{2x}{1-Cx^2}$. 由 $y(1)=1$,得 $C=-1$,故 $y=\frac{2x}{1+x^2}$.

4. 答案: $y=e^x(C_1\cos2x+C_2\sin2x)-\frac{x}{4}e^x\cos2x$

提示:特征方程为 $r^2-2r+5=0$,特征根为 $r_{1,2}=1\pm2i$. 则齐次方程的通解为 $Y=e^x(c_1\cos2x+c_2\sin2x)$.

由于 $1+2i$ 是特征方程的根($\lambda=1$, $\omega=2$),所以应设特解为 $y^*=xe^x(a\sin2x+b\cos2x)$. 把它代入原方程,可得 $a=0$, $b=-\frac{1}{4}$.

5. 答案:$xy=6$

提示:设曲线方程为 $y=y(x)$. 过曲线上点 (x, y) 的切线方程为 $\tilde{y}=y+\frac{dy}{dx}(\tilde{x}-x)$. 因切线被切点平分,则 $y=\frac{y+\frac{dy}{dx}(0-x)}{2}$. 由此得微分方程 $-\frac{dx}{x}=\frac{dy}{y}$,解得 $xy=C$,又曲线通过点(2,3),则 $C=6$.

6. 答案:$\frac{1}{2}e^{-x^2}(x^2-1)$

提示:函数 $y=f(x)$ 连续,则 $\int_0^x xf(x)dx$ 可导,从而 $f(x)=-\frac{1}{2}e^{-x^2}-2\int_0^x xf(x)dx$ 可导. 对其求导,得 $\frac{dy}{dx}+2xy=xe^{-x^2}$,解得

$$y=Ce^{-\int(2x)dx}+e^{-\int(2x)dx}\int xe^{-x^2}e^{\int(2x)dx}dx=e^{-x^2}\left(\frac{1}{2}x^2+C\right).$$

由 $f(0)=-\frac{1}{2}$,得 $C=-\frac{1}{2}$. 故 $f(x)=\frac{1}{2}e^{-x^2}(x^2-1)$.

7. 答案:$6+2^x$

提示:$\Delta^3y_x=(y_{x+3}-3y_{x+2}+3y_{x+1}-y_x)$,代入函数 $y_x=(x+1)^3+2^x$ 并化简得

$$\Delta^3y_x=(x+3)^3+2^{x+3}-3[(x+2)^3+2^{x+2}]+[3(x+2)^3+2^{x+1}]+(x+1)^3+2^x=6+2^x.$$

8. 答案: $y_x=C_14^x+C_23^x$

提示:特征方程为 $\lambda^2-7\lambda+12=0$,特征根为 $\lambda_1=3$, $\lambda_2=4$,按照齐次差分方程的求解公式得通解为 $y_x=C_14^x+C_23^x$.

三、计算题

1. 解:

(1) $y^2=2\ln\left(\frac{1+e^x}{2}\right)+1$.

(2) $y=xe^{Cx+1}$.

(3) $y=\frac{x}{\cos x}$.

(4) $x=Ce^{2y}+\frac{1}{2}y^2+\frac{1}{2}y+\frac{1}{4}$.

(5) $y^2 = Ce^{2x} - \left(x^2 + x + \dfrac{1}{2}\right)$.

(6) $y = C_1 e^x + e^{-\frac{1}{2}x}\left(C_2 \cos \dfrac{\sqrt{15}}{2}x + C_3 \sin \dfrac{\sqrt{15}}{2}x\right)$.

(7) $y = e^{4x}\left(\dfrac{x^2}{2} + C_1 + C_2 x\right) + \dfrac{x}{16} + \dfrac{1}{32}$.

(8) $y = \dfrac{1}{3}\sin 2x - \cos x - \dfrac{1}{3}\sin x$.

2. 解：原方程化为$(xy)' = y\ln(xy)$，令$u = xy$，得

$\dfrac{du}{dx} = \dfrac{u}{x}\ln u$（分离变量方程）

3. 解：$y' = -\dfrac{1}{2}pe^{-\frac{1}{2}px}u + e^{-\frac{1}{2}px}u'$，

$$y'' = e^{-\frac{1}{2}px}\left(u'' - pu' + \frac{1}{4}p^2 u\right),$$

代入原方程整理得

$$u'' + \left(q - \frac{1}{4}p^2\right)u = 0.$$

令$k = q - \dfrac{1}{4}p^2$，得

$$u'' + ku = 0.$$

4. 解：将特解代入方程得恒等式

$$(1-a+b)e^{-x} + (2+a)e^x + (1+a+b)xe^x = ce^x,$$

比较系数得$\begin{cases}1-a+b=0\\2+a=c\\1+a+b=0\end{cases}$，解得$\begin{cases}a=0\\b=-1.\\c=2\end{cases}$

故原方程为$y'' - y = 2e^x$.

对应齐次方程通解为$Y = C_1 e^x + C_2 e^{-x}$，由于

$$y = e^{-x} + xe^x,$$

原方程通解为　　$y = C_1 e^x + C_2 e^{-x}$.

5. 解：用$u = tx$对等式左边的积分$\int_0^1 f(tx)\,dt$进行替换，然后再两边求导数，得出$f(x)$需满足的微分方程便能解出$f(x) = Cx^{\frac{1-n}{n}}$.

6. 解：$P(t) = e^{-\frac{t}{2}}\left(\cos\dfrac{\sqrt{3}}{6}t + 2\sqrt{3}\sin\dfrac{\sqrt{3}}{6}t\right) + 4$.

7. 解：验证$y(x) - y_1(x)$及$y_2(x) - y_1(x)$都是对应齐次方程的解. 用齐次线性方程解的性质即可得出证明.

8. 解：$f(x)$由两种不同类型的自由项，分别设定试解得

$$y_x = C\left(\frac{2}{3}\right)^x + \frac{1}{11}\left(-\frac{1}{4}\right)^{x-1} + 3x^2 - 18x + 45.$$

自测试题B

一、单项选择题

1. 答案：A

提示：$e^{x+1}=e\cdot e^{x}$，$e^{x-1}=\frac{1}{e}e^{x}$.

2. 答案：C

提示：解方程可得 $\ln|\ln y| = \frac{1}{2}\ln\frac{1-\cos x}{1+\cos x}+C=\frac{1}{2}\ln\left(\tan\frac{x}{2}\right)^{2}+C$. 由 $y\left(\frac{\pi}{2}\right)=e$，知 $C=0$. 由此可得 $y=e^{\pm\tan\frac{x}{2}}$.

3. 答案：D

提示：原方程可化为$\frac{dy}{dx}+\frac{1}{1-x}y=\frac{x-2}{x-1}$.

4. 答案：B

提示：方程 $y'+P(x)y=Q(x)$ 对应齐次方程的通解为 $Y=Ce^{-\int P(x)dx}$，故原方程的通解为 $y=Ce^{-\int P(x)dx}+y_1$.

5. 答案：A

提示：代换 $y=z^m$ 将微分方程 $y'=ax^{\alpha}+by^{\beta}$ 化为 $z'=\frac{a}{m}\frac{x^{\alpha}}{z^{m-1}}+\frac{b}{m}z^{m\beta-m+1}$，为一阶齐次方程，则有$\frac{1}{\alpha}=\frac{1}{m-1}$，$\frac{1}{\beta}=\frac{m}{m-1}$，从而 $\frac{1}{\beta}-\frac{1}{\alpha}=1$.

6. 答案：C

提示：特征方程为 $r^2+pr+q=r^2+pr+\frac{1}{4}p^2=\left(r+\frac{1}{2}p\right)^2=0$，得 $r_{1,2}=-\frac{p}{2}$，则通解为 $y=(C_1+C_2x)e^{-\frac{p}{2}x}$.

7. 答案：A

提示：方程 $y_t-3y_{t-1}=0$ 的通解是 $Y_t=C3^t$，方程 $y_t-3y_{t-1}=2B$ 的特解形式为 $y_t^*=k$(k待定)，代入方程 $y_t-3y_{t-1}=2B$，得到 $k=-B$，所以选择 A.

8. 答案：B

提示：$y_{x+2}-4y_{x+1}+3y_x=0$ 的特征根是 $\lambda_1=1,\lambda_2=3$，1 是特征单根，所以特解形式是 $y_x^*=x(Ax+B)$.

二、填空题

1. 答案：通解是 $\sqrt{1-y^2}-x^2=C$

提示：原方程化为可分离变量方程$\frac{y}{\sqrt{1-y^2}}dy=-2xdx$，可得通解为 $\sqrt{1-y^2}-x^2=C$.

2. 答案：$y=2-2e^{-x}-2x$

提示：特征方程为 $r^2+r=0$，$r_1=0$，$r_2=-1$. 非齐次项 -2 属于 $e^{\lambda x}P_m(x)$型，其中，$\lambda=0$ 是特征方程的单根，$m=0$，故非齐次方程的特解可设为 $y^*=Cx$，代入原方程可得 $C=-2$.

3. 答案：　$C_1(y_1-y_3)+C_2(y_2-y_3)+y_3$

提示：由已知条件，可证 $y_1 - y_3$ 和 $y_2 - y_3$ 是原方程对应的齐次方程

$$y'' + a_1(x)y' + a_2(x)y = 0$$

的两个线性无关的解，故原方程的通解是

$$C_1(y_1 - y_3) + C_2(y_2 - y_3) + y_3.$$

4. 答案：$y = C_1 e^{-x} + (C_2 + C_3 x)\sin x + (C_4 + C_5 x)\cos x$

提示：特征方程为 $r^5 + r^4 + 2r^3 + 2r^2 + r + 1 = (r+1)(r^4 + 2r^2 + 1) = (r+1)(r^2+1)^2 = 0$，特征根为 $r_1 = -1$，$r_{2,3} = \mathrm{i}$（二重），$r_{4,5} = -\mathrm{i}$（二重），故原方程的通解可表示为

$$y = C_1 e^{-x} + (C_2 + C_3 x)\sin x + (C_4 + C_5 x)\cos x.$$

5. 答案：$x + \ln(x^2 + y^2) = C$

提示：作变量替换 $u = x^2 + y^2$，则原方程可化为 $u\mathrm{d}x + \mathrm{d}u = 0$，则通解为 $x + \ln|u| = C$，即

$$x + \ln(x^2 + y^2) = C.$$

6. 答案：$x = 10000 e^{-p^3}$

提示：由题意知，需求价格弹性函数 $\varepsilon_p = \frac{p}{x}\frac{\mathrm{d}x}{\mathrm{d}p} = -p^3$，解得 $x(p) = Ce^{-p^3}$. 当 $p = 0$ 时，需求量为 $x = 10000$，则 $C = 10000$. 从而需求函数为 $x = 10000e^{-p^3}$.

7. 答案：通解是 $y_x = C + x^2 - x$

提示：方程 $\Delta y_x = 2x$ 是一阶线性非齐次方程，对应齐次方程的通解为 $Y_x = C$，非齐次的特解形式为 $y_x^* = x(Ax + B)$，代入方程 $\Delta y_x = 2x$ 求得 $A = 1, B = -1$，所以通解是

$$y_x = C + x^2 - x.$$

8. 答案：通解是 $y_x = C_1 3^x + C_2 2^x$

提示：方程 $y_{x+2} - 5y_{x+1} + 6y_x = 0$ 的特征方程为 $\lambda^2 - 5\lambda + 6 = 0$，特征根是 $\lambda_1 = 2, \lambda_2 = 3$，所以通解是 $y_x = C_1 3^x + C_2 2^x$.

三、计算题

1. 解：将 $y = e^x \int_0^x e^{t^2}\mathrm{d}t$ 代入微分方程 $y' - y = e^{x+x^2}$，得 $y' = e^x \int_0^x e^{t^2}\mathrm{d}t + e^x e^{x^2}$，所以 $y' - y = e^x \int_0^x e^{t^2}\mathrm{d}t + e^x e^{x^2} - e^x \int_0^x e^{t^2}\mathrm{d}t = e^{x+x^2}$，方程成立，

因此 $y = e^x \int_0^x e^{t^2}\mathrm{d}t$ 是方程特解.

2. 解：当 $y > 0$ 时，$\frac{\mathrm{d}y}{\mathrm{d}x} = \sqrt{|y|} = \sqrt{y}$；$2\mathrm{d}\sqrt{y} = \mathrm{d}x$，$y = \frac{(x+C)^2}{4}$.

当 $y < 0$ 时，$\frac{\mathrm{d}y}{\mathrm{d}x} = \sqrt{|y|} = \sqrt{-y}$，令 $z = -y$，有方程 $-\frac{\mathrm{d}z}{\mathrm{d}x} = \sqrt{z}$，$-2\mathrm{d}\sqrt{z} = \mathrm{d}x$

$z = \frac{(C-x)^2}{4}$，$y = -\frac{(C-x)^2}{4}$. 所以有

$$y = \begin{cases} \frac{(x+C)^2}{4} & \text{当 } y > 0 \text{ 时} \\ -\frac{(C-x)^2}{4} & \text{当 } y < 0 \text{ 时} \end{cases}.$$

3. (1) 解：$x^2\mathrm{d}y = (y^2 - xy + x^2)\mathrm{d}x$，即 $\frac{\mathrm{d}y}{\mathrm{d}x} = \frac{y^2 - xy + x^2}{x^2} = \left(\frac{y}{x}\right)^2 - \frac{y}{x} + 1$ 为一阶齐次微分方

程,令$\frac{y}{x}=u$,则$\frac{dy}{dx}=u+x\frac{du}{dx}$,原方程化为$u+x\frac{du}{dx}=u^2-u+1$,$\frac{du}{(u-1)^2}=\frac{dx}{x}$,解得$\frac{1}{1-u}=\ln Cx$,即$\frac{1}{\ln Cx}=1-\frac{y}{x}$或$(x-y)\ln Cx=x$

(2)解:$x^2y'+y=(x^2+1)e^x$,当$x\to-\infty$时,$y\to1$.

$y'+\frac{1}{x^2}y=\left(\frac{1}{x^2}+1\right)e^x$为一阶线性非齐次方程,代入其通解公式得

$$\begin{aligned}y&=e^{-\int P(x)dx}\left(\int Q(x)e^{\int P(x)dx}dx+C\right)\\&=e^{-\int\frac{1}{x^2}dx}\left(\int\left(\frac{1}{x^2}+1\right)e^x e^{\int\frac{1}{x^2}dx}dx+C\right)\\&=e^{\frac{1}{x}}\left(\int\left(\frac{1}{x^2}+1\right)e^x e^{-\frac{1}{x}}dx+C\right)\\&=e^{\frac{1}{x}}(e^{x-\frac{1}{x}}+C)y=e^x+e^{\frac{1}{x}}C,\end{aligned}$$

当$x\to-\infty$时,$y\to1$,$C=1$,因此$y=e^x+e^{\frac{1}{x}}$.

(3)解:$2y'\ln x+\frac{y}{x}=y^{-1}\cos x$,$2yy'+\frac{1}{x\ln x}y^2=\frac{\cos x}{\ln x}$是一阶线性非齐次方程,代入通解公式得$y^2=e^{-\int\frac{1}{x\ln x}dx}\left(\int\left(\frac{\cos x}{\ln x}e^{\ln\ln x}\right)dx+C\right)$,

所以$y^2=\frac{1}{\ln x}(\sin x+C)$或$y^2\ln x=C+\sin x$.

(4)提示:令$z(x)=f(y)=\sin y$.

解:令$z(x)=f(y)=\sin y$,$(\sin y)'+\sin y=z'+z=x+1$是一阶线性非齐次方程,则$z=e^{-\int dx}\left(\int(x+1)e^x dx+C\right)=x+Ce^{-x}$,

因此$\sin y=x+Ce^{-x}$.

4. 解:$y'(x)=\left(\int_0^x y(t)dt+e^x\right)'=y(t)+e^x$,得到$y'(x)-y(x)=e^x$,代入一阶线性非齐次方程通解公式$y=e^{\int dx}\left(\int e^x e^{-x}dx+C\right)$,$y=(x+C)e^x$.

又$y(0)=1$,$C=1$,因此$y=(x+1)e^x$.

5. (1)解:二阶常系数齐次微分方程的特征根为$r_1=0,r_2=1$.

因为$f(x)=ax^2+bx+c$,二阶常系数非齐次微分方程特解应为

$$y^*=x(A_0+A_1x+A_2x^2).$$

(2)解:二阶常系数齐次微分方程的特征根为$r_1=-1,r_2=-1$(二重根).

因为$f(x)=e^{-x}(ax+b)$,二阶常系数非齐次微分方程特解应为

$$y^*=x^2e^{-x}(A_0+A_1x).$$

(3)解:二阶常系数齐次微分方程的特征根为$r_1=0,r_2=1$.

因为$f(x)=\cos x+\sin x$,二阶常系数非齐次微分方程特解应为

$$y^*=a\cos x+b\sin x.$$

(4)解:二阶常系数齐次微分方程的特征根为$r_1=-1-i,r_2=-1+i$.

因为$f(x) = e^{-x}(A\cos x + B\sin x)$,二阶常系数非齐次微分方程特解应为

$$y^* = xe^{-x}(a\cos x + b\sin x).$$

6. 解: $y'' + y = x^2 + \cos x$ 的特征方程为 $r^2 + 1 = 0$,特征根为 $r_1 = -i, r_2 = +i$,则 $y'' + y = x^2$的特解设为 $y_1^* = A_0 + A_1 x + A_2 x^2$,代入解出

$$A_0 = -2,\ A_1 = 0,\ A_2 = 1,\ y_1^* = x^2 - 2.$$

$y'' + y = \cos x$ 的特解设为 $y_2^* = x(a\cos x + b\sin x)$,代入解出

$$a = 0,\ b = \frac{1}{2},\ y_2^* = \frac{1}{2}x\sin x.$$

所以,方程 $y'' + y = x^2 + \cos x$ 的特解为 $y = x^2 - 2 + \frac{1}{2}x\sin x$.

7. 解: $a = 0$:通解为 $y = C_1 + C_2 x$.

$a > 0$:通解为 $y = C_1 \cos\sqrt{a}\, x + C_2 \sin\sqrt{a}\, x$.

$a < 0$:通解为 $y = C_1 e^{\sqrt{-a}x} + C_2 e^{-\sqrt{-a}x}$.

8. 解:化方程为$\frac{dy}{dx} = \frac{3(x-1)^2 + y^2}{2y(x-1)}$.

令 $t = x - 1$,则$\frac{dy}{dx} = \frac{dy}{dt}\frac{dt}{dx} = \frac{dy}{dt}$,

$$\frac{dy}{dt} = \frac{3t^2 + y^2}{2ty}\ (\text{齐次方程}).$$

令 $u = \frac{y}{t}$,得可分离变量方程

$$\frac{2u}{3 - u^2}du = \frac{1}{t}dt,$$

解为 $t(3 - u^2) = C$,将变量回代得通解为

$$(x-1)\left(3 - \left(\frac{y}{x-1}\right)^2\right) = C.$$

9. 解:(1) 由题设可得

$$\begin{cases} 2 + p(x)2x = 0 \\ \frac{2}{x^3} + p(x)\left(-\frac{1}{x^2}\right) = f(x) \end{cases},$$

解此方程组,得 $p(x) = -\frac{1}{x}, f(x) = \frac{3}{x^3}$.

(2) 原方程为 $y'' - \frac{1}{x}y' = \frac{3}{x^3}$.

显见 $y_1 = 1$, $y_2 = x^2$ 是原方程对应的齐次方程的两个线性无关的特解, 又 $y^* = \frac{1}{x}$是原方程的一个特解,所以

$$y = C_1 + C_2 x^2 + \frac{1}{x}.$$

10. 解:$f(x)$由两种不同类型自由项构成,特解有两种形式,与方程 $2y_{n+1} - 6y_n = \frac{1}{2}3^n + 2$

对应的特解为 $y_1^* = ax3^x$，与方程 $2y_{n+1} - 6y_n = 2$ 对应的特解为 $y_2^* = b$，分别代入方程求待定系数得 $a = \frac{1}{2}, b = -\frac{1}{2}$；所以方程通解为

$$y_x = C3^x + \frac{1}{2}x3^{x-1} - \frac{1}{2}.$$

代入初始条件得到特解为

$$y_x = \frac{11}{5}3^x + \frac{1}{2}x3^{x-1} - \frac{1}{2}.$$

11. 解：由于 $p_t = p_{t-1} - \frac{1}{16}(S_{t-1} - D_{t-1})$，把 $S_t = 3p_t - 2, D_t = 4 - 5p_t$ 代入，方程可改写为

$$p_{t+1} = p_t - \frac{1}{16}(S_t - D_t) = \frac{1}{2}p_t + \frac{3}{8},$$

$$p_{t+1} = -\frac{1}{2}p_t = \frac{3}{8}.$$

这是一阶常系数非齐次线性差分方程，对应齐次方程的特征方程 $\lambda - \frac{1}{2} = 0, \lambda = \frac{1}{2}$，故对应齐次方程的通解 $p_t = C\left(\frac{1}{2}\right)^t$.

因为 1 不是特征方程的根，$f(t) = \frac{3}{8}$ 是零次多项式，故设特解 $p_t^* = A$，代入原方程 $A - \frac{A}{2} = \frac{3}{8}$，得 $p_t^* = A = \frac{3}{4}$，所以该商品价格随时间变化的规律为

$$p_t = C\left(\frac{1}{2}\right)^t + \frac{3}{4}.$$

自测试题 C

一、单项选择题

1. 答案：A

提示：$\varphi(\ln x) = \varphi\left(\frac{x}{y}\right) = y' - \frac{y}{x} = \left(\frac{x}{\ln x}\right)' - \frac{1}{\ln x} = \frac{-1}{(\ln x)^2}$，则 $\varphi(t) = -\frac{1}{t^2}$. 令 $t = \frac{x}{y}$ 即可.

2. 答案：C

提示：$f''(x_0) = f'(x_0) + e^{\sin x_0} = e^{\sin x_0} > 0$，从而 x_0 是 $f(x)$ 的极小值点.

3. 答案：D

提示：由题意，特征方程为 $(r-1)(r+2) = r^2 + r - 2 = 0$，可知所求微分方程对应的齐次方程为 $y'' + y' - 2y = 0$. 选项 C，D 可能正确. 选项 C 中的非齐次项 $3xe^x$，为 $e^{\lambda x}P_m(x)$ 型，$\lambda = 1$（为特征方程的一单根），$m = 1$，则对应的方程的特解形式为 $x(ax+b)e^x$，其与 xe^x 不符，故选项 C 错. 选项 D 中的方程的特解形式为 axe^x，与已知条件相符.

4. 答案：B

提示：$f(x)$ 满足方程 $f'(x) = 2f(x)$，$f(0) = \ln 2$，解得 $f(x) = e^{2x}\ln 2$.

5. 答案：B

提示：由已知条件，可知特征方程为 $(r+1)^2(r-1) = r^3 + r^2 - r - 1 = 0$，故所求的齐次线

性微分方程为 $y''' + y'' - y' - y = 0$.

6. 答案:A

提示:由 $y_1 = e^x$, $y_2 = 2xe^x$, $y_3 = \cos 2x$, $y_4 = 3\sin 2x$ 为方程的特解可知,特征方程的特征根为:$r_1 = r_2 = 1$, $r_{3,4} = \pm 2i$,1 是二重根, $\pm 2i$ 为一对单复根. 因此特征方程为 $(r-1)^2(r^2+4)=0$,即 $r^4 - 2r^3 + 5r^2 - 8r + 4 = 0$,故所求方程为

$$y^{(4)} - 2y''' + 5y'' - 8y' + 4y = 0,$$

则方程的通解为

$$y = (C_1 + C_2 x)e^x + C_3\cos 2x + C_4\sin 2x.$$

7. 答案:C

提示:这是二阶常系数齐次线性方程,其通解形式由特征方程 $\lambda^2 + p\lambda + q = 0$ 的特征根

$$\lambda_{1,2} = \frac{-p \pm \sqrt{p^2 - 4q}}{2}$$

决定. 当 $p^2 - 4q > 0$ 时,λ_1, λ_2 为不等的实特征根,原方程的通解为 $y = C_1 e^{\lambda_1 x} + C_2 e^{\lambda_2 x}$,这时通解不可能是 x 的周期函数;当 $p^2 - 4q = 0$ 时,$\lambda_1 = \lambda_2 = -\frac{p}{2}$,原方程的通解为 $y = (C_1 + C_2 x)e^{-\frac{p}{2}x}$,这时通解也不可能全是 x 的周期函数;当 $p^2 - 4q < 0$ 时,$\lambda_1 = -\frac{p}{2} + \frac{1}{2}\sqrt{4q - p^2}i$,$\lambda_2 = -\frac{p}{2} - \frac{1}{2}\sqrt{4q - p^2}i$,

原方程的通解为

$$y = e^{-\frac{p}{2}x}\left[C_1\cos\left(\frac{1}{2}\sqrt{4q - p^2}x\right) + C_2\sin\left(\frac{1}{2}\sqrt{4q - p^2}x\right)\right],$$

当 $p = 0$ 时,它的通解才是 x 的周期函数,这时 $q > 0$,因此选 C.

8. 答案:B

提示:由于右端函数 $f(x) = 2x + x \cdot 3^x$,所以特解是两个函数的和,与 $f_1(x) = 2x$ 对应的特解是 $y_{x1}^* = x(ax + b)$,与 $f_2(x) = x(cx + d) \cdot 3^x$,所以选择 B.

二、填空题

1. 答案:$x = Ce^{-\arctan y} + \arctan y - 1$

提示:令 $u = \arctan y$,则 $du = \frac{dy}{1 + y^2}$,从而 $dx + (x - u)du = 0$,即$\frac{dx}{du} + x = u$. 方程两边同乘 e^u,得 $d(xe^u) = ue^u du$,解得 $xe^u = e^u(u - 1) + C$,即 $x = Ce^{-\arctan y} + \arctan y - 1$.

2. 答案: $y = 2e^{2x} - e^x$

提示:方程的通解为

$$y = C_1(y_1 - y_3) + C_2(y_2 - y_3) + y_1 = C_1(x - e^{2x}) + C_2(e^x - e^{2x}) + x.$$

把 $y(0) = 1$, $y'(0) = 3$ 代入,得 $C_1 = C_2 = -1$,从而 $y = 2e^{2x} - e^x$.

3. 答案:$\pi e^{\frac{\pi}{4}}$

提示:函数 $y = y(x)$ 满足微分方程$\frac{dy}{dx} = \frac{y}{1 + x^2}$,解得 $y = Ce^{\arctan x}$. 把 $y(0) = \pi$ 代入,则 $C = \pi$. 所以 $y(1) = \pi e^{\frac{\pi}{4}}$.

4. 答案：$y''+2y'+y=\frac{2e^{-x}}{x^3}$

提示：$y=Y+y^*=(C_1+C_2x)e^{-x}+\frac{1}{x}e^{-x}$. Y 是二阶齐次方程的通解，y^* 是非齐次方程的特解. 特征方程为 $(r+1)^2=r^2+2r+1=0$，可知齐次方程为 $y''+2y'+y=0$. 设非齐次项为 $f(x)$，则 $f(x)=y^{*''}+2y^{*'}+y^*=\frac{2e^{-x}}{x^3}$，故所求方程为 $y''+2y'+y=\frac{2e^{-x}}{x^3}$.

5. 答案：$f(x)=\frac{1}{\pi}(e^{\pi x^4}-1)$

提示：作极坐标变换，得 $f(t)=2\iint\limits_{x^2+y^2\leqslant t^2}(x^2+y^2)f(\sqrt{x^2+y^2})\mathrm{d}x\mathrm{d}y+t^4=4\pi\int_0^t r^3f(r)\mathrm{d}r+t^4$，则 $y=f(x)$ 满足微分方程 $\frac{\mathrm{d}y}{\mathrm{d}x}=4\pi t^3\left(y+\frac{1}{\pi}\right)$，解得 $y=Ce^{\pi x^4}-\frac{1}{\pi}$. 由于当 $x=0$ 时 $y=0$，得 $C=\frac{1}{\pi}$. 从而 $f(x)=\frac{1}{\pi}(e^{\pi x^4}-1)$.

6. 答案：$\phi(x)=-\frac{1}{2x^3}$

提示：令 $x=yu$，对 x 求导，得 $1=uy'+yu'$，则有 $y'=\frac{1}{u}-\frac{x}{u^2}u'$. 并且

$$u'=[(\ln Cx)^{\frac{1}{2}}]'=\frac{1}{2}x^{-1}(\ln Cx)^{-\frac{1}{2}}.$$

由此，方程 $y'=\frac{y}{x}+\phi\left(\frac{x}{y}\right)$ 可化为

$$\phi(u)=-\frac{1}{2}(\ln Cx)^{-\frac{3}{2}}=-\frac{1}{2u^3}.$$

7. 答案：$0.1[(1-(1.005)^{-240}]^{-1}\approx 0.143286$（万元）

提示：由动态平衡法建立差分方程，定初值条件为 $a_0=20$（万元），$a_{240}=0$（万元）.

8. 答案：$-\frac{4x+3}{4x-1}$，$\frac{4x-5}{4x-1}$，$C(4x-1)+2^x$

提示：利用线性差分方程解的结构，$4x-1$ 是齐次方程的特解，可以确定 $P(x)$，又由 2^x 是非齐次方程的解，可以确定 $f(x)$.

三、计算题

1. 解：特征方程为 $r^2+4r+4=0$，特征根为 $r_1=r_2=-2$.

对应齐次方程通解为 $Y=(C_1+C_2x)e^{-2x}$.

当 $\alpha\neq -2$ 时，令 $y^*=Ae^{\alpha x}$，代入原方程得

$$A=\frac{1}{(\alpha+2)^2},$$

故原方程通解为 $y=(C_1+C_2x)e^{-2x}+\frac{1}{(\alpha+2)^2}e^{\alpha x}$.

当 $\alpha=-2$ 时，令 $y^*=Bx^2e^{\alpha x}$，代入原方程得 $B=\frac{1}{2}$，故原方程通解为 $y=(C_1+C_2x)e^{-2x}$.

2. 解：分项组合得$(y\mathrm{d}x+x\mathrm{d}y)+xy(y\mathrm{d}x-x\mathrm{d}y)=0$，

即
$$\mathrm{d}(xy)+x^2y^2\left(\frac{\mathrm{d}x}{x}-\frac{\mathrm{d}y}{y}\right)=0.$$

选择积分因子$\mu(x,y)=\frac{1}{x^2y^2}$，同乘方程两边，得
$$\frac{\mathrm{d}(xy)}{(xy)^2}+\frac{\mathrm{d}x}{x}-\frac{\mathrm{d}y}{y}=0$$

即
$$\mathrm{d}\left(\frac{-1}{xy}\right)+\mathrm{d}(\ln|x|)-\mathrm{d}(\ln|y|)=0$$

因此通解为$\frac{-1}{xy}+\ln\left|\frac{x}{y}\right|=\ln|C|$，即$\frac{x}{y}=C\mathrm{e}^{\frac{1}{xy}}$

因$x=0$也是方程的解，故C为任意常数.

3. 解：令$y'=p$，则$y''=p'$，原方程化为
$$x^2p'-2xp-p^2=0,$$

即
$$p'-\frac{2}{x}p=\frac{1}{x^2}p^2,$$

属于伯努利方程.

再令$z=p^{-1}$，则有
$$\frac{\mathrm{d}z}{\mathrm{d}x}+\frac{2}{x}z=-\frac{1}{x^2}.$$

通解为
$$z=\mathrm{e}^{-\int\frac{2}{x}\mathrm{d}x}\left[\int-\frac{1}{x^2}\mathrm{e}^{\int\frac{2}{x}\mathrm{d}x}\mathrm{d}x+C\right]=\frac{1}{x^2}(-x+C_1),$$
$$p=\frac{1}{z}=\frac{x^2}{C_1-x},$$
$$y=\int\frac{x^2}{C_1-x}\mathrm{d}x+C_2=-\frac{1}{2}(x+C_1)^2-C_1^2\ln|x-C_1|+C_2.$$

4. 解：令$y'=p(y)$，则$y''=\frac{\mathrm{d}p}{\mathrm{d}x}=p\frac{\mathrm{d}p}{\mathrm{d}y}$，得到$2p\frac{\mathrm{d}p}{\mathrm{d}y}+p^2=y$.

令$p^2=u(y)$，得到$\frac{\mathrm{d}u}{\mathrm{d}y}+u=y$为关于$y$的一阶线性方程，且
$$u\Big|_{x=0}=p^2(0)=[y'(0)]^2=1,$$

解得
$$u=y-1+C\mathrm{e}^{-y},$$

所以
$$u\Big|_{x=0}=y(0)-1+C\mathrm{e}^{-y(0)}=2-1+C\mathrm{e}^{-2}=1,$$

所以
$$C=0.$$

于是$u=y-1$，$\frac{\mathrm{d}y}{\sqrt{y-1}}=\pm\mathrm{d}x$，$2\sqrt{y-1}=\pm x+C_1$，$\sqrt{y-1}=\pm\frac{x}{2}+\frac{C_1}{2}$，$y(0)=2$，得到$\frac{C_1}{2}=1$，得解$\sqrt{y-1}=\pm\frac{x}{2}+1$.

5. 解：注意x，y同号，当$x>0$时，$\frac{\mathrm{d}x}{\sqrt{x}}=2\mathrm{d}\sqrt{x}$，故方程可变形为$2\frac{\mathrm{d}\sqrt{x}}{\mathrm{d}y}-\frac{\sqrt{x}}{y}=-\frac{2}{\sqrt{y}}$这是以$\sqrt{x}$为因变量，$y$为自变量的一阶线性方程$P(y)=-\frac{1}{2y}$，$Q(y)=-\frac{1}{\sqrt{y}}$由一阶线性方程通解公

式，得

$$\sqrt{x} = e^{\int\frac{dy}{2y}}\left[\int -\frac{1}{\sqrt{y}}e^{-\int\frac{dy}{2y}}dx + \ln|C|\right]$$

$$= \sqrt{y}\left[-\int\frac{1}{\sqrt{y}}\cdot\frac{1}{\sqrt{y}}dy + \ln|C|\right] = \sqrt{y}\ln\left|\frac{C}{y}\right|,$$

所求通解为 $ye^{\sqrt{\frac{x}{y}}} = C(C\neq 0)$.

6. 解：

(1)因 $F'(x) = f'(x)g(x) + f(x)g'(x) = g^2(x) + f^2(x) = [g(x) + f(x)]^2 - 2f(x)g(x)$
$= (2e^x)^2 - 2F(x)$

所以 $F(x)$ 满足的一阶线性非齐次微分方程为

$$F'(x) + 2F(x) = 4e^{2x}$$

(2) 由一阶线性微分方程解的公式得

$$F(x) = e^{-\int 2dx}\left[\int 4e^{2x}\cdot e^{\int 2dx}dx + C\right] = e^{-2x}\left[\int 4e^{4x}dx + C\right] = e^{2x} + Ce^{-2x}.$$

将 $F(0) = f(0)g(0) = 0$ 代入上式，得 $C = -1$，于是 $F(x) = e^{2x} - e^{-2x}$.

7. 解：(1) 先解定解问题 $\begin{cases} y' + y = 2 & 0\leqslant x\leqslant 1 \\ y\big|_{x=0} = 0 \end{cases}$.

利用通解公式，得 $y = e^{-\int dx}\left(\int 2e^{\int dx}dx + C_1\right) = e^{-x}(2e^x + C_1) = 2 + C_1e^{-x}$.

由条件 $y\big|_{x=0} = 0$ 得 $C_1 = -2$，故有 $y = 2 - 2e^{-x}(0\leqslant x\leqslant 1)$.

(2) 再解定解问题 $\begin{cases} y' + y = 0 & x > 1 \\ y\big|_{x=1} = y(1) = 2 - 2e^{-1} \end{cases}$.

此齐次线性方程的通解为 $y = C_2e^{-x}(x\geqslant 1)$，

利用衔接条件得 $C_2 = 2(e-1)$，因此有 $y = 2(e-1)e^{-x}(x\geqslant 1)$.

(3) 原问题的解为 $y = \begin{cases} 2(1 - e^{-x}) & 0\leqslant x\leqslant 1 \\ 2(e-1)e^{-x} & x\geqslant 1 \end{cases}$

8. 解：当 $x\leqslant\frac{\pi}{2}$ 时，解满足 $\begin{cases} y'' + y = x \\ y\big|_{x=0} = 0, y'\big|_{x=0} = 0 \end{cases}$.

特征根为 $r_{1,2} = \pm i$，设特解为 $y^* = Ax + B$，代入方程定 A，B，得

$$y^* = x,$$

故通解为

$$y = C_1\cos x + C_2\sin x + x.$$

利用 $y\big|_{x=0} = 0$，$y'\big|_{x=0} = 0$，得 $y = -\sin x + x\ (x\leqslant\frac{\pi}{2})$.

由 $x = \frac{\pi}{2}$ 处的衔接条件可知，当 $x > \frac{\pi}{2}$ 时，解满足

$$\begin{cases} y'' + 4y = 0 \\ y\big|_{x=\frac{\pi}{2}} = -1 + \frac{\pi}{2}, y'\big|_{x=\frac{\pi}{2}} = 1, \end{cases}$$

其通解为 $$y = C_1\sin2x + C_2\cos2x.$$

定解问题的解为 $$y = -\frac{1}{2}\sin2x + \left(1-\frac{\pi}{2}\right)\cos2x\left(x \geqslant \frac{\pi}{2}\right),$$

故所求解为 $$y = \begin{cases} -\sin x + x & x < \frac{\pi}{2} \\ -\frac{1}{2}\sin2x + \left(1-\frac{\pi}{2}\right)\cos2x & x \geqslant \frac{\pi}{2} \end{cases}.$$

9. 解：(1) 由反函数的导数公式知 $\frac{dx}{dy} = \frac{1}{y'}$，即 $y'\frac{dx}{dy} = 1$，上式两端对 x 求导，得

$y''\frac{dx}{dy} + \frac{d^2x}{dy^2}(y')^2 = 0$，所以 $\frac{d^2x}{dy^2} = -\frac{y''\frac{dx}{dy}}{(y')^2}$.

代入原微分方程得 $$y'' - y = \sin x. \tag{1}$$

(2) 方程(1)的对应齐次方程的通解为 $Y = C_1e^x + C_2e^{-x}$. 设方程(1)的特解为

$y^* = A\cos x + B\sin x$，代入方程(1)得 $A = 0, B = -\frac{1}{2}$，故 $y^* = -\frac{1}{2}\sin x$，从而得方程(1)的通解为 $y = C_1e^x + C_2e^{-x} - \frac{1}{2}\sin x$.

由初始条件 $y(0) = 0$, $y'(0) = \frac{3}{2}$ 得 $C_1 = 1$, $C_2 = -1$，故所求初值问题的解为

$$y = e^x - e^{-x} - \frac{1}{2}\sin x.$$